发电生产“1000个为什么”系列书

热电联产1000问

周武仲　编著

中国电力出版社
CHINA ELECTRIC POWER PRESS

内 容 提 要

本书共十四章，采用问答形式，以热电联产技术为主线，重点介绍热电联产基础知识、热电联产的现状和发展、常规的热电联产、燃气-蒸汽联合循环热电联产、热力网和集中供热、热电联产系统的自动化、热电联产技术、天然气-热电联产技术、气-热电联产技术、核热电联产技术、分布式热电联产、热电联产与环保、热电联产热经济性及其指标、热电联产的管理与政策等内容。本书内容紧密结合生产实际，知识点全面、理论重点突出，实用性和技术性强。

本书可供从事热电联产的技工、技术人员、管理人员使用，也可作为中、高等学校相关专业师生的参考用书。

图书在版编目（CIP）数据

热电联产1000问/周武仲编著．—北京：中国电力出版社，2017.9
（发电生产“1000个为什么”系列书）
ISBN 978-7-5198-1054-2

Ⅰ.①热… Ⅱ.①周… Ⅲ.①热电厂—问题解答 Ⅳ.①TM621-44

中国版本图书馆CIP数据核字（2017）第196245号

出版发行：中国电力出版社
地　　址：北京市东城区北京站西街19号（邮政编码100005）
网　　址：http：//www.cepp.sgcc.com.cn
责任编辑：徐　超
责任校对：王小鹏
装帧设计：张俊霞　赵姗姗
责任印制：蔺义舟

印　　刷：三河市百盛印装有限公司
版　　次：2017年9月第一版
印　　次：2017年9月北京第一次印刷
开　　本：880毫米×1230毫米　32开本
印　　张：17.625
字　　数：477千字
印　　数：0001—2000册
定　　价：58.00元

前　言

热电联产技术是世界能源技术的重要发展方向，具有能源利用率高、对环境影响小、供应可靠和经济效益好等特点。国家计委、国家经贸委、国家环保总局、建设部在2000年下发的《关于发展热电联产的规定》，将热电联产列为重大节能措施，2004年国家发改委颁布的《节能中长期专项规划》中把热电联产列为10项重点工程之一。随着热电联产的装机容量迅速增加，预计到2020年，我国的热电联产机组装机容量将达到2亿kW，年节约标煤2亿t，减少SO_2排放360万t以上，减少NO_x排放130万t，减少CO_2排放35000万t。2016年国家发改委又颁布了《热电联产管理办法》，进一步明确了热电联产发展应遵循“统一规划、以热定电、立足存量、结构优化、提高能效、环保优先”的原则，力争实现北方大中型以上城市热电联产集中供热率达到60%以上，20万人口以上县城热电联产全覆盖，形成规划科学、布局合理、利用高效、供热安全的热电联产产业健康发展格局。

在我国中长期科学和技术发展规划纲要中，以热电联产为主要形式的分布式能源系统已被列为重要发展方向之一。本书是应时和应需之作，其内容包括热电联产基础知识、热电联产的现状和发展、常规的热电联产、燃气-蒸汽联合循环热电联产、热力网和集中供热、热电联产系统的自动化、热电冷联产技术、天然气-热电联产技术、煤气-热电联产技术、核热电联产技术、分布式热电联产、热电联产与环保、热电联产热经济性及其指标、热电联产的管理与政策等。本书采用问答的方式对热电联产的有关内容进行阐述，便于读者查找和阅读。

本书在内容上力求系统性、简洁性、实用性和先进性，可供从事热电联产的技工、技术人员、管理人员和中、高等学校的师生作为培训参考用书使用。

由于编者的水平和时间有限，恳请广大读者对本书的不足之处提出批评和指正。

编　者　2017. 3

目　录

前言
第一章　热电联产基础知识 …… 1
第一节　工程热力学基础 …… 1
1. 什么是状态参数? …… 1
2. 什么是压力? …… 1
3. 什么是气体的绝对压力和表压力? 什么是真空度? …… 1
4. 什么是比体积? …… 2
5. 什么是温度? …… 2
6. 什么是热力学能(内能)? …… 3
7. 什么是焓? …… 3
8. 什么是熵? …… 3
9. 什么是流动工质的㶲和㶲损? …… 4
10. 什么是热力学第一定律? …… 4
11. 什么是热力学第二定律? …… 5
12. 什么是卡诺定理和卡诺循环? …… 6
13. 什么是水蒸气的焓熵图? …… 7
14. 试举例说明水蒸气焓熵图的应用。 …… 8
15. 如何在焓熵图上表示水蒸气的热力过程? …… 9
16. 什么是朗肯循环? …… 10
17. 什么是温熵图? …… 11
18. 什么是蒸汽再热循环? …… 12
19. 什么是抽汽回热循环? …… 13
20. 什么是热电联产循环? …… 14
21. 什么是燃气-蒸汽联合循环? …… 15
22. 什么是逆向卡诺循环? …… 16

23. 什么是空气压缩制冷循环？ …… 17
24. 什么是蒸汽压缩制冷循环？ …… 17
第二节　工程传热学基础 …… 18
25. 什么是导热？ …… 18
26. 导热的基本定律是什么？ …… 18
27. 什么是对流换热？ …… 18
28. 什么是层流换热和湍流换热？ …… 19
29. 什么是自然对流换热？ …… 19
30. 什么是辐射传热？ …… 19
31. 什么是换热器？试说明其作用和分类。 …… 19
32. 常用的工业换热器有几种？ …… 20
33. 什么是管壳式换热器？ …… 20
34. 什么是翅片管式换热器？ …… 20
35. 什么是板式换热器？ …… 22
36. 什么是螺旋板换热器？ …… 23
37. 什么是板翅式换热器？ …… 23
38. 什么是高温换热器？ …… 24
39. 什么是蓄热式换热器？ …… 25
40. 什么是椭圆翅片管换热器？ …… 26
第三节　电学基础 …… 27
41. 什么是正弦电路中的电流和电压？ …… 27
42. 什么是正弦电流的有效值？ …… 28
43. 什么是电功和电功率？ …… 28
44. 试述三相交流电的产生原理。 …… 29
45. 试述三相电路的电压和电流。 …… 29
46. 什么是线圈的自感和互感现象？ …… 29
47. 试述变压器的工作原理。 …… 31
48. 试述三相异步电动机的工作原理。 …… 32
49. 什么是电力系统？ …… 32
50. 什么是电力负荷？ …… 32
51. 什么是电力负荷曲线？ …… 33

第二章　热电联产的现状和发展 …… 35
第一节　我国的热电联产的现状 …… 35
52. 试述我国热电联产的现状。 …… 35
53. 试述我国热电联产存在的主要问题。 …… 35
54. 试述我国热电联产的发展前景。 …… 36
第二节　世界热电联产的现状和发展 …… 37
55. 试述世界热电联产的现状。 …… 37
56. 试述世界热电联产的发展趋势。 …… 37
第三章　常规的热电联产 …… 39
第一节　基本概念 …… 39
57. 什么是热电联产? …… 39
58. 热电联产和热电分产有什么不同? …… 39
59. 热电联产有几种类型? …… 39
60. 什么是常规的热电联产? …… 40
第二节　锅炉和附属设备 …… 40
61. 试述锅炉的构成和工作过程。 …… 40
62. 试述锅炉的主要类型。 …… 42
63. 试述锅炉用燃料。 …… 44
64. 试述锅炉的热平衡。 …… 46
65. 试述煤粉的性质。 …… 49
66. 锅炉的制粉系统是什么样的? …… 50
67. 制粉系统还有哪些部件? …… 55
68. 试述煤粉炉的燃烧设备和燃烧过程。 …… 57
69. 什么是点火装置? …… 64
70. 什么是锅炉的受热面? …… 66
71. 什么是水冷壁? …… 66
72. 什么是过热器? …… 68
73. 什么是再热器? …… 68
74. 什么是减温器? …… 70
75. 什么是省煤器? …… 72
76. 空气预热器的作用和分类。 …… 72

77. 离心式风机的工作原理。 …………………………………… 73
78. 什么是轴流式风机? ………………………………………… 75
79. 什么是循环流化床锅炉? …………………………………… 76
80. 简述循环流化床锅炉的基本结构。 ………………………… 76
81. 什么叫流态化燃烧? ………………………………………… 77
82. 试述循环流化床锅炉的结构特点。 ………………………… 77
83. 试述循环流化床锅炉的技术特点。 ………………………… 77
84. 循环流化床锅炉的缺点是什么? …………………………… 79
85. 循环流化床锅炉是如何控制二氧化硫污染的? …………… 79
86. 什么是循环流化床锅炉的床料和物料? …………………… 79
87. 在循环流化床锅炉中煤是如何燃烧的? …………………… 80
88. 试述循环流化床锅炉的展望。 ……………………………… 80
第三节 汽轮机及其附属设备 ………………………………… 81
89. 试述汽轮机的类型。 ………………………………………… 81
90. 试述冲动式汽轮机的工作原理。 …………………………… 81
91. 试述反动式汽轮机的工作原理。 …………………………… 82
92. 什么是凝汽式汽轮机? ……………………………………… 82
93. 什么是调整抽汽式汽轮机? ………………………………… 82
94. 什么是背压式汽轮机? ……………………………………… 82
95. 什么是中间再热式汽轮机? ………………………………… 82
96. 汽轮机本体由哪些部分组成? ……………………………… 82
97. 简述汽轮机转子的类型和结构。 …………………………… 83
98. 简述动叶片的作用和结构。 ………………………………… 84
99. 试述汽缸的结构。 …………………………………………… 86
100. 试述隔板的作用和结构。 …………………………………… 87
101. 什么是滑销系统? …………………………………………… 88
102. 试述汽封的作用和结构。 …………………………………… 88
103. 试述汽缸法兰和螺栓加热装置的作用和结构。 …………… 88
104. 简述汽轮机的轴承作用和结构。 …………………………… 91
105. 简述汽轮机的盘车装置。 …………………………………… 92
106. 试述联轴节的作用、种类、结构和特点。 ………………… 95

107. 试述汽轮机的调节系统的作用。 …… 96
108. 试举例说明背压式汽轮机的液压调节系统。 …… 97
109. 试举例说明背压式汽轮机的电液调节系统。 …… 97
110. 试述背压式汽轮机的调节保安系统。 …… 98
111. 试述抽背式汽轮机的电液调节系统。 …… 100
112. 什么是汽轮机凝汽设备？ …… 101
113. 试述表面式凝汽器的结构。 …… 102
114. 试述抽气设备的作用、种类和结构。 …… 103
115. 试比较各种抽气设备的优缺点和应用。 …… 105
116. 试述胶球清洗装置功能和系统。 …… 105
117. 试述汽轮机的给水回热系统。 …… 106
118. 加热器可分成几类？各有什么特点？ …… 107
119. 试述高压加热器的结构。 …… 108
120. 试述低压加热器的结构。 …… 109
121. 试述除氧器的作用和分类。 …… 110
122. 试述喷雾填料式除氧器的原理和结构。 …… 111
123. 试述旋膜式除氧器的原理和结构。 …… 112
124. 试述一体化除氧器的原理和结构。 …… 112
125. 无头除氧器有什么特点？ …… 112
126. 试述循环水泵的作用和结构。 …… 113
127. 试述凝结水泵的作用和结构。 …… 114
128. 试述给水泵的作用和结构。 …… 115
第四节　发电机及附属设备 …… 118
129. 试述同步发电机的原理和结构。 …… 118
130. 同步发电机的励磁方式有几种？ …… 120
131. 试述同步发电机的同步和并列操作。 …… 121
132. 试述 MZ-10 型组合式同步表的工作原理。 …… 122
133. 手动准同步装置的组成是什么样的？ …… 123
134. 同步发电机的解列和停机操作是什么样的？ …… 125
135. 试述变压器的原理和结构。 …… 126
136. 油浸变压器有几种冷却方式？ …… 128

137. 试述三相变压器的连接组别。 …… 129
138. 什么是变压器的允许温升？有什么规定？ …… 130
139. 什么是变压器的过负荷？有什么规定？ …… 130
140. 并联运行变压器应满足什么条件？ …… 131
141. 什么是电力互感器？ …… 132
142. 什么是电磁式电流互感器？ …… 132
143. 电磁式电流互感器是什么样的？ …… 132
144. 电流互感器有几种接线方式？ …… 133
145. 什么是电子式互感器？ …… 134
146. 什么是电磁式电压互感器？ …… 135
147. 电磁式电压互感器是什么样的？ …… 136
148. 电压互感器有几种接线方式？ …… 136
149. 试述高压断路器的作用和分类。 …… 138
150. 试述少油断路器的基本结构和原理。 …… 138
151. 试述六氟化硫断路器的结构和原理。 …… 138
152. 简述高压断路器的操动机构。 …… 139
153. 试述隔离开关的用途和要求。 …… 141
154. 试述隔离开关的种类和结构。 …… 142
155. 试述高压熔断器的工作原理。 …… 145
156. 试述高压熔断器的类型及结构。 …… 145
157. 什么是高压开关柜？试述其类型和特点。 …… 146
158. 什么是 GIS？试述其优点和结构。 …… 147
159. 什么是低压电气设备，包括哪些元件？ …… 148
160. 试述低压刀开关的用途、分类和结构。 …… 149
161. 试述低压熔断器的作用、种类和结构。 …… 149
162. 试述自动空气开关的原理、分类和结构。 …… 150
163. 什么是电气主接线？有哪几类？ …… 151
164. 什么是发电厂的厂用电？厂用负荷分几类？ …… 151
165. 高压厂用工作电源的接线如何考虑？ …… 151
166. 厂用启动/备用电源接线有几种类型？ …… 151
167. 什么是避雷器？试述其分类和结构。 …… 153

168. 什么是电气二次回路？ …………………………… 154
169. 什么是原理接线图？ ……………………………… 156
170. 什么是展开接线图？ ……………………………… 157
171. 什么是安装接线图？ ……………………………… 157
172. 电气二次回路包含哪些微机装置？ ……………… 158
173. 微机装置的硬件由哪些部分组成？ ……………… 159
174. 简述110kV断路器的控制回路及动作过程。 ……… 160
175. 信号系统是如何分类的？ ………………………… 161
176. 继电保护有什么作用？ …………………………… 162
177. 对继电保护的要求是什么？ ……………………… 162
178. 举例说明继电保护的接线和动作过程。 ………… 162
179. 举例说明自动装置的二次回路。 ………………… 163
180. 什么是可编程控制器（PLC）？ ………………… 166
181. 举例说明PLC的应用。 ………………………… 166
第五节　化学水处理设备和系统 ……………………… 168
182. 汽水品质不良有什么危害？ ……………………… 168
183. 电厂水处理工作包括哪些内容？ ………………… 168
184. 天然水中有哪些杂质？ …………………………… 168
185. 试述电厂中的主要水质指标。 …………………… 169
186. 什么是水的预处理？ ……………………………… 169
187. 什么是水的混凝处理？ …………………………… 169
188. 什么是水的沉淀软化？ …………………………… 169
189. 什么是水的过滤处理？ …………………………… 170
190. 什么是水的离子交换处理？ ……………………… 170
191. 简述水中只有Ca^{2+}时和Na型交换树脂的交换过程。 ……… 171
192. 水的离子交换处理有几种？ ……………………… 171
193. 目前采用哪几种离子交换器？ …………………… 172
194. 什么是膜分离技术？ ……………………………… 172
195. 什么是反渗透技术？ ……………………………… 174
196. 什么是EDI技术？ ……………………………… 174
197. 热电厂水汽循环系统和特点是什么？ …………… 175

198. 给水系统的腐蚀原因是什么？ …………………………… 175
199. 锅炉给水的热力除氧有哪些方法？ ……………………… 176
200. 锅炉给水的化学除氧有哪些方法？ ……………………… 176
201. 锅炉水水质调节有什么方法？ …………………………… 177
202. 如何防止蒸汽中的杂质对过热器和汽轮机的腐蚀？ ……… 177
203. 循环水的防垢处理有哪些方法？ ………………………… 178
204. 如何控制凝汽器的腐蚀？ ………………………………… 179
205. 热网水质不良有什么后果？ ……………………………… 179
206. 供热站有哪些水处理方法？ ……………………………… 179
207. 简述锅炉的化学清洗方法。 ……………………………… 180
208. 简述凝汽器的清洗方法。 ………………………………… 180
第六节 供热式汽轮机的热力系统……………………………… 181
209. 什么是原则性热力系统？ ………………………………… 181
210. 什么是全面性热力系统？ ………………………………… 181
211. 试述背压式机组的原则性热力系统。 …………………… 181
212. 试述抽背式机组的原则性热力系统。 …………………… 181
213. 试述抽汽冷凝机组的原则性热力系统。 ………………… 182
214. 热电机组的选择原则是什么？ …………………………… 183
215. 试举例说明原则性回热系统的组成。 …………………… 184
216. 试举例说明供热机组原则性热力系统的组成。 ………… 184
217. 试举例说明换热站系统。 ………………………………… 184
218. 热力系统中对补充水的要求是什么？ …………………… 187
219. 试举例说明补充水引入系统的组成。 …………………… 187
220. 试举例说汽包锅炉连续排污扩容系统的组成。 ………… 188
221. 试述减温减压器及其系统的组成。 ……………………… 188
第七节 凝汽式汽轮机组的供热改造…………………………… 189
222. 小型的机组如何进行改造？ ……………………………… 189
223. 凝汽式机组如何进行打孔抽汽改造？ …………………… 190
224. 大型凝汽式机组如何改造为供热机组？ ………………… 190
225. 凝汽式机组如何进行循环水供热改造？ ………………… 190

第四章　燃气-蒸汽联合循环热电联产 …… 191
第一节　概述 …… 191
226. 什么是燃气轮机? …… 191
227. 什么是燃气-蒸汽联合循环发电? …… 191
228. 燃气-蒸汽联合循环发电有什么优点? …… 192
229. 燃气-蒸汽联合循环发电设备如何分类? …… 192
230. 试述燃气轮机的理想简单循环。 …… 192
231. 试述燃气-蒸汽联合循环的形式。 …… 192
232. 什么是注蒸汽的燃气轮机循环? …… 194
第二节　燃气轮机及其附属设备 …… 195
233. 什么是压气机? 常见的压气机有几种? …… 195
234. 简述轴流式压气机的结构。 …… 195
235. 燃烧室的作用是什么? …… 196
236. 简述燃烧室的结构。 …… 196
237. 如何减少燃烧室的 NO_x 排放量? …… 198
238. 试简述燃气透平的结构。 …… 199
239. 试简述燃气轮机透平零部件的冷却方式。 …… 200
240. 试举例简述燃气轮机的整体结构。 …… 200
第三节　余热锅炉及其附属设备 …… 201
241. 余热锅炉是如何分类的? …… 201
242. 余热锅炉本体有什么特点? …… 203
243. 余热锅炉的辅助系统有什么特点? …… 203
第四节　汽轮机及其附属设备 …… 204
244. 联合循环的汽轮机汽缸有什么特点? …… 204
245. 联合循环的汽轮机转子有什么特点? …… 204
246. 联合循环的凝汽器有什么特点? …… 204
247. 联合循环的旁路系统有什么特点? …… 205
248. 试举例说明联合循环的汽轮机。 …… 205
第五节　发电机及附属设备 …… 205
249. 试述联合循环的发电机组配置方式。 …… 205
250. 单轴联合循环机组是如何布置的? …… 206

251. 单轴联合循环机组有什么优点？ …… 207
252. 多轴联合循环机组是如何布置的？ …… 207
253. 多轴联合循环机组有什么特点？ …… 207
第六节 燃气轮机的辅助系统 …… 208
254. 燃气轮机有哪些辅助系统？ …… 208
255. 什么是燃气轮机的燃料供给系统？ …… 208
256. 什么是燃气轮机的启动机系统？ …… 208
257. 什么是燃气轮机的盘车系统？ …… 209
258. 什么是SSS离合器？ …… 209
259. 什么是燃气轮机的进气滤清系统？ …… 210
260. 什么是燃气轮机的进气冷却/加热系统？ …… 210
261. 什么是燃气轮机的进、排气消音系统？ …… 210
262. 什么是燃气轮机的重油处理系统？ …… 210
263. 什么是燃气轮机的雾化空气系统？ …… 211
第七节 燃气轮机的控制和保护系统 …… 211
264. 试简述燃气轮机的主控系统。 …… 211
265. 试简述燃气轮机顺序控制系统。 …… 211
266. 什么是燃气轮机的IGV控制系统？ …… 211
267. 试简述燃气轮机的燃料控制系统。 …… 212
268. 什么是燃气轮机的超速保护？ …… 212
269. 什么是燃气轮机的超温保护？ …… 212
270. 什么是燃气轮机的燃烧监测？ …… 213
271. 什么是燃气轮机的熄火保护？ …… 213
272. 什么是燃气轮机的振动保护？ …… 213
第八节 余热锅炉及汽轮机的控制和保护系统 …… 214
273. 简述余热锅炉的控制和保护系统。 …… 214
274. 简述汽轮机的控制系统。 …… 215
275. 简述汽轮机的保护系统。 …… 215
276. 联合循环的烟气旁路控制有什么作用？ …… 215
277. 烟气旁路系统如何进行控制？ …… 215
278. 联合循环的蒸汽旁路控制有什么作用？ …… 216

279. 蒸汽旁路如何进行控制? …… 216
第九节 燃气轮机的热电联产 …… 217
280. 什么是燃气轮机热电联产? …… 217
281. 什么是带辅助燃烧器的燃气轮机? …… 217
282. 什么是带背压汽轮机的燃气轮机? …… 218
283. 什么是用离合器连接的燃气轮机和汽轮机? …… 219
284. 什么是燃气轮机热泵热电联产系统? …… 219
第十节 燃气-蒸汽联合循环热电联产 …… 220
285. 什么是燃气-蒸汽联合循环热电联产? …… 220
286. 试简述燃气轮机的主要性能。 …… 221
287. 试述余热锅炉的选择原则。 …… 221
288. 试述蒸汽轮机的选择原则。 …… 221
289. 试述燃气轮机及其辅助设备的布置。 …… 222
290. 试述余热锅炉及其辅助设备的布置。 …… 222
291. 试述汽轮机的布置。 …… 222
292. 试述控制室的布置。 …… 222
第五章 热力网和集中供热 …… 223
第一节 热负荷 …… 223
293. 热负荷有几种类型? …… 223
294. 什么是热负荷图? …… 223
295. 连续性热负荷图是如何绘制的? …… 224
第二节 热力网供热系统 …… 224
296. 热力网供热系统有几种? …… 224
297. 什么是自然循环供热系统? …… 225
298. 什么是机械循环供热系统? …… 225
299. 机械循环供热系统中垂直式系统有几种? …… 225
300. 什么是上供下回式供热系统? …… 226
301. 什么是下供下回式双管热水供热系统? …… 227
302. 什么是中供式热水供热系统? …… 227
303. 什么是下供上回式热水供热系统? …… 228
304. 什么是混合式热水供热系统? …… 228

305. 机械循环热水供热系统中水平式系统有几种？ …………… 229
306. 什么是水平顺流式系统？ ………………………………… 229
307. 什么是水平跨越式系统？ ………………………………… 229
308. 水平式系统与垂直式系统比有什么优点？ ……………… 230
309. 什么是同程式系统？………………………………………… 230
310. 什么是异程式系统？ ……………………………………… 230
311. 高层建筑供热系统有几种？ ……………………………… 230
312. 什么是分层式供热系统？ ………………………………… 231
313. 什么是设置热交换器的分层式系统？…………………… 231
314. 什么是设置双水箱分层式系统？ ……………………… 231
315. 什么是设置断流器和阻旋器的分层式系统？ ………… 231
316. 什么是设置阀前压力调节器的分层式系统？ ………… 233
317. 什么是垂直双线单管式供热系统？……………………… 233
318. 什么是水平双线单管式供热系统？……………………… 233
319. 什么是单双管混合式供热系统？ ……………………… 235
320. 供热系统中的膨胀水箱有什么作用？其构造是什么样的？…… 235
321. 什么是自动排气阀和手动排气阀？ …………………… 236
322. 什么是调压板？ …………………………………………… 237
323. 什么是散热器温控阀？ …………………………………… 237
324. 试述蒸汽供热系统的原理。……………………………… 238
325. 蒸汽供热系统有什么特点？……………………………… 238
326. 蒸汽供热系统如何分类？ ……………………………… 239
327. 低压蒸汽供热系统有几种形式？ ……………………… 239
328. 什么是双管上供下回式蒸汽供热系统？ ……………… 239
329. 什么是单管上供下回式蒸汽供热系统？ ……………… 239
330. 什么是双管下供上回式蒸汽供热系统？ ……………… 240
331. 什么是双管中供式蒸汽供热系统？ …………………… 241
332. 什么是重力回水式系统？ ……………………………… 241
333. 什么是机械回水式系统？ ……………………………… 241
334. 什么是高压双管上供下回式蒸汽供热系统？ ………… 242
335. 什么是高压双管上供上回式蒸汽供热系统？ ………… 243

336. 高压蒸汽供热系统的凝结水回收系统有几种？ ……………… 243
337. 什么是余压回水式系统？ ……………………………………… 243
338. 什么是加压回水方式？ ………………………………………… 244
339. 什么是凝结水开式回收系统？ ………………………………… 244
340. 什么是闭式回收系统？ ………………………………………… 244
341. 什么是机械型疏水器？ ………………………………………… 245
342. 什么是热动力型疏水器？ ……………………………………… 246
343. 什么是热静力型疏水器？ ……………………………………… 246
344. 减压阀的作用是什么？有几种类型？ ………………………… 246
345. 什么是活塞型减压阀？ ………………………………………… 247
346. 什么是波纹管减压阀？ ………………………………………… 247
347. 什么是薄膜式减压阀？ ………………………………………… 248
348. 什么是二次蒸发器？ …………………………………………… 249
349. 供热管网的布置原则是什么？ ………………………………… 249
350. 供热管网的布置形式有几种？ ………………………………… 250
351. 什么是枝状管网？ ……………………………………………… 250
352. 什么是环状管网？ ……………………………………………… 250
353. 供热管道在什么情况下采用架空敷设？ ……………………… 250
354. 什么是供热管道的低支架敷设？ ……………………………… 251
355. 什么是供热管道的中支架敷设？ ……………………………… 252
356. 什么是供热管道的高支架敷设？ ……………………………… 252
357. 什么是供热管道的地沟敷设？ ………………………………… 252
358. 什么是供热管道的直埋敷设？ ………………………………… 253
359. 对供热管道的排水、放气和疏水有什么要求？ ……………… 253
360. 管道支座有几种形式？ ………………………………………… 254
361. 什么是滑动支座？ ……………………………………………… 254
362. 什么是滚动支座？ ……………………………………………… 254
363. 什么是悬吊支架？ ……………………………………………… 256
364. 什么是弹簧支座？ ……………………………………………… 256
365. 什么是导向支座？ ……………………………………………… 256
366. 活动支座的间距如何确定？ …………………………………… 257

367. 固定支座有几种形式? …… 257
第三节　热力站 …… 259
368. 什么是热力站? 有哪些分类? …… 259
369. 试简述工业热力站。 …… 259
370. 试简述民用热力站。 …… 260
371. 试简述用户热力站。 …… 260
372. 喷射器如何分类? …… 261
373. 什么是蒸汽喷射器? …… 261
374. 什么是水喷射器? …… 261
第四节　热交换器 …… 262
375. 换热器如何分类? …… 262
376. 什么是淋水式汽-水换热器? …… 262
377. 什么是喷射式汽-水换热器? …… 262
378. 什么是壳管式汽-水换热器? …… 263
379. 什么是分段式水-水换热器? …… 265
380. 什么是套管式水-水换热器? …… 265
381. 什么是板式换热器? …… 265
382. 什么是容积式换热器? …… 266
383. 什么是板翅式换热器? …… 266
384. 什么是散热器? …… 267
385. 散热器有几种类型? …… 268
386. 什么是铸铁散热器? …… 268
387. 什么是钢制散热器? …… 268
388. 钢制散热器与铸铁散热器相比有什么特点? …… 268
389. 什么是铝制散热器? …… 271
390. 什么是辐射供热? …… 271
391. 辐射供热系统分几类? …… 272
392. 简述低温辐射供热系统。 …… 272
393. 简述中温辐射供热系统。 …… 273
394. 简述高温辐射供热系统。 …… 274
395. 简述暖风机特点和分类。 …… 274

第六章　热电联产的自动化 …… 276
第一节　热工控制系统概述 …… 276
396. 如何进行温度测量? …… 276
397. 如何进行压力测量? …… 276
398. 如何进行流量测量? …… 276
399. 如何进行液位（料位）测量? …… 276
400. 什么是AGC系统? …… 276
401. 什么是SIS系统? …… 277
402. 什么是CCS系统? …… 277
403. 什么是BCS系统? …… 277
404. 什么是SCS系统? …… 277
405. 什么是DAS系统? …… 277
406. 什么是DEH系统? …… 278
407. 什么是TSI系统? …… 278
408. 什么是ETS系统? …… 278
409. 什么是ECS系统? …… 278
410. 什么是FSSS系统? …… 278
411. 什么是MIS系统? …… 278
412. MIS系统有哪些功能? …… 279
第二节　分散控制系统 …… 279
413. 什么是分散控制系统? …… 279
414. 什么是分散控制系统的结构? …… 279
415. 分散控制系统有什么特征? …… 280
416. 分散控制系统在热电厂中完成哪些任务? …… 280
417. 分散控制系统的选择原则是什么? …… 280
418. 热网监控自动化系统的功能有哪些? …… 280
419. 举例说明区域供热的自动化控制。 …… 281
第三节　热工保护系统 …… 282
420. 什么是热工保护? …… 282
421. 什么是连锁控制? …… 282
422. 热电厂中有哪些热工保护? …… 282

423. 热工保护系统是如何组成的? …… 283
424. 热工保护系统的特点是什么? …… 283
425. 简述热工保护的信号的摄取方法。 …… 283
426. 简述汽轮机组的热工保护。 …… 283
427. 简述锅炉的热工保护。 …… 284
第七章 冷热电联产 …… 285
第一节 概述 …… 285
428. 什么是冷热电联产技术? …… 285
429. 冷热电联产有哪些优点? …… 285
430. 冷热电联产的基本原理是什么? …… 285
431. 试述燃气冷热电联产的主要型式。 …… 286
第二节 制冷设备及其附属设备 …… 287
432. 制冷机有哪几种? …… 287
433. 压缩式制冷机如何分类? …… 288
434. 什么是气体压缩式制冷机? …… 288
435. 什么是蒸汽压缩式制冷机? …… 288
436. 什么是两级蒸汽压缩式制冷机? …… 289
437. 什么是复叠式制冷机? …… 290
438. 什么是溴化锂吸收式制冷机? …… 291
439. 什么是氨水吸收式制冷机? …… 292
440. 试比较溴化锂吸收式制冷与氨吸收式制冷。 …… 292
第三节 冷热电联产系统 …… 294
441. 试述蒸汽压缩式制冷的联产系统。 …… 294
442. 试述吸收式制冷的联产系统。 …… 294
443. 试述热电厂供汽时热、冷联供系统。 …… 295
444. 试述热电厂集中热、冷联供直接连接系统。 …… 295
445. 试述热电厂高温水供暖时热冷联供间接连接系统。 …… 295
446. 试述热电厂常温水供暖时热、冷联供系统。 …… 296
447. 影响冷热电三联产经济性的主要因素有哪些? …… 296
448. 发展冷热电三联产有什么意义? …… 297
449. 试述冷热电三联产的发展动态。 …… 297

450. 试举例说明冷热电三联产的应用。 …… 297
451. 试举例说明冷热电三联产的方案制定过程。 …… 298
452. 试举例说明冷热电三联产的节能效益。 …… 300
第八章 天然气-热-电联产技术 …… 302
第一节 概述 …… 302
453. 试述天然气的特性。 …… 302
454. 天然气用于燃气轮机热电联产有几种形式? …… 302
455. 试比较燃气轮机发电与常规火电站的经济性。 …… 302
456. 试述天然气在燃气轮机热电联供方面的发展。 …… 303
第二节 天然气-热-电联产的型式和系统 …… 303
457. 燃气蒸汽联合循环的方案有几种? …… 303
458. 试分析余热锅炉型联合循环的性能。 …… 303
459. 天然气燃烧室的供气系统是什么样的? …… 305
460. 试述天然气在燃气轮机的燃烧室中的燃烧方式。 …… 306
461. 试述余热锅炉的汽水系统。 …… 306
462. 燃气蒸汽联合循环的蒸汽轮机与常规电厂的蒸汽轮机有什么不同? …… 308
463. 燃气蒸汽联合循环的蒸汽轮机结构的特点是什么? …… 308
第三节 天然气-电-热-冷联产 …… 308
464. 什么是天然气-电-热-冷联产? …… 308
465. 天然气-电-热-冷三联产的模式有几种? …… 309
466. 试述燃气-蒸汽联合循环+蒸汽型溴冷机系统。 …… 309
467. 试述燃气轮机+余热型溴化锂冷热水机组系统。 …… 309
468. 试述燃气轮机+排气再燃型溴化锂冷热水机组系统。 …… 310
469. 试述燃气轮机+双能源双效直燃式溴化锂冷热水机组系统。 …… 310
470. 试述内燃机前置循环余热利用系统。 …… 311
471. 试举实例说明天然气电热冷联产系统。 …… 311
472. 试举实例说明天然气电热冷联产系统。 …… 312
473. 试举实例说明天然气电热冷联产系统。 …… 312
474. 试举例说明天然气电热冷联产系统。 …… 313

第四节 液化天然气-电-热联产系统 ······ 313
475. 什么是液化天然气? ······ 313
476. 试简述 LNG 的生产、运输、接收终端。 ······ 313
477. 试述液化天然气的汽化工艺。 ······ 314
478. 什么是 LNG 汽化器? ······ 315
479. 什么是液化天然气的冷量? ······ 315
480. 试述利用 LNG 冷能发电的方式。 ······ 315
481. LNG 冷能在 IGCC 电站中如何应用? ······ 316
482. 试述利用 LNG 温差发电和动力装置联合回收系统。 ······ 317
483. 试述利用 LNG 冷能的 CO_2 零排放动力系统。 ······ 317
484. 试述利用 LNG 冷能发电的特点。 ······ 317
485. 试述 LNG-热-电联产方法(一)。 ······ 318
486. 试述 LNG-热-电联产方法(二)。 ······ 319
487. 试述 LNG-热-电联产方法(三)。 ······ 319
488. 试述 LNG-热-电-冷联产方法。 ······ 320
第九章 煤气-热电联产技术 ······ 321
第一节 概述 ······ 321
489. 什么是煤热电三联产? ······ 321
490. 什么是煤炭洁净燃烧发电技术? ······ 321
491. 煤炭清洁、高效利用的方法如何分类? ······ 322
492. 什么是燃烧前的煤炭加工和转化技术? ······ 322
493. 什么是燃烧中净化技术? ······ 322
494. 什么是整体煤气化联合循环技术? ······ 322
495. 整体煤气化联合循环技术的特点是什么? ······ 323
第二节 煤电热联产用设备 ······ 323
496. 试述气化炉的工作过程。 ······ 323
497. 气化炉的型式有几种? 各有什么特点? ······ 324
498. 什么是煤气净化系统? ······ 324
499. 什么是空分装置? ······ 326
500. 空分设备与 IGCC 的结合方式有几种? ······ 327
501. 煤气化用的燃气轮机有什么特点? ······ 328

502. 煤气化用的蒸汽系统有什么特点？ …… 328
503. 整体煤气化联合循环的发展趋势是什么？ …… 328
504. 什么是增压流化床？ …… 328
505. 什么是增压流化床燃烧联合循环？ …… 329
506. 增压流化床燃烧联合循环（PFBC-CC）的优点是什么？ …… 329
507. 增压流化床燃烧联合循环尚存在哪些问题？ …… 330
508. 什么是第二代增压流化床燃烧联合循环？ …… 331
第十章 核电热电联产技术 …… 332
第一节 概述 …… 332
509. 什么是核能？ …… 332
510. 什么是核反应堆？ …… 332
511. 什么是慢化剂或减速剂？什么是冷却剂或载热剂？ …… 332
512. 什么是链式裂变反应？ …… 333
513. 什么是核电站？ …… 333
514. 试述压水反应堆核电站的工作原理。 …… 333
515. 核电技术方案分为几代？ …… 333
516. 试述我国的核电建设。 …… 334
517. 核电的优越性是什么？ …… 335
518. 什么是能动和非能动部件？ …… 335
519. 什么是 AP1000 核电站？ …… 335
520. AP1000 采用非能动安全系统有什么作用？ …… 335
521. 什么是 EPR 核电站？ …… 336
522. 试比较 AP1000 核电站和 EPR 核电站。 …… 336
523. 什么是沸水堆核电站？ …… 337
524. 沸水堆的堆芯结构是什么样的？ …… 338
525. 什么是重水堆核电站？ …… 338
526. 试述重水堆结构。 …… 339
第二节 核电站的热电联供系统 …… 340
527. 什么是核电站的三回路系统？ …… 340
528. 核热电联供系统为什么采用三回路？ …… 340
529. 核热电联产系统如何实现三回路供热？ …… 340

530. 试述三回路的配汽模型。 …… 341
531. 试举例说明核热电厂的原则性热力系统图。 …… 342
532. 核热电联产机组的特点是什么? …… 343
533. 核电站的一回路辅助系统包括哪些系统? …… 343
534. 什么是化学和容积系统? …… 343
535. 什么是硼和水补给系统? …… 345
536. 什么是余热排出系统? …… 346
537. 什么是设备冷却水系统? …… 346
538. 什么是重要厂用水系统? …… 346
539. 核电站有哪些安全系统? …… 346
540. 什么是安全注入系统? …… 346
541. 什么是安全壳喷淋系统? …… 352
542. 什么是辅助给水系统? …… 352
543. 主蒸汽系统隔离的功能是什么? …… 354
544. 核电站的放射性废物如何处理? …… 354
第三节 核热电站的主要设备及附属设备 …… 354
545. 核岛内包括哪些设备? …… 354
546. 试述压水型核反应堆堆芯的结构和功能。 …… 355
547. 什么是燃料组件? …… 356
548. 什么是控制棒组件? …… 356
549. 什么是可燃毒物棒组件? …… 357
550. 什么是中子源棒组件? …… 357
551. 什么是阻力塞棒组件? …… 358
552. 什么是堆内构件? 有什么作用? …… 358
553. 试述压力容器的结构和功能。 …… 359
554. 试述反应堆冷却剂主循环泵的结构和功能。 …… 360
555. 试述蒸汽发生器的结构和功能。 …… 361
556. 试述稳压器的结构和功能。 …… 362
557. 常规岛内包括哪些设备? …… 363
558. 压水堆核电站的汽轮机有什么特点? …… 363
559. 核热电站的汽轮机有什么特点? …… 364

第四节　核热电站的控制系统 …………………………………………… 364
560. 核电站的安全设计原则是什么? ……………………………………… 364
561. 核电站的仪控系统如何分类? ………………………………………… 365
562. 核电站的仪控系统的功能是什么? …………………………………… 365
563. 核电站的控制系统的组成是哪些? …………………………………… 365
564. 什么是反应堆长棒控制系统? ………………………………………… 365
565. 什么是控制棒驱动机构? ……………………………………………… 366
566. 反应堆保护系统的作用是什么? ……………………………………… 367
567. 反应堆保护系统的组成是什么? ……………………………………… 367
568. 什么是反应堆的保护信号? …………………………………………… 367
569. 简述反应堆保护系统的工作原理。 …………………………………… 367
570. 反应堆保护系统由哪些设备组成? …………………………………… 368
571. 什么是一回路平均温度控制系统? …………………………………… 368
572. 什么是稳压器压力控制系统? ………………………………………… 370
573. 稳压器水位控制系统的功能是什么? ………………………………… 371
574. 蒸汽发生器水位控制系统的功能是什么? …………………………… 371
575. 什么是堆外中子测量系统? …………………………………………… 373
576. 什么是堆内仪表测量系统? …………………………………………… 373
577. 简述核电站的专用化学仪表。 ………………………………………… 373
578. 简述汽轮机调节系统 (GRE)。 ………………………………………… 374
579. 简述汽轮机保护系统。 ………………………………………………… 375
580. 简述常规岛其他控制系统。 …………………………………………… 375
581. 简述 DCS 控制技术在核电站的应用。 ………………………………… 375
582. 简述核电站的应急电源系统。 ………………………………………… 378
第十一章　分布式热电联产 ………………………………………………… 379
第一节　概述 ……………………………………………………………………… 379
583. 什么是分布式能源? …………………………………………………… 379
584. 分布式能源系统包括哪些设备? ……………………………………… 379
585. 什么是分布式供能? …………………………………………………… 379
586. 什么是分布式供能系统? ……………………………………………… 379
587. 分布热电联产有什么特点? …………………………………………… 380

588. 分布式供能如何分类? …… 380
589. 基于化石能源的分布式供电技术有几种? …… 380
590. 基于可再生能源的分布式供电技术有几种? …… 381
591. 简述分布式能源发展状况。 …… 381
592. 我国的分布式能源系统存在哪些问题? …… 382
593. 分布式能源系统与其他供电系统有什么关系? …… 382
594. 发展分布式供能应考虑哪些因素? …… 383
595. 天然气分布式能源系统有哪些优点? …… 384
第二节 分布式能源系统的热电联产 …… 384
596. 分布式能源系统的工作原理是什么? …… 384
597. 分布式能源系统的模式有几种? …… 385
598. 什么是烟气型溴冷机? …… 386
599. 试述我国分布式热电冷联产的现状。 …… 388
600. 试述我国分布式热电冷联产的前景。 …… 388
601. 试举例说明北京市的分布式能源项目。 …… 388
602. 试举例说明上海市的分布式能源项目。 …… 389
第三节 分布式能源用设备 …… 389
603. 什么是微型燃气轮机? …… 389
604. 微型燃气轮机的优点是什么? …… 390
605. 什么是燃气内燃发动机? …… 391
606. 试述燃气发动机的天然气进排气系统工作流程。 …… 391
607. 什么是斯特林发动机? …… 392
608. 斯特林发动机有什么优点? …… 393
609. 斯特林发动机有哪些应用形式? …… 394
610. 什么是余热直燃机? …… 394
611. 什么是沼气内燃机? …… 395
612. 沼气内燃机与其他燃料内燃机有什么不同? …… 396
613. 利用沼气内燃机进行发电有哪些优点? …… 396
614. 试述沼气发电机组的系统。 …… 396
615. 试述沼气发电站的流程。 …… 397
616. 试述利用沼气的热电冷三联供系统。 …… 398

617. 什么是往复式内燃机？ …… 399
618. 试述往复式内燃机的分布式供电和供热。 …… 399
619. 试述往复式内燃机的分布式热电冷三联供系统。 …… 400
620. 什么是燃料电池？ …… 401
621. 燃料电池有几种？ …… 402
622. 燃料电池的特点是什么？ …… 402
623. 燃料电池有哪些优势？ …… 403
624. 什么是固体氧化物燃料电池？ …… 403
625. 碱性氢氧化物燃料电池的工作原理是什么？ …… 403
626. 质子交换膜燃料电池的工作原理是什么？ …… 403
627. 熔融盐燃料电池的结构及其工作原理是什么？ …… 404
628. 试述高温燃料电池的分布式供电。 …… 405
629. 高温燃料电池总能系统的特点是什么？ …… 405
630. 试述高温燃料电池总能系统的发展远景。 …… 406
631. 太阳能电池的基本原理是什么？ …… 406
632. 太阳能电池的结构和功能是什么？ …… 407
633. 太阳能光伏发电系统的主要供电类型有几种？ …… 408
634. 什么是独立运行光伏发电系统？ …… 408
635. 什么是并网型光伏发电系统？ …… 408
636. 什么是混合型光伏发电系统？ …… 409
637. 太阳能光伏发电的优缺点是什么？ …… 409
638. 试述太阳能光伏发电的应用领域。 …… 411
639. 试述太阳能光伏分布式供电系统。 …… 412
640. 太阳能供电系统运行维护应注意什么？ …… 412
641. 试举例说明太阳能光伏发电系统的应用。 …… 413
642. 太阳能电池的供电供暖系统有什么优点？ …… 416
643. 太阳能供热发电系统如何分类？ …… 417
644. 什么是水冷式太阳能供热发电系统？ …… 417
645. 风冷式太阳能供热发电系统有几种形式？ …… 418
646. 太阳能供热发电系统的有哪些主要部件？ …… 419
647. 试述太阳能电池的热电冷三联产系统。 …… 420

648. 试画出太阳能冷热电三联供示意图。 …………………………………… 421
649. 什么是风能？ ………………………………………………………………… 422
650. 什么是风力发电？ ………………………………………………………… 422
651. 试述风力发电的国内外发展概况。 ………………………………… 422
652. 风能发电有几种方式？ ………………………………………………… 422
653. 什么是水平轴式风力发电装置？ …………………………………… 423
654. 风力发电机有几种类型？ …………………………………………… 424
655. 风力发电的运行方式有几种？ ……………………………………… 425
656. 如何评估风力资源？ …………………………………………………… 425
657. 如何选择风力发电场址？ …………………………………………… 425
658. 如何进行风力发电机组的选型？ …………………………………… 426
659. 试述风力发电机组的功率调节方式。 ……………………………… 426
660. 什么是风力发电机组的变速运行？有什么优点？ ……………… 428
661. 试述风力发电机的变转速/恒频技术。 …………………………… 428
662. 什么是风力机的迎风装置？ ………………………………………… 429
663. 风力发电机如何直接与强电网联网？ …………………………… 430
664. 风力发电机如何直接与弱电网联网？ …………………………… 430
665. 风力发电机如何与海岛的柴油弱电网连接？ …………………… 431
666. 风力发电机如何进行间接并网？ …………………………………… 432
667. 什么是双工异步发电机？ …………………………………………… 433
668. 机舱对风有几种方案？ ………………………………………………… 433
669. 风力机对发电系统的要求是什么？ ………………………………… 433
670. 试述双馈式三相异步风力发电机的结构和原理。 ……………… 434
671. 试述永磁式同步风力发电机的结构和原理。 …………………… 434
672. 试述分布式风力供电。 ………………………………………………… 435
673. 试述分布式风力发电的原理。 ……………………………………… 436
674. 分布式风力发电的特点是什么？ …………………………………… 436
675. 发展分布式风力发电有什么意义？ ………………………………… 437
676. 我国风电发展的目标是什么？ ……………………………………… 437
677. 试述分布式风力发电对电网的影响。 ……………………………… 437
678. 什么是风光互补发电系统？ ………………………………………… 437

679. 试述小型风光互补发电系统。 …… 438
680. 试述风光互补 LED 路灯系统。 …… 439
681. 试述大型并网风光互补发电系统。 …… 440
682. 试述风光油互补发电系统。 …… 441
683. 试述风力发电和供暖系统。 …… 441
684. 什么是固体电蓄热式锅炉？如何实现供暖？ …… 442
685. 试述风光发电联合供热系统。 …… 442
686. 热泵的工作原理是什么？ …… 443
687. 什么是风力热泵？ …… 444
688. 试述风力热电冷三联产系统。 …… 445
689. 什么是地热发电？ …… 445
690. 试述“闪蒸”地热发电的系统。 …… 446
691. 什么是联合循环地热发电系统？其优点是什么？ …… 447
692. 什么是生物质能？ …… 447
693. 生物质能的特点是什么？ …… 447
694. 试述生物质热电联产。 …… 448
695. 生物质气化发电方式有几种？ …… 450
696. 试述固定床气化发电装置和流化床气化发电装置。 …… 450
697. 生物质新能源用锅炉燃烧装置的原理是什么？ …… 451
698. 生物质新能源用锅炉燃烧装置的优点是什么？ …… 452
699. 试对比燃煤锅炉与生物质燃料锅炉。 …… 453
700. 试述垃圾焚烧热电冷三联产系统。 …… 453
701. 试述生物质能和天然气互补的分布式能源系统。 …… 454
702. 试述生物质能和太阳能三联产系统。 …… 454
703. 试述生物质-垃圾全气化系统。 …… 455
第十二章 热电联产和环保 …… 457
第一节 概述 …… 457
704. 试述我国在用锅炉大气污染物排放浓度限值。 …… 457
705. 试述我国新建锅炉大气污染物排放浓度限值。 …… 457
706. 试述我国的特别排放限值。 …… 458
707. 什么是烟气黑度？如何测量？ …… 458

708. 什么是颗粒物？如何测量？ …… 458
709. 什么是二氧化硫？如何测量？ …… 459
710. 什么是氮氧化物？如何测量？ …… 459
711. 颗粒物有什么危害性？ …… 459
712. 热电联产系统如何减少颗粒物的排放？ …… 460
713. 二氧化硫（SO_2）有什么危害性？ …… 460
714. 热电联产系统如何减少SO_2的排放？ …… 460
715. 氮氧化物（NO_x）有什么危害性？ …… 460
716. 热电联产系统如何减少 NO_x 的排放？ …… 461
第二节　除尘器及其应用 …… 461
717. 热电厂应用的除尘器有几种？ …… 461
718. 布袋除尘器有什么优缺点？ …… 464
719. 电除尘器有什么优缺点？ …… 464
720. 电袋式除尘器有什么特点？ …… 465
721. 什么是湿式电除尘器？ …… 466
722. 湿式电除尘器的优缺点是什么？ …… 466
第三节　除灰系统及其应用 …… 467
723. 什么是水力除灰系统？ …… 467
724. 什么是气力除灰系统？ …… 467
725. 什么是气力除灰系统用的仓泵？ …… 470
726. 什么是混合除灰除渣系统？ …… 470
第四节　烟气脱硫设备和系统 …… 471
727. 什么是干法烟气脱硫？ …… 471
728. 什么是湿法烟气脱硫？ …… 471
729. 什么是 FGD 工艺？ …… 471
730. 试述石灰石/石灰-石膏湿法烟气脱硫技术。 …… 471
731. 石灰石/石灰-石膏湿法烟气脱硫的特点是什么？ …… 472
732. 什么是喷雾干燥法脱硫？ …… 472
733. 试述干式循环流化床烟气脱硫技术。 …… 473
734. 什么是双碱法脱硫？ …… 473
735. 什么是海水烟气脱硫法？ …… 473

736. 什么是电子束照射脱硫法？ …… 474
第五节 烟气脱硝设备和系统 …… 474
737. 烟气脱硝的原理是什么？ …… 474
738. 什么是 SCR 脱硝工艺？ …… 475
739. 什么是 SNCR 脱硝工艺？ …… 476
740. 什么是 SNCR-SCR 混合烟气脱硝工艺？ …… 476
第六节 热电厂的废水处理设备和系统 …… 478
741. 我国的污水综合排放标准是什么？ …… 478
742. 什么是《基本控制项目最高允许排放浓度（日均值）》？ …… 478
743. 什么是《部分一类污染物最高允许排放浓度（日均值）》？ …… 479
744. 什么是《选择控制项目最高允许排放浓度（日均值）》？ …… 479
745. 热电厂主要有哪些废水？ …… 480
746. 什么是循环水的排污水？ …… 480
747. 什么是脱硫废水？ …… 480
748. 什么是生活废水？ …… 481
749. 热电厂的化学废水如何处理？ …… 481
750. 热电厂的工业废水如何处理？ …… 481
751. 什么是零排放？ …… 481
752. 什么是废水零排放？ …… 481
753. 我国现有什么废水零排放的手段？ …… 482
754. 什么是机械蒸汽再压缩循环蒸发技术？ …… 482
755. 什么是晶种法技术？ …… 482
756. 什么是混全盐结晶技术？ …… 482
第十三章 热电厂的热经济性及其指标 …… 484
第一节 概述 …… 484
757. 什么是热电厂总热耗量的分配？ …… 484
758. 什么是热量法？ …… 484
759. 什么是实际焓降法？ …… 484
760. 什么是做功能力法？ …… 485
761. 上述三种分配方法的使用范围是什么？ …… 485
762. 热电厂有哪些主要经济指标？ …… 485

763. 什么是热电厂的燃料利用系数和热电比？ …………………… 485
764. 供热机组的热化发电率如何计算？ ……………………………… 486
765. 影响热电比的因素有哪些？ ……………………………………… 487
766. 我国对热电厂总指标有什么规定？ ……………………………… 487
767. 发电方面的热经济指标如何计算？ ……………………………… 487
768. 供热方面的热经济指标如何计算？ ……………………………… 488
第二节　热电厂的节煤量的计算 ……………………………………… 488
769. 热电联产较热电分产的节煤量如何计算？ …………………… 488
770. 热电联产较热电分产供热的节煤量如何计算？ ……………… 488
771. 热电联产较热电分产供热节煤的条件是什么？ ……………… 489
772. 热电联产发电节煤量如何计算？ ………………………………… 489
773. 热电厂发电节约燃料的条件是什么？ …………………………… 490
774. 热电厂总节煤量如何计算？ ……………………………………… 490
第三节　热电冷联产的热力计算 ……………………………………… 490
775. 什么是热负荷和冷负荷？ ………………………………………… 490
776. 如何计算采暖热负荷？ …………………………………………… 491
777. 如何计算通风热负荷？ …………………………………………… 492
778. 如何计算热水供应热负荷？ ……………………………………… 492
779. 如何计算空调热负荷？ …………………………………………… 492
780. 什么是同时系数？ ………………………………………………… 493
781. 什么是平均热负荷？ ……………………………………………… 493
782. 什么是热负荷系数？ ……………………………………………… 493
783. 什么是热负荷利用小时数？ ……………………………………… 493
784. 什么是全日热负荷时间图？ ……………………………………… 493
785. 试给出国内部分建筑的空调冷负荷概算指标。 ………………… 494
786. 什么是当量热力系数？ …………………………………………… 494
787. 试举例说明热电冷联产的经济性。 ……………………………… 495
第十四章　热电联产管理和政策 ……………………………………… 497
第一节　热化系数的确定 ……………………………………………… 497
788. 什么是热化系数？ ………………………………………………… 497
789. 什么是理论上热化系数最佳值和工程上热化系数最佳值？ …… 497

790. 如何确定热化系数的理论最佳值？ …… 497
791. 如何确定热化系数的工程最佳值？ …… 498
第二节 热电负荷的分配 …… 499
792. 如何优化分配热电负荷？ …… 499
第三节 电价和热价 …… 503
793. 电价有什么特点？ …… 503
794. 电价是如何构成的？ …… 503
795. 我国的电价政策是怎样规定的？ …… 504
796. 我国现行电价分类怎样规定的？ …… 504
797. 什么是峰谷分时电价？ …… 504
798. 现行的峰谷分时电价实行范围是怎样规定的？ …… 504
799. 峰谷分时电价时段是怎样划分的？ …… 504
800. 峰谷分时电价是怎样确定的？ …… 504
801. 热价有什么特点？ …… 505
802. 热价制定的依据是什么？ …… 505
803. 试计算热电成本分摊比。 …… 505
第四节 运行管理 …… 505
804. 热电厂运行管理包括哪些内容？ …… 505
805. 热电厂发电管理的要求是什么？ …… 506
806. 热电厂的供热管理的内容是什么？ …… 506
807. 热电厂的安全管理的内容是什么？ …… 507
808. 热电厂的节能管理的措施是什么？ …… 507
第五节 采暖供热的计量 …… 507
809. 什么是传统的热量计量方法？ …… 507
810. 国外的采暖供热计量方法有几种？ …… 507
811. 什么是楼栋热表计量法？ …… 507
812. 什么是热分配表计量法？ …… 508
813. 什么是热水流量表计量法？ …… 508
814. 什么是用户热表计量法？ …… 508
815. 什么是面积分摊制？ …… 508
816. 什么是热量分摊制？ …… 508

817. 什么是室温分摊法? …… 508
818. 什么是时间分摊法? …… 509
819. 什么是蒸发式仪表分摊法? …… 509
820. 什么是电子式仪表分摊法? …… 509
821. 什么是水表分摊法? …… 509
822. 什么是热表分摊法? …… 510
第六节 热电联产的政策 …… 510
823. 我国有哪些有关热电联产的政策? …… 510
824.“十三五”规划中对热电联产有什么规划? …… 510
附录 …… 511
附录一 关于发展热电联产的若干规定 …… 511
附录二 热电联产管理办法通知 …… 517
附录三 热电联产管理办法 …… 520

第一章

热电联产基础知识

第一节　工程热力学基础

1. 什么是状态参数？

状态是热力系在指定瞬间所呈现的全部宏观性质的总称。从各种不同方面描写这种宏观状态的物理量就是各个状态参数。常用的状态参数有压力、比体积、温度、热力学能、焓和熵。其中压力、比体积和温度称为基本状态参数。

2. 什么是压力？

压力是单位面积上承受的垂直作用力，可以用下式计算

$$p=F/A$$

式中　p——压力，Pa；

F——垂直作用力，N；

A——面积，m^2。

国际单位制中压力的单位是 Pa（帕），$1Pa=1N/m^2$。工程中常用 MPa 作为压力单位，$1MPa=10^6Pa$。

3. 什么是气体的绝对压力和表压力？什么是真空度？

气体的真正压力称为气体的绝对压力。由于测量压力的仪表通常处在大气环境中，只能测出绝对压力和当地的大气压力的差值。

当绝对压力高于大气压力时，压力计指示的是绝对压力超出大气压力的部分，称为表压力。当气体的绝对压力低于大气压力时，真空计指示的是绝对压力低于大气压力的部分，称为真空度。

绝对压力可以用下式计算

$$p>p_b\text{时，}p=p_b+p_g$$

$$p<p_b\text{时，}p=p_b-p_v$$

式中 p——绝对压力，Pa；

p_b——大气压力，Pa；

p_g——表压力，Pa；

p_v——真空度，Pa。

4. 什么是比体积？

比体积是单位质量的物质所占有的体积，可以用下式计算

$$v=V/m$$

式中 v——比体积，m^3/kg；

V——体积，m^3；

m——质量，kg。

比体积的倒数称为密度（ρ），密度是单位体积的物质所具有的质量，可以用下式计算

$$\rho=m/V$$

比体积的单位是 m^3/kg，密度的单位是 kg/m^3。

5. 什么是温度？

温度表示物体的冷热程度。对于气体，温度可以用分子平均移动能的大小来表示，即

$$\frac{\overline{m}\,\overline{c}^2}{2}=\frac{3}{2}kT$$

式中 $\overline{m}$——分子的平均质量，kg；

$\overline{c}$——分子的均方根移动速度，m/s；

$\frac{\overline{m}\,\overline{c}^2}{2}$——分子平均移动能，J；

k——玻尔曼常数，$k=1.380\,658\times10^{-23}$；

T——热力学温度，K。

国际单位制中采用热力学温标，也叫开尔文温标或绝对温标，用 T 表示，单位为 K（开），摄氏温标或百度温标用 t 表示，单位为℃（摄氏度），它们之间的换算关系为

$$t=T-T_0$$

式中 T_0——摄氏温标与热力学温标的差值，其值为 273.15K。

摄氏温标的每 1℃和热力学温标的每 1K 是相等的，只是摄氏

温标的零点比热力学温标的零点高出 273.15K。

6. 什么是热力学能（内能）?

热力学能是指组成热力系的大量微观粒本身具有的能量。在工程热力学中热力学能（U）通常只考虑分子的动能（U_k）和分子力所形成的位能（U_p）。

单位质量物质的热力学能称为比热力学能，即

$$u=U/m\ ,\ U=mu$$

式中 u——比热力学能，J/kg；

U——热力学能，J；

m——质量，kg。

在国际单位制中，热力学能的单位为 J（焦耳），比热力学能的单位为 J/kg。在工程单位制中，热力学能的单位为 kcal（千卡），比热力学能的单位为 kcal/kg。1kcal＝4186.8J＝4.1868kJ。

7. 什么是焓?

焓是一个组合的状态参数，它表示流动工质在热力学层面上具有能量的大小，等于该工质的内能加上其体积与绝对压力的乘积，即

$$H=U+pV$$

式中 H——焓，J；

U——热力学能，J；

p——绝对压力，Pa；

V——体积，m^3。

单位质量物质的焓称为比焓，可以用下式计算

$$h=H/m=u+pv,\ H=mh$$

式中 h——比焓，J/kg；

m——质量，kg；

v——比体积 m^3/kg。

在国际单位制中，焓的单位是 J，比焓的单位是 J/kg。在工程单位制中，焓的单位是 kcal，比焓的单位是 kcal/kg。

8. 什么是熵?

熵是一个导出的状态参数。它表示流动工质在热力学层面上

能量等级的高低，熵的变化等于系统从热源吸收热量与热源的热力学温度之比，对于简单可压缩均匀系，可以表示为

$$S=\frac{\int(dU+p\,dV)}{T+S_0},dS=\frac{(dU+p\,dV)}{T}$$

单位质量的物质的熵称为比熵，即

$$s=\frac{S}{m}=\frac{\int(du+p\,dv)}{T+s_0},ds=\frac{dS}{m}=\frac{(du+p\,dv)}{T}$$

式中 S——熵，J/K；

s——比熵，J/(kg·K)；

S_0——熵常数，J/K；

s_0——比熵常数，J/(kg·K)。

在国际单位制中，熵的单位为J/K，比熵的单位为J/(kg·K)。在工程单位制中，熵的单位为kcal/K，比熵单位为kcal/(kg·K)。

9. 什么是流动工质的㶲和㶲损？

在工程中，能量转换及热量传递过程大多数是通过流动工质的状态变化实现的，在一定条件下，如果流动工质具有不同于环境的温度和压力，它就具有一种潜在的做功能力。流动工质处于不同状态时的做功能力的大小，可以用一个新参数㶲来表示。而流动工质作的技术功总小于㶲降，这减少的部分就是㶲损。对任意质量工质的㶲，则用符号E_x表示

$$E_x=(H-H_0)-T_0(S-S_0)$$

式中 H——某状态下的焓，J；

H_0——T_0状态下的焓，J；

T_0——大气的温度，K；

S——某状态下的熵，J/K；

S_0——T_0状态下的熵，J/K。

㶲的单位为J或kJ。

10. 什么是热力学第一定律？

热力学第一定律是能量守恒与转换定律在热力学中的应用。它主要说明热能和机械能在转移和转换时，能量的总量必定守恒。

根据热力学第一定律可知：加入热力系的能量的总和－热力系输出的能量的总和＝热力系总能量的增量。即

$$(\delta Q + e_1 \delta m_1) - (\delta W_{tot} + e_2 \delta m_2) = (E + \mathrm{d}E) - E$$

或

$$\delta Q = \mathrm{d}E + (e_2 \delta m_2 - e_1 \delta m_1) + \delta W_{tot}$$

对有限长的时间 τ，可将上式积分，从而得

$$Q = \Delta E + \int_{(\tau)} (e_2 \delta m_2 - e_1 \delta m_1) + W_{tot}$$

上述两式是热力学第一定律的最基本的表达式，适用于任何工质进行的任何无摩擦或有摩擦的过程。

式中 δQ——系统从外界吸收的微小热量，J；

$e_1 \delta m_1$——系统从外界流进了每千克总能量为 e_1 的质量 δm_1；

δW_{tot}——系统对外界做出的微小总功，J；

$e_2 \delta m_2$——系统向外界流出了每千克总能量为 e_2 的质量 δm_2；

E——系统的总能量，J；

$E + \mathrm{d}E$——系统的总能量加增量，J。

图 1-1 表示了该表达式的示意图。

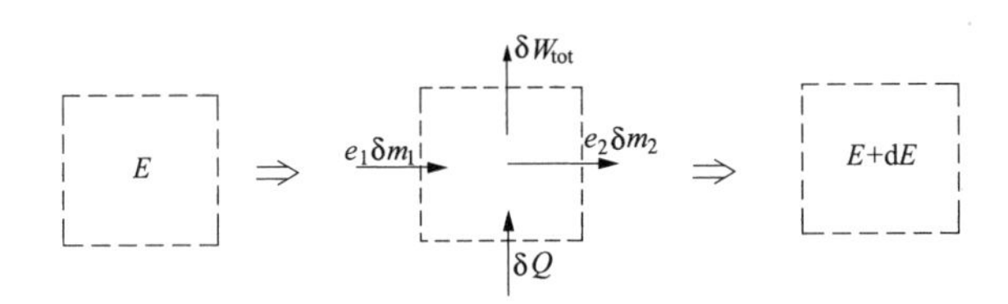

图 1-1 热力学第一定律表达式的示意图

11. 什么是热力学第二定律?

热力学第二定律可以用熵方程来表达（如图 1-2 所示）。

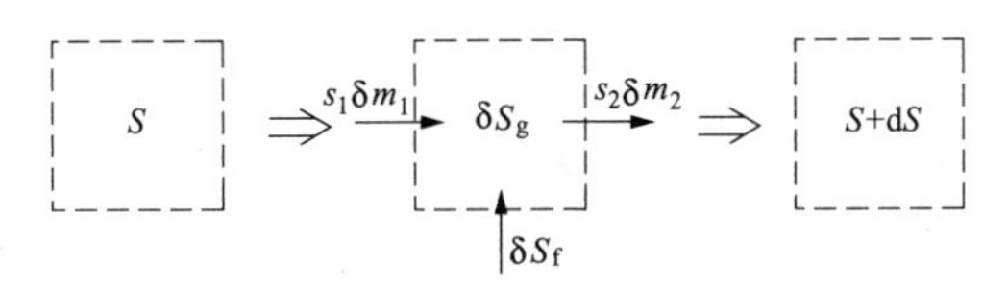

图 1-2 热力学第二定律表达式示意图

$$(\delta S_f+s_1\delta m_1)+\delta S_g-s_2\delta m_2=(S+dS)-S$$

$$dS=\delta S_f+\delta S_g+s_1\delta m_1-s_2\delta m_2$$

将上式对时间积分，可得

$$\Delta S=\Delta S_f+\Delta S_g+\int_{(\tau)}(s_1\delta m_1-s_2\delta m_2)$$

式中 S_f——从外界进入热力系的熵流，J/K；

$s_1\delta m_1$——从外界流进的比熵为 s_1 的质量 δm_1；

S_g——热力系内部的熵产，J/K；

$s_2\delta m_2$——向外界流出的比熵为 s_2 的质量 δm_2；

S——热力系的总熵，J/K；

$S+dS$——热力系的总熵加增量，J/K。

上述两式为热力学第二定律的表达式。也可以表达为：流入热力系的熵的总和＋热力系的熵产－从热力系流出的熵的总和＝热力系总熵的增量。

这里需要说明的是熵流和熵产的概念：

根据熵的定义在 $d\tau$ 时间内熵的变化 dS 可为

$$\begin{aligned}dS&=(dU+p\,dV)/T=(dU+\delta W+\delta W_L)/T\\&=(\delta Q+\delta Q_g)/T=\delta Q/T+\delta Q_g/T\\&=\delta S_f+\delta S_g^{Q_g}\end{aligned}$$

式中 δS_f——熵流，它表示热力系与外界交换热量而导致的熵的流动量；

$\delta S_g^{Q_g}$——由热力系内部的热产引起的熵产。

上述情况用于内部平衡的闭口系。对于内部不平衡的闭口系，其熵的变化除了熵流和熵产外，还应包括热力系内部传热引起的熵产。

12. 什么是卡诺定理和卡诺循环？

卡诺定理：工作在两个恒温热源之间的循环，不管采用什么工质，具体经历什么循环，如果是可逆的，其热效率均为 $1-T_2/T_1$（T_2、T_1为热源）。

卡诺循环：卡诺循环是由法国工程师卡诺于1824年提出的，用以分析热机的工作过程，循环包括四个步骤：等温膨胀

（系统吸收热量）、绝热膨胀（系统对环境做功）、等温压缩（系统向环境放出热量）、绝热压缩（系统对环境作负功，恢复原来状态）。在图 1-3 中表示了卡诺循环的温熵示意图。它由两个可逆的等温过程（$a\rightarrow b$、$c\rightarrow d$）和两个可逆的绝热（定熵）过程（$b\rightarrow c$、$d\rightarrow a$）组成，称为卡诺循环。其热效率为

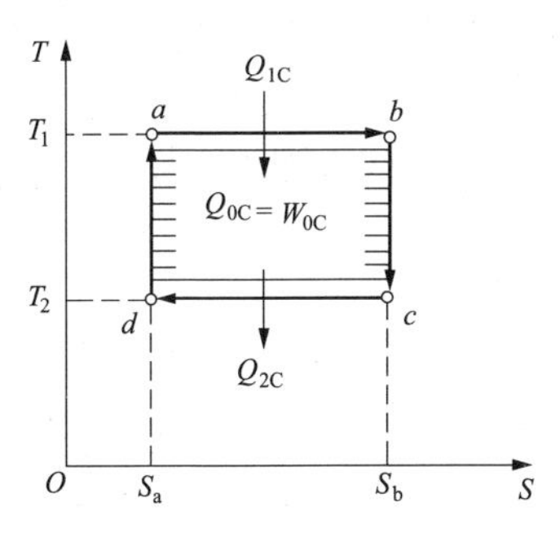

图 1-3 卡诺循环的示意图

$$\begin{aligned}\eta_{t,C}&=W_{0C}/Q_{1C}=Q_{0C}/Q_{1C}=(Q_{1C}-Q_{2C})/Q_{1C}\\&=1-Q_{2C}/Q_{1C}=1-T_2(S_b-S_a)/T_1(S_b-S_a)\\&=1-T_2/T_1\end{aligned}$$

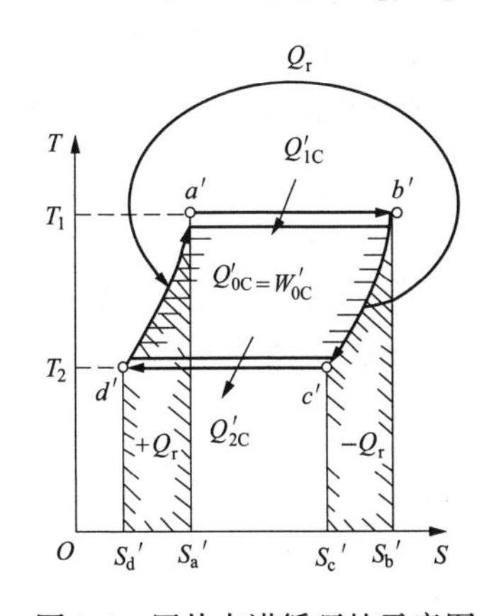

图 1-4 回热卡诺循环的示意图

图 1-4 表示了回热卡诺循环的示意图。它由两个可逆的等温过程（$a'\rightarrow b'$、$c'\rightarrow d'$）和两个在温熵图中平行的，即吸热和放热在循环内部通过回热正好抵消的可逆过程（$d'\rightarrow a'$、$b'\rightarrow c'$）组成，称为回热卡诺循环。其热效率为

$$\begin{aligned}\eta_{t,C}'&=W'_{0C}/Q_{1C}=1-Q'_{2C}/Q'_{1C}\\&=1-T_2(S'_c-S'_d)/T_1(S'_b-S'_a)\end{aligned}$$

由于

$$S'_c-S'_d=S'_b-S'_a$$

则

$$\eta'_{t,C}=1-T_2/T_1$$

由此可见，工作在两个恒温热源的可逆热机进行的循环，只能是卡诺循环和回热卡诺循环。它们是一定温度范围内热效率最高的循环。

13. 什么是水蒸气的焓熵图？

工程上根据蒸汽表上已列的各种数值，用不同的热力参数坐

标制成各种水蒸气线图，以方便工程上的计算，在热工上使用较广的是以焓为纵坐标，以熵为横坐标的焓熵图（即 h-s 图），水蒸气的焓熵图如图 1-5 所示。图中饱和线 $x=1$ 的上方为过热蒸汽区，下方为湿蒸汽区。图中还绘制了等压线、等温线、等干度线和等容线。

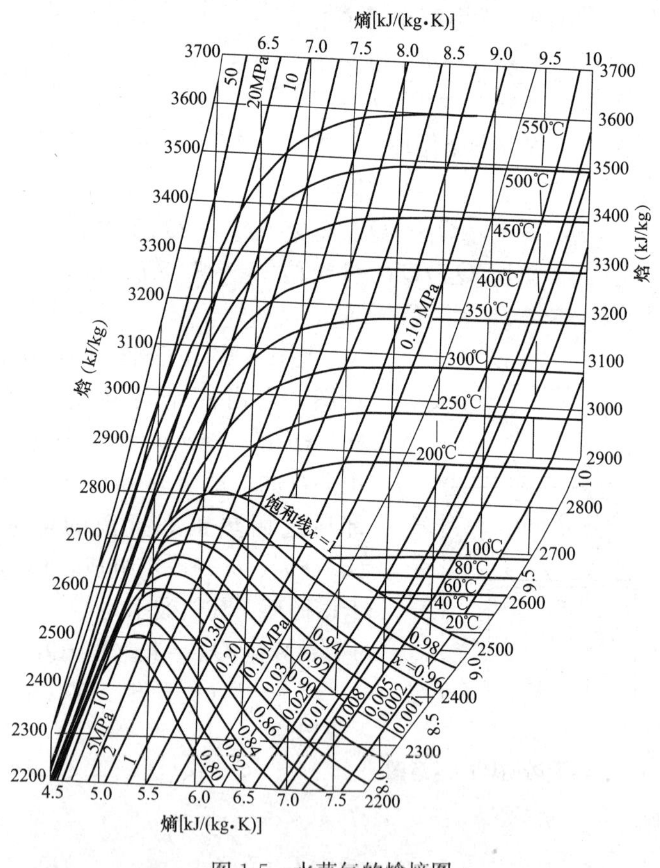

图 1-5　水蒸气的焓熵图

14. 试举例说明水蒸气焓熵图的应用。

水蒸气从初状态 $p_1=1\mathrm{MPa}$、$t_1=300℃$，可逆绝热（定熵）地膨胀到 $p_2=0.1\mathrm{MPa}$。求每千克水蒸气所做的功及膨胀终了时的湿度（见图 1-6）。

由焓熵图可查得：当 p_1=1MPa、t_1=300℃时，h_1=3053kJ/kg，s_1=7.122kJ/(kg·K)。

沿7.122kJ/(kg·K)的定熵线垂直向下，与0.1MPa的定压线的交点2即为终状态，据此查得：h_2=2589kJ/kg，x_2=0.961。

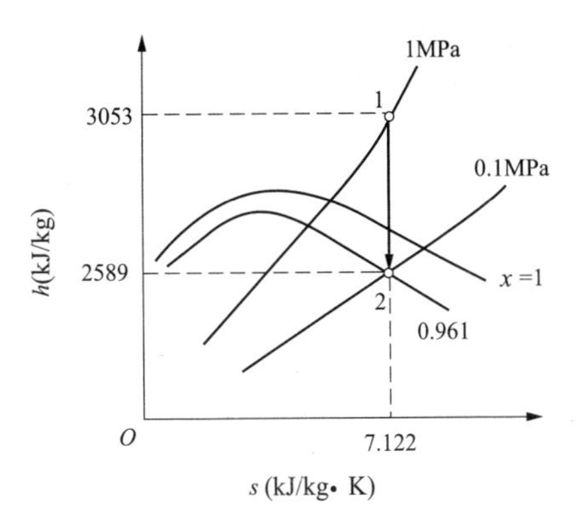

图1-6 例题的利用焓熵图求解

所以技术功为

$$w_{t,s}=h_1-h_2=(3053-2489)\text{kJ/kg}=484\text{kJ/kg}$$

终状态湿度为

$$y_2=1-x_2=1-0.961=0.039$$

15. 如何在焓熵图上表示水蒸气的热力过程?

图1-7表示了焓熵图上各热力过程。

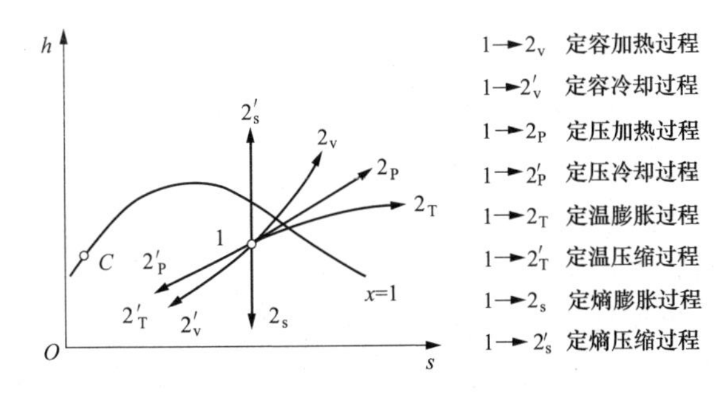

图1-7 各热力过程在焓熵图上的表示

根据焓熵图查出过程始末各状态参数值：T_1、p_1、v_1、h_1、

s_1；T_2、p_2、v_2、h_2、s_2。

（1）热量的计算：

1）对定容过程（无膨胀功的过程）

$$q_v=u_2-u_1=(h_2-h_1)-(p_2-p_1)v$$

2）对定压过程（无技术功的过程）

$$q_p=h_2-h_1$$

3）对定温过程

$$q_T=T(s_2-s_1)$$

4）对定熵过程（绝热过程）

$$q_s=0$$

（2）功的计算（不计摩擦）：

1）对定容过程（无膨胀功的过程）

$$\omega_v=0$$

$$\omega_{t,v}=v\ (p_1-p_2)$$

2）对定压过程（无技术功的过程）

$$\omega_p=p\ (v_2-v_1)$$

$$\omega_{t,p}=0$$

3）对定温过程

$$\omega_T=q_T-(u_2-u_1)=T(s_2-s_1)-(h_2-h_1)+(p_2v_2-p_1v_1)$$

$$W_{t,T}=q_T-(h_2-h_1)=T(s_2-s_1)-(h_2-h_1)$$

4）对定熵过程（绝热过程）

$$\omega_s=u_1-u_2=(h_1-h_2)-(p_1v_1-p_2v_2)$$

$$\omega_{t,s}=h_1-h_2$$

16. 什么是朗肯循环？

朗肯循环是由两个定压过程和两个绝热过程组成的最简单的蒸汽动力循环。如图 1-8 所示。

蒸汽动力装置采用的工质是水蒸气，包括蒸汽锅炉、蒸汽轮机、凝汽器和水泵。水在蒸汽锅炉中预热、汽化并过热、变成过热蒸汽。从蒸汽锅炉出来的水蒸气进入蒸汽轮机膨胀做功，从蒸汽轮机排出的水蒸气进入凝汽器，凝结为水，并放出热量，凝结水经过水泵，提高压力后再进入蒸汽锅炉。上述循环共分为四个过程。图 1-9 表示了该循环的过程图。

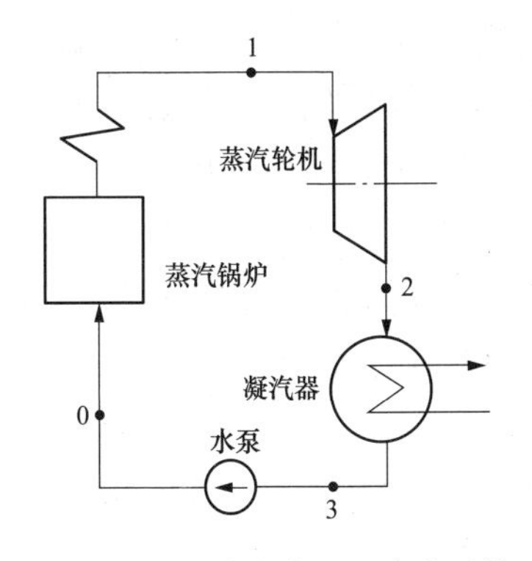

图 1-8 蒸汽动力装置组成的系统

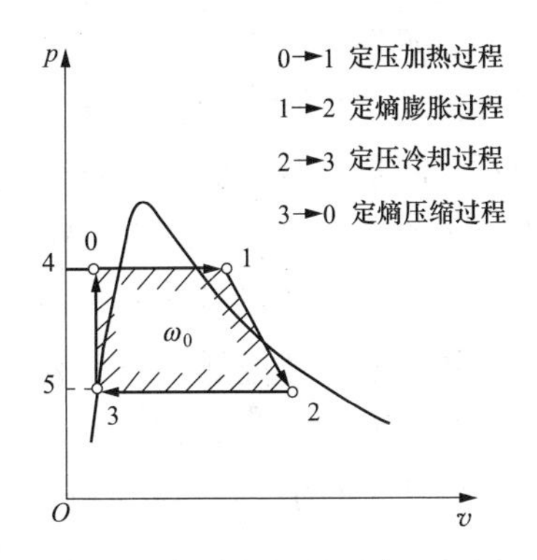

图 1-9 朗肯循环的四个过程图

朗肯循环的热效率为

$$\eta_t = 1 - q_2/q_1 = 1 - (h_2 - h_3)/(h_1 - h_0)$$

式中 q_2——过程 2→3 所放出的热量，J/kg；

q_1——过程 0→1 所得到的热量，J/kg；

h_2——点 2 的水蒸气的焓，J/kg；

h_3——点 3 的水的焓，J/kg；

h_1——点 1 的过热水蒸气的焓，J/kg；

h_0——点 0 的凝结水的焓，J/kg。

上述各状态点的焓值可由水蒸气的焓熵图或热力性质表查得。

17. 什么是温熵图？

任何可逆过程都可以表示成状态图上的过程曲线，熵和温度都是状态参数，因此任一可逆过程都可表示为以温度 T 为纵坐标、熵 S 为横坐标的状态图上的一条过程曲线，这样的状态图就是温熵图。

温熵图的应用十分广泛，在热力工程上的燃煤电厂的水蒸气循环的温熵图就是一例，如图 1-10 所示。

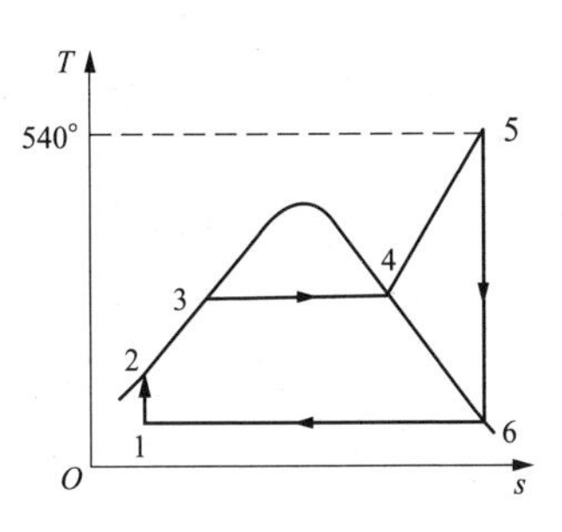

图 1-10 燃煤电厂水蒸气循环温熵图

水首先被绝热压入锅炉的管道系统中，吸收煤燃烧的热量而升温、蒸发、产生高温高压的水蒸气，通过蒸汽轮机绝热膨胀，对外做功，带动发电机发电。最后，经汽轮机后低温低压的水蒸气在冷凝器中冷却成水，完成一个循环过程，循环中从 1 开始经 2 至 6 再回到 1 的过程曲线分别对应于水在泵中的绝热加压，水在锅炉中的加热、蒸发及水蒸气的加热，高温高压的水蒸气在汽轮机中绝热膨胀，低温低压的水蒸气在冷凝器中的冷凝。

18. 什么是蒸汽再热循环？

蒸汽再热循环是提高蒸汽动力循环热效率的一种有效措施。图 1-11 是采用再热循环的蒸汽动力装置。

在图中过热水蒸气在蒸汽轮机中并不是立刻膨胀到最低压力，而是膨胀到某个中间压力，接着到再热器中再次加热，然后到第二段蒸汽轮机中继续膨胀。其温熵图见图 1-12。如果再热参数选择合理，其热效率就比朗肯循环的热效率高，采用再热循环还可以显著降低乏汽的湿度。该种循环方式用于大型超高压蒸汽动力装置。

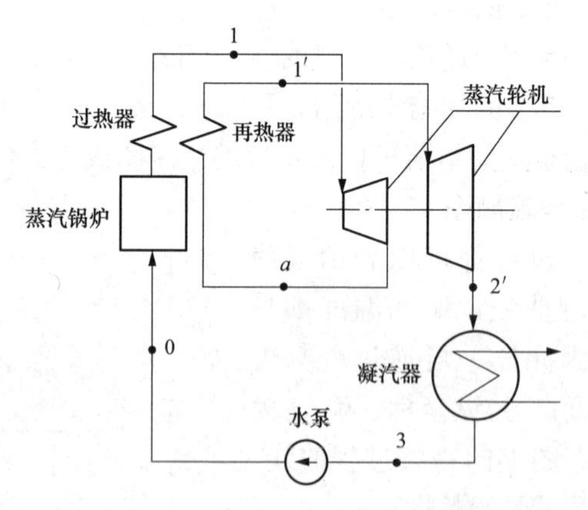

图 1-11　蒸汽再热循环动力装置

图 1-12 中再热循环是循环 $01a1'2'30$，它比朗肯循环（01230）的热效率高，其平均吸热温度高于朗肯循环的平均吸热温度，即

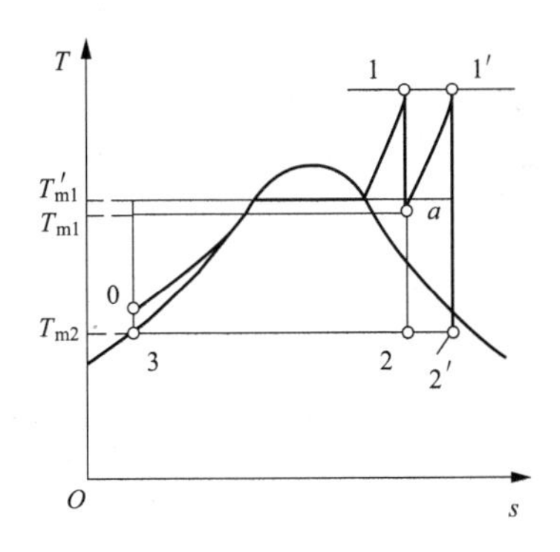

图 1-12 再热循环的温熵图

$T'_{m1} > T_{m1}$，而两者的平均放热温度相同。

19. 什么是抽汽回热循环?

图 1-13 表示了抽汽回热循环的系统图。图 1-14 则表示了抽汽回热循环温熵图。该系统是一个二次抽汽回热的蒸汽动力装置。从温熵图可见，从蒸汽轮机的不同中间部位抽出不同的压力的蒸汽，使它们定压冷却，完全凝结（过程 $a \to a'$、$b \to b'$），放出的热量用于预热锅炉的给水（过程 $b'' \to a'$、$c' \to b'$），其余大部分蒸汽在蒸汽轮机中继续膨胀做功。此时，蒸汽锅炉中的吸热过程变为

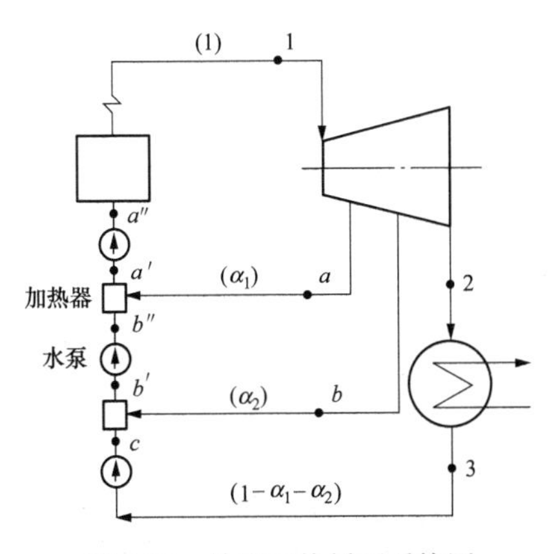

图 1-13 抽汽回热循环系统图

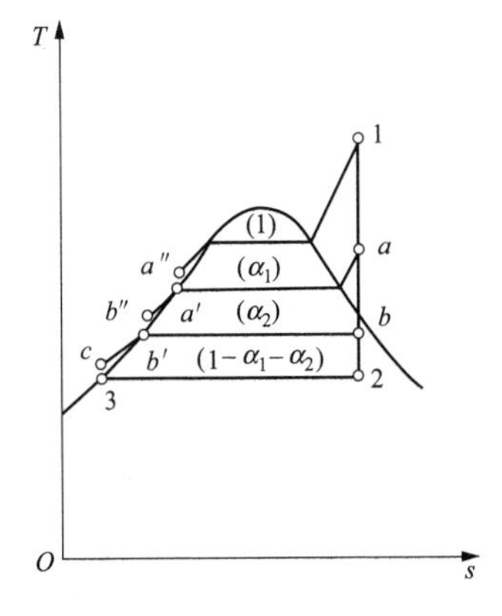

图 1-14 抽汽回热循环温熵图

$a''\to 1$，提高了吸热平均温度，从而提高了循环热效率，可以证明，其热效率为

$$\eta=1-Q_2/Q_1=1-(1-a_1-a_2)(h_2-h_1)/(h_1-h_a)$$

$$a_1=(h_{a'}-h_{b''})/(h_a-h_{b''})$$

$$a_2=(1-a_1)\times(h_{b'}-h_c)/(h_b-h_c)$$

20. 什么是热电联产循环？

热电联产是根据热用户的要求，从汽轮机的中间部位抽出所需温度和压力的一部分蒸汽送往用户。如果热用户稳定和规模较大，可以采用背压式汽轮机，全部排汽直接提供给用户（如图 1-15 所示），图 1-16 是热电联产循环温熵图。但背压式机组的电产量和热产量的比例不能调节，在用热不足时，发电也受到限制。

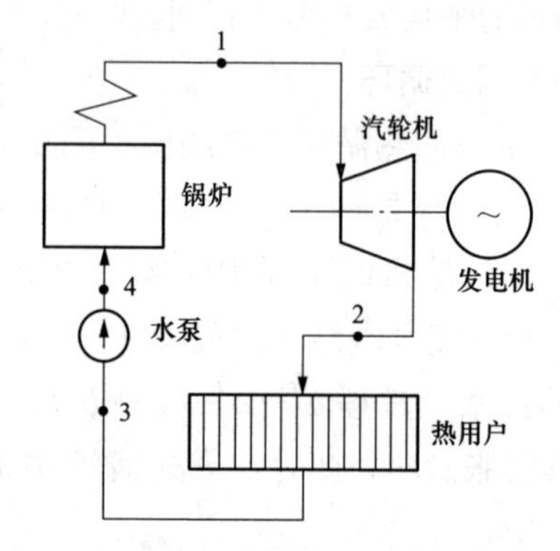

图 1-15　热电联产循环系统

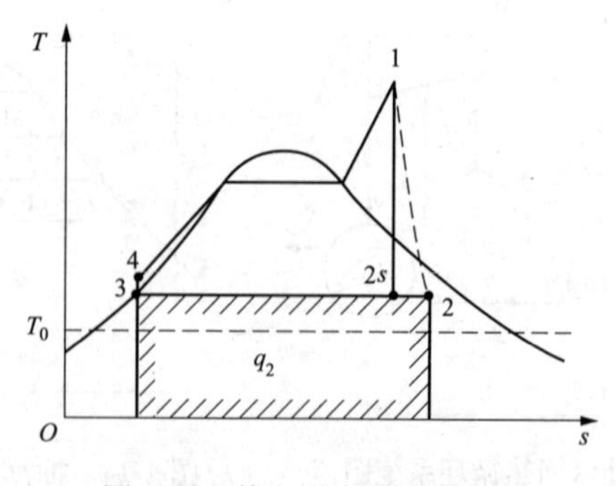

图 1-16　热电联产循环温熵图

热电联产循环比单纯发电的循环而言，热效率降低了，但总的能量利用率提高了。

21. 什么是燃气-蒸汽联合循环?

燃气-蒸汽联合循环是由燃气轮机装置循环与蒸汽动力循环相配合的循环系统（如图 1-17 所示）。图 1-18 是燃气-蒸汽联合循环温熵图。

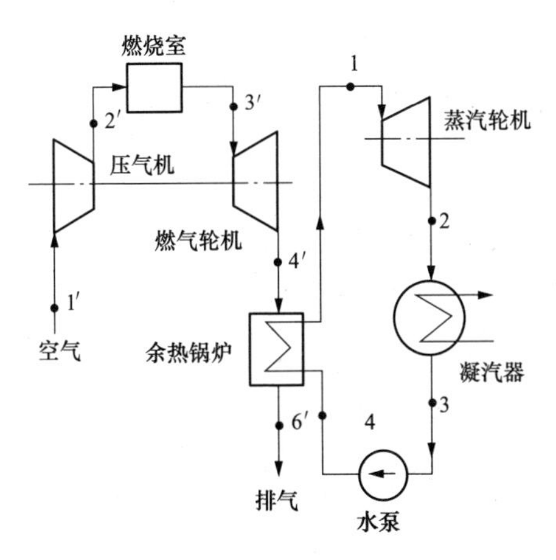

图 1-17　燃气-蒸汽联合循环系统图

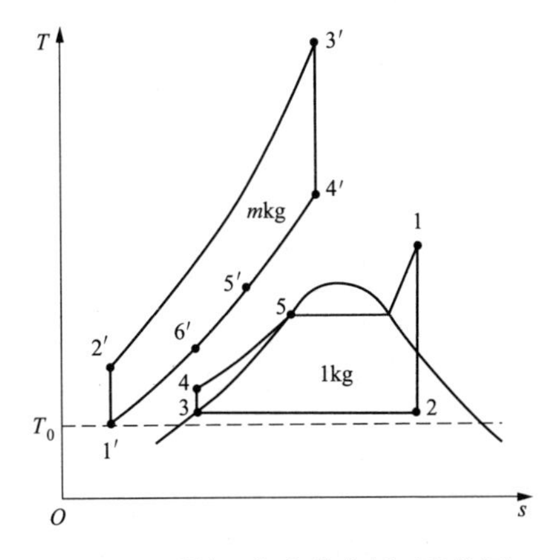

图 1-18　燃气-蒸汽联合循环温熵图

如果燃气轮机装置进行预循环、蒸汽动力装置进行底循环，将燃气轮机的排气引入余热锅炉加热水，使之变为蒸汽，进入汽轮机做功，这样就形成了燃气-蒸汽联合循环。可以证明，该循环系统的热效率为

$$\eta=W_0/Q_1=1-Q_2/Q_1=1-m(h_{6'}-h''_1)+(h_2-h_3)/m(h_{3'}-h_{2'})$$

式中 W_0——整个联合循环所做的功，J；

Q_1——从外界吸收的热量，J；

Q_2——向外界放出的热量，J；

m——燃气流量与蒸汽流量之比，%；

$h_{6'}$——状态 6′的焓值，J/kg；

$h_{1'}$——状态 1′的焓值，J/kg；

h_2——状态 2 的焓值，J/kg；

h_3——状态 3 的焓值，J/kg；

$h_{2'}$——状态 2′的焓值，J/kg；

$h_{3'}$——状态 3′的焓值，J/kg。

22. 什么是逆向卡诺循环？

热功转换装置中，还有一类使热能从温度较高的物体转移到温度较低的物体的装置，这就是制冷机。在制冷机中进行的循环，其方向正好与动力循环相反，这种循环称为制冷循环，也称为逆向卡诺循环。图 1-19 所示是逆向卡诺循环温熵图。

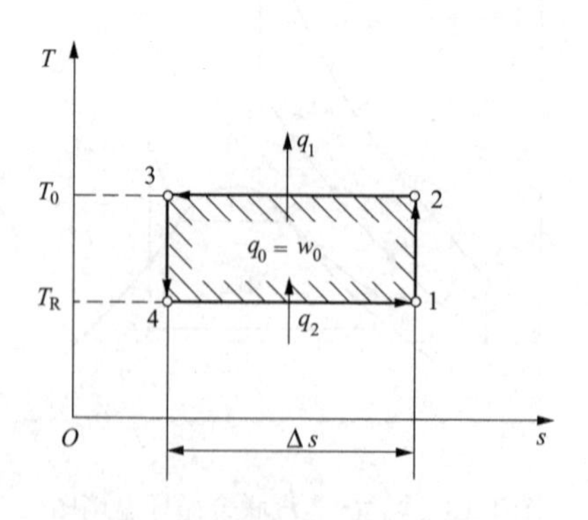

图 1-19 逆向卡诺循环温熵图

设有一逆向卡诺循环工作在冷库温度 T_R 和大气温度 T_0 之间。它消耗功 w_0，同时从冷库吸收热量 q_2，并向大气放出热量 q_1，如图 1-19 所示。其制冷系数为

$$\varepsilon_c = q_2/w_0 = T_R\Delta s/(T_0 - T_R)\Delta s = T_R/(T_0 - T_R)$$

当大气温度为 T_0 时，冷库温度 T_R 越低，制冷系数越小。制冷系数可以大于 1 或小于 1。

23. 什么是空气压缩制冷循环?

图 1-20 表示空气压缩制冷循环。它包括压气机、冷却器、膨胀机和冷库四部分。从冷库出来的低温、低压的空气在压气机中被绝热压缩至较高温度和压力（图 1-21 中 1→2），在冷却器中定压冷却到接近大气温度（2→3），再经过膨胀机绝热膨胀到较低压力，温度降到冷库温度以下（3→4），最后低压、低温的冷空气在冷库中定压吸热（4→1），达到制冷的目的。

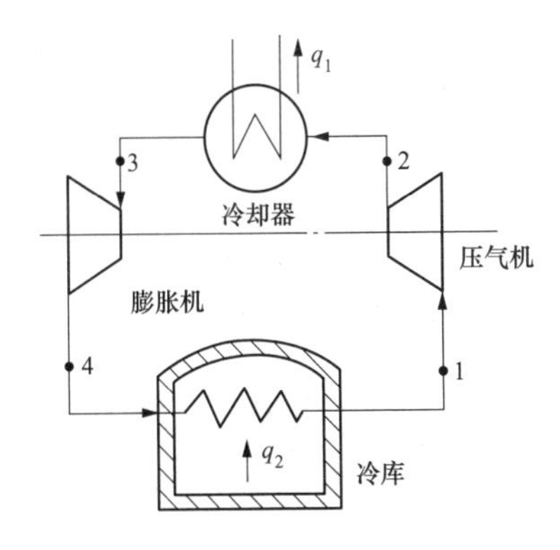

图 1-20 空气压缩制冷循环

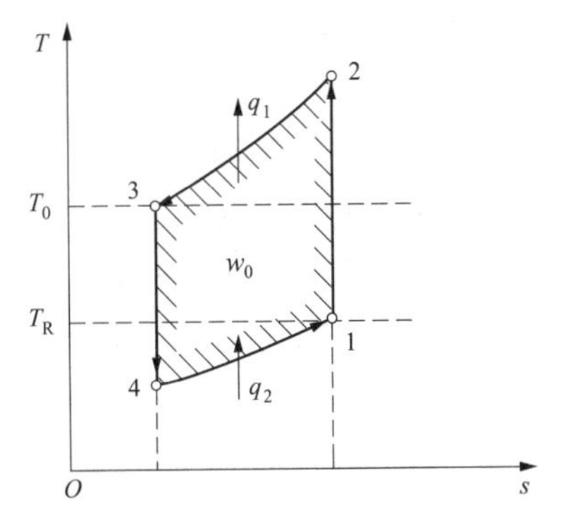

图 1-21 空气压缩制冷循环温熵图

24. 什么是蒸汽压缩制冷循环?

图 1-22 为蒸汽压缩制冷循环系统，它由蒸发器（冷库）、汽液分离器、压气机、冷凝器和节流阀组成，其温熵图见图 1-23。它利用低沸点物质作为制冷剂，在其饱和区中实现逆向卡诺循环。

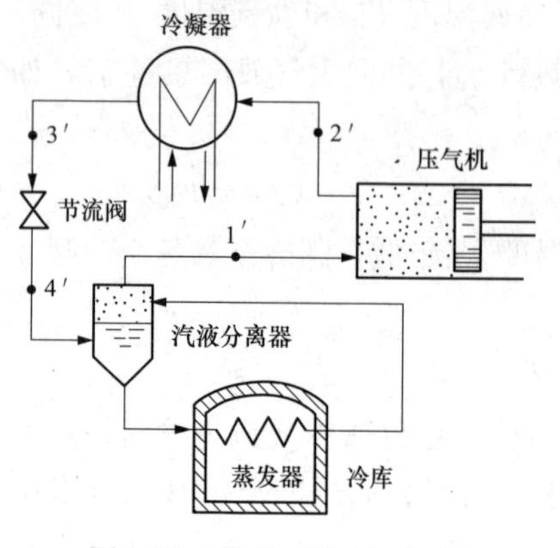

图 1-22 蒸汽压缩制冷循环

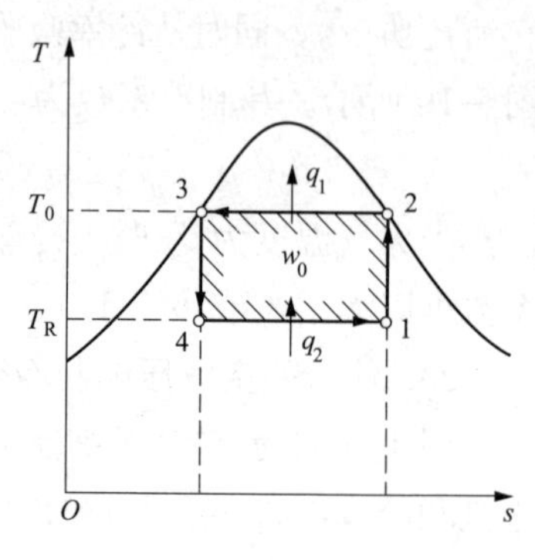

图 1-23 蒸汽压缩制冷循环温熵图

第二节 工程传热学基础

25. 什么是导热？

导热又称热传导，是指温度不同的物质在没有相对宏观运动时仅仅由于直接接触而发生的热能传递过程。它是物质的本能，其机理与物质的结构紧密相关。

26. 导热的基本定律是什么？

导热的基本定律是傅里叶定律，它表明在各向同性的介质中热流密度的大小与温度梯度成正比，其方向则与温度梯度的方向相反，即热流密度矢量垂直于等温面，且指向温度降低的方向。其表达式为

$$\vec{q}=-\lambda \text{grad}t=-\lambda \frac{\partial t}{\partial n}\vec{n}$$

式中 $\vec{q}$——热流密度，W/m^2；

λ——导热系数，$W/(m \cdot K)$；

grad$t$——空间某点的温度梯度，K/m；

n——通过该点的等温线的法向单位矢量。

27. 什么是对流换热？

对流换热是指流体与固体表面的热量传输，是在流体流动进

程中发生的热量传递现象，依靠流体质点的移动进行热量传递，与流体的流动情况密切相关。其特点是导热与热对流同时存在的复杂热传递过程，必须有直接接触（流体与壁面）和宏观运动，也必须有温差。

28. 什么是层流换热和湍流换热？

流体的运动分为层流和湍流两种状态。层流流动是指流体微团互不掺混、运动轨迹有条不紊地流动。当流速增加一定值时，流动从层流转为湍流，湍流又称为紊流，是一种不规则的流动现象，湍流中的各物理量是随时间和空间变化的随机变量。

层流换热是指流体在层流的状态下和管壁进行换热，湍流换热是指流体在湍流的状态下和管壁进行换热。这两种换热的效果是不同的。

29. 什么是自然对流换热？

在重力场、离心力场或其他力场作用下，由于流体内部温度差或浓度差形成密度差和浮升力而引起的流动现象称为自然对流。由自然对流所发生的换热现象称为自然对流换热。例如工业烟囱对大气的污染，工业排水和污水对湖泊的热污染等。自然对流也有内流和外流、层流和湍流之分。

30. 什么是辐射传热？

辐射传热是辐射现象的一种，是由于介质的温度引起介质发射的辐射能而发生的换热，是指由于介质内部的热运动而激发的电磁辐射。这种辐射强度仅取决于介质的温度。辐射传热的发射是指介质内部的原子由高能级跃迁到低能级的过程，宏观表现为介质温度下降；辐射传热的吸收是指介质内部的原子由低能级跃迁到高能级的过程，宏观表现为介质温度上升。

31. 什么是换热器？试说明其作用和分类。

换热器是实现两种或多种不同温度流体之间热量交换的设备。它的热量交换可以通过直接接触，也可以通过固体间壁间接进行。按传热过程分类，有直接接触型和间接接触型。按换热器结构分类，间壁式换热器可分为管式和板式两类；直接接触型换热器可分为直接混合式、板塔式、填料塔式和喷射混合式等。按冷热流体数目分类，有两流体换热器、三流体和多流体换热器。按流动方式分类，则有单流程和多流程换热器。

32. 常用的工业换热器有几种?

常用的间壁式工业换热器有管壳式换热器、板式换热器、翅片管式换热器、螺旋板换热器和板翅式换热器等。此外蓄热式换热器和直接接触式换热器在工业上也有广泛应用。

33. 什么是管壳式换热器?

管壳式换热器是把管子和管板连接，然后用壳体固定。管壳式换热器是由封头、管板、隔板和外壳组成。隔板可以支撑管子并提高壳侧流体的速度，又因可起到折流作用，故也称为折流板。图1-24所示为两流程固定管板式管壳式换热器，图1-25所示为两流程U形管式管壳式换热器。管壳式换热器应用最广，约占各类换热器的总数的70%。其优点是：能承受高温高压、适应性强、处理量大、工作可靠、制造简单、生产成本低、选材范围广、清洗方便等。

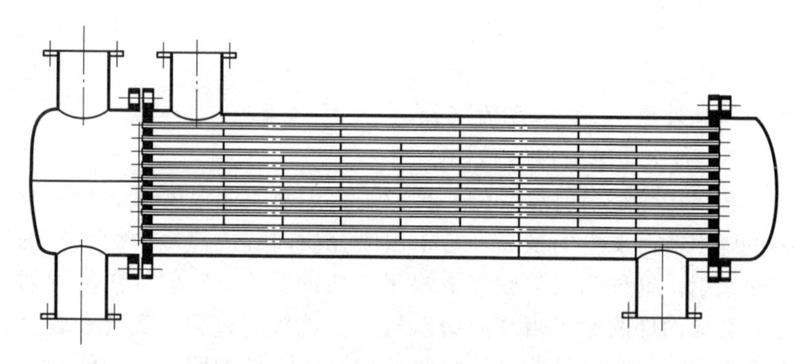

图1-24　两流程固定管板式管壳式换热器

34. 什么是翅片管式换热器?

翅片管式换热器常用于换热器一侧为气体，一侧为液体的强制对流或相变换热的场合，其基本换热元件是翅片管，外翅片管的几种形式如图1-26所示。

翅片管的优点是：

(1) 传热能力强。与光管比，传热面积可增加2～10倍，传

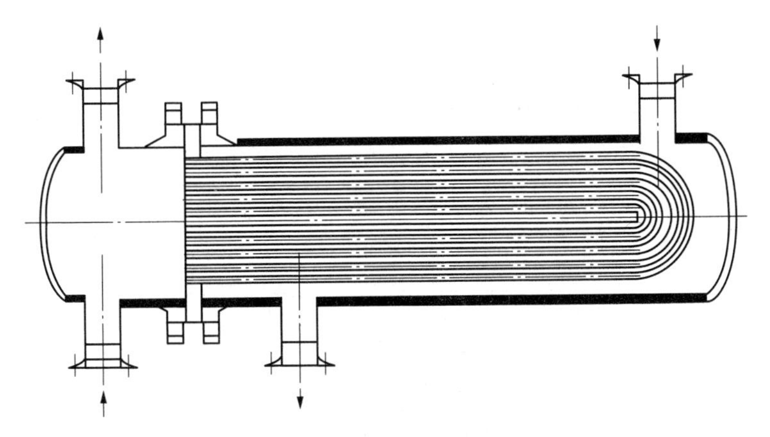

图 1-25　两流程 U 形管式管壳式换热器

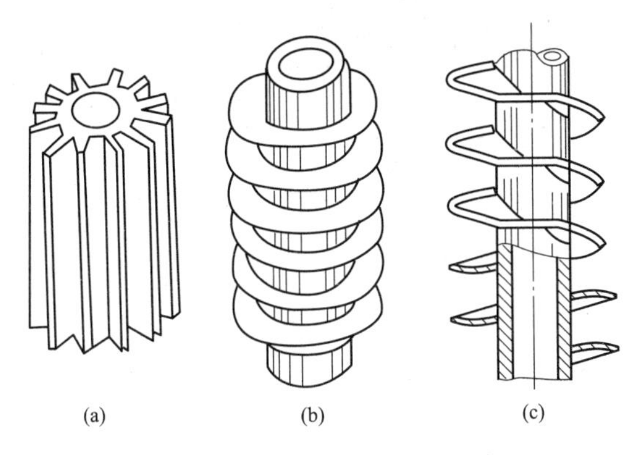

图 1-26　外翅片管的几种形式
(a) 纵齿式；(b) 环齿式；(c) 螺旋形齿式

热系数可提高 1～2 倍。

(2) 结构紧凑。与光管比，同样热负荷下翅片管换热器管子少，壳体直径或高度可减小，便于布置。

(3) 当介质被加热时，与光管比，同样热负荷下翅片管的管子温度将有所降低，对减轻金属壁的高温腐蚀和超温破坏有利。

(4) 不论介质是加热或冷却，同样热负荷下翅片管的传热温差比光管小，可减轻管外表面的结垢，避免垢片使翅根断裂。

（5）可提高相变传热系数和临界热流密度。

翅片管的缺点是：价格高、流动阻力大。

35. 什么是板式换热器？

板式换热器是用一组波纹板按一定要求叠成板片束而成，如图1-27所示。

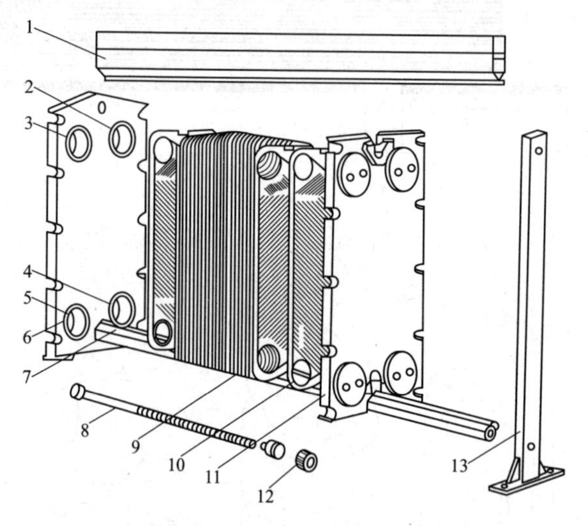

图1-27　板式换热器的结构

1—上轴；2、3、4、5—进出口；6—固定压紧板；7—下轴；8—压紧螺栓；9—密封垫圈；10—板片；11—活动压紧板；12—压紧螺母；13—前支杆

波纹板片是板式换热器的基本传热元件，用0.6～0.8mm的金属压制。其上贴有密封垫圈。板片两侧用固定压紧板通过螺栓压紧。

板式换热器的优点是：

（1）传热系数高，为管壳式换热器的3～4倍；

（2）结构紧凑，单位体积内的换热面积为管壳式换热器的2倍；

（3）末端温差小，对回收低品位的热能很有利；

（4）能实现多种介质换热，对乳品和饮料行业十分有利；

（5）容易改变换热面积或流程组合；

（6）清洗和维修方便。

板式换热器的缺点是：

（1）承受的压力不能太高。

（2）工作温度不能太高。

（3）流道容易堵塞，只适合于清洁介质。对不太清洁的介质，应在入口处加装过滤器。

36. 什么是螺旋板换热器？

螺旋板换热器的结构图如图 1-28 所示，它是由两块厚 2～6mm 的金属板卷成一对同心圆的螺旋形流道，流道从中心起到边缘终结，中心处用隔板将两边流体隔开，冷热流体在金属板两边的流道内逆向流动实现热交换。

螺旋板换热器的优点是：

（1）传热系数高；

（2）结构紧凑；

（3）不易堵塞；

（4）传热温差小，有利于低温热源的利用。

螺旋板换热器的缺点是：

（1）承压能力有限；

（2）容量受限制；

（3）检修困难，一旦泄漏很难检修，往往只能整台报废。

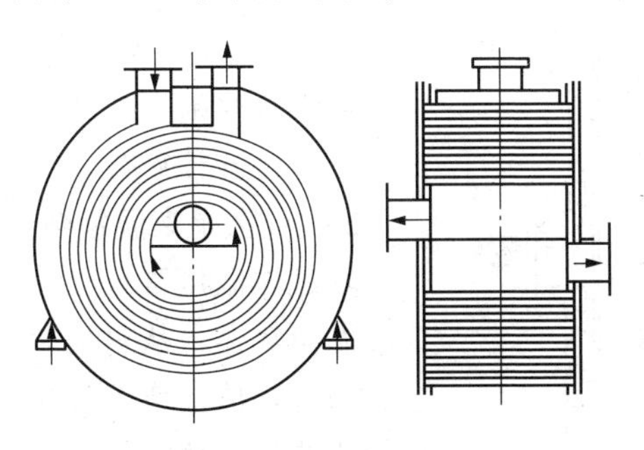

图 1-28　螺旋板换热器的结构图

37. 什么是板翅式换热器？

板翅式换热器也称为二次表面换热器，由翅片隔板和封条组合成板翅单元，然后再钎焊而成，如图 1-29 所示。板翅式换热器的基本传热面是隔板，翅片是二次传热面，封条起密封作用且能够增强换热器的承压能力。其传热过程主要是通过翅片的热传导及翅片与流体间的对流换热。

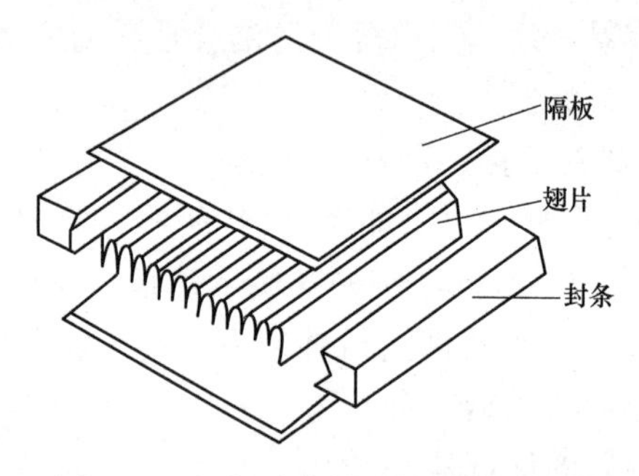

图 1-29　板翅式换热器的单元结构图

板翅式换热器的优点是：

（1）传热能力强；

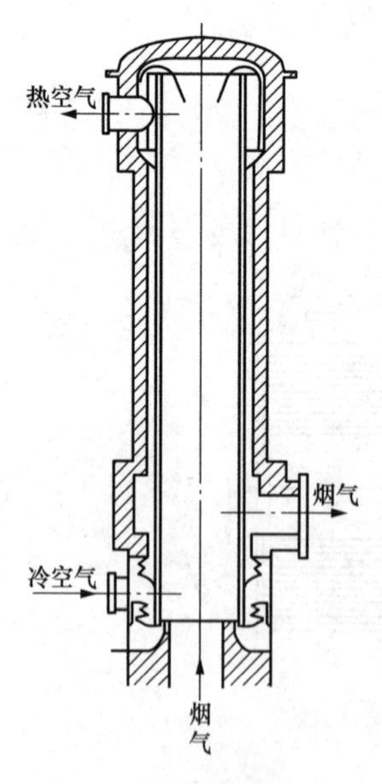

图 1-30　双面加热的环缝式高温辐射换热器

（2）结构紧凑、轻巧、牢固；

（3）适应性强，可用于各种介质的换热。

板翅式换热器的缺点是：

（1）制造工艺复杂，成本高；

（2）流道狭窄，易堵塞，不耐腐蚀，清洗检修困难；

（3）设计较复杂。

38. 什么是高温换热器？

热流体温度高于 800℃的换热器称为高温换热器，从材质可分为金属和非金属两种；从操作原理可分为换热式和蓄热式两种；从传热原理可分为对流式和辐射式两种。图 1-30 所示为双面加热的环缝式高温辐射换热器，由内筒、外筒、导向片、集热箱、波形膨胀节等组成。

金属高温换热器与非金属高温换热器相比，密封性好，且可承受一定的压力；缺点是耐高温性差，且价格高。辐射式高温换热器与对流式相比，热负荷高，预热空气温度也高，器壁最高温度与预热空气出口温度差值小，烟气流道不易堵塞，适于烟气温度高于900℃的工业炉窑。目前应用较多的是环缝式换热器，其结构简单，不易堵灰。

目前世界各国都在研究导热系数高、热稳定性好、耐腐蚀、在高温下有足够强度的碳化硅高温换热器。

39. 什么是蓄热式换热器？

以回转型蓄热式换热器（见图1-31）为例来说明蓄热式换热器的特点。

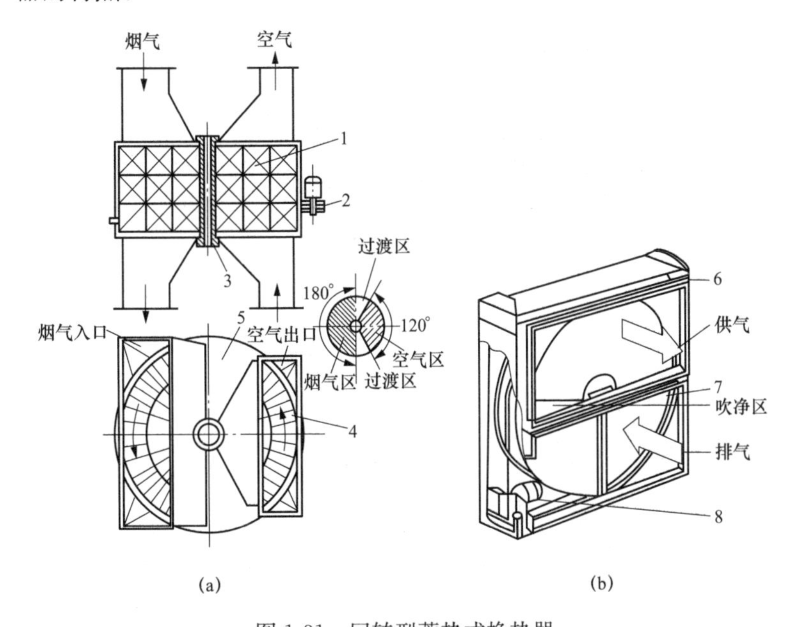

图1-31 回转型蓄热式换热器

（a）立式；（b）卧式

1—转轮；2—驱动装置；3—转轮中心轴；4—径向隔板；5—过渡区；6—壳体；7—回转器；8—驱动装置

转轮根据其放置方式可分为立式和卧式两种：立式转轮的轴垂直支撑在上下轴承上，转轮由电机驱动，其转速可根据内部的传热过程进行调节；卧式的转轮轴水平放置，转轮沿径向分隔成扇形隔仓，蓄热体装在隔仓中，运行时转轮的一半通过热流体，另一半通过冷流体。

回转型换热器的优点是：

（1）单位体积传热面积大，重量轻；

（2）结构紧凑，体积小；

（3）蓄热体经常处于高温，减轻换热面的低温腐蚀；

（4）转轮高度小，易用吹灰方法清洁换热面。

回转型换热器的缺点是：

（1）结构较复杂，制造工作量大；

（2）冷热流体会有一定的混合；

（3）密封困难，漏风量大，影响效率。

40. 什么是椭圆翅片管换热器？

椭圆管换热器是新型换热器，也是目前应用最广泛的异形管换热器。图 1-32 所示为椭圆矩形翅片管的基本结构图。

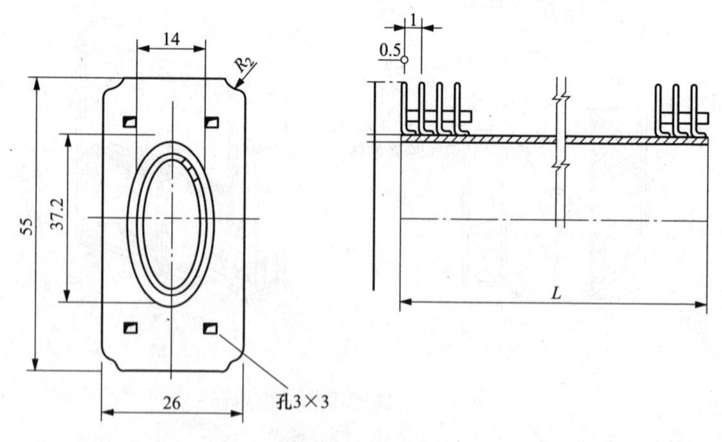

图 1-32　椭圆矩形翅片管的基本结构图（单位：mm）

椭圆矩形翅片管的优点是：

（1）流动阻力小，传热系数大；

（2）传热面积比圆管大15%；

（3）传热周长大、热阻小、有利于介质的传热；

（4）矩形翅片比圆形翅片效率高8%；

（5）矩形翅片上开有扰流孔，使横掠气流扰动，减薄管壁及翅片上的边界层，强化管外侧的换热；

（6）布置紧凑；

（7）顺流动方向刚性好，垂直于流动方向有一定的柔性，振动的振幅小；

（8）整体热浸锌，抗腐蚀能力强；

（9）采用钢管和钢翅片，强度高。

第三节 电 学 基 础

41. 什么是正弦电路中的电流和电压?

正弦电路中的电流、电压是同频正弦量，以正弦电流为例加以说明。在示波器我们可以观察到正弦电流的波形，如图1-33所示。

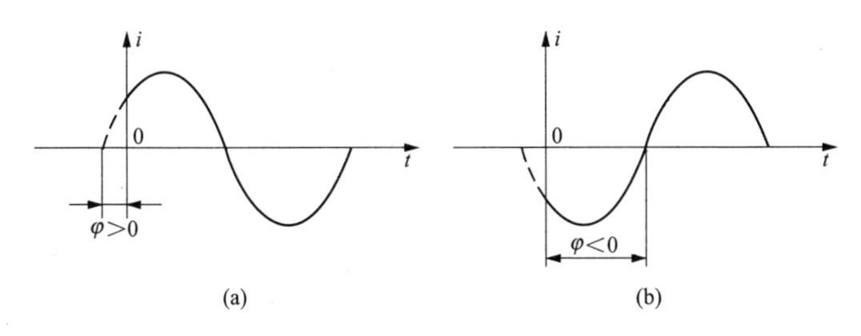

图1-33 正弦电流波形

从图1-33所示的正弦电流的电流波形可见，正弦电流完成一次变化所用的时间称为周期，用 T 表示，单位为秒（s）；单位时间内变化的次数称为频率，用 f 表示；单位为赫兹（Hz）；而发电机转子转一圈，转子转过 2π 弧度，则

$$f=1/T,\ \omega=2\pi/T,\ \omega=2\pi f$$

上式的 ω 称为正弦电流的角频率。

从图1-33可见，在不同时刻 t，正弦电流的大小和方向一般不同。任意时刻反映正弦电流大小和方向的代数值，称为正弦电流的瞬时值。正弦电流最大的数值称为它的最大值，用 I_{max} 表示，图1-33中的 φ 称为正弦电流的初相角，单位为rad（弧度）或（°）（度）。

因此，正弦电流的数学表达式为

$$i=I_{max}\sin(\omega t+\varphi)=I_{max}\sin(2\pi f+\varphi)=I_{max}\sin(2\pi/T+\varphi)$$

从正弦电流中得出的结论，对正弦电压同样适用。

42. 什么是正弦电流的有效值?

在实际应用中，常采用有效值来表示正弦电流的大小。其定义为：把直流电流 I 和正弦电流 i 分别通入同一个电阻，如果在相等的时间内，这两个电流产生的热量相等，则这个直流电流 I 的大小称为正弦电流 i 的有效值，用大写字母 I 表示。可以证明，正弦电流的有效值与其最大值的关系是

$$I=\frac{\sqrt{2}}{2}I_{max}=0.707I_{max}$$

根据上式可得

$$i=\sqrt{2}I\sin(\omega t+\varphi)$$

43. 什么是电功和电功率?

设一段电路两端的电压为 U，当电量为 Q 的正电荷经过该段电路时，电流对这段电路所做的功为 $W=UQ$。而 $I=Q/t$，$Q=It$。因此，电流在该段电路所做的功为 $W=UIt$。

如果电压单位为伏特（V），电流单位为安倍（A），时间单位为秒（s），则功单位为焦耳（J）。但在电力系统中，常采用千瓦时（kW·h）来计量电流所做的功，也称电能或电量，俗称度。

所谓电功率就是单位时间内电流做的功，即

$$P=W/t$$

当电流做的功单位为J，时间单位为s，则电功率单位为W。常用的电功率单位还有kW（千瓦）和MW（兆瓦）。

44. 试述三相交流电的产生原理。

图 1-34 所示为三相交流发电机的示意图。图中的圆形体为定子铁芯，在铁芯上开有 6 个槽，槽内放置有 3 组绕组，其中 a—x 为一组，b—y 为一组，c—z 为一组。它们分别相隔 120°；图中的旋转体为转子，它以角速度 ω 匀速旋转，在转子上绕有绕组，称为励磁绕组。在该绕组中通以直流电流，称为励磁电流；当转子旋转时，就在空间产生一个旋转磁场，该磁场不断地被定子绕组所切割，于是在定子绕组产生正弦电动势，三相电动势使绕组两端具有的电压称为三相电压，其相序为 A-B-C。

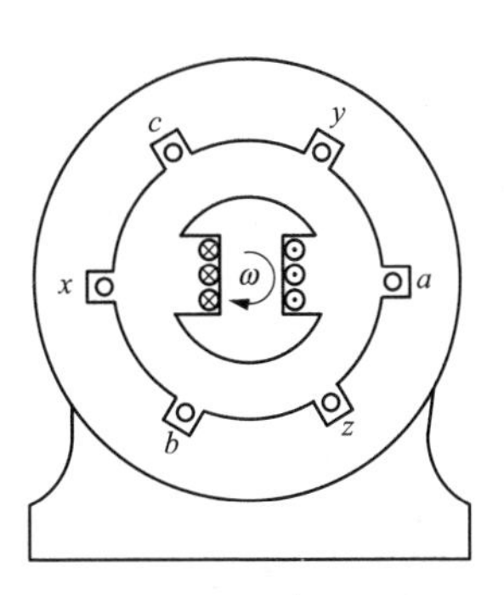

图 1-34　三相交流发电机示意图

当发电机接带负载时，其定子绕组内就有电流流通，该电流产生旋转磁场，与转子的旋转磁场产生转矩，而该转矩是由原动机（汽轮发电机或燃气轮机）所带动的，也就是将机械能转变为电能，向电力网供给电能。

45. 试述三相电路的电压和电流。

三相电路的连接方法，如图 1-35 所示。有星形连接和三角形连接两种，分别用Y和△表示。

在三相电路中，每相负载的电压称为相电压，两根相线之间的电压称为线电压；流经每相电源或每相负载的电流称为相电流，流经相线的电流称为线电流；流经中线的电流称为中线电流。

46. 什么是线圈的自感和互感现象？

一个线圈通过电流，这个电流所产生的磁场使线圈每匝具有的磁通叫自感磁通，线圈各匝的自感磁通之和叫自感磁链。当线圈的电流变化时，线圈的磁场随电流的变化而变化，穿过线圈的自感磁链发生变化，线圈就因自感磁链的变化产生感应电动势，这种由于线圈自身电流的变化而产生感应电动势的现象称为自感应现象，简称自感现象。

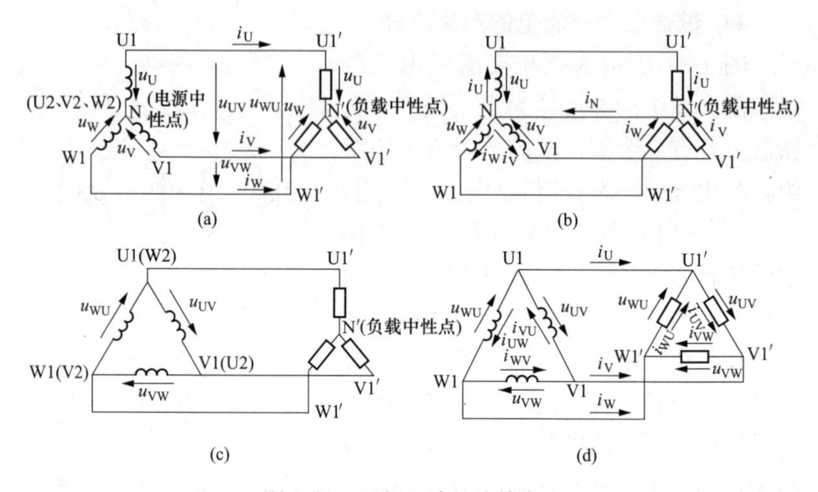

图 1-35　三相电路的连接方式

(a) 三相三线制Y—Y连接；(b) 三相四线制Y—Y连接；

(c) 三相三线制△—Y连接；(d) 三相三线制△—△连接

两个同轴并靠得很近的线圈（如图 1-36 所示），当线圈 1 通入电流时，产生磁场，使线圈 1 具有自感磁链；而线圈 2 处在线圈 1 的电流产生的磁场中而具有磁链 2，这种一个线圈的电流产生的磁场使另一个线圈具有的磁链叫互感磁链，而一个线圈的电流变化使另一个线圈中产生感应电动势的现象叫互感应现象，简称互感现象。

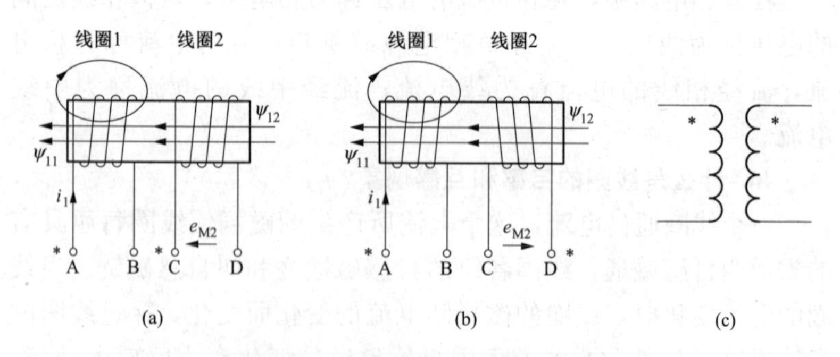

图 1-36　两个线圈的互感应现象

(a) 两个线圈绕向相同；(b) 两个线圈绕向相反；(c) 电路符号

47. 试述变压器的工作原理。

变压器是一种利用电磁感应原理工作的电气设备。如图 1-37 所示是其工作原理图。它有一个闭合的铁芯，铁芯上有两个线圈，一个线圈接交流电源侧，称为一次绕组，另一个线圈接于负载侧，称为二次绕组。

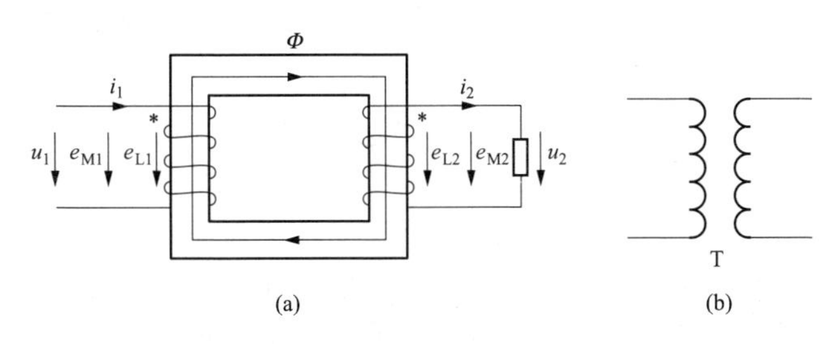

图 1-37 变压器的工作原理图

（a）工作原理示意图；（b）电路符号

在变压器的一次绕组上加上交流电压 u_1，就有交流电流 i_1 通过，在铁芯中产生交流磁通。该磁通穿过一、二次绕组，在一次绕组产生自感电动势和自感电压，在二次绕组产生互感电动势和互感电压，并在二次绕组中产生交流电流。它也在铁芯中产生交流磁通，在一次绕组中产生互感电动势和互感电压，在二次绕组产生自感电动势和自感电压。

设变压器一次绕组的匝数是 N_1，二次绕组的匝数是 N_2，在铁芯中的磁通为 Φ，一次绕组的磁链变化为 $\Delta\Psi_1=N_1\Delta\Phi$，二次绕组的磁链变化为 $\Delta\Psi_2=N_2\Delta\Phi$，则在 Δt 时间内，一二次绕组产生的感应电压的大小分别为

$$U_1=\Delta\Psi_1/\Delta t=N_1\Delta\Phi/\Delta t$$

$$U_2=\Delta\Psi_2/\Delta t=N_2\Delta\Phi/\Delta t$$

上述两式相除得到

$$U_1/U_2=N_1/N_2$$

当不计能量损失时，$P_1=P_2$ 即 $U_1I_1=U_2I_2$，则有

$$I_1/I_2=N_2/N_1$$

变压器的一次绕组和二次绕组的匝数比叫变压器的变压比，用 K 表示，即 $K=N_1/N_2$。

48. 试述三相异步电动机的工作原理。

当异步电动机的定子三相绕组通以三相交流电流时，在定、转子的空气隙中就会产生一个旋转磁场。旋转磁场切割定、转子绕组而分别在定、转子绕组中感应出电动势。转子导体是由金属短路环短接的，故在转子导体中就产生电流，转子电流与气隙中的旋转磁场相互作用产生电磁转矩，该转矩使转子拖动机械负载旋转，由此将电能转换为机械能。而转子绕组和气隙磁场之间的相对运动是异步电动机产生转矩进行能量交换的必要条件，故转子的旋转速度应比旋转磁场的同步转速小一些，也就是有一个滑差，因此称为异步电动机。图1-38是三相异步电动机的原理图。定子绕组沿圆周以相隔120°的电角度分布三相绕组（电角度＝机械角度×极对数。对二极电动机，其电角度＝360°×1＝360°；对四极电动机，其电角度＝360°×2＝720°）。在电力用户中，三相异步电动机是主要的负荷，约占60%左右。

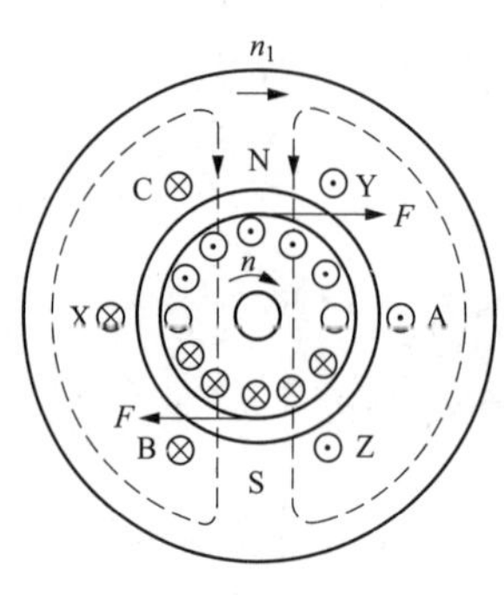

图1-38　三相异步电动机的原理图

49. 什么是电力系统?

电力系统是由发电厂、变电站、输电线路及电力用户组成。在发电厂中，发电机把机械能转化为电能，经过变电站和输电线路，把电能分配给用户。用户包括电动机、电炉、电器设备、电灯等，它们消耗电能。并将电能转化为机械能、热能、光能等。这些生产、输送、分配、消耗电能的发电机、变压器、输电线路、各种用电设备联系在一起组成的统一整体就叫做电力系统，它包括了发电、输电、配电、用电的全过程。如图1-39所示。

50. 什么是电力负荷?

电力负荷是指各种用电设备所用电力的总称，用kW表示其

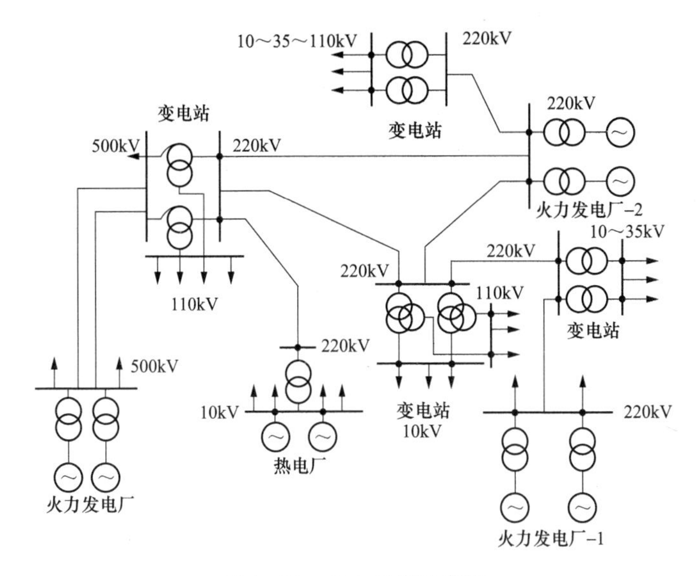

图 1-39 电力系统示意图

有功负荷。用 kvar 表示无功负荷。电力负荷包括：照明负荷，动力负荷，各种家用电器负荷等，在用户端是用电量表来计算用电量（kW・h）的。

51. 什么是电力负荷曲线？

电力负荷曲线是指某一时间段内电力负荷随时间而变化的规律（如图 1-40 所示）。按负荷种类分为有功负荷和无功负荷曲线；按时间长短分为日负荷和年负荷曲线，按计量地点不同分为个别

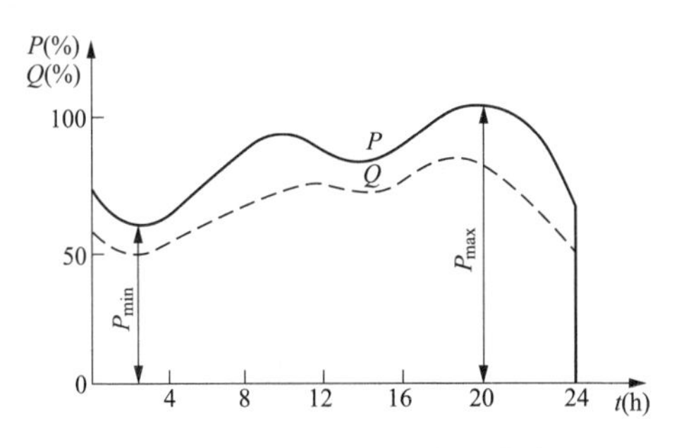

图 1-40 电力系统日负荷曲线

用户负荷曲线、电力线路负荷曲线、发电厂负荷曲线及电力系统负荷曲线。

在日负荷曲线中最大的负荷称为日最大负荷 P_{max}，又称为峰值或尖荷。最小的负荷称为日最小负荷 P_{min}，又称为谷荷。

为了保证系统供电的可靠性，系统的装机容量在任何时刻都必须大于系统的综合最大负荷，其差值为系统的备用容量。

第二章

热电联产的现状和发展

第一节　我国的热电联产的现状

52. 试述我国热电联产的现状。

到2010年12月底为止，我国的供热机组总容量达16655万kW，占同容量火电装机容量的24.02%，占全国发电机组总容量的17.23%，是核电机组（1082万kW）容量的15.39倍。年供热量283760万GJ。

我国的热电装机容量在世界上名列前茅。据不完全的统计，我国供热产业热源总热量中，热电联产占62.9%，区域锅炉房占35.75%，其他占1.35%。

“十二五”热电联产的目标是：

（1）凝汽供热两用机组装机7000万kW。

（2）大中型凝汽机组改供热2000万kW。

（3）落实关停小型燃煤锅炉方案，实现代替小锅炉3万台，总容量10万t/h。

（4）实现节约标煤量7500万t，减少$CO_2$180万t。

“十三五”热电联产的规划是将3.5亿kW火电改造为热电联产。

53. 试述我国热电联产存在的主要问题。

（1）热电发展不平衡。一些省市发展较快（如山东省淄博市热电装机容量达系统装机容量的70%）。

1）热电装机占火电装机的比重逐渐增大。

2）单位GDP能耗较低的省市，其热电联产均较发达，热电占火电的比重较大。如北京、天津、上海、江苏、浙江、广东、海南等。

3）宁夏GDP能耗最高，采暖热负荷很大，但热电联产比重很低。仅占火电的11.57%。陕西2009年热电占火电装机的5%，贵州热电联产市场仍是空白。

（2）供热机组容量增长大于供热量的增加。说明有些供热机组供热量很少，甚至未供热。因而不宜强调上大机组，应坚持“以热定电”的原则。

（3）小型供热机组的节能效益优于大型供热机组的性能未能得到重视。因为小型热电机组适应热负荷的能力强，可根据不断增长的热负荷逐步扩建。目前，江苏浙江一些中小热电厂已经证明这条道路是热电的健康发展之路。

（4）有些“热电联产规划”未起指导作用。

（5）审批程序影响热电的快速发展。

（6）大型凝汽机组供热改造管理工作跟不上。

54. 试述我国热电联产的发展前景。

在“十三五”规划中，到2020年我国人均用电水平在3000kW·h左右，人均生活用电量在600kW·h左右，发电组装机总容量将为9×10^5MW，热电联产将占全国发电总装机容量的22%。

在我国以煤为主的能源结构未作根本性调整前，常规热电联产的发展趋势仍将是向上的，是发展的主流。为保护环境可持续发展，应发展洁净煤技术，因此，循环流化床锅炉配套供热汽轮机的集中供热将是热电联产的重要形式之一。

此外，燃气-蒸汽联合循环热电联产集中供热将随着具有清洁能源特征的天然气的开发得到发展和应用。而太阳能供暖、太阳光电池的使用，地下热供热的利用，燃料电池的进入家庭，都为分布式供能提供了有利条件。核能供热和垃圾燃烧发电供热等方式也会有所发展。

因此，我国的供热形式将会走向多元化。

第二节 世界热电联产的现状和发展

55. 试述世界热电联产的现状。

俄罗斯是世界上热电联产技术比较发达的国家，从热负荷的数量、热网的长度、热电厂的规模、供热综合技术各方面来衡量，在国际上都处于领先地位。其城市集中供热占总热量需求的86%，其中热电厂供热占36%，大型及超大型锅炉房占46%。

美国是世界上第一个建成热电冷联供热系统并投入运行的国家。

丹麦多年来一直发展热电联产，每座大城市都建有热电厂和垃圾焚烧炉用于集中供热。热电联产，天然气和再生能源满足丹麦全国3/4的热负荷要求。1970年以来，丹麦经济增长了70%，但能源消耗总量却保持在20世纪70年代的水平，主要归功于能源利用的高效率和建筑保温技术的改善。

日本的集中供热（冷）系统发展也很快，以东京为中心的关东地区热电联产装机已占全国的60%。

德国集中供热总量为1961万GJ，也是集中供热发展较好的国家。

韩国集中供热的历史和中国相当，始于20世纪70年代，但发展很快，其技术发展全面引进了芬兰的先进技术。

56. 试述世界热电联产的发展趋势。

（1）推广范围普遍化。西方国家的热电联产已得到了普遍应用。其中如美国到2020年热电联产装机容量将占总装机容量的29%；丹麦热电联产装机容量在原有基础上将有更大的提高；欧洲的热电联产装机容量在2010年已达到18%，预计到2020年将超过24%。

（2）机组容量大型化。加拿大已建成并投产一座440MW热电联产机组，我国台湾省已有2台600MW供热机组在运行。机组容量的大型化是因为更节省能源且更容易应用先进的环保技术。

（3）洁净煤技术高新化。在洁净煤技术高新化方面，与之相关的是脱硫、除尘、脱氮技术的采用。而循环流化床锅炉的采用是解决该项问题的重要措施之一。在芬兰已有295MW的循环流化床锅炉，在日本有350MW循环流化床锅炉。法国阿尔斯通公司不仅为我国四川提供一台300MW循环流化床锅炉，并将该项技术转让给我国三大主要动力厂家。

（4）节能技术系统化。所谓系统化就是不仅围绕供热机组的开发应用节能技术，而且也围绕供热管网采暖系统和住宅采暖开发应用节能技术。在欧洲已形成了保温隔热材料、保温门窗、密封材料、面层抹灰及加强材料、采暖系统调控元件、管道及其配件等多种多样的高新节能技术产业部门。

（5）热能消费计量化。欧洲一些国家的经验证明，采用按热量计量收费可节约能源20%～30%，同时改善了大气环境，促进了集中供热的发展。

（6）使用燃料清洁化。目前，世界各国都在降低燃煤比重，积极开发利用煤层气、地热等清洁燃料，尤其是不断提高天然气的利用比重，其中美国和俄罗斯、德国等在利用天然气方面处于领先地位。我国也正大力开发利用天然气资源，未来20年我国天然气发电将有巨大发展，2020年装机容量将达7200万kW。

（7）能源系统新型化。所谓新型化，就是指“分布式能源系统”，主要是使用天然气的小型热电冷联产系统，其能源利用率可达80%～90%。而美国是全球发展新型能源系统的先锋，到2020年其50%的新建商用、写字楼等建筑将采用小型冷热电联产系统。

（8）投资经营市场化。目前，西方国家已实现了供热反垄断：国家资本逐步退出热源厂和管网，引入私人资本和竞争机制，热源厂管网建设及运营均实行招投标，对中标者实行特许经营权制度。

第三章

常规的热电联产

第一节 基本概念

57. 什么是热电联产?

热电联产，其英文定义为Combined Heat and Power，简称为CHP，是先将煤、天然气等一次能源发电，再将发电后的余热用于供热的先进能源利用形式。CHP系统一般由原动机、发电机、热回收系统等组成。其原动机包括柴油机、天然气发动机、蒸汽轮机、燃气轮机、微型燃气轮机和燃料电池等，可以使用天然气、煤、油、生物质气、丙烷、木屑或其他替代燃料，或者这些燃料的混合物，来生产机械能或者轴功率。大多数情况下，这些机械能用于驱动发电机产生电能。该系统中产生的热能可以用于工业过程，也可以用于产生蒸汽、热水或者热空气供干燥、供暖、冷却等。

58. 热电联产和热电分产有什么不同?

热电分产是指电能和供热用的热能分别生产。即以凝汽式电厂生产电能对外供电；用工业锅炉、采暖锅炉或民用炉灶生产热能对用户供热。

而热电联产是指在整个能量生产供应系统范围内，热源既生产供应电能，又供应热能，而且供热是全部或部分利用热变为功过程中的低品位热能，即电能是在供热的基础上生产的。

热电联产的总效率可达80%以上，而热电分产的总效率约为47%左右，热电联产的效率远大于热电分产的效率。

59. 热电联产有几种类型?

热电联产有多种类型，主要包括：基于蒸汽轮机的热电联产系统、基于往复式发动机的热电联产系统、基于燃气轮机的热电联产系统、基于燃料电池的热电联产系统。

60. 什么是常规的热电联产？

所谓常规的热电联产是指基于蒸汽轮机的热电联产系统的一种形式，是煤为燃料，由锅炉和供热式汽轮机组成的热电联产系统。煤燃烧形成的高温烟气不能直接做功，而是经过锅炉将热量传给蒸汽，由高温高压蒸汽带动汽轮机组发电，做功后的低品位的汽轮机抽汽或背压排汽用于供热。这也是我国的热电联产系统普遍采用的形式。

第二节　锅炉和附属设备

61. 试述锅炉的构成和工作过程。

锅炉的作用是使燃料燃烧放热，并将热量传给工质，以产生一定的压力和温度的蒸汽。在电厂里，锅炉产生的蒸汽被引入汽轮机膨胀做功，推动汽轮机的转子旋转，进而带动发电机发出电能。图 3-1 为一台煤粉锅炉及其主要辅助设备的简要示意，以下将按图 3-1 分两个系统来说明其工作过程。

（1）燃料、空气和烟气系统。我国电厂锅炉所用的燃料主要是煤，而送入炉膛燃烧的燃料一般为煤粉，把原煤制成煤粉的设备称为制粉设备。如图 3-1 所示，从煤仓下落的煤经过给煤机 11 进入磨煤机 12 磨碎。煤在磨碎的过程中同时常用热空气进行干燥。送风机 14 将冷空气送入锅炉尾部的空气预热器 5，空气流经过它时吸收烟气的热量成为热空气。此热空气一部分经过排粉机 13 进入磨煤机内，对煤加热和干燥，并把磨碎的煤粉带出磨煤机，既有干燥作用又有输粉作用。从磨煤机排出的气粉混合物经煤粉管道直接引向燃烧器 8，并由此进入炉膛。另一部分热空气直接通过燃烧器进入炉膛，它在炉膛内与已经着火的气粉混合物混合，并参与燃烧反应。

煤粉在炉膛空间内悬浮燃烧。炉膛内侧布置有水冷壁 1，管内有水和蒸汽流过，它既作为工质的辐射受热面，又能保护炉墙，使其不致烧毁。煤粉燃烧时，其燃烧火焰中心温度可达 1500～

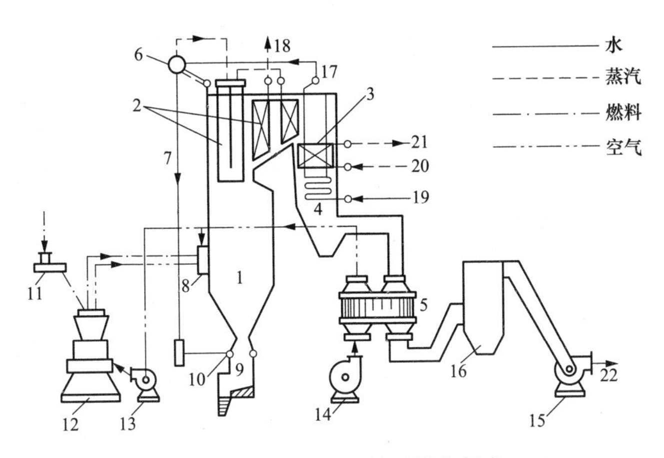

图 3-1 煤粉锅炉及辅助设备示意

1—水冷壁；2—过热器；3—再热器；4—省煤器；5—空气预热器；6—汽包；7—下降管；8—燃烧器；9—排渣装置；10—联箱；11—给煤机；12—磨煤机；13—排粉机；14—送风机；15—引风机；16—除尘器；17—省煤器出口联箱；18—出口过热蒸汽；19—给水；20—进口再热蒸汽；21—出口再热蒸汽；22—排烟

1800℃，燃料中的灰分将被熔化，而一些较大的灰粒不能随烟气上升而逐渐下降和冷却凝固，落入炉子下部的排渣装置 9。大量灰粒随烟气上升并逐渐冷却，这些随烟气流动的烟灰称为飞灰。

由于炉膛出口处烟气在 1000℃以上。因此，在锅炉本体烟道内布置有再热器 3、省煤器 4 和空气预热器 5。烟气加热这些受热面内的工质（汽、水和空气），在空气预热器的出口的烟温约为 100～150℃。为了防止环境污染，排烟应经过除尘器 16，再由引风机 15 将烟气排入大气。

（2）锅炉的汽水系统。给水由给水泵（图中未画出）送至省煤器 4，在省煤器中加热提高温度后进入汽包 6，然后沿着下降管 7 流至水冷壁下联箱 10，再进入水冷壁管 1，在水冷壁管内水吸收燃烧室中高温火焰和烟气的辐射热，一部分水汽化为蒸汽，在水冷壁内成为蒸汽和水的混合物，汽水混合物沿水冷壁上升又进入汽包。在汽包中利用汽水分离设备对汽水混合物进行汽水分离，分离出来的水沿着下降管进入水冷壁继续吸热，如此循环。分离出来的蒸汽从汽包顶部的饱和蒸汽引出管引至过热器 2，在过热器中饱和蒸汽被加热成为过热蒸汽，然后经主蒸汽管道送往汽轮机做功。

为了提高安全性和循环效率，常采用再热循环，当新汽在汽轮机的高压缸内做功，再回到锅炉的再热器 3 内吸热升温，然后又进入汽轮机，然后在中低压缸内继续做功。

62. 试述锅炉的主要类型。

锅炉可根据其工作条件工作方式和结构形式的不同，分为许多类型：

(1) 按锅炉容量和参数分类有以下几种情况。

1) 锅炉的容量即额定蒸发量是指锅炉的最大长期连续蒸发量，常以每小时能供应蒸汽的吨数来表示；锅炉的参数主要是指锅炉出口蒸汽的压力和温度。设计时规定的和运行时要求的出口蒸汽压力和温度就称为锅炉的额定蒸汽压力和额定蒸汽温度。对于具有再热器的锅炉，蒸汽参数种还包括出口再热蒸汽温度。

2) 按照容量的大小，锅炉有小型、中型、大型之分，但它们之间没有固定的分界。一般来说 420t/h 以下为小型锅炉；420～1000t/h 为中型锅炉；1000t/h 以上为大型锅炉。

3) 按照蒸汽压力的高低，锅炉可分为低压、中压、高压、超高压、亚临界压力、超临界压力和超超临界压力锅炉。

表 3-1 列出了主要国产锅炉的容量和参数。

表 3-1　　主要国产锅炉的容量和参数

压力级别	蒸汽压力（MPa）	蒸汽温度（℃）	给水温度（℃）	锅炉容量（t/h）	配套机组容量（MW）
中压	3.8	450	150、172	35、75、130	6、12 25
高压	9.8	510、540	215	220、410	50、100
超高压	13.7	540/540 555/555	240	400、670	125、200
亚临界压力	16.7 17.5、18.1	540/540 540/540	260 290	1025 1025、2008	300、600

注　蒸汽温度中的分子/分母分别为过热蒸汽温度和再热蒸汽温度。

（2）按照燃烧方式分类锅炉一般分为层燃炉、室燃炉和循环流化床锅炉。

1）层燃炉。层燃炉具有炉排，燃料再炉排上的燃料层燃烧。其所需空气由炉排下送入，在燃烧层上进行燃烧反应。此类锅炉多为小容量、低参数的工业锅炉。

2）室燃炉。室燃炉具有炉膛，燃料在炉膛空间悬浮燃烧。此类锅炉可分为液体燃料炉、气体燃料炉和煤粉炉，而按照排渣方式不同又可分为固态排渣煤粉炉和液态排渣煤粉炉。

3）循环流化床锅炉。该类锅炉的底部布置有布风板，空气高速穿过布风板，进入布风板上的床料层中。当高速空气穿过时，床料上下翻滚，形成流化状态。流化过程中煤粒与空气接触良好，燃烧快、效率高。燃料颗粒离开炉膛后，经循环灰分离器和回送装置再送回炉内燃烧。

（3）按照水的循环方式分类一般可分为自然循环锅炉、强制循环锅炉和直流锅炉。

1）自然循环锅炉。如图 3-1 所示，位于锅炉上的汽包 6 可通过下降管 7 不断地向水冷壁进口联箱 10 供水。水冷壁内的水吸收热后产生蒸汽，成为汽水混合物，然后上升进入汽包。在汽包内，借助于分离装置的作用，使汽与水分开，故汽包上部为汽，下部为水。上部的饱和蒸汽被引至过热器继续加热，下部的水则由下降管再进入水冷壁内加热，对于一定量的水，必须在汽包下降管和水冷壁的回路内循环多次才能全部蒸发，这种循环流动完全是由于蒸发受热面受热而自然形成的，故称为自然循环锅炉。

2）强制循环锅炉。如果在自然循环锅炉的下降管与水冷壁进口联箱之间装设循环水泵，就可以增强工质的流动推动力，这种循环方式称为强制循环。

3）直流锅炉。直流锅炉没有汽包，给水进入锅炉后，顺序地一次通过加热蒸发和过热受热面，工质在锅炉内部不进行循环。直流锅炉的蒸发受热面也是水冷壁，其进口是水，出口是蒸汽。水也是用给水泵提供流动驱动。直流锅炉可设计为工作在临界压力以下，也可以设计为超临界。

63. 试述锅炉用燃料。

我国锅炉用燃料有煤、石油制品和天然气等，下面以煤为主加以说明。

（1）煤的组成成分是碳（C）、氢（H）、氧（O）、氮（N）、硫（S）、灰分（A）及水分（M）。

通常用质量分数表示，即

$$C+H+O+N+S+A+M=100\%$$

（2）煤的成分分析基准中常用的基准有四种：

1）收到基。以收到状态的煤为基准，包括全部水分和灰分在内的燃煤成分总量，用下标ar表示。

$$C_{ar}+H_{ar}+O_{ar}+N_{ar}+S_{ar}+A_{ar}+M_{ar}=100\%$$

2）空气干燥基。以与空气湿度达到平衡状态的煤为基准，用下标ad表示。

$$C_{ad}+H_{ad}+O_{ad}+N_{ad}+S_{ad}+A_{ad}+M_{ad}=100\%$$

3）干燥基。以假想无水状态的煤为基准，用下标d表示。

$$C_{d}+H_{d}+O_{d}+N_{d}+S_{d}+A_{d}=100\%$$

4）干燥无灰基。以假想无水无灰状态的煤维基准。用下标daf表示。

$$C_{daf}+H_{daf}+O_{daf}+N_{daf}+S_{daf}=100\%$$

（3）煤的发热量。单位量的燃料在完全燃烧时所放出的热量称为发热量。其单位为kJ/kg（固体或液体燃料）或kJ/m^3（气体燃料）。燃料的发热量有高位发热量和低位发热量两种。高位发热量包括了燃烧产物中全部蒸汽凝结成水所放出的汽化潜热。但是，锅炉的排烟温度一般在110～160℃，烟气中的蒸汽分压力很低通常都不会冷凝，此时，1kg煤完全燃烧时放出的全部热量扣除蒸汽的汽化潜热后所得到的热量称为低位发热量。两者之间的关系为

$$Q_{net,ar}=Q_{gr,ar}-r\ (9H_{ar}/100+M_{ar}/100)$$

式中 $Q_{net,ar}$——煤的收到基低位发热量，kJ/kg；

$Q_{gr,ar}$——煤的收到基高位发热量，kJ/kg；

r——水的汽化潜热，kJ/kg。

煤的发热量一般用氢弹测热计测量，也可用经验公式来估算，即

$$Q_{net,ar}=339C_{ar}+1030H_{ar}-109(O_{ar}-S_{ar})-25M_{ar}$$

由于各种煤的发热量差别很大，为此，规定低位发热量 $Q_{net,ar}=$ 29 308kJ/kg 的煤称为标准煤，例如，对于 $Q_{net,ar}=$14 654kJ/kg 的煤，2kg 该煤种折合为 1kg 标准煤。

（4）灰的性质。

1）灰的熔融性。灰有三个状态变化的温度指标，即变形温度 DT、软化温度 ST 和流动温度 FT。当 ST＞1350℃时，炉内结渣的可能性不大，如 ST＜1350℃就有可能结渣。

2）灰的沾污性。这是煤灰对高温受热面的沾污倾向的指标用沾污系数衡量，即

$$Rf=\frac{(Fe_2O_3+CaO+MgO+Na_2O+K_2O)Na_2}{SiO_2+Al_2O_3+TiO_2}$$

式中各成分为质量百分数，Rf＜0.2，为轻微沾污；Rf＝0.2～0.5，为中等沾污；Rf＝0.5～1.0，为强沾污；Rf＞1.0，为严重沾污。

（5）煤的分类。

1）无烟煤。挥发分含量最低（$V_{daf}\leqslant 9\%$）、含碳量高（C_{ar} 为 40%～90%）、发热量高（$Q_{net,ar}=$20 930~32 500kJ/kg）。

2）贫煤，挥发分在 9%～19%之间。

3）烟煤。挥发分为 19%～40%，发热量 $Q_{net,ar}=$20 000～30 000kJ/kg。

4）褐煤。挥发分大于 40%，发热量较低，不超过 17 000kJ/kg。

（6）重油。重油是石油（原油）炼制后的残油，重油的主要成分是 C 和 H，C 为 84%～87%，H 为 12%～14%。重油热值比较稳定，总在 42 000kJ/kg 上下。由于 H 的含量很高，重油很容易着火和燃烧，几乎没有炉内结渣和受热面磨损的问题，加热到一定温度就能流动，故运输和控制都较方便。但其硫分和灰分对受热面的腐蚀和积灰比烧煤时严重得多。其主要特性为：

1）黏度。它反映液体流动性能。常用恩氏黏度（°E），在常

温下黏度过大，由管道输送前必须预热，进入锅炉油喷嘴时的温度约在100℃以上。保证进入炉膛的雾化质量。

2）凝固点。一般在15℃以上。

3）闪点。油温升高到火种接近能发出闪光的温度叫闪点，一般在80～130℃之间，比原油的闪点（40℃）要高。

4）含硫量。当燃油的硫分高于0.3%时就应注意低温受热面的腐蚀问题。

5）灰分。灰分中的钒和钠在高温下形成的氧化物对锅炉的受热面是有害的。

（7）天然气。天然气即天然煤气，主要成分为甲烷，还有少量的烷属重碳氢化合物（如C_2H_6、C_2H_4等）和硫化氢，发热量很高，标准状态下可达33 500～37 700kJ/m^3，燃烧经济性好。用开采油井引出的油田煤气其甲烷含量为75%～85%，C_2H_6和C_3H_8等在10%以上。

为了便于运输，目前，液化天然气（LNG）技术已成为一门新技术，已占全球天然气市场的5.6%及天然气出口总量的25.7%，是一种低排放的清洁燃料。

64. 试述锅炉的热平衡。

锅炉机组的热平衡是指输入锅炉机组的热量与锅炉机组输出热量之间的平衡。输出热量包括用于产生蒸汽的有效利用热和各项热损失。热平衡可以正确指出燃料的热量有多少被有效利用，有多少成为热损失，这些损失又表现在哪些方面。通过热平衡确定锅炉机组的效率和所需的燃料消耗量。也可以判断锅炉机组的设计和运行情况，找出提高锅炉运行经济性的途径。

（1）热平衡方程。热平衡是在锅炉机组稳定热力状态下，以1kg固体或液体燃料或者标准状态下1m^{3}气体燃料为基准来计算的。相应于1kg燃料，可列出热平衡方程

$$Q_r = Q_1 + Q_2 + Q_3 + Q_4 + Q_5 + Q_6 \quad \text{kJ/kg}$$

热平衡方程也可用输入热量的百分率表示

$$100\% = q_1 + q_2 + q_3 + q_4 + q_5 + q_6$$

其中　$q_1 = Q_1/Q_r \times 100\%$；$q_2 = Q_2/Q_r \times 100\%$……

式中 Q_r——输入锅炉的热量，kJ/kg；

Q_1——锅炉有效利用热量，kJ/kg；

Q_2——排烟热损失，kJ/kg；

Q_3——化学不完全燃烧损失，kJ/kg；

Q_4——机械不完全燃烧热损失，kJ/kg；

Q_5——由于外部冷却的散热损失，kJ/kg；

Q_6——灰渣的物理热损失，kJ/kg。

锅炉的热效率是锅炉的有效利用热量占输入热量的百分比，即

$$\eta_{ql}=q_1=Q_1/Q_r\times100\%$$

或 $$\eta_{ql}=100\%-(q_2+q_3+q_4+q_5+q_6)\%$$

(2) 输入热量 Q_r。相应于1kg燃料输入锅炉的热量 Q_r，可按下式计算

$$Q_r=Q_{net,ar}+i_r+Q_{wr}+Q_{wh}$$

式中 $Q_{net,ar}$——燃料收到基低位发热量，kJ/kg；

i_r——燃料带入的物理热，kJ/kg；

Q_{wr}——用外来热量加热空气时，相应于1kg燃料所给入的热量，kJ/kg；

Q_{wh}——用蒸汽雾化重油时，蒸汽带入锅炉机组的热量，kJ/kg。

1) 由于燃烧产物离开锅炉的温度大于110～120℃，此时，烟气中的水蒸气不可能凝结，故所能利用的是燃料的收到基低位发热量 $Q_{net,ar}$。

2) 燃料带入的物理热 i_r 为

$$i_r=c_r\times t_r$$

式中 t_r——入炉前燃料的温度，℃；

c_r——工作燃料的比热，kJ/(kg·℃)。

燃料油的比热：$c_r=(1.738+0.0025t_r)$；

固体燃料比热：$c_r=4.19\times W_{net}/100+(100-W_{net})/110\times c_{r,d}$。

式中 c_r——燃煤干燥基比热，kJ/kg℃，无烟煤、贫煤为0.92，烟煤为1.09，褐煤为1.13，油页岩为0.88。

对于燃煤锅炉，i_r 较小，只有当水分 $W_{net} \geqslant Q_{net,ar}/630$ 的燃料才考虑，计算时取 t_r20℃。

（3）机械未完全燃烧热损失 q_4。又称为灰渣未完全燃烧热损失，是由于部分固体燃料颗粒在炉内未能燃尽所引起。一般按燃料种类不同分别取值为：油气 0%、褐煤 1%、烟煤 2%、贫煤 3%、无烟煤 4%。

（4）化学未完全燃烧热损失 q_3。也称为可燃气体未完全燃烧热损失，指排烟中残留的可燃气体未放出其燃烧热而造成的损失。一般对煤粉炉 q_3 不超过 0.5%；燃油和燃气炉 q_3 可达 1.0%～1.5%；层燃炉 q_3 可达 1%～3%。

（5）排烟热损失 q_2。当烟气离开锅炉机组的最后受热面时，还具有相当高的温度，因此仍含有一部分热量，这部分热量将随烟气排至大气，不能再被利用。

这部分损失是各项热损失中最大的一项，大中型煤粉炉 q_2 一般为 4%～8%，层燃炉为 10%～15%。

（6）散热损失 q_5。由于锅炉炉墙金属结构和烟风道汽水管道联箱等外表面温度高于周围环境温度，要向大气中散热，因此形成散热损失。通常根据锅炉的额定负荷的经验数据来选取，如图 3-2 所示。

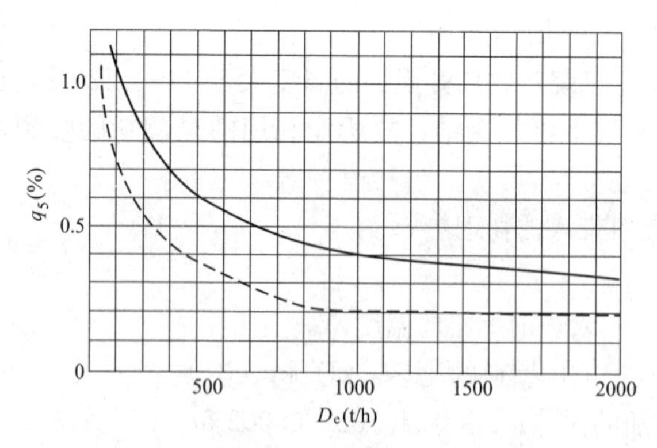

图 3-2 额定负荷下锅炉散热损失曲线

（虚线供考核锅炉本体设计热效率）

(7) 其他热损失 q_6。这部分损失是指冷却热损失和灰渣（包括飞灰和炉渣）物理热损失。固态排渣的煤粉炉炉渣量很少，可忽略炉渣的物理热损失；液态排渣炉可忽略飞灰的物理损失；燃油和燃气炉 $q_6=0$。

(8) 锅炉机组的热效率和燃料消耗量。

1）锅炉机组的热效率是指有效利用热量 Q_1 和输入热量 Q_r 之比，即

$$\eta_{gl}=Q_1/Q_r$$

锅炉的有效利用热量是指将给水一直加热至过热蒸汽的热量。可按下式计算

$$Q_1=\frac{D_{gr}\ (h'_{gr}-h_{gs})\ +D_{zr}\ (h'_{Zr}-h_{Zr})\ +D_{pw}\ (h'-h_{gs})}{B}$$

式中 Q_1——锅炉机组总的有效利用热，kJ/h；

D_{gr}——过热蒸汽量，kg/h；

h'_{gr}——过热蒸汽焓，kJ/kg；

h_{gs}——给水焓，kJ/kg；

D_{zr}——再热蒸汽流量，kg/h；

h'_{Zr}——再热蒸汽出口焓，kJ/kg；

h_{Zr}——再热蒸汽入口焓，kJ/kg；

D_{pw}——排污水流量，kg/h；

h'——饱和水的焓，kJ/kg；

B——燃料消耗量，kg/h。

2）燃料消耗量计算。在进行燃烧计算时，假定燃料是完全燃烧，由于 q_4 的存在，计算时需对燃料消耗量进行修正，即

$$B_j=B\times\ (1-q_4/100)$$

式中 B_j——计算燃料消耗量，kg/h。

进行空气需要量及烟气容积等计算时，使用计算燃料消耗量 B_j，但燃料供应和制粉系统计算时，应按实际燃料消耗量 B 计算。

65. 试述煤粉的性质。

(1) 煤粉的细度。煤粉的细度用 R_x 表示，筛分法确定的煤粉细度是以通过某一号筛子的煤粉量或残留在筛子上的煤粉量占筛

分煤粉总量的百分数来表示的。通过的煤粉百分数以 $D_x\%$ 表示；留在筛子上的煤粉百分数以 $R_x\%$ 表示；角码 x 代表筛号或筛孔内边长。对某一号筛子则有

$$D_x\%+R_x\%=100\%$$

在筛子上剩余的煤粉愈少，即 R_x 愈小，煤粉也就愈细。

（2）煤粉的颗粒组成特性。用不同孔径的筛子筛分煤粉可得到煤粉细度与筛孔直径的关系

$$R_x=100e^{-bx^n}$$

式中 b——细度系数；

n——煤粉均匀性指数，各种制粉设备的 n 值范围如表3-2所示。

表3-2 各种制粉设备的 n 值

磨煤机型式	粗粉分离器类型	n 值
筒式钢球磨煤机	离心式	0.8～1.2
	回转式	0.95～1.1
中速磨煤机	离心式	0.86
	回转式	1.2～1.4
风扇磨煤机	惯性式	0.7～0.8
	离心式	0.8～1.3
	回转式	0.8～1.0

（3）煤的可磨性系数。可磨性系数是表示煤被磨成煤粉的难易程度。一般用哈氏可磨系数来表示，即

$$HGI=13+6.93G$$

式中 G——孔径0.71mm的筛子筛下的煤样质量，由所用总煤样质量减去筛上筛余量求得，g。

我国的动力用煤的可磨性系数为25～129，HGI＞86的煤为易磨煤，HGI＜62的煤为难磨煤。

66. 锅炉的制粉系统是什么样的？

煤粉制备系统可分为直吹式和储仓式两种。

（1）直吹式制粉系统。常用的直吹式制粉系统有中速磨煤机

直吹式制粉系统、双进双出钢球磨煤机直吹式制粉系统和风扇磨煤机直吹式制粉系统。

1）中速磨煤机直吹式制粉系统如图 3-3 所示。

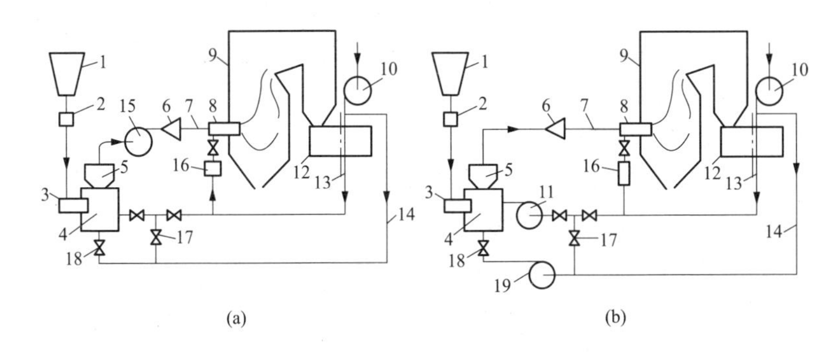

图 3-3 中速磨煤机直吹式制粉系统

(a) 负压系统；(b) 正压带高温风机系统

1—原煤仓；2—自动磅秤；3—给煤机；4—磨煤机；5—煤粉分离器；6——次风箱；7—煤粉管道；8—燃烧器；9—锅炉；10—送风机；11—热一次风机；12—空气预热器；13—热风管道；14—冷风管道；15—排粉风机；16—二次风风箱；17—冷风门；18—密封风门；19—密封风机

中速磨煤机直吹式制粉系统按排粉机装置位置不同，又可分为负压和正压两种系统。排粉机装在磨煤机之后，整个系统处在负压下工作，称为负压直吹式制粉系统，如图 3-3（a）所示；若排粉机装在磨煤机之前，整个系统处于正压下工作，称为正压直吹式制粉系统，如图 3-3（b）所示。

负压系统因燃烧所需全部煤粉都通过排粉机，故风机叶片易磨损，一方面降低了风机效率，增加了通风电损耗；另一方面也使系统可靠性降低，维修工作量大。但其最大的优点是磨煤机处于负压，不会向外冒粉，工作环境比较干净。

正压热风机系统是将高温一次风机装在磨煤机前，由于没有煤粉通过，不存在叶片的磨损问题。虽然系统中的热风机可以采用高效风机，但由于介质温度高，风机效率下降，可靠性较低。磨煤机处在正压下工作，如果密封问题解决不好，将会漏风冒粉。

此外，热风机的设计应以燃煤的最大水分为依据，在运行中可能在非设计工况下工作，经济性降低。这种系统在国外机组和国产大容量机组中使用较多。

2）双进双出钢球磨煤机直吹式制粉系统如图3-4所示，由两个对称的独立系统组成。煤由原煤仓经给煤机进入混料箱，高温旁路风也进入混料箱，与煤一起经落煤管进入球磨机的中空轴，经螺旋输送机进入球磨机筒体磨制。空气由一次风机送入空气预热器加热后，部分作为旁路风进入混料箱，部分作为干燥剂经中空轴内的空气圆管进入球磨机筒体，与另一端进入的热空气对冲后，折转返回，将煤粉从空心轴内的环形通道排出，与旁路风混

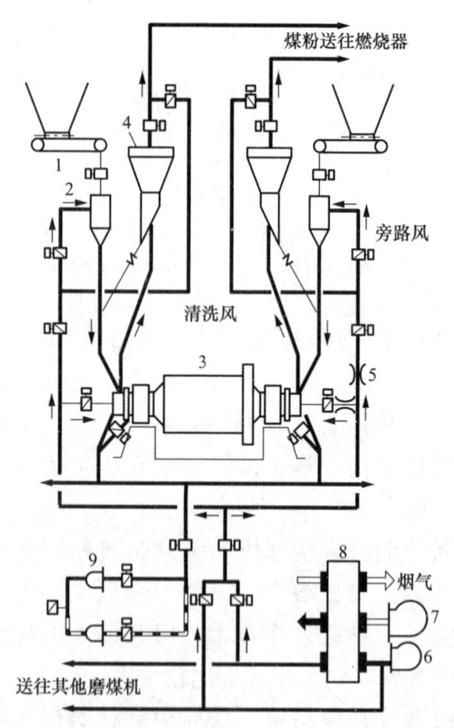

图3-4　双进双出钢球磨煤机（正压式直吹式制粉系统）

1—给煤机；2—混料箱；3—双进双出磨煤机；4—粗粉分离器；5—风量测量装置；6——次风机；7—二次风机；8—空气预热器；9—密封风机

合一起进入粗粉分离器，粗粉进入落煤管到磨煤机再磨制，气粉混合物直接送入炉膛燃烧。

3）风扇磨煤机直吹式制粉系统。磨制烟、贫煤的风扇磨煤机，采用热空气干燥直吹式系统，如图 3-5（a）所示。磨制褐煤的风扇磨煤机采用炉烟和热空气干燥直吹式系统，如图 3-5（b）所示。

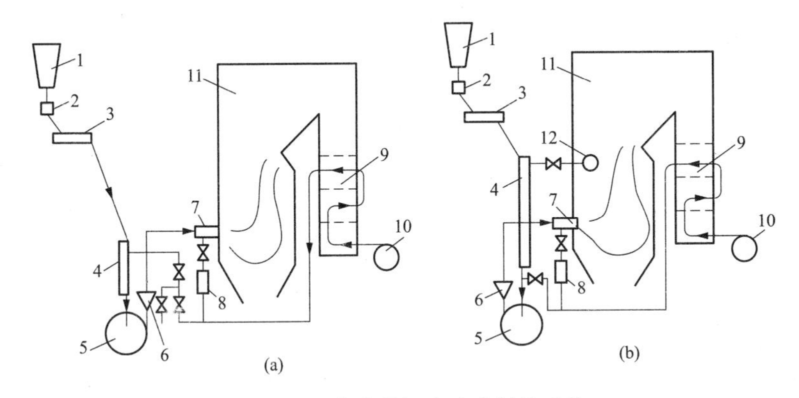

图 3-5　风扇磨煤机直吹式制粉系统

（a）热空气干燥；（b）炉烟和热空气干燥

1—原煤仓；2—自动磅秤；3—给煤机；4—下行干燥管；5—磨煤机；6—煤粉分离器；7—燃烧器；8—二次风箱；9—空气预热器；10—送风机；11—锅炉；12—抽烟口

图 13-5（b）中采用热风炉膛出口抽出的热炉烟及由除尘器后抽出的冷烟气混合物作为干燥剂，对降低含氧量、防止煤粉爆炸有利，且可以保持燃烧的相对稳定。

（2）中间储仓式制粉系统如图 3-6 所示（筒式钢球磨煤机中间储仓式制粉系统）。

图 3-6（a）是磨煤乏气系统，系统利用含细粉的气流（也称为磨煤乏气）输送由给粉机下来的煤粉到主燃烧器喷入炉内燃烧，适合原煤水分较小、挥发分较高的煤种。图 3-6（b）是热风送粉系统，系统将携带细粉的气流由排粉机送至专门的喷嘴喷入炉内燃烧，也称为三次风。

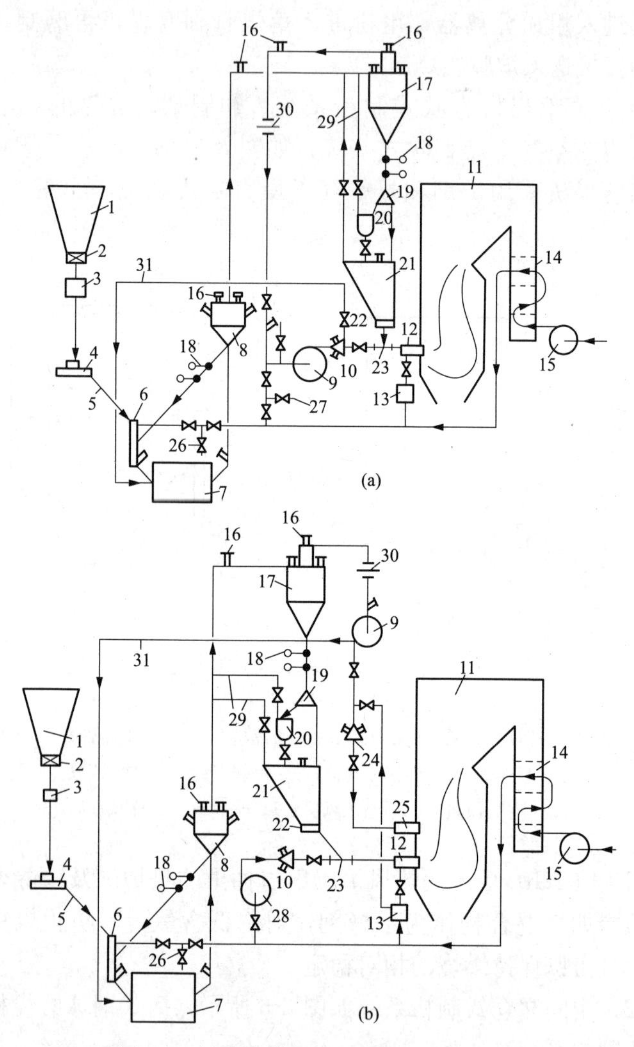

图 3-6 筒式磨煤机中间储仓式制粉系统

(a) 磨煤乏气送粉；(b) 热风送粉

1—原煤仓；2—煤闸门；3—自动磅秤；4—给煤机；5—落煤管；6—下行干燥管；7—球磨机；8—粗粉离器；9—排粉机；10——次风箱；11—锅炉；12—主燃烧器；13—二次风箱；14—空气预热器；15—送风机；16—防爆门；17—细粉分离器；18—锁气器；19—换向阀；20—输粉绞笼；21—煤粉仓；22—给煤机；23—混合器；24—乏气风箱；25—乏气喷嘴；26—冷风门；27—大气门；28——次风机；29—吸潮管；30—干燥剂流量测量装置；31—再循环管

67. 制粉系统还有哪些部件?

(1) 粗粉分离器。它的作用是将粗粉分离出来，送回磨煤机再进一步磨制，将合格的煤粉送到燃烧器燃烧。同时，它还可以调节煤粉细度，如图 3-7 所示。

(2) 细粉分离器。它的作用是将粗粉分离器的煤粉经空气分离后，将煤粉储于煤粉仓中，如图 3-8 所示。

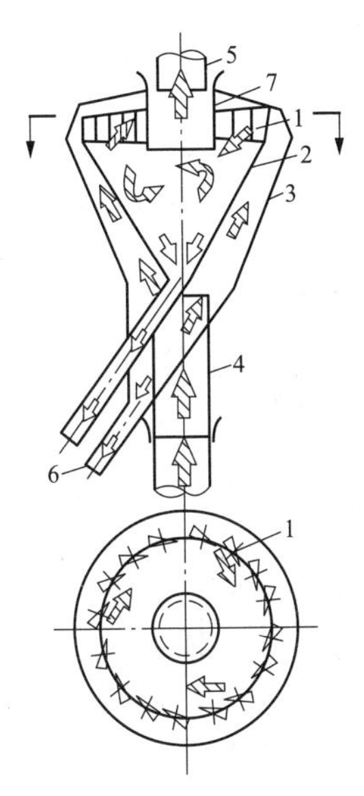

图 3-7 粗粉分离器

1—折向挡板；2—内锥；3—外锥；4—进口管；5—出口管；6—回粉管；7—出口调节阀

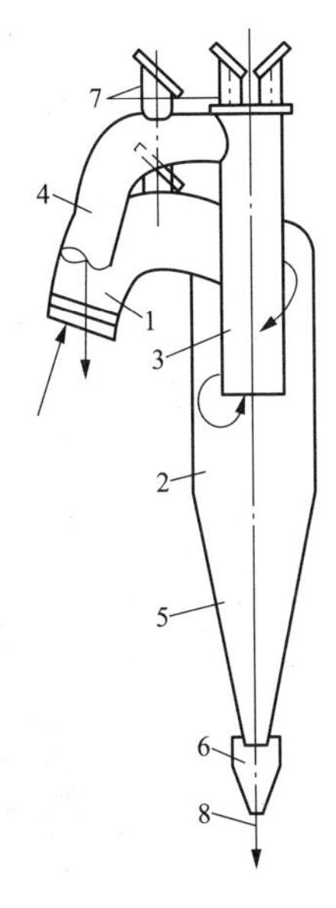

图 3-8 细粉分离器

1—气粉混合物入口管；2—分离器圆柱体部分；3—内套管；4—干燥剂出口管；5—分离器圆锥体部分；6—煤粉斗；7—防爆门；8—煤粉出口

(3) 给煤机。其作用是根据磨煤机或锅炉负荷的需要调节给煤量，并把原煤均匀地送入磨煤机中，有圆盘式、刮板式和皮带式给煤机。图 3-9 和图 3-10 所示为圆盘式和刮板式给煤机的结构图。

(4) 给粉机。它的作用是将煤粉从煤粉仓里按需要量送入一次风管再吹入炉膛内，图 3-11 表示了叶轮式给粉机的结构图。

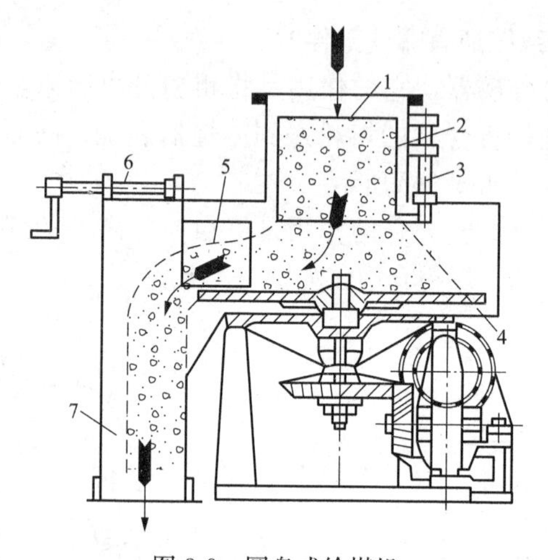

图 3-9 圆盘式给煤机

1—进煤管；2—调节套筒；3—操纵杆；4—圆盘；5—调节刮板；6—刮板位置调节杆；7—出煤管

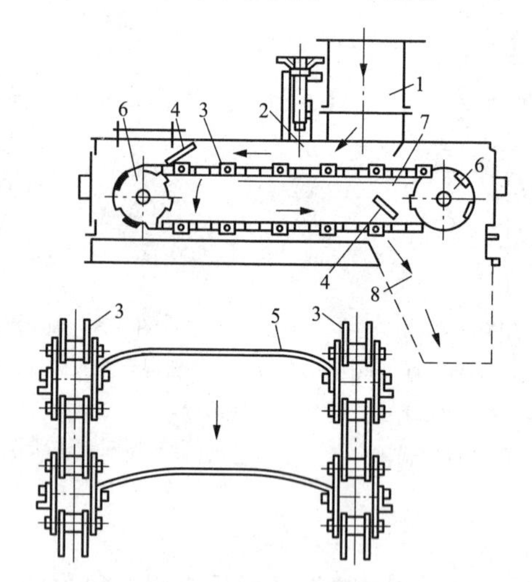

图 3-10 刮板式给煤机

1—进煤管；2—煤层厚度调节板；3—链条；4—导向板；5—刮板；6—链轮；7—上台板；8—出煤管

给粉量的调节是通过改变给粉机的转速来实现的，煤粉在给粉机上部受到转板的推拨和松动，从上落粉口落下，用上叶轮将

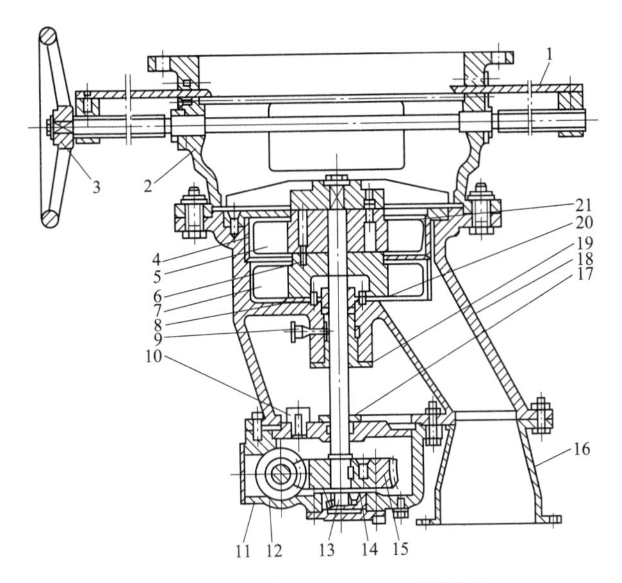

图 3-11 叶轮式给粉机的结构图

1—闸板；2—上部件；3—手轮；4—壳体；5—供给叶轮；6—传动销；7—测量叶轮；8—圆座；9—油环；10—放气塞；11—蜗杆；12—主轴；13—轴承；14—蜗轮；15—出粉管；16—减速箱上盖；17—下部体；18—压紧帽；19—油封；20—衬板；21—刮板

煤粉拨到中落粉口，再用下叶轮拨到煤粉出口，落到一次风管中。

68. 试述煤粉炉的燃烧设备和燃烧过程。

煤粉炉的燃烧设备包括燃烧室（炉膛）、燃烧器和点火装置。

（1）炉膛。炉膛的截面为矩形，四周布满了水冷壁，有时还设有墙式再热器。衡量炉膛热负荷的指标有容积热负荷和截面热负荷。

1）容积热负荷 q_v。它是指每小时送入炉膛单位容积的平均热量（以燃料收到基低位发热量计算），即

$$q_v = BQ_{net,ar}/V_1$$

式中 B——燃料消耗量，kg/h；

$Q_{net,ar}$——燃料收到基低位发热量，kJ/kg；

V_1——炉膛容积，m^3。

2）截面热负荷 q_a。它是指每小时送入炉膛单位截面积的平均热量（以燃料收到基低位发热量计算），即

$$q_a = BQ_{net,ar}/A_1$$

式中　A_1——燃烧区域炉膛截面积，m^2。

上述两个公式表明 q_v 越大，炉膛容积 V_1 越小，投资越小。但 q_v 若过大则单位炉膛的容积在单位时间内的燃煤量过大，不能保证燃料的完全燃烧。而 q_v 过小，则炉膛容积过大，不仅投资增大，也使炉内温度降低、燃烧不完全。q_a 过高，说明炉膛截面积小，燃料放出的热量没有经足够的水冷壁受热面吸收，容易引起受热面结渣。如果 q_a 过低，烟气不能得到充分冷却，使受热面结渣。因此必须选择合适的 q_v 和 q_a。

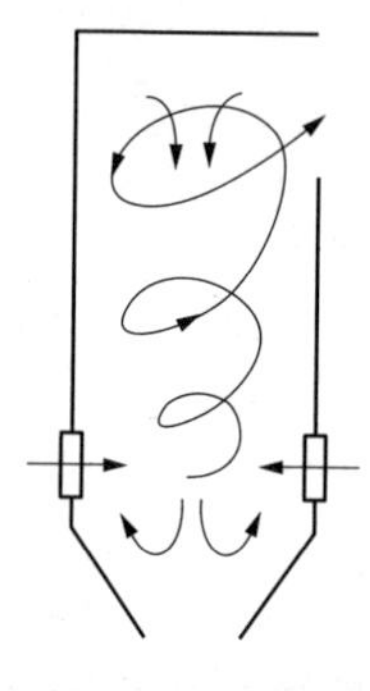

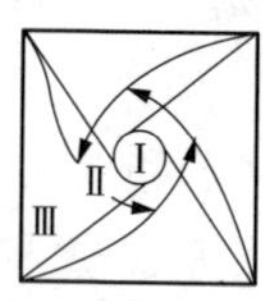

图 3-12　直流燃烧器四角布置
Ⅰ—低压区；Ⅱ—强风区；
Ⅲ—弱风区

（2）燃烧器。燃烧器是锅炉的主要燃烧设备，它的作用是将燃料和燃烧所需的空气送入炉膛，并组织一定的气流结构，使燃料迅速稳定地着火；及时供应均匀混合的空气，使燃料完全燃烧；保证锅炉的安全经济地运行。燃烧器按其出口气流的特性可分为直流燃烧器和旋流燃烧器。

1）直流燃烧器。直流燃烧器由一组圆形、矩形或多边形的喷口组成，煤粉和空气分别由不同的喷口喷进炉膛，喷口分为一次风口、二次风口和三次风口。

a）四角布置。直流燃烧器大多布置在炉膛四角，四只燃烧器的轴线相切于炉膛中心的一个假想圆，如图 3-12 所示。中小容量锅炉广泛采用此种布置方式。

b）直流射流。直流燃烧器单个喷嘴喷出的射流如图 3-13 所示。射流从喷口喷出后，在紊流扩散的作用下，射流边界上的流体微团就与周围静止的介质间发生动量和热质交换，将部分介质卷入射流中，并随同射流一起运动，从而使射流的横截面积扩大，

流量不断增加，射流速度逐渐减慢。

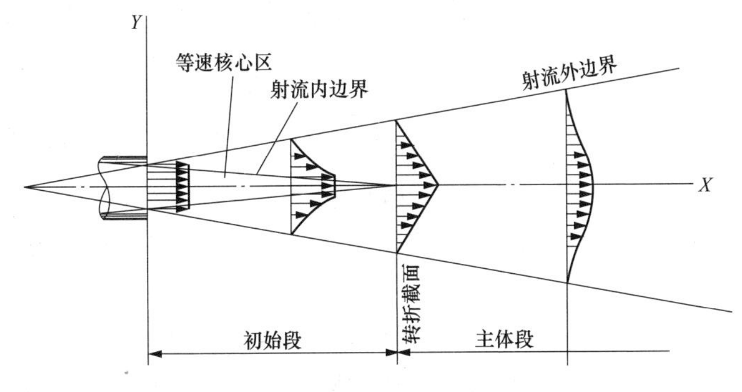

图 3-13 直流燃烧器的射流分布图

c）直流燃烧器的配风方式。根据二次风口的布置可分为均等配风和分级配风两种。图 3-14 所示为均等配风直流燃烧器，图 3-15 所示为分级配风直流燃烧器。

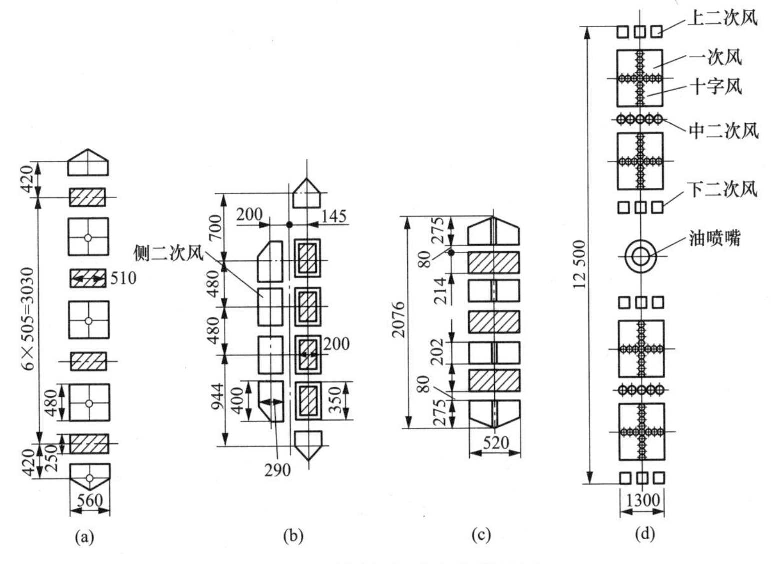

图 3-14 均等配风直流燃烧器

(a) 锅炉容量 400t/h，用于烟煤；(b) 锅炉容量 220t/h，用于贫、烟煤；(c) 锅炉容量 220t/h，用于褐煤；(d) 锅炉容量 927t/h，用于褐煤

图 3-14（a）、图 3-14（c）所示为一、二次风喷口间隔排列，直接靠拢。在每个一次风喷口上都设有二次风口。该布置方式有利于一、二次风较早混合，使一次风煤粉气流再着火后就能很快获得足够的空气，用于燃用挥发分较多的煤种。图 3-14（b）所示为侧二次风均等分配直流燃烧器，煤种为贫煤。二次风口集中布于一次风口的侧面，一次风口布在燃烧器的向火面，以卷吸高温烟气。图 3-14（d）为大功率褐煤直流燃烧器，每只燃烧器分两层布置。

图 3-15 为分级配风直流燃烧器。其原理是待一次风煤粉气流着火后送入一部分二次风，使着火的煤粉气流燃烧继续扩展，而后再高速喷入二次风，使它与着火燃烧的煤粉气流强烈混合，以达到完全燃烧。这种形式多用于无烟煤和低质烟煤。

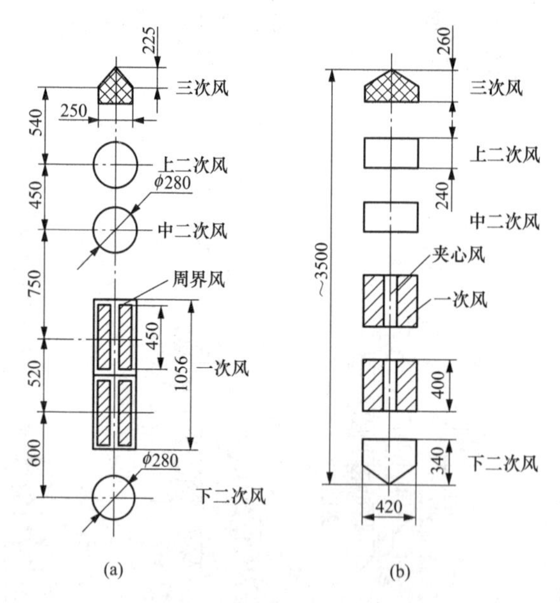

图 3-15　分级配风直流燃烧器
（a）锅炉容量 130t/h，用于无烟煤；
（b）锅炉容量 220t/h，用于无烟煤

2）旋流燃烧器。该类燃烧器是通过各种形式的旋流器使出口

气流形成旋转射流，气流在燃烧器圆管中作螺旋运动，一旦离开燃烧器，由于离心力作用，具有轴向切向和径向速度。在出口的旋转射流中，中心压力低于周围介质压力。其中心有很强的卷吸气流能力，形成中心回流区，将高温烟气抽吸到射流根部，使煤粉气流稳定燃烧。旋转射流的运动形式如图 3-16 所示。

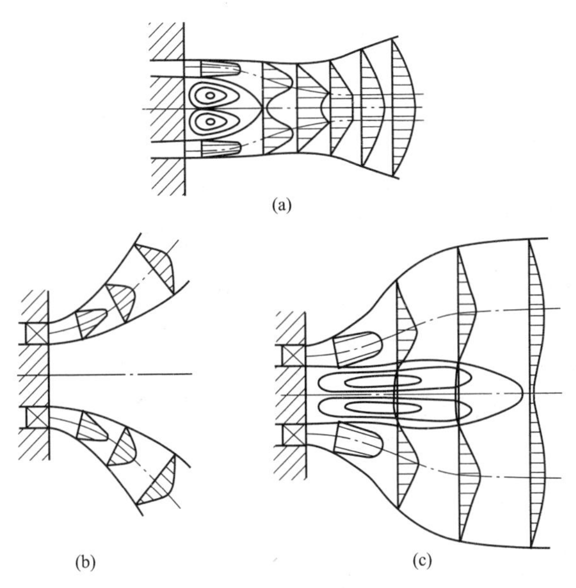

图 3-16　旋转射流的运动形式

（a）封闭气流；（b）全扩散气流；（c）开放气流

a）旋流燃烧器的分类。旋流燃烧器应用较多的有直流蜗壳式、双蜗壳式和轴向可动叶轮式、低 NO_x 旋流燃烧器四种，如图 3-17 所示。

图 3-17（a）为直流蜗壳式旋流燃烧器。煤粉的一次风混合物经中心管直流进入炉膛。中心管出口装有扩流锥，它可以前后移动，用以改变一次风气流的扩散角，调整与二次风气流的混合位置。二次风气流经由蜗壳旋转射流喷入炉膛。其特点是一次风阻力小射程长对火焰的贯穿能力大，但扩流锥易烧坏。

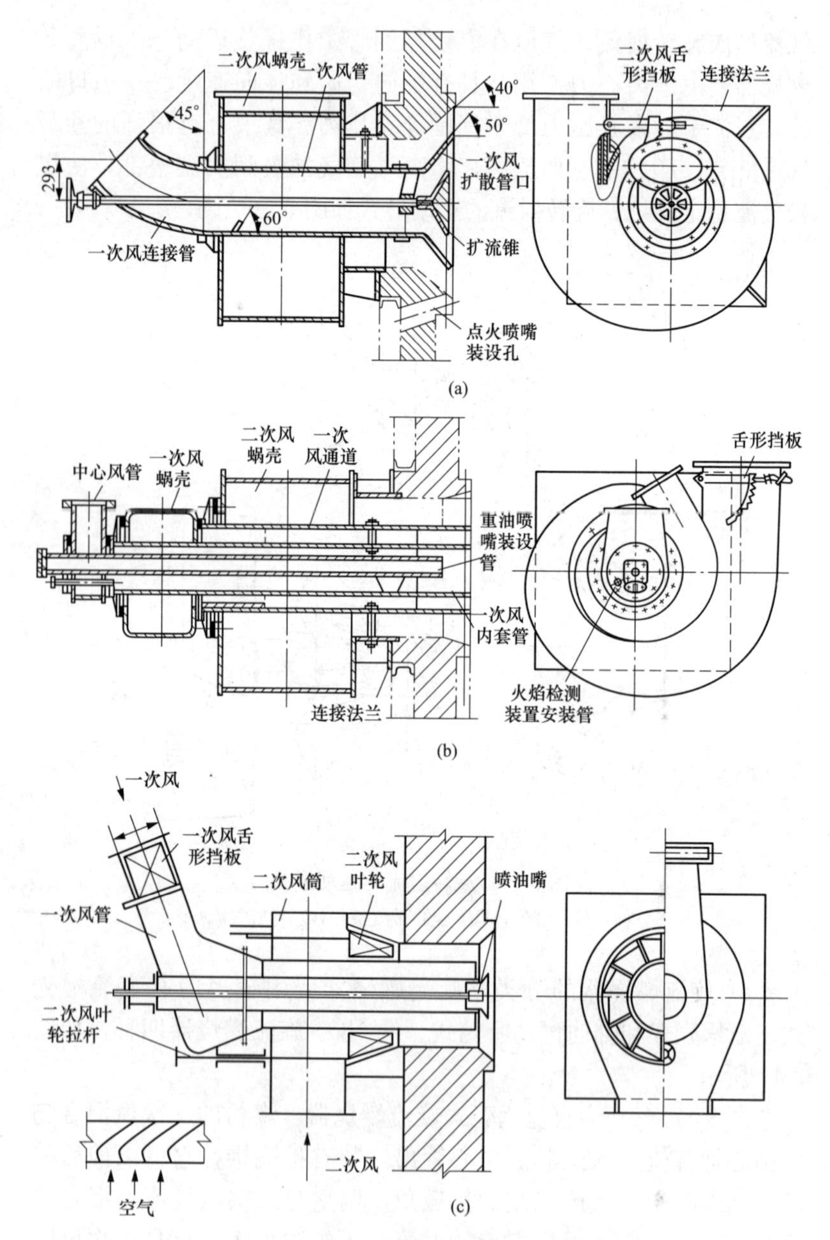

图 3-17　旋流燃烧器的形式（一）
(a) 直流蜗壳式旋流燃烧器；(b) 双蜗壳式旋流燃烧；(c) 可动叶轮式旋流燃烧器

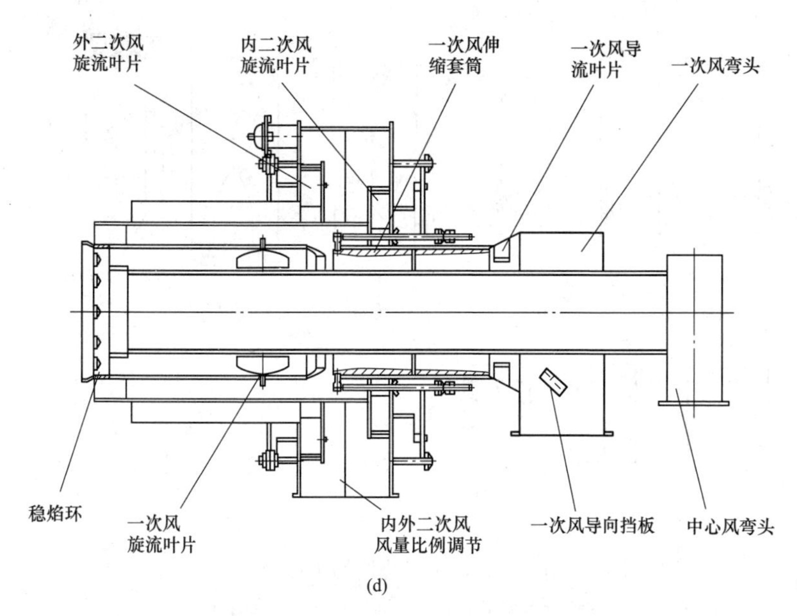

(d)

图 3-17 旋流燃烧器的形式（二）

（d）切向叶片式低 NO_x 旋流燃烧器

图 3-17（b）是双蜗壳旋流燃烧器，煤粉一次风混合物和二次风采用二只同向的蜗壳产生旋转气流。二次风蜗壳进口处装有舌形挡板，用于调节二次风气流的旋流强度。设计煤种有无烟煤、贫煤、烟煤和褐煤。

图 3-17（c）是轴向可动叶轮旋流燃烧器。其二次风采用轴向叶轮产生旋转气流，叶轮可沿燃烧器轴向移动，可改变直流风和旋转风的比例，调节二次风出口气流的旋流强度。

图 3-17（d）是切向叶片低 NO_x 旋流燃烧器。采用二次风分级形成空气分级燃烧方式，特点是一次风大幅度减小，促进了初期燃烧，因氧量缺乏使空气分级更深，NO_x 控制效果明显。

b）旋流燃烧器的布置方式。常见的布置方式有前墙布置、两面墙布置（分交错相对和对冲布置两种）、半开式炉膛对冲布置、炉底布置和炉顶布置，如图 3-18 所示。

旋流燃烧器的布置方式对炉内空气动力工况及燃烧工况有很

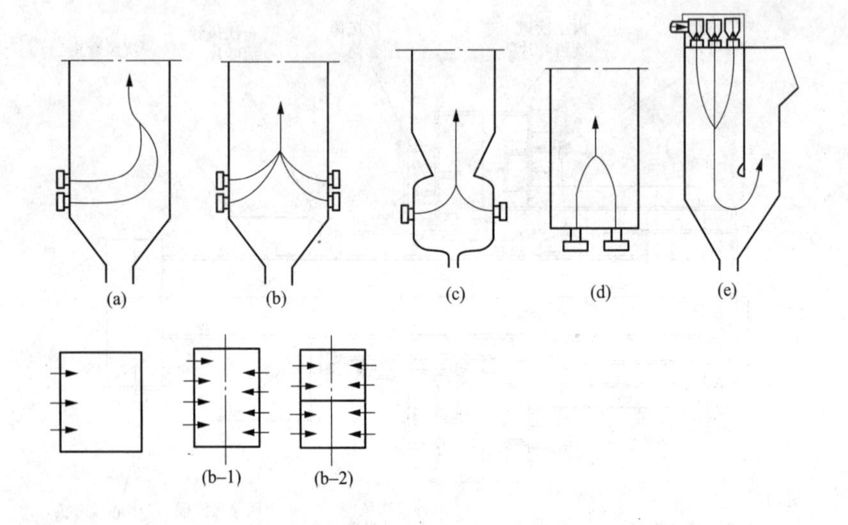

图 3-18　旋流燃烧器的布置方式

(a) 前墙布置；(b) 两面墙布置（主视图）；

(b-1) 两面墙交错相对布置（俯视图）；

(b-2) 两面墙对冲布置（俯视图）；(c) 半开式炉膛对冲布置；

(d) 炉底布置；(e) 炉顶布置

大影响。前墙布置时，从每个燃烧器喷口射出的气流开始独立地扩展，而后汇集到炉内总气流中。射流在向后墙运动的过程中抽吸周围的炉烟，进行着火和燃烧。燃烧器两面墙布置时，若采用对冲布置方式，气流在炉膛中间相互撞击后，大部分向炉膛是向上方运动，部分气流下冲到冷灰斗内；若采用交错布置方式，火焰相互交错，改善了炉内的充满程度。燃烧器炉顶布置因煤粉管道太长而很少应用。

69. 什么是点火装置？

锅炉的点火装置在锅炉启动时可用于点火。当锅炉在低负荷运行时，由于炉膛温度降低，会使煤粉着火不稳和火焰发生脉动，也可用点火装置来助燃。点火装置中点火器都采用电气点火器，常用的有电火花点火器、电弧点火器和高能点火器三种。

（1）电火花点火器。图 3-19 所示为电火花点火器的结构和点

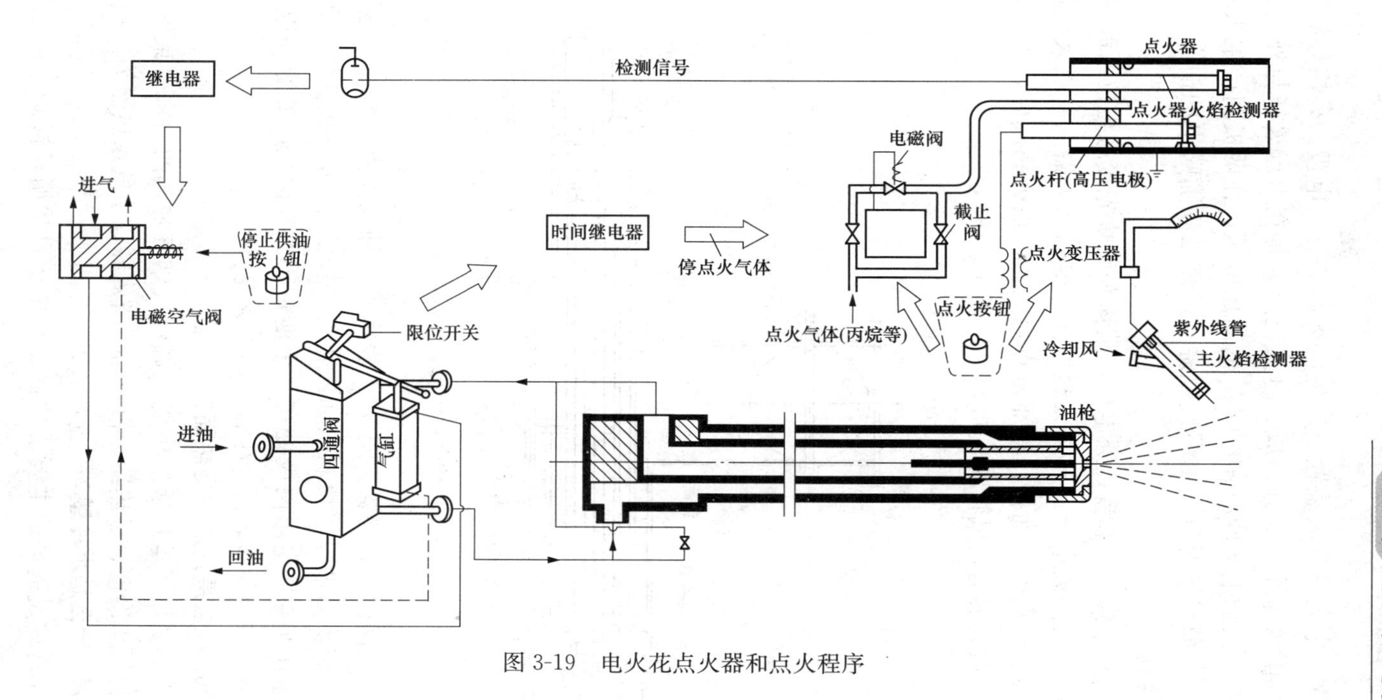

图 3-19 电火花点火器和点火程序

火程序。电火花点火装置由产生电火花的打火电极、火焰检测器和燃气配风部件三部分组成。电火花点火是在由点火杆与外壳组成的两极间加上5000～10 000V的高压电压，在两极间产生火花放电，从而点燃燃气，由燃气燃烧点燃燃油喷嘴喷出的油雾，再点燃煤粉。

（2）电弧点火装置。通电后，碳棒和碳块先接触再拉开起弧，电极间形成高温电弧。其点火程序是：电弧点火器点着点火轻油枪，轻油枪点燃重油枪，重油枪点燃煤粉。点火完成后，用气动装置将点火器退入风管内，如图3-20所示。

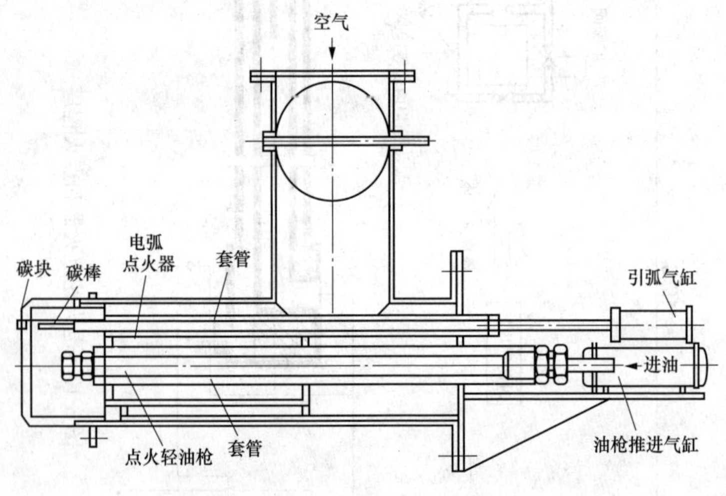

图3-20　电弧点火装置

（3）高能点火装置。图3-21表示了一种高能点火装置。这种装置不需要借助过渡燃料（如液化气、轻油），可直接点燃重油。它是采用半导体电阻两极处在一个能量很大峰值很高的脉冲电压作用下，在半导体表面产生很强的电火花。

70. 什么是锅炉的受热面？

锅炉受热面是指锅炉中受到燃烧或烟气加热的通水管束的表面，包括水冷壁、过热器、再热器、省煤器、空气预热器等。

71. 什么是水冷壁？

水冷壁是锅炉的主要受热面，在中压自然循环锅炉中的水冷

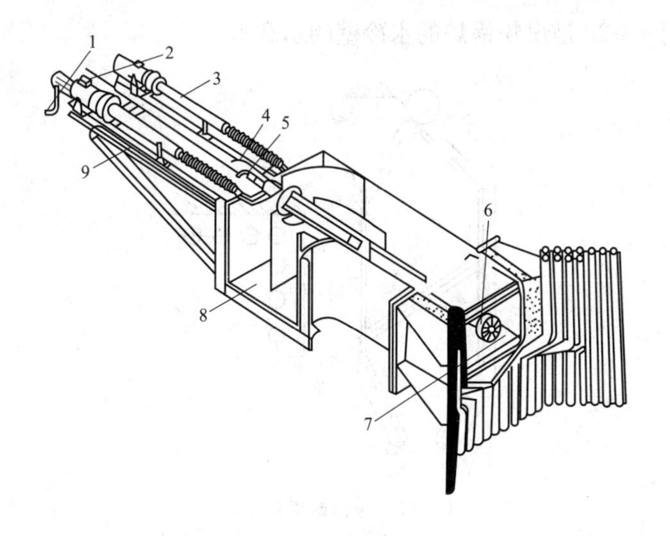

图 3-21 高能点火装置

1—电源线；2—与集控室柜连接；3—电动推杆；
4—高能点火器；5—油枪；6—点火稳燃器；7—发火嘴；
8—煤粉燃烧器下二次风口；9—行程开关

壁全是蒸发受热面。高压以上锅炉的水冷壁主要是蒸发受热面，在炉膛的上部可能布置有辐射式过热受热面。目前，锅炉广泛采用膜式水冷壁。膜式水冷壁多用鳍片（扁条钢）焊在光管或内螺纹管上而成。图 3-22 是膜式水冷壁的几种结构形式。

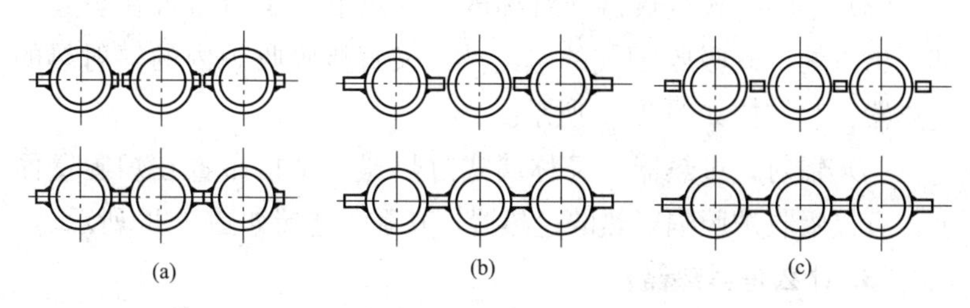

图 3-22 膜式水冷壁的几种结构形式

（a）光管上先焊好鳍片再将各鳍片焊；（b）两根已焊好鳍片的管子与放在它们中间的一根光管焊接；（c）两根光管间焊上一条鳍片

图3-23是煤粉锅炉的水冷壁的示意图。

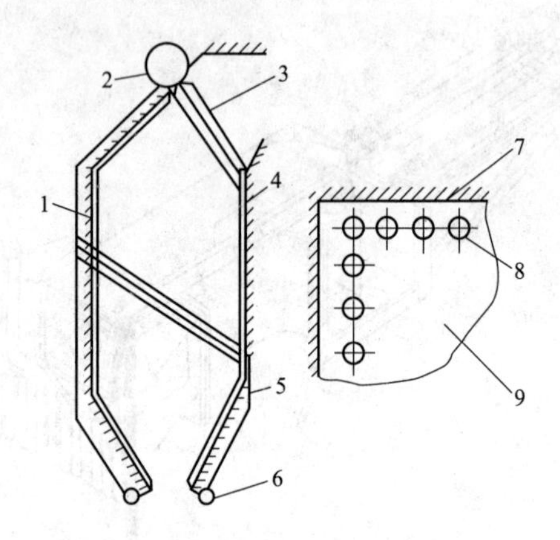

图3-23　煤粉锅炉的水冷壁

1—水冷壁；2—汽包；3—防渣管；4—炉墙；5—下降管；6—联箱；7—炉墙；8—水冷壁管；9—燃烧室

72. 什么是过热器?

过热器也是锅炉的主要受热面，它的作用是将蒸汽从饱和温度加热到额定的过热温度。根据传热方式的不同，过热器可分为对流式、半辐射式和辐射式三种。

（1）对流式过热器布置在锅炉的烟道中，主要依靠对流传热从烟气中吸收热量，其布置如图3-24所示。

（2）半辐射式过热器（对称屏式过热器）是指布置在炉膛上部或出口处，既吸收烟气的对流热，又直接吸收炉内的辐射热的过热器，其结构如图3-25所示。

（3）辐射式过热器（又称墙式过热器）是指布置在炉膛壁面上，直接吸收炉膛辐射热的过热器，其系统连接如图3-26所示。

73. 什么是再热器?

再热器也叫中间再热器或二次过热器。在超高参数及以上的机组中为了提高热效率而广泛采用。如图3-27所示是再热器在热力系统中的位置，如图3-28所示是再热器在锅炉中的位置。

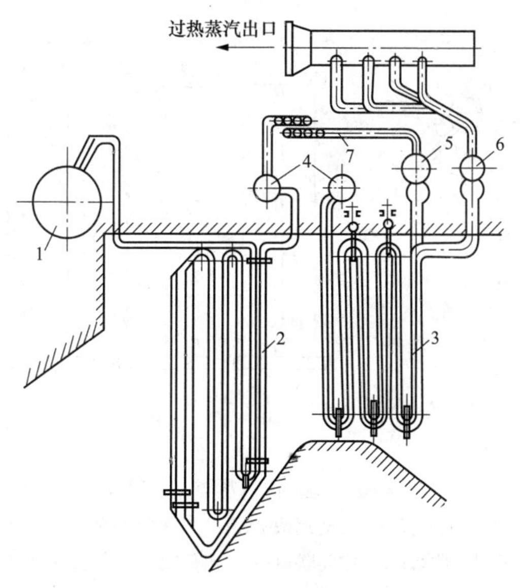

图 3-24　对流式过热器的布置

1—汽包；2—对流过热器；3—面式减温器；4—中间联箱；

5—过热器出口联箱；6—交叉管

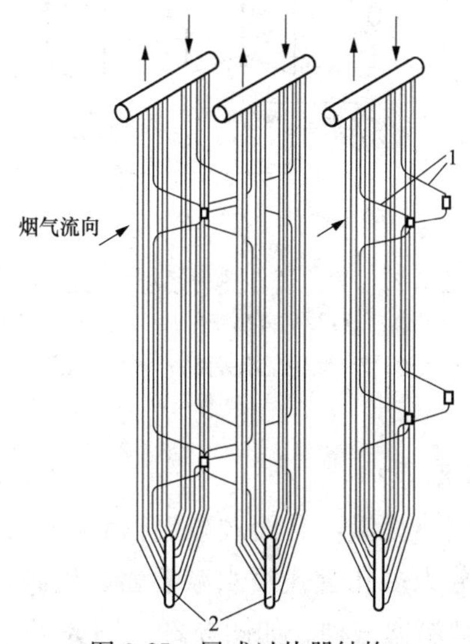

图 3-25　屏式过热器结构

1—连接管；2—扎紧管

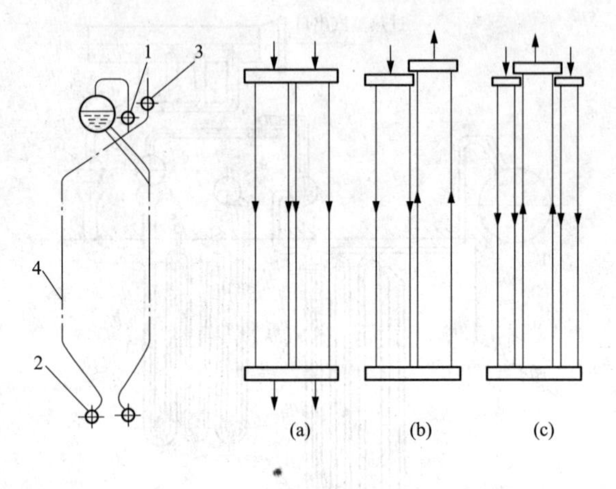

图 3-26　辐射式过热器系统连接

（a）单流系统；（b）双流系统；（c）对称布置的双流系统

1—进口联箱；2—中间联箱；3—出口联箱；4—过热器管

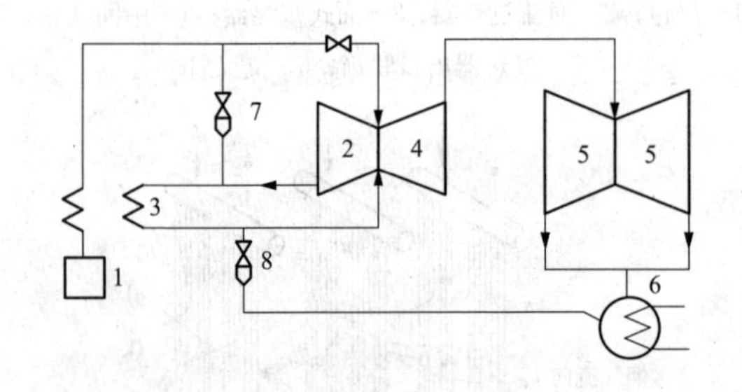

图 3-27　再热器在热力系统中的位置

1—锅炉；2—高压缸；3—再热器；4—中压缸；5—低压缸；

6—凝汽器；7—减温减压旁路；8—减温减压旁路

74. 什么是减温器？

减温器用于调节汽温，有面式减温器和喷水减温器两种，而喷水减温器又可分为多孔管式喷水减温器、旋涡式喷水减温器和文丘里管式喷水减温器三种。如图 3-29～图 3-32 所示分别为各种减温器的结构。

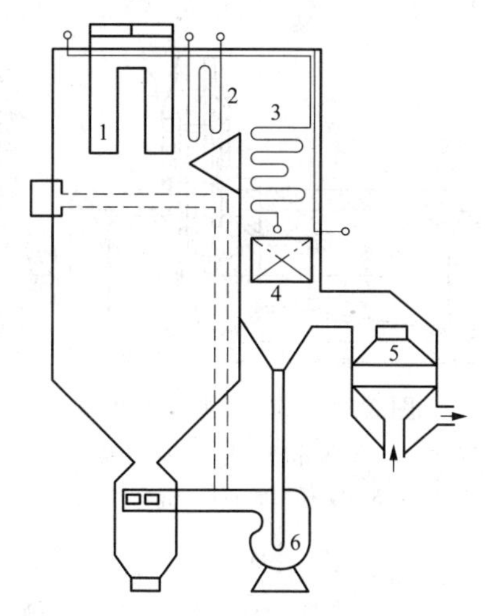

图 3-28 再热器在锅炉中的位置

1—屏式过热器；2—高压过热器；3—再热器；4—省煤器；
5—再生式预热器；6—再循环风机

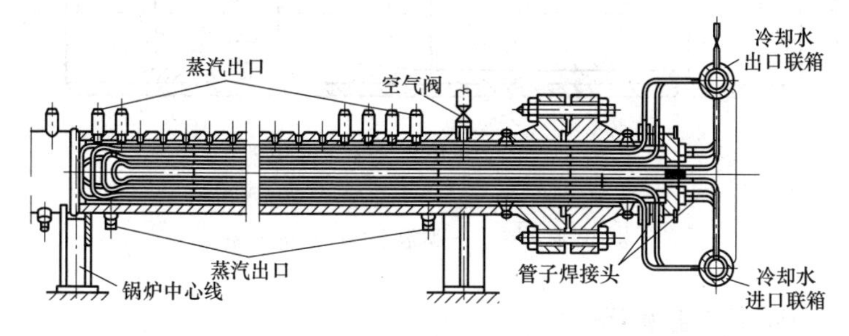

图 3-29 面式减温器

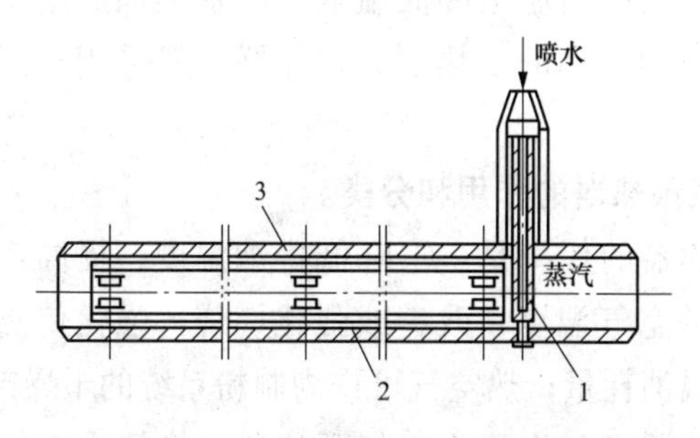

图 3-30 多孔管式喷水减温器

1—多孔管；2—混合管；3—减温器联箱

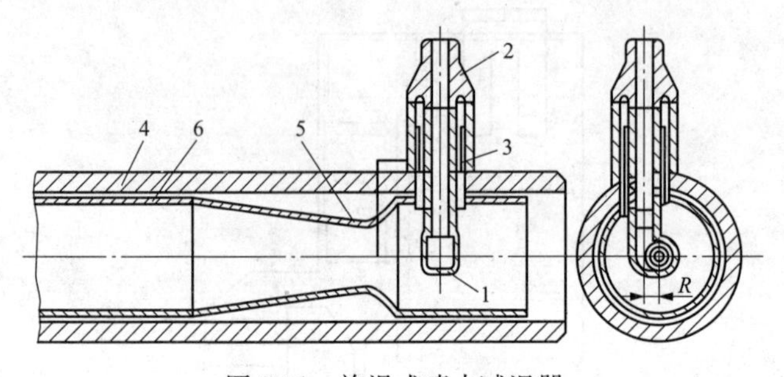

图 3-31 旋涡式喷水减温器

1—旋涡式喷嘴；2—减温水管；3—支撑钢碗；4—减温器联箱；
5—文丘里管；6—混合管

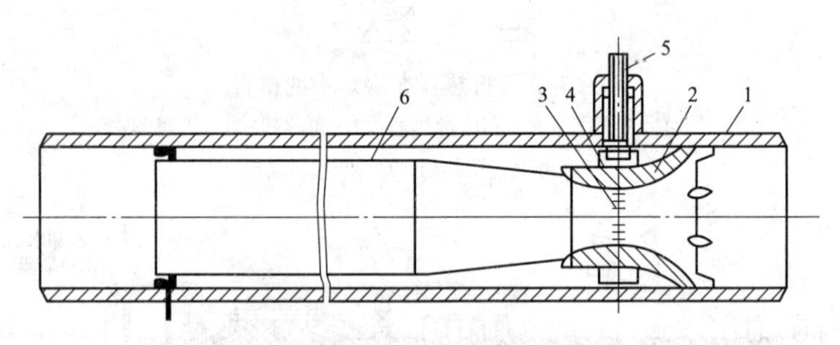

图 3-32 文丘里管式喷水减温器

1—减温器联箱；2—文丘里管；3—喷水孔；
4—环形水室；5—减温水室；6—混合室

75. 什么是省煤器？

省煤器是利用锅炉尾部低温烟气的余热加热给水，降低排烟温度，提高锅炉效率的受热面。省煤器一般采用蛇形管布置，如图 3-33 所示。

76. 空气预热器的作用和分类。

空气预热器的作用是：①降低排烟温度，提高锅炉效率；提高送入炉内的空气温度，改善或强化燃烧；强化传热，节约锅炉受热面的金属消耗量；热空气可作为制粉系统的干燥剂。

空气预热器可分为管式空气预热器、热管式空气预热器和回转式空气预热器三种。如图 34～图 36 所示。

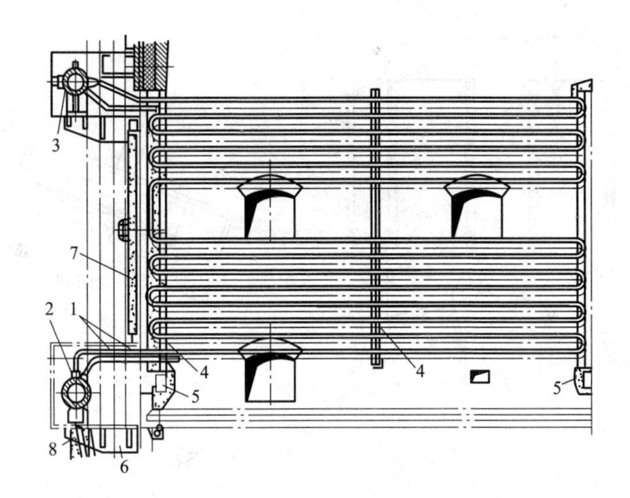

图 3-33 省煤器蛇形管布置

1—蛇形管；2—进口联箱；3—出口联箱；4—支架；5—支承架；6—锅炉钢架；7—炉墙；8—进水管

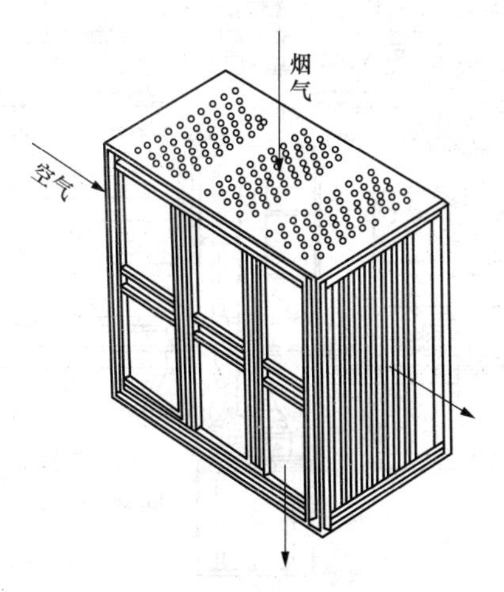

图 3-34 管式空气预热器

77. 离心式风机的工作原理。

离心式风机通过叶轮的转动带动其内的流体旋转，流体在离心力的作用下流向叶轮的外缘，在叶轮中心形成真空，从而不断

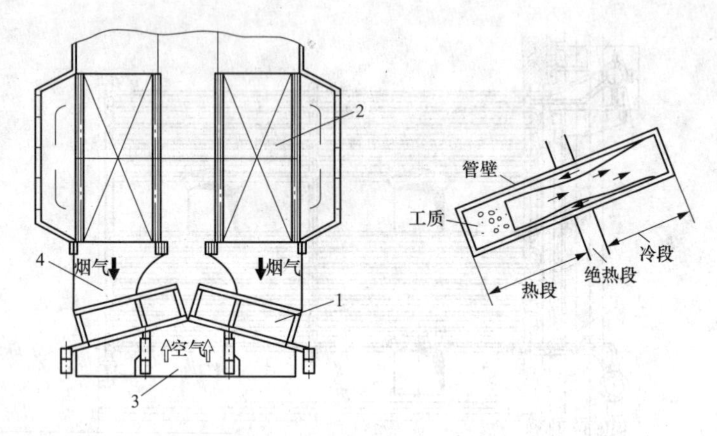

图 3-35 热管式空气预热器

1—热管式空气预热器管箱；2—高温段管式空气预热器；

3—风道；4—烟道

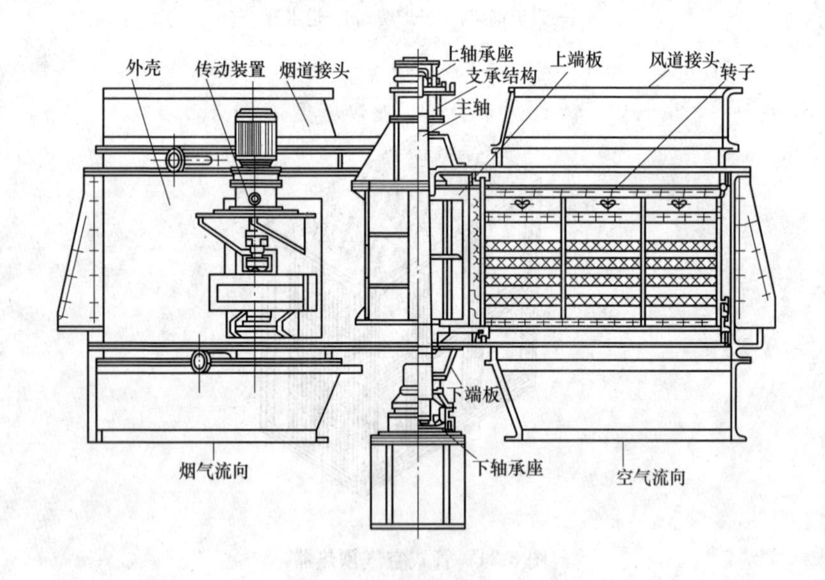

图 3-36 回转式空气预热器

地将外界流体吸入叶轮，得到能量的流体流入蜗壳内将一部分动能变成压力能沿管道排出。其结构如图 3-37 所示。

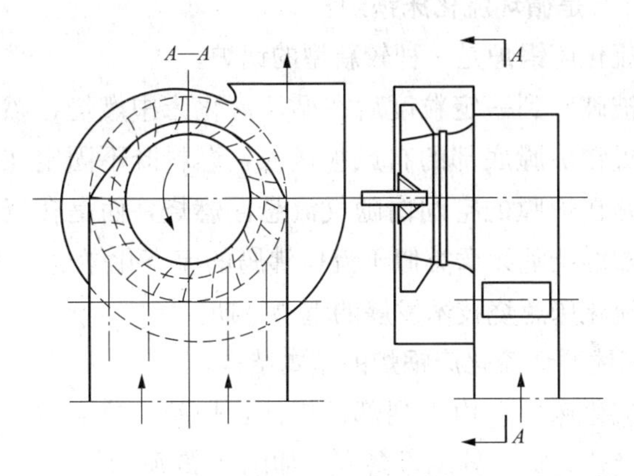

图 3-37 离心式风机的结构图

78. 什么是轴流式风机？

轴流式风机得名于流体从轴向流入叶轮并沿轴向流出。气体经一个攻角进入叶轮时，在翼背上产生一个升力，同时在翼腹上产生一个大小相等方向相反的作用力，该力使气体排出叶轮呈螺旋形向前运动。同时，风机进口处由于压差的作用，气体不断地被吸入。由于其流体不受离心力的作用，所以由于离心力作用而升高的静压为零，因而它所产生的能头远低于离心式风机，故适用于大流量、低扬程的场合。此外，它还可以制造成动叶可调式轴流风机，便于调节风量。其结构如图 3-38 所示。

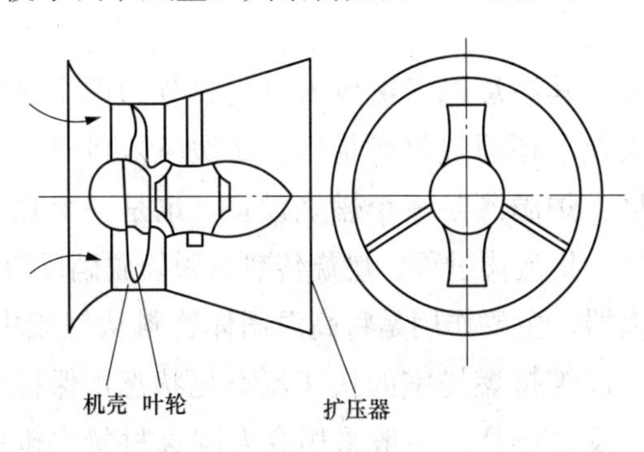

图 3-38 轴流式风机结构图

79. 什么是循环流化床锅炉?

循环流化床锅炉是一种较新型的锅炉。

燃料被破碎到一定粒度后在循环流化床中燃烧，燃烧所需的空气从布置在炉膛底部的布风板送入，燃料既不固定在炉排上燃烧，也不是在炉膛的空间内随气流悬浮燃烧，而是在流化床内进行一种剧烈的杂乱无章类似于流体沸腾的流态化燃烧。未来几年，将是循环流化床燃烧技术发展的重要时期。

80. 简述循环流化床锅炉的基本结构。

循环流化床锅炉由下列部件组成：炉膛、分离器、返料器装置、外置换热装器、辅助设备等。如图3-39所示。

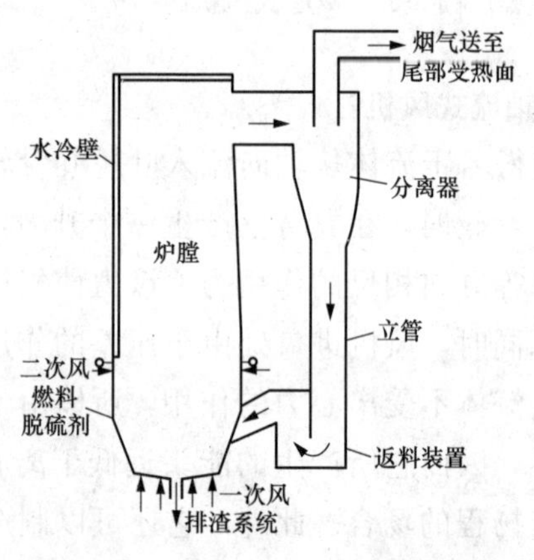

图3-39 循环流化床锅炉结构示意图

(1) 炉膛。其燃烧以二次风入口为界分为两个区域，二次风入口以下为大粒子还原气氛燃烧区，二次风入口以上为小粒子氧化气氛燃烧区。炉膛既是一个燃烧设备，也是一个热交换器和脱硫、脱氧装置，集流化过程、燃烧传热与脱硫脱硝反应为一体。

(2) 分离器。主要作用是将高温固体物料从气流中分离出来，送回燃烧室，以维持燃烧室的快速流态化状态，保证燃料和脱硫剂多次循环、反复燃烧。一般采用高温耐火材料内砌的绝热旋风分离器、水冷或气冷旋风分离器、惯性分离器和方形分离器等。

（3）返料装置。其作用是将分离器收集下来的物料送回流化床循环燃烧，并保证流化床内的高温烟气不经过返料装置短路流入分离器。它既是物料回送器，又是锁气器。

（4）外置换热器。其作用是使分离下来的物料部分或全部通过它，并将其冷却，然后通过返料器送至床内再燃烧，包括省煤器、蒸发器、过热器、再热器等。

（5）辅助设备。包括煤与石灰石制备与输送系统、烟风系统、灰渣处理系统、锅炉控制系统点火系统等。

81. 什么叫流态化燃烧？

当流体向上运动流过颗粒床层时，其运动状态和流速有关，流速较低时，颗粒静止不动，流体在颗粒的缝隙中通过；流速达到某一值时，颗粒不再由布风板所支撑，全部由流体的摩擦力支撑，每个颗粒可以在床层中自由运动。对整个床层而言，具有了许多类似流体的性质，我们称这种状态为流态化，在流态化的运动状态下进行燃烧为流态化燃烧。

82. 试述循环流化床锅炉的结构特点。

（1）锅炉结构为单、双汽包横置式自然循环锅炉；

（2）炉膛出口配置有平行的高温旋风分离器，运行稳定，分离效率高；

（3）采用进口耐热钢制作的旋风喉管，耐高温、耐磨损；

（4）回料器采用两个小U型阀，实行双点回料，回料分布均匀，不会形成在布风板上局部堆积而影响流化质量；

（5）U型回料器，进料量与回料量自动平衡，运行中无需人为调节；

（6）炉膛下部水冷壁均加装防磨装置，确保受热面使用寿命；

（7）炉膛内部不布置埋管受热面，不存在埋管磨损问题；

（8）流化床炉膛和旋风分离器等部位均采用流化床耐磨成型砖和流化床耐磨浇注料，保证锅炉长期安全运行。

83. 试述循环流化床锅炉的技术特点。

（1）燃料适应性广。在循环流化床锅炉中，燃料仅占床料的

1%～3%左右，其余的是不可燃的固体颗粒，如脱硫剂、灰渣或砂。循环流化床锅炉特殊的流体动力特性使气固和固固混合非常好。因此，燃料进入炉膛后很快与大量床料混合，燃料被迅速加热至着火温度，而同时床层温度没有明显降低，因此所有煤种均可在其中稳定高效燃烧。运行中变换煤种时，燃烧设备和锅炉本身不作任何改造也可取得较高的燃烧效率。

（2）燃烧效率高。循环流化床锅炉与其他种类锅炉的根本区别在与燃烧系统。循环流化床锅炉燃烧系统是由炉膛、分离器和反料装置组成。高温物料在气流的夹带下进入分离器，被收下来的物料进入反应装置，再经反料装置送回炉膛，进行多次循环燃烧，因此燃烧效率高。

（3）负荷调节范围大、负荷调节快。锅炉运行中经常会出现负荷的变化，当负荷降到30%以下时，其他类型锅炉燃烧效率和热效率会明显降低且燃烧很不稳定，甚至不能正常燃烧，煤粉炉负荷调节范围为70%～110%。而循环流化床锅炉只需调节给煤量、空气量和反料循环量，故其负荷可在30%～110%之间调节。即使在20%负荷情况下，也能保持燃烧稳定。此外，由于截面风速高和吸热控制容易，其负荷调节速度也很快，可达4%/min～5%/min。

（4）是一种洁净的燃烧技术。循环流化床锅炉在炉内加入石灰石，可在炉内简单脱硫，当钙硫摩尔比为1.5～2.5时，脱硫效率可达90%以上；由于运行中采用分级送风和低温燃烧，故NO_x生成量极低。因此循环流化床锅炉可大大减少SO_2和NO_x的排放量，从而改善大气与环境质量。

（5）易于实现灰渣的综合利用。循环流化床锅炉采用低温燃烧，炉内的优良的燃尽条件使得锅炉的灰渣含碳量低，属于低温烧透，易于实现综合利用。

（6）床内不布置埋管受热面。循环流化床锅炉的床内不布置埋管受热面，因而不存在埋管受热面的磨损问题，此外，由于没有埋管受热面，启动和停炉容易，且长时间压火后可直接启动。

84. 循环流化床锅炉的缺点是什么?

(1) 飞灰含碳量比较高。

(2) 厂用电率高。

(3) 锅炉部件的磨损和腐蚀较严重。主要与风速、颗粒浓度及流场均匀性有关。

(4) 炉膛和分离器回送装置及其之间存在膨胀和密封问题,产生热应力造成颗粒外漏现象。

85. 循环流化床锅炉是如何控制二氧化硫污染的?

流化床燃烧是把经过破碎的石灰石随燃煤送入流化床密相区,以实现在燃烧中脱硫的目的,反应分为煅烧和固硫两个阶段。

(1) 煅烧阶段。石灰石的成分是碳酸钙,流化床密相区温度为850~900℃,此时碳酸钙与二氧化硫反应的速度很慢,先受热分解转变为氧化钙,即

$$CaCO_3 = CaO + CO_2$$

(2) 固硫阶段。碳酸钙分解时,逸出的 CO_2 在 CaO 颗粒上留下大量的孔隙,SO_2 和 O_2 通过这些孔隙向颗粒内部扩散,并与 CaO 发生反应生成硫酸钙,即

$$CaO + SO_2 + 1/2O_2 = CaSO_4$$

上述反应在一定的温度下可以得到最高的脱硫效率,这一温度称为最佳反应温度(850~900℃),而流化床锅炉可以保证运行在最佳反应温度范围内。此外,由于固体物料(包含床料、燃料、脱硫剂、飞灰等)在炉内的停留时间长(可达数十分钟)、炉内湍流混合强烈,都有利于燃烧脱硫过程。在钙硫比(Ca/S)为1.5~2.5时,脱硫效率可达90%。

86. 什么是循环流化床锅炉的床料和物料?

在锅炉启动前,布风板上应先铺上一层燃煤、灰渣、石灰石粉等固体颗粒,称为床料,有的锅炉还掺入砂子、铁矿石等成分。对于不同的锅炉,其床料的成分、颗粒粒径和筛分特性也不一样,一般床料的厚度为350~600mm。

物料是指锅炉运行中,在炉膛和循环系统内燃烧或载热的物

质。它包括床料的成分、给入的燃料脱硫剂返送回来的飞灰及燃料燃烧后产生的其他固体物质。

87. 在循环流化床锅炉中煤是如何燃烧的？

煤在循环流化床锅炉中燃烧是该类锅炉所发生的最基本和最重要的过程。它和一般的锅炉的燃烧过程不同。当煤粉由给料机给入流化床后，将发生如下的过程：

（1）煤粒由高温床料加热和干燥。

（2）煤粒受到高温加热后发生分解（热解）产生大量气态可燃物。热解产物挥发分由焦油和可燃气体组成，其值占燃烧总放热量的40%左右。

（3）煤粒中的挥发分析出后，某些煤种的煤粒发生颗粒膨胀和一级破碎现象。

（4）焦炭燃烧并伴随二级破碎和磨损现象。

图3-40所示为煤粒在流化床中的燃烧过程（床料颗粒平均直径为3mm）。

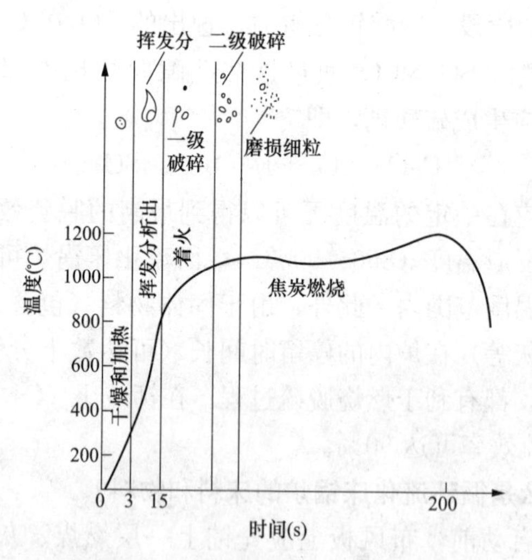

图3-40　煤粒在流化床中的燃烧过程（床料颗粒平均直径为3mm）

88. 试述循环流化床锅炉的展望。

由于循环流化床锅炉的优点是煤种适应性广，燃烧效率高，以及炉内脱硫脱氮等优点，近二十年来，大容量的循环流化床燃烧锅炉取得了迅速的发展。目前，已经实现了300MW亚临界参数燃煤循环流化床锅炉的商业化。在我国，600MW超临界参数循环流化床锅炉也将投入示范运行。

第三节　汽轮机及其附属设备

89. 试述汽轮机的类型。

汽轮机是一种以蒸汽为工质，并将蒸汽的热能转化为机械能的旋转机械，是火电厂中的主要设备之一。它具有单机功率大、效率高、运转平稳、使用寿命长等特点。汽轮机的分类可按热力系统特征分为凝汽式汽轮机、调整抽汽式汽轮机、背压式汽轮机、中间再热式汽轮机；按工作原理分为冲动式汽轮机和反动式汽轮机；按汽缸数目分为单缸和多缸汽轮机。

90. 试述冲动式汽轮机的工作原理。

在汽轮机中，蒸汽在喷嘴中发生膨胀，压力降低、速度增加，热能转变为动能，如图3-41所示。高速汽流经动叶片3时，由于汽流方向改变，产生了对叶片的冲动力，推动叶轮2旋转做功，将蒸汽的动能变成轴旋转的机械能。

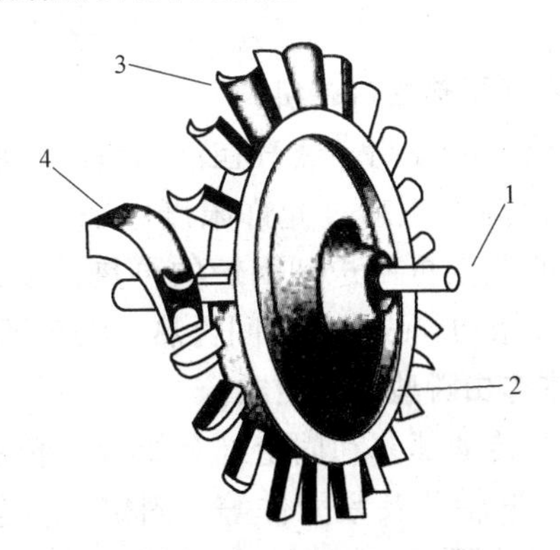

图3-41　冲动式汽轮机工作原理图

1—轴；2—叶轮；3—动叶片；4—喷嘴

91. 试述反动式汽轮机的工作原理。

在反动式汽轮机中，蒸汽不仅在喷嘴中产生膨胀，压力降低、速度增加，高速汽流对叶片产生一个冲动力，而且蒸汽经叶片时也产生膨胀，使蒸汽在叶片中加速，对叶片还产生一个反作用力，即反动力，推动叶片旋转做功。

92. 什么是凝汽式汽轮机？

蒸汽在汽轮机内做功后，除了部分轴封漏汽外，蒸汽全部排入凝汽器，抽汽全部用于加热凝结水和给水，这种具有不调整抽汽的汽轮机称为凝汽式汽轮机。

93. 什么是调整抽汽式汽轮机？

调整抽汽式汽轮机可以有一级调整抽汽（也称为单抽）和二级调整抽汽（也称为双抽），是指抽汽的压力可以在一定范围内加以调整。调整抽汽式汽轮机抽汽的绝对压力一般为0.12～0.25MPa和0.8～1.3MPa，前者用于采暖，后者用于工业用汽。

94. 什么是背压式汽轮机？

蒸汽在汽轮机内做完功后，以高于大气压的压力被排入排汽室，用于供热用户采暖和工业用汽，这种汽轮机称背压式汽轮机。背压式汽轮机的热力系统中没有凝汽器，只有给水加热器。由于其排汽直接供给用户，不能少供，也不能储存，故发电功率和供热量的大小有关。

95. 什么是中间再热式汽轮机？

随着主蒸汽压力的提高，蒸汽在汽轮机中膨胀至终了的湿度增大。为了使排汽湿度不超过允许限度，采用了蒸汽中间再热，将高压缸做完功的蒸汽再回送到锅炉的再热器中，然后回至汽轮机的中低压缸继续做功。故称为中间再热式汽轮机。

96. 汽轮机本体由哪些部分组成？

汽轮机本体由转动部分和固定部分组成，转动部分包括动叶栅、叶轮、主轴、联轴节及紧固件等；固定部分包括汽缸、蒸汽室、喷嘴室、隔板、隔板套、汽封、轴承、轴承座、机座、滑销系统及紧固件等。

97. 简述汽轮机转子的类型和结构。

汽轮机转子按形状可分为转轮型和转鼓型两种。反动式汽轮机采用转鼓型转子；冲动式汽轮机采用转轮型转子。按制造工艺可分为套装式、整锻式、焊接式及组合式转子。图 3-42～图 3-45 所示为各类制造工艺转子的结构图。

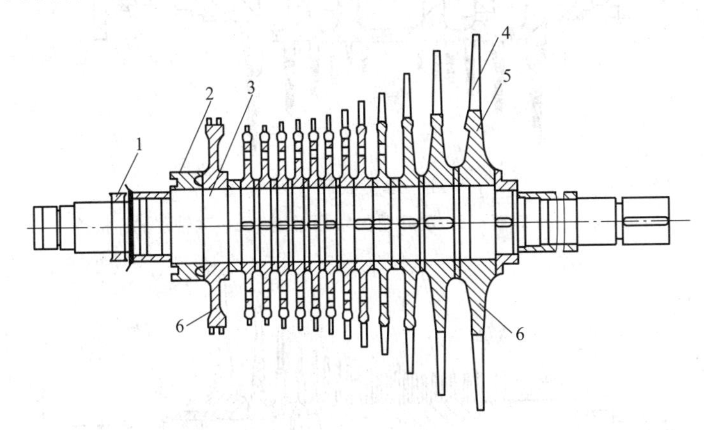

图 3-42 套装转子的结构图

1—油封环；2—轴封套；3—轴；4—动叶槽；5—叶轮；6—平衡槽

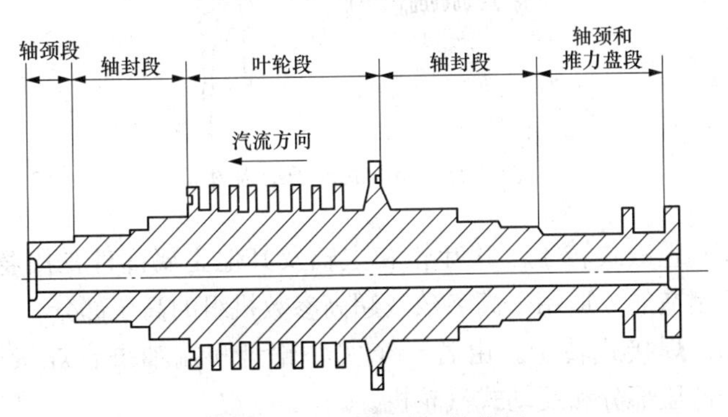

图 3-43 整锻式转子结构图

（1）套装式转子。其叶轮轴封套联轴器等部件和主轴是分别制造的，然后将它们分别热套在主轴上，并用键传递力矩。该类型转子工作温度在 400℃以下，只适用于中低参数的汽轮机的中低压部分。

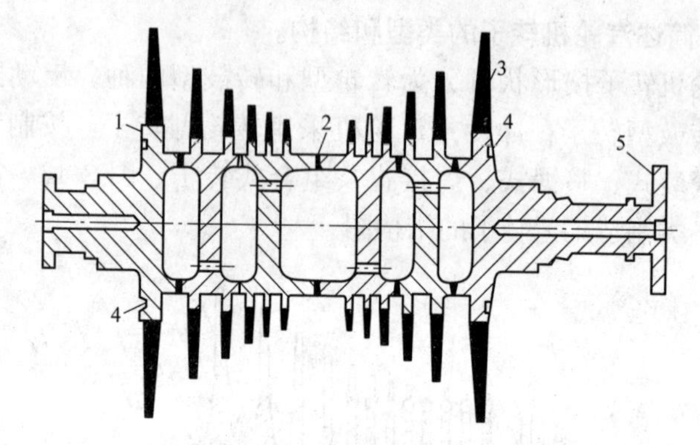

图 3-44 焊接式转子结构图

1—叶轮；2—焊缝；3—动叶栅；4—平衡槽；5—联轴器的连接轮

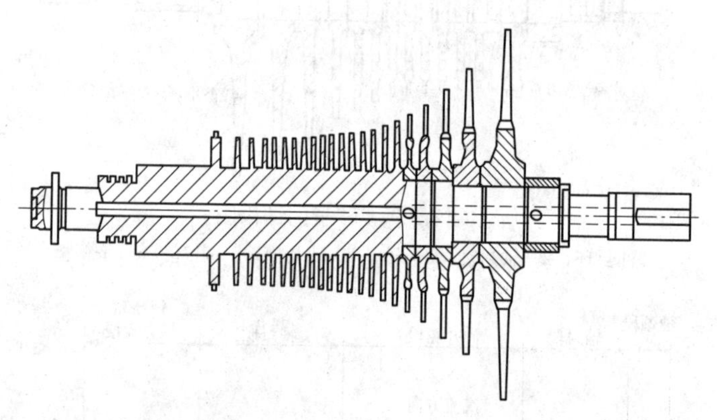

图 3-45 组合式转子结构图

(2) 整锻式转子。其叶轮和主轴及其他主要部件是用整体毛胚加工制造的，适用于高参数或超高参数机组的高压部分。

(3) 焊接式转子。由若干个实心轮盘和端轴拼合焊接而成，适用于低压部分和反动式汽轮机。

(4) 组合式转子。在高压部分采用整锻转子，中、低压部分采用套装结构。适用于高参数、中等功率的汽轮机转子。

98. 简述动叶片的作用和结构。

动叶片是汽轮机中数量最大和种类最多的零件，叶片应具有良好的流动特性、足够的强度、满意的转动特性、合理的结构和良好的工艺性能。在汽轮机的事故中叶片事故约占60%～70%，所以其性能必须予以足够的重视。

动叶片是安装在转子叶轮或转鼓上，接受喷嘴叶栅射出的高速汽流，把蒸汽动能转换成机械能，使转子旋转。

叶片的结构分为工作部分（叶身）和叶根及连接件，如图3-46所示。

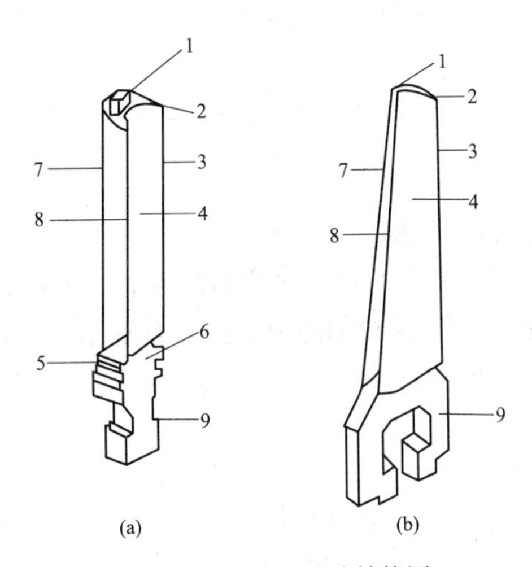

图3-46 汽轮机叶片结构图

（a）倒T型叶根的叶片；（b）菌形叶根的叶片

1—凸榫；2—出汽侧叶顶；3—出汽边；4—叶身（凹面）；5—定位槽；6—叶根；7—叶身（凸面）8—进汽边；9—叶根装配槽

叶片的叶型可分为冲动式和反动式两种，如图3-47所示。

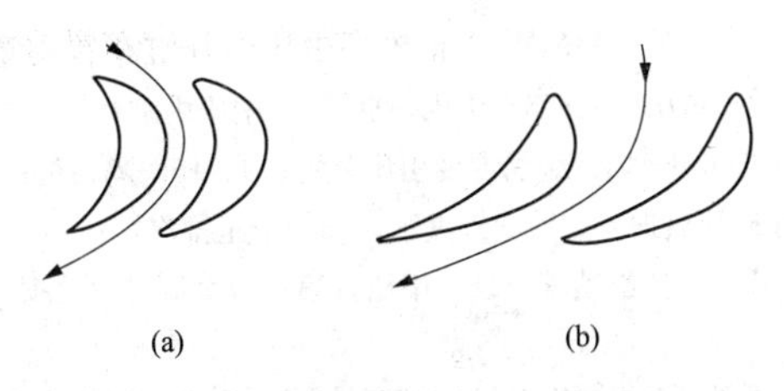

图3-47 叶型

（a）冲动式叶型；（b）反动式叶型

叶片通过叶根安装在叶轮或转鼓上，叶根的作用是紧固动叶片，使其在经受汽流的推力和旋转离心力作用下，不能从轮缘沟槽内被拔出来。叶根的结构如图3-48所示。

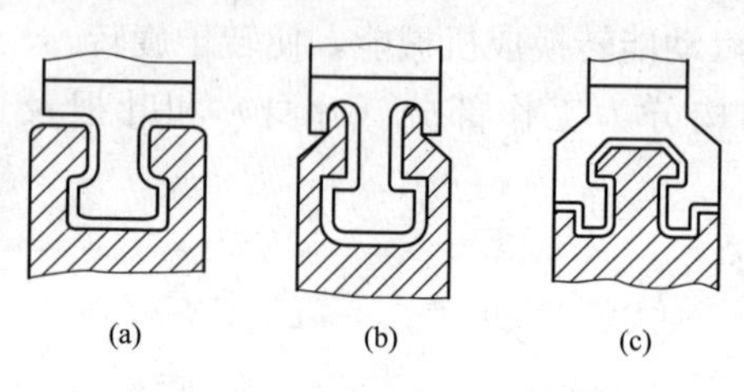

图3-48 叶根的结构图

(a)、(b) T型叶根；(c) 菌型叶根

99. 试述汽缸的结构。

汽缸的结构随汽轮机的类型的不同而有所不同。下面以一台125MW汽轮机为例。该机的高中压缸为合缸结构。高中压缸的布置形式如图3-49所示。

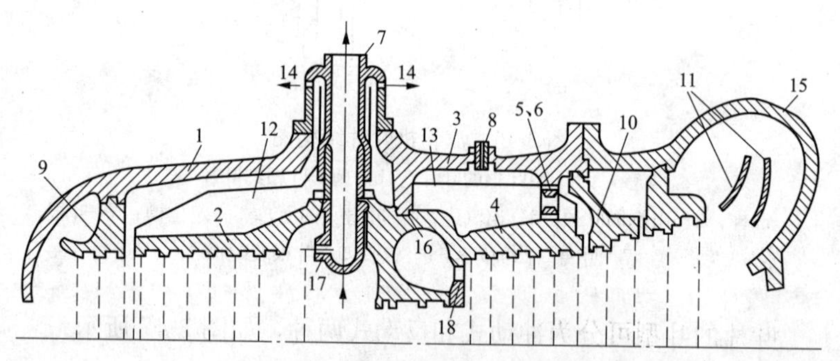

图3-49 某125MW汽轮机高中压内外缸布置示意图

1—高压外缸；2—高压内缸；3—中压外缸；4—中压内缸；5、6—内外缸滑销；7—高压进汽短管；8—内缸金属温度引出装置；9、10—隔板套；11—导流环；12、13—内外缸挡热护罩；14—排汽管；15—中压排汽缸；16—内外缸死点；17—高压缸喷嘴；18—中压缸第一级全周进汽喷嘴

该机的高压缸的调节级和前面六个压力级及中压缸前面的六个压力级，都采用双层缸，其隔板均装在内缸上。高压缸的末二

级及中压缸的末四级因为温度较低，采用单层结构，其隔板由隔板套直接装在外缸上。这样的结构减少了汽缸与轴承的数目，从而缩短了主轴的长度，降低成本和减少检修工作量，其缺点是机组启停时处理差胀比较困难。

该机的低压缸结构如图 3-50 所示。外缸因体积太大，采用钢板焊接而成。

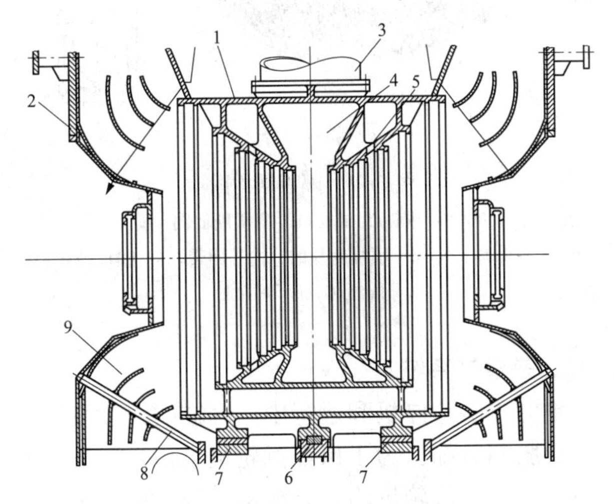

图 3-50 某 125MW 汽轮机低压缸结构图

1—低压内缸；2—低压外缸；3—低压进汽连接管；4—进汽室；5—抽汽口；6—横销；7—纵销；8—支撑；9—导流板

100. 试述隔板的作用和结构。

隔板的作用是固定喷嘴叶片，并将整个汽缸内部空间部分隔成若干汽室，主要由隔板体、喷嘴、叶栅、隔板外缘等部分组成。隔板通过外缘直接安装在汽缸或隔板套内专门的凹槽中。为了安装和拆卸方便，隔板沿水平中分面对分为上、下两半块，称为上、下隔板。为了使上、下隔板对准，并防止漏汽，在水平面加装密封键和定位销。在隔板体的内孔壁安装有汽封环的槽道。隔板结构如图 3-51 所示。

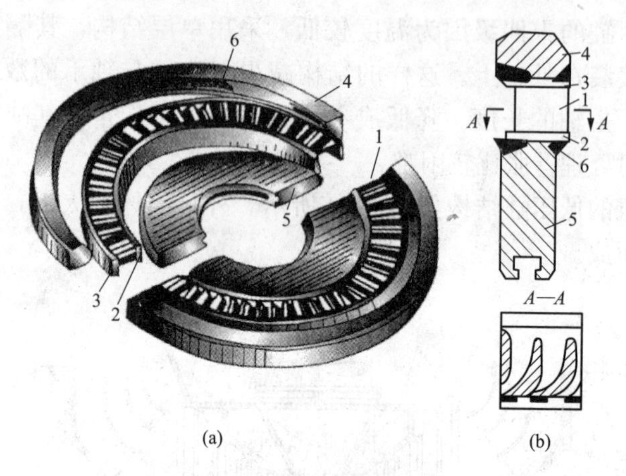

图 3-51　隔板结构图

（a）隔板组成；（b）隔板断面图

1—喷嘴叶片；2、3—喷嘴叶片的、内外围带；4—隔板外缘；
5—隔板体；6—焊接处

101. 什么是滑销系统？

由于汽轮机在启动停机和运行中，汽缸的温度变化很大，各部件将产生膨胀和收缩。为了保证汽轮机自由地膨胀，并保证汽缸和转子中心一致，汽轮机均装有滑销系统。该系统由各种滑销组成：包括横销、纵销、立销、猫爪横销、角销等。各滑销结构如图 3-52 所示。

102. 试述汽封的作用和结构。

汽轮机是高速旋转的机械，在汽缸、隔板等静体与主轴、叶轮（包括动叶）等转体之间，必须有一定的轴向和径向间隙，以免机组在工作时动静部件之间发生摩擦，既然有间隙存在，就可能漏汽，为了减少蒸汽的泄漏和防止空气漏入，需要有汽封装置。汽封按用途可分为轴端汽封和通流部分汽封两类，按形式可分为伞齿式汽封和梳齿式汽封两类，两种形式汽封的结构如图 3-53 所示。

103. 试述汽缸法兰和螺栓加热装置的作用和结构。

汽轮机启动时，由于转子质量小，汽缸的质量大，使受热不

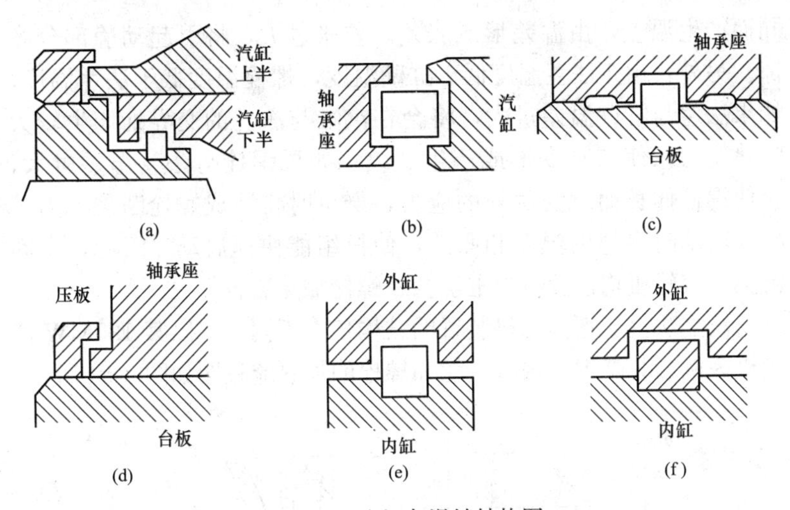

图 3-52 汽缸各滑销结构图

（a）高中压外缸猫爪滑销；（b）高中压外缸，低压外缸立销；
（c）轴承座与台板横销；（d）轴承座与台板间的压板销；
（e）高中压外缸与内缸间纵销；（f）低压外缸与内缸间纵销与横销

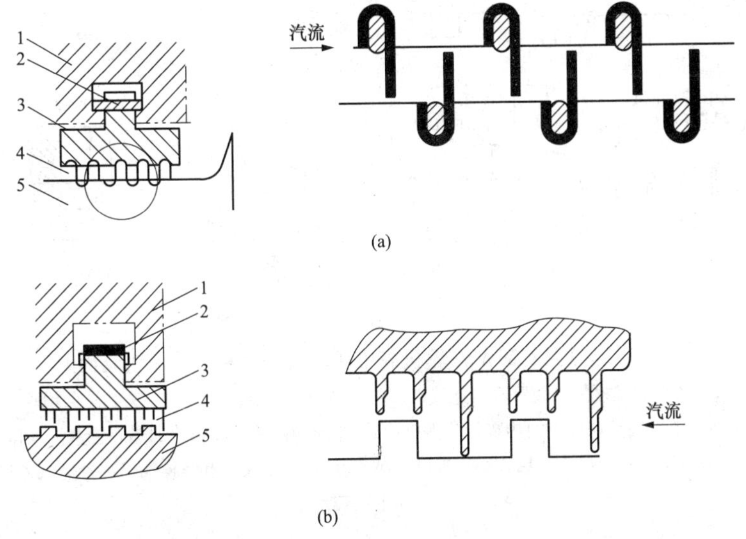

图 3-53 两种形式汽封的结构

（a）伞齿式汽封；（b）梳齿式汽封

1—汽封套；2—弹簧片；3—汽封环；4—汽封齿；5—转子

同而产生温差，由温差形成胀差。差胀过大，将引起动静部分摩擦。另外，由于法兰温度低于缸壁温度，螺栓温度低于法兰温度，如果法兰与缸壁温差过大，将会在汽缸与法兰的交界处产生较大的热应力，使汽缸变形或产生裂纹；如果螺栓与法兰温差过大，会使螺栓伸长而承受额外的应力，严重时将造成螺栓断裂。为了减少启动时上述的温差和胀差，使机组能快速启动，因此，中间再热式汽轮机均设置有汽缸法兰、螺栓加热装置。

汽缸法兰、螺栓加热装置的结构各有不同，现以某125MW汽轮机为例，其高中压内缸法兰和螺栓的加热流程图如图3-54所示。

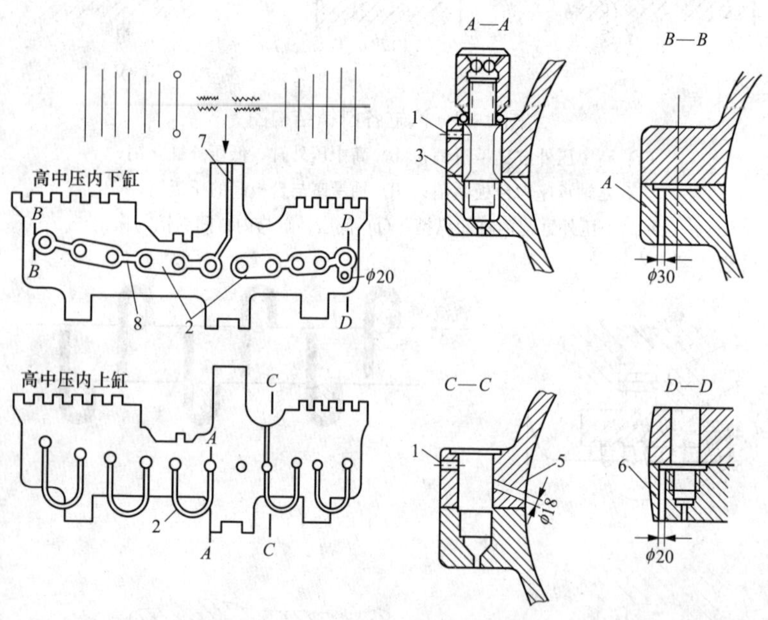

图3-54　某125MW汽轮机高中压内缸法兰和螺栓加热流程

1—法兰和螺栓加热装置蒸汽连接口；2—两螺栓间的连接管；3—法兰平面槽；4—高压内缸法兰和螺栓加热装置疏汽口；5—中压内缸法兰和螺栓加热装置蒸汽入口；6—中压内缸法兰和螺栓加热装置疏汽口；7—高压内内缸法兰和螺栓加热装置蒸汽入口；8—法兰平面疏水槽

高压内缸加热汽源为高中压缸之间的轴封漏汽。该轴封漏汽的一部分通过高压内缸下法兰平面上的槽道进入第1只螺栓，因上法兰螺孔直径比螺栓大，如图 3-54$A—A$ 剖面所示，则蒸汽在螺孔与螺栓之间向上流动，再从上法兰两螺栓之间的 U 形连通管进入第 2 只螺栓，然后，加热蒸汽沿第 2 只螺栓向下流入法兰平面槽，并沿平面槽流至第 3 只螺栓，再沿螺栓向上流。这样逐个自流，最后通过下法兰上直径为 30mm 的排汽孔排至高压缸第 7 级叶轮后，使上法兰和螺栓得以加热。在每两只螺栓的法兰平面槽之间开有宽 5mm、深 10mm 的小槽，用以排泄加热蒸汽的疏水。中压内缸法兰螺栓的加热汽源来自中压第 1 级叶轮后，在该级后的上汽缸上开有直径 18mm 的进汽孔，如图 3-55$C—C$ 剖面所示。加热蒸汽由此孔进入，其流动方式和高压内缸的相同，至中压内缸最后一只法兰螺栓后，再从下法兰的直径 20mm 的排汽孔流出，排至中压第 6 级叶轮后，如图 $D—D$ 剖面所示。

104. 简述汽轮机的轴承作用和结构。

汽轮机的轴承按其作用可分为两种类型：一类为支承转子重量并适应转子旋转的支持轴承；另一类为承受轴向推力并确定转子轴向位置的推力轴承。

支持轴承的构造有圆形、椭圆形和三油楔等几种类型，其区别主要在轴瓦内孔的形状不同，如图 3-55 所示。

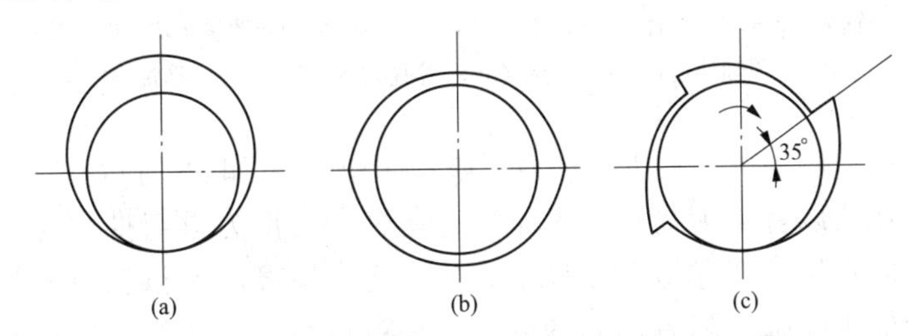

图 3-55 圆形、椭圆形、三油楔轴瓦的内孔形状
(a) 圆形轴瓦；(b) 椭圆形轴瓦；(c) 三油楔轴瓦

圆形和椭圆形轴承的轴瓦是单个油楔的，而三油楔轴承的衬瓦沿内圆分布 3 个油楔，每个油楔产生的油压力作用在轴颈上，使轴能较平稳地旋转，以减少轴的振动。图 3-56 为三油楔轴承的结构图，其内孔表面浇铸一层乌金，当油膜破坏使轴颈与轴瓦发

生干摩擦时，乌金先行熔化，发出高温警报，紧急停机，以保护轴颈不致损坏。顶轴油孔设置在轴瓦的底部，可减小盘车装置电动机的启动摩擦力矩，使轴瓦不致磨损。

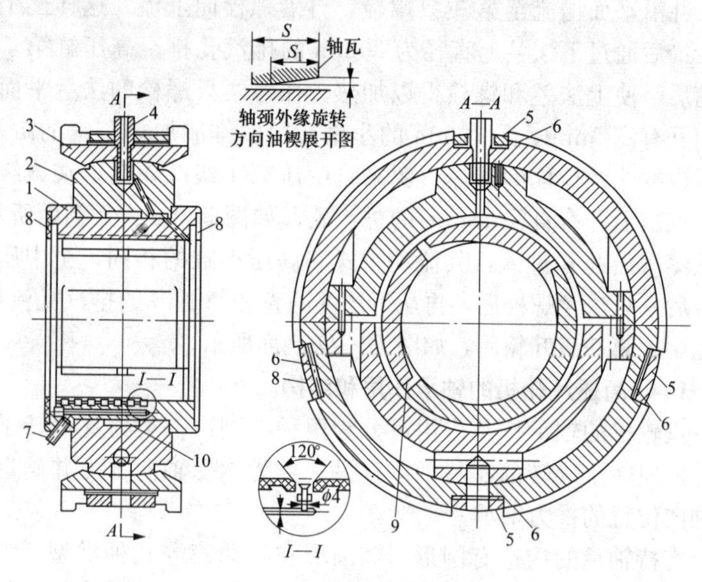

图 3-56　三油楔轴承结构图

1—轴瓦；2—轴承壳体；3—球面座；4—定位套筒；5—调整垫块；6—垫片；7—顶轴油进口；8—挡油环；9—油楔进油口；10—环形油室

推力轴承上有若干块推力瓦块，如图 3-57 和 58 所示。

瓦块以青铜为瓦衬，表面浇有乌金，当推力盘与推力瓦块乌金表面发生直接摩擦时，乌金熔化。乌金厚度小于汽轮机动静部分的最小间隙，随着油温的升高，易被运行人员觉察，以便紧急停机，每块瓦块内部装有铜热电阻计，可直接测量每块推力瓦的温度，温度超过 90℃时，能自动报警和自动停车。

105. 简述汽轮机的盘车装置。

汽轮机在启动前和停机后的一段时间，需要开动盘车设备，使转子慢速旋转，防止转子因上、下部分受热不均匀而产生弯曲变形。

盘车装置是一套减速装置，用电动机带动。盘车装置要能带

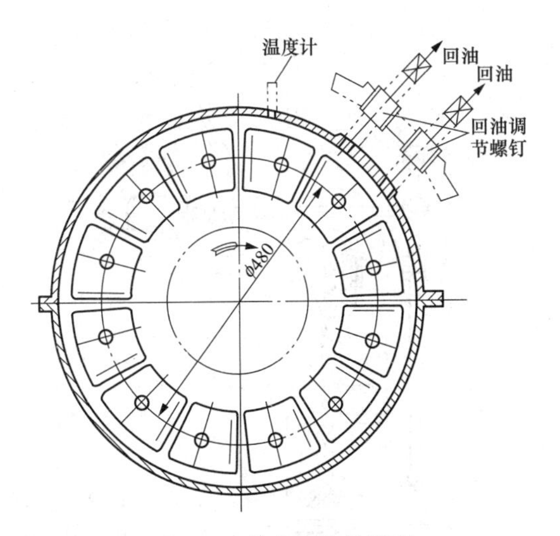

图 3-57 推力瓦块的排列

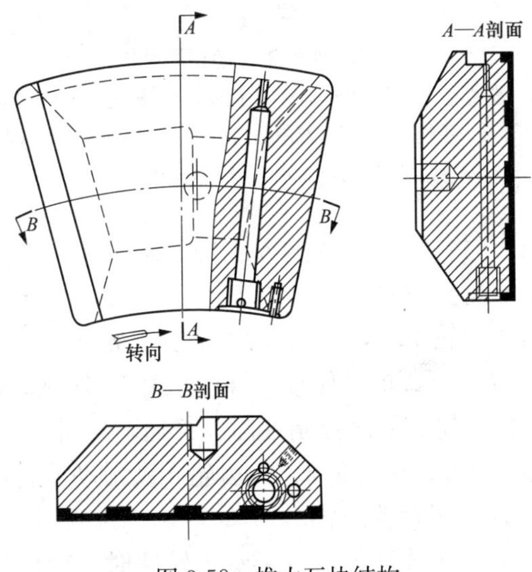

图 3-58 推力瓦块结构

动转子慢速旋转，又能在汽轮机启动冲转后，当转速超过盘车转速时，自动脱开停止转动。图 3-59 所示为盘车装置的动作原理图。

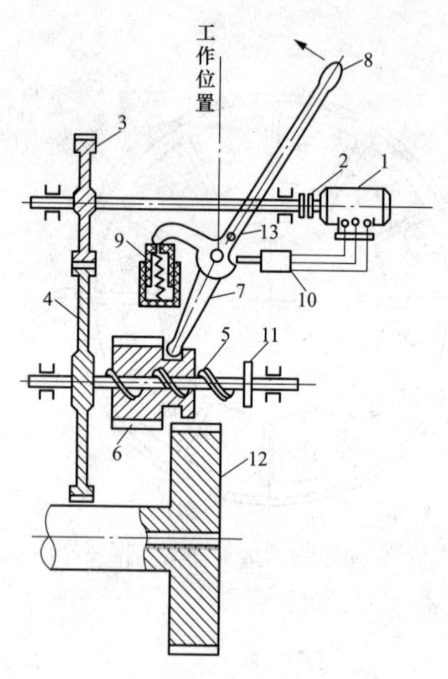

图3-59　盘车装置动作原理图

1—电动机；2—靠背轮；3—小齿轮；4—大齿轮；5—螺旋杆；6—滑动啮合齿轮；7—摇杆；8—手柄；9—润滑控制油门；10—行程开关；11—凸缘；12—盘车齿轮；13—保险销

当需要盘车时，先拔出手柄8上的保险销13，然后将手柄8沿箭头方向推至垂直位置，使滑动啮合齿轮6由于摇杆7的推动向右移动而与盘车齿轮12啮合。当滑动啮合齿轮6全部与盘车齿轮12啮合后，手柄8下部的凸轮推动行程开关10的触头，使行程开关闭合，同时使齿轮的润滑控制油门9打通，这时只要合上电源，则电动机经靠背轮2、小齿轮3、大齿轮4及滑动啮合齿轮6带动盘车齿轮12，使转子低速旋转。

当汽轮机进汽冲转且转速大于盘车转速时，啮合齿轮6反被盘车齿轮12带动，并且转速高于螺旋杆的转速，啮合齿轮便与螺旋杆发生相对运动，使啮合齿轮向左移动，退出啮合位置。手柄8则由于摇杆的反推动和油门9的弹簧及油压的作用，保险销13弹入销孔内，行程开关断开，润滑油停供，盘车设备自动停用。

106. 试述联轴节的作用、种类、结构和特点。

汽轮机的联轴节用于连接汽轮机转子和发电机转子的，通过它将汽轮机转子的力矩传给发电机。汽轮机上采用的联轴节有刚性联轴节、挠性联轴节和半挠性联轴节。其结构如图 3-60～图 3-62 所示。

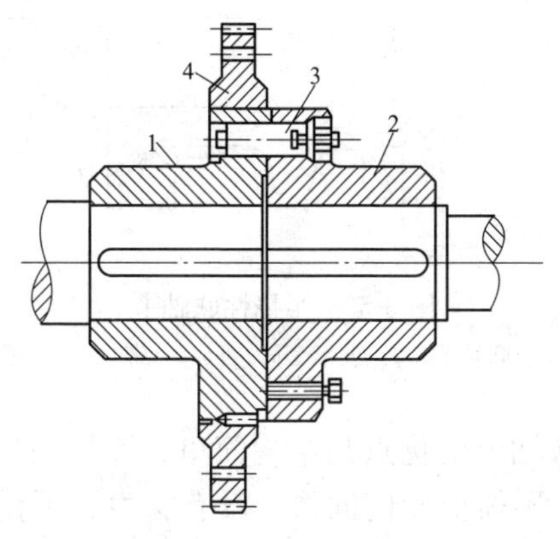

图 3-60 刚性联轴节

1、2—联轴节；3—螺栓；4—盘车齿轮

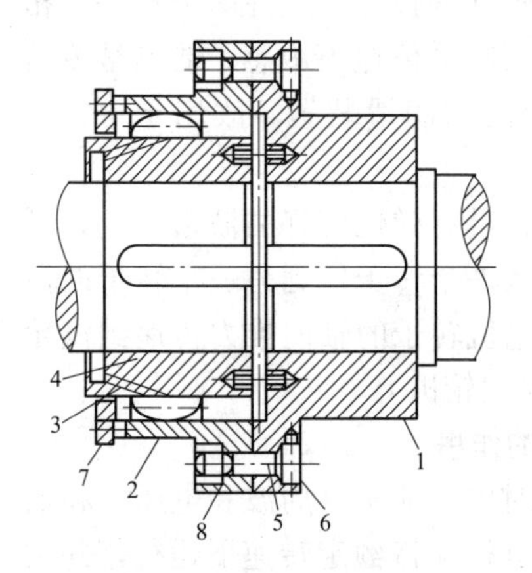

图 3-61 挠性联轴节

1—固定侧轮；2—套筒；3—油孔；4—齿轮；5—连接螺栓；6—锁销；7—挡环；8—止动螺钉

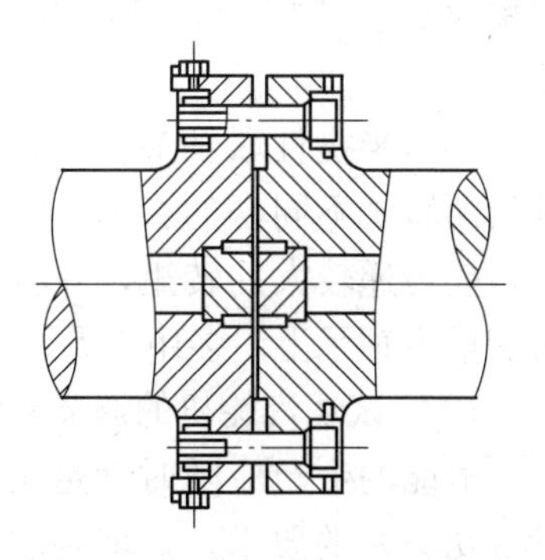

图 3-62 对轮与主轴成整体结构的刚性联轴节

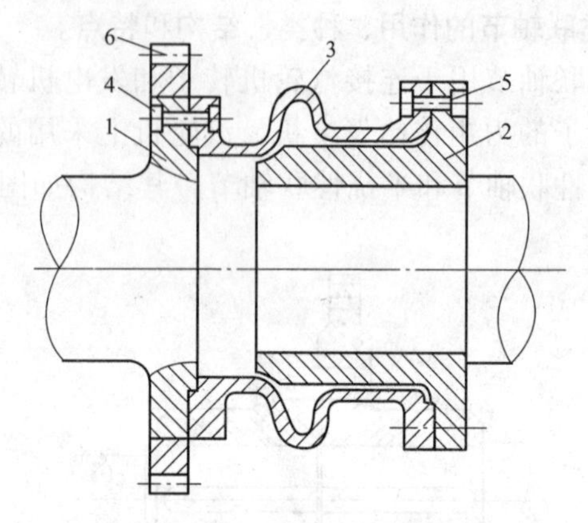

图 3-63 半挠性联轴节

1、2—联轴节；3—波形套筒；4、5—螺栓；6—齿轮

（1）刚性联轴节的优点是结构简单、连接刚性强、轴向尺寸短、工作可靠、不需要专门润滑、没有噪声、可传递较大扭矩和轴向力和径向力。缺点是不允许被连接的两个转子在轴向和径向有相对位移、对两轴的同心度要求严格、对振动的传递比较敏感。

（2）挠性联轴节的优点是有较强的挠性，允许两个转子有相对的轴向位移和较大的偏心，对振动的传递不敏感。缺点是传递功率较小，结构较复杂，需要专门的润滑装置。故用于中、小机组。

（3）半挠性联轴节的优点是：具有弹性较好的波形套筒，可补偿两转子不同心的影响，吸收从一个转子传到另一个转子的振动，能传递较大的转矩，并将发电机转子的轴向推力传递到汽轮机的推力轴承上。多用于大、中型汽轮机上。

107. 试述汽轮机的调节系统的作用。

电能的生产应随时满足用户对电能质量（周波和电压）和数量（功率）的要求。这就要求发电机保持额定转速下运行，并发出与外界负荷相应的功率。要达到此目的，汽轮发电机必须装有自动调节系统，当外界电负荷改变时，自动调整进入汽轮机的蒸汽量，维持机组的额定转速。

对于供热机组同时发电和供热，其调节系统应兼有转速调节和供汽压力调节两种功能。

108. 试举例说明背压式汽轮机的液压调节系统。

背压式汽轮机的液压调节系统示意图见图 3-64。在该系统中有两个敏感元件，即转速调节器 1 和压力调节器 2。当汽轮机按热负荷工作时，汽轮机并入电网，转速保持不变，因此调速器滑环的位置也不变。热负荷的增大将引起排汽管道中的压力下降，由于压力调节器 2 的作用，通过杠杆使错油门 4 下移，高压油经错油门 4 进入到油动机 5，错油门的滑阀也上移，堵住了高压油到油动机的通路，油动机维持当前开度；当热负荷减少时，调压器的动作方向与上述相反。

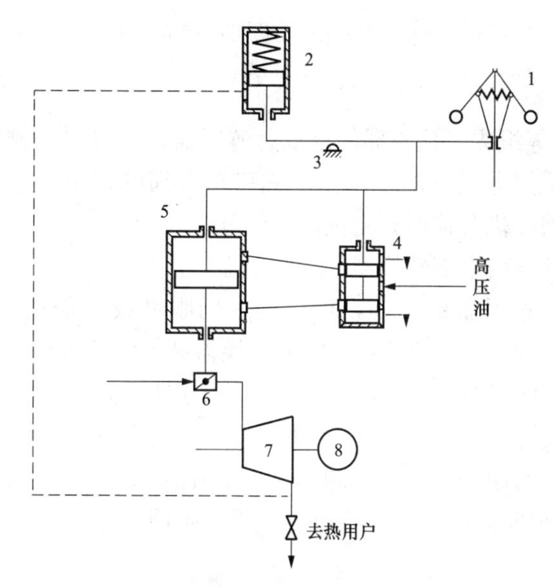

图 3-64 背压式汽轮机的液压调节系统图

1—转速调节器；2—压力调节器；3—支点；4—错油门；5—油动机；6—蝶阀；7—汽轮机；8—发电机

109. 试举例说明背压式汽轮机的电液调节系统。

背压式汽轮机的电液调节系统见图 3-65。背压式汽轮机电液调节系统可分为调节和保安两部分。

保安部分由自动关闭器 1、危急遮断器 2、启动滑阀 3、跳闸

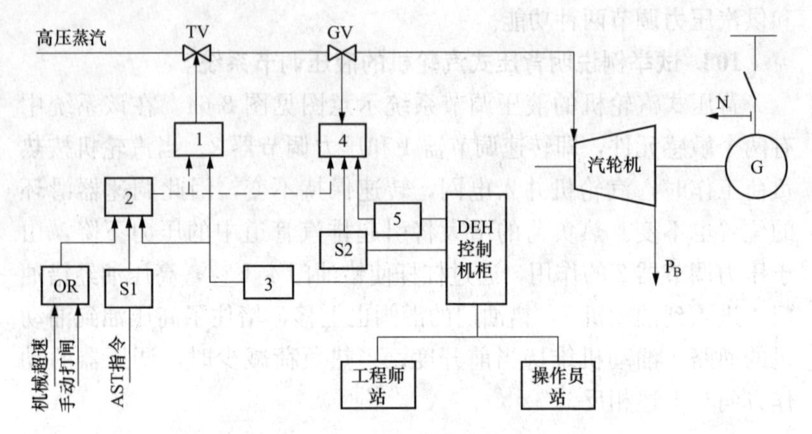

图3-65　背压式汽轮机电液调节系统图

1—自动关闭器；2—危急遮断器；3—启动滑阀；4—调节阀油动机；5—电液转换器

电磁阀S1等组成。核心部件是危急遮断器，它接受机械超速、手动打闸、跳闸电磁阀的跳闸指令和启动滑阀的挂闸指令，完成机组快速打闸停机及挂闸开主汽门等任务。

调节部分由电液转换器5、油动机4组成，用于机组的调节控制。根据所选设备的不同，可以构成伺服型或比例型执行机构。对伺服型执行机构，油动机、电液转换器和控制装置中的伺服卡一起构成阀门伺服控制系统，实现阀门的定位控制；而对比例型执行机构，电液转换器接受控制装置的电信号并按比例确定阀门开度。

系统还有超速保护电磁阀S2，当机组甩负荷时，可通过S2快速泄掉油动机错油门下脉动油，使调节阀门迅速关闭，防止汽轮机超速。

110. 试述背压式汽轮机的调节保安系统。

背压式汽轮机的调节保安系统见图3-66。

该系统是由电液转换器和油动机组成的伺服机构，它接受DEH控制系统输出的控制信号，调节阀门的开度。而保安系统包括：启动滑阀、自动关闭器、危急遮断器、危急遮断器杠杆、危急遮断器错油门、电磁解脱器、喷油试验滑阀、操作滑阀、超速试验滑阀和超速限制滑阀组成的保安操纵箱等。

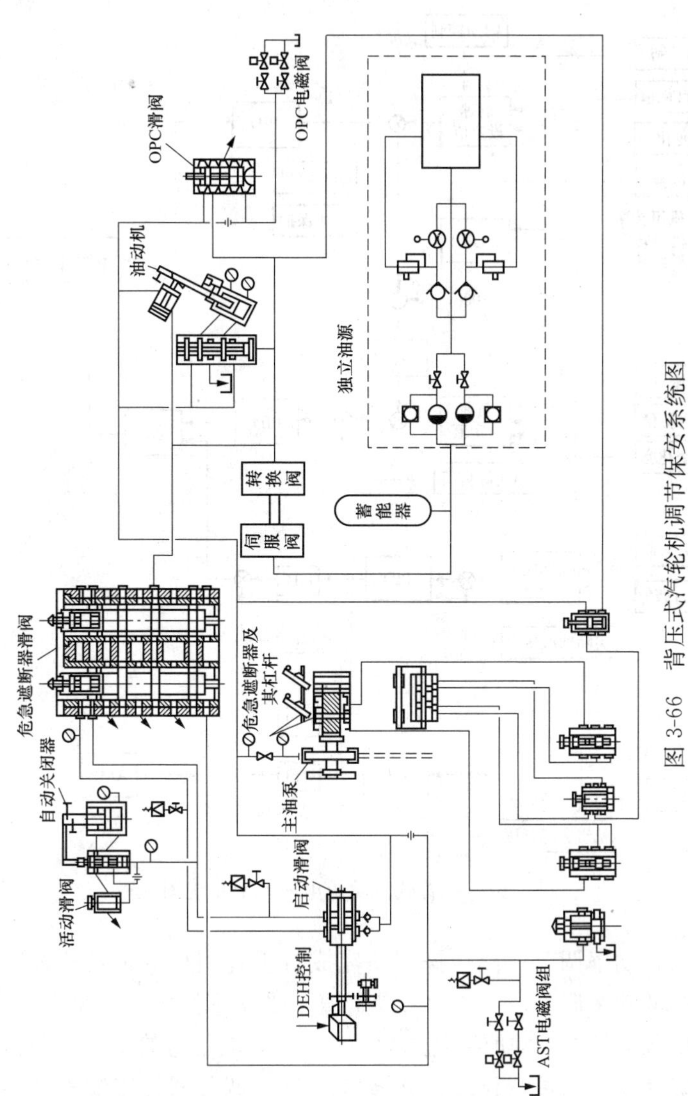

图 3-66 背压式汽轮机调节保安系统图

111. 试述抽背式汽轮机的电液调节系统。

抽背式汽轮机的电液调节系统原理图如图 3-67 所示。

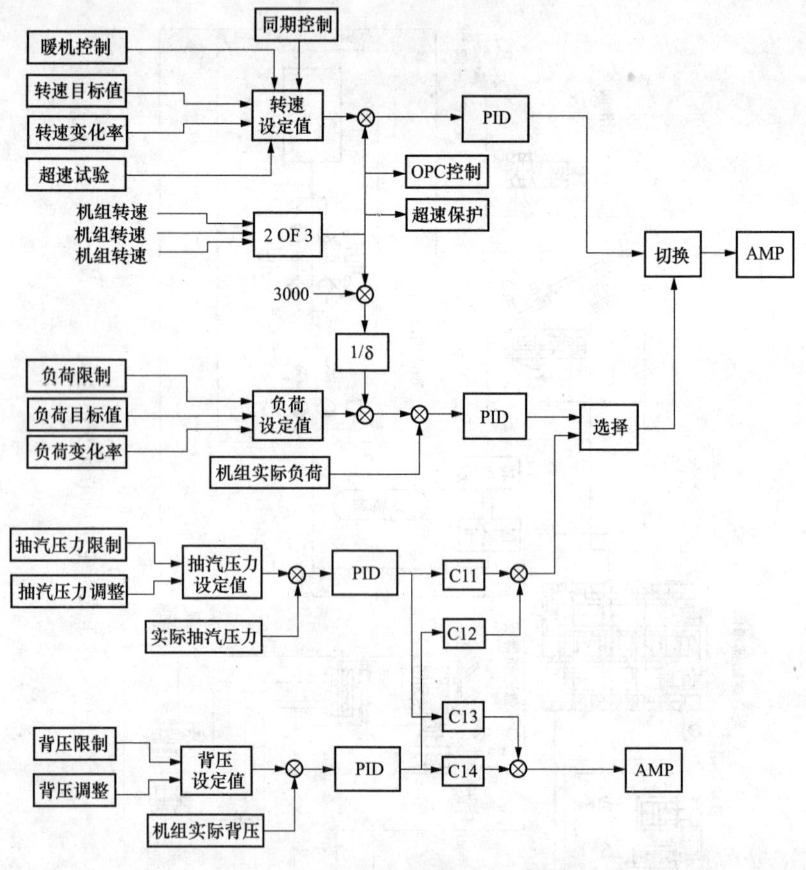

图 3-67　抽背式汽轮机电液调节系统图

（1）功率调节回路。该回路完成机组并网后的带负荷及正常运行时的功率调节，其“功率设定值”受功率给定、功率变化率、功率限制的控制。“功率设定值”经一次调频信号修正后，与机组的实际功率反馈进行比较，其差值经 PID 调节器校正输出预热控制回路选择切换后，经电液转换器和油动机，去控制高压调门，实现功率闭环控制。

（2）热负荷控制回路。该回路包括抽汽调节回路和背压调节回路。两个回路为牵连调节，其输出可同时控制，高压调节阀 V1 和低压调节阀 V2 实现静态自整。

（3）转速调节回路。该回路完成机组启动、升速、快速通过临界转速，同期及 OPC 超速控制，和机组正常停机或危急停机控制。该回路的核心部分是“转速设定值”，它受转速给定、转速变化率、超速试验、同期给定和暖机时间给定的控制，它与机组的实际转速反馈进行比较，其差值经 PID 调节器校正输出，经电液转换器、油动机，去控制高压阀门 V1，实现转速闭环控制。同时机组的转速还送到 OPC 超速控制和机组超速保护回路，该回路与功率控制回路进行选择切换。

抽背式汽轮机的调节保安系统与背压式汽轮机的调节保安系统相同。

112. 什么是汽轮机凝汽设备？

凝汽设备是凝汽式汽轮机的一个重要的组成部分。一般由凝汽器、循环水泵、抽汽器和凝结水泵等组成。图 3-68 所示为其原则性热力系统图。

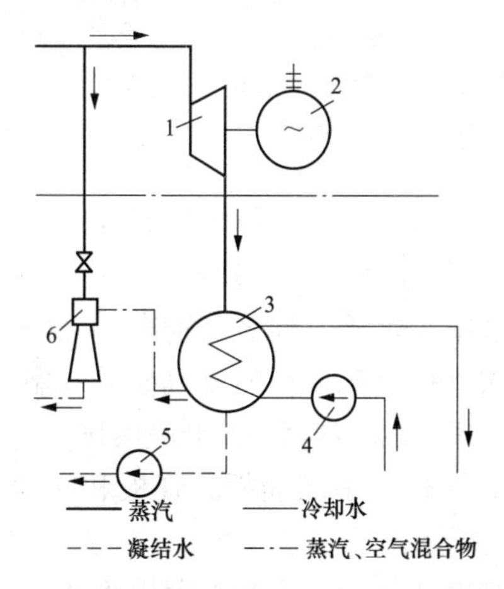

图 3-68 凝汽热备原则性热力系统图

1—汽轮机；2—发电机；3—凝汽器；4—循环水泵；5—凝结水泵；6—抽汽器

图中的汽轮机1排汽进入凝汽器3，并在其中凝结成凝结水，原来被排汽充满的空间便形成了真空。循环水泵4将温度较低的冷却水不断地打入凝汽器中，通过传热面冷却铜管带走排汽凝结放出的热量。凝结水则由凝结水泵从凝汽器中抽出，经由各级加热器送往锅炉。抽汽器则将凝汽器中不凝结的空气及时抽出，维持凝汽器中的真空。

113. 试述表面式凝汽器的结构。

图3-69所示为表面式凝汽器的结构简图。

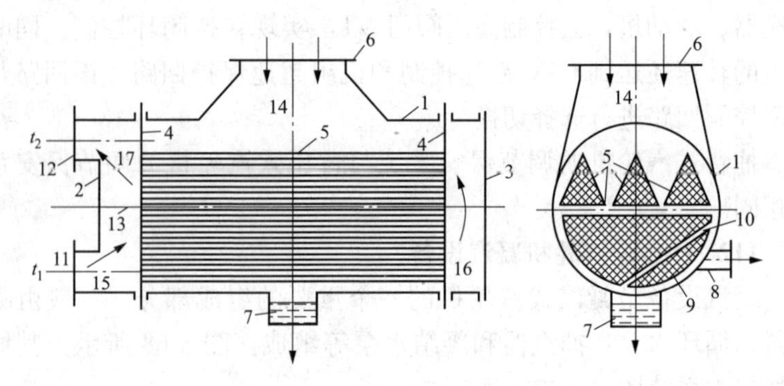

图3-69 表面式凝汽器的结构简图

1—凝汽器外壳；2、3—前、后水室的端盖；4—管板；5—铜管；6—排汽进口；7—热井；8—抽空气口；9—空气冷却区；10—空气冷却区挡板；11—冷却水进口；12—冷却水出口；13—水室中的隔板；14—蒸汽空间；15～17—水室

（1）凝汽器外壳。一般用钢板焊接制成，用于接收汽轮机和各种辅助排汽、疏水和补水等，实现蒸汽凝结，收集凝结水。

（2）凝汽器水室和端盖。端盖布置在外壳的两端。构成凝汽器的水室，对于双流程或多流程的凝汽器的水室，可用横隔板分成多个水室，使冷却水在凝汽器内充分吸收排汽的热量。

（3）凝汽器的管板和中间隔板。管板和端盖一起围成水室，两端管板间设有支撑螺栓。

（4）凝汽器的冷却水管。冷却水管用管环法、密封圈法和胀管法固定在管板上。管材主要采用各类无缝铜合金管、钛管和不锈钢管。

(5) 凝汽器与汽轮机排汽口的连接。可用法兰盘连接和波纹管连接。用法兰盘连接时，其本体用弹簧支持在基础上，以补偿汽轮机的膨胀量。

114. 试述抽气设备的作用、种类和结构。

图 3-68 所示的凝汽器和进汽管道上接有抽气器，其作用是将其中的不凝结气体及时抽出，以维持凝汽器的真空、提高汽轮机的热经济性。抽气设备包括抽气器、冷却器、管道和阀门等。

抽气器是重要的抽气设备，可分为射水式抽气器、射汽式抽气器、真空泵抽气系统三种。

(1) 射水式抽气器。其结构如图 3-70 所示。它主要由工作水进口、水室、喷嘴、混合管、扩数管等组成。压力水经水室进入喷嘴，将压力水的压力能转变为速度能，以高速射出。在混合室内形成真空，使凝汽器内的气汽混合物吸入混合室，与水混合后进入扩压管。

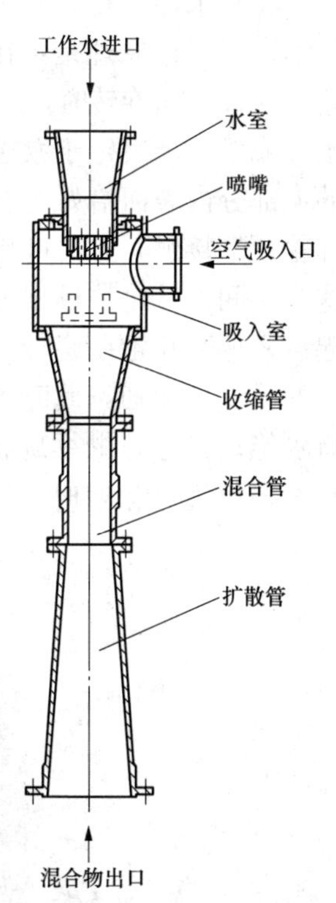

图 3-70 射水抽气器

(2) 射汽式抽气器。其结构如图 3-71 所示。它是以过热蒸汽作为工质，主要由工作喷嘴、混合室、喉管及扩压管四部分组成。

在结构上，工作喷嘴采用了缩放喷嘴的结构，可以在出口获得超音速汽流，在混合室与扩压管间设有一段等截面的喉管，使工作蒸汽和被抽吸气体充分混合，减少突然压缩损失和余速动能损失。

其工作原理是：工作蒸汽进入喷嘴，膨胀加速进入混合室，在混合室内形成高度真空，把凝汽器内的气汽混合物抽出，混合后进入扩压管，升压至比大气压略高，经冷却器冷凝后，大部分蒸汽冷凝成疏水回到凝汽器，少量气汽混合物排入大气。

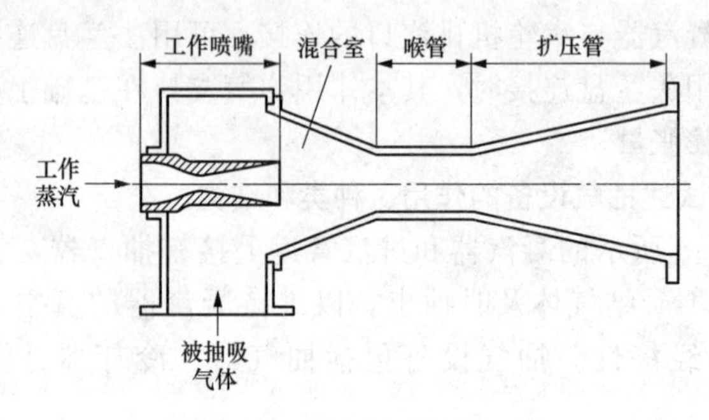

图 3-71　射汽抽气器结构示意

（3）水环式真空泵抽气系统。水环式真空泵的结构如图 3-72 所示。其工作原理是：在泵体中装有适量的水作为工作液，当叶轮顺时针方向旋转时，水被叶轮抛出向四周，由于离心力的作用，水形成了一个决定于泵腔形状的近似于等厚度的封闭圆环。水环的上部分内表面恰好与叶轮轮壳相切，水环的下部内表面刚好与叶轮顶端接触，此时叶轮轮壳与水环间形成一个月牙形空间，而这个空间被叶轮数目相等的若干个小腔。如果以叶轮的上部 0°为起点，那么叶轮在旋转前 180°时小腔的容积由小变大，且与端面上的吸气口相通，此时气体被吸入，当吸气终了时小腔则与吸气口隔绝；当叶轮继续旋转时，小腔由大变小，使气体被压缩；当小腔与排气口相通时，气体便被排出泵外。总之，水环泵是靠容

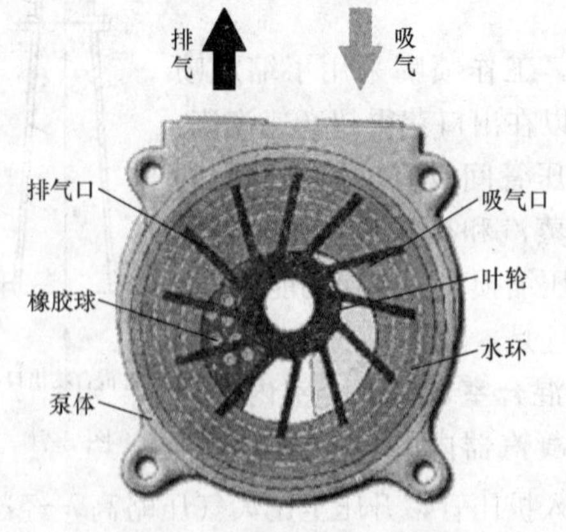

图 3-72　水环式真空泵结构图

积的变化来实现吸气压缩和排气的。

水环式真空泵的抽气系统如图 3-73 所示。

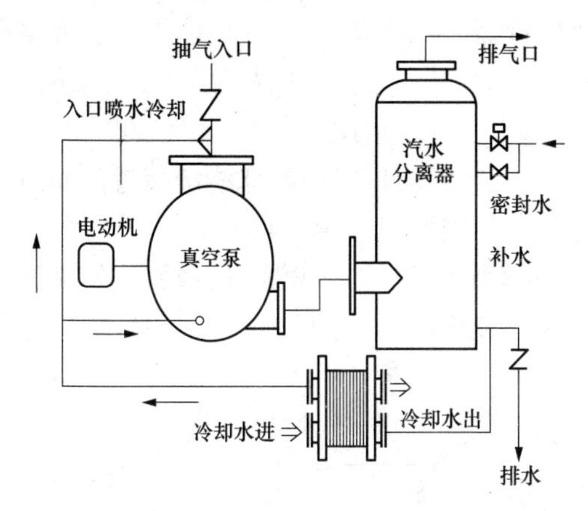

图 3-73 水环式真空泵抽气系统图

115. 试比较各种抽气设备的优缺点和应用。

采用射水式抽气设备能够节省蒸汽量，且不需用到冷却器，系统简化、结构紧凑，喷嘴直径大、易于加工制造，运行中不易堵塞，维修方便、运行可靠。在同一台机组上使用射水式可获得比射汽式更高一些的真空度。

射汽式抽气器结构简单，能回收工作蒸汽的热量和凝结水，常用于轴封加热器上。

真空泵抽气系统与射水抽气系统比较分为启动性能和持续运行性能两方面。启动性能方面，水环式真空泵在机组启动时建立相同真空所需的时间远少于射水抽气器所需的时间；持续运行性能方面，真空泵抽气系统的单位功耗远低于射水抽气系统的单位功耗；经济性方面，真空泵抽水系统的经济效益比射水抽气系统的经济效益要好得多。此外，真空泵抽气系统比射水抽气系统所用的循环可冷却水量低得多，且自动化程度高、使用寿命长。

116. 试述胶球清洗装置功能和系统。

胶球清洗装置可用于清洗凝汽器冷却水管内壁的污垢，保证凝汽器有高的换热效率，使凝汽器保持汽轮机经济运行所必须的真空，从而保证整个热力系统的高效运行，提高机组的功率。

胶球清洗系统由装球室及其电动执行机构、胶球泵及电动机、收球网及电动执行器、压降测量和控制系统、带观察孔的分汇器和喷嘴、手动和电动阀、附件、调吊架、二次滤网及电动装置、控制系统构成。如图3-74所示。

100MW及以上容量的机组的胶球清洗装置的布置方式可用单元制；小机组可用共用制，即两台收球网共用一台胶球泵和装球室。所用胶球为海绵橡胶球，其湿态直径比冷却管直径大1～2mm。球的直径不能过大或过小，过大则堵管，过小则无清洗作用。

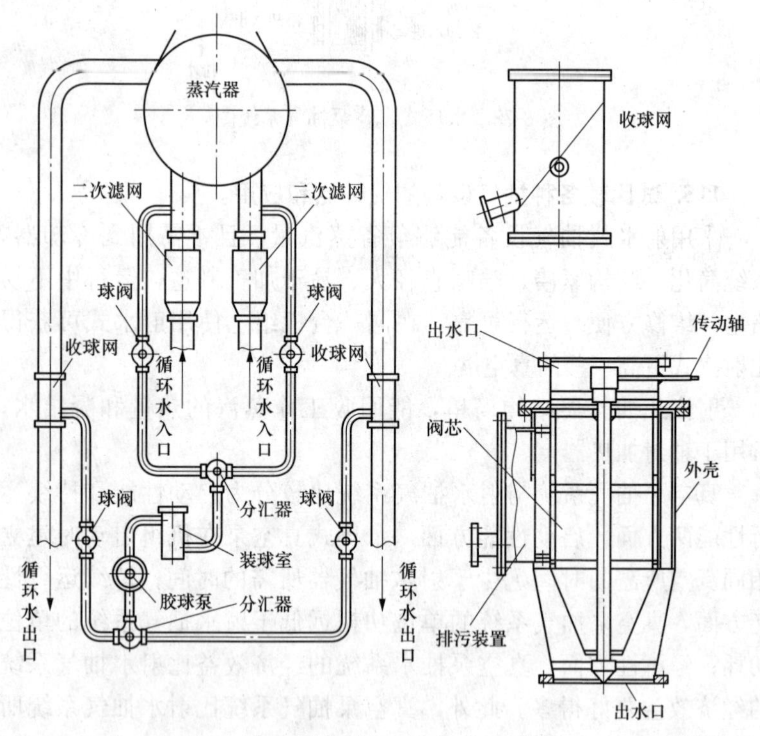

图3-74　胶球清洗装置的组成和系统

117. 试述汽轮机的给水回热系统。

回热循环可提高火电厂的热效率，故单一循环的火电厂都采用给水回热循环。给水回热系统由回热加热器、回热抽汽管道、给水管道、凝结水管道、疏水管道等组成，其中回热加热器是给水回热系统中主要设备。图 3-75 表示了某 125MW 机组给水回热系统图。该系统由 2 台高压加热器、4 台低压加热器、1 台除氧器组成了 7 级回热系统，压力最高的低压加热器还设置了蒸汽冷却段。此外系统中还有给水泵、凝结水泵和疏水泵。

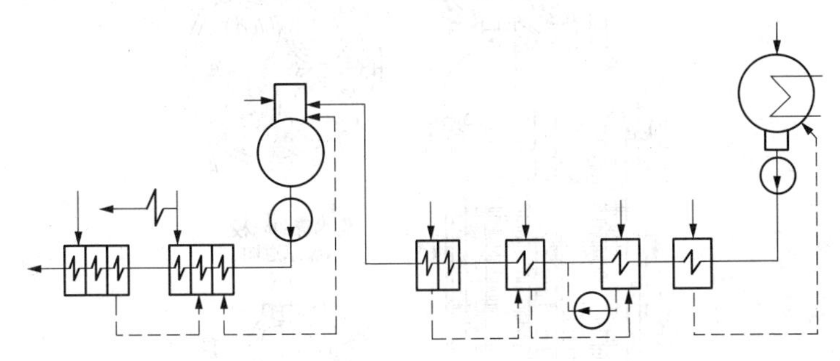

图 3-75 某 125MW 机组的给水回热系统

118. 加热器可分成几类？各有什么特点？

加热器按传热方式可分为混合式加热器和表面式加热器，按使用压力可分为高压加热器和低压加热器，按布置方式可分为卧式加热器和立式加热器，按传热区设置可分为一、二、三段式加热器。

混合式加热器是汽水直接接触传热。其特点是：能把水加热到加热器压力下的饱和温度，热经济性高；没有金属受热面，构造简单、造价低，便于汇集不同参数的汽水流量；能除去水中的氧，可作除氧器用；使用中应配有水泵。

表面式加热器通过金属受热面将蒸汽的热量传递给水，水在管内流动，加热蒸汽在管外流动。和混合式加热器相比其特点是：有端差存在，未能最大程度利用加热蒸汽的热量，热经济性较差；金属消耗量大，造价高；有疏水的回收和利用问题；高加承受较高的水压和较高的温度；组成的系统较简单，泵的数量少，工作可靠。

119. 试述高压加热器的结构。

高压加热器的形式有螺旋管式和U形管式两种，即联箱式和管板式。

（1）联箱式高压加热器。如图3-76所示。

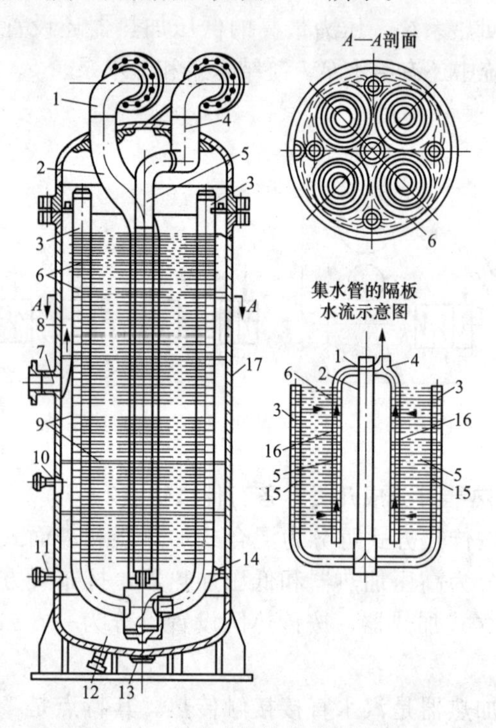

图3-76　联箱式高压加热器结构图

1—进水总管弯头；2—进水总管；3、5—直立配水管；4—出水总管弯头；6—水平螺旋管；7—进汽管；8—蒸汽导管；9—蒸汽导流板；10—抽空气管；11、12—装水位计的管口；13—疏水口；14—导轮；15、16—孔板；17—外壳

在联箱式加热器中没有水室，联箱与螺旋形管束或蛇形管束相连接。其优点是管束膨胀柔软性好、避免了管束与厚管板连接的工艺难点、对温度变化不敏感、局部热应力小、安全可靠性高、对负荷变化的试适应性强；缺点是水管损坏后修复困难、加热器尺寸较大、水的流动阻力也较大。

(2) U形管式高压加热器。如图3-77所示。

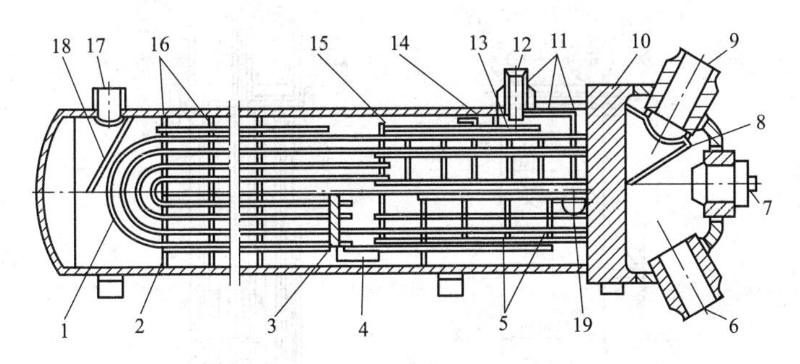

图3-77 U形管式卧式高压加热器结构图

1—U形管；2—拉杆和定距管；3—疏水冷却段端板；4—疏水冷却段进口；5—疏水冷却段隔板；6—给水出口；7—人孔密封板；8—独立的分流隔板；9—给水出口；10—管板；11—蒸汽冷却段遮热板；12—蒸汽进口；13—防冲板；14—管束保护环；15—蒸汽冷却段隔板；16—隔板；17—疏水进口；18—防冲板；19—疏水出口

在该类加热器中，水室与管板直接焊接，U形管与管板采用胀管加焊接的方式连接。筒体的右侧是加热器水室，采用半球形小开孔方式。水室内有一分流隔板，将进出水隔开。给水由进水管进入下部进水室，通过U形管束吸热升温后从上部出水管离开加热器。加热蒸汽由蒸汽进口12进入蒸汽冷却段包壳，经导流板多次导流转弯至凝结段，在该段自上而下流动。疏水汇集于壳体下部形成水位，经过吸水口从下向上进入虹吸式疏水冷却段，经折流板导向转弯流动，被冷却成过冷疏水而流出。

该类加热器优点是结构简单、外形尺寸小、管束管经较粗、水阻小、易采用堵管方法进行快速检修；缺点是压力较高时管板厚、与薄管壁的连接工艺要求高、对温度变化敏感、运行操作要求严格、换热效果差。

120. 试述低压加热器的结构。

低压加热器一般采用U形管式，其结构见图3-78所示。

该加热器的管板与水室采用法兰连接，水室1用隔板分成进、出水两个水室。其受热面由U形管束6组成。管束用支架7固定，整个管束制成一个整体，可从外壳中抽出。水由进水管16进入水

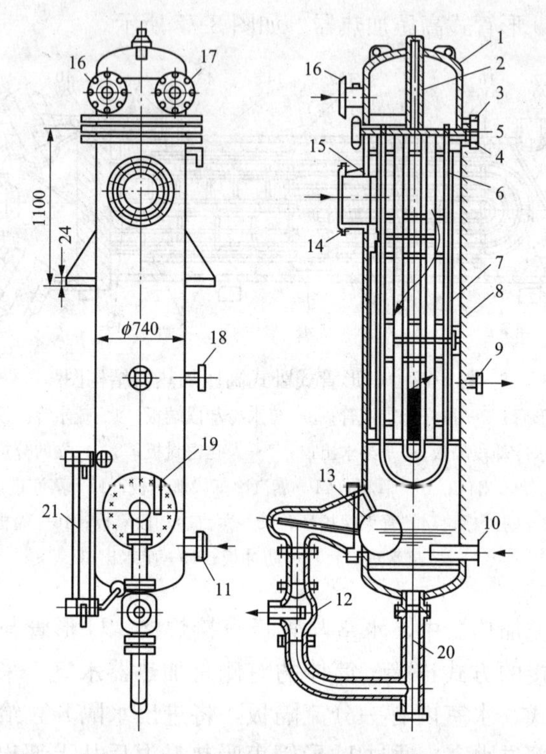

图 3-78　U形管式低压加热器结构图

1—水室；2—拉紧螺栓；3—水室法兰；4—筒体法兰；5—管板；6—U形管束；7—支架；8—导流板；9—抽空气管；10、11—上级加热器来的疏水入口管；12—疏水器；13—疏水器浮子；14—进汽管；15—护板；16、17—进、出水管；18—上级加热器来的空气入口管；19—手柄；20—排疏水管；21—水位计

室，经管板流入管束吸热，然后从另一端流到出水室，经出水管17流出，加热蒸汽由进汽管14进入汽侧后，在导流板的引导下成S形流动，横向冲刷管束外壁放热凝结，汽侧下部有容水空间，汇集蒸汽的凝结水，经疏水器由加热器底部排出，汽侧不能凝结的空气自加热器内排出。

121. 试述除氧器的作用和分类。

锅炉给水主要由凝结水和补充水组成。化学补充水中含有大量的溶解气体（包括氧气和二氧化碳），凝结水中含有由于设备不严密而渗入的空气，如果这些气体进入给水系统，则将影响安全和经济运行。为此，必须采取措施去除给水中的氧气，采用除氧器就是措施之一。

除氧器按压力分为真空式除氧器、大气式除氧器和高压式除氧器；按结构分为水膜填料式、淋水盘式、淋水盘填料式、喷雾式、喷雾填料式和旋膜除氧器等。而喷雾填料式和旋膜式除氧器是电厂最常用的除氧器种类。

122. 试述喷雾填料式除氧器的原理和结构。

喷雾填料式除氧器是依靠给水的压力，通过喷嘴将水喷射成雾状颗粒，加热蒸汽对雾状水珠进行第一次加热，水加热到饱和温度，其溶解的80%～90%的气体以小气泡的形式逸出，为第一阶段除氧；接着，这些水在填料层上形成水膜，将其余的10%～20%的气体扩散到水表面，并由二次加热蒸汽带走，由塔顶排汽管排出。

喷雾填料式除氧器外形如图3-79所示。

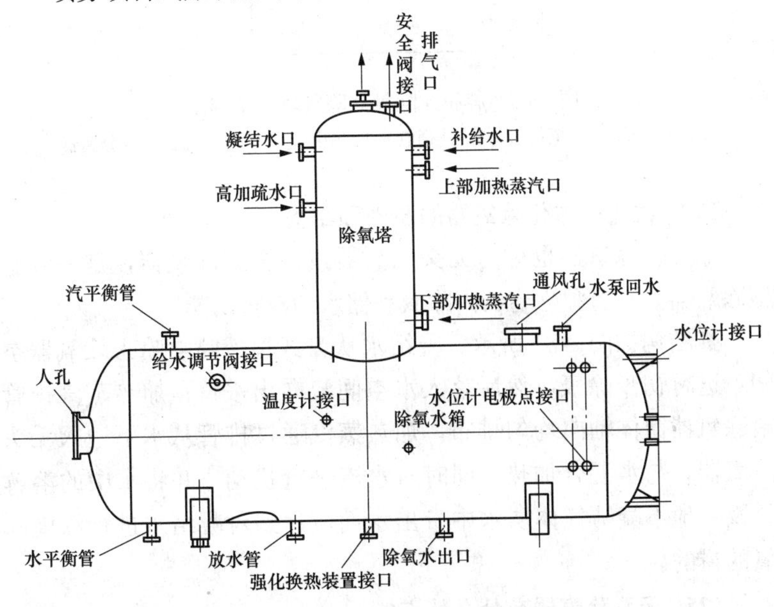

图3-79 喷雾填料式除氧器外形图

123. 试述旋膜式除氧器的原理和结构。

旋膜式除氧器是一种新型热力除氧器，其原理是用汽轮机抽汽将锅炉给水加热到对应除氧器工作压力下的饱和温度，除去溶解于给水中的氧及其他气体，以高速旋转的水膜与加热蒸汽进行热量交换。第一级为起膜管除氧，水中溶氧90%以上被除去；第二级为填料网除氧，将残余的氧分离，总体除氧达98%以上。

旋膜式除氧器的结构见图3-80所示。

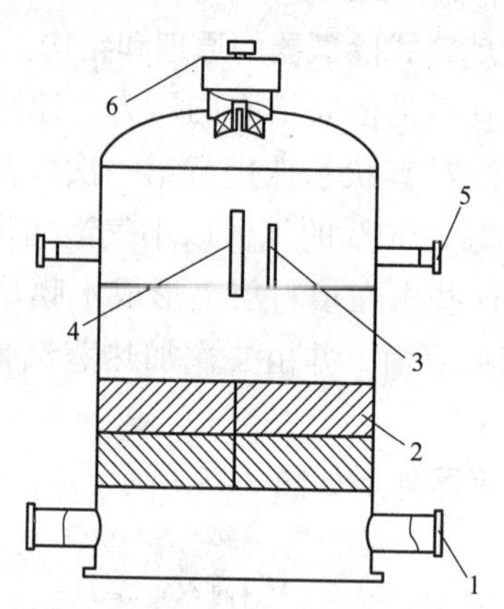

图3-80 旋膜式除氧器除氧塔内结构图

1—进汽管；2—填料层；3—连通管；4—旋膜管；5—进水管；6—分离器

124. 试述一体化除氧器的原理和结构。

一体化除氧器也称为无头除氧器或内置式除氧器，是一种新型除氧器，具有独立容器内除氧和储水的双重功能。

其结构如图3-81所示。凝结水从盘式恒速喷嘴喷入除氧器空间，进行初步除氧，然后落入水空间流向出水口；加热蒸汽排管沿除氧器筒体轴向均匀排布，加热蒸汽通过排管从水下送入无头除氧器，与水混合加热，同时对水流进行扰动，并将水中的溶解氧及其他不凝结气体从水中带出水面，达到对凝结水进行深度除氧的目的。

125. 无头除氧器有什么特点？

（1）价格低于有头除氧器。

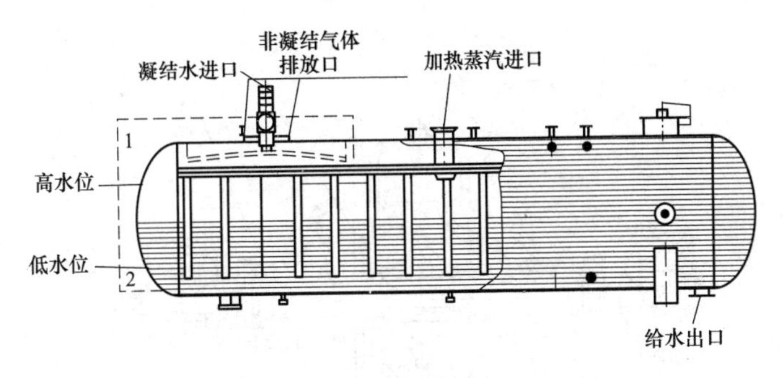

图 3-81　一体化除氧器的结构图

(2) 除氧器间高度降低 3～4m，节省土建费用。

(3) 排汽损失低，节省运行费用。

(4) 负荷变化范围在 10%～110%之间时，保证出水含氧量小于 5.0×10^{-6}。

(5) 系统设计简单，优化后可避免应力裂纹、抗震性能好。

(6) 质量较轻，低振动。

(7) 喷嘴无转动部件，免维护、性能可靠。

(8) 直径及接口设计灵活，便于运输和安装。

126. 试述循环水泵的作用和结构。

凝汽器的冷却水由循环水泵供给，而循环水来自其冷却设备(如冷却塔、喷水池或江河湖泊)。根据冷却水的特点，循环水泵采用给水高度低而流量大的单级双面进水的水泵。

下面举例说明循环水泵的原理和结构。国产 SH 型单级双吸离心泵的工作原理是：入口液体同时进入叶轮中心区域，高速旋转的叶轮在离心力的作用下将液体甩出，叶轮中心形成低压区，入口液体在大气压作用下，源源不断地流向低压区，即进入叶轮中心后又被甩出的循环过程。其构造如图 3-82 所示。

该类泵的主要零件有：泵体、泵盖、叶轮、轴、双吸密封环、轴套、轴承等。除轴的材料为优质碳素钢外，其余部件多为铸铁制成。

泵体和泵盖构成叶轮的工作室，在进出水法兰上部有安装真

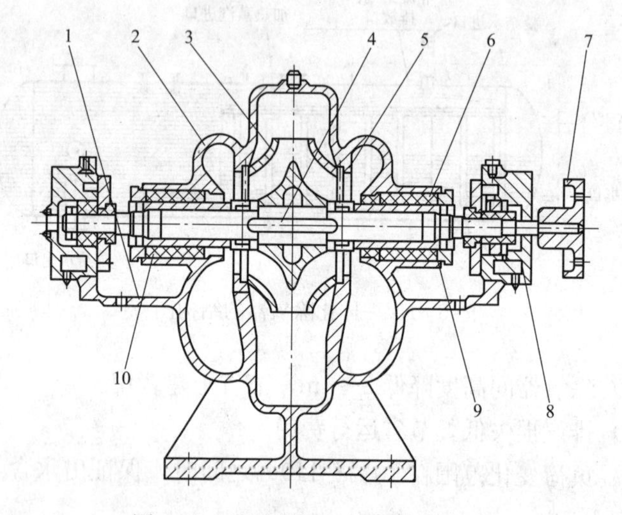

图 3-82　SH 型单级双吸泵的结构图

1—泵体；2—泵盖；3—叶轮；4—轴；5—双吸密封环；6—轴套；
7—联轴器；8—轴承体；9—填料压盖；10—填料

空表和压力表的管螺孔，下部有放水的管螺孔。

泵轴由两个单列向心轴承支承，轴承装在泵体两端的轴承体内，用黄油润滑，双吸密封环用以减少水泵压水室的水漏回吸水室。

水泵通过联轴器由电动机直接传动。

127. 试述凝结水泵的作用和结构。

凝汽器中的凝结水由凝结水泵吸出，故凝结水泵应具有很高的吸水高度，为此，凝结水泵应装在凝汽器的凝结水位以下 0.5～0.8m 处。凝结水泵的出水经过低压加热器进入布置位置较高的除氧器，故凝结水泵的出水压力还应克服该高度差和除氧器内压力。凝结水泵有卧式和立式两种，卧式凝结水泵常用于较小容量的场合，立式双级凝结水泵流量和压力都较高，用于较大容量的场合。具体结构可如图 3-83～和图 3-93 所示。

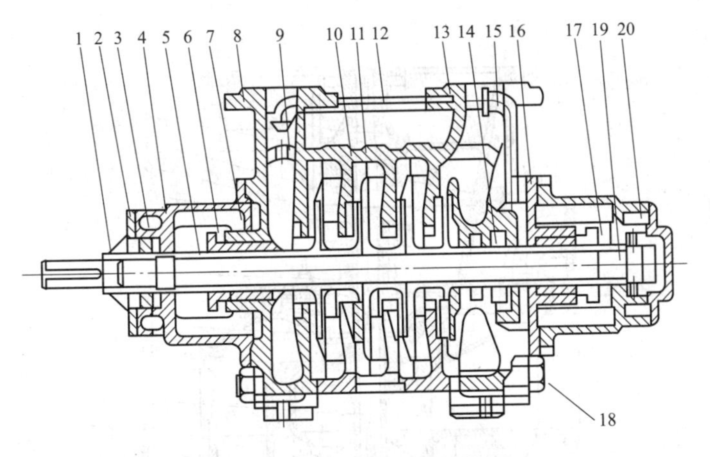

图 3-83　卧式凝结水泵结构图

1—轴套螺母；2—轴承盖；3—轴承；4—轴承体；5—轴承甲；6—填料压盖；7—填料环；8—进水段；9—密封环；10—叶轮；11—中段；12—回水管；13—出水段；14—平衡环；15—平衡盘；16—尾盖；17—轴承乙；18—拉紧螺栓；19—轴；20—圆螺母

128. 试述给水泵的作用和结构。

从除氧器出来的水需经过给水泵再经高压加热器送往锅炉。

给水泵的出口压力取决于锅炉汽包的工作压力，还必须克服给水管道及阀门、加热器、省煤器的阻力。因此给水泵出口压力较高，一般为锅炉汽包最高工作压力的 1.25 倍。

几种常用的锅炉给水泵的结构为：

(1) GC 型卧式单吸多级分段给水泵。其流量为 6～45m^3/h，总扬程为 46～287m，可输送 110℃ 给水。其结构如图 3-85 所示。

该类给水泵结构是多级分段式，其进出口分别在进水段和出水段上，均垂直向上；可根据扬程需要增减水泵级数；叶轮为铸铁制成，内有叶片，液体沿轴向单侧进入，由于叶轮前后受压不等，故存在轴向力，此轴向力由平衡盘来承担，平衡盘为耐磨铸铁制成。轴承为单列向心球轴承，采用钙基黄油润滑，填料起密

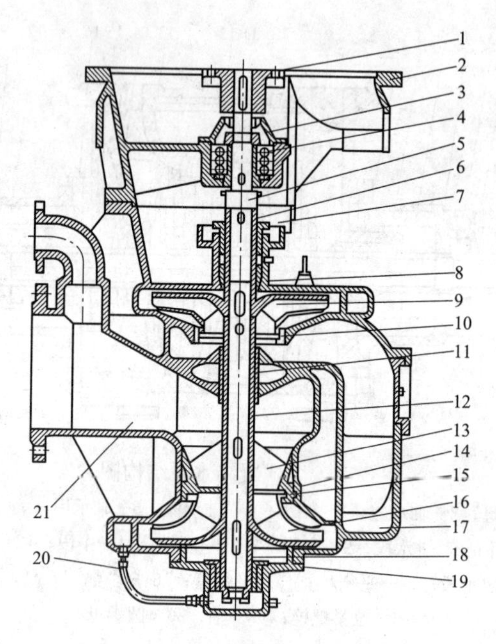

图 3-84　立式凝结水泵结构图

1—弹性联轴节；2—托架轴；3—上轴承压盖；4—向心推力球轴承；
5—轴；6—上轴承；7—填料压盖；8—填料套；9—次级叶轮；
10—密封环；11——级间密封衬套；12—中间轴套；13—诱导轮；
14—诱导轮室衬圈；15—密封环；16—首级叶轮；
17—泵盖；18—下轴套；19—下轴套体；
20—下轴承润滑冷却水管；21—泵体

封作用，防止空气进入和大量液体漏出。

（2）DG 型卧式多级锅炉给水泵。其流量为 100～580m^3/h，扬程为 740～2150m。其结构如图 3-86 所示。

该类型的给水泵结构是单壳体节段式多级离心泵，进出口垂直向上，用拉紧螺栓将吸入段、中段、排出段联结成一体。定子部件由吸入段、排出段、中段、导叶、密封环、导叶套等组成，转子部件由叶轮、轴、平衡盘等组成。

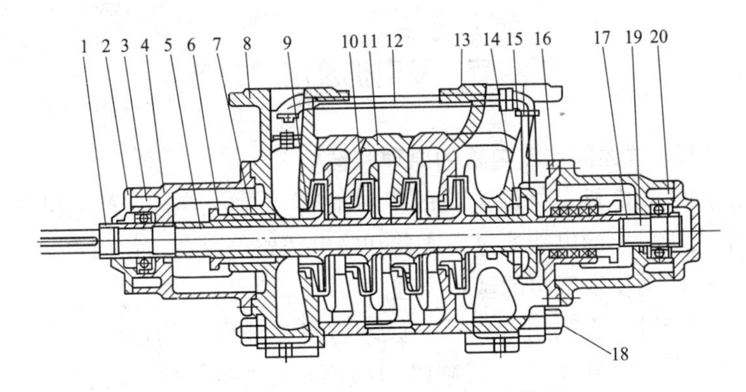

图 3-85 GC 型锅炉给水泵及结构图

1—轴套螺母；2—轴承盖；3—轴承；4—轴承体；5—轴承甲；6—填料压盖；7—填料环；8—进水段；9—密封环；10—叶轮；11—中段；12—回水管；13—出水段；14—平衡环；15—平衡盘；16—尾盖；17—轴套乙；18—拉紧螺栓；19—轴；20—圆螺母

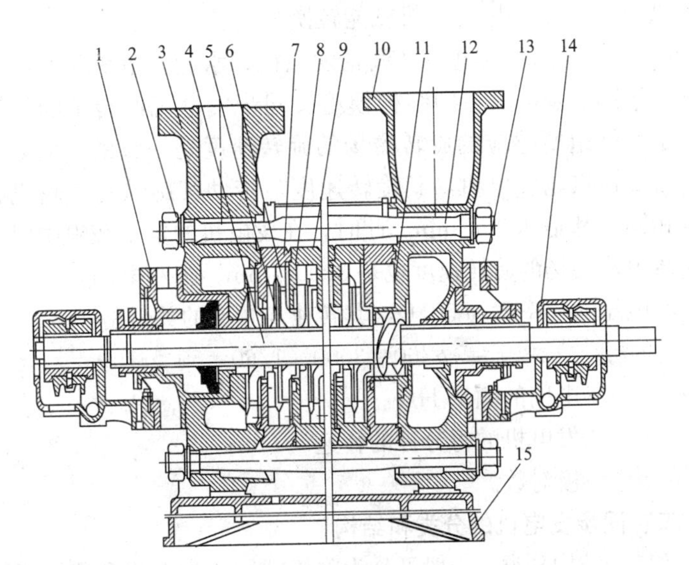

图 3-86 DG 型锅炉给水泵结构图

1—吐出填料箱；2—平衡盘；3—吐出段；4—泵轴；5—导叶衬套；6—导叶；7—页轮；8—密封环；9—中段；10—吸入段；11—诱导轮；12—拉紧螺栓；13—吸入填料箱；14—轴承；15—泵座

第四节　发电机及附属设备

129. 试述同步发电机的原理和结构。

同步发电机是把原动机的机械能转变为电能的一种电机，从发电机所发出的电能通过变压器和输电线路等设备送往用户。

一、同步发电机的基本原理

同步发电机利用电磁感应原理将机械能转变为电能，是一种旋转电机。它利用绕组切割磁力线而产生电流的原理而发电的。同步发电机定子铁芯上开槽，槽内放置定子绕组，转子上有磁极和激磁绕组。当激磁绕组通过直流电流后，电机内就会产生磁场。在汽轮机或水轮机的带动下发电机转子发生旋转，形成旋转磁场，该磁场的N和S极依次切割三相对称布置的定子绕组而产生感应交流电动势，当发电机和外电路形成回路时，就会产生电流，向电网供应三相交流电，将机械能转换为电能。

图3-87是同步发电机（汽轮发电机、水轮发电机和柴油发电机都属于同步发电机）的结构模型。同步发电机的转子的旋转磁场和定子绕组所感应的旋转磁场的旋转速度是一致的。例如：对于一台2极汽轮发电机，其旋转速度与带动其旋转的汽轮机旋转速度相同，都是3000r/min。此时，在发电机的定子绕组中感应出的交流电流磁场的旋转速度也是3000r/min，当和电网相连时，其电流和电压的频率就为50Hz，其转速与频率的关系是：

$$f=np/60=3000\times1/60=50$$

式中　f——电网的频率Hz；

n——发电机的每分钟的转速r/min；

p——极对数。

二、同步发电机的分类和结构

按转子结构分类，一般可分为隐极式同步发电机和凸极式同步发电机。图3-87分别表示了这两种发电机的剖面结构示意图。隐极式同步发电机一般为汽轮发电机转子（极数少、$p\leqslant2$，转速高）；凸极式同步发电机一般为水轮发电机转子（极数多、$p\geqslant2$，转速低）。

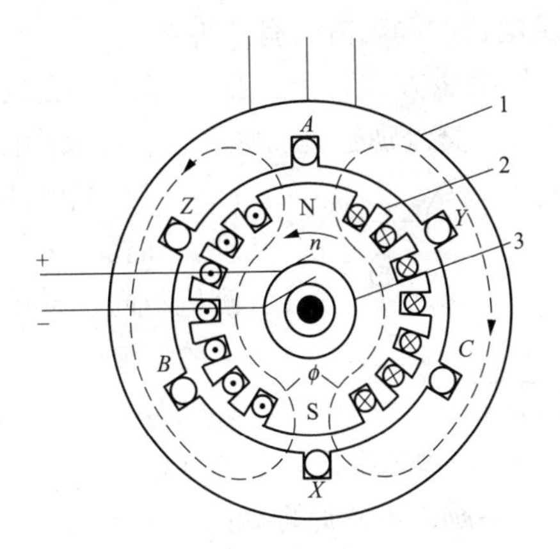

图 3-87 同步电机结构模型图

1—定子铁芯；2—转子；3—集电环

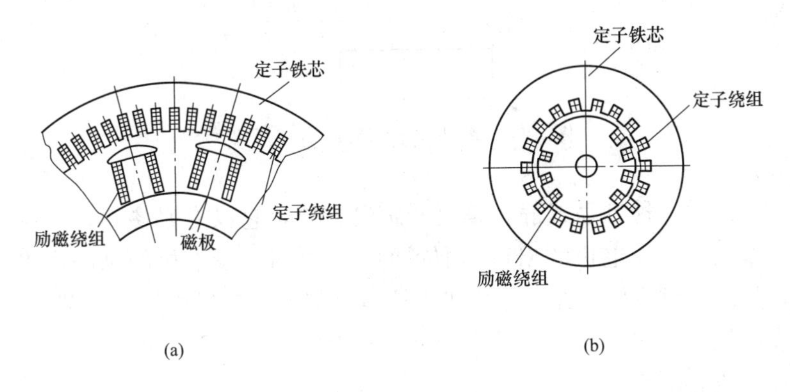

图 3-88 同步发电机的结构图

（a）凸极式同步发电机；（b）隐极式同步发电机

按冷却介质和冷却方式可分为空外冷、氢冷（分定转子绕组氢外冷，定子绕组氢外冷和转子绕组氢内冷）、水-水-空（定转子绕组水内冷，铁芯空冷）、水-氢-氢（定子绕组水内冷、转子绕组氢内冷，铁芯氢冷）、水-水-氢（定转子绕组水内冷，铁芯氢冷）等形式。

130. 同步发电机的励磁方式有几种？

同步发电机的励磁方式种类包括：直流励磁机励磁方式、静止整流器励磁方式、交流励磁机励磁方式、无刷励磁方式等。

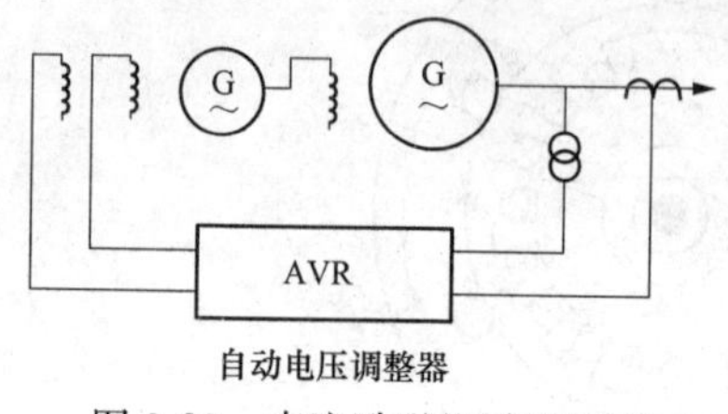

图 3-89　直流励磁机励磁原理

（1）直流励磁机励磁原理。如图 3-89 所示，直流励磁机与同步发电机同轴，其产生的直流电通过发电机的转子集电环向发电机的转子绕组供电。

（2）静止整流器励磁方式原理如图 3-90 所示。

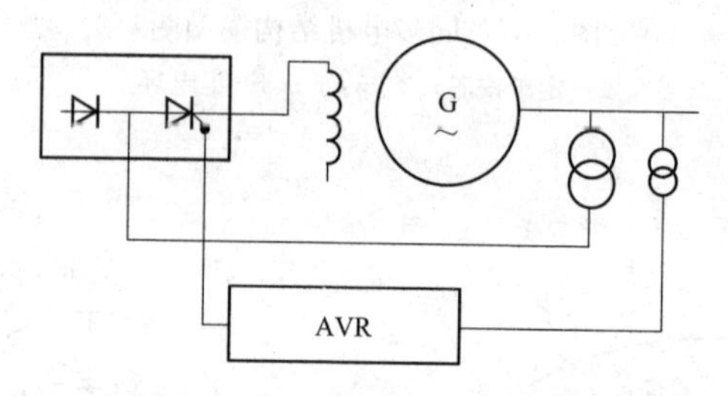

图 3-90　静止整流器励磁方式原理

这是一种自励式静止整流器励磁方式，它没有励磁机，励磁功率是从主发电机的出口处取得的。空载时，发电机的励磁由出口处的励磁变压器经三相桥式半控整流装置整流后供给；负载时，发电机的励磁除由半控桥供给外，还由励磁调节器（AVR）经可控整流后供给。

（3）交流励磁机励磁方式原理如图 3-91 所示。交流主励磁机是与同步发电机同轴连接的三相中频同步发电机（频率为 100Hz），其交流输出经静止的三相桥式不可控整流器整流后，通过集电环向发电机转子绕组供电，而其励磁电流则由交流副励磁机发出的交流电经静止的可控整流器整流后供给，而交流副励磁一般采用永磁发电机。AVR 根据发电机端电压的偏差，对交流主励磁机的励磁进行调节，实现对发电机励磁的自动调节。

（4）无刷励磁方式原理如图 3-92 所示。

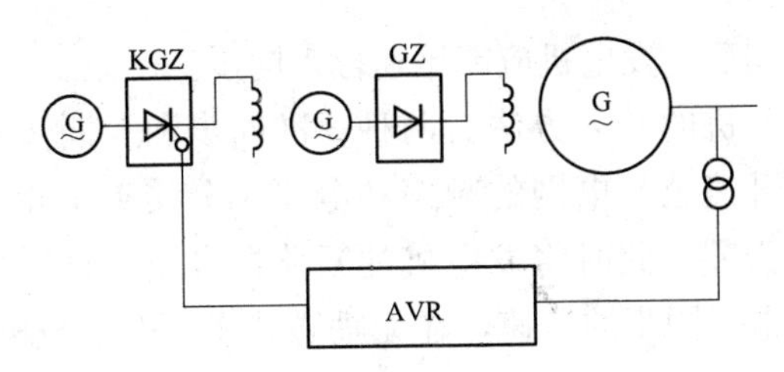

图 3-91 交流励磁机励磁方式原理

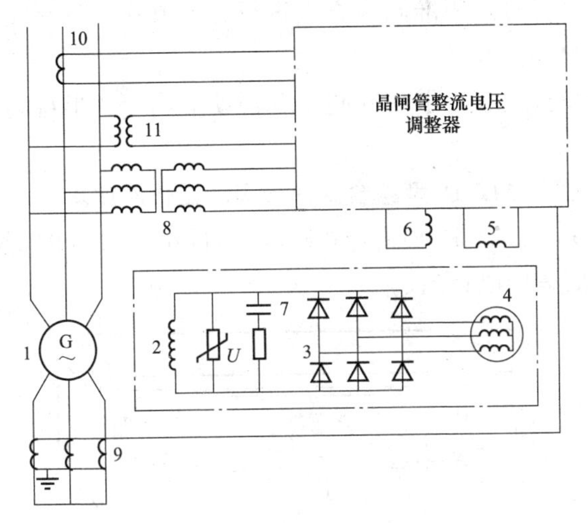

图 3-92 无刷励磁方式原理

1—发电机定子；2—发电机转子；3—三相桥式旋转整流二极管；
4—交流励磁机转子；5—交流励磁机定子绕组；6—励磁电流传感器；
7—脉冲抑制回路；8—转换变压器；9—电流互感器；
10—相差回路电流互感器；11—实测值电压互感器

从图 3-92 可见，交流励磁机转子 4 是与主发电机转子 2 同轴连接的，其三相绕组在转子上、励磁绕组在定子上，旋转电枢的交流输出经与主轴一起旋转的不可控整流器整流后，直接送到发电机的转子绕组 2；交流主励磁机的励磁，由晶闸管整流电压调整器供给。发电机的励磁由励磁调节器自动调节。

131. 试述同步发电机的同步和并列操作。

同步发电机并入电网必须与电网保持同步，即：

（1）并列时，冲击电流和冲击力矩不应超过允许值。

(2) 并列后，发电机应能迅速拉入同步。

同步发电机的并列方法有两种：准同步和自同步。准同步就是将发电机升速至与电网的频率和电压十分接近，并且两者的电压夹角接近为零，此时将发电机的断路器合闸。自同步就是将发电机升速至电网同步的转速，在无励磁状态下合上发电机断路器，并网后再投入励磁。

正常运行时采用准同步方法进行并网操作，只有在特殊情况下才采用自同步方法并网。

准同步方法有：手动准同步、自动准同步、半自动导前时间准同步。

132. 试述 MZ-10 型组合式同步表的工作原理。

图 3-93 是 MZ-10 型组合式同步表的外形，图 3-94 是该表三相式和单相式表的电路图。

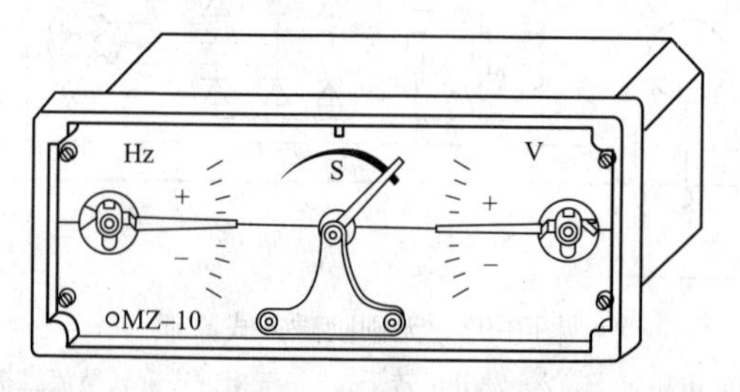

图 3-93　MZ-10 型组合式同步表外形

从图 3-94 中可见，电压差表 P1 的测量机构为磁电式微安表。整流电路将待并网发电机和系统的交流电压变换成直流电流，并网流入微安表紧行比较。两个电流相等时，其差值等于零，微安表指针不偏转，停留在零位置上；当待并网发电机电压大于系统电压，微安表指针正向偏转；反之，指针负向偏转。

频率差表 P2 的测量机构为直流流比计。削波电路、微分电路和整流电路将输入的两个正弦交流电压变换为与其电源频率大小成正比的直流电流。这两个电流分别流入流比计的两个线圈中，产生一对方向相反的转矩，当待并网发电机与系统的频率相同时，

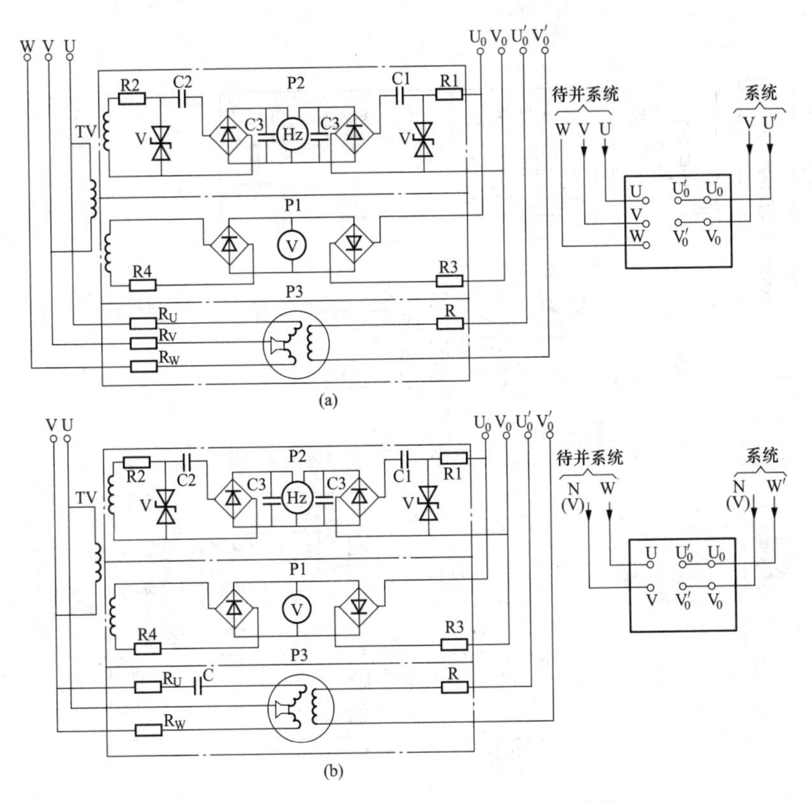

图 3-94　MZ-10 型组合式同步表电路图

(a) 三相式同步表；(b) 单相式同步表

所产生的转矩相互抵消，指针不偏转；当待并网发电机频率大于系统频率时，指针正向偏转；反之，指针负向偏转。

133. 手动准同步装置的组成是什么样的?

手动准同步装置分为集中同步和分散同步两种方式。当采用集中方式时，一般采用组合式同步表，将其装设在中央信号控制屏上（见图 3-95）；采用分散式同步方式时，同步操作开关分别设在同步点的控制屏上，操作在所列设备的控制屏上进行。

图 3-96 所示为分散式同步方式的同步小屏手动准同步装置接线图。图中采用了测量仪表，也可以采用组合式同步表。

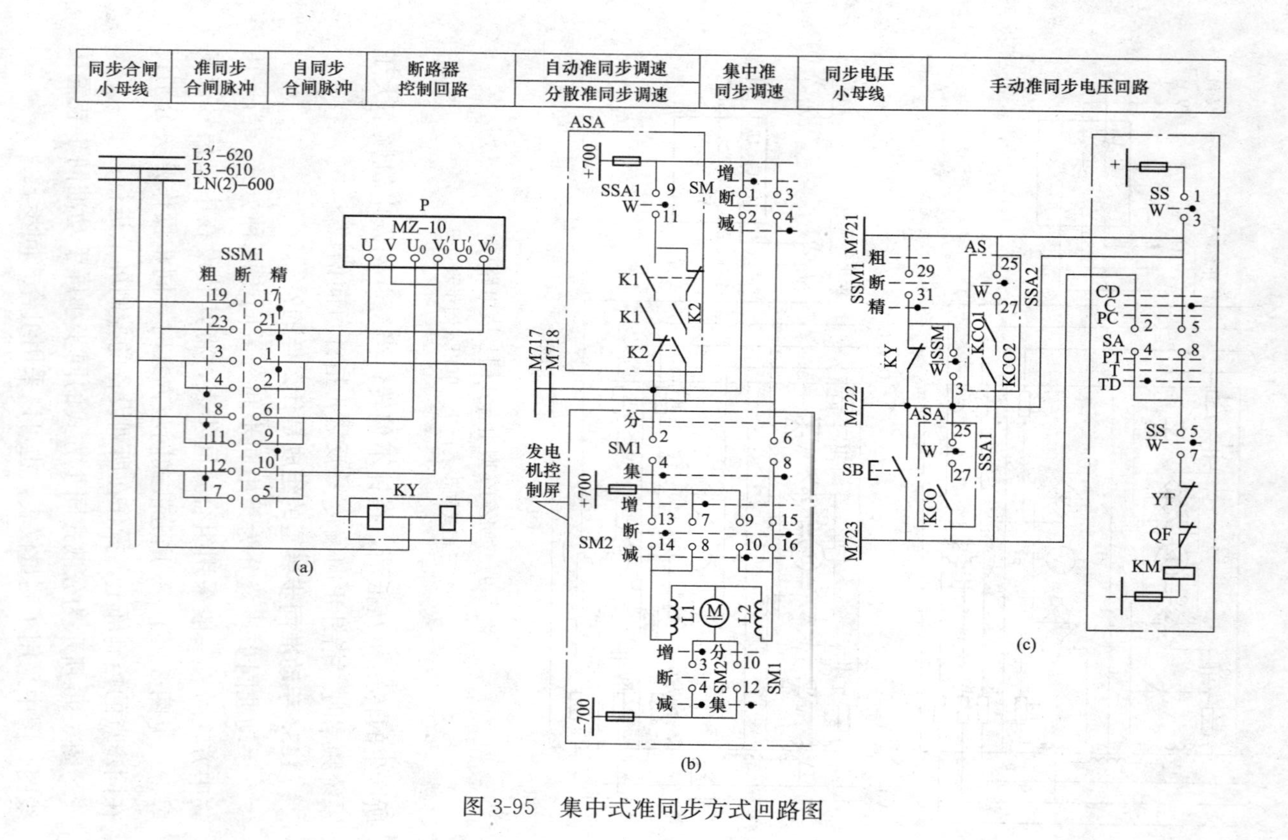

图3-95 集中式准同步方式回路图

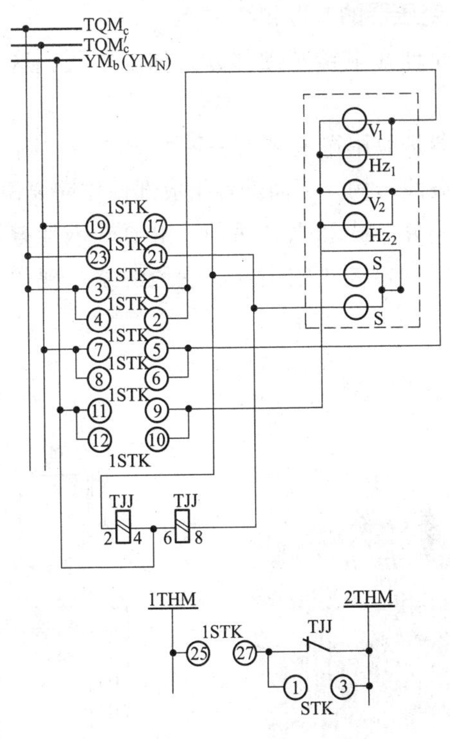

图 3-96 分散式手动准同步装置接线图

134. 同步发电机的解列和停机操作是什么样的？

（1）解列操作包括转移负荷和操作断路器两个步骤。通过手动操作汽轮机调速装置和发电机调节励磁装置，逐步减少发电机的有功和无功负荷。待有功和无功负荷降到零时，断开发电机的断路器，并向汽轮机司机发出“发电机已解列”信号，此时有功、无功功率表和定子电流表指示为零。

（2）停机操作步骤包括：切除自动调节励磁装置；断开灭磁开关；断开断路器母线侧和发电机电压互感器的隔离开关，取下高、低压熔断器；待机组全停后，测量定子绕组和全部回路的绝缘电阻。

135. 试述变压器的原理和结构。

变压器的原理在电学基础部分已加以说明。这里主要介绍电力变压器的结构。

油浸变压器是应用得最多的一种变压器，在图 3-96 表示了此类变压器的一般性结构。下面就各组成部件作简要说明：

（1）铁芯。分芯式和壳式两种，由薄硅钢片叠制而成。铁芯的夹紧方式有两种，老式的用穿心螺栓缠绕，现代的用高强环氧玻璃丝带缠绕。

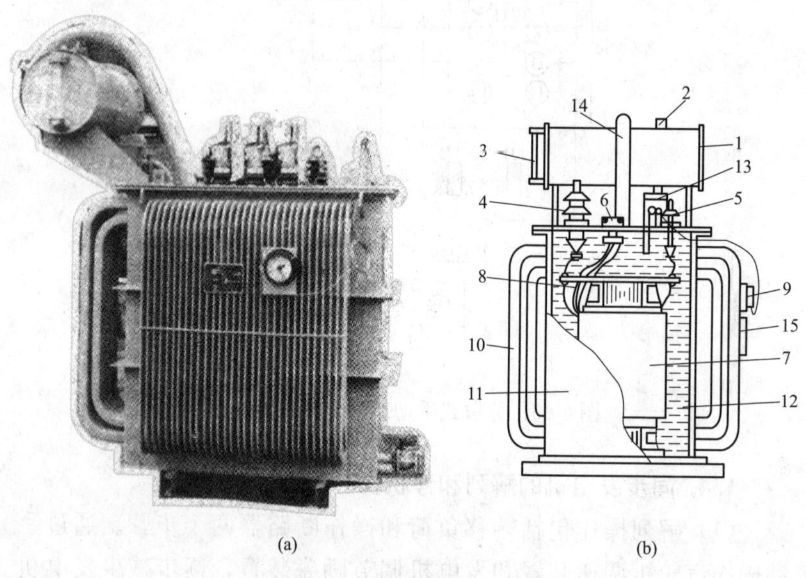

图 3-97 油浸变压器结构图

（a）油浸变压器外形（自冷）；（b）油浸变压器结构（自冷）

1—油枕；2—加油栓；3—油位计；4—高压套管；5—低压套管；6—调压开关；7—高压绕组；8—铁芯；9—测温计；10—散热器；11—油箱；12—变压器油；13—气体继电器；14—安全气道；15—铭牌

（2）绕组。包括导线和绝缘。导线有铜线和铝线两种，绝缘有主绝缘和纵绝缘两种。

（3）引线和分接开关。分接开关一般设在高压绕组上，有无载和有载切换两种。在绕组上设有抽头，以达到改变变比的目的，如图 3-98 所示。

（4）油箱。是作为冷却和绝缘油的容器，一般油箱上带有油枕，绝缘油充满油箱和油枕的下半部。目前，大中容量变压器的油枕内装有合成橡胶袋，也称为隔膜，能减少变压器油吸收氧气和潮气，延缓油的老化，故称为隔膜密封变压器，这种变压器已取代了充氮变压器。

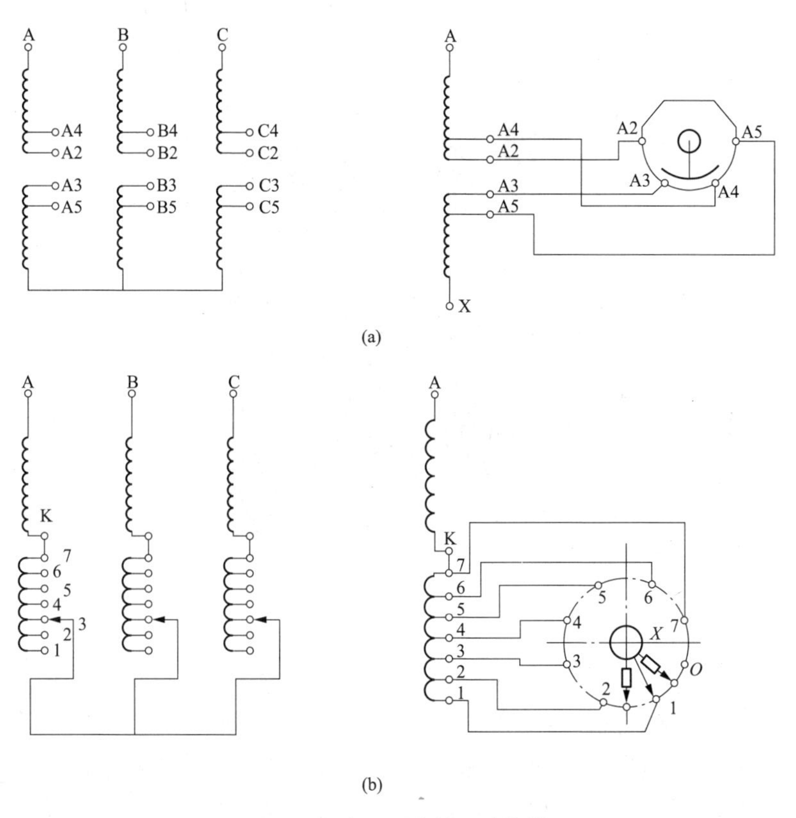

图 3-98 变压器分接开关接线

（a）无载调压接线图；（b）有载调压接线图

（5）套管。一般有以下几种：实心高铝陶瓷套管（用于 25kV 以下变压器）、充油瓷套管（用于 25～69kV 变压器）、环氧树脂瓷套管、合成树脂黏胶纸芯瓷套管（用于 34.5～115kV 变压器）、油浸纸芯瓷套管（用于69～275kV及以上变压器）。

除了油浸式变压器外，还有干式变压器。这类变压器目前采用环氧树脂真空浇注方法制造，容量最大可达到15 000kVA，电压最高到35kV，其外形如图3-99所示。该类变压器的特点是：损耗低，噪声低，浇注填料由氢氧化铝组成，具有独特的阻燃自熄性能，配有强迫通风系统，可满足临时过载的需要。

图3-99　干式变压器外形（2000kVA，10kV/415V）

近年来，六氟化硫（SF_6）变压器也逐渐取得广泛应用。它分为气体绝缘、气体冷却和气体绝缘、液体冷却两大类。60MVA等级SF_6变压器，采用气体循环冷却散热方式，其结构和油浸变压器相类似；60MVA以上等级SF_6变压器，采用液体冷却和气体绝缘分离式结构，和油浸变压器有较大的差别。在结构上，不需要油枕，用突发压力继电器取代气体继电器。

136. 油浸变压器有几种冷却方式？

（1）油浸自然空气冷却式；

（2）油浸风冷式；

（3）强迫油循环水冷却式；

（4）强迫油循环风冷却式；

（5）强迫油循环导向冷却式。

137. 试述三相变压器的连接组别。

三相变压器的绕组连接采用星形和三角形两种接线方式，分别用Y和△来表示。其一、二次绕组连接方法的组合有 Y，y、Y，yn、Y，d、D，y 等。在表 3-3 和表 3-4 中列出了常用的连接组别及适用范围。

表 3-3　三相变压器常用的连接组别

序号	连接组标号	绕组连接	电压相量图	钟点
1	Y，d11	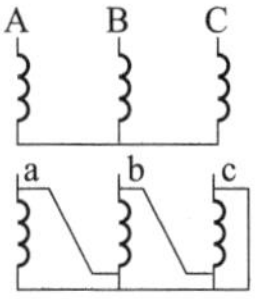	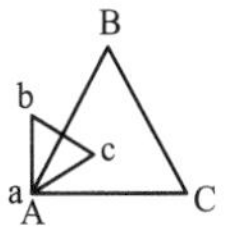	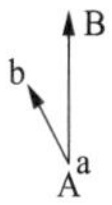
2	D，y11	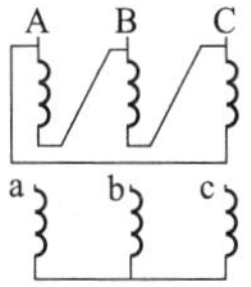		
3	Y，y12	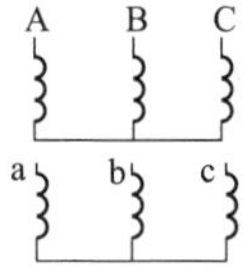	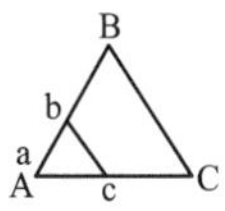	
4	D，d12	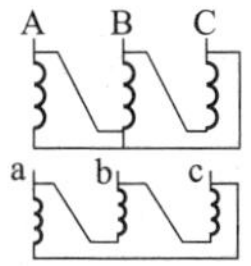		

表 3-4 常用的连接组特点及适用范围

连接法	特点及适用范围
Y，y	中性点可引出，可供三相四线制负载，适用于配电变压器
Y，d、D，y	Y接法中性点可引出，无3次谐波电压，适用于各类大、中型变压器
D，d	允许三相负载不对称，一相故障时，其他两相可V接法运行，用于低电压大电流变压器
Y，z、D，z	Y接法中性点可引出，适用于配电变压器或特种变压器

从表3-3可见，所谓连接组别，就是一、二次绕组对应线电动势之间的相位关系，如一次绕组Y接线，二次绕组△接线时，相量AB和相量ab之间相位角差为30°，则称为“Y，d11”接线。并联运行要求两台变压器的接线组别相同，因此，确定各台变压器接线组别可确定变压器是否能并联运行。

138. 什么是变压器的允许温升？有什么规定？

变压器温度与周围介质温度的差值称为变压器的温升。对变压器在额定负荷时各部分的温升所作出的规定，就是变压器的允许温升。当周围空气温度超过允许值后，就不允许变压器满负荷运行。因此，将变压器绕组的温升限制在允许值内，是十分重要的，关系到变压器绕组的绝缘老化问题。为了使油浸变压器绕组的平均温升不超过极限值，其绕组和上层油温升的限值如表3-5所示。

表 3-5 变压器绕组和上层油平均温升极限

序号	冷却方式	绕组平均温升（℃）	上层油平均温升（℃）
1	自然油循环	65	55
2	强迫油循环风冷	65	40
3	强迫油循环导向风冷	70	45

139. 什么是变压器的过负荷？有什么规定？

变压器的过负荷分为正常过负荷和事故过负荷两种，正常过负荷可以经常使用，事故过负荷只允许在事故情况下使用。

在表3-6和表3-7中分别给出了油浸自冷和风冷变压器的正常

过负荷和事故过负荷的允许运行时间。

表 3-6　　油浸自冷和风冷变压器正常过负荷允许时间　（h：min）

过负荷倍数	过负荷前上层油温升（℃）					
	18	24	30	36	42	48
1.05	5：50	5：25	4：50	4：00	3：00	1：30
1.10	3：50	3：25	2：50	2：10	1：25	0：10
1.15	2：50	2：25	1：50	1：20	0：35	
1.20	2：05	1：40	1：15	0：40		
1.25	1：35	1：15	0：50	0：25		
1.30	1：10	0：50	0：30			
1.35	0：55	0：35	0：15			
1.40	0：40	0：25				
1.45	0：25	0：10				
1.50	0：15					

表 3-7　　油浸自冷和风冷变压器事故过负荷允许时间　（h：min）

过负荷倍数	环境温度（℃）				
	0	10	20	30	40
1.1	24：00	24：00	24：00	19：00	7：00
1.2	24：00	24：00	13：00	5：50	2：45
1.3	23：00	10：00	5：30	3：00	1：30
1.4	8：30	5：10	3：10	1：45	0：55
1.5	4：45	3：10	2：00	1：10	0：35
1.6	3：00	2：00	1：20	0：45	0：18
1.7	2：05	1：25	0：55	0：25	0：09
1.8	1：30	1：00	0：35	0：13	0：06
1.9	1：00	0：35	0：18	0：09	0：05
2.0	0：40	0：22	0：11	0：06	

140. 并联运行变压器应满足什么条件？

（1）变压器的一、二次绕组额定电压相等，允许误差值在

±5%以内，也即变比相等，变比差值在±0.5%以内。

（2）变压器的短路电压百分比相等，允许误差值在10%以内。

（3）变压器的接线组别应相同。

141. 什么是电力互感器？

电力互感器是电力系统中对测量和保护提供电压和电流的设备，分为电压互感器和电流互感器。电压互感器是将一次电压变为标准的低电压（100V或$100/\sqrt{3}$V），电流互感器是将一次电流变为低压的标准小电流（5A或1A）。

142. 什么是电磁式电流互感器？

电磁式电流互感器是一种特殊设计的电磁变压器，其基本电路如图3-100（a）所示。一次和二次绕组绕在一个铁芯上。其等值电路如图3-100（b）所示。

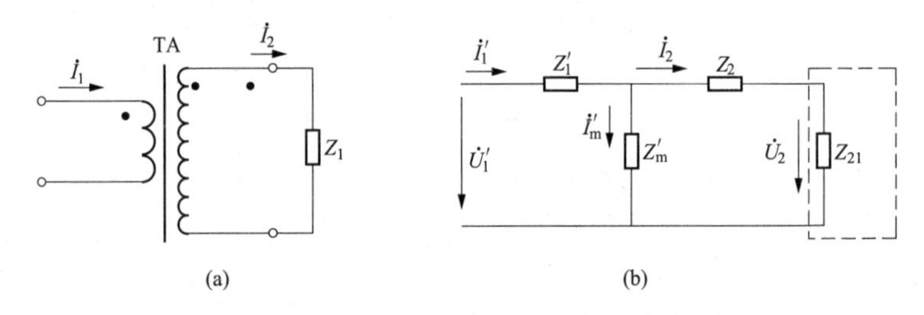

图3-100　电流互感器的基本电路和等值电路

（a）基本电路；（b）等值电路

如图3-100（a）所示，电流互感器一次绕组串接在一次电路中，一次绕组中的电流很大，但一次匝数很少，因此一、二次侧的漏阻抗较小，而二次匝数很多，因此二次电流很小。

143. 电磁式电流互感器是什么样的？

电磁式电流互感器和电压等级有关，低压电流互感器指额定电压为0.38、0.6和1kV的产品，其外形如图3-101（a）所示；中压电流互感器指额定电压为3、6、10、20和35kV的产品，其外形如图3-101（b）、（c）所示；高压电流互感器指额定电压为66、110、220、330、500、750kV的产品，其外形如图3-101（d）所示。

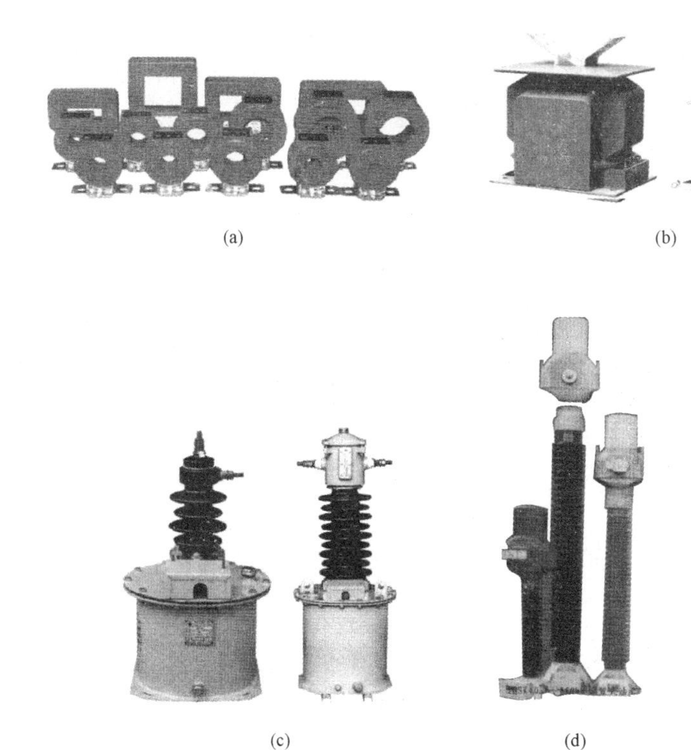

(a) (b) (c) (d)

图 3-101 电流互感器外形

(a) 低压电流互感器；(b) 中压电流互感器（树脂绝缘）；
(c) 中压电流互感器（油纸绝缘）；(d) 高压电流互感器

144. 电流互感器有几种接线方式？

电流互感器的接线方式有下列几种：

(1) 一相式接线。通常用于负荷平衡的三相电路中测量电流，或在继电保护中作为过负荷保护接线。如图 3-102 (a) 所示。

(2) 两相 V 型接线。也称为两相不完全星形接线，广泛用于中性点不接地的三相三线制电路中，常用于三相电流和电能的测量和过电流继电保护。如图 3-102 (b) 所示。

(3) 两相电流差接线。其公共线（二次侧）流过的电流是二次电流之差，在对称运行和三相短路时，此电流等于相电流的$\sqrt{3}$

倍。如图 3-102（c）所示。

（4）三相星形接线。它广泛用于中性点接地的三相三线制和三相四线制电路中，用于测量或过电流继电保护。如图 3-102（d）所示。

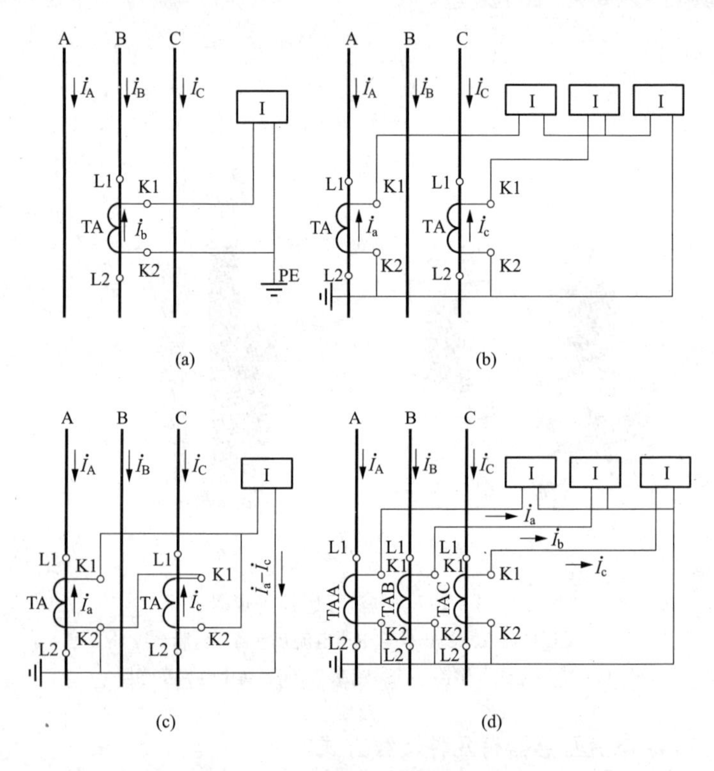

图 3-102　电流互感器的接线图

（a）一相式接线；（b）两相 V 形接线；

（c）两相电流差接线；（d）三相星形接线

145. 什么是电子式互感器？

电子式互感器是一种新型的互感器，其一般结构如图 3-103 所示，其中包括一次传感器及变换器传输系统二次变换器及汇接单元等。与常规的互感器相比，电子式互感器具有许多优点，表 3-8 所示为这两类互感器的比较。

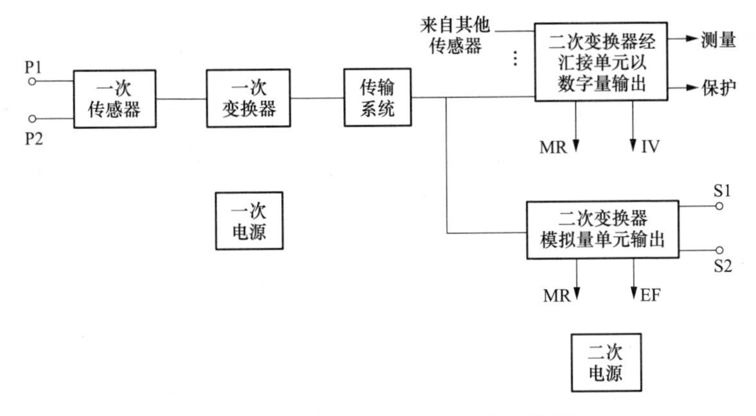

图 3-103　电子式互感器的一般结构图

IV—未投运；EF—设备失效；MR—维护申请

表 3-8　　　　常规互感器与电子式互感器的比较

比较项目	常规互感器	电子式互感器
绝缘	复杂	绝缘简单
体积及重量	体积大、重量重	体积小、重量轻
TA 动态范围	范围小、有磁饱和	范围宽、无磁饱和
TV 谐振	易产生铁磁谐振	TV 无谐振现象
TA 二次输出	不能开路	可以开路
输出形式	模拟量输出	数字量输出

146. 什么是电磁式电压互感器?

电磁式电压互感器也是一种特殊电磁变压器，其等值电路如3-104 所示。

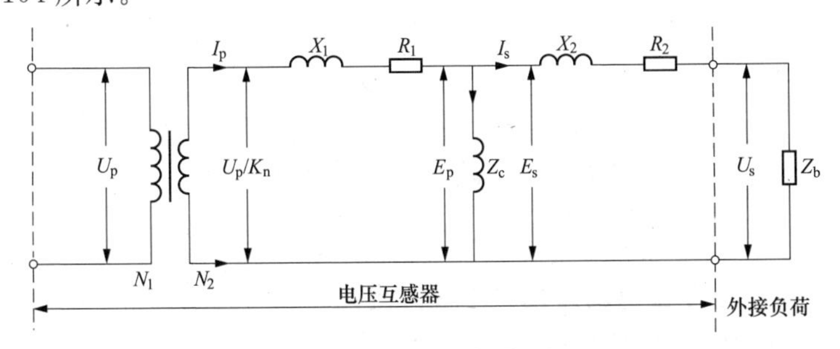

图 3-104　电磁式电压互感器等值电路图

由图 3-104 可见，其一次二次绕组经铁芯电磁感应，将高电压变换成标准低电压（100、100/3、$100/\sqrt{3}$），供计量和保护使用。

147. 电磁式电压互感器是什么样的？

电磁式电压互感器和电压等级有关，低压电压互感器指额定电压为 0.38、0.6 和 1kV 的产品，如图 3-105（a）所示；中压电压互感器指额定电压为 3、6、10、20、35 和 66kV 的产品，如图 3-105（b）、（c）所示；高压电压互感器指额定电压为 110、220、330、500、750 和 1000kV 的产品，如图 3-105（d）、（e）所示。

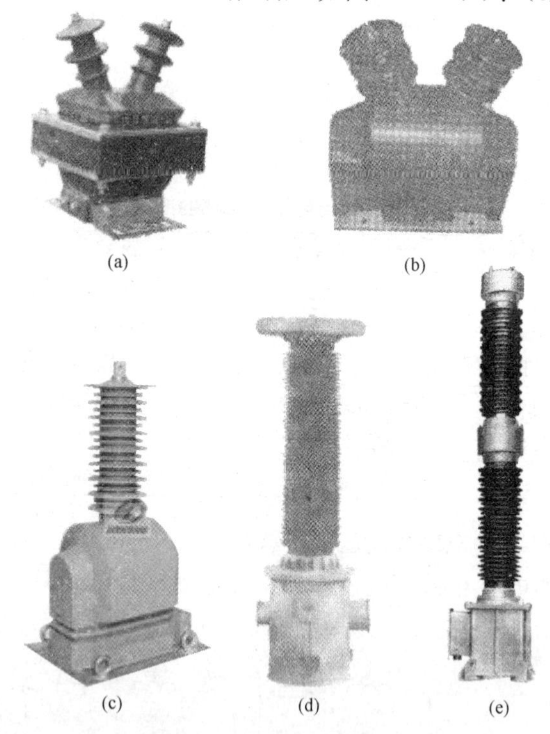

图 3-105　电压互感器外形图

（a）低压树脂绝缘电压互感器；（b）中压树脂绝缘电压互感器；（c）中压瓷箱式电压互感器；（d）高压 SF_6 电压互感器；（e）高压电容式电压互感器

148. 电压互感器有几种接线方式？

电压互感器的接线方式有下列几种：

（1）一个单相电压互感器接线。如图 3-106（a）所示，用于测量线电压。

（2）两个单相电压互感器接成 V/V，如图 3-106（b）所示，用于测量三相三线制的各个线电压。

（3）三个单相电压互感器接成Y/Y形，如图 3-106（c）所示。当互感器一次侧中心点不接地时，可用于向接于相间电压的仪表及继电器供电，但不能向绝缘检查电压表供电。当互感器一次侧中心点接地时，可用于向接于相间电压的仪表和继电器及绝缘检查电压表供电。

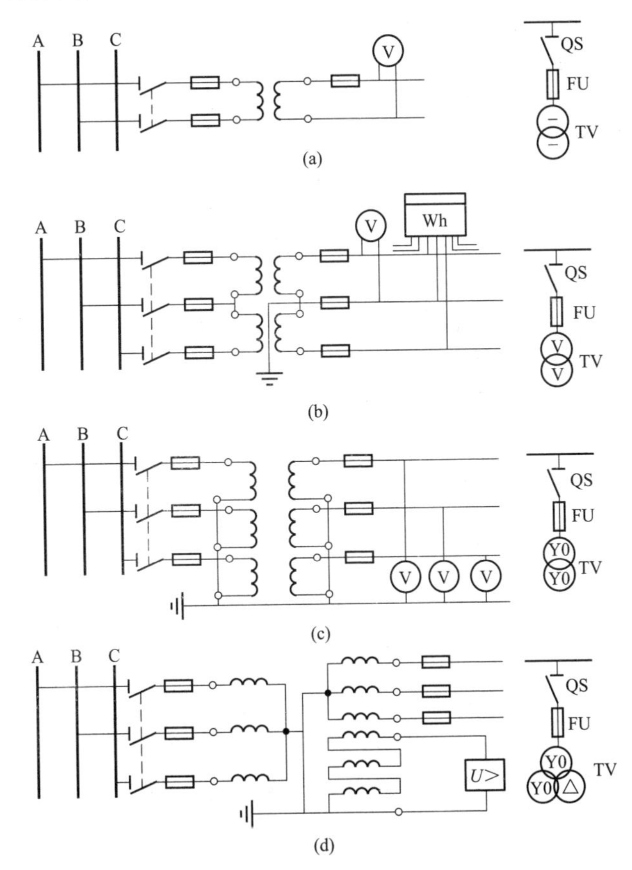

图 3-106 电压互感器的接线图

（a）一个单相电压互感器；（b）两个单相接成 V/V 形；（c）三个单相接成 Y0/Y0 形；（d）三个单相三绕组或一个三相五柱三绕组接成 Y0/Y0/△

（4）一台三相五柱电压互感器接线，如图3-106（d）所示。一、二次绕组均接成星形，且一次绕组中性点接地。这种接线方式只用于3～15kV系统，可用于测量相电压和线电压，其第三绕组接成开口三角形，供接入交流电网绝缘监视仪表和继电器用。

149. 试述高压断路器的作用和分类。

（1）高压断路器的作用：高压断路器是电气回路的控制设备。正常情况下，可用于切断或接通电路的正常负荷电流；故障情况下，可配合继电保护装置，自动、迅速地切断故障电流。

（2）高压断路器的分类：

1）油断路器。灭弧介质为油，分为少油和多油断路器。

2）空气断路器。灭弧介质为压缩空气。

3）六氟化硫断路器。灭弧介质为六氟化硫。

4）真空断路器。利用真空的高介质强度来灭弧。

5）磁吹断路器。用电磁力来灭弧。

6）产气断路器。利用固体介质与电弧作用产生气体灭弧。

150. 试述少油断路器的基本结构和原理。

少油断路器使用变压器油作为灭弧和触头间隙绝缘，采用空气和陶瓷绝缘材料或有机绝缘材料作为相间和相对地的绝缘。少油断路器可分户外和户内式两类。图3-107为户外式少油断路器结构图，图3-108为户内式少油断路器结构图。

151. 试述六氟化硫断路器的结构和原理。

六氟化硫（SF_6）断路器是目前最广泛采用的断路器，它具有灭弧性能和绝缘性能良好、开断能力强、断口电压较高、允许连续开断次数较多、适于频繁操作、噪声小、无火灾危险等优点，在高压和中压系统中都得到了使用。

图3-109是高压SF_6断路器结构图。它有系列性好、单断口电压高、开断电流大、运行可靠性高和检修工作量小等优点，但不能内附电流互感器，抗地震能力较差。

图3-110是中压SF_6断路器结构图。它有开断电流较高、密封性能好体积小、操作安全、简便、可靠、具有集化的保护体系的优点，在使用寿命内不需要再对气体进行处理，多次灭弧后仍可

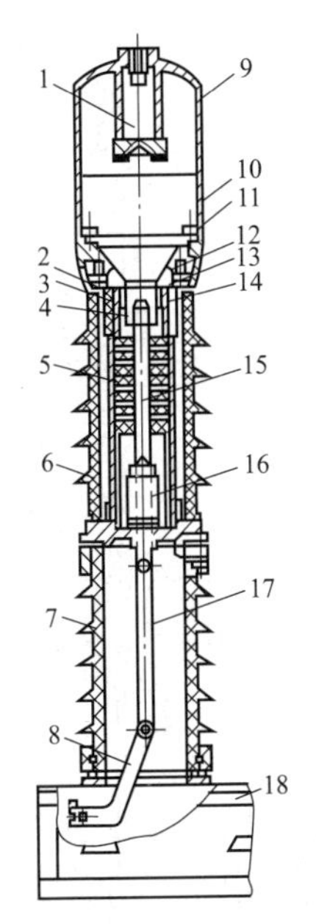

图 3-107 户外式少油断路器结构

1—油分离器；2—密封垫；3—法兰盘；4—静触头座；5—灭弧单元；6—上瓷套；7—下瓷套；8—内拐臂；9—上帽；10—上出线座；11、12—螺栓；13—铜压圈；14—压圈；15—动触杆；16—中间静触头；17—绝缘拉杆；18—底座

维持 SF_6 气体的纯净，不需要净化处理。

152. 简述高压断路器的操动机构。

断路器的操动机构主要用于断路器动作的能源转换并执行合分闸操作，不同的断路器可以采用不同的操动机构，可分为电磁式、弹簧式、液压式和气动式操动机构。下面以电磁式操动机构为例来说明其操动原理。图 3-111 是电磁式操动机构的结构图。

这种机构的优点是结构简单、加工容易、运行经验多。一般用于容量在 110kV 及以下的油断路器。该机构安装在防水的铁箱内，分为分闸传动机构和合闸传动装置。

分闸线圈自由脱扣机构和合闸传动连杆位于基座上部，而合闸电磁铁位于基座下部。导磁体由钢板焊成。合闸线圈内部装有黄铜套保护，顶杆上套有弹簧，铁芯上垫有非磁性垫片，以防止

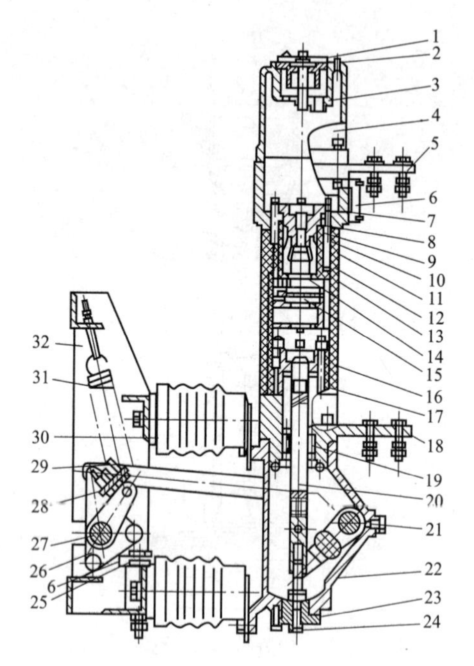

图 3-108　户内式少油断路器结构

1—排气孔盖；2—注油螺栓；3—回油阀；4—上帽装配；5—上接线座；6—油位计；7—静触座；8—止回阀；9—弹簧片；10—绝缘套筒；11—上压环；12—绝缘环；13—触指；14—弧触指；15—灭弧室装配；16—下压环；17—绝缘筒；18—下接线座；19—滚动触头；20—导电杆；21—特殊螺栓；22—基座装配；23—油缓冲器；24—放油螺栓；25—合闸缓冲器；26—轴承座；27—主轴；28—分闸限位器；29—绝缘拉杆；30—绝缘子；31—分闸弹簧；32—框架装配

铁芯吸合后被黏住。

合闸时，合闸铁芯带动顶杆顶起滚轮，通过合闸传动连杆使断路器合闸。合闸完毕后，合闸铁芯复位而滚轮被维持支架支持，同时转动连杆中的分闸连板接近死点位置，使断路器保持合闸。

分闸时，分闸铁芯由于被吸向下运动，其顶杆推动脱扣板与卡板分离，使断路器分闸。分闸结束后，脱扣板和卡板同时复位。

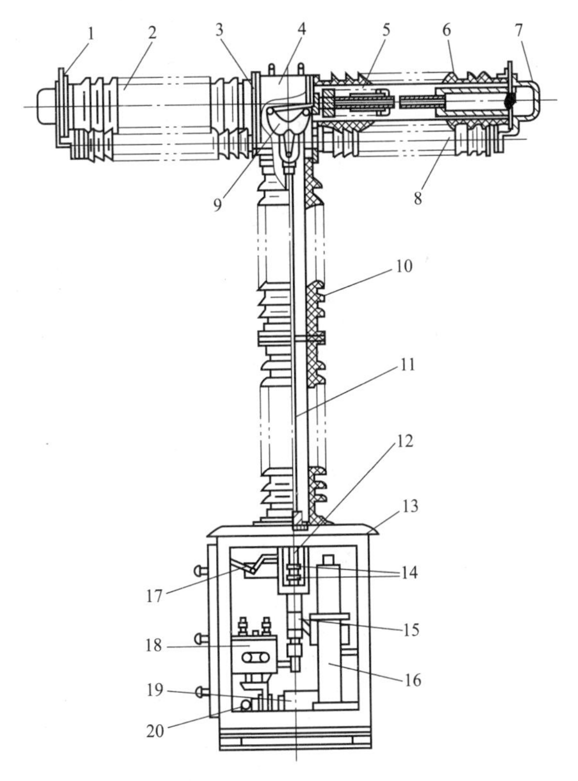

图 3-109 高压 SF_6 断路器

1—接线板；2—灭弧室；3—接线板；4—传动机构；5—动触头；6—静触头；7—端帽；8—并联电容器；9—换向机构；10—支持瓷瓶；11—绝缘拉杆；12—连杆；13—机构箱；14—接头法兰；15—工作缸；16—储压器；17—辅助开关；18—阀系统；19—高压油泵；20—电动机

153. 试述隔离开关的用途和要求。

隔离开关的用途是：①隔离电气设备与带电的电网，保证被隔离电气设备有明显的断开点，能安全地进行检修。②改变运行方式。在双母线电路中，用隔离开关将设备或线路从一组母线切换到另一组母线上去。③接通和断开小电流电路。

隔离开关应满足下列要求：①有明显的断开点；②断开点间应有足够的距离；③具有足够的热稳定和动稳定性；④结构简单，

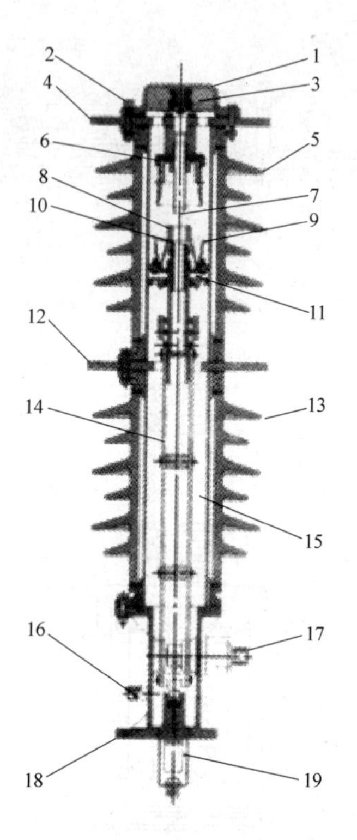

图 3-110　中压 SF_6 断路器

1—壳体；2—过电压保护装置；3—分子筛；4—上部端子；5—上部绝缘子；6—静主触头；7—静触头；8—喷嘴；9—动主触头；10—动弧触头；11—压缩室；12—下部端子；13—下部绝缘子；14—绝缘拉杆；15—SF_6 气体；16—SF_6 充气阀；17—操作轴；18—齿轮箱；19—压力开关

动作可靠；⑤带接地刀闸的隔离开关应有连锁机构。保证先合隔离开关，后合接地刀闸及先断开接地刀闸，再合上隔离开关。

154. 试述隔离开关的种类和结构。

高压隔离开关种类按安装地点不同，分为户内和户外形两类；按使用特性不同，分为一般用、快分用和变压器中性点接地用三类；按断口两端有无接地装置及附装接地刀闸的数量不同，分为不接地、单接地和双接地三类。图 3-112 上表示了四种常见隔离开关的结构形式。

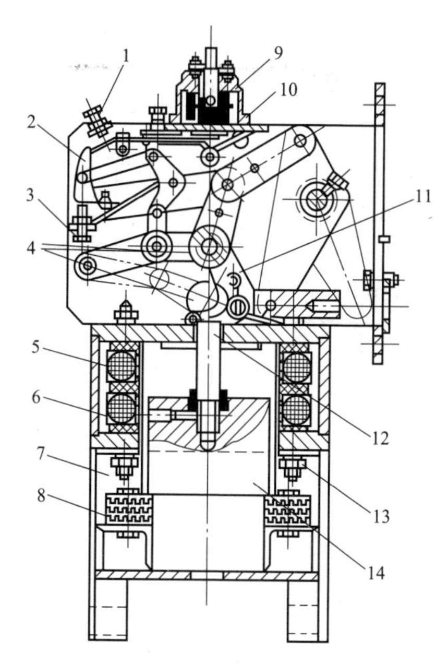

图 3-111 电磁操动机构结构图

1—保险止钉；2—卡板；3—调节止钉；4—滚轮；5—合闸线圈；
6—导磁体；7—角铁架；8—橡胶缓冲；9—分闸线圈；10—脱扣板；
11—维持支架；12—顶杆；13—固定螺栓；14—合闸铁芯

图 3-112（a）为户内式高压隔离开关，一般用于 35kV 及以下的配电装置，其对地绝缘采用瓷质绝缘子或环氧树脂绝缘构件，触头呈闸刀形。隔离开关通过操作瓷瓶使隔离开关作垂直回转运动。

图 3-112（b）为户外式 π 形隔离开关，其对地绝缘采用实心棒形绝缘子，主刀闸装在瓷柱顶转动的出线座上，分刀闸靠操动机构使绝缘柱转动，使闸刀在水平面上转动。

图 3-112（c）为户外式 V 形隔离开关，V 形和 π 形的隔离开关主要是底座和形状不同。

图 3-112（d）为 GW 型隔离开关，主要由动、静触头，导电褶架，传动装置，接地触头，操作绝缘子，接地开关和底座组成。当操动机构带动操作轴转动时，通过操作绝缘子下端的连杆带动

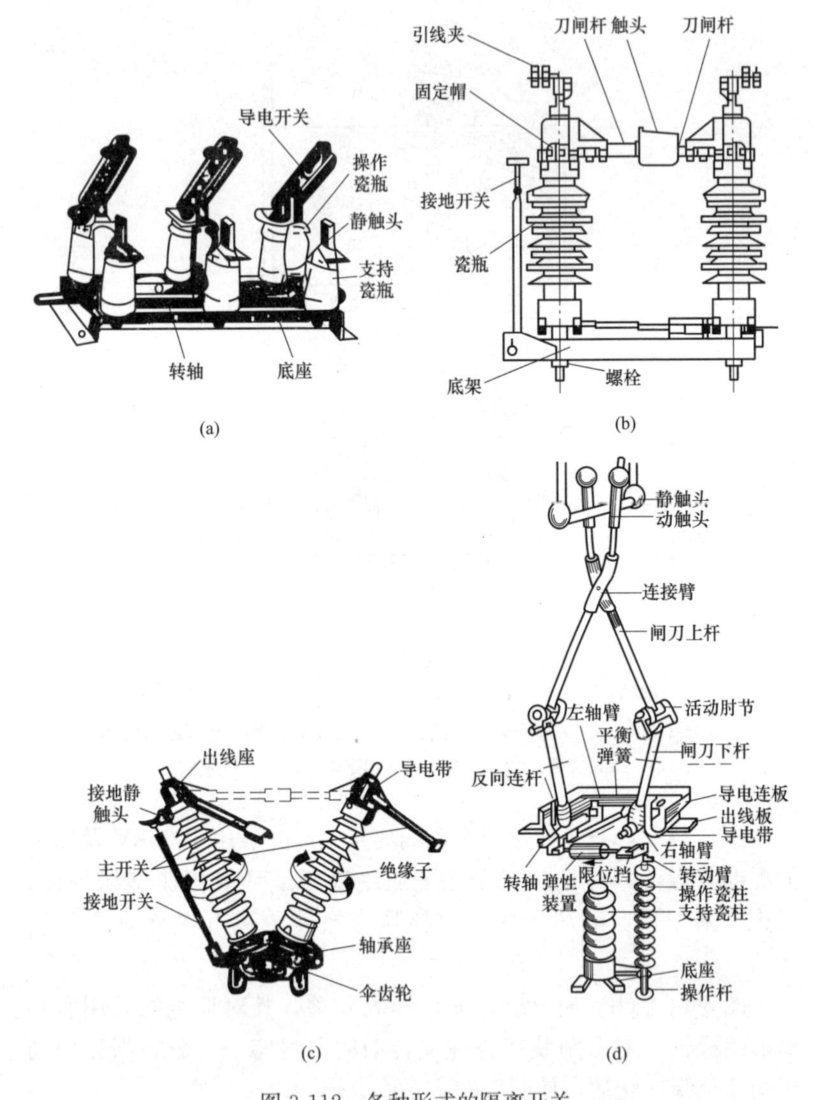

图 3-112 各种形式的隔离开关

(a) 户内式高压隔离开关；(b) 户外式 π 形隔离开关；
(c) 户外式 V 形隔离开关；(d) 户外式 GW 型隔离开关

操作绝缘子转动，与控制绝缘子上端固定连接的转轴同时转动，在该转轴上连接的连杆推动右拐臂作顺时针方向转动，与此同时另一侧螺杆带动左拐臂作逆时针方向转动，使导电褶架举起，把悬挂在架空线上的静触头夹住，实现开关合闸。分闸动作的方向与上述相反。

155. 试述高压熔断器的工作原理。

熔断器由金属熔体、触头和外壳组成。金属熔体的材质有铜、银、锌、铅和铅锡合金等。正常工作时，熔体不会熔断；当过载或短路时，熔体便熔化断开。

熔断器的额定断开电流取决于熔断器的灭弧装置。根据灭弧装置不同，熔断器可分为气吹式和石英砂式两种。气吹式熔断器的电弧在产气材料制成的消弧管中燃烧和熄灭；石英砂熔断器的电弧在石英砂填料的封闭室内燃烧和熄灭。

156. 试述高压熔断器的类型及结构。

常见高压熔断器的类型有 RW 型户外高压跌落式熔断器和 RN 型高压熔断器两类。其结构分别如图 3-113 和图 3-114 所示。

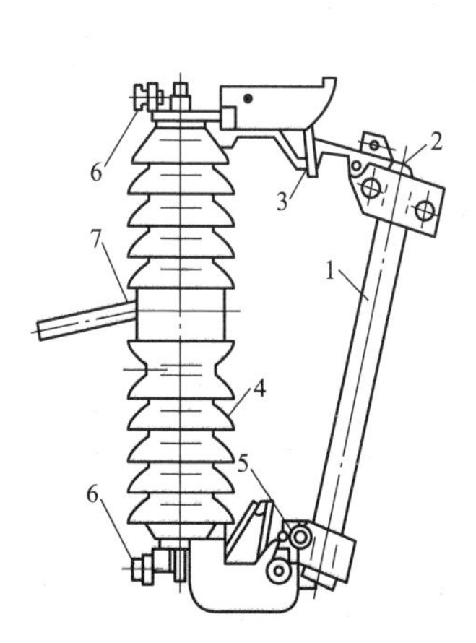

图 3-113 RW 型跌落式熔断器

1—熔管；2—熔丝；3—上触头；
4—磁套管；5—下触头；
6—端部螺栓；7—紧固板

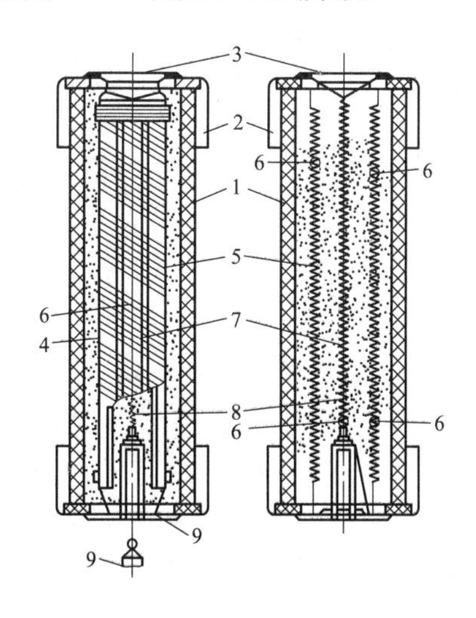

图 3-114 RN 型熔断器

1—熔管；2—黄铜端盖；3—顶盖；
4—瓷芯；5—熔件；6—锡球；
7—石英砂；8—指示熔丝；9—指示器

RW 型跌落式熔断器由瓷绝缘子、接触导电系统和熔管等组成。当熔丝熔断时，消弧管在电弧作用下分解出大量气体熄灭电弧，继而活动关节释放，熔管下垂，使上、下触头跌落，形成分断间隙。

RN 型熔断器由熔管、熔件和石英砂等组成。当熔体熔化时，金属蒸汽及游离气体喷入石英砂间的空隙，与石英砂表面接触冷却凝结，迫使电弧熄灭、弹簧拉线拉断、指示器弹出。

157. 什么是高压开关柜？试述其类型和特点。

高压开关柜是以断路器为主，将其他的配套电气，如隔离开关、互感器、保护装置、测量装置、母线等组合在一起的配电装置。

高压开关柜可分为固定式和手车式两类，固定式的主断路器及其他元件为固定安装，可靠性高，成本低。手车式的主断路器可移至柜外，便于更换和检修。由于高压开关柜绝缘结构较复杂，因此成本也较高。图 3-115 为一种典型的开关柜结构的断面图。

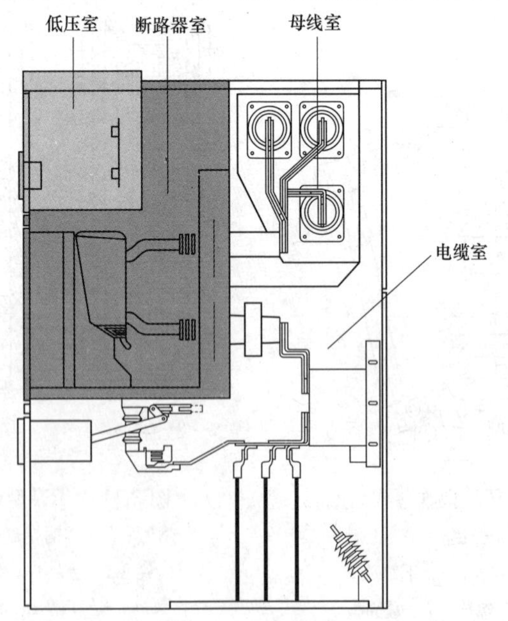

图 3-115　典型的开关柜结构的断面图

158. 什么是GIS？试述其优点和结构。

将 SF_6 断路器和其他高压电气元件（除主变压器外），按照所需要的电气主接线，安装在充有一定压力（例如 0.4MPa）的 SF_6 气体金属壳内所组成的一套变电站设备称为气体绝缘变电站，也称为气体绝缘开关设备或全封闭组合电气，英文全称为 Gas Insulated Switchgear，简称 GIS。其结构如图 3-116 所示。

GIS 一般包括断路器、隔离开关、接地开关、电流互感器、电压互感器、避雷器、母线、进出线套管或电缆连接头等元件。所有带电部分被金属外壳所包围，外壳用铜母线接地，内部充有一定压力的 SF_6 气体。

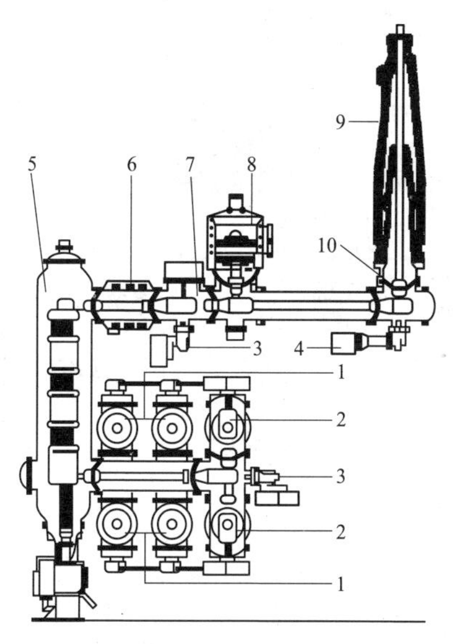

图 3-116 GIS 结构图（220kV）

1—母线；2—母线；3—带手动或电动操动机构的维护用接地开关；
4—高速接地开关；5—断路器；6—电流互感器；7—馈线隔离开关；
8—电压互感器；9—SF_6 套管；10—绝缘子

GIS 的优点是：①绝缘距离小，占地面积少。②运行安全可靠，维修方便，减少了对自然环境的影响，对运行人员的安全也有保障；③SF_6 断路器开断特性好，触头烧伤轻微，绝缘性能稳

定，无氧化问题，使检修周期大大延长（一般为5～8年，时间更长可达20～25年）。④安装便，缩短了建设周期，由于外壳接地可直接安装在地面上，节省了基建投资。由于具有上述优点，GIS得到了广泛的应用。

159. 什么是低压电气设备，包括哪些元件？

工作在交流电压1kV或直流电压1.5kV以下的电气设备称为低压电气，配电网中常用的低压电气称为低压电气设备，包括：断路器、熔断器、隔离开关（刀开关）、转换开关、接触器、启动器、主令电器、电阻器、变阻器、电磁铁等，它们组成了低压系统，如图3-117所示。

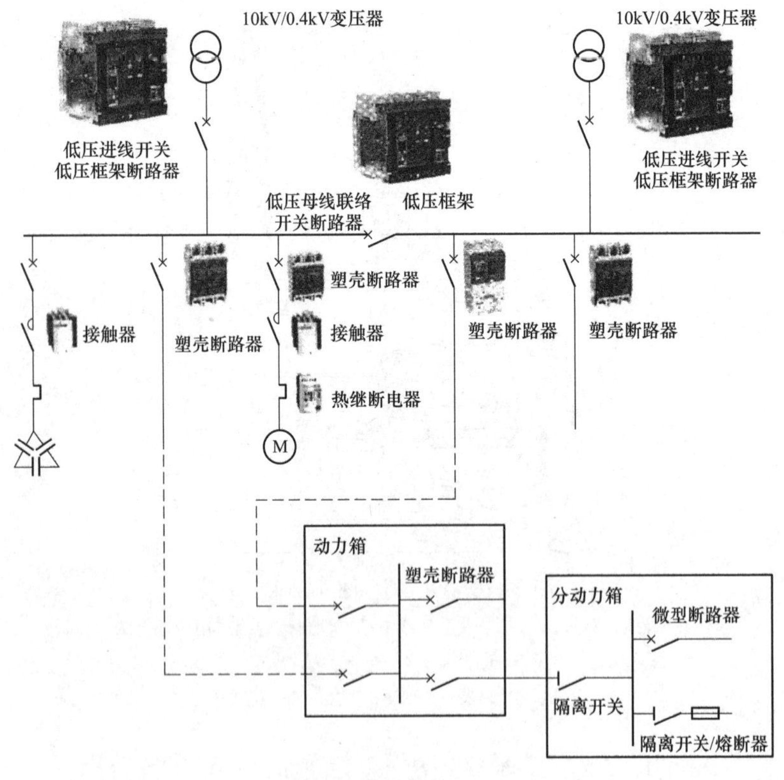

图3-117　低压系统图

160. 试述低压刀开关的用途、分类和结构。

低压刀开关是带有动触头（闸刀），并通过它与底座上的静触头（刀夹）座相楔合（或分离），以接通（或分断）电路的一种开关。如图 3-118 所示。主要用于低压交、直流电路中不频繁地手动接通和分断电路或作隔离开关用。根据刀的极数不同，可分为单极、双极、三极刀开关，一般采用手动操作方式。

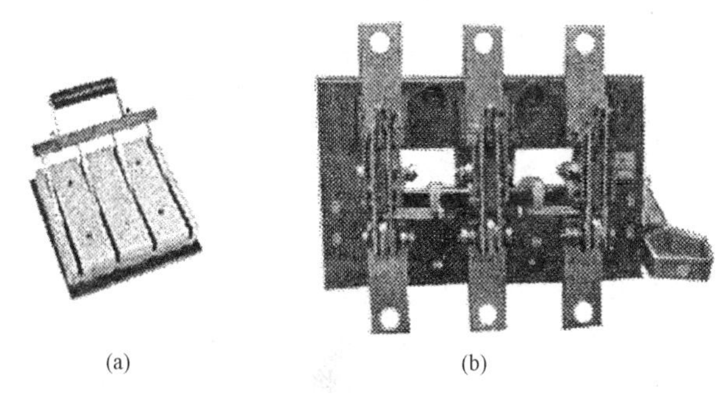

(a) (b)

图 3-118 低压刀开关外形图

（a）较小容量刀开关；（b）较大容量刀开关

刀开关通常由绝缘底座、动触刀、静触座、灭弧装置和操作机构组成。

根据工作原理、使用条件和结构形式的不同，可分为刀形转换开关、开启式负荷开关（胶盖瓷底刀开关）、封闭式负荷开关（铁壳开关）、熔断器式刀开关和组合开关等。

161. 试述低压熔断器的作用、种类和结构。

低压熔断器是照明电路中用于过载和短路保护及电动机控制线路中用作电路保护。当线路或电气设备发生短路或严重过载时，熔断器中的熔体首先熔断，使线路或电气设备脱离电源，起到保护作用。

熔断器主要零件是熔丝（或熔片），将熔丝装入绝缘管（盒）内就成了熔断器。如图 3-119 所示。

常用的低压熔断器有瓷插式熔断器（RC）、螺旋式熔断器（RL）、无填料封闭管式熔断器（RM）、有填料封闭管式熔断器（RTO）及快速熔断器等。

图 3-119　低压熔断器外形图

162. 试述自动空气开关的原理、分类和结构。

自动空气开关也称为自动空气断路器，用于电路中发生过载短路和欠电压等异常情况时，能自动分断电路，也可用于不频繁启动电动机或接通分断电路。它由触头装置、灭弧装置、脱扣机构、传动装置和保护装置等组成，其工作原理如图 3-120 所示。当电流超过动作电流时，衔铁动作，将顶杆一端吸下，而另一端向上，撞开锁钩 3，主触头在跳闸弹簧 5 的作用下迅速断开，开关跳闸；当失去电压时，衔铁失去吸力，在弹簧作用下撞开锁钩 3，使开关跳闸。

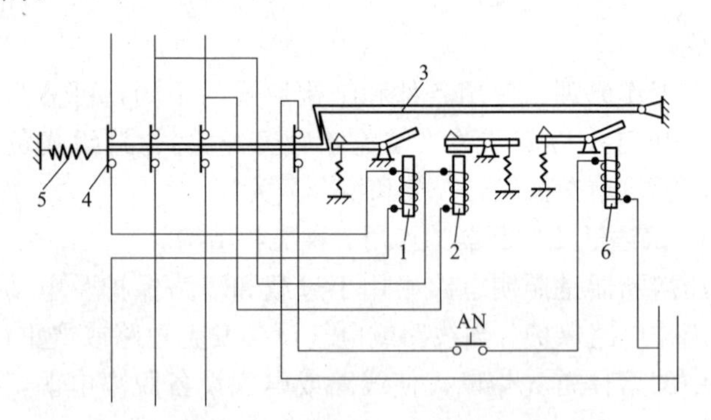

图 3-120　自动空气开关的工作原理图

1—电磁脱扣器；2—失压脱扣器；3—锁钩；4—主触头；
5—跳闸弹簧；6—分励脱扣器

自动空气开关分为断装型（DZ）和断万型（DW）两大类。断装型的优点是导电部分全部装于胶木盒中，使用安全、操作方便、结构紧凑；缺点是电弧游离气体不易排除，连续操作次数有限。断万型（万能型）是开启式的，可加装延时机构，可用电动机或电磁铁操作，保护性能更好。

163. 什么是电气主接线？有哪几类？

发电厂和变电所的电气主接线，按照有无汇流母线分为两类（如图 3-121 所示）：

（1）有汇流母线的主接线。包括单母线、单母线分段 、双母线、双母线分段、增设旁路母线等。

（2）无汇流母线的主接线。包括桥形接线、多角形接线、发电机-变压器单元接线和扩大单元接线、3/2 断路器接线等。

选择哪种主接线是根据其重要性、可靠性、电压等级等因素来决定的。

164. 什么是发电厂的厂用电？厂用负荷分几类？

发电厂在生产电能过程中，需要许多机械设备为主机和辅助设备服务，以保证电厂的正常运行，这些机械称为厂用机械，它们大多数是用电动机拖动的。此外，发电厂还要满足运行、检修、照明和试验的用电要求。上述的所有用电称为厂用电。

厂用负荷的分类为：①Ⅰ类厂用负荷。瞬时、短时停电，可能波及人身和给水泵、凝结水泵、送风机、引风机、主变强油水冷电源、硅整流装置等设备的安全，使生产停顿或发电量大幅度下降。②Ⅱ类厂用负荷。允许短时停电，如时间过长可能损坏如磨煤机、碎煤机等设备或影响正常生产。③Ⅲ类厂用负荷。与生产过程无直接联系，较长时间停电不影响正常生产。

165. 高压厂用工作电源的接线如何考虑？

小于 60MW 的发电机组直接接于 6～10kV 发电机电压母线，380V 电源的厂用设备由 6、10/0.38kV 厂用变压器供电。

100MW 及以上容量机组高压厂用变压器由发电机引接，如图 3-122 所示。

166. 厂用启动/备用电源接线有几种类型？

300MW 及以下机组的发电厂，有发电机电压母线时，可由该

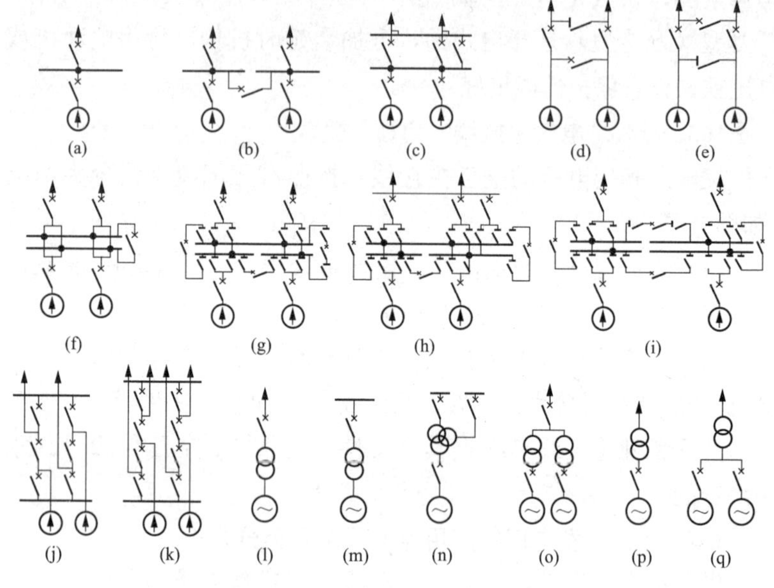

图 3-121 电气主接线示意图

(a) 单母线；(b) 单母线分段；(c) 单母线分段带旁路母线；(d) 内桥接线；(e) 外桥接线；(f) 双母线；(g) 双母线单分段；(h) 双母线单分段带旁路母线；(i) 双母线双分段；(j) 3/2 断路器接线；(k) 3/4 断路器接线；(l) 发电双绕组变压器线路组接线；(m) 发电机变压器组接线；(n) 发电机三绕组变压器接线；(o) 发电机变压器大单元；(p) 发电机双绕组变压器接线；(q) 发电机扩大单元接线

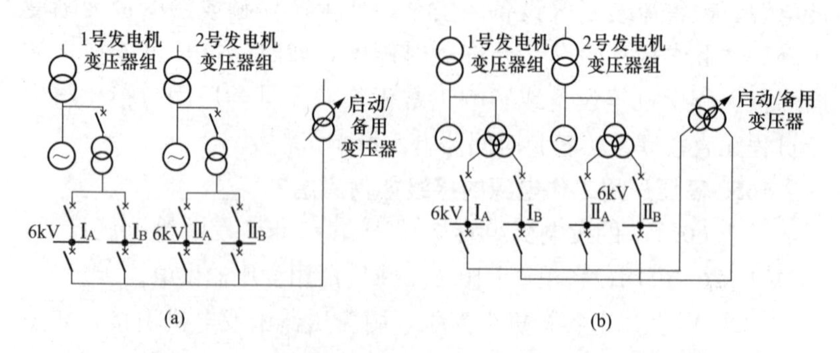

图 3-122 100MW 及以上容量机组高压厂用工作电源系统图

(a) 125MW 及以下机组；(b) 200～300MW 机组

母线引接一个备用电源，如图 3-123（a）所示。无发电机电压母线时，可由高压母线引接，如图 3-123（b）所示。

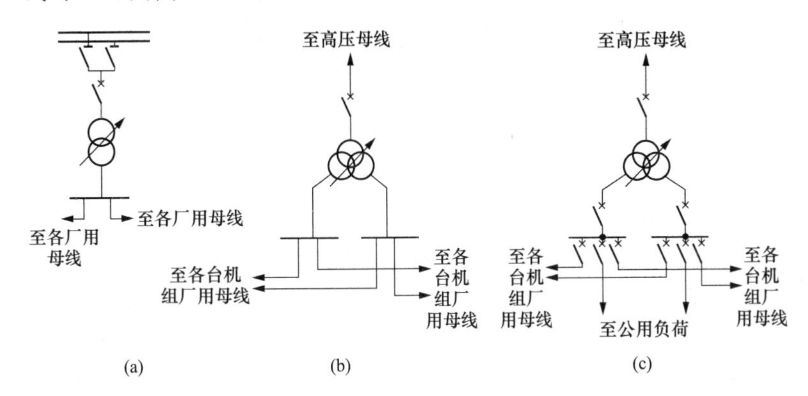

图 3-123　300MW 及以下机组高压启动/备用电源接线图
（a）由发电机电压母线引接备用电源；（b）由高压母线引接启动/备用电源之一；
（c）由高压母线引接启动/备用电源之二

167. 什么是避雷器？试述其分类和结构。

避雷器是一种并联在电气设备上、用于保护电气设备免受过电压侵害的设备，一旦出现过电压，它就先放电。避雷器有保护间隙管形避雷器、阀型避雷器和金属氧化物避雷器等，其中后两种使用较普遍，尤其是金属氧化物避雷器的应用较多。

（1）阀型避雷器结构如图 3-124 所示。

图 3-124（a）所示为 FS 型阀型避雷器，它有间隙的阀片（SiC），无分路电阻。用于 3～10kV 小容量配电装置和变电站；图 3-124（b）为 FZ 型阀型避雷器，间隙带分路电阻，用于 3～220kV 中大容量变电站；图 3-125 所示为 FCZ 型阀型避雷器，间隙加装磁吹灭弧元件。电压较高，用于 110～330kV 变电站及变压器中心点。

阀型避雷器火花间隙的作用是绝缘、放电和灭弧，有磁吹和非磁吹两种。磁吹是指利用磁场驱动电弧来提高灭弧性能，防止电弧重燃。并联电阻作用是使灭弧电压沿间隙均匀分布，提高放电电压。

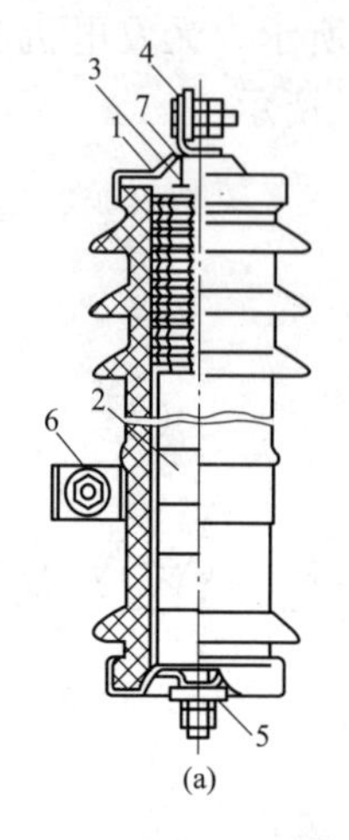

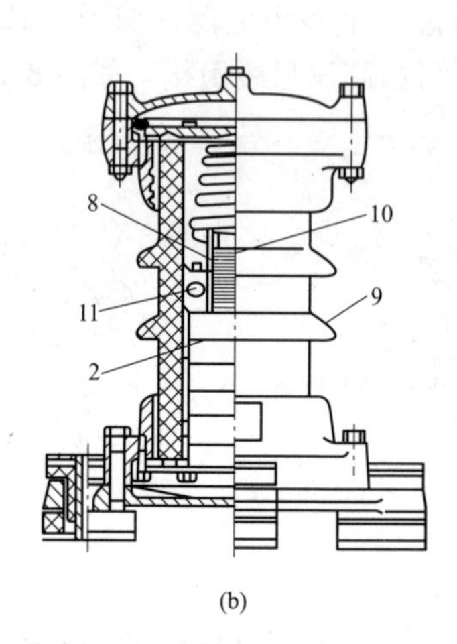

图 3-124　阀型避雷器结构图

(a) FS系列阀型避雷器；(b) FZ系列阀型避雷器

1—间隙；2—阀片；3—弹簧；4—高压接线端子；5—接地端子；6—安装用铁夹；7—铜片；8—火花间隙组；9—瓷套；10—云母片；11—并联电阻

(2) 金属氧化物避雷器。其外形和结构如图 3-126 和图 3-127 所示。

金属氧化物避雷器可以分为无间隙和有间隙两大类。

在无间隙的金属氧化物避雷器中，阀片以氧化锌基压敏电阻为基础，添加 $Bi_2O_3SbO_3$ 等金属氧化物，经粉碎混合、高温烧结而成，其非线性比 SiC 好得多，故不用间隙。在额定电压下，流过阀片的电流仅为 μA 级。在过电压时，阀片成低阻状态，将大电流引入地中，整个过程无电流燃烧与熄灭问题。

在有间隙的金属氧化物避雷器中，基本元件是火花间隙加非线性电阻片，当过电压时，间隙无延时击穿，可避免 SiC 间隙的缺点，适合在非直接接地系统中应用。

168. 什么是电气二次回路？

电气的二次回路是指对电气的一次系统进行测量控制和保护的电路、如断路器接触器的控制电路、控制晶闸管触发导通或截止的电路、连接电流互感器二次绕组和电压互感器的二次绕组的

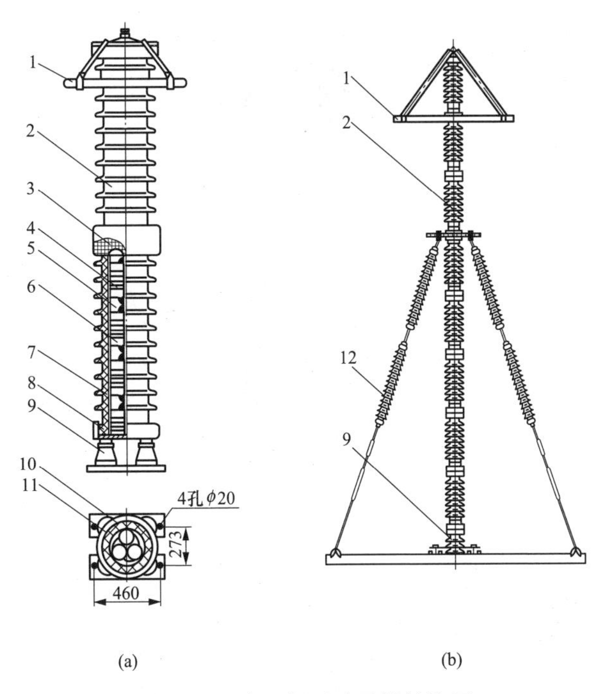

图 3-125　高压阀型避雷器结构图

（a）FCZ3-220J 阀型避雷器；（b）FCZ-220J 阀型避雷器

1—均压环；2—基本元件；3—弹簧；4—阀片组；5—间隙组；6—绝缘垫；7—瓷套；8—密封橡皮圈；9—绝缘底座；10—绝缘隔板；11—连接带；12—绝缘拉杆

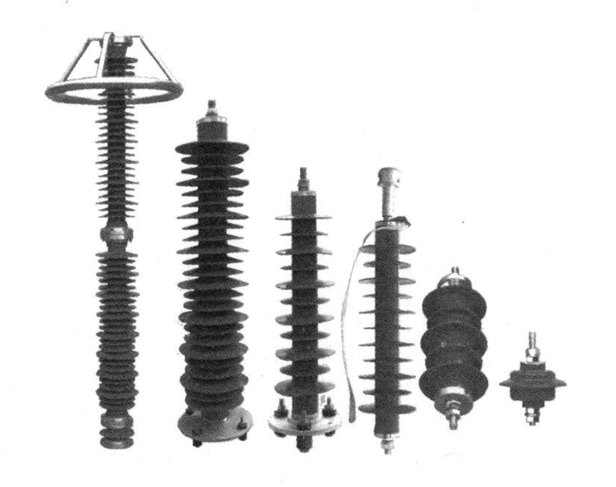

图 3-126　金属氧化物避雷器外形图

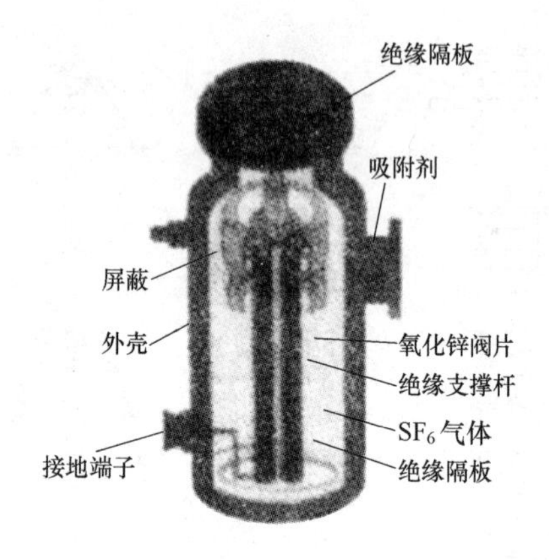

图 3-127　金属氧化物避雷器结构图

保护元件和测量仪表的电路、备用电源自动投入装置的电路和同期并列装置的电路，以及上述二次回路的电源设备等。电气二次回路不直接输送电能。

169. 什么是原理接线图？

原理接线图是表示二次系统中各元件之间的电气联系及工作原理的接线图。它是把相互连接的电流回路、电压回路、直流回路等综合在一起，绘制而成的接线图，如图 3-128 所示。

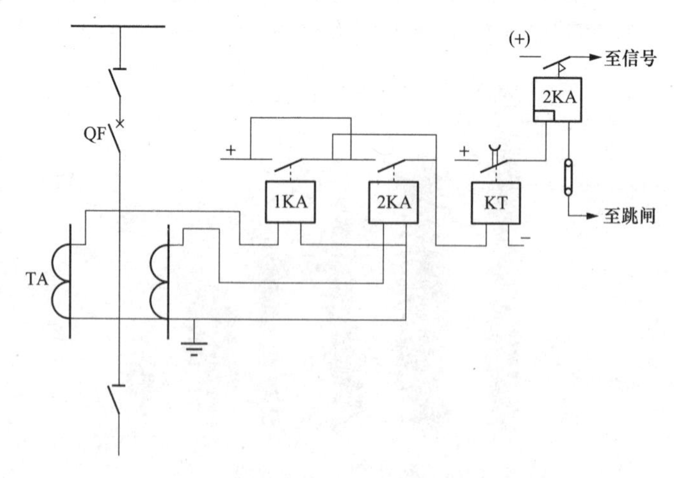

图 3-128　原理接线图

图中的1KA和2KA为电流继电器，KT为时间继电器。当发生短路时，电流互感器的二次电流大于动作电流，电流继电器分别动作，经过时间继电器延时动作至信号继电器，发出信号并致断路器跳闸线圈跳开断路器QF。

170. 什么是展开接线图?

展开接线图是以回路为中心，把原理接线图分拆成交流电流回路、交流电压回路、直流控制回路、信号回路等独立的回路来展开表示。如图3-129所示。

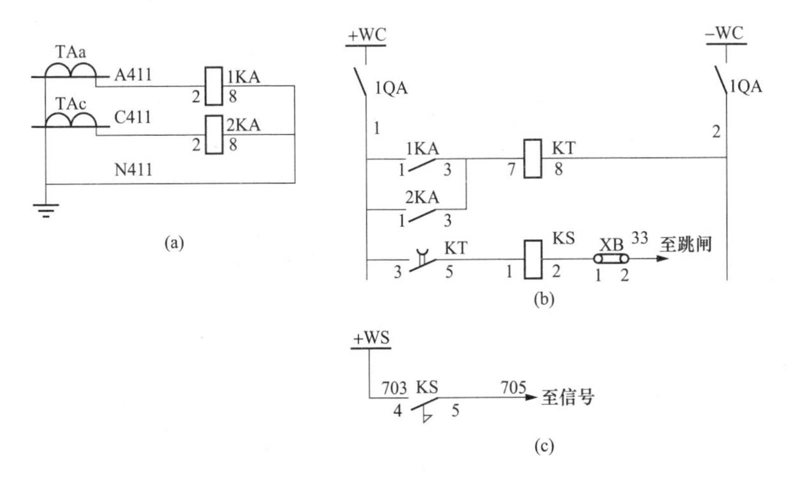

图3-129 展开接线图

(a) 交流电流回路；(b) 直流控制回路；(c) 信号回路

将图3-129分拆成交流电流回路、直流控制回路、信号回路。其中KS为信号继电器。当一次系统发生短路时，电流互感器TA的二次电流大于继电器KA的动作电流时，其触点1、2KA闭合，通过时间继电器KT线圈，电流从+WC至−WC，此时时间继电器延时接点动作，使信号继电器KS线圈带电，一方面发出信号，另一方面致跳闸。这个过程和原理接线图是一致的。

171. 什么是安装接线图?

安装接线图是根据原理接线图和展开接线图绘制的，包括屏面布置图、屏背面布置图、屏背面接线图和端子排图。如图3-

130、图 3-131 所示。

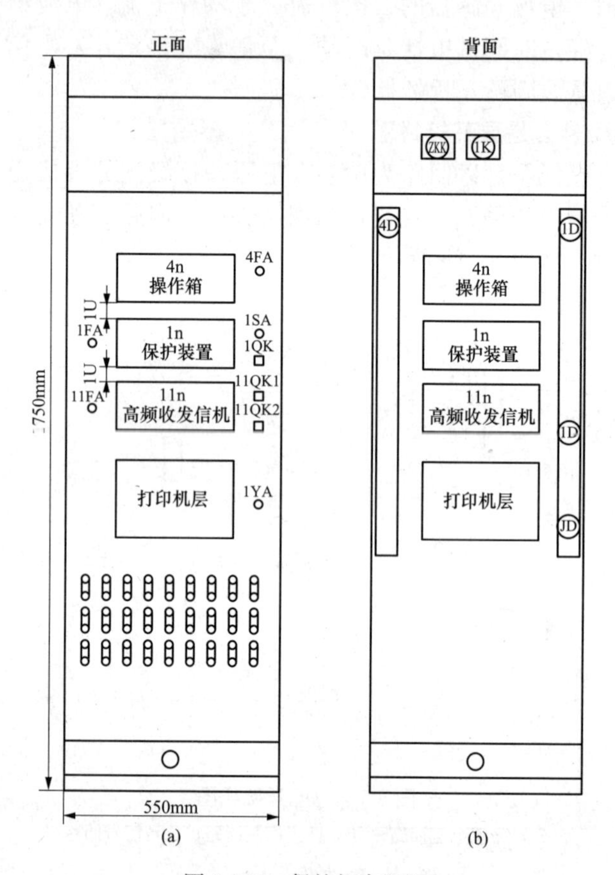

图 3-130　保护柜布置图

(a) 屏面布置图；(b) 屏背面布置图

从图 3-131 可见，电流互感器 KA 的内部接线分别将线圈和接点标出，端子排上也分别标出各继电器和电流互感器等对应端子，从而可以进行实际位置的查找。

172. 电气二次回路包含哪些微机装置？

随着计算机技术在电力系统的应用，电气二次回路中使用的微机装置越来越多，最多的是微机继电保护装置、其他有微机测

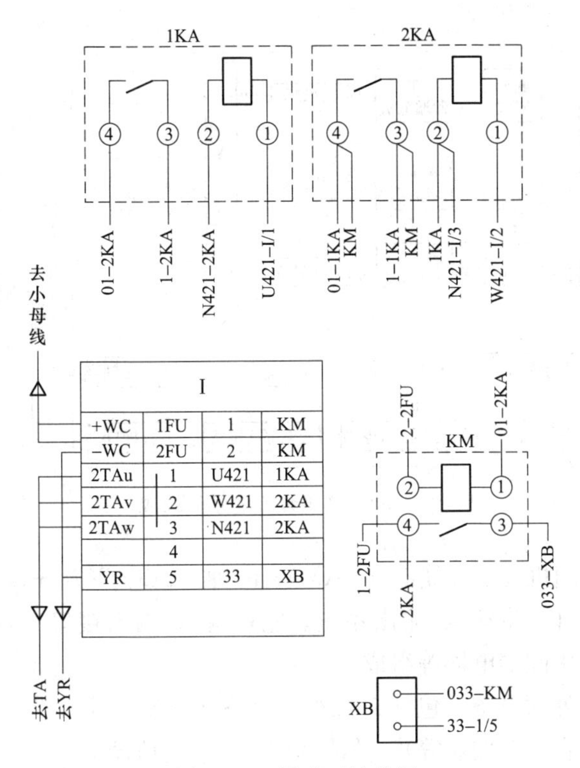

图 3-131 屏背面接线图

控装置、微机同期并列装置、微机励磁调整装置、微机备用电源自动投入装置、微机重合闸装置、微机故障录波器、电动机的变频控制系统微机装置、伺服驱动器控制系统微机装置等。

173. 微机装置的硬件由哪些部分组成?

微机装置的硬件主要由四部分构成（如图 3-132 所示）:

（1）模拟量输入系统，也称为数据采集系统。该系统包括五个环节，即电压形成环节、模拟量低通滤波、采样保持、多路转换和模/数转换（也称为 A/D 转换）。

（2）计算机（CPU）系统。该系统是将数据采集系统输出的数据进行分析处理，完成各种继电保护功能。包括中央处理器（CPU）、只读存储器（EPROM）、电擦除可编只读存储器（EEP-

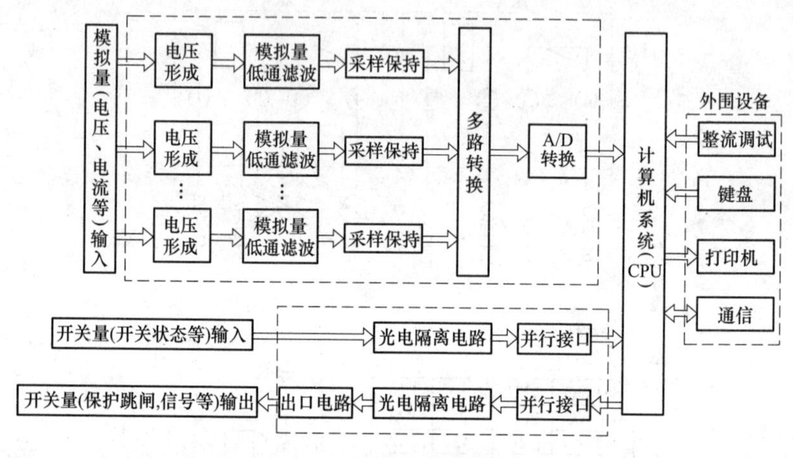

图 3-132　微机装置的硬件构成

ROM)、随机存取存储器（RAM)、时钟（CLOCK）等。

(3) 开关量输入/输出系统。它由输入/输出接口芯片、光电隔离器、中间继电器等组成。

(4) 外围设备。包括人机对话设备（键盘、显示器、打印机、信号灯、音响、按钮等)、整流调试设备、通信设备等。

174. 简述110kV断路器的控制回路及动作过程。

以LW25-126型SF_6断路器。图3-133是该断路器的控制回路图。

52C—合闸线圈；52T—跳闸线圈；52Y—防跳跃继电起码；43LR—远近控切换开关；11-52C—合闸按钮；11-52T—跳闸按钮；88M—储能电动机接触器；33hb—储能到位限位开关；33HBX—33hb的重动中间继电器；49M—储能电动机过电流继电器；48T—储能电动机运行超时的时间继电器；49MX—辅助中间继电器；49MT—复归按钮；52a—断路器的动合辅助触点；52b—断路器的动断辅助触点；63GL—SF_6气体继电器触点；63GLX—中间继电器线圈

(1) 合闸过程。合上操作电源，88M带电吸合，电动机拉长弹簧储能，储能到位后，33hb打开、88M释放、电动机停转、

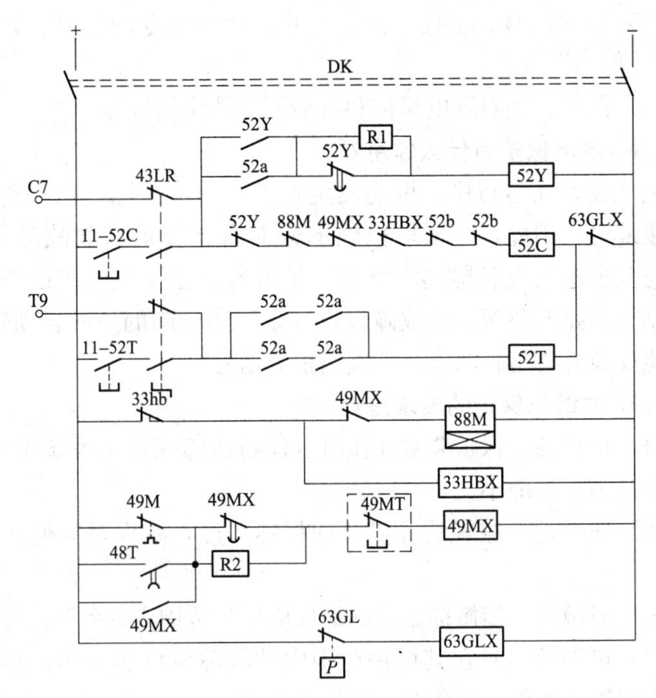

图 3-133 110kV 断路器控制回路图（LW25-126 型 SF_6 断路器）

33hb 释放，按下 11-52C，52C 带电使弹簧释能、断路器闭合。

（2）分闸过程。按 11-52T，跳闸线圈 52T 带电，断路器分闸。

（3）当 SF_6 气体压力降低时，63GL 触点闭合，启动 63GLX，发出信号。

175. 信号系统是如何分类的？

信号系统按用途不同可分为：事故信号、预告信号、位置信号、指挥信号、联络信号等。

（1）事故信号。当电气设备发生故障，造成跳闸、停机或严重异常状态时，发出音响报警及灯光信号，表明事故设备及性质。

（2）预告信号。当电气设备出现异常状态时，发出音响报警和光字牌信号，由运行人员作除调整和处理。

（3）位置信号。表明开关、控制电气及设备的位置状态。

(4) 指挥信号。主控室向各车间发操作命令的信号。如“减负荷”“停机”等。

(5) 此外，还有继电保护和自动装置动作信号等。

176. 继电保护有什么作用?

电气设备在运行中，可能发生各种类型的故障，如短路、断线、接地等。因此，应采取措施迅速而有选择地切除故障元件，使其与其他电气设备隔离。继电保护装置就是反应电气设备故障并作用于断路器跳闸、将故障设备从系统中切除的一种自动装置。它也能反应异常运行状态，并发出报警信号。

177. 对继电保护的要求是什么?

(1) 选择性。保护装置动作时，仅将故障元件从系统中切除，使停电范围尽量缩小。

(2) 速动性。减轻故障设备的损坏程度，减少对其他元件的影响。

(3) 灵敏性。能敏捷、准确地反应保护范围内的各种故障。

(4) 可靠性。对在其保护范围内的故障应可靠动作，不发生拒动；对不该本保护动作时，不发生误动。

178. 举例说明继电保护的接线和动作过程。

由于微机保护的广泛应用，仅以 RCS-978 型变压器保护装置为例说明继电保护的接线和动作过程。

RCS-978 型变压器保护装置包括主保护和后备保护。主保护包括比率差动保护、差动速断保护；后备保护包括复合电压闭锁方向过流保护、零序方向过流保护、零序电压保护及间隙零序过流保护。保护的硬件结构采用三个 CPU 并行工作，其结构图如图 3-134 所示。

图 3-133 中的 DSP 是数字运算芯片，专门用于保护的高速运算。DSP 运算后的结果被送到 CPU，完成保护的逻辑运算和出口跳闸。图 3-135 是该装置的差动保护逻辑框图。该差动保护分为差动速断、稳态低值比率差动、稳态高值比率差动逻辑三部分，三部分逻辑各自有独立的启动判别元件及出口跳闸逻辑。

此外，该保护还设有工频变化量比率差动保护逻辑，其逻辑

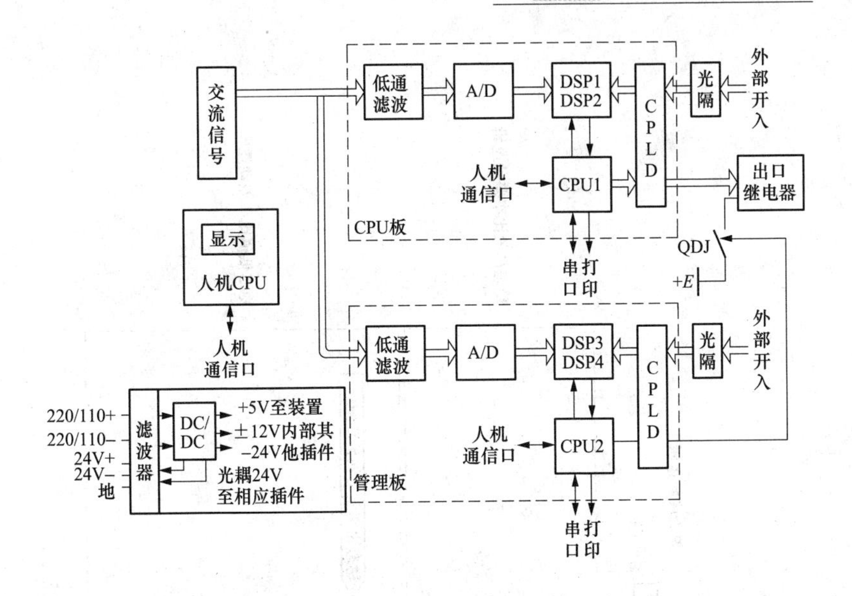

图 3-134 RCS-978 型变压器保护装置硬件结构图

框图如图 3-136 所示。

179. 举例说明自动装置的二次回路。

图 3-137 所示是自动按频率减负荷装置示意图。按电力用户的重要性，将频率分为 n 个级别。基本负荷是不重要的负荷，特殊负荷是较重要的负荷。该装置由频率元件 f，延时元件 Δt 和执行元件 CA 组成。

图 3-138 是自动按频率减负荷装置的硬件原理框图。该装置由 6 部分组成：

（1）主机模块。

（2）频率检测回路。该回路经电压互感器，电压、电流变换模块，滤波与整形电路，输入到微机的 HIS-0、HSI-1 接口。

（3）闭锁信号回路。该回路由电流互感器和电压互感器、电压电流转换模块、信号处理和滤波电路经 A/D 转换送到主机模块。

（4）功能设置和定值修改回路。该回路由功能设置单元经开关量输入单元送至微机的 EEPROM 接口。

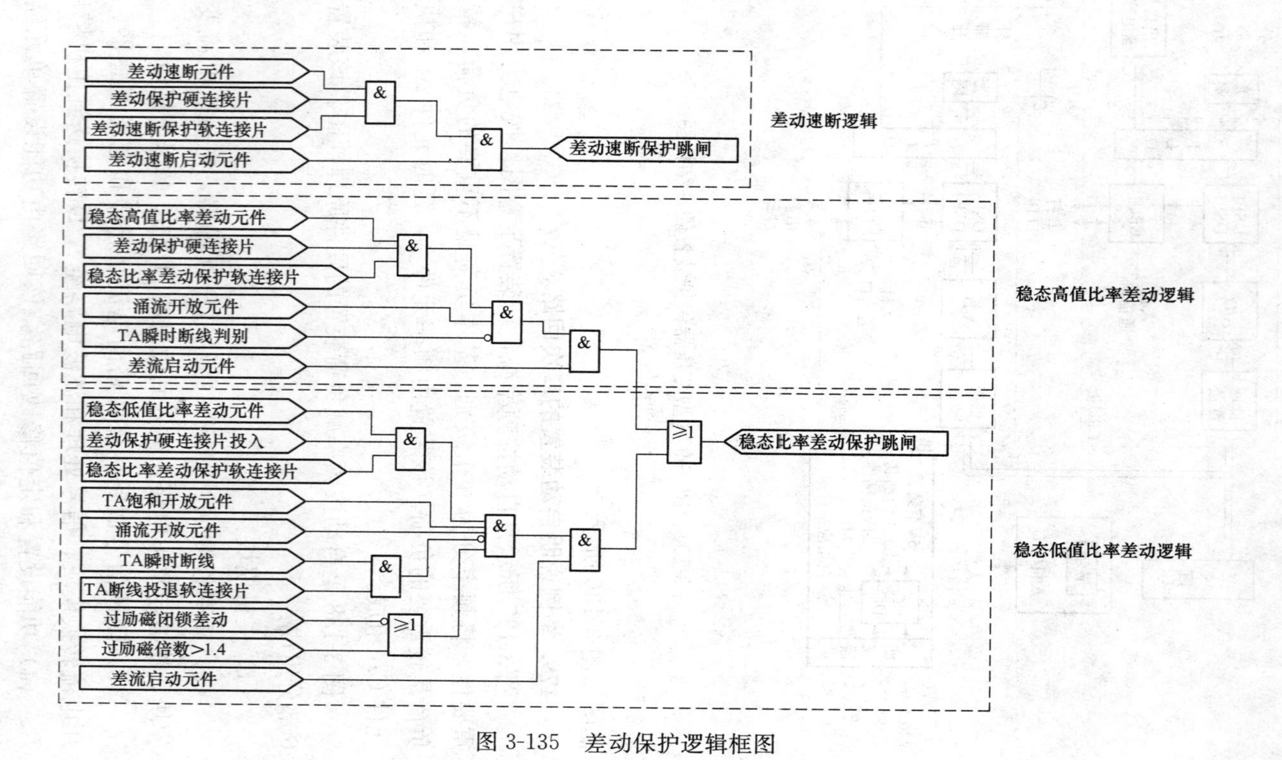

图 3-135　差动保护逻辑框图

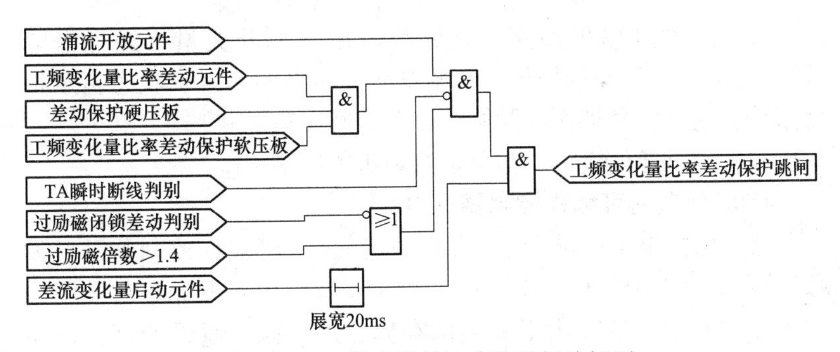

图 3-136 工频变化量比率差动保护框图

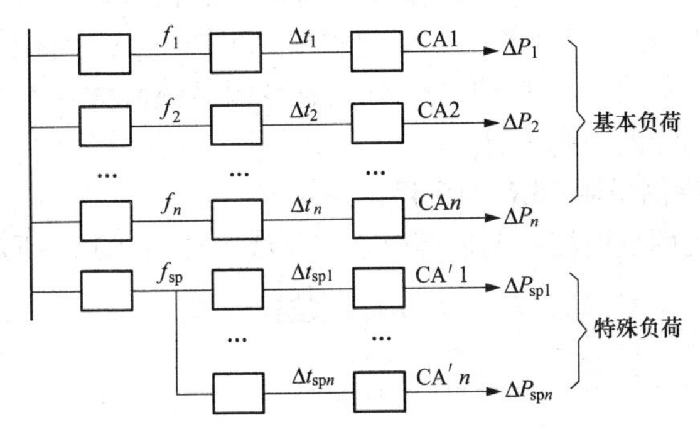

图 3-137 自动按频率减负荷装置示意图

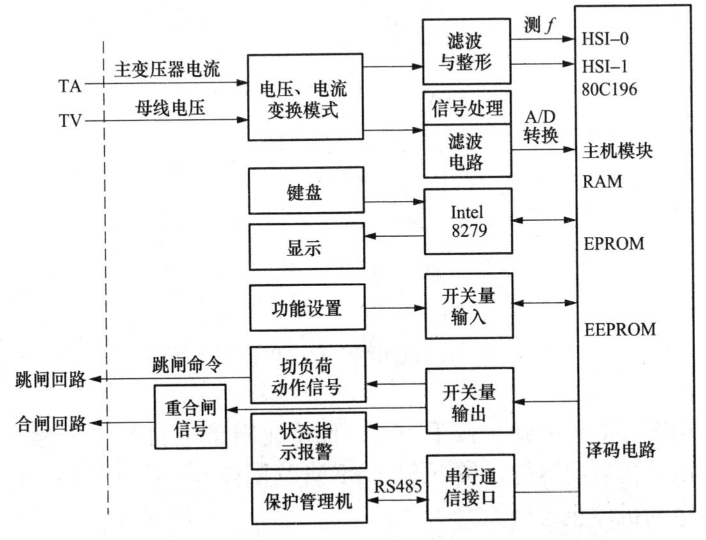

图 3-138 微机型自动按频率负荷装置硬件原理框图

（5）开关量输出回路。该回路输出全部开关量（经光电隔离），可输出三种控制信号：跳闸命令、重合闸信号、状态指示报警信号。这些信号被送到跳闸回路和合闸回路。

（6）串行通信接口。与保护管理机等设备相连。

180. 什么是可编程控制器（PLC）？

按照国际电工委员会（IEC）的定义："可编程控制器是一种数字运算操作的电子系统，专为工业环境应用而设计。它采用一类可编程的存储器，用于其内部存储程序，执行逻辑运算、顺序控制、定时、计算与算术操作等面向用户的指令，并通过数字或模拟式输入/输出控制各种类型的机械或生产过程。可编程控制器及其有关外部设备，都按易于与工业控制系统联成一个整体、易于扩充其功能的原则设计。"

181. 举例说明PLC的应用。

电动机用继电器控制启停时，其接线图如图3-139所示。

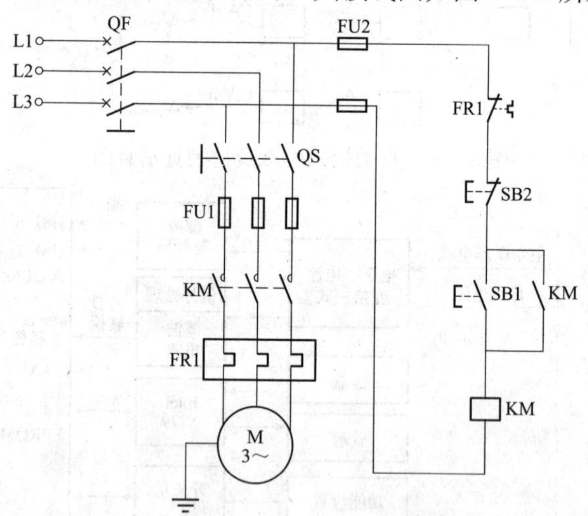

图3-139　电动机用继电器启停控制接线图

由图3-139可知，按下SB1，KM线圈带电自锁，主触点闭合，电动机启动运行；按下SB2，KM线圈停电释放，三相电源断开，电动机停止运行。

用PLC代替继电器时：

（1）输入/输出设备分配的 I/O 地址如表 3-9 所示。

表 3-9　　电动机启停控制系统 I/O 地址分配表

输入信息			输出信息		
名称	文字符号	输入地址	名称	文字符号	输出地址
控制按钮	SB1	X0	交流接触器	KM	Y0

（2）PLC 的电源采用隔离变压器，如图 3-140 所示。其基本单元必须用专用地线接地。

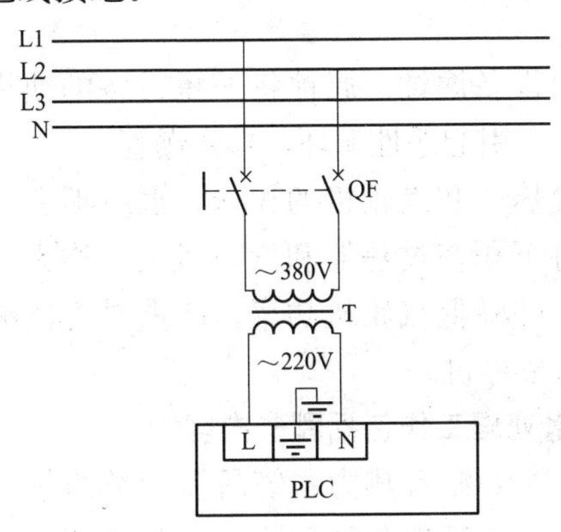

图 3-140　PLC 的电源

（3）控制线路的设计根据图 3-139 和图 3-140，转换为图 3-141。

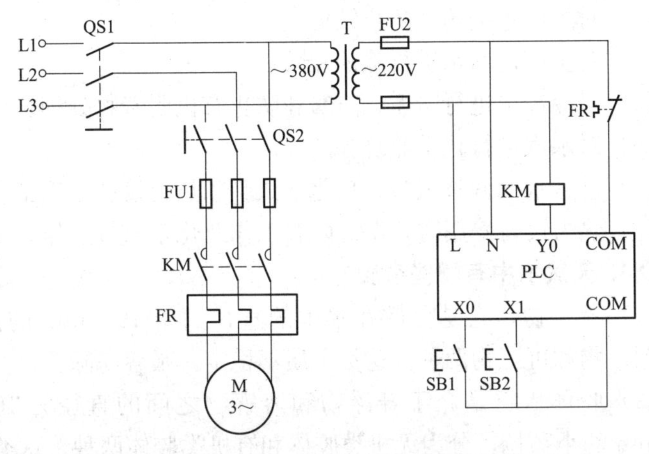

图 3-141　电动机 PLC 控制线路

第五节 化学水处理设备和系统

182. 汽水品质不良有什么危害?

(1) 使热力设备结垢。当进入锅炉或其他热交换器的水质不良时，受热面上将生成固体附着物，即结垢。结垢将使金属管壁温度过高，使金属强度降低、产生鼓包，引起爆管事故等，危害性很大。

(2) 使热力设备腐蚀。腐蚀将缩短设备的使用年限，并加剧受热面上的结垢，引起恶性循环，导致爆管。

(3) 造成过热器和汽轮机的积盐。水质不良会使锅炉产生蒸汽污染，杂质将沉积在过热器和汽轮机上，称为积盐。积盐将引起过热器爆管，并降低汽轮机功率，严重时将使隔板弯曲、汽轮机振动、甚至造成停机。

183. 电厂水处理工作包括哪些内容?

(1) 净化原水，制备热力系统所需的补给水。除去天然水中的悬浮物和杂质；进行软化处理除去钙和镁离子；进行除盐处理除去溶解盐类。

(2) 对给水除氧和加药，除去溶解氧。

(3) 对炉内水加药，防止结垢。

(4) 对生产返回水进行除油和除铁。

(5) 对冷却水进行防垢、防腐和防止有机附着物处理。

(6) 对水汽进行化学监督。

(7) 进行水汽调整试验、热化学试验和热力设备清洗工作。

(8) 热力设备停用时，做好防腐工作及化学监督工作。

184. 天然水中有哪些杂质?

(1) 悬浮物。它是分散在水中的直径大于 10^{-4} mm 的微粒，分为漂浮物和可沉物两种。这类杂质不稳定，很容易除去。

(2) 胶体。它是介于悬浮物和溶解物之间的直径为 $10^{-6}\sim10^{-4}$ mm 的小颗粒，分为无机类胶体和有机类胶体两种。这类杂质很稳定，不易除去。

(3) 溶解物。它是直径不大于 10^{-4} mm 的矿物盐类。这类杂质应采用特殊方法除去。

185. 试述电厂中的主要水质指标。

(1) 悬浮物和浊度。悬浮物的测定较烦琐，只作定期检测，不作为运行控制项目。浊度是运行控制项目，单位为度或 mg/L。

(2) 含盐量、溶解固形物和电导率。水中的阳离子和阴离子的总和称为含盐量；溶解固形物是指经过过滤，在 105～110℃下干燥后的剩余物质；电导率用于表示含盐量的大小，单位为 μS/cm。

(3) 硬度。是指水中某些容易形成水垢的高价金属离子的总量，一般为钙和镁离子的总浓度，其单位为 mmol/L。

(4) 碱度和酸度。碱度是水中 OH^-、CO_3^{2-}、HCO_3^- 等含量的总和；酸度是水中含有能与强碱起中和作用的物质的量，主要有强酸、弱酸等。酸度和碱度的单位均为 mmol/L。

(5) 化学耗氧量。是指有机物氧化分解消耗的氧量，可用于表示有机物的含量，单位均为 mg/L。

186. 什么是水的预处理？

水的混凝、沉淀、澄清、过滤等净化处理称为水的预处理。预处理的目的是除去水中的悬浮物和胶体杂质，减轻离子交换的负担，保证补给水的品质。预处理后的水再经过软化或除盐处理，即可作为锅炉的补给水。

187. 什么是水的混凝处理？

水的混凝处理就是向水中加入混凝剂、促使水中微小的颗粒变成大颗粒而快速下沉。常用的混凝剂有铝盐和铁盐两类。如硫酸铝即可作为混凝剂，在硫酸铝投入水中后，将发生电离和水解，生成氢氧化铝，氢氧化铝的溶解度很小，在负离子作用下凝聚为粗大的絮状物而沉降。我国用明矾来澄清水就是水的混凝处理。

188. 什么是水的沉淀软化？

水的沉淀就是通过化学反应使水中的溶解性物质转化为难溶性物质；沉淀软化就是在水中加化学药品，促使水中的钙和镁离子转变为难溶的化合物，属于化学软化法。沉淀软化常用的药品是石灰（CaO），用以消除水中的钙镁碳酸盐，使水中的硬度和碱度都有所降低。沉淀软化设备为沉淀池和澄清池。

189. 什么是水的过滤处理？

天然水经过混凝、沉淀处理后，浊度可降到20mg/L以下，此时必须再经过过滤处理，使浊度降到2～5mg/L以下，以满足电厂对水质的要求。水的过滤处理就是使水通过一定厚度的粒状或非粒状滤料，去除水中的悬浮杂质，使水澄清的过程。过滤工艺包括过滤和对滤层进行反冲洗两个过程。图3-142为普通的过滤器结构图。

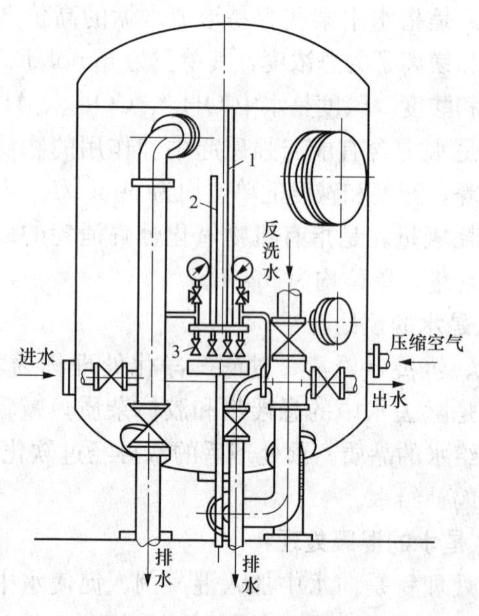

图3-142　普通过滤器

1—空气管；2—监督管；3—采样阀

该类过滤器有进水装置、配水系统、管道和阀门，仪表等，有时还有进压缩空气装置。

190. 什么是水的离子交换处理？

水的离子交换处理是使用离子交换树脂除去水中的离子态杂质，制得纯度很高的水是在热力发电厂中常用的除盐工艺。

离子交换剂的种类很多，可分天然和人造、有机和无机、阳离子型和阴离子型等。

离子交换法的基本原理是：当离子交换树脂遇到水时，可以将其本身的某种离子和水中同符号的离子相互交换。如 Na 型离子交换剂遇到含有 Ca^{2+} 的水时发生如下交换反应

$$2RNa+Ca^{2+}\rightarrow R_2Ca+2Na^+$$

式中 R——交换剂；

RNa——交换剂中可交换的离子 Na^+。

水中的 Ca^{2+} 被吸在离子交换剂上，交换剂就转变为 Ca 型，其 Na^+ 就进入水中，而水中的 Ca^{2+} 被除去。这样，被处理的水即变为软化水。而 Ca 型离子交换剂可用钠盐溶液使其变成 Na 型交换剂，用于重复使用（称为交混剂的再生）。

191. 简述水中只有 Ca^{2+} 时和 Na 型交换树脂的交换过程。

图 3-143 是离子交换示意图，水从上部进入树脂层时，水中的 Ca^{2+} 遇到表面层的交换树脂，与 Na 型树脂进行交换反应，该层树脂就失效了，成为 Ca 型，进水通过它时水质不变化，因此该层称为失效层；下面一层是工作层，水经过这层时，水中的 Ca^{2+} 和交换剂中的 Na 进行交换反应，直至交换平衡；最下部的是新交换剂层，此时，通过工作层的水质已达到与离子交换树脂平衡的状态，该层树脂不参与交换。

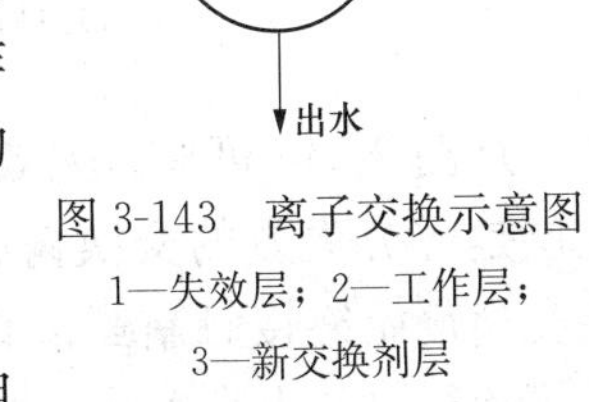

图 3-143 离子交换示意图
1—失效层；2—工作层；
3—新交换剂层

192. 水的离子交换处理有几种？

（1）Na 型树脂交换软化处理，用于除去水中的硬度。

（2）H-Na 型树脂离子交换软化处理，用于除去水中的硬度并降低碱度。

（3）H-OH 型树脂离子交换处理，用于除去水中的全部阴、阳离子。

193. 目前采用哪几种离子交换器？

目前采用逆流再生固定床和逆流再生浮动床两种型式离子交换器。

（1）逆流再生固定床。其交换剂变动过程如图3-144所示。

所谓逆流固定床就是运行时水流向下流动，再生时再生液向上流动。图3-145表示了逆流再生离子交换器的结构图。

（2）逆流再生浮动床。所谓逆流再生浮动床就是运行时水流向上流动，再生时再生液向下流动。其交换剂变动过程如图3-146所示。

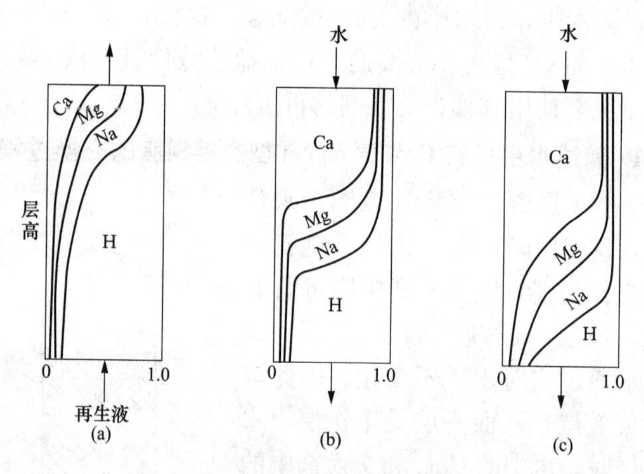

图3-144 逆流再生固定床交换剂变动过程

（a）再生后；（b）运行中；（c）失效后

从图3-146可见，失效时，下层是近乎完全失效的交换树脂，上层是部分失效的交换树脂，如图3-146（c）所示。再生时，上层交换剂始终接触新鲜的再生液，可获得很高的再生度，从而保证了运行时的出水水质，如图3-146（a）所示。

194. 什么是膜分离技术？

膜分离技术是以高分子材料科学为基础，以天然或人工合成的高分子薄膜为材料，依靠外界能量或化学位差为推动力，对双组分或多组分混合的气体或液体进行选择性分离、分级、浓缩、提纯及净化的方法。目前，比较成熟的膜有微滤膜、超滤膜、纳

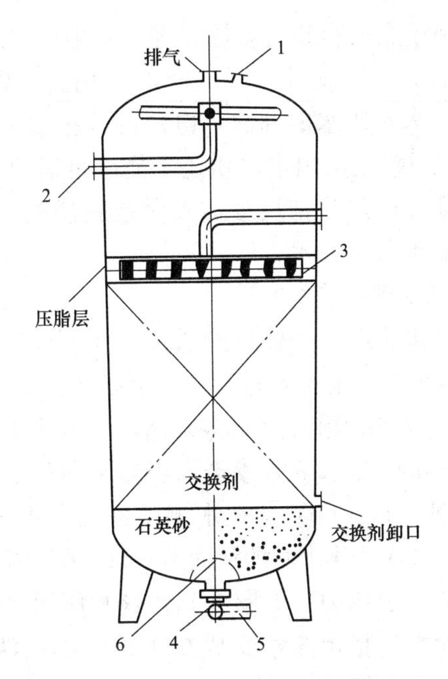

图 3-145 逆流再生离子交换器结构图

1—进气管；2—进水管；3—中间排液；4—出水管；

5—进再生液管；6—弓形多孔板

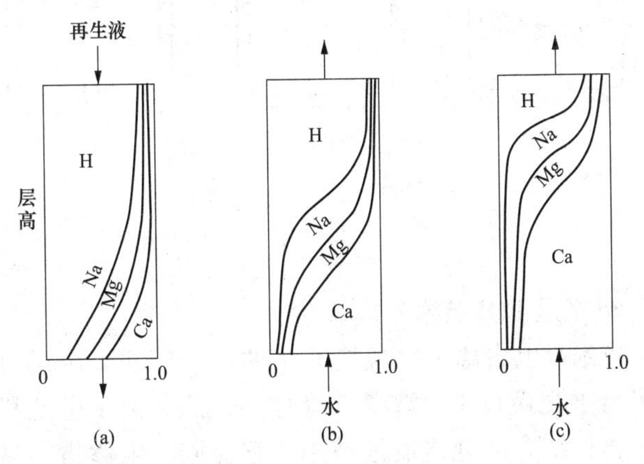

图 3-146 逆流再生浮动床交换剂变动过程

(a) 再生后；(b) 运行中；(c) 失效后

滤膜、电渗析离子交换膜和反渗透膜等。其中反渗透技术在电力、化工、制药、电子等行业得到了广泛的应用。特别在电力行业，锅炉补给水循环水及废水的回收，电厂的零排放等均采用反渗透系统。由于一级反渗透的出水水质还不能满足锅炉补给水的要求，目前，国内大部分电厂是把反渗透当做预脱盐过程，后面继续采用离子交换技术或EDI技术。

195. 什么是反渗透技术？

我们将淡水和盐水用一种只能透过水而不能透过溶质的半透膜隔开，则淡水中的水就会穿过半透膜至盐水的一侧，称为渗透。在上述过程中，盐水一侧的液面将升高，产生压力差阻力，抑制淡水中的水进一步向盐水一侧渗透，当盐水侧的液面距淡水面一定高度时［见图3-147（b）］盐水侧的液面就不再上升，此时，渗透达到平衡，盐水和淡水间的液面差（H）即是两种溶液的渗透压差。如果外加一个压力，如图3-147（c）所示，则可以将盐水中的淡水（或纯水）挤出来，变成盐水中的水向淡水（或纯水）中渗透，这就是反渗透。

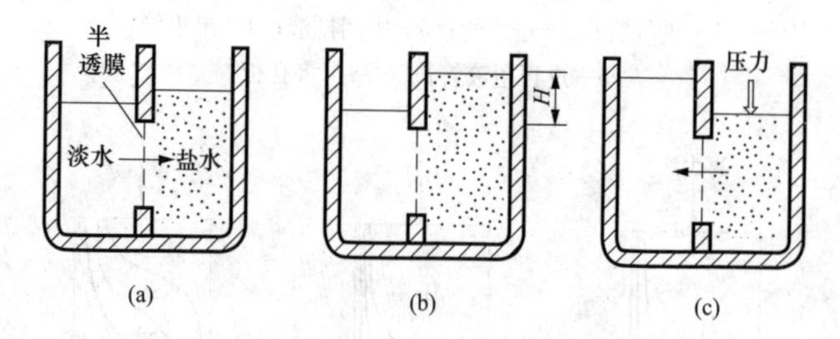

图3-147　反渗透原理

（a）渗透过程；（b）渗透平衡；（c）反渗透过程

196. 什么是EDI技术？

EDI技术是电去离子脱盐技术（Electrodeionization）的缩写，是一种将离子交换技术、离子选择性透过膜、离子电迁移及水的极化、电离相结合的纯水制造技术。它克服了电渗析不易解决的浓差极化问题，又避免了使用酸碱再生树脂，成为一项高效无污染的绿色高纯水生产新技术。其设备包括阴离子交换膜、阳离子交换膜、浓水室、淡水室等，使电渗析和离子交换在一个容器中。其脱盐过程模型如图 3-148 所示。

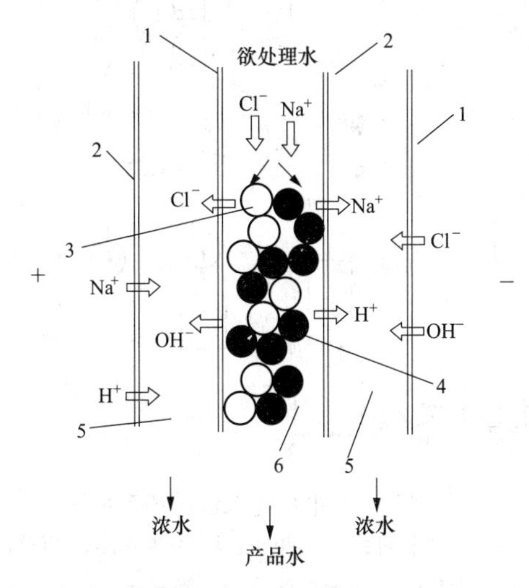

图 3-148 EDI 脱盐过程模型

1—阴离子交换膜；2—阳离交换膜；3—阴离交换剂；
4—阳离子交换剂；5—浓水室；6—淡水室

EDI 技术作为精脱盐用，相当于一级除盐后的混床功能，对进水水质要求非常严格。

197. 热电厂水汽循环系统和特点是什么?

图 3-149 所示为热电厂的水汽循环系统图。在热电厂中，送出的蒸汽大部分不能回收，汽水损失很大，故补给水量比凝汽式电厂大得多。由于热电厂向工厂和住宅区供生产用汽和生活用汽或热水，因此对水质就有一定的要求。

198. 给水系统的腐蚀原因是什么?

给水系统金属材料的腐蚀原因如下：

（1）溶解氧腐蚀。凝结水系统的不严密性造成空气漏入，除氧器的运行效果不良进而造成给水系统的氧腐蚀。

（2）CO_2 腐蚀。由于漏气使水中的二氧化碳含量增高，游离 CO_2 腐蚀就是含有酸性物质而引起的氢去极化腐蚀。

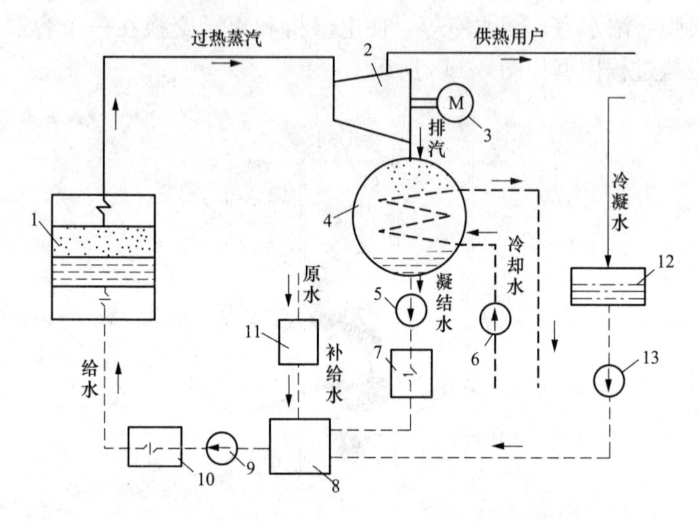

图 3-149　热电厂的水汽循环系统图

1—锅炉；2—汽轮机；3—发电机；4—凝汽器；5—凝结水泵；6—冷却水泵；7—低压加热器；8—除氧器；9—给水泵；10—高压加热器；11—水处理设备；12—返回凝结水箱；13—返回水泵

（3）铜管的腐蚀。水中的游离 CO_2 和 O_2 引起铜管的腐蚀。

199. 锅炉给水的热力除氧有哪些方法？

热力除氧即是采用除氧器进行除氧，除氧器有混合式和过热式两种。在混合式除氧器中，需要除氧的水和加热用的蒸汽直接接触，使水加热到相当于除氧器压力下的沸点；而过热式除氧器先将需要除氧的水在压力较高的表面式加热器中加热，使其温度超过除氧器压力下的饱和温度，再将热水引入除氧器内进行除氧。低压电厂中采用混合式除氧器，中压电厂多采用淋水盘式除氧器，高压电厂多采用喷雾填料式除氧器。图 3-150 和图 3-151 分别表示了两种除氧器的结构。

200. 锅炉给水的化学除氧有哪些方法？

热力除氧可以除去给水中的大部分溶解氧，对于残余的溶解氧可以采用化学除氧的方法进一步除去。一般中、低压锅炉采用亚硫酸钠处理法除氧，高压锅炉采用联氨除氧。

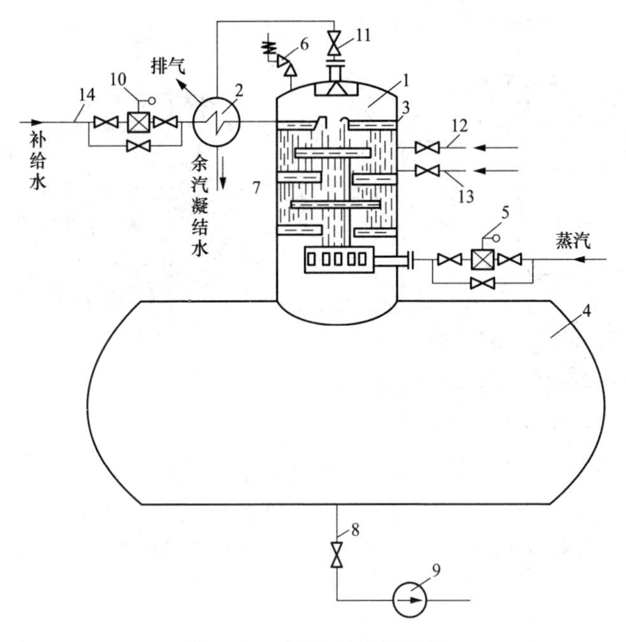

图 3-150 淋水盘式除氧器

1—除氧头；2—余汽冷却器；3—多孔盘；4—储水箱；5—蒸汽自动调节器；6—安全阀；7—配水盘；8—降水管；9—给水泵；10—给水自动调节器；11—排汽阀；12—主凝结水管；13—高加疏水管；14—补给水管

201. 锅炉水水质调节有什么方法？

水质调节采用磷酸盐防垢处理。其原理是：采用加磷酸盐溶液使炉水中含有一定量的磷酸盐，磷酸盐和炉水中的钙、镁离子发生化学反应，生成碱式磷酸钙，随锅炉排污排出炉外。图 3-152 表示了磷酸盐溶液的制备和投加系统。

202. 如何防止蒸汽中的杂质对过热器和汽轮机的腐蚀？

（1）对过热器采用水洗的方法。水洗用水可以采用凝结水、除盐水和给水。它主要是除去过热器内的易溶盐，当需要清除金属腐蚀产物及其他难溶沉积物时，应配合锅炉化学清洗一起进行。

（2）对汽轮机应采用下列方法：保证蒸汽纯度、选择合理的补给水系统、及时对热力设备进行化学清洗、采用协调 pH-磷酸盐处理汽包锅炉、保证机组的运行稳定等。

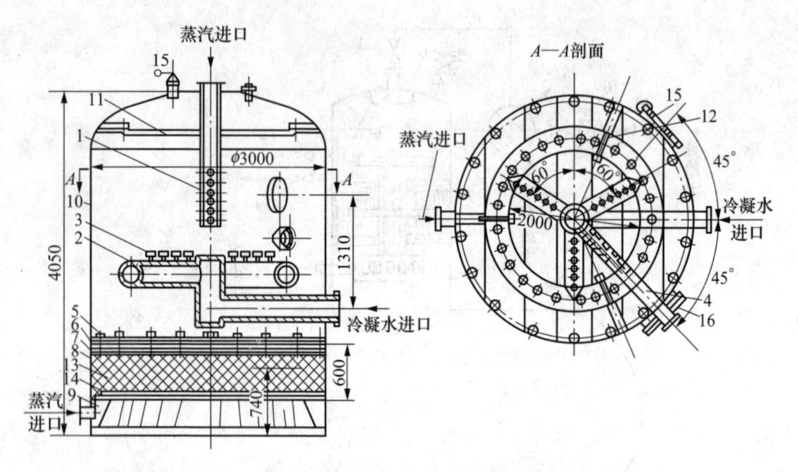

图 3-151 喷雾填料式除氧器

1—主蒸汽管；2—环形配水管；3—喷嘴；4—疏水进水管；5—淋水管；6—支承管；7—滤板；8—支承管；9—进汽室；10—筒体；11—挡水板；12—吊攀；13—不锈钢填料；14—滤网；15—安全阀；16—人孔

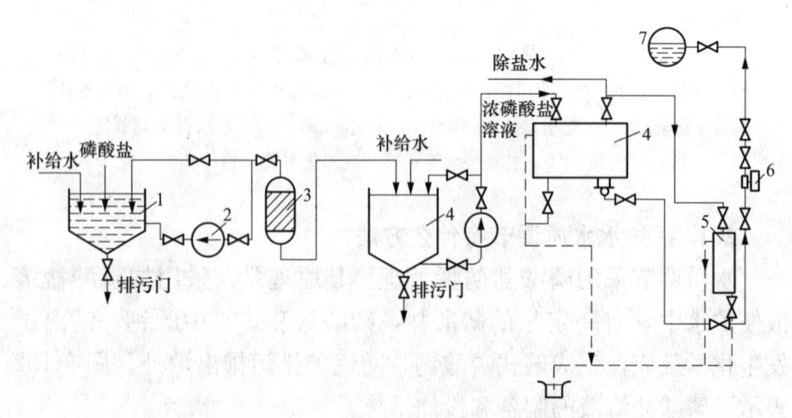

图 3-152 磷酸盐熔液的制备和投加系统

1—磷酸盐溶剂箱；2—泵；3—过滤器；4—磷酸盐溶液储存箱；5—计量箱；6—加药泵；7—锅炉汽包

203. 循环水的防垢处理有哪些方法？

（1）石灰沉淀法。即向循环水的补充水中加入石灰，它能有效地去除水中的游离 CO_2、部分有机物。

（2）加酸—硫酸处理。它是将水中的碳酸盐硬度转变为非碳酸盐硬度，防止生成碳酸盐水垢。

（3）离子交换法。可以除去水中的碳酸盐硬度和碱度。

204. 如何控制凝汽器的腐蚀？

（1）根据水质合理地选择管材。管材技术规定如表 3-10 所示。

表 3-10　火电厂凝汽器管材技术规定

管材	冷却水质量		允许最高流速（m/s）	其他条件
	溶解固形物（mg/L）	[Cl^-]（mg/L）		
H68A	<300 短期<500	<50 短期<100	2.0	
HSn70-1A	<1000 短期<2500	<150 短期<400	2.0～2.2	采用硫酸亚铁镀膜时，允许溶解固形物<1500mg/L，[Cl^-]<200mg/L
HA177-2A	1500～35 000（海水①）		2.0	
B30	海水		3.0	

① 指这一范围内的稳定浓度，对于浓度交替变化的水质，应通过专门试验和研究选用管材。

（2）采用硫酸亚铁造膜。将硫酸亚铁溶液通过铜管，使其在铜管表面上形成含有铁化合物的保护膜，达到防腐的目的。

（3）利用缓蚀剂抑制腐蚀过程。

（4）采用阴极保护。将被保护设备做成电池中的阴极，阴极不会腐蚀，故设备受到保护。

（5）改进运行工况。包括调整水质、保持水流速度、防振和消除应力等。

（6）在管子入口端加装套管。

205. 热网水质不良有什么后果？

（1）造成换热站加热器堵塞。

（2）造成管网和用户系统堵塞。

（3）造成热力系统和设备腐蚀。

206. 供热站有哪些水处理方法？

（1）对补给水进行软化和除盐。

（2）对补给水进行除氧处理。

（3）对供热系统进行阻垢和防垢处理。有化学法、电磁法和超声波法。

（4）采用除污器对热网除污。

（5）对热网和换热器进行酸洗。

（6）对停用的换热器采用充氮保护；对热网采用不放空水的方法。

207. 简述锅炉的化学清洗方法。

（1）选用的化学药品包括：

1）常用清洗剂包括盐酸、氢氟酸和柠檬酸等。

2）常用缓蚀剂包括盐酸缓蚀剂和氢氟酸缓蚀剂等。

3）常用添加剂包括还原剂、助溶剂、界面活性剂等。

处理碳酸盐水垢采用盐酸溶液；处理硅酸盐水垢采用盐酸加氢氟酸或氟化物；硫酸盐水垢采用先碱煮转型，再用盐酸或盐酸加氟化物清洗；处理氧化铁垢采用硝酸清洗。

（2）化学清洗工艺包括：

1）系统水冲洗。将一些沉积物冲洗掉，以节约化学药品。

2）碱洗或碱煮。碱洗或碱煮后进行水冲洗。

3）酸洗。酸洗后进行水冲洗。

4）漂洗和钝化。可采用柠檬酸溶液进行一次冲洗，也可采用亚硝酸钠加氨水或联氨溶液进行钝化，在金属表面形成保护膜。

5）对停用的锅炉应采用满水联氨法或干燥保护法进行保养。

208. 简述凝汽器的清洗方法。

（1）海绵胶球自动清洗。其清洗系统如图 3-153 所示。

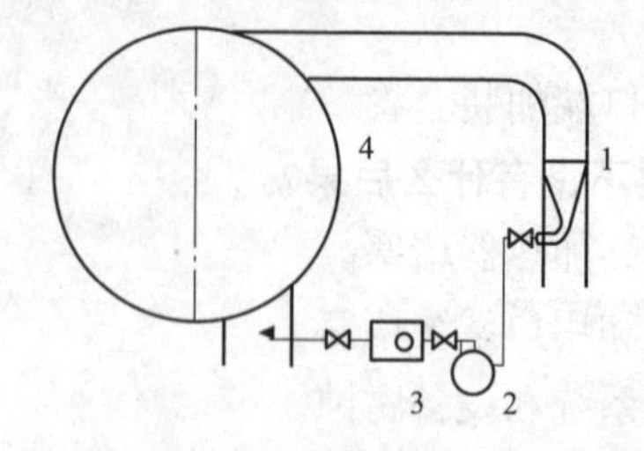

图 3-153　海绵胶球清洗系统

1—海绵球回收网；2—水泵；3—加球室；4—凝汽器

（2）化学清洗。采用酸洗方法，酸可选用盐酸、醋酸和磷酸等。其清洗系统如图 3-154 所示。

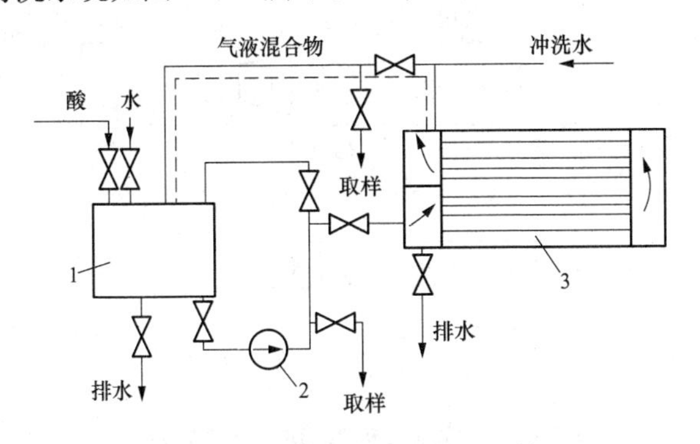

图 3-154 凝汽器铜管酸洗系统

1—酸洗液箱；2—酸洗泵；3—凝汽器

第六节 供热式汽轮机的热力系统

209. 什么是原则性热力系统？

原则性热力系统是表明工质在完成热力循环对所必须流经的各种热力设备之间的联系线路图，主要包括供热机组的回热系统、锅炉排污扩容系统和减温减压供热系统等，是全面性热力系统设计的基本依据。

210. 什么是全面性热力系统？

全面性热力系统是指全厂热力设备及汽水管道连接的实际系统。包括主要热力设备及辅助设备、主蒸汽、凝结水、回热抽汽、除氧器、锅炉给水、排污、化学补充水和供热等系统。

211. 试述背压式机组的原则性热力系统。

图 3-155 是背压式机组的原则性热力系统图。背压式机组不能独立调节发电量，其发电量的大小取决于供热量，运行方式是以热定电。

212. 试述抽背式机组的原则性热力系统。

图 3-156 是抽背式机组的原则性热力系统。

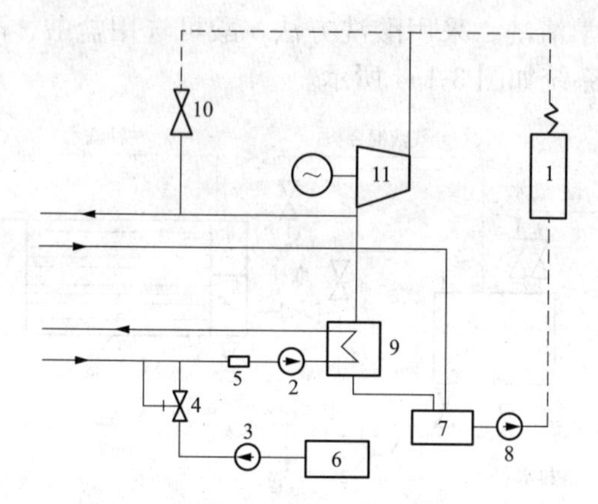

图 3-155　背压式机组的原则性热力系统

1—蒸汽锅炉；2—循环水泵；3—补给水泵；4—压力调节器；5—除污器；6—补充水处理装置；7—凝结水回收装置；8—锅炉给水泵；9—热网水加热器；10—减压装置；11—背压式汽轮机发电机机组

抽背式机组从汽轮机的中间级抽取部分蒸汽，供给较高压力的热用户，其排汽供给较低压力的热用户。该系统没有凝汽器，故热效率较高，达60%～80%左右。

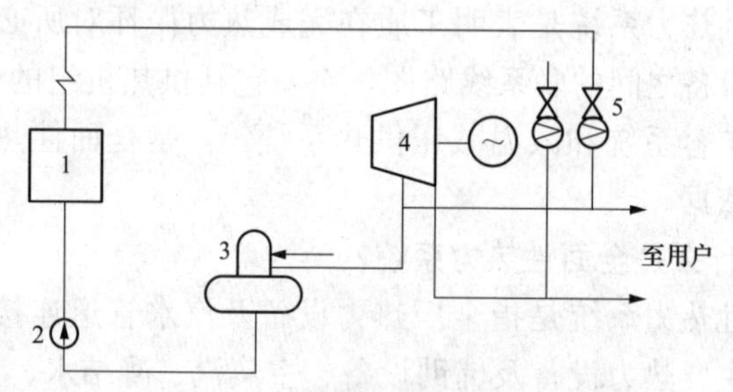

图 3-156　抽背式机组原则性热力系统

1—锅炉；2—给水泵；3—除氧器；4—抽背式汽轮发电机组；5—减温减压器

213. 试述抽汽冷凝机组的原则性热力系统。

图 3-157 所示为抽汽冷凝机组的原则性热力系统。

抽汽冷凝机组分为调整式和非调整式两种。

（1）调整式抽汽冷凝机组。该类机组可以根据发电和供热负

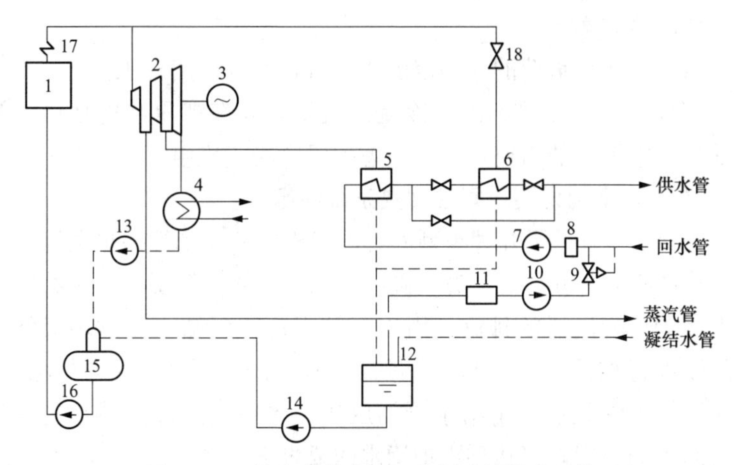

图 3-157 抽汽冷凝式机组的原则性热力系统

1—锅炉；2—汽轮机；3—发电机；4—凝汽器；5—主加热器；6—高峰加热器；7—循环水泵；8—除污器；9—压力调节阀；10—补给水泵；11—补充水处理装置；12—补水箱；13、14—凝结水泵；15—除氧器；16—锅炉给水泵；17—过热器；18—减压减温装置

荷的需要分别进行调整。其特点是在最大抽汽量或无抽汽的情况下都能发出额定电功率，在较低的发电功率下也能满足最大抽汽量及蒸汽参数。

（2）非调整式抽汽冷凝机组。它包括凝抽式机组和凝汽式机组打孔抽汽两种。凝抽式机组是在采暖期抽汽供热（抽汽压力 0.3～0.4MPa），非采暖期凝汽发电；凝汽式机组打孔抽汽多用于旧机组改造的情况。缺点是其抽汽压力不稳定，也不能调节。

214. 热电机组的选择原则是什么？

热电机组总的选择原则是“热电联产，以热定电”，其选择原则是：

（1）尽量选择较高参数和较大容量的机组，台数不宜过多。

（2）选择背压式机组时，其热用户应稳定，且采暖期和非采暖期的热负荷相差不大。

（3）选择抽背式或抽汽冷凝机组，其热用户可以不稳定，当采暖期与非采暖期热负荷相差较大时，可采用背压机组与抽凝机组联合供热方案。

（4）工业热负荷的变动范围较大时，不宜选用背压机组。

（5）热电厂一般不配置冷凝式机组，仅在严重缺电地区，为了满足热电负荷的需要，才可考虑配置冷凝式机组。

215. 试举例说明原则性回热系统的组成。

图3-158表示了几种类型的凝汽式机组的原则性回热系统。

从图3-158可见，各类型机组的原则性回热系统有一个共同的特点：①从凝汽器的排汽口引出凝结水；②凝结水经过多级低压加热器进行加热；③在低压加热器的后面进入除氧器进行除氧；④在除氧器除氧后，由给水泵加压送往多级高压加热器，进一步提高回水的温度，以达到锅炉用水的要求。

它们所不同的是：①机组的容量不同，所设的加热器的数量不同，随容量的增大加热器增多；②容量为50MW及以上的机组，高压加热器由蒸汽冷却段和疏水冷却段组成，以提高热经济性。

216. 试举例说明供热机组原则性热力系统的组成。

图3-159表示了一台双抽供热机组的热力系统图。该机组配有压力为95MPa、温度为537℃、容量为400T/h的高温高压锅炉，配有双抽汽供热式汽轮机，该汽轮机设有高、中、低压缸，在中压段分别从1.74MPa和0.71MPa处抽出蒸汽供热网加热器用蒸汽；配有容量为99028kW的氢冷发电机。在回热系统中，配有3台低压加热器，1台除氧器，2台高压加热器。

217. 试举例说明换热站系统。

图3-160表示了一个换热站的系统图。

该系统的汽流程如下：从2号机或1号机二段抽汽来的蒸汽经过阀门1和阀门6进入分汽缸，分汽缸向不同的热用户分配蒸汽量，其大部分蒸汽经阀门9送至两个热网加热器，热网加热器加热热网循环水泵的冷水，并将疏水送至锅炉疏水箱扩容器内回收。

该系统的水流程如下：热用户的回水汇集到集水箱内，然后用两个热网循环水泵打到热网加热器中，其出口的热水送往分水器，经分水器分配到各个热用户。系统停用时，分水器和集水箱通过阀门39和44防水。

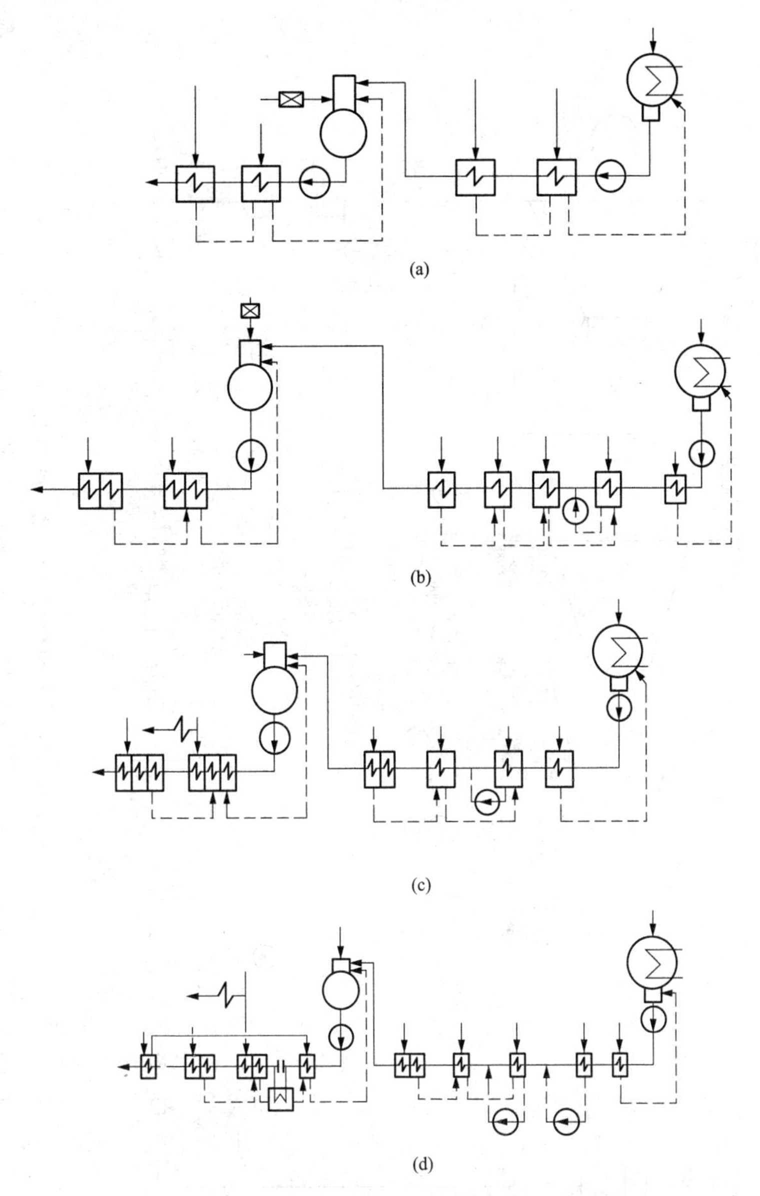

图 3-158 几种类型机组的原则性回热系统组成

（a）25MW 机组原则性回热系统；（b）50MW 机组原则性回热系统；（c）125MW 机组原则性回热系统；（d）200MW 机组原则性回热系统

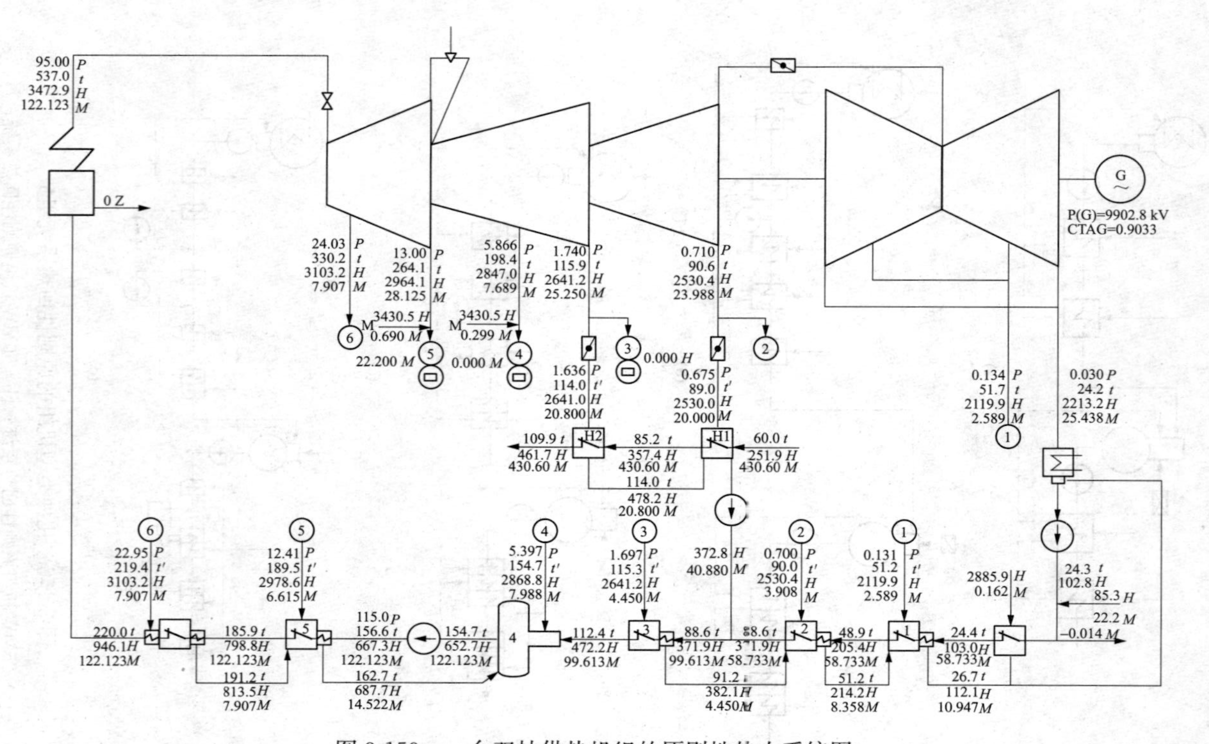

图 3-159　一台双抽供热机组的原则性热力系统图

P—压力，MPa；t—温度，℃；H—焓值，kJ/kg；t'—调节阀后蒸汽温度，℃；M—流量，kg/s

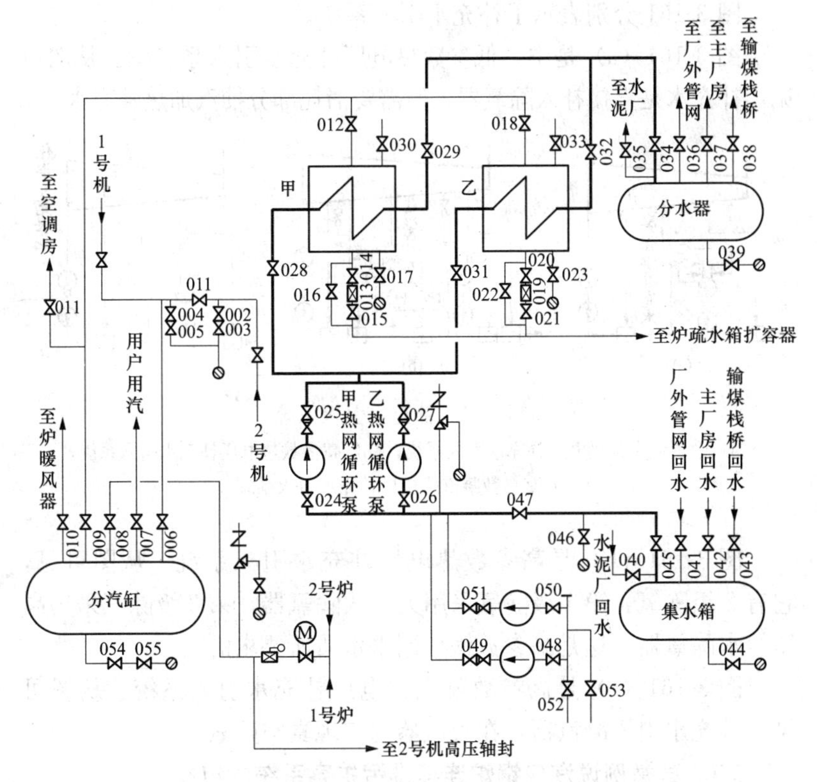

图 3-160 某 50MW 汽轮机组的换热站系统图

218. 热力系统中对补充水的要求是什么?

(1) 中参数及以下的热电厂的补充水必须是软化水。

(2) 高参数的热电厂和凝汽式电厂，对补充水的要求比软化水更高，除了除去水中的钙和镁外，还要除去水中的硅酸盐，即补充水必须是除盐水。

(3) 亚临界汽包锅炉和超临界直流锅炉的电厂，除了除去水中的钙、镁、硅酸盐外，还需要除去水中的钠盐，即补充水必须是深度除盐水。

219. 试举例说明补充水引入系统的组成。

补充水经过化学处理后与热力系统相连接的系统称为补充水引入系统。

图3-161分别表示了补充水引入系统。

图3-161（a）是中、低参数热电厂补充水引入系统图。从图可见，补充水是直接补入除氧器，但需要消耗部分抽汽加热补充水。

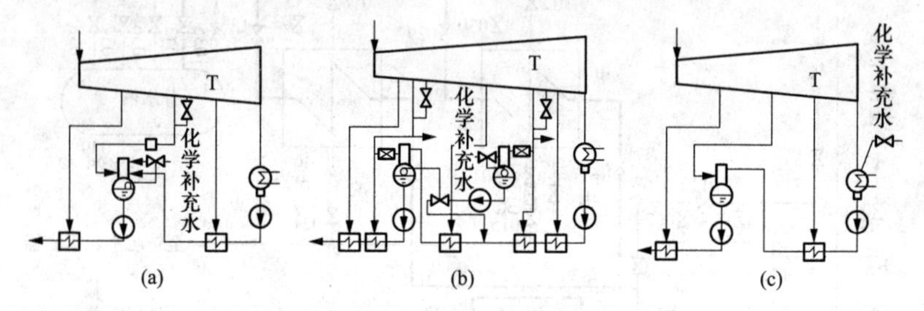

图3-161　补充水引入系统

（a）中、低参数热电厂补充水引入系统；（b）高参数热电厂补充水引入系统；
（c）高参数凝汽式电厂补充水引入系统

图3-161（b）是高参数热电厂补充水引入系统。从图可见，它有2级除氧，第1级除氧采用大气式除氧器，第2级除氧采用高压给水除氧器。这是高参数锅炉用水水质所要求的。

图3-161（c）是高参数凝汽式电厂补充水引入系统。从图可见，补充水引入凝汽器，在凝汽器内实现真空除氧。

220. 试举例说汽包锅炉连续排污扩容系统的组成。

汽包锅炉的连续排污扩容系统如图3-162所示。从图可见，锅炉的排污水从汽包正常水位下200～300mm处排出，引至连续排污扩容器后再引入除氧器。扩容蒸发后剩余的排污水水温高于100℃，可引入排污冷却器加热软化水，降到50℃后排入地沟。供热电厂的排污率一般为最大连续蒸发量的2%～5%。一般的热电厂可采用单级排污扩容系统，对于直接供汽的高压热电厂，其排污量较大，可采用两级排污扩容系统。

221. 试述减温减压器及其系统的组成。

图3-163所示为减温减压器的热力系统图。如图3-163所示，蒸汽经过减压阀和节流孔板降压后进入混合器，与由给水分配阀来的减温水混合，使蒸汽温度下降，经过减温和减压的蒸汽引到所需之处。安全阀用于减压后的管道压力超过规定值时动作，保

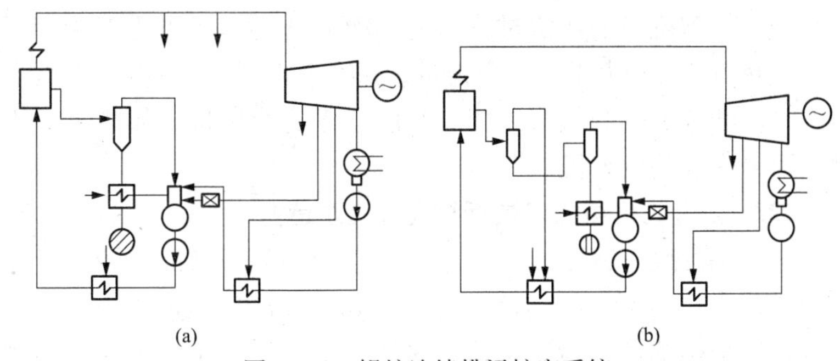

图 3-162 锅炉连续排污扩容系统

(a) 单级扩容系统；(b) 两级扩容系统

证减温减压器及管道的安全。

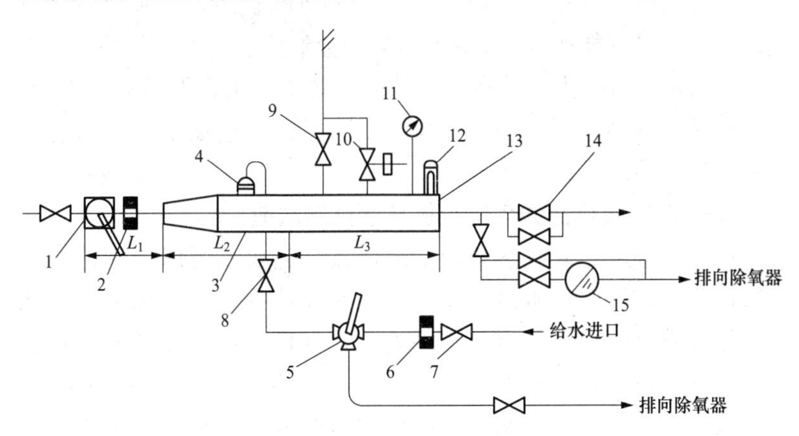

图 3-163 减温减压器热力系统图

1—减压阀；2—节流孔板；3—混合管；4—喷嘴；5—给水分配阀；6—节流装置；7—截止阀；8—止回阀；9—主安全阀；10—脉冲安全阀；11—压力阀；12—温度计；13—蒸汽管道；14—出口阀；15—疏水排出系统；L_1—减压系统长度；L_2—减温系统长度；L_3—安全装置长度

第七节 凝汽式汽轮机组的供热改造

222. 小型的机组如何进行改造?

对中、低压纯凝汽机组，当热用户的负荷波动小于30%且热负荷流量达到机组的额定进汽量的80%以上时，可考虑改为背压机；当热负荷波动大于30%且流量达到机组的额定进汽量的50%～60%时，可考虑改为抽凝机组；对已建成的背压机，如热负荷不足，可考虑加装后置机。

223. 凝汽式机组如何进行打孔抽汽改造?

打孔抽汽改造就是在汽轮机通流部分的某一级前面开一个非调整抽汽口，而不改变通流部分的结构。抽汽口的位置、形状和尺寸，应根据抽汽参数、抽汽量来决定。这项工作应由有关的制造部门协助进行。

224. 大型凝汽式机组如何改造为供热机组?

对于大型凝汽式机组，如200、300MW机组，如果要进行供热改造，基木不能改动汽轮机木休的通流部分，只能在低压联络管上把供热蒸汽引出，并在联络管和供热支管上设调节阀和DEH调节程序，达到自动调节热、电负荷的目的。这项工作应由有关制造部门协助进行。

225. 凝汽式机组如何进行循环水供热改造?

只要有稳定的采暖热负荷，凝汽式汽轮机就可以采用低真空运行，利用它的循环水进行供热，它是设法提高汽轮机的排汽压力、降低排汽的真空、得到更高的排汽温度、从而提高循环水温度供给热用户的重要途径。汽轮机的排汽温度可选为60～70℃，排汽压力为0.02～0.03MPa，循环水温度为50～60℃，可以满足供热所需要的温度。此种改造包括：①对凝汽器进行承压改造，即加厚水室端盖、加粗连接螺栓、增加水室拉杆数量、提高管子胀接处的密封性等；②采用强化传热管作为凝汽器的换热管，减小凝汽器 的端差，提高循环水的流速等；③在汽缸排汽口加装喷水减温装置，降低排汽缸温度。

第四章

燃气-蒸汽联合循环热电联产

第一节 概　　述

226. 什么是燃气轮机？

燃气轮机是一种以气体作为工质，内燃、连续回转的、叶轮式热能动力机械。它主要由压气机、燃烧室和燃气透平三部分组成。图4-1表示了最简单的等压燃烧加热的开式循环燃气轮机的结构示意图。

其工作流程是外界的空气被压气机吸入后增压，同时空气温度也相应提高，该空气被送到燃烧室后与燃料混合燃烧成为高温、高压的燃气；燃气在透平中膨胀做功，推动透平带动压气机和外负荷转子一起高速旋转；从透平中排出的乏汽排至大气。透平的机械功中2/3用于驱动压气机，1/3用于驱动发电机。

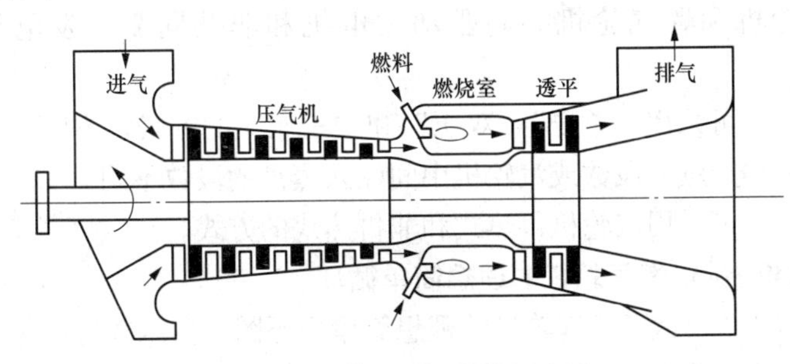

图4-1　燃气轮机的结构示意图

227. 什么是燃气-蒸汽联合循环发电？

燃气轮机的排出的乏气很高，约450～600℃，且大型机组排气流量高达100～600kg/s，这样就可以利用燃气轮机的排气引入余热锅炉，产生高温、高压蒸汽驱动汽轮机，带动发电机发电。

这就是燃气-蒸汽联合循环发电。其热效率接近60%，其热能利用水平比燃气轮机循环和蒸汽轮机循环都有明显的提高。

228. 燃气-蒸汽联合循环发电有什么优点？

（1）电厂的整体循环效率高，可达到60%。

（2）对环境的污染小。采用天然气为燃料，无SO_2排放，NO_2和CO排放降低到几个至几十个mL/m^3。

（3）单位千瓦容量的投资低，为燃煤电厂的1/2左右。

（4）调峰性能好，启停快捷。一般从启动到满负荷运行约为20min左右。

（5）占地少，为火电厂的30%～40%左右。

（6）耗水量少，为火电厂的1/3左右。

（7）建设周期短，一年左右就能发电运行。

（8）自动化程度高，运行人员少，为火电厂的25%左右。

229. 燃气-蒸汽联合循环发电设备如何分类？

（1）可采用“一拖一”和“多拖一”的方式，即“一台燃气轮机＋余热锅炉＋一台汽轮机”或“多台燃气轮机＋余热锅炉＋一台汽轮机”的方式。

（2）可采用“单轴联合循环”和“分轴联合循环”的方式，即汽轮机和燃气轮机共同驱动发电机和非共同驱动发电机的方式。

（3）可采用“单压”“双压”和“三压”的方式，不同方式的余热锅炉产汽的段数或汽轮机中间注入蒸汽的段数不同。

（4）可采用汽轮机再热式和非再热式的方式。

230. 试述燃气轮机的理想简单循环。

图4-2表示了燃气轮机的理想简单循环图。在压气机中是理想绝热过程，燃烧室中是定压加热过程，透平中是理想绝热过程，排气系统中是定压放热过程。

231. 试述燃气-蒸汽联合循环的形式。

燃气-蒸汽联合循环有不同的形式，列举如下：

（1）余热锅炉型联合循环。从图4-3可见，这种联合循环将燃气轮机的排气送至余热锅炉并加热锅炉中的水，产生的蒸汽驱动

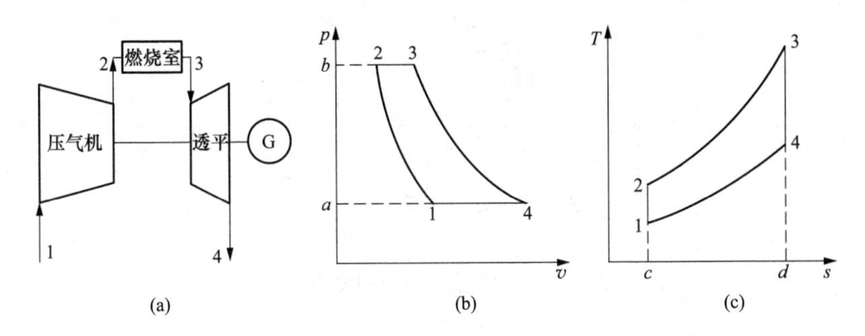

图 4-2 燃气轮机的理想简单循环

(a) 燃气轮机的系统图；(b) p—v 图；(c) T—s 图

汽轮机做功，其蒸汽完全是利用燃气轮机排气余热产生，余热锅炉的蒸汽参数及汽轮机的容量取决于燃气轮机透平的排气参数，一般为中温、中压的蒸汽。

(2) 排气补燃型联合循环。从图 4-4 可见，这种联合循环是把燃气轮机的排气作为锅炉中燃烧用的空气。

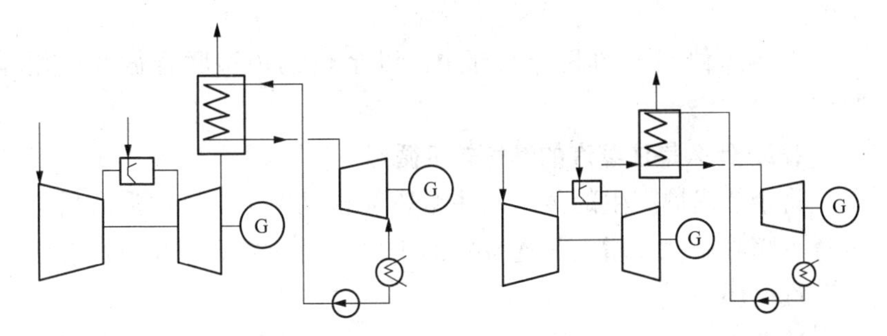

图 4-3 余热锅炉型联合循环　　图 4-4 排气补燃型联合循环

(3) 增压燃烧锅炉型联合循环。从图 4-5 可见，这种循环是把燃气轮机的燃烧室与锅炉合为一体，形成有压力燃烧的锅炉，压气机供给锅炉有压力燃烧的空气，用排气来加热锅炉给水。

(4) 加热锅炉给水型联合循环。从图 4-6 可见，燃气轮机的排气仅用来加热锅炉给水。由于锅炉给水加热的温度不高，排气热量利用的合理程度较差，该循环仅用于用燃气轮机改造蒸汽电站时采用。

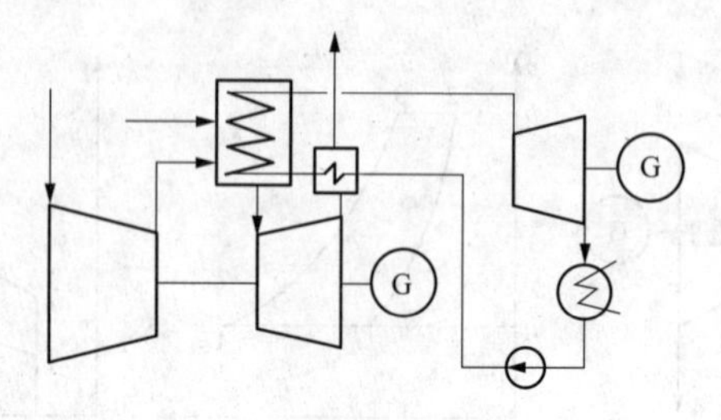

图 4-5　增压燃烧锅炉型联合循环

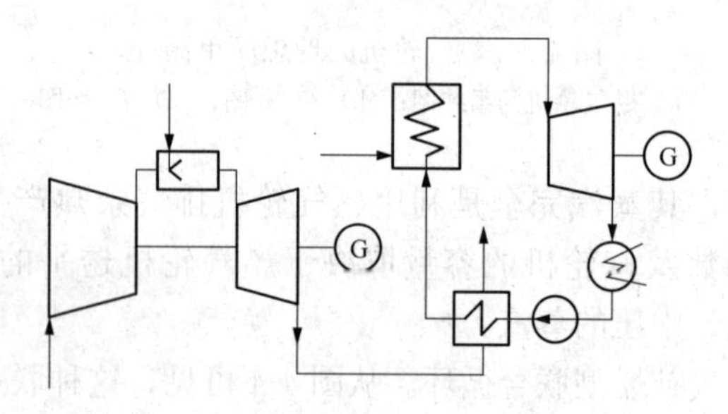

图 4-6　加热锅炉给水型联合循环

上述四种型式的联合循环中，以余热锅炉型联合循环应用最多。

232. 什么是注蒸汽的燃气轮机循环?

将余热锅炉产生的蒸汽回注至燃气轮机中，与燃气混合后进入透平膨胀做功，增大了透平中的工质流量而提高了功率，形成注蒸汽循环。

从图 4-7 可见，注蒸汽循环机组的排气流量中增加了蒸汽流

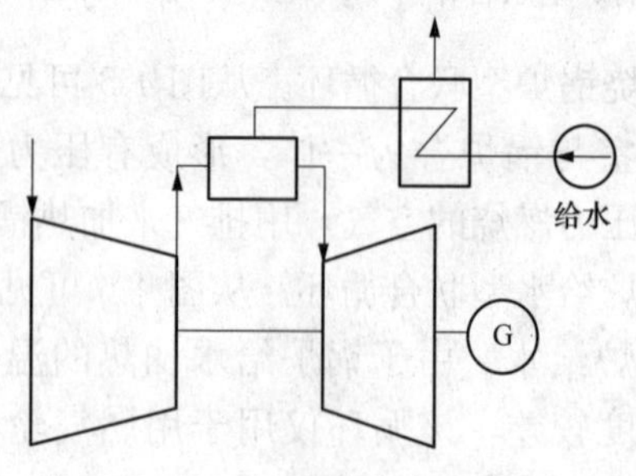

图 4-7　注蒸汽循环的燃气轮机

量，余热锅炉中可回收的热量增加，能产生更多的蒸汽，同时在燃烧室中注入蒸汽后，燃料量增加，功率比原燃气轮机增加 75%左右。但余热锅炉产生的蒸汽在做功后排入大气，不能回收，故给水消耗量大，运行费用增加。且透平叶片寿命也缩短。因此，这种类型的燃气轮机应用较少。

第二节 燃气轮机及其附属设备

233. 什么是压气机？常见的压气机有几种？

压气机是燃气轮机的主要部件之一，是吸入空气并将其压缩至一定压力的部件。

在燃气轮机中所用的压气机有轴流式和离心式两种。轴流式压气机的空气流量大、效率高，在大中型燃气轮机中得到广泛应用；离心式压气机空气流量小、效率较高，在小功率燃气轮机中得到了广泛应用。

234. 简述轴流式压气机的结构。

图 4-8 是某种型式的轴流式压气机的结构图。从图可见，压气机由定子和转子两部分组成。定子由气缸和定子叶片组件组成，

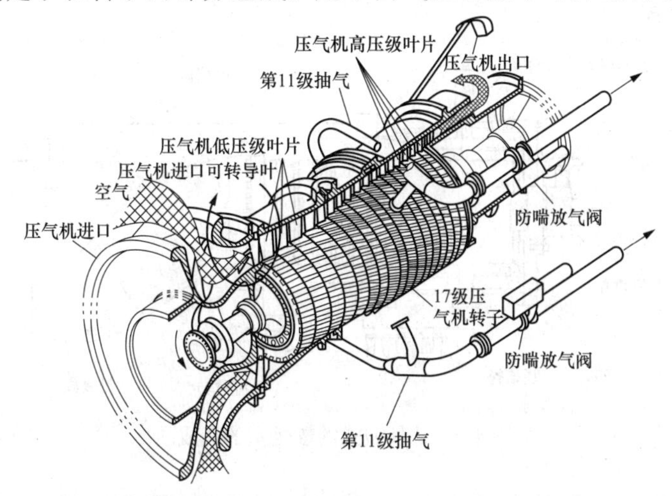

图 4-8 某种类型的轴流式压气机结构图

其中气缸是定子的核心，其他的定子部件均固定在上面。定子一般是铸造的，沿轴向分为2～3级，前后段的材料不同，前段为铸铁，后段为铸钢。定子叶片的功能是把气流在动叶中得到的动能转变为压力能，加工时以定子叶片环的形式装入气缸中固定。转子包括轮盘、轴、动叶片等部件，动叶片是高速旋转的叶片，靠叶根与轮盘连接固紧，把透平的机械功传给空气。

235. 燃烧室的作用是什么?

燃烧室将来自压气机的高压压缩空气与燃料喷嘴喷入的燃料混合并经过等压燃烧，把燃料中的化学能转化为热能，形成高温、高压燃气进入透平做功。

236. 简述燃烧室的结构。

图4-9是某种型式的燃烧室的总成图。如图所示，燃烧室由外壳、喷嘴、点火器、火焰筒等组成，从压气机送来的压缩空气以逆流的方式进入火焰筒，与喷嘴喷射出来的燃料进行混合燃烧，转变为1800～2000℃的高温燃气。其中燃烧室的外壳由内、外壳体两部分而组成，火焰筒是带有冷却孔的圆筒，采用1.0～2.0mm的耐热合金板制成，其外形如图4-10所示。火焰筒是依靠冷却气膜来得到保护和冷却的，图4-11表示了几种冷却气膜的方式。

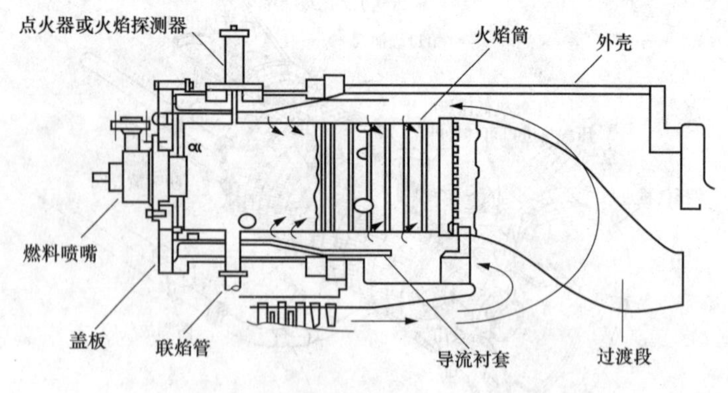

图4-9 某种型式的燃烧室的总成图

图4-12表示了两种喷嘴的结构，一种是用于喷油的离心式喷

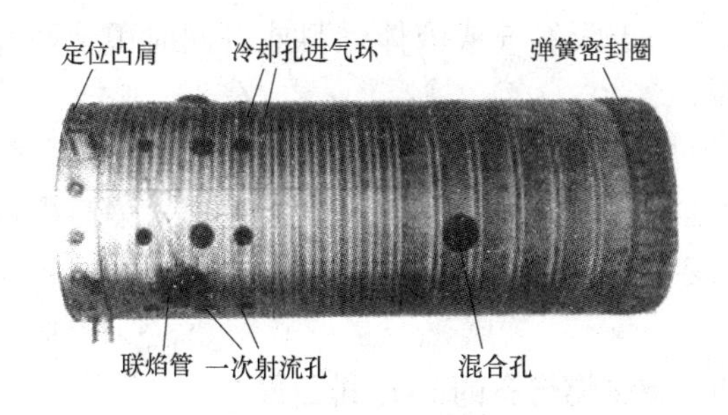

图 4-10 燃烧室的火焰筒的外形

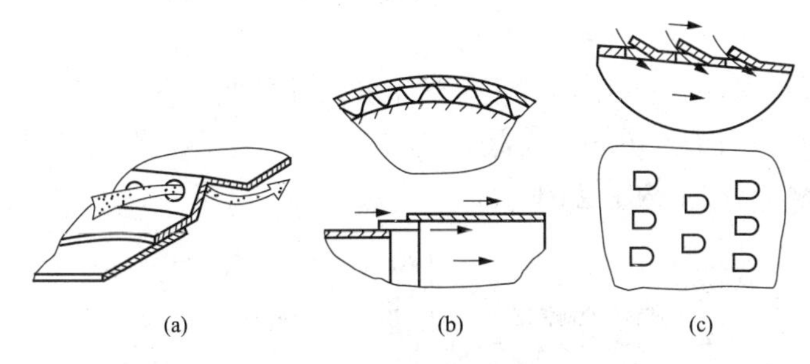

图 4-11 几种冷却膜的形式

(a) 斑孔形冷却；(b) 波纹形冷却；(c) 鱼鳞孔式冷却

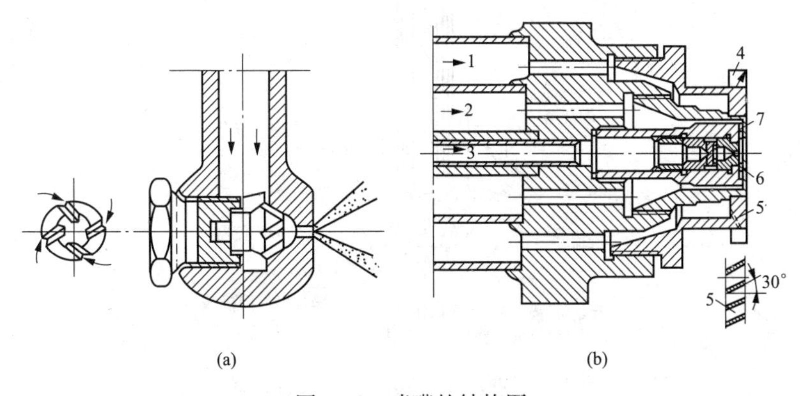

图 4-12 喷嘴的结构图

(a) 离心式喷油嘴；(b) 机械-空气喷嘴

1—气体燃料接口；2—雾化空气接口；3—液体燃料接口；4—旋流器；

5—气体燃料喷孔；6—液体燃料喷口；7—雾化空气旋流器

嘴；另一种是用于天然气或液体燃料或者同时用于两种燃料的机械-空气喷嘴。

在燃烧室中装有联焰管，用于传递火焰筒燃烧区之间的火焰，并均衡各火焰筒间的压力。燃气过渡段是把火焰筒出口的圆形截面过渡并转变为透平喷嘴前的扇形截面。

237. 如何减少燃烧室的 NO_x 排放量?

(1) 向燃烧室中喷射水或水蒸气。它可以降低燃烧火焰的温度，有效地抑制 NO_x 的产生。喷射的水必须经过预处理，防止混入钠、钾离子以致叶片的腐蚀。

(2) 安装低 NO_x 燃烧室。这里介绍几种低 NO_x 燃烧室。

1) 西门子公司的干式低 NO_x 混合型燃烧器。图 4-13 表示了这种燃烧器的结构示意图。

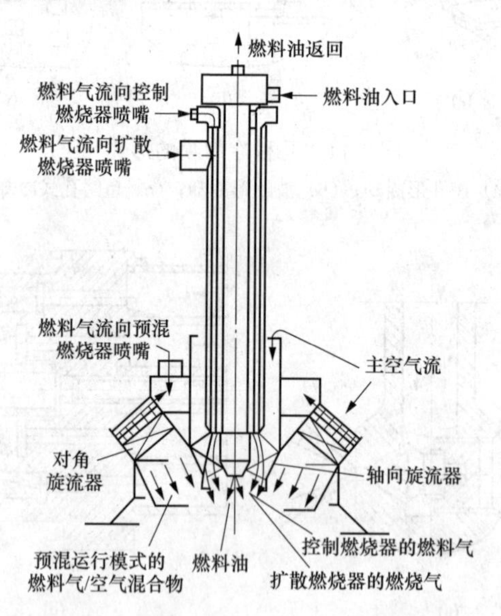

图 4-13 西门子公司的混合型燃烧器

从图 4-13 中可见，该燃烧器是用气体或液体燃料在燃烧器的中心部位建立一个值班扩散火焰。供给值班火焰的燃料量是恒定不变的，在燃烧器根部形成一个稳定的点火源，确保在变工况下，火焰不会熄灭。当燃烧气体燃料时，在值班火焰的外侧再供给一定量的气体燃料，它与值班火焰的气体燃料共用一个轴向空气旋流器，低负荷时在燃烧器的中心部位形成稳定的火焰，而用液体燃料时，供油量增大，它本身就是扩散火焰。在高负荷时，将气体燃料或气化的液体燃料供入角向旋流器，与空气混合成可燃混合物，以温度较低的方式燃烧，故能控制 NO_x 的生成。

2）三菱公司的变几何燃烧室。图 4-14 表示了这种燃烧室的结构示意图。

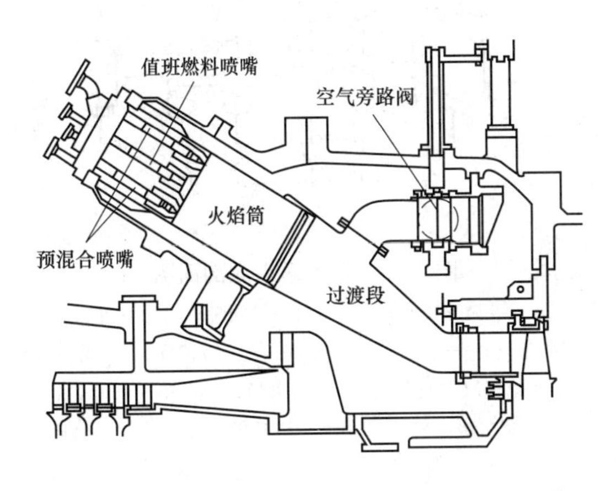

图 4-14 三菱公司的变几何燃烧室

从图 4-14 中可见，在每个火焰筒的过渡段上，分别装有可调节开度的旁通阀。利用旁通阀来调节空气流量随负荷的变化，控制火焰筒所需的燃料/空气比。机组满负荷时，旁通阀关闭。

238. 试简述燃气透平的结构。

图 4-15 是燃气透平的剖面图。从图 4-15 可见，燃气轮机的透平由定子和转子组成，定子由气缸、喷嘴及支承和传力系统等组成。喷嘴用于高温燃气在其中膨胀加速，把燃气的内能转化为动能，推动转子旋转做功；持环又称隔板套，用于固定喷嘴；护环用于使持环不与燃气接触，装在动叶顶上。

转子由轮盘、轴、工作叶片及连接件等组成。工作叶片是把高温燃气的能量转变为转子机械功，按其叶型可分为冲动级和反动级，冲动级叶片的焓降比反动级的大，故其叶片更厚实，折转角更大。反动级的级数比冲动级多一倍，效率要高些。

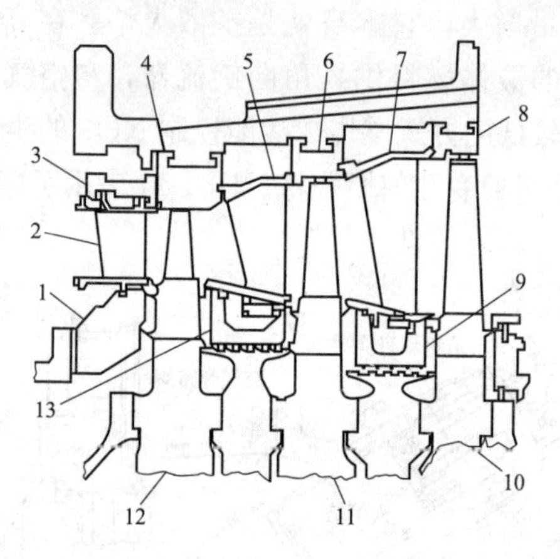

图 4-15　燃气透平纵剖面图

1—第一级喷嘴支承环；2—第一级喷嘴；3—第一级持环；
4—第一级护环；5—第二级喷嘴；6—第二级护环；7—第三级喷嘴；
8—第三级护环；9—第三级隔板；10—第三级叶轮；
11—第二级叶轮；12—第一级叶轮；13—第二级隔板

239. 试简述燃气轮机透平零部件的冷却方式。

由于透平进口温度的提高，对透平的零部件就需要采取冷却的措施，其冷却方式有空气冷却和蒸汽冷却两种方式。空气冷却方式是冷空气从压气机引出，对透平需要冷却的部位进行冷却后，排入透平通道的燃气中；蒸汽冷却方式是闭路循环的冷却蒸汽完成冷却后，再次进入联合循环的汽轮机中做功，节省冷却用的压缩空气，提高燃气轮机的功率。两种冷却方式也可以在一台机组上在不同级数上应用。

240. 试举例简述燃气轮机的整体结构。

图 4-16 是 MS9001E 型燃气轮机的剖面图。从图 4-16 可见，整个压气机与透平的转子连在一起组成整体转子和整体气缸的结构，整体转子采用双支承的结构，排气端连接发电机。

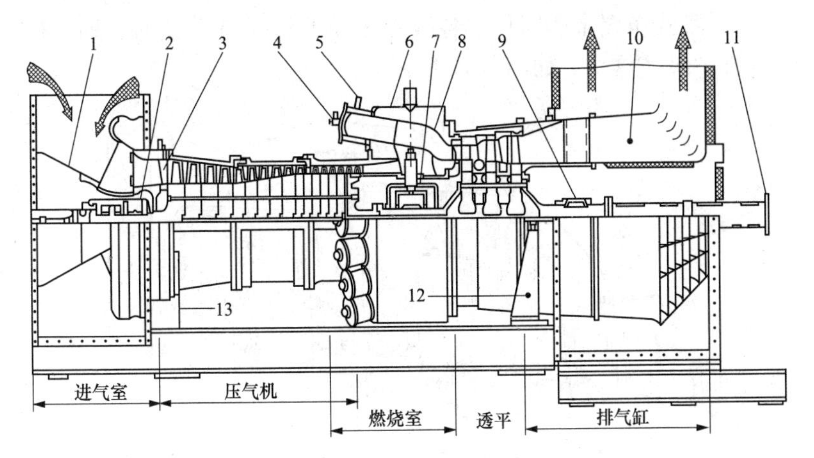

图 4-16 MS9001E 型燃气轮机的剖面图

1—进气蜗壳；2—1 号支持推力联合轴承；3—压气机进口可转导叶；4—燃料喷嘴；5—点火装置；6—火焰筒；7—2 号轴承；8—过渡段；9—3 号轴承；10—排气扩压器；11—负荷联轴器；12—脚型支架；13—挠性板

第三节 余热锅炉及其附属设备

241. 余热锅炉是如何分类的?

(1) 按余热锅炉烟气侧热源分类，可分为：

1) 无补燃的余热锅炉。单纯回收燃气轮机排气的热量，产生一定压力和温度的蒸汽。

2) 有补燃的余热锅炉。利用排气中的氧，在恰当位置安装补燃燃烧器，补充天然气和燃油进行燃烧，提高烟气温度，保持蒸汽参数和负荷稳定。

(2) 按余热锅炉产生的蒸汽压力分类，可分为：

1) 单压级余热锅炉。只生产一种压力的蒸汽供给汽轮机。

2) 双压或多压级余热锅炉。生产两种或多种不同压力的蒸汽供给汽轮机。

(3) 按受热面布置方式分类，可分为：

1）卧式布置余热锅炉。各级受热面的管子是垂直的，烟气横向流过各级受热面。如图4-17所示。

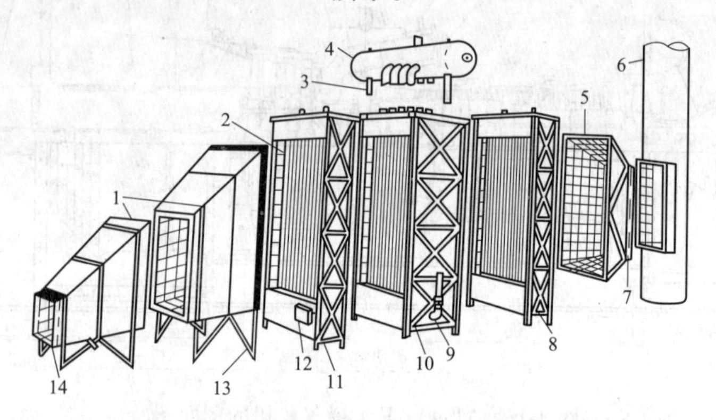

图4-17　卧式自然循环余热锅炉

1—进口烟道；2—受热面；3—下降管；4—汽包；5—出口烟道；6—烟囱；7—膨胀节；8—省煤器段；9—下降管；10—蒸发器；11—过热器；12—人孔；13—钢结构；14—膨胀节

从图4-17可见，余热锅炉的汽水系统与电站锅炉基本相似，由汽包、省煤器、蒸发器、过热器及集箱等组成，构成了水变为过热蒸汽的三个阶段，即水的加热、饱和水的蒸发、饱和汽的过热。

2）立式布置余热锅炉。各级受热面的管子是水平的，烟气自上而下流过各级受热面。各级受热面部件沿高度方向布置，如图4-18所示。

(4) 按工质流动特点分类，可分为：

1）自然循环余热锅炉。靠蒸发器管组中的水汽混合物与下降管中冷水的密度差，作为维持蒸发器中汽水混合物自然循环的动力。

2）强制循环余热锅炉。从汽包下部引出的水借助强制循环泵压入蒸发器的管组，水在蒸发器内吸收烟气热量，部分水变成蒸汽，蒸发器内的汽水混合物经导管流入汽包。

3）直流余热锅炉。靠给水泵的压头将给水一次通过各受热面变成过热蒸汽（没有汽包）。

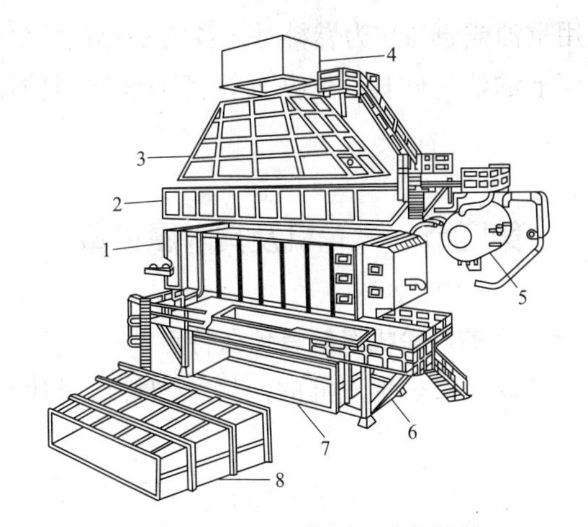

图 4-18 立式强制循环余热锅炉

1—蒸发器和过热器；2—省煤器；3—出口烟道；4—烟囱；
5—汽包；6—钢结构；7—进口弯烟道；8—进口烟道段

242. 余热锅炉本体有什么特点?

余热锅炉本体包括入口过渡段烟道、过热器、蒸发器、省煤器、汽包、出口过渡段烟道、构架和平台、楼梯等。其特点是:

(1) 出、入口过渡段烟道由耐热不锈钢板中间保温层箱体钢板铝合金护板组成，并装有导流板。

(2) 受热面组件。位于烟道内的管段采用鳍片管，以提高传热效果；过热器和省煤器采用逆流布置，蒸发器采用顺流布置。

(3) 汽包。与常规锅炉类似，也有内部装置。

(4) 除氧器。不仅具有除氧、储水功能，还具有低压汽包的汽水分离功能。

243. 余热锅炉的辅助系统有什么特点?

(1) 在燃气轮机和余热锅炉之间设置旁路烟道，避免余热锅炉检修或故障时影响燃气轮机的运行。

(2) 对于强制循环的余热锅炉，在下降管系统中装有循环泵，一般用焊接的方法悬吊在下降管上，其工作介质是高温高压的炉水。

(3) 采用重油或原油作为燃料时，各级受热面应装有吹灰器，将管束外壁面上的沾污吹掉。吹灰器汽源为经减温减压的过热器蒸汽。

第四节　汽轮机及其附属设备

244. 联合循环的汽轮机汽缸有什么特点？

(1) 不设置抽汽口，排汽缸的面尺寸和排汽量比常规机组要大很多。

(2) 采用全周进汽、无调节级结构，运行时调节阀全开，以满足滑压运行的要求。

(3) 为满足快速启停要求，减小热应力，各部件采用对称布置的设计。

(4) 为使频繁启停时的膨胀、收缩顺畅，汽缸与前轴承座下部采用定中心梁的推拉结构。

245. 联合循环的汽轮机转子有什么特点？

(1) 为适应快速启停要求，转子的高温区采用小直径，过渡连接处和圆角处采用大圆角。

(2) 为了降低应力，采用无中心孔整锻转子。

(3) 采用冲动式叶轮-隔板设计，并减少漏汽。

(4) 采用长末级叶片，承受低负荷的汽流冲击，减小冲击波引起的损失。

(5) 多压汽轮机中，采用大直径平衡活塞。

(6) 为满足快速启停要求，通流部分及轴封、油封挡动静轴向间隙比常规机组大，并采用径向式汽封。

246. 联合循环的凝汽器有什么特点？

联合循环的汽轮机没有大量抽汽用于回热系统，给水加热在余热锅炉内进行，所以，凝汽器的面积比常规机组的大，要求能接受汽轮机事故工况后的全部余热锅炉的蒸汽量。

247. 联合循环的旁路系统有什么特点？

联合循环的旁路系统是机组在快速启动、停机、甩负荷或汽轮机紧急停机下使用。它要适应机组每日启停的特点，故采用100%容量，并且能快速动作。

248. 试举例说明联合循环的汽轮机。

图4-19表示了一种联合循环的汽轮机。该机由美国GE公司制造，采用高中压缸合缸、对头布置，低压缸为双流5级，主蒸汽在高压缸中膨胀到再热蒸汽的参数（2.52MPa，566℃）后，抽出送往余热锅炉，在再热器中与中压蒸汽混合升温，送往中压缸，再膨胀到低压蒸汽的参数（0.45MPa，155℃）与低压蒸汽混合后到低压缸中膨胀做功。

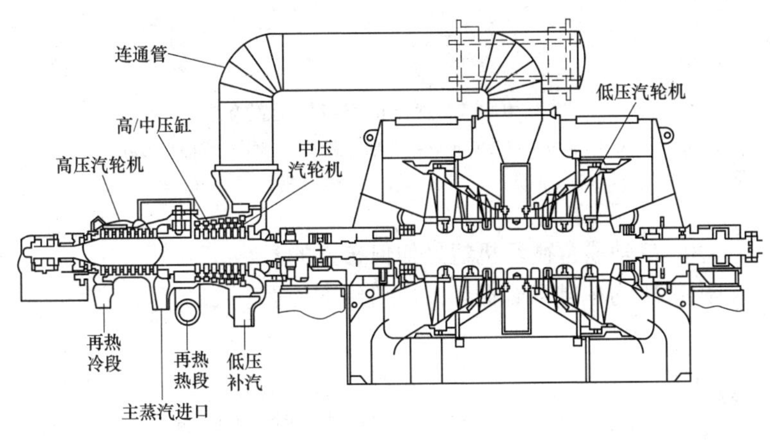

图4-19　GE公司联合循环汽轮机剖面图

第五节　发电机及附属设备

249. 试述联合循环的发电机组配置方式。

联合循环的发电机组的配置方式有单轴布置和多轴布置两大类。图4-20中分别表示了这两类的布置方式。图4-20（a）、（b）为单轴布置方式，图4-20（c）为双轴布置方式，图4-20（d）为三轴布置方式（1台汽轮机由2台燃气轮机驱动）。

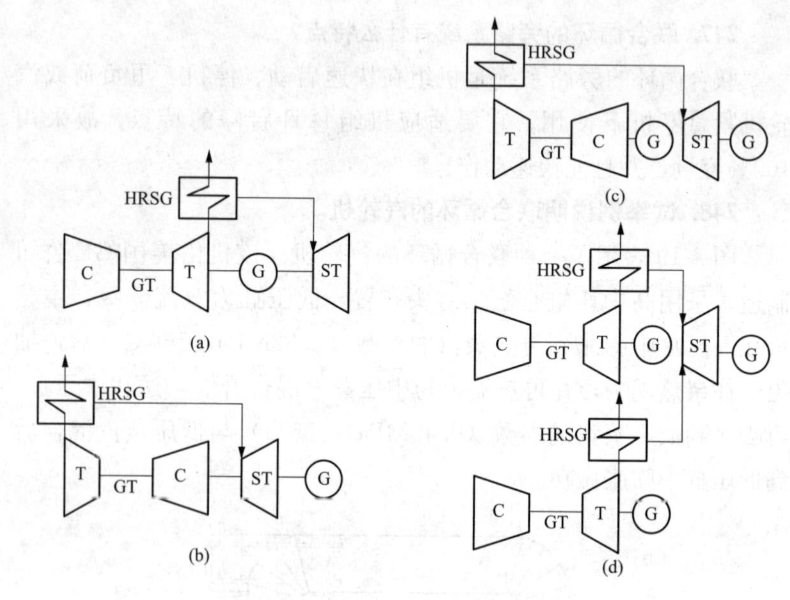

图 4-20　联合循环的发电机配置方式

(a)、(b) 单轴布置方式；(c) 双轴布置方式；(d) 三轴布置方式

C—燃气轮机；T—汽轮机；G—发电机；ST—汽轮机

250. 单轴联合循环机组是如何布置的?

图 4-21 为单轴联合循环发电机组剖面图。

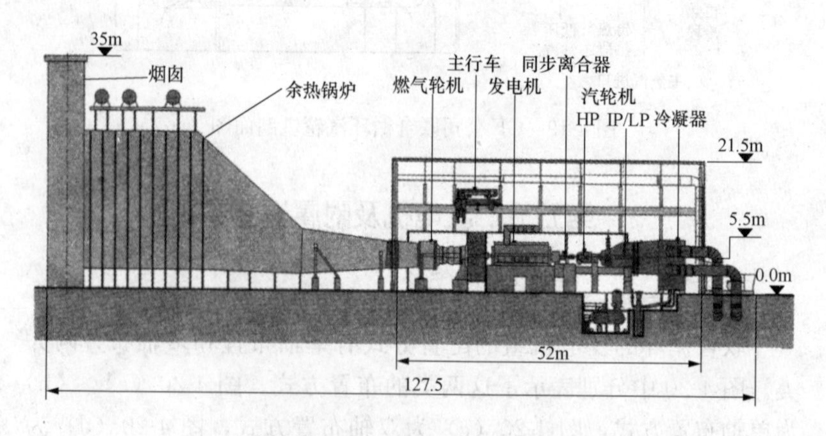

图 4-21　单轴燃气-蒸汽联合循环发电机组剖面图

从图 4-21 可见，发电机和汽轮机之间设有同步离合器。其连接顺序为：余热锅炉→燃气轮机→发电机→汽轮机→冷凝器。

251. 单轴联合循环机组有什么优点？

（1）系统简化，设备费用降低；

（2）变工况下效率下降较少；

（3）控制系统简化；

（4）运行维护简化；

（5）可靠性和利用率高。

252. 多轴联合循环机组是如何布置的？

图 4-22 为多轴联合循环机组的轴测图，如图所示，多轴联合循环发电机机组可用 2～4 台燃气轮机组成联合循环，仅用一台汽轮机，其蒸汽量是单轴机组的 2～4 倍，从而提高联合循环的效率。

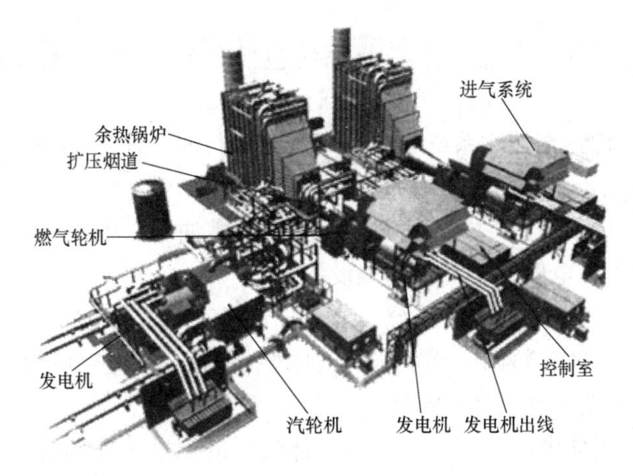

图 4-22 多轴燃气-蒸汽联合循环发电机组轴测图

253. 多轴联合循环机组有什么特点？

多轴联合循环机组具有运行灵活、检修方便的优点。它能适应前期先上，后期再上的分期建设的需要，也适应老厂的技术改造需要。但其缺点是蒸汽和水管路复杂化，控制系统也复杂化。

第六节 燃气轮机的辅助系统

254. 燃气轮机有哪些辅助系统?

燃气轮机的辅助系统有:燃料供给系统、润滑油系统、液压控制油系统、附件传动装置、空气冷却和密封系统、启动和盘车系统、进气滤清系统、通流清洗系统、消防系统、余热锅炉-汽轮机的润滑油系统、液压油系统、压缩空气系统、凝结水系统、给水系统、冷却水系统等。

255. 什么是燃气轮机的燃料供给系统?

(1) 液体燃料供给系统。该系统包括四个子系统:

1) 燃油前置供给系统。负责给燃气轮机的液体燃料系统输送合格的燃油。系统设备包括轻、重油前置泵,重油加热器及有关管网。

2) 燃油选择/监视系统。系统包括有关的滤网、轻重油电磁截止阀、切换三通阀,燃油流量计等设备。

3) 抑钒剂加注系统。在选择重油运行时,向燃油中加入适量的镁的化合物,抑制油中的钒的腐蚀。

4) 燃油增压/主控系统。系统包括燃油泵、电磁离合器、流量分配器、电磁阀、伺服阀等设备。

(2) 气体燃料供给系统。该系统包括三个子系统:

1) 气体燃料调压装置。将气体燃料的压力调整到符合入口燃料的压力要求(约2.0MPa)。

2) 气体燃料加热装置。将气体燃料的温度调整到符合入口燃料的温度要求(在露点温度基础上加30℃)。

3) 气体燃料主控系统。系统包括气体燃料过滤器、气体速度/比例截止阀、气体燃料控制系统、气体燃料分配管等设备。

256. 什么是燃气轮机的启动机系统?

燃气轮机的启动是用启动机来完成的,启动机可采用交流电动机、内燃机或静态频率转换器,根据燃气轮机情况来选用。启动机的功能是将燃气轮机从静止状态启动到盘车转速,将燃气轮机加速到点火转速并保持到点火成功，将燃气轮机加速到自持转速。燃气轮机的转子不转动时，空气不往燃气轮机中流动，因此必须用启动机来带动。和启动机配套的是液力变矩器，它由带叶片的泵轮、涡轮和导轮组成，用于实现启动机与燃气轮机主机转子之间的液力连接。

257. 什么是燃气轮机的盘车系统?

重型燃气轮机的气缸和转子比较厚重，停机后需要较长的冷却时间，在停机后采用缓慢转动转子的方法，使机组处于温度较均匀的情况下冷却，以避免转子弯曲变形而产生振动，这就是盘车。盘车分连续盘车和间隙盘车两种，连续盘车是用较小功率的电动机配套蜗轮蜗杆减速器和圆柱齿轮来传动主机转子。间隙盘车由液压棘轮组件组成。间隙盘车比连续盘车消耗能量少，但需要专门的程序来控制。

258. 什么是 SSS 离合器?

在燃气轮机中广泛采用 SSS 离合器，它是同步自换挡离合器（Synchro-Self-Shifting）的简称，应用于燃气轮机的启动/盘车系统及单轴燃气-蒸汽联合循环发电机组的汽轮机和发电机的联轴器。图 4-23 是 SSS 离合器的结构示意图。

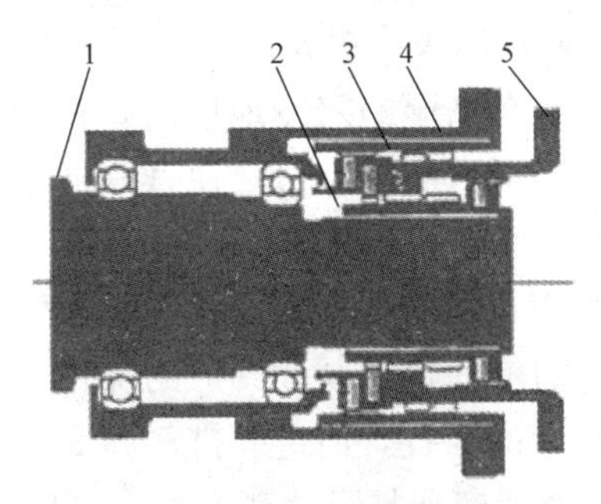

图 4-23 SSS 离合器结构示意图

1—启动设备输入组件；2—启动设备螺旋滑动件；
3—盘车齿轮螺旋滑动件；4—盘车齿轮输入组件；
5—公用输出组件

SSS 离合器的功能如下：①静止情况下盘车齿轮的啮合；②转

速情况下盘车离合器的啮合；③盘车齿轮脱离啮合；④静止情况下启动设备的啮合；⑤转速情况下启动设备的啮合；⑥启动设备的脱离啮合。

259. 什么是燃气轮机的进气滤清系统?

燃气轮机以空气为工质，为保证燃气轮机的安全可靠运行，对空气所含的有害杂质需要采取一定的措施加以清除。目前，有三级过滤装置和脉冲空气自清洗过滤装置两种滤清装置。

（1）三级过滤装置。包括惯性分离器、预过滤器、精过滤器三部分。惯性分离器使空气流经分离器时发生转弯或旋转，靠惯性撞击把灰尘和水滴分离出来并除去；预过滤器是玻璃纤维衬垫式的；精过滤器是由超细的玻璃纤维组成的。

（2）脉冲空气自清洗过滤装置。它是使用脉冲反向气流的过滤装置，过滤元件为刚性滤筒，滤纸采用高效木浆纤维滤纸。

260. 什么是燃气轮机的进气冷却/加热系统?

进气冷却系统是将燃气轮机的进气的温度降低，从而可提高燃气轮机的功率。其冷却方法可用蒸发式进气冷却和制冷式进气冷却。前者是在压气机进口喷射雾化水，利用水在空气中蒸发时所吸收的潜热来降低空气温度；后者是利用低谷负荷富裕的电力制冰，在尖峰负荷时用冰来冷却进气。

当燃气轮机运行在潮湿的寒冷地区时，在压气机的进口可设置加热防冰系统。即引入高温空气，使其和滤清后的空气混合加热，保证进气温度不低于4℃。

261. 什么是燃气轮机的进、排气消音系统?

燃气轮机运行时有130dB（分贝）的噪声，且其频谱分布很广，造成对周围环境的干扰，而进、排气口是重要的噪声源，故应装消音器。常用的消音器是阻性消音器，可以将噪声降到90dB左右。

262. 什么是燃气轮机的重油处理系统?

（1）离心分离系统。其过程如下：泵送→加入破乳剂→加热→燃油和清洗水混合→离心分离。

（2）静电除盐系统。它是采用电场力的作用对油包水或水包油重油乳化液进行破乳脱盐。目前采用卧式圆筒形静电分离器，它可以根据燃油中的钠、钾的含量分别采用一、二、三级静电分离。

263. 什么是燃气轮机的雾化空气系统?

雾化空气系统分为低压雾化空气系统和高压雾化空气系统两种，前者用于燃烧轻油的机组，后者用于燃烧重油和原油的机组。

配置雾化空气系统的目的是：雾化液体燃料，使燃料得到充分的燃烧，提高燃烧效率。

第七节 燃气轮机的控制和保护系统

264. 试简述燃气轮机的主控系统。

燃气轮机的主控系统是指其连续调节系统，单轴燃气轮机设置了几种自动改变燃料消耗率的主控制系统和每个系统对应的输出指令——FSR（Fuel Stroke Reference，燃料行程基准），此外还设置了手动控制燃料行程基准。

主控制系统包括启动控制系统、转速控制系统、技术速控制系统、温度控制系统、停机控制系统及手动 FSR 控制系统等。

265. 试简述燃气轮机顺序控制系统。

燃气轮机的顺序控制系统与主控制系统和保护系统是紧密配合相互联系的。其作用是燃气轮机在接到启动命令后，能够按照规定的启动程序发出程序信号，自动地将启动机启动，带动燃气轮机转子转动、燃气轮机点火、转子加速直至达到额定转速。启动程序还涉及辅机、启动机和燃料控制系统的顺序控制命令。停机程序也是自动完成的。

266. 什么是燃气轮机的 IGV 控制系统?

所谓 IGV 控制系统是指对压气机导叶（Inlet Guide Vane）的控制。它是通过 IGV 叶片转角的变化限制进入压气机的空气流量。其目的是：①在启动或停机过程中，当转子以部分转速旋转时，为避免压气机出现喘振而关小 IGV 的角度，扩大了压气机的稳定工作范围。②通过对 IGV 角度的控制实现对燃气轮机排气温度的控制。③启动时关闭 IGV，减小压气机空气流量，减小机组启动阻力矩，从而减小压气机的功耗。

267. 试简述燃气轮机的燃料控制系统。

燃料控制系统是指使用双燃料的燃气轮机对液体和气体两种不同燃料的选择、转换控制和混合比例的计算和流量的控制。它采用燃料分解器，利用微机控制算法把 FSR 分解为液体燃料行程基准和气体燃料行程基准。燃料的切换可以完成由液体（气体）燃料向气体（液体）燃料的切换。该系统包括液体燃料控制系统和气体燃料控制系统两部分。

268. 什么是燃气轮机的超速保护？

燃气轮机的超速保护有机械超速保护系统和电子超速保护系统两种。前者由危急遮断器、超速遮断机构、限位开关等组成；后者由主电子超速保护系统、副电子超速保护系统等组成。

269. 什么是燃气轮机的超温保护？

为了防止燃气透平前温度过高而损害透平的叶片，故设置温控器，燃气轮机在温控器的控制下运行。当温控器投入运行后，可使透平前温度维持在额定参数，排气温度和压气缸出口压力相应处于温控器基准线上的某点。随着大气温度的变化，此点在温控器的控制下进行移动，达到控制温度的目的，直至温控器故障而跳闸，如图 4-24 所示。

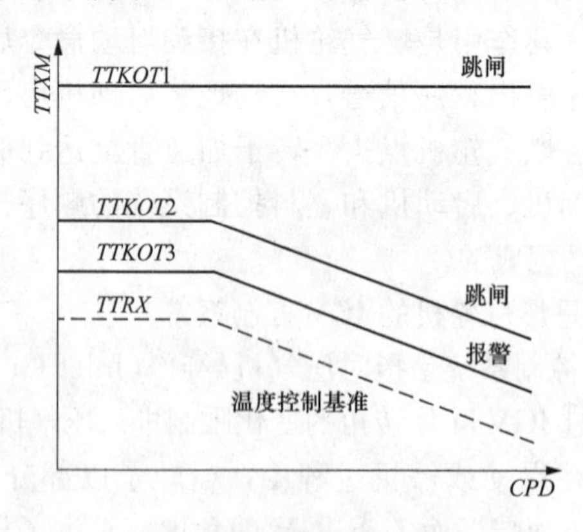

图 4-24　超温报警和跳闸

270. 什么是燃气轮机的燃烧监测?

燃气轮机在高温下运行，各部件将会出现故障，为了对这些部件进行监测，可以采用测量排气温度场的均匀度来间接预报燃烧是否正常。燃烧监测采用排气热电偶进行测量，正常情况下，排气温度的分散度应小于允许的分散度，如果大于允许的分散度，则说明燃烧不正常，则发出燃烧故障报警。如果分散度过高，则使主保护动作而遮断停机。

271. 什么是燃气轮机的熄火保护?

燃气轮机设置有火焰监测系统，如图 4-25 所示，用感受紫外线来判断燃烧室是否点火成功。该系统输出的逻辑信号同时送往启动和保护系统，以便在启动时监视点火是否成功，在运行时提供燃烧室熄火报警或遮断保护。

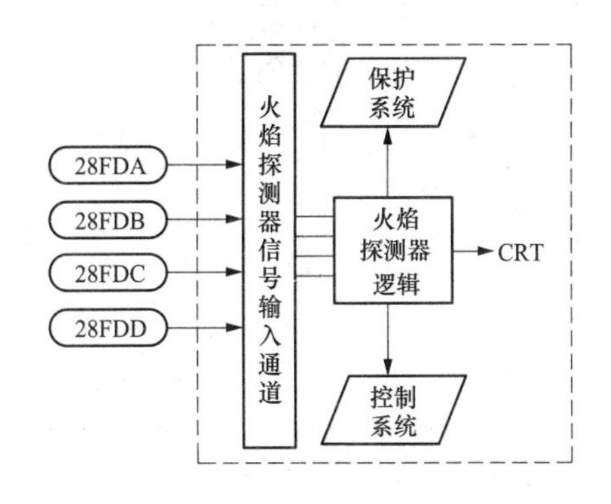

图 4-25 火焰监测系统示意图

272. 什么是燃气轮机的振动保护?

燃气轮机的振动保护由振动传感器组成，它们分别装在轴承座上，振动传感器借助磁钢穿过固定线圈产生一个微小的电压输出，用屏蔽双芯电缆将检测器连接到控制盘上，由保护软件程序的接口配置参数进行标定。当检测到振幅超过整定值时，发出报警或遮断机组。

第八节　余热锅炉及汽轮机的控制和保护系统

273. 简述余热锅炉的控制和保护系统。

（1）汽包水位调节和保护。

1）汽包水位调节。图4-26表示了汽包水位调节系统图。当蒸汽量低于20%额定流量时，给水流量采用单冲量调节，当负荷升高时，给水流量自动转为三冲量调节。

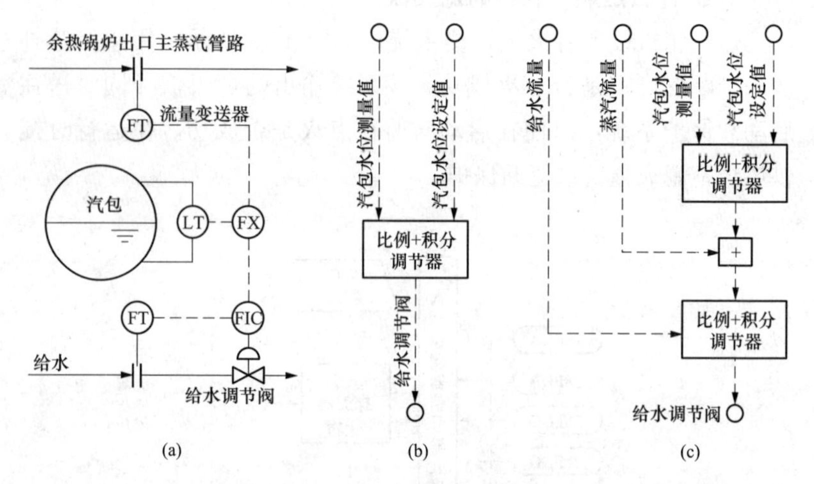

图4-26　汽包水位调节系统简图

（a）汽包水位调节原理图；（b）单冲量调节系统；（c）三冲量调节系统

2）汽包水位保护。它和锅炉的容量、结构、运行方式有关，根据汽包的直径和水位给出设定点。

（2）除氧器给水箱水位调节。采用单冲量水位调节系统，根据除氧器直径和水位给出保护的设定点。

（3）过热蒸汽温度调节。采用喷水减温调节方法。

（4）省煤器出口温度调节。采用温度控制系统或流量控制系统进行调节，如图4-27所示。

（5）汽包的压力调节。通过调节主蒸汽旁路阀开度和汽轮机主蒸汽调节阀开度进行控制。

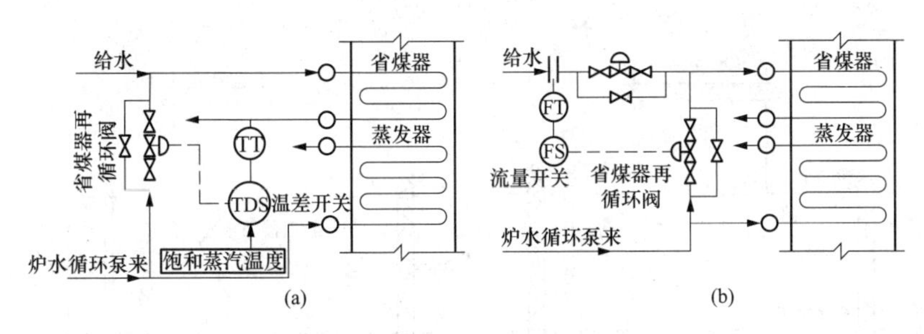

图 4-27　省煤器再循环控制系统

（a）温度控制系统；（b）流量控制系统

（6）除氧器/给水箱压力调节。采用压力控制器进行调节。

（7）循环水流量的控制。采用压差开关进行压差控制，采用流量开关进行流量控制，以实现运行泵和备用泵之间的连锁保护。

274. 简述汽轮机的控制系统。

目前，汽轮机的控制系统采用数字电液控制系统（DEH）。它具备下列功能：①操作员自动；②自动汽轮机控制；③自动同步；④限制功能，包括进口蒸汽低压力控制系统、进口蒸汽压力降速率控制系统、余热锅炉负荷限制系统、汽轮机升负荷速率控制系统；⑤遥控方式；⑥阀门管理和试验。

275. 简述汽轮机的保护系统。

汽轮机的保护系统包括：①超速保护；②功率负荷不平衡保护；③轴向位移保护；④差胀保护；⑤振动保护；⑥热应力保护；⑦排汽温度高保护；⑧低汽压保护；⑨凝汽器热井水位高保护。

276. 联合循环的烟气旁路控制有什么作用？

（1）增加了联合循环装置运行的灵活性；

（2）余热锅炉和燃气轮机的协调性好；

（3）在负荷急剧变化时，用于分流烟气，避免超压，可以快速减负荷；

（4）在事故处理中，汽轮机跳闸或甩负荷时，烟气旁路的快关功能使锅炉快速减负荷。

277. 烟气旁路系统如何进行控制？

该系统由烟气旁路挡板、压力控制器、就地位置指示器等组成，如图 4-28 所示。各组挡板和插板用限位开关实现电气连锁。

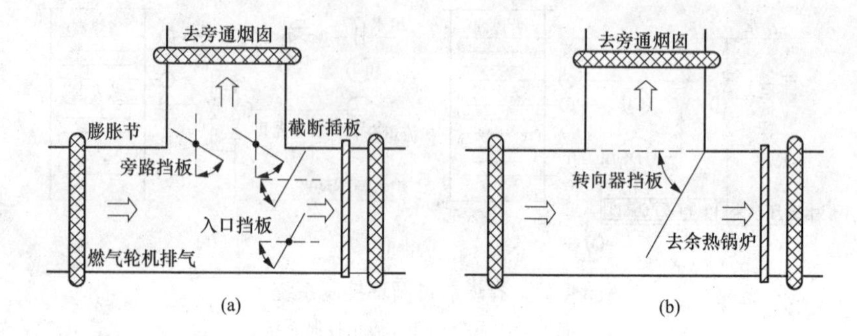

图 4-28　烟气旁路挡板的布置图

（a）旁路/隔离挡板；（b）转向器挡板

278. 联合循环的蒸汽旁路控制有什么作用?

（1）改善机组的启动性能。

（2）能够适应机组定压和滑压运行的要求。

（3）启动或跳闸时，保证过热器有一定的蒸汽流量，使其得到足够的冷却，起保护作用。

（4）起到余热锅炉安全阀作用。

（5）在母管制余热锅炉并炉过程中调节待并炉蒸汽压力，协调完成并炉操作。

（6）汽轮机按“给定功率”模式运行时，可以起到溢流作用。

（7）延长机组和部件的寿命，回收工质。

279. 蒸汽旁路如何进行控制?

蒸汽旁路系统设有液动、气动、电动或电/液联合的操作机构，实现减压、减温装置的快速投入。其运行方式有启动、定压和滑压三种方式。启动时，旁路阀主蒸汽压力逐渐开大至最大开度，从而提高主蒸汽压力；定压时，当主蒸汽压力升高至汽轮机的冲转压力时，旁路系统自动转为定压运行方式，保持启动时的主汽压力，实现定压启动；滑压时，主汽压力设定值自动跟踪其实际值，一旦实际值压力超过设定值时，旁路阀开启，此时由滑压转为定压运行。

第九节 燃气轮机的热电联产

280. 什么是燃气轮机热电联产？

燃气轮机发电后的排气经过余热锅炉生产热水，供集中供热采暖和供吸收式制冷机生产冷水，实现集中供冷。由于排气温度达450～550℃，所以热水温度可达120～150℃。此时，应设置辅助锅炉，保证热源的可靠性，如图4-29所示。

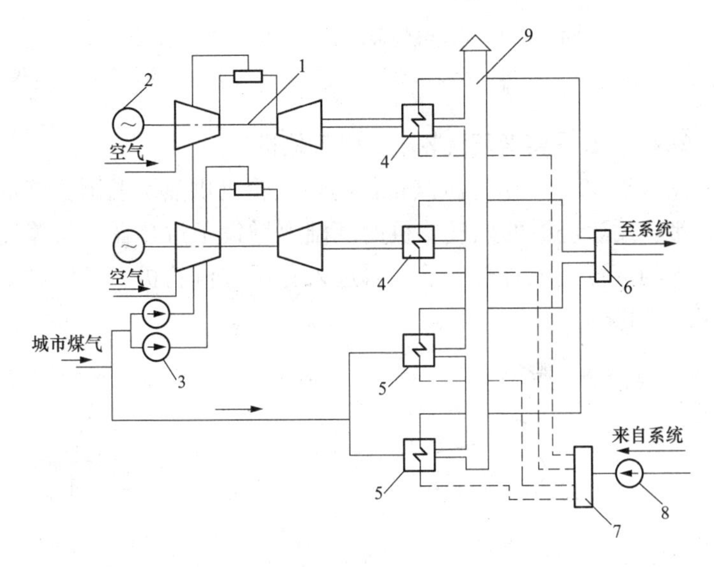

图4-29 燃气轮机热电联产示意图

1—燃气轮机；2—发电机；3—煤气压气机；4—余热锅炉；5—辅助锅炉；6—分水器；7—集水器；8—热网水泵；9—烟囱

281. 什么是带辅助燃烧器的燃气轮机？

该机组是把燃气轮机发电后的排气引入辅助燃烧器中再提高温度，然后进入蒸发器中，将给水加热为蒸汽，向外供热，排气再经过省煤器加热给水后排入大气中，这种机组的系统如图4-30所示。

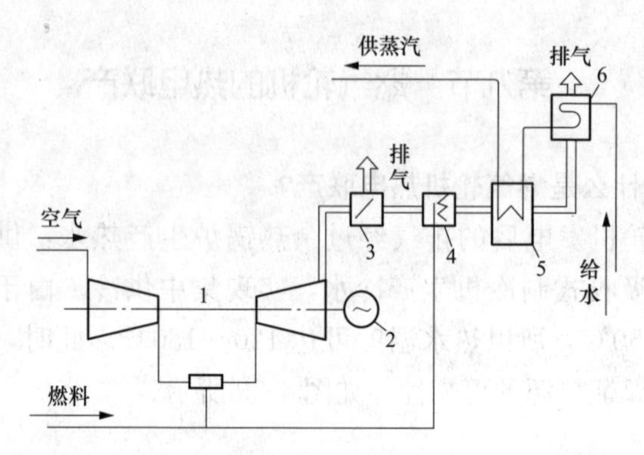

图 4-30　带辅助燃烧器的燃气轮机供热的示意图

1—燃气轮机；2—发电机；3—旁路排气；4—辅助燃烧器；5—蒸发器；6—省煤器

282. 什么是带背压汽轮机的燃气轮机？

图 4-31 表示了带背压汽轮机的燃气轮机供热示意图。该机组是在带辅助燃烧器的燃气轮机的基础上增设了过热器，从蒸发器中出来的蒸汽进入过热器后，再进入背压式汽轮机，工作过的蒸汽又向外供热。

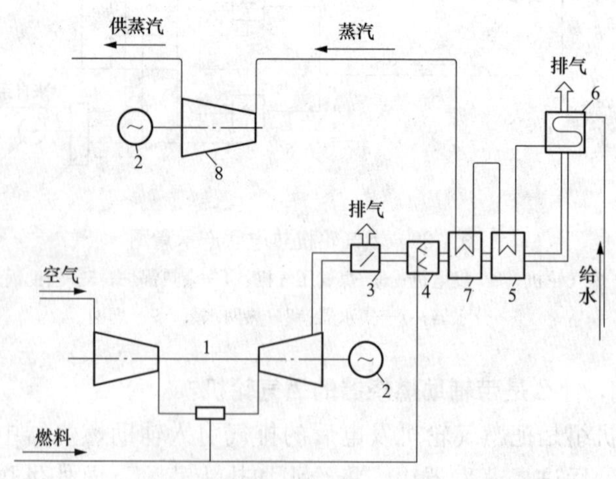

图 4-31　带背压汽轮机的燃气轮机供热示意图

1—燃气轮机；2—发电机；3—旁路排气；4—辅助燃烧器；

5—蒸发器；6—省煤器；7—过热器；8—汽轮机

283. 什么是用离合器连接的燃气轮机和汽轮机?

图 4-32 表示了用离合器连接的燃气轮机和汽轮机供热的示意图。燃气轮机的排气进入余热锅炉机组，生产的蒸汽带动汽轮机，工作过的蒸汽向外供热，安全离合器将燃气轮机和汽轮机连接在一个轴上共同带动发电机发电。

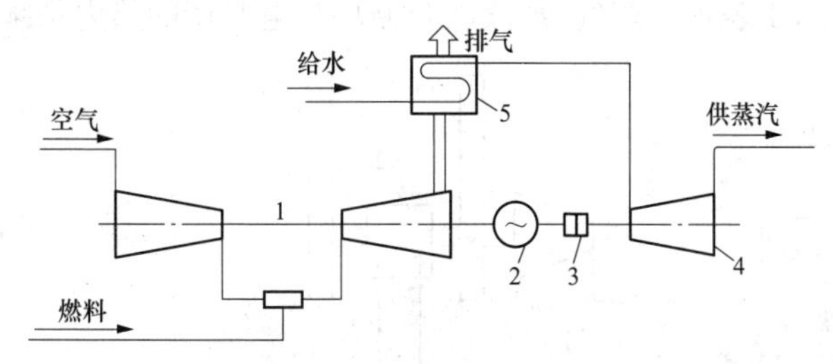

图 4-32 用离合器连接的燃气轮机和汽轮机供热示意图

1—燃气轮机；2—发电机；3—安全离合器；4—汽轮机；5—余热锅炉机组

284. 什么是燃气轮机热泵热电联产系统?

图 4-33 表示了燃气轮机热泵热电联产系统示意图。压气机出来的气体经过回热器进入高温燃气轮机，高温燃气轮机的排气进入回热器、供热换热器、冷却器到低温燃气轮机，低温燃气轮机

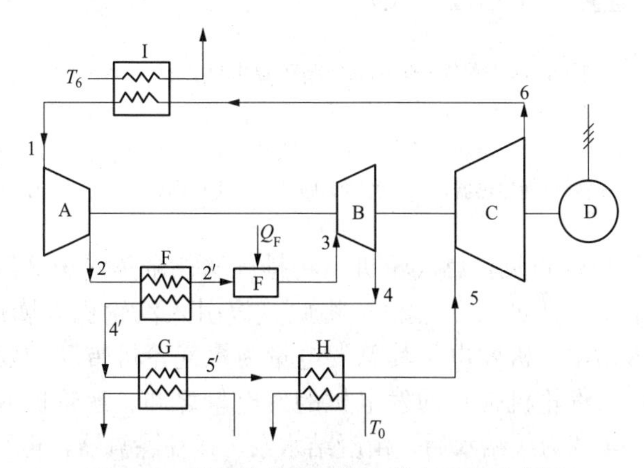

图 4-33 燃气轮机热泵热电联产系统示意图

A—压气机；B—高温燃气轮机；C—低温燃气轮机；D—发电机；

F—回热器；G—供热换热器；H—冷却器；I—冷水机组

的排气回到冷水机组和压气机。它们共同带动发电机。

第十节 燃气-蒸汽联合循环热电联产

285. 什么是燃气-蒸汽联合循环热电联产？

图 4-34 表示了燃气-蒸汽联合循环热电联产的热力系统图。

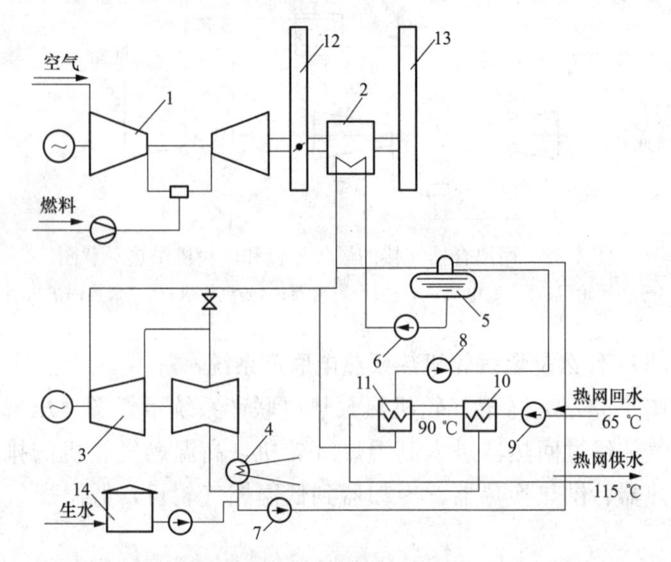

图 4-34 燃气-蒸汽联合循环热电联产热力系统图

1—燃气轮机；2—余热锅炉；3—汽轮机；4—凝汽器；5—除氧器；6—给水泵；7—凝结水泵；8—热网凝结水泵；9—热网水泵；10—基本热网加热器；11—高峰热网加热器；12—旁路烟囱；13—主烟囱；14—水处理设备

从图 4-34 可见，燃气轮机 1 将排气送往余热锅炉 2 后，将水加热为中温中压的过热蒸汽，将此蒸汽引入汽轮机 3 膨胀做功，汽轮机带动发电机发电，其总发电量为燃气轮机带动的发电机的发电量加上汽轮机带动的发电机的发电量之和。汽轮机的排汽经过凝汽器 4 变为凝结水后，由凝结水泵 7 送往除氧器，再经过给水泵将回水送往余热锅炉；另一方面，基本热网加热器 10 的热网 65℃回水由热网水泵 9 打入，并经过来自汽轮机的抽汽加热后送往高峰热网加热器，再经过来自余热锅炉的蒸汽加热后，水温达到 115℃，对外向用户供热。这就构成了热电联产的热力系统。

286. 试简述燃气轮机的主要性能。

目前，我国使用的燃气轮机大多是引进国外的，部分主机厂已获准与外商合作生产燃气轮机。燃气轮机的主要性能可见表 4-1 所示。

表 4-1　　燃气轮机主要性能一览表

公司名称	型号	发电机功率（MW）	供电热耗率（kJ/kWh）	压比	燃气初温（℃）	排气温度（℃）	供电净效率（%）
GE 公司	PG9351FA	255.6	9757	15.4	1327	609	36.9
西门子公司	V94.3A	267	9302	16.9	1320	576	38.7
阿尔斯通公司	GT26	265	9351	30	1255	640	38.5
三菱公司	M701F	270	9424	17	1400	586	39.5

287. 试述余热锅炉的选择原则。

（1）燃气-蒸汽联合循环机组采用一台燃气轮机配一台余热锅炉，不设备用，在运行和管理上比多台燃气轮机配一台余热锅炉更方便和灵活。

（2）余热锅炉的参数应符合蒸汽循环的要求和燃气轮机的排气特性，也应适应燃气轮机的快速启动的特点。

（3）烟囱的设置高度应满足环保要求，当燃气轮机与汽轮机为多轴配置时，需设置旁路烟囱和余热锅炉烟囱。

288. 试述蒸汽轮机的选择原则。

（1）每个单元只设置一台蒸汽轮机，由一台燃气轮机与一台余热锅炉或多台燃气轮机与多台余热锅炉与一台蒸汽轮机组成一个单元。蒸汽轮机电功率为单元内燃气轮机电功率的 1/3～1/2。

（2）蒸汽轮机的进汽量与余热锅炉最大蒸发量之和相匹配。蒸汽循环采用单压、双压、三压，有无再热应经技术经济比较确定。当燃气轮机的排气温度低于 538℃时，则采用单压蒸汽循环。

（3）对多台燃气轮机和一台蒸汽轮机组成一个单元时，每个单元蒸汽系统采用母管制，对单轴配置的联合循环机组，蒸汽系统采用单元制。

（4）可采用除氧器除氧，也可采用凝汽器真空除氧或利用余热锅炉低压汽包除氧。

289. 试述燃气轮机及其辅助设备的布置。

(1) 燃气轮机可采用室内或室外布置。室内布置用于环境条件差的严寒地区或对设备噪声有特殊要求的燃机电厂；或采用外置式燃烧器的燃机电厂。

(2) 单轴配置的大容量联合循环机组，宜室内布置。

(3) 燃气轮机的辅助设备应就近布置在其周围。在采用室外布置时，辅助设备应根据环境条件和设备要求设置防雨、伴热或加热设施。

290. 试述余热锅炉及其辅助设备的布置。

(1) 余热锅炉宜露天布置。在严寒地区可室内布置或采用紧身封闭。

(2) 余热锅炉的辅助设备附属机械及余热锅炉的仪表、阀门等露天布置时，应考虑采取防雨、防冻、防腐措施。

291. 试述汽轮机的布置。

汽轮机应室内布置。对轴向或侧向排汽的汽轮机，应低位布置；对垂直向下排汽的汽轮，应高位布置。

汽轮机的辅助设备应按下列规定布置：

(1) 主油箱油泵冷油器等应布置在0m层并远离高温管道，并应采用防火措施、设置事故油箱（坑），其放油门应布置在安全及便于操作的位置。

(2) 除氧器给水箱的安装在给水泵不发生汽蚀的高度位置。

(3) 凝汽器胶球清洗装置宜布置在凝汽器旁。

292. 试述控制室的布置。

(1) 宜设机炉电集中控制室。

(2) 集中控制室宜布置在集控楼内，该楼应分层布置自动控制设备、计算机室、继电器室、电缆夹层、空调设备等。

(3) 集中控制室应有良好的空调、照明、防尘、防振、防噪声、防电磁干扰等措施。

(4) 集中控制室的出入口应不少于2个，净空高度应不少于3.2m。

第五章

热力网和集中供热

第一节 热负荷

293. 热负荷有几种类型?

(1) 生产工艺热负荷。所谓生产工艺热负荷是指生产过程中加热、烘干、蒸煮、清洗、溶化等的用热，或作为动力用于拖动机械设备。它是属于全年性热负荷。

(2) 采暖热负荷。所谓采暖热负荷是指在冬天保持室内具有所规定的温度的用热，在室外采暖计算温度下，由室内传向室外的热量称为采暖计算热负荷。它属于季节性热负荷。

(3) 通风热负荷。所谓通风热负荷是指保证室内空气具有一定清洁度及温度等要求，对生产厂房公用建筑及居住房间进行通风或空调用热。在供热期间，加热从室外进入的新鲜空气所耗的热量，称为通风热负荷，它是属于季节性热负荷。

(4) 生活用热水供应的计算热负荷。这是指日常生活中用于盥洗等的用热，由使用热水的人数、热水用量标准等来确定的。

294. 什么是热负荷图?

热负荷图是用于表示用户热负荷变化情况的图，常用的热负荷图有全日热负荷图、月热负荷图、年热负荷图和连续性热负荷图。全日热负荷图是表示一昼夜中小时热负荷变化情况的图，以小时为横坐标、以小时热负荷为纵坐标绘制；月热负荷图是在全日热负荷的基础上、以日为横坐标、以日热负荷为纵坐标绘制；年热负荷图是在月热负荷图的基础上，以月为横坐标、以月热负荷为纵坐标绘制；连续性热负荷图是表示随室外温度变化而变化的热负荷的总耗热量图，它能够清楚地显示出不同大小的供热负荷在整个采暖季中的累计耗量和它在整个采暖季总耗热量中所占的比重。

295. 连续性热负荷图是如何绘制的？

如图 5-1 所示，连续性热负荷图是以采暖期的时数为横坐标、以小时耗热量为纵坐标绘制。采暖期间各不同室外温度的延续小时数是根据地区气象局所提供的气象资料统计所得的。从采暖室外计算温度开始，依次将各室外温度 t_{wj}、t_{w1}、t_{w2}……t_{wk}的连续小时数画在横坐标轴上，即图 5-1 右半部分横坐标轴上的 b_j、b_1、b_2……b_k。在左半图随室外温度变化的小时耗热曲线上查得与各室外温度相对应的耗热量，即得到右半图的 a_j、a_1、a_2……a_k各点，连接各点，则得到连续性热负荷曲线。该曲线和坐标轴围成的面积，就是采暖期间的总耗热量。

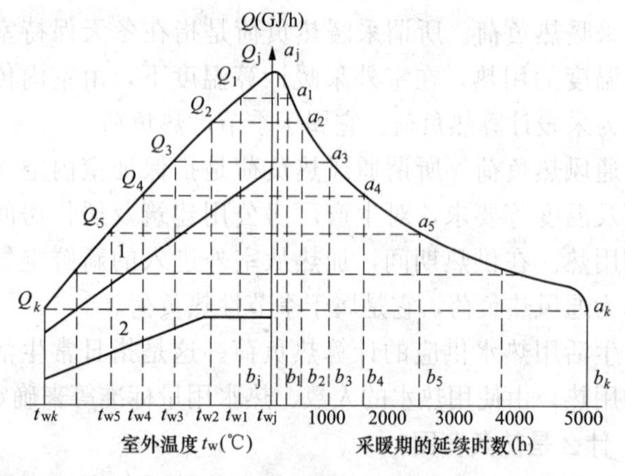

图 5-1　连续性热负荷曲线图

第二节　热力网供热系统

296. 热力网供热系统有几种？

热力网供热系统常用的热媒主要有水、蒸汽和空气。以热水为热媒的供热系统称为热水供热系统，按照循环动力可以分为自然循环热水系统和机械循环热水供热系统。目前，应用最广泛的是机械循环热水系统。按照热水参数可以分为低温和高温热水系统。

以蒸汽为热媒的供热系统称为蒸汽供热系统；按照压力可以分为低压、高压和真空蒸汽供热系统；按照凝结水流动动力可以分为重力回水、余压回水和加压回水系统。

297. 什么是自然循环供热系统？

图 5-2 为自然循环供热系统图。运行前，先将系统内充满水，水在锅炉中被加热后，水向上浮升，经供水管路流入散热器，在散热器内热水被冷却，水再从回水管路返回锅炉。这种系统是靠供回水的密度差作为循环动力的，称为自然循环热水供热系统。

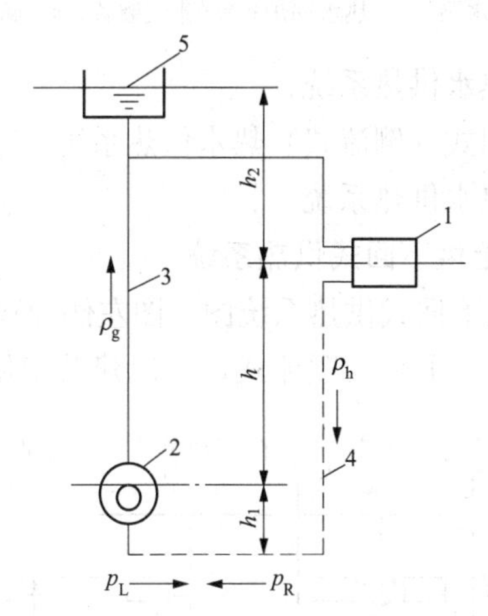

图 5-2 自然循环供热系统图

1—散热器；2—热水锅炉；3—供水管路；

4—回水管路；5—膨胀水箱

298. 什么是机械循环供热系统？

图 5-3 为机械循环供热系统图。循环水泵将水打入热水锅炉中加热，依靠水泵提供的动力，强制水在系统中循环流动。

299. 机械循环供热系统中垂直式系统有几种？

（1）上供下回式热水供热系统；

（2）下供上回式双管热水供热系统；

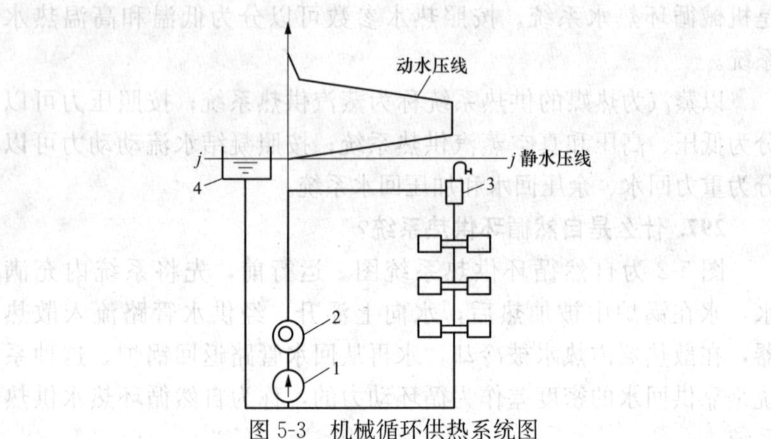

图 5-3 机械循环供热系统图

1—循环水泵；2—热水锅炉；3—集气装置；4—膨胀水箱

（3）中供式热水供热系统；

（4）下供上回式（倒流式）热水供热系统；

（5）混合式热水供热系统。

300. 什么是上供下回式供热系统？

图 5-4 为上供下回式供热系统图。图左侧为双管式系统；图右侧为单管式系统。（Ⅰ）为顺流式，一般建筑中使用；（Ⅱ）为跨

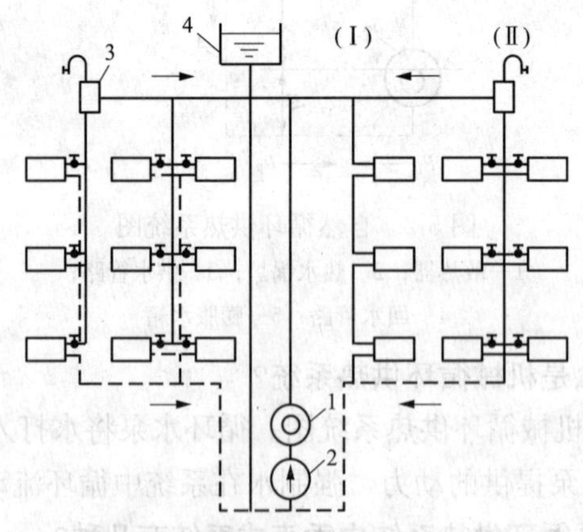

图 5-4 上供下回式供热系统图

1—热水锅炉；2—循环水泵；3—集气装置；4—膨胀水箱

越式系统，用于房间温度要求严格、需要进行散热器散热量局部调节的系统。

301. 什么是下供下回式双管热水供热系统？

图 5-5 为下供下回式双管供热系统图。该系统用于设有地下室建筑物，或者在平房顶建筑顶棚下难以布置供水管的情况。

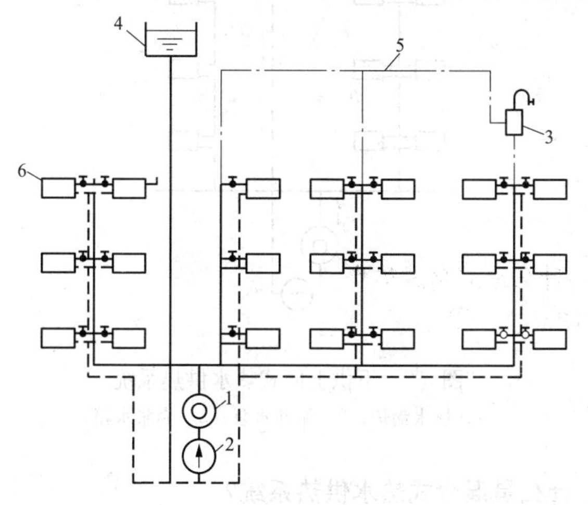

图 5-5 下供下回式双管供热系统图

1—热水锅炉；2—循环水泵；3—集气箱；

4—膨胀水箱；5—空气管；6—放气阀

302. 什么是中供式热水供热系统？

图 5-6 为中供式热水供热系统图，这种系统用于加建筑层的建筑或者“品”字形建筑。

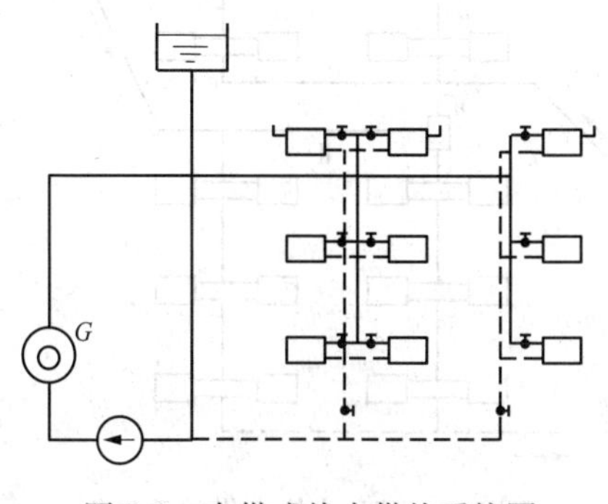

图 5-6 中供式热水供热系统图

303. 什么是下供上回式热水供热系统？

图5-7为下供上回式热水供热系统图，多用于高温水供热系统。

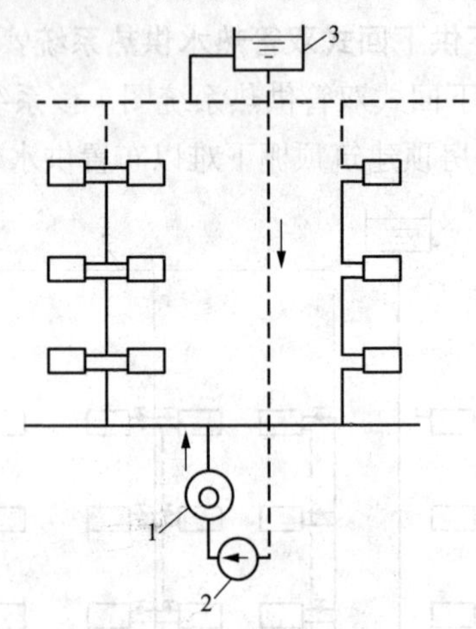

图5-7 下供上回式热水供热系统

1—热水锅炉；2—循环水泵；3—膨胀水箱

304. 什么是混合式热水供热系统？

图5-8为混合式热水供热系统图。它是由下供上回式和上供下

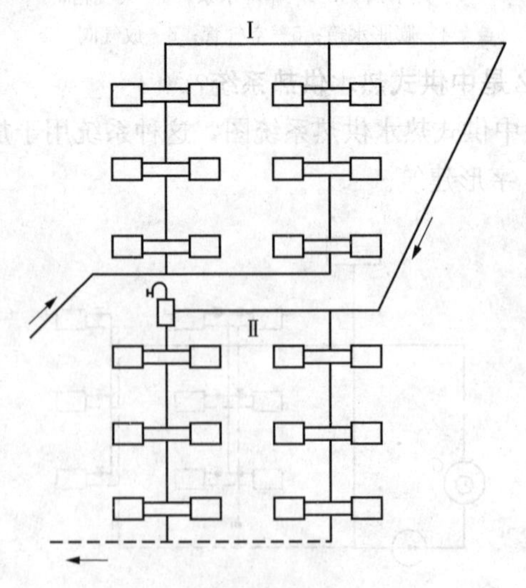

图5-8 混合式热水供热系统图

回式两组串联而成，一般用于高温水网上卫生要求不高的民用建筑或者生产厂房。

305. 机械循环热水供热系统中水平式系统有几种？

水平式系统有两种，为顺流式系统和跨越式系统。

306. 什么是水平顺流式系统？

图 5-9 为水平单管顺流式系统图。该系统将同一层楼的各组散热器串联在一起，热水水平地依次流经各组散热器。

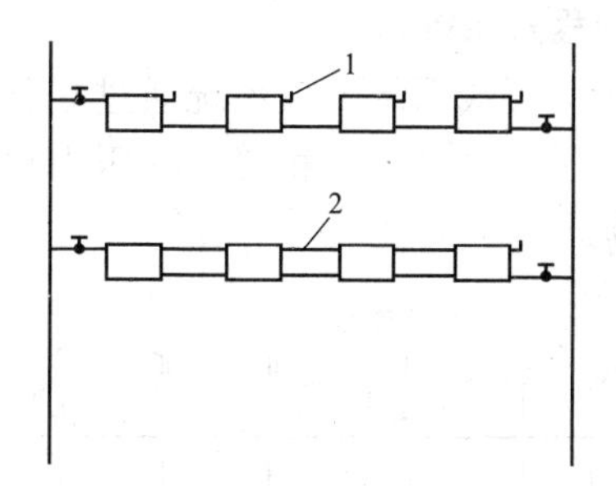

图 5-9 水平单管顺流式系统图

1—放气阀；2—空气管

307. 什么是水平跨越式系统？

图 5-10 为水平单管跨越式系统图。该系统多布置在散热器的支管之间连接一跨越管，热水一部分流入散热器，另一部分经跨越管直接流入下组散热器。该系统可以在散热管支管上设置调节阀门，进行散热器的流量调节。

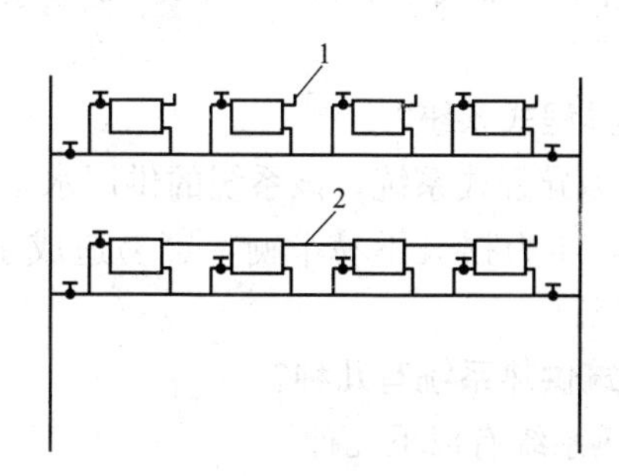

图 5-10 水平单管跨越式系统

1—放气阀；2—空气管

308. 水平式系统与垂直式系统比有什么优点？

水平式系统的优点有：

（1）系统结构简单，穿过各层楼板的立管少，施工安装方便。

（2）系统造价较低。

（3）不必在顶棚上设专门安装膨胀水箱的房间，降低建筑造价。

由于水平式系统具有以上的优点，故在国内应用较广泛。

309. 什么是同程式系统？

图 5-11 所示为同程式系统。该系统通过立管Ⅰ的循环环路与最远处立管Ⅳ循环环路的总长度相等，其压力损失易于平衡，适用于较大的建筑物。

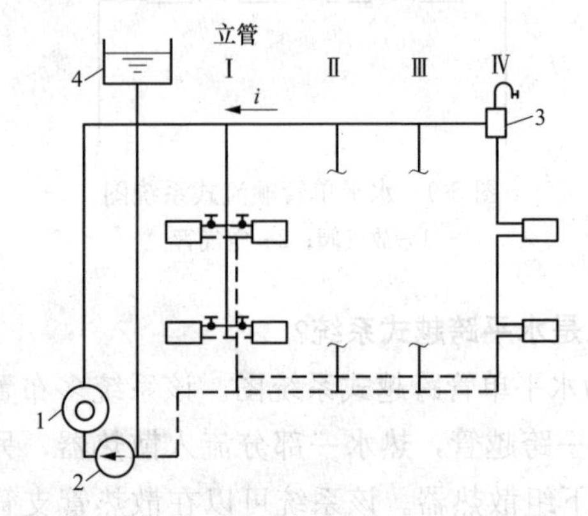

图 5-11　同程式系统

1—热水锅炉；2—循环水泵；3—集气罐；4—膨胀水箱

310. 什么是异程式系统？

图 5-12 所示为异程式系统。该系统的供回水干管总长度较短，但连接立管较多，压力损失不易平衡，容易造成水平失调，不宜用于大型供热系统。

311. 高层建筑供热系统有几种？

高层建筑供热系统有以下几种：

（1）分层式供热系统；

（2）双线式供热系统；

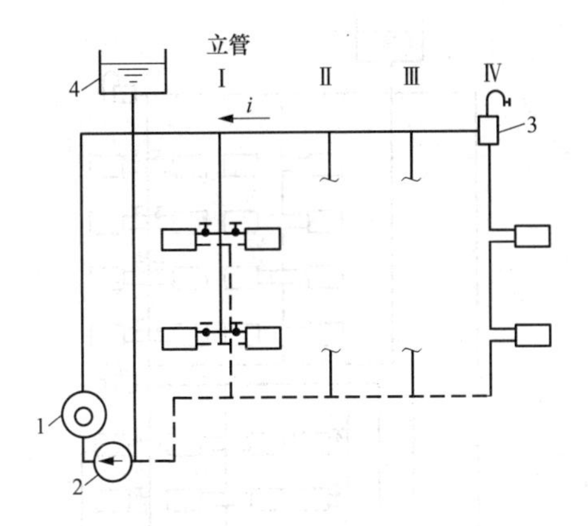

图 5-12 异程式系统

1—热水锅炉；2—循环水泵；3—集气罐；4—膨胀水箱

（3）单、双管混合式供热系统。

312. 什么是分层式供热系统？

沿垂直方向将高层建筑供热系统分成两个或者两个以上的独立系统，称为分层式供热系统。它可分为设置热交换器的分层式系统、设置双水箱的分层式系统、设置断流器和阻旋器的分层式系统和设置阀前压力调节器的分层式系统。

313. 什么是设置热交换器的分层式系统？

图 5-13 所示为设置热交换器的分层式系统。

从图 5-13 可见，高层水与外网水经过热交换器进行热交换，热交换器作为高层热源，高层设置循环水泵和膨胀水箱，构成与室外管网压力隔绝的独立回路。

314. 什么是设置双水箱分层式系统？

图 5-14 表示了设置双水箱的分层式系统。该系统把外网水直接引入高层，当外网压力低于高层的压力时，经过加压水泵将水送往上部的进水箱，再经过其溢流管和外网回水管连接，水就在高层内流动。该系统利用进水箱和回水箱（即双水箱，隔绝高层压力和外网压力）。

315. 什么是设置断流器和阻旋器的分层式系统？

图 5-15 所示为设置断流器和阻旋器的分层式系统。该系统的

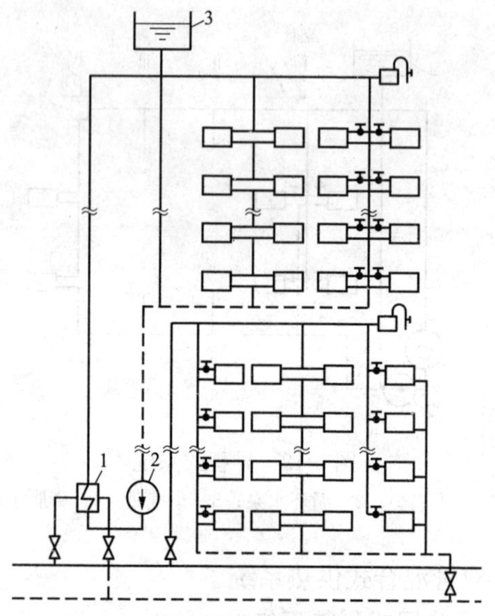

图 5-13　设置热交换器分层式系统

1—热交换器；2—循环水泵；3—膨胀水箱

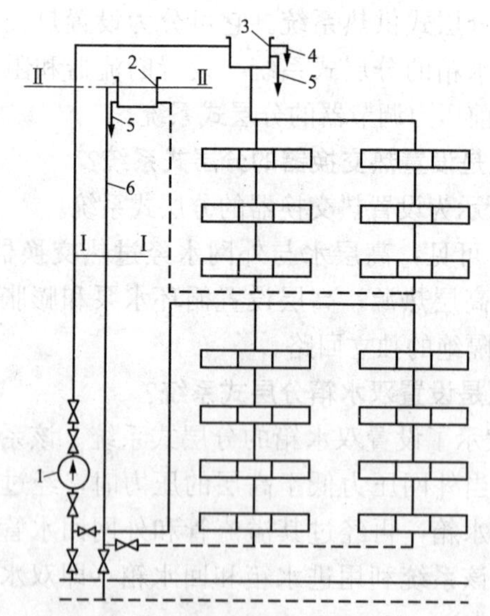

图 5-14　设置双水箱分层式系统

1—加压水泵；2—回水箱；3—进水箱；
4—进水箱溢流管；5—信号箱；6—回水箱溢流管

高层水直接与外网水连接，加压水泵保证高层系统的压力，水泵出口的止回阀避免高层出现倒空现象。从断流器流出的水流到阻旋器处停止旋转，流速减小使大量空气通过自动排气阀排出。该系统用于不能设置热交换器和双水箱的供热系统。

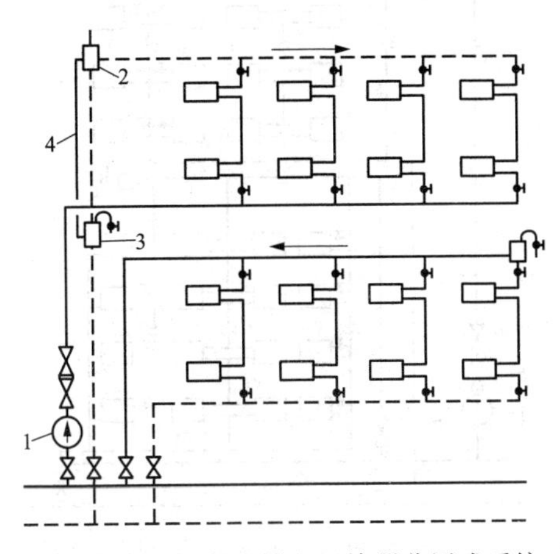

图 5-15 设置断流器和阻旋器分层式系统

1—加压控制系统；2—断流器；3—阻旋器；4—连通管

316. 什么是设置阀前压力调节器的分层式系统?

图 5-16 所示为设置阀前压力调节器的分层式系统。该系统高层水直接与外网水连接，加压水泵出口处的止回阀前压力调节器设置在高层水管上。当正常运行时，压力调节器的阀孔开启，高层水与外网水直接连接，高层正常供热；当系统停运时，阀孔关闭，高层水与外网水隔断，防止高层水倒空。该系统的高低层水温相同，可以满足高层的低温水用户的要求。

317. 什么是垂直双线单管式供热系统?

图 5-17 所示为垂直双线单管式供热系统。

该系统的散热器立管由上升立管和下降立管组成，各层散热器的水的平均温度相等，避免了垂直失调，并设置节流孔板增加立管压力，以避免水平失调。

318. 什么是水平双线单管式供热系统?

图 5-18 所示为水平双线单管式供热系统。该系统的水平方向

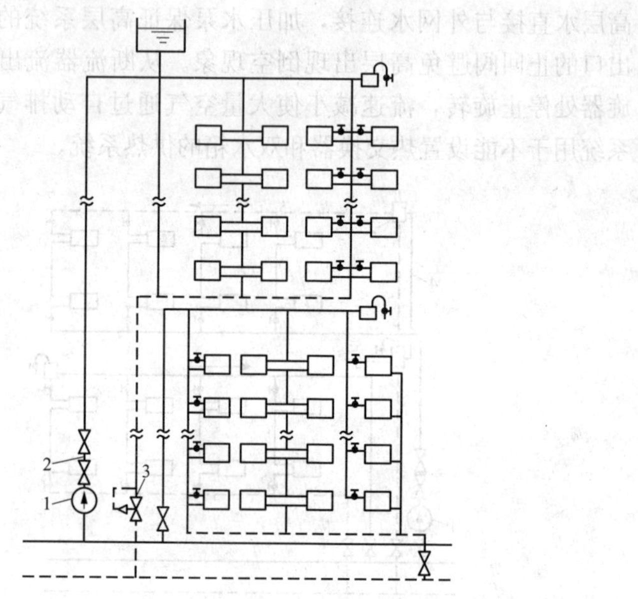

图 5-16　设置阀前压力调节器分层式系统

1—加压水泵；2—止回阀；3—压力调节器

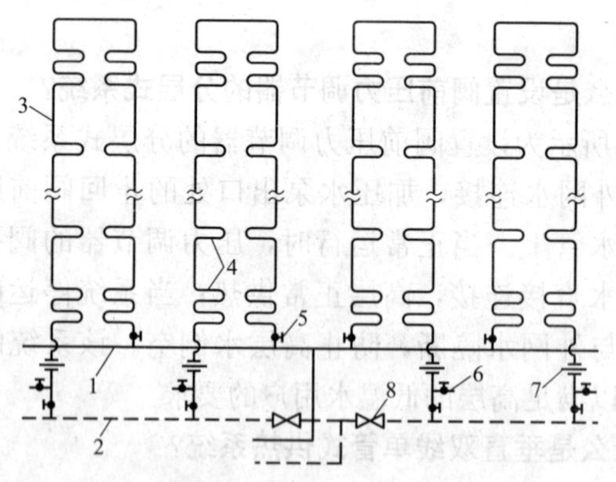

图 5-17　垂直双线单管式供热系统

1—供水干管；2—回水干管；3—双线立管；

4—散热器或加热盘管；5—截止阀；

6—排气阀；7—节流孔板；8—调节阀

的散热器的热水温度相同，避免冷热不均现象，调节阀用于分层调节；节流孔板用于避免垂直失调。

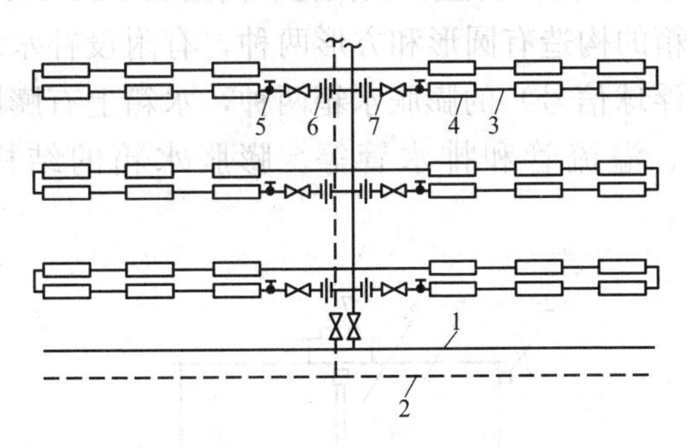

图 5-18 水平双线单管式供热系统

1—供水干管；2—回水干管；3—双线水平管；

4—散热器；5—截止阀；6—节流孔板；7—调节阀

319. 什么是单双管混合式供热系统？

图 5-19 所示为单双管混合式供热系统。单双管混合式供热系统是将散热器沿垂直方向分成若干组，每组有 2～3 层，组内采用双管形式，组间用单管连接。这样可以避免单管顺流式散热器支管管径过多的问题，还可以进行散热器的局部调节。

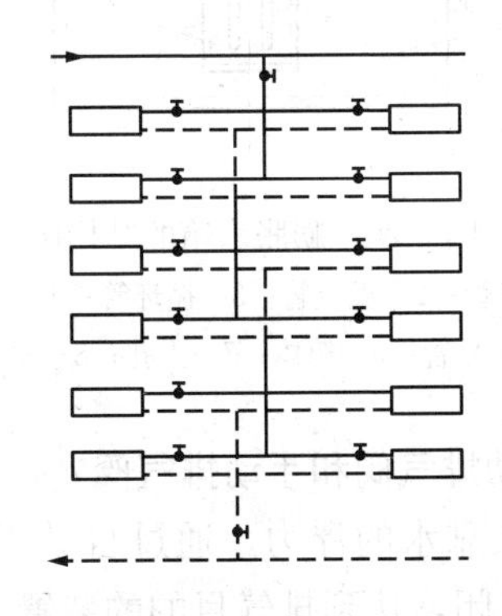

图 5-19 单双管混合式供热系统

320. 供热系统中的膨胀水箱有什么作用？其构造是什么样的？

膨胀水箱的作用是容纳系统中水由于受热而增加的体积、补充系统中水的不足、排除系统中的空气、指示系统中的水位、控制系统中的静水压力，防止发生汽化和倒空现象。

膨胀水箱的构造有圆形和方形两种，有附设补水水箱和无补水水箱（有浮球信号）的膨胀水箱两种，水箱上有膨胀管、循环管、信号管、溢流管和排水管等。膨胀水箱的结构如图5-20所示。

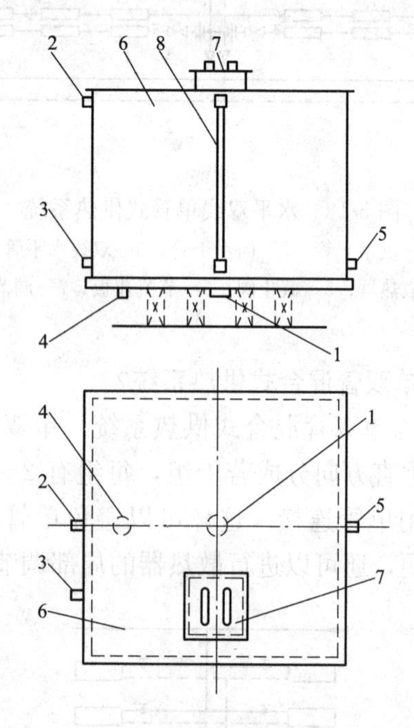

图5-20 膨胀水箱的结构图

1—膨胀管；2—溢流管；3—循环管；4—排水管；
5—信号管；6—箱体；7—人孔；8—水位计

321. 什么是自动排气阀和手动排气阀？

自动排气阀是依靠水的浮力，通过自动阻气和排水机构，使排气孔自动打开或关闭，达到排气目的的装置。

手动排气阀是旋紧在散热器上部的丝孔上，以手动方式排出空气的装置。图5-21和图5-22分别表示了这两种阀门的结构。

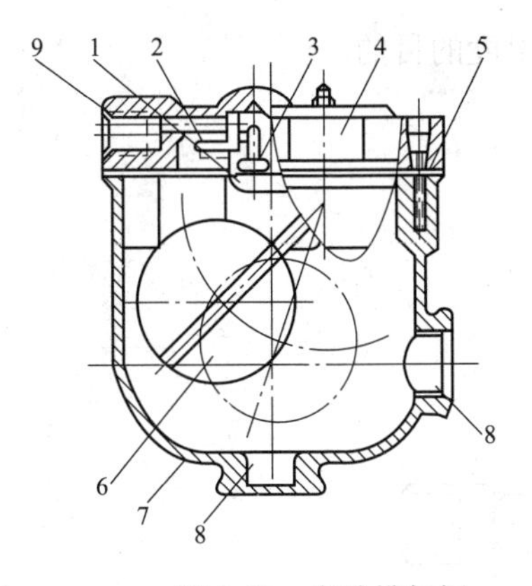

图 5-21 自动排气阀

1—杠杆机构；2、5—垫片；3—阀堵；4—阀盖；6—浮子；7—阀体；8—接管；9—排气孔

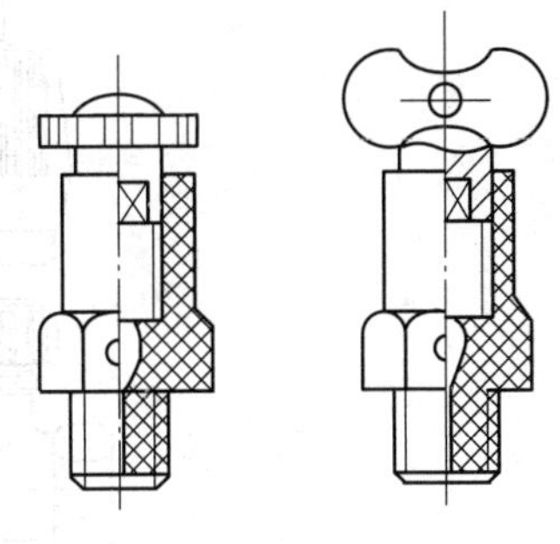

图 5-22 手动排气阀

322. 什么是调压板？

调压板是防止外网压力超过用户的允许压力，在入口进行压力调节的装置（如图 5-23 所示）。在热水供热系统中，调压板采用铝合金或不锈钢制成；在蒸汽供热系统中，调压板采用不锈钢制成。

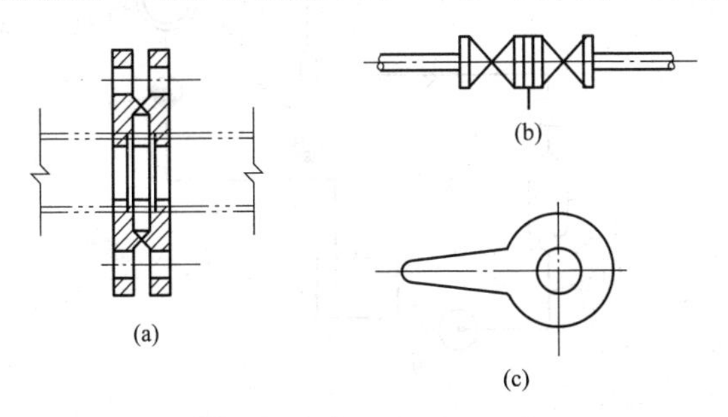

图 5-23 调压板

(a) 装配图；(b) 安装图；(c) 截面图

323. 什么是散热器温控阀？

散热器温控阀是自动控制进入散热器热水（或蒸汽）的设备，由阀体和感温元件组成，如图 5-24 所示。感温元件在受热膨胀或受冷收缩时，利用其顶杆和弹簧的作用对阀孔关小或开大，调节

进热水的流量，达到自动控制室内温度的目的。

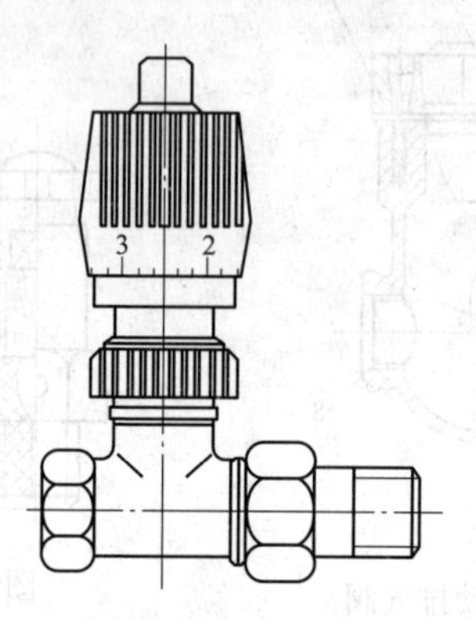

图 5-24　散热器温控阀

324. 试述蒸汽供热系统的原理。

蒸汽供热系统原理图如图 5-25 所示。蒸汽从热源 1 经蒸汽管道 2 进入散热设备 4，蒸汽凝结放热后，凝结水经过疏水器 5 再返回热源重新加热。

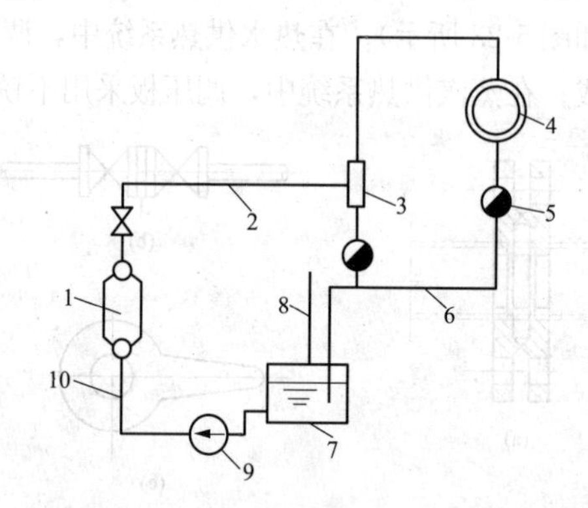

图 5-25　蒸汽供热系统图

1—热源；2—蒸汽管路；3—分水器；4—散热设备；
5—疏水器；6—凝结水管路；7—凝结水箱；
8—空气管；9—凝结水泵；10—换水管

325. 蒸汽供热系统有什么特点?

（1）蒸汽供热系统中，作为热媒的蒸汽，主要依靠蒸汽凝结释放热量，发生相变；而热水供热系统是热水的温度降低放出热量，不发生相变。

（2）蒸汽供热系统的散热设备中的蒸汽的温度比热水供热系统中高得多。

（3）相同的热负荷，蒸汽供热所需流量比热水的流量少得多。

（4）蒸汽的比体积比热水的比体积大得多。

（5）蒸汽比体积大、密度小，故不会产生很大的静水压力。

（6）蒸汽和凝结水的状态参数变化较大，而热水的状态参数变化较小。

（7）蒸汽散热设备表面温度很高，容易出现跑、冒、滴、流、漏现象。

326. 蒸汽供热系统如何分类？

蒸汽供热系统按照供汽压力分为低压（压力不高于 70kPa）和高压（压力高于 70kPa）蒸汽供热系统；按照凝结水流动动力分为重力回水系统、余压回水系统和加压回水系统。

327. 低压蒸汽供热系统有几种形式？

（1）双管上供下回式蒸汽供热系统；

（2）单管上供下回式蒸汽供热系统；

（3）双管下供上回式蒸汽供热系统；

（4）双管中供式蒸气供热系统。

328. 什么是双管上供下回式蒸汽供热系统？

图 5-26 表示了双管上供下回式蒸汽供热系统，这是经常采用的供热方式。

从图可见，其工作流程为：热源厂 12 产生的低压蒸汽经过分汽缸 13 分配给管路系统，并依次经过室外蒸汽管 1、室内蒸汽主管 2、蒸汽干管 3、蒸汽立管 4、散热器支管、散热器、凝结水支管、凝结水立管 6、凝结水干管 7、室外凝结水管 8、凝结水箱 9、凝结水泵 10、热源厂 12。

329. 什么是单管上供下回式蒸汽供热系统？

图 5-27 所示为单管上供下回式蒸汽供热系统。每组散热器的 1/3 高度处安装了自动排气阀，用于运行时排除散热器内的空气和停运时向散热器内补充空气，防止形成真空、避免水击。

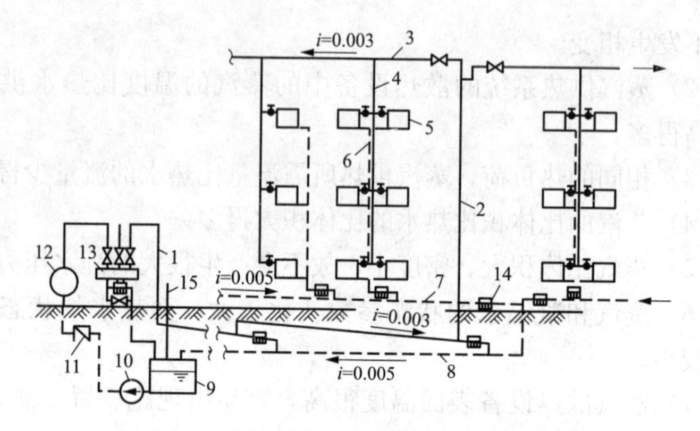

图 5-26　双管上供下回式低压蒸汽供热系统

1—室外蒸汽管；2—室内蒸汽主管；3—蒸汽干管；4—蒸汽立管；5—散热器；6—凝结水立管；7—凝结水干管；8—室外凝结水管；9—凝结水箱；10—凝结水泵；11—止回阀；12—热源厂；13—分汽缸；14—疏水器；15—空气管

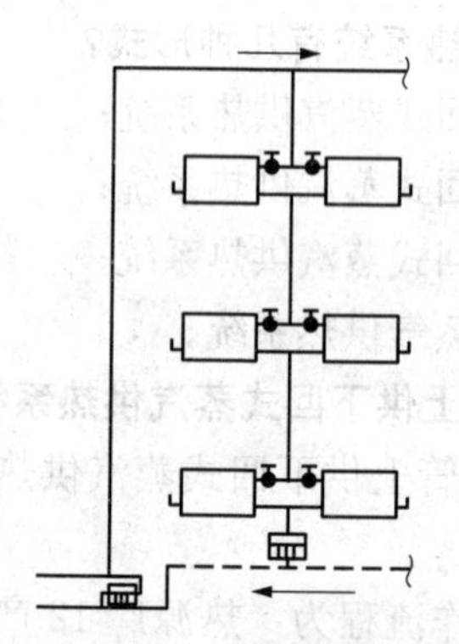

图 5-27　单管上供下回式蒸汽供热系统

330. 什么是双管下供上回式蒸汽供热系统？

图 5-28 所示为双管下供上回式蒸汽供热系统。系统的室内蒸汽管道与凝结水干管一并敷设于地下室或特设的地沟内，蒸汽干管末端安装疏水器，排出管内的凝结水。在供汽立管内，蒸汽与凝结水流动方向相反，容易产生噪声。当系统启动时，凝结水较多时会发生水击现象。

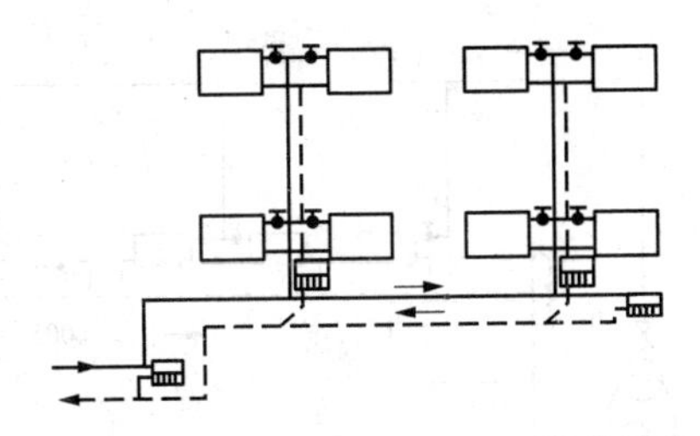

图 5-28 双管下供上回式蒸汽供热系统

331. 什么是双管中供式蒸汽供热系统?

图 5-29 所示为双管中供式蒸汽供热系统。该系统设置疏水器，总立管长度较短，散热器可以得到充分利用。该系统用于多层建筑顶层或顶棚不便设置蒸汽干管的情况。

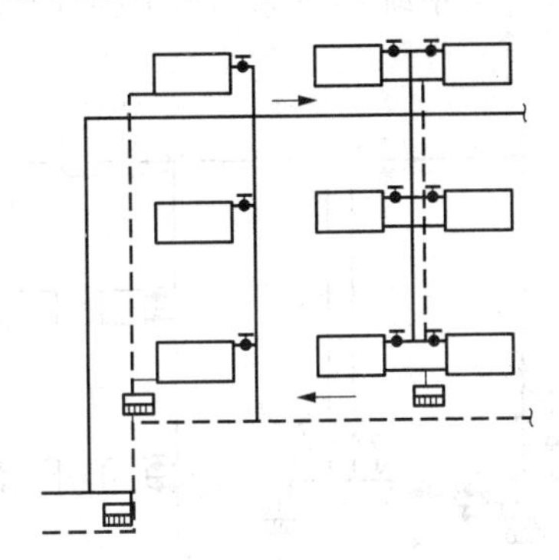

图 5-29 双管中供式蒸汽供热系统

332. 什么是重力回水式系统?

这是一种低压蒸汽供热系统的凝结水回收方式，如图 5-30 所示。该系统凝结水依靠自然重力作用流回锅炉。锅炉的蒸汽进入散热器，并将散热器内的空气压入凝水管，通过空气管 B 排出系统，散热器的凝结水在重力作用下流回锅炉，重新加热利用。该系统用于小型系统、锅炉蒸汽压力要求不高且建筑物地下室可以利用的情况。

333. 什么是机械回水式系统?

这也是一种低压蒸汽供热系统的凝结水回收方式。系统如图

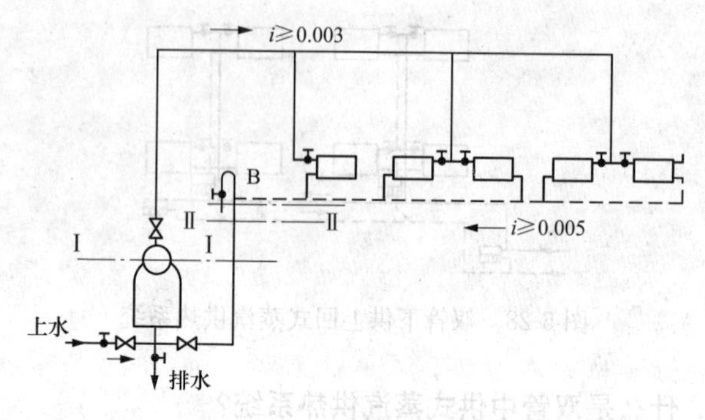

图 5-30　重力回水式低压蒸汽供热系统

5-31 所示。凝结水在重力作用下流入凝结水箱 7，通过凝结水泵 9 加压后返回锅炉房。该系统用于系统作用半径较大，供汽压力较高的情况。

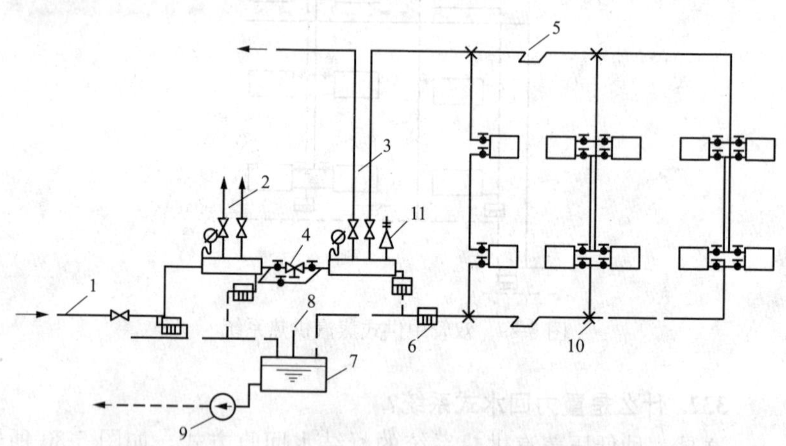

图 5-31　机械回水式系统

1—室外蒸汽管；2、3—室内蒸汽管；4—减压装置；5—补偿器；6—疏水器；7—凝结水箱；8—空气管；9—凝结水泵；10—固定支架；11—安全阀

334. 什么是高压双管上供下回式蒸汽供热系统？

该类系统见图 5-31 所示。当外网蒸汽压力比供汽系统的压力高时，安装减压装置 4，凝结水干管末端安装疏水阀，并采用同程式布置管路。

335. 什么是高压双管上供上回式蒸汽供热系统?

图 5-32 所示为该类系统的回路图。系统的供汽干管和凝结水干管布置在房屋上部，凝结水靠疏水器的余压上升至凝结水干管，再返回到室外管网。该系统应用于车间地面不能布置凝结水管的情况。

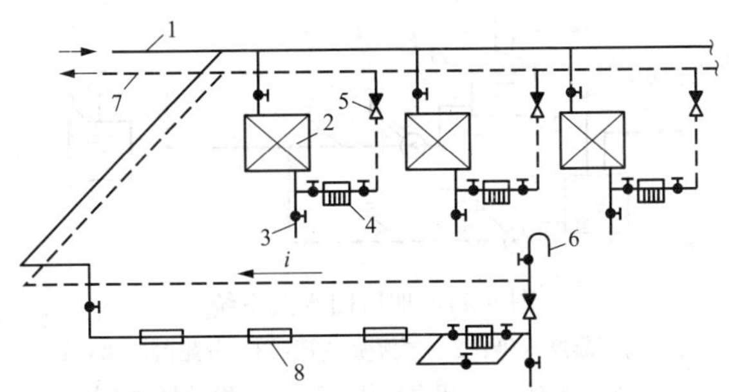

图 5-32 上供上回式高压蒸汽供热系统

1—蒸汽管；2—暖风机；3—泄水管；4—疏水器；5—止回阀；6—空气管；7—凝结水管；8—散热器

336. 高压蒸汽供热系统的凝结水回收系统有几种?

高压蒸汽供热系统的凝结水回收系统有以下几种：余压回水式系统、加压回水式系统、开式回水系统、闭式回水系统。

337. 什么是余压回水式系统?

图 5-33 所示为余压回水式系统。这种系统利用从室内散热器流出的凝结水具有较高的压力，在克服了疏水器的阻力后，利用余压将凝结水送回到车间或锅炉房的高位凝结水箱。

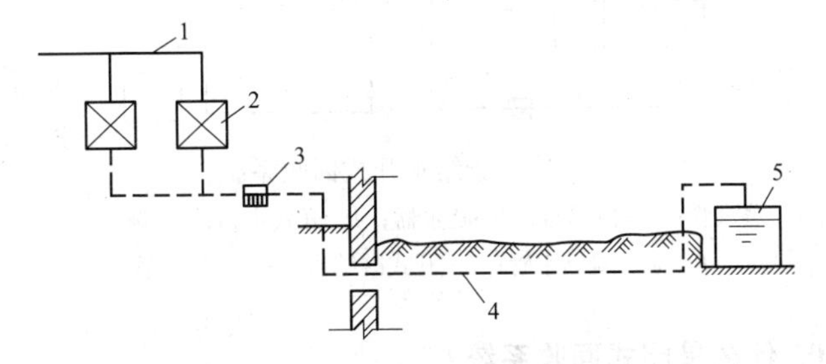

图 5-33 余压回水式系统

1—蒸汽管；2—散热器；3—疏水箱；4—余压凝结水管；5—凝结水箱

338. 什么是加压回水方式？

图5-34所示为加压回水式系统。当从散热器流出的凝结水压力不足以流至锅炉时，可以在用户处的凝结水分站设置凝结水箱3，处理二次蒸汽后，用凝结水泵4将凝结水送回锅炉房。

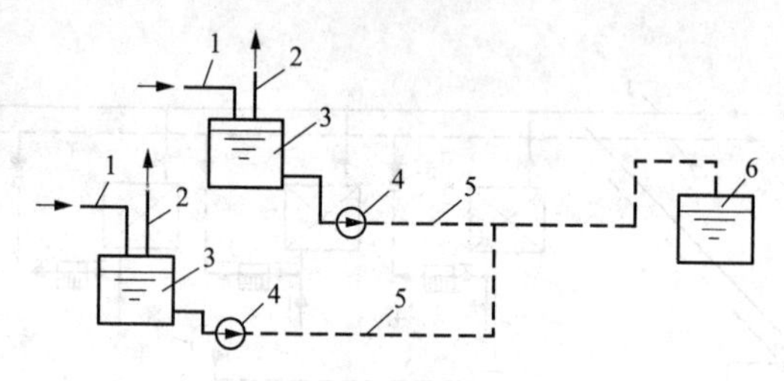

图5-34 加压回水式系统

1—高压凝结水管；2—二次蒸汽管；3—分站凝结水箱；
4—凝结水泵；5—压力凝结水管；6—总站凝结水箱

339. 什么是凝结水开式回收系统？

图5-35所示为凝结水开式回收系统。从散热器2排出的高温凝结水用余压送至开式水箱4，然后用通气管8排放出二次蒸汽变成冷凝水，利用凝结水箱4和锅炉房凝结水箱5的高差，将水返回至凝结水箱5。它只用于凝结水量小于10t/h、作用半径小于500m、且二次蒸发量不多的小型工厂。

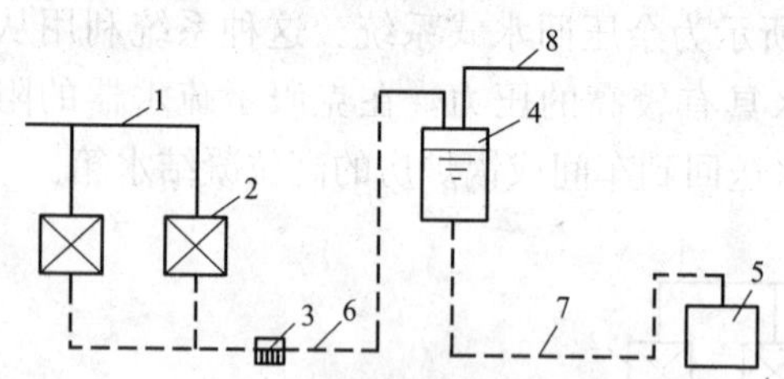

图5-35 凝结水开式回收系统

1—蒸汽管；2—散热器；3—疏水器；4—开式水箱；5—凝结水箱；
6—余压凝结水管；7—开式凝结水管；8—通气管

340. 什么是闭式回收系统？

图5-36所示为凝结水闭式回收系统。从散热器1排出的高温凝结水用疏水器的余压送至封闭的二次蒸发箱3，在箱内将二次蒸

汽与凝结水分离，二次蒸汽引至低压蒸汽系统，凝结水靠高差流回锅炉房的凝结水箱 5。

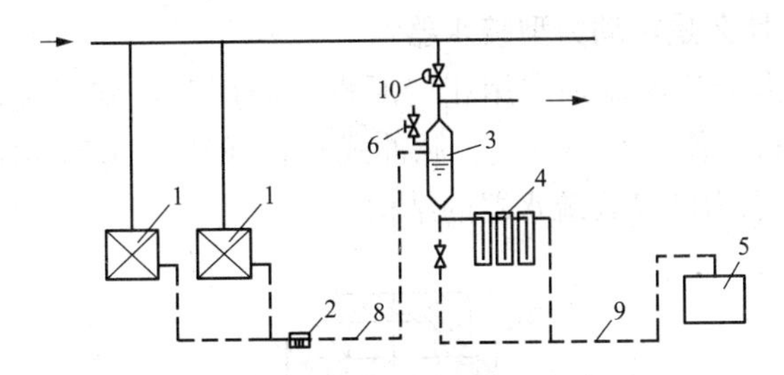

图 5-36 凝结水闭式回收系统

1—用汽设备；2—疏水箱；3—二次蒸发箱；4—多级水封；
5—锅炉房凝结水箱；6—安全阀；7—蒸汽管；8—余压凝结水管；
9—闭式满流凝结水管；10—压力调节器

341. 什么是机械型疏水器？

机械型疏水器是用蒸汽和凝结水密度不同形成的凝结水位来控制凝结水排水孔自动启闭工作的，有浮筒式、钟形浮子式、自动浮子式和倒吊筒式疏水器等种类。

图 5-37 所示为浮筒式疏水器的结构。凝结水进入疏水器的外壳 2 内，壳内水位升高使浮筒 1 浮起，将阀孔 4 关闭，凝结水流入浮筒。当水将充满浮筒时，浮筒下沉，将阀孔打开，依靠蒸汽压

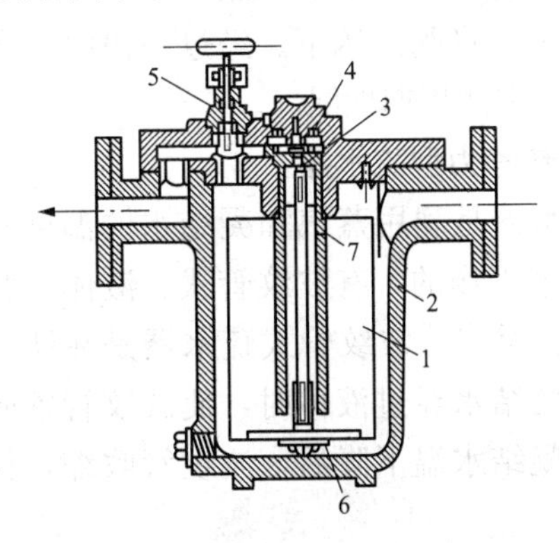

图 5-37 浮筒式疏水器结构图

1—浮筒；2—外壳；3—顶针；4—阀孔；5—放气阀；
6—可换重块；7—水封套筒上的排气孔

力将凝结水排到凝结水管。部分凝结水排出后，浮筒再浮起，将阀孔关闭，如此反复动作。

342. 什么是热动力型疏水器？

热动力型疏水器是应用相变原理，利用蒸汽和凝结水流动特性不同进行工作，有圆盘式、脉冲式孔板或迷宫式疏水器等几种。图 5-38 所示为圆盘式疏水器的结构。

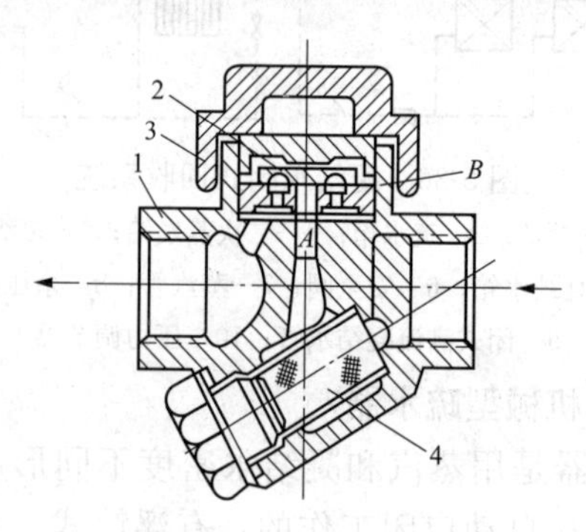

图 5-38　圆盘式疏水器

1—阀体；2—阀片；3—阀盖；4—过滤器

凝结水流入孔 A 时，利用压差顶开阀片 2，流入环形槽 B，从小孔排出。当凝结水夹带蒸汽时，蒸汽从 A 孔经 B 槽流出，并在控制室内形成压力，将阀片压下。经过一段时间蒸汽凝结使压力下降，阀片开启，造成周期性漏气。

343. 什么是热静力型疏水器？

热静力型疏水器是利用蒸汽和凝结水的温度不同，引起恒温元件膨胀或变形来工作的，有波纹管式、液体膨胀式和双金属片式疏水器等几种。其中，波纹管式疏水器是在波纹管内部充入易蒸发的液体，当凝结水经过液体时，使波纹管轴向伸长，带动阀芯关闭通路，待凝结水温下降后，波纹管收缩，打开阀孔，使凝结水流出。

344. 减压阀的作用是什么？有几种类型？

减压阀的作用是通过调节阀孔的大小，对蒸汽进行节流减压，并能自动将阀后压力维持在一定范围内。减压阀有活塞型、波纹管型和薄膜型减压阀等几种类型。

345. 什么是活塞型减压阀?

图 5-39 所示为活塞型减压阀的工作原理图。活塞 2 上的阀前蒸汽压力与弹簧 3 的弹力平衡，主阀 1 上下移动，调节阀孔的流通面积，薄膜片 5 带动针阀 4 升降，调节 d 和室 e 的通道。启动前，主阀关闭；启动时，旋紧螺钉 7 压下薄膜片 5 和针阀 4，阀前压力为 p_1 的蒸汽经过阀体内通道 a、室 e、室 d 和通道 b 流至活塞 2 的上部空间，推下活塞打开主阀；蒸汽经过主阀后，压力下降为 p_2，经过通道 c 进入薄膜片的下部空间，其力与弹簧力平衡；当阀后压力升高时，薄膜片因下面作用力变大而上弯，针阀 4 关小，活塞推力减小，主阀上升，阀孔变小，p_2 下降。

活塞型减压阀用于温度低于 300℃、压力为 1.6MPa 的蒸汽管道。

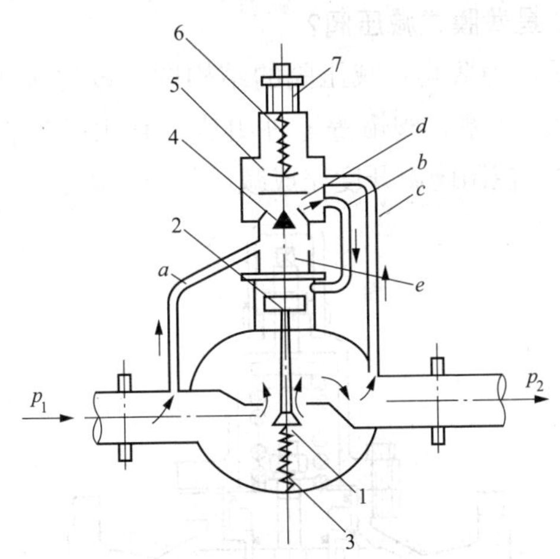

图 5-39 活塞型减压阀工作原理图

1—主阀；2—活塞；3—下弹簧；4—针阀；5—薄膜片；6—上弹簧；7—旋紧螺钉

346. 什么是波纹管减压阀?

图 5-40 所示为波纹管型减压阀。该阀是靠通至波纹箱 1 的阀后蒸汽压力和阀杆下的弹簧 2 的弹力平衡来调节主阀的开启度。波纹管型减压阀用于温度低于 200℃、压力为 1.0MPa 的蒸汽管道。

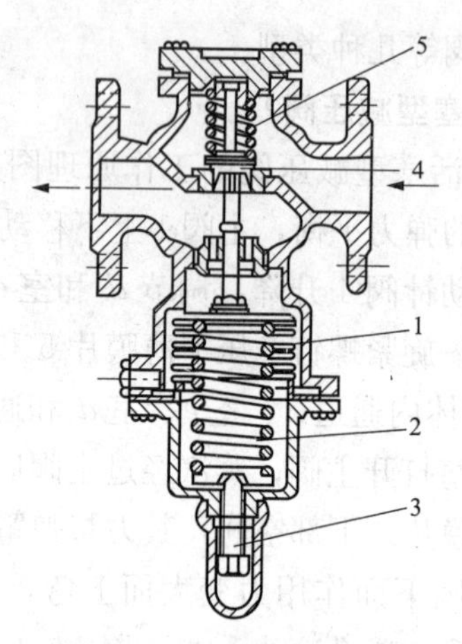

图 5-40　波纹管型减压阀

1—波纹箱；2—调节弹簧；3—调整螺钉；4—辅助弹簧；5—阀杆

347. 什么是薄膜式减压阀？

图 5-41 所示为薄膜式减压阀的结构图。该类减压阀主要由调节弹簧、膜片、活塞、阀瓣等零件组成，利用膜片直接传感下游压力驱动阀瓣，控制阀瓣开度完成减压稳压功能。

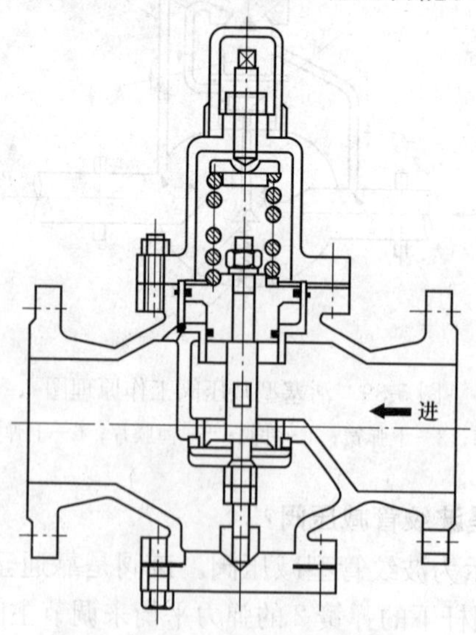

图 5-41　薄膜式减压阀结构图

该类减压阀在城市建筑、高层建筑的冷热供水系统中，可取代常规分区水管，节省设备。也可在冷热水管网中起减压稳压作用。

348. 什么是二次蒸发器？

图 5-42 所示为二次蒸发器的构造图。二次蒸发器的作用是将凝结水在较低压力下扩容，分离出部分二次蒸汽，输送到热用户加以利用。从图可见，凝结水进入箱内，在较低压力下扩容，分离凝结水中部分二次蒸汽，凝结水沿凝结水管向下流动送回凝结水箱。

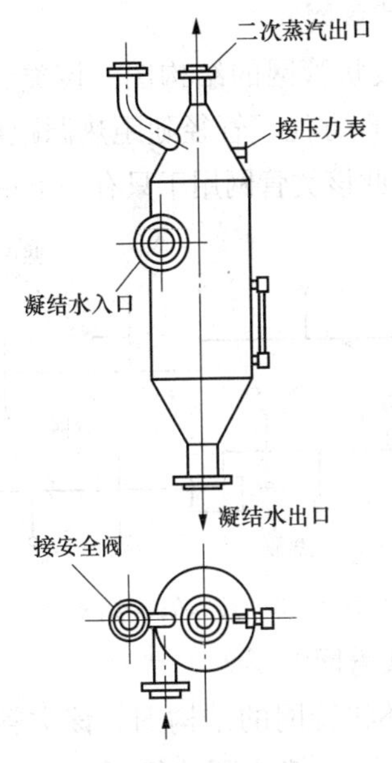

图 5-42　二次蒸发器

349. 供热管网的布置原则是什么？

（1）技术上可靠。尽可能布置在地势平坦、土质好、水位低的地区；尽量避开主要交通要道和繁华街道，避开土质松软地区和地震断裂带，滑坡危险地带及地下水位高的地段；应设置热补偿器消除管道的热膨胀，并设置必要的阀门。

(2) 经济上合理。管网主干线力求短直，减少金属耗量和工程投资；主干线应先经过热负荷较集中的地区，靠近热负荷大的用户。

(3) 与周围环境的协调。应注意与市政设施相配合，协调排列，合理布置；不要妨碍交通，不要破坏城市环境的美观。

350. 供热管网的布置形式有几种？

供热管网的布置形式有以下三种：

(1) 按照热媒可分为热水管网和蒸汽管网。

(2) 按照管网形式分为环状管网和枝状管网。

(3) 按照结构层次分为一级管网和二级管网。

351. 什么是枝状管网？

图5-43所示为枝状管网的结构图。该类管网的优点是结构简单、造价低、运行管理方便、管径随距热源距离的增加而减小，缺点是无后备性能。因此该类管网用于只有一个热源的集中供热系统。

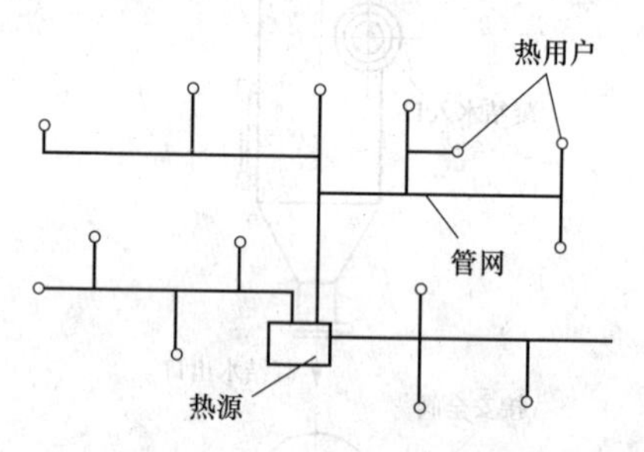

图5-43 枝状管网结构图

352. 什么是环状管网？

图5-44所示为环状管网的结构图。该类管网是用较大直径的管道将枝状管网的折线连接成环状管网。热力站后面的二级管网可以为枝状管网。该类管网的优点是具有后备性能，可靠性好，跨接管提供备用功能；缺点是金属耗量多，建设投资大，运行管理复杂。

353. 供热管道在什么情况下采用架空敷设？

(1) 地形复杂，如遇有河流、丘陵、高山、峡谷等的地区或铁路密集区。

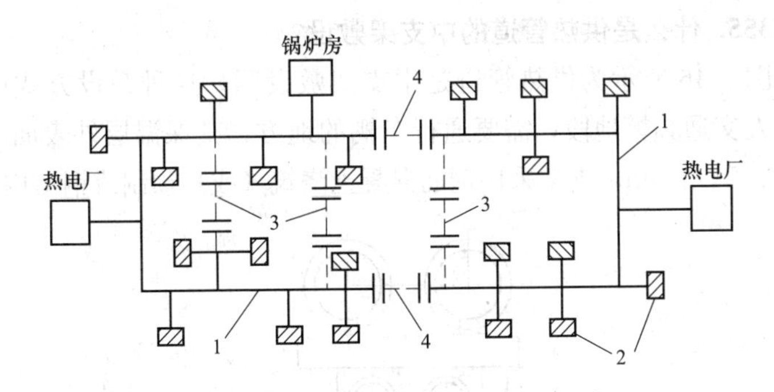

图 5-44 环状管网结构图

1— 一级管网；2—热力站；3、4—跨接管（有备用功能）

（2）地质为湿陷性黄土层和腐蚀性大的土壤区，或永久性冻土区。

（3）地下水位距地面小于 1.5m 的地区。

（4）地面上有煤气管道及各种工艺管道时，可考虑供热管道与其他管道共架敷设。

（5）地下管道纵横交错、稠密复杂，难以再在地下敷设热力管道的地区。

（6）虽然没有以上情况，但在厂区和城市郊区对美观要求不高时，也应选用地上架空敷设。

354. 什么是供热管道的低支架敷设？

图 5-45 所示为供热管道的低支架敷设图。这种敷设方式可以避免地面雨水对管道的侵蚀，其保温层外表面距地面应不小于 0.3m，支架采用毛石砌筑或混凝土浇筑。在不妨碍交通，并且不影响厂区街区扩建的地段可以采用该敷设方式。

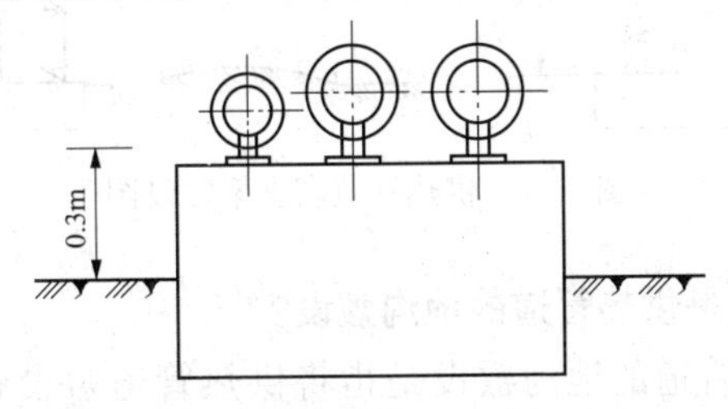

图 5-45 供热管道低支架敷设图

355. 什么是供热管道的中支架敷设？

图5-46所示为供热管道是中支架敷设图。这种敷设方式应用在行人交通频繁地段，需要通行车辆的地方，其保温层外表面距地面为2.5～4.0m，支架采用钢筋混凝土浇筑（或）预制或钢结构。

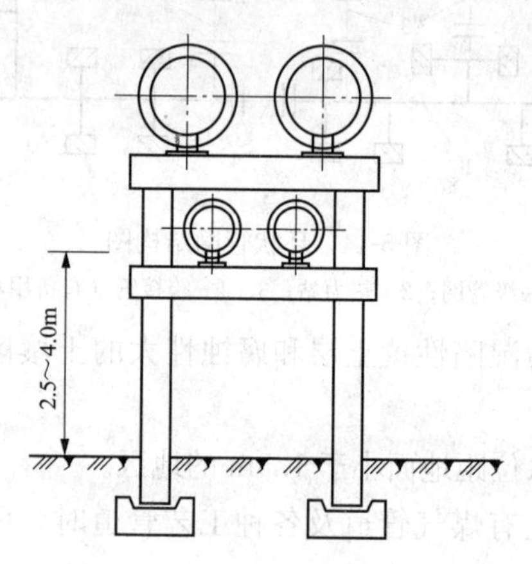

图5-46　供热管道中支架敷设图

356. 什么是供热管道的高支架敷设？

图5-47所示为供热管道的高支架敷设图。这种敷设方式应用在行人交通频繁地段，需要跨越公路或铁路的地方，其保温层外表面距地面为4.5～6m，支架采用钢结构或钢筋混凝土结构。

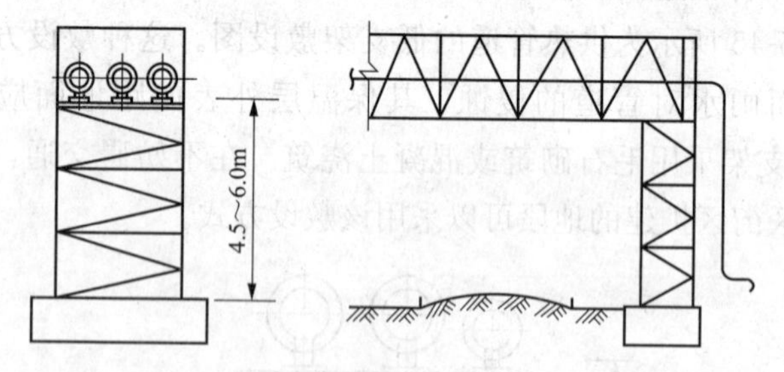

图5-47　供热管道高支架敷设图

357. 什么是供热管道的地沟敷设？

（1）供热管道的地沟敷设是指将供热管道敷设在特制的地沟

内，这样就使其保温层不承受外界土壤的荷载和雨雪的侵袭，管道能自由膨胀和收缩。

（2）供热管道的地沟是以混凝土为底基础，以砖砌体或毛石砌体为地沟壁，钢筋混凝土为盖板。当穿越公路或街道时，可采用预制的圆形钢筋混凝土地沟。

（3）按照供热管道的功用可分为通行地沟、半通行地沟和不通行地沟。

358. 什么是供热管道的直埋敷设?

供热管道的直埋敷设是指其直接埋设于土壤中，其保温结构外表面与土壤直接接触。在热水网中，采用供热管道、保温层和保护外壳紧密黏结在一起的形式。这种敷设方式用于下列情况：

（1）土质密实而不会沉陷的地方。

（2）地震的基本烈度小于8度，土壤电阻率大于20Ω·m，地下水位较低，土壤有良好的渗水性的地区。

（3）公称直径小于500mm的管道。

359. 对供热管道的排水、放气和疏水有什么要求?

（1）管道的排水。应设置排水点和放气点，放水装置应保证放水段排水时间小于下面规定：

1）管道直径不大于300mm时，2～3h；

2）管道直径为350～500mm时，4～6h；

3）管道直径不小于600mm时，5～7h。

（2）管道的放气装置。应设在最高点其直径由管道直径而定。可参见表5-1所示。

表5-1　放气管直径选择表　（mm）

热水管、凝结水管公称直径	<80	100～125	150～200	250～300	350～400	450～500	>600
排水管公称直径	25	40	50	80	100	125	150
放气管公称直径	15	20		25	32		40

（3）疏水装置。为排除蒸汽管道的凝结水，应设疏水装置。顺坡时，每隔400～500m设置一个；逆坡时，每隔200～300m设

置一个。其排出的凝结水位排入凝结水管道。

360. 管道支座有几种形式？

（1）活动支座。包括滑动支座、滚动支座、悬吊支架、弹簧支座、导向支座等。

（2）固定支座。包括卡环固定支座、焊接角钢固定支座、曲面槽固定支座、挡板式固定支座等。

361. 什么是滑动支座？

滑动支座包括曲面槽式、丁字托式和弧形板式支座。它们与支架之间由钢管托和其支撑结构连接，承受管道的垂直荷载，允许管道在水平方向滑动位移。如图5-48～图5-50所示。

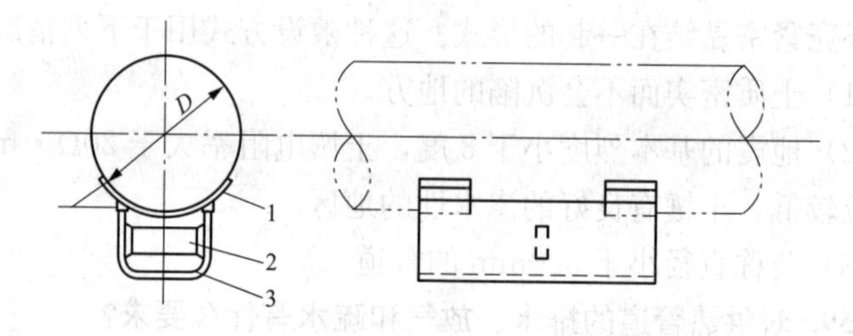

图5-48　曲面槽式滑动支座

1—弧形板；2—肋板；3—曲面槽

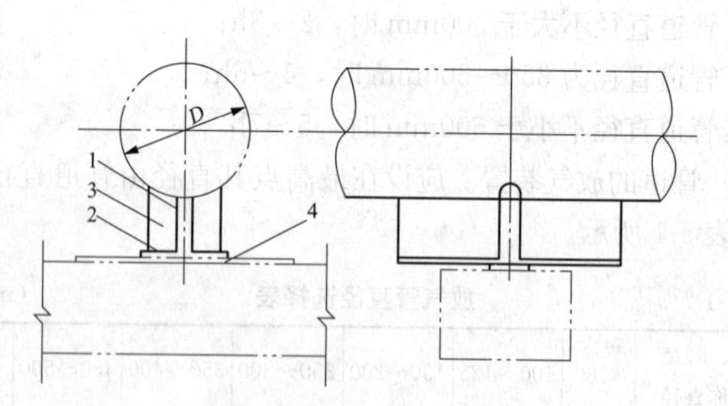

图5-49　丁字托式滑动支座

1—顶板；2—底板；3—侧板；4—支撑板

362. 什么是滚动支座？

滚动式支座包括辊轴式、滚柱式和滚珠盘式支座。它们是由

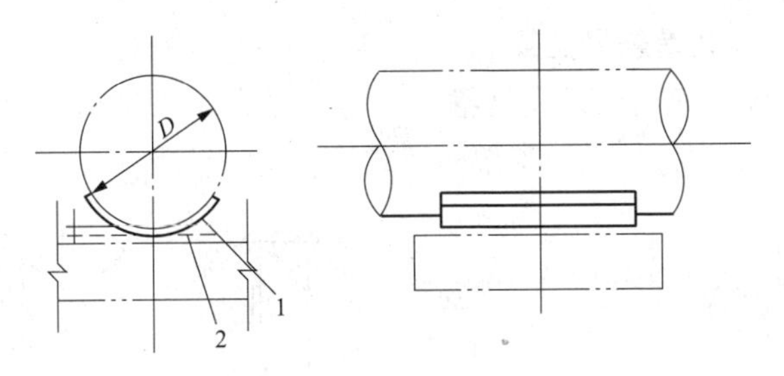

图 5-50　弧形板式滑动支座

1—弧形板；2—支撑板

安装在管子上的钢制管托与设置在支撑结构上的辊轴、滚柱或滚珠盘等部件组成。前两种支座，其管托与滚动件间为滚动摩擦，管道横向位移时为滑动摩擦，如图 5-51 和图 5-52 所示。后一种支座管道水平各向移动均为滚动摩擦。

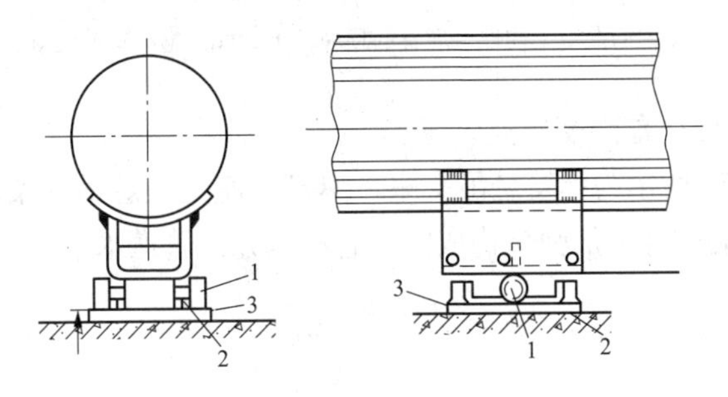

图 5-51　辊轴式滚动支座

1—辊轴；2—导向板；3—支撑板

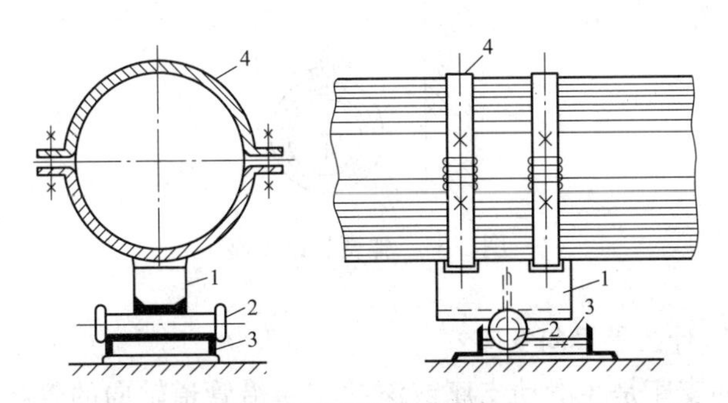

图 5-52　滚柱式滚动支座

1—槽板；2—滚柱；3—槽钢支撑座；4—管座

363. 什么是悬吊支架?

悬吊支架是将管道用抱箍吊杆等悬吊在承力结构下面的装置。图5-53所示为各种悬吊支架的形式。

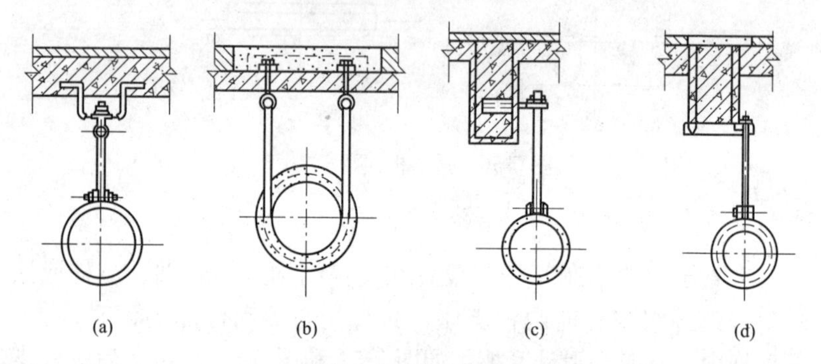

图5-53 悬吊支架

(a) 可在纵向及横向移动；(b) 只能纵向移动；

(c) 焊接在钢筋混凝土构件里埋置的预埋件上；(d) 箍在钢筋混凝土梁上

364. 什么是弹簧支座?

图5-54所示为弹簧悬吊支座。弹簧支座是在悬吊支架滑动支座滚动支座的构件中加弹簧构成的。它可以允许管道水平和垂直位移。

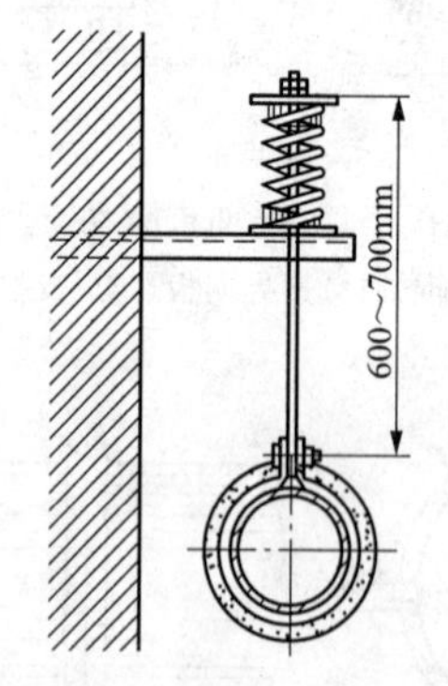

图5-54 弹簧悬吊支座

365. 什么是导向支座?

导向支座是在滑动支座或滚动支座沿管道轴向的管托两侧设置导向挡板，支座是防止管道纵向失稳，保证补偿器正常工作。

它允许管道轴向伸缩，限制横向位移。图 5-55 所示为导向支座。

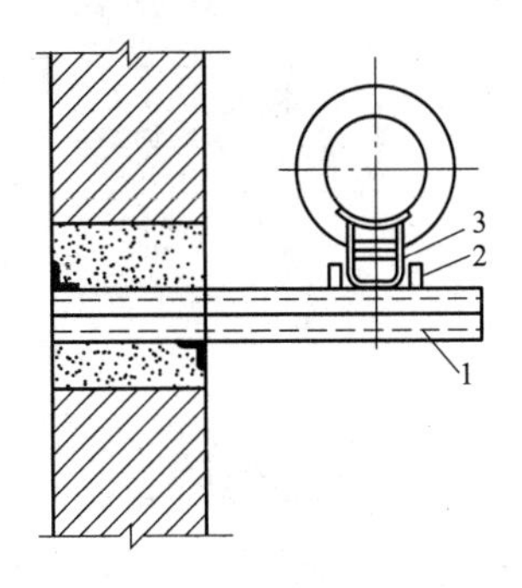

图 5-55 导向支座

1—支架；2—导向板；3—支座

366. 活动支座的间距如何确定？

活动支座的间距可以按照表 5-2 来确定。

表 5-2 活动支座的间距表

公称直径 DN（mm）			40	50	65	80	100	125	150	200	250	300	350	400	450
活动支座间距（m）	保温	架空敷设	3.5	4.0	5.0	5.0	6.5	7.5	7	10.0	12.0	12.0	12.0	13.0	14.0
		地沟敷设	2.5	3.0	3.5	4.0	4.5	5.5	5.5	7.0	8.0	8.5	8.5	9.0	9.0
	不保温	架空敷设	6.0	6.5	8.5	8.5	11.0	12.0	12.0	14.0	16.0	16.0	16.0	17.0	17.0
		地沟敷设	5.5	6.0	6.5	7.0	7.5	8.0	8.0	10.0	11.0	11.0	11.0	11.5	12.0

367. 固定支座有几种形式？

（1）卡环固定支座；

（2）焊接角钢固定支座；

（3）曲面槽固定支座；

（4）挡板式固定支座。

上述几种支座如图 5-56 和图 5-57 所示。

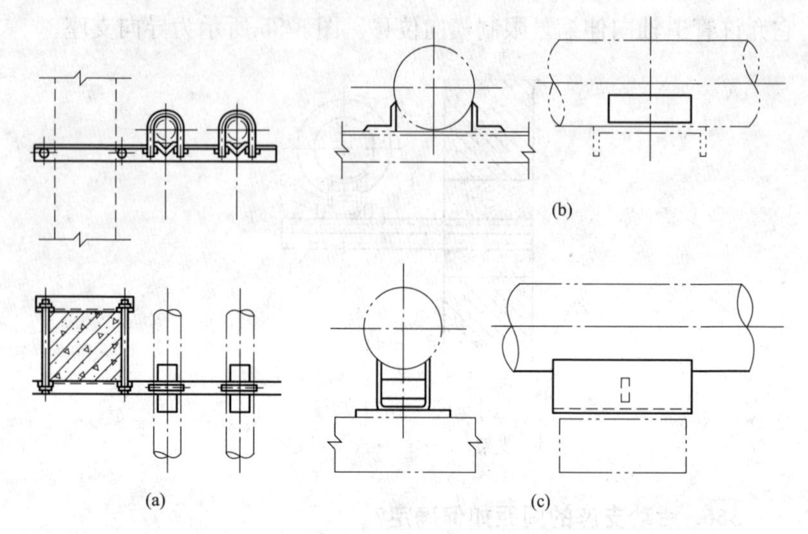

图 5-56　金属结构固定支座

（a）卡环固定支座；（b）焊接角钢固定支座；（c）曲面槽固定支座

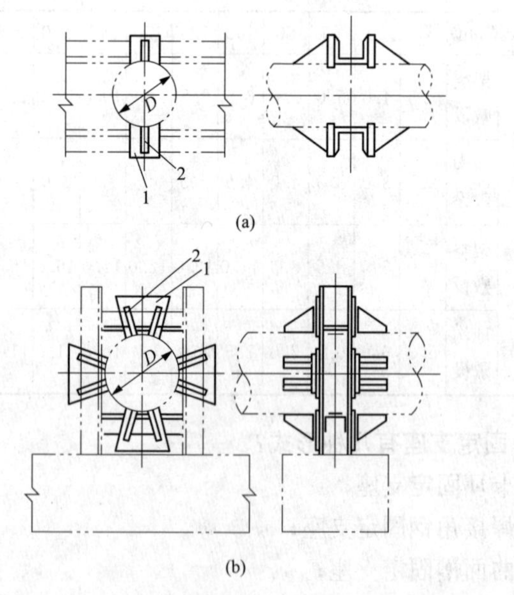

图 5-57　挡板式固定支座

（a）双面挡板式固定支座；（b）四面挡板式固定支座

1—挡板；2—肋板

轴向推力小于 50kN 的情况，采用图 5-56 所示的固定支座；轴向推力大于 50kN 的情况，采用图 5-57 所示的固定支座。

第三节 热 力 站

368. 什么是热力站？有哪些分类？

热力站是指连接供热一次网和二次网，并装有与用户连接的有关设备、仪表和控制设备的机房，它是热量交换、分配及系统监控调节的枢纽。按照服务对象可分为工业热力站和民用热力站；按照热媒可分为热水供热热力站和蒸汽供热热力站；按照功能可分为用户热力站小区热力站和区域性热力站。

369. 试简述工业热力站。

图 5-58 所示为工业蒸汽热力站。在工业蒸汽热力站中，热网的蒸汽进入分汽缸，经减压阀调节后输送至各用户。汽-水换热器将热水供燃系统的循环水加热后送往用户。凝结水泵将凝结水箱中凝结水送回外网。

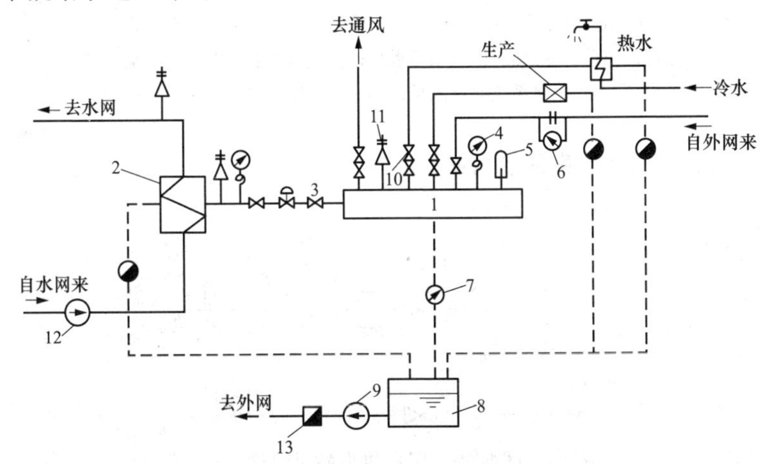

图 5-58 工业蒸汽热力站示意图

1—汽缸；2—汽-水换热器；3—减压阀；4—压力表；5—温度计；6—蒸汽流量计；7—疏水器；8—凝结水箱；9—凝结水泵；10—调节阀；11—安全阀；12—循环水泵；13—凝结水流量计

370. 试简述民用热力站。

图 5-59 所示为民用热力站。民用热力站采用热水供热系统，城市上水进入水-水换热器 4 被加热，热水由热水循环泵经过循环管路输送至各用户。当热水温度高于用户的供水温度时，用混合水泵 9 抽引网路回水，与供水混合，再送往热用户。除污器用于处理水中的污物、杂质。

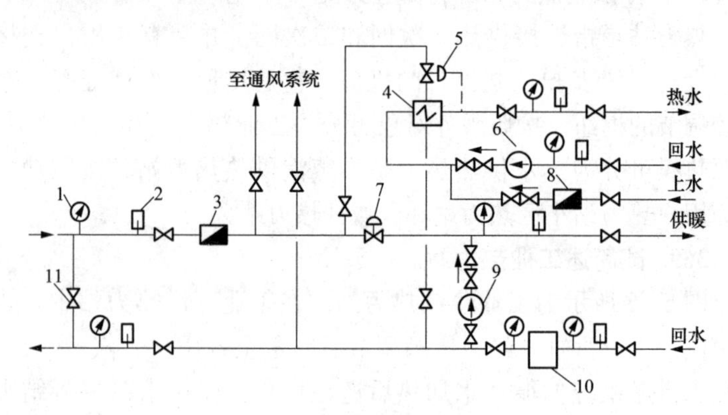

图 5-59　民用热力站示意图

1—压力表；2—温度计；3—热网流量计；4—水-水换热器；5—温度调节器；6—热水供应循环水泵；7—手动调节阀；8—上水流量计；9—供热系统混合水泵；10—除污器；11—旁通管

371. 试简述用户热力站。

图 5-60 所示为用户热力站。

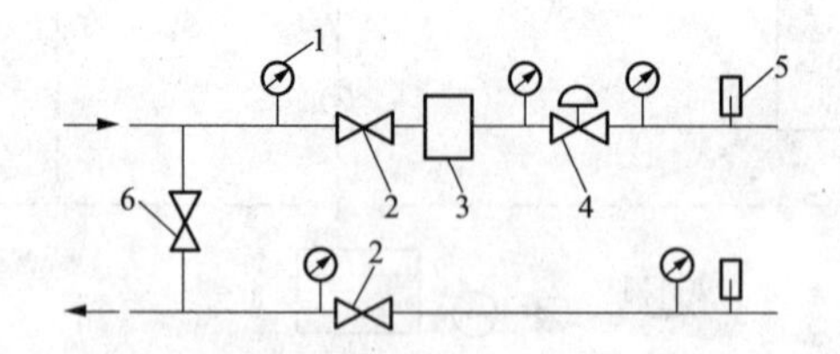

图 5-60　用户热力站示意图

1—压力表；2—用户供、回水总管阀门；3—除污器；4—手动调节阀；5—温度计；6—旁通管阀门

从图可见，为了能对用户进行供热调节，应在用户供水管上

设置手动调节阀或流量调节器。进水管上同时设置了除污器，可避免外管网中的杂质进入室内系统。如果分支管线较长，可设置旁通管，当停止供热或检修时，可将总阀门关闭，将旁通管门打开，使水在分支管线内循环，避免分支管线内的水冻结。用户热力站设在地沟入口处或地下室或底层处。通过它向各用户分配热能。

372. 喷射器如何分类？

根据工作流体和被引射流体的性质分为水-水喷射器、汽-水喷射器和汽-汽喷射器。

（1）水-水喷射器的两种流体均为水，它设在用户入口处，将热网的高温水和室内供热系统的部分回水混合，以满足供水温度的需要。

（2）汽-水喷射器的工作流体为蒸汽，被引射流体为水，它用于中小型热水系统。

（3）汽-汽喷射器的两种流体均为蒸汽，用于工业废气的回收利用和供热系统中凝结水回收中除二次蒸汽。

373. 什么是蒸汽喷射器？

图5-61所示为蒸汽喷射器的结构图。蒸汽喷射器由喷管、引水室、混合室和扩压管等组成。高压的蒸汽在喷管中绝热膨胀后，以高流速喷射出来，卷吸引水室的水进入混合室，蒸汽被水凝结、水温升高，经扩压管后压力升高，从喷射器流出。

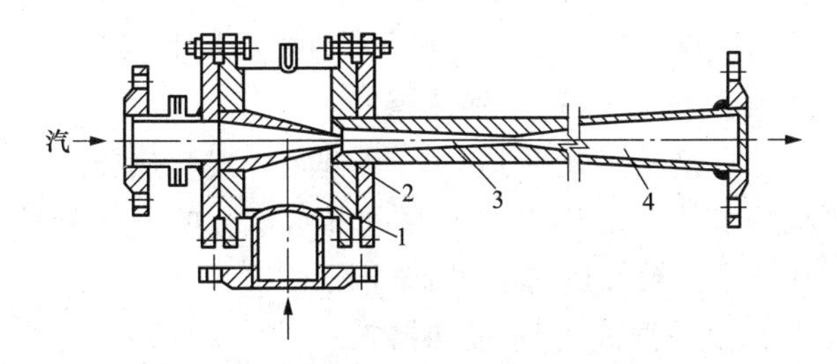

图5-61 蒸汽喷射器结构图

1—引水室；2—喷管；3—混合室；4—扩压管

374. 什么是水喷射器？

图5-62所示为水喷射器的结构图。水喷射器由喷嘴、引水室、

混合室和扩压管组成。高温水从管网供水管进入水喷射器，从喷嘴高速喷出，其压力低于系统的回水压力，吸入部分回水进入混合室，使混合后的水达到要求，再进入扩压管，将水压升高后送入用户。

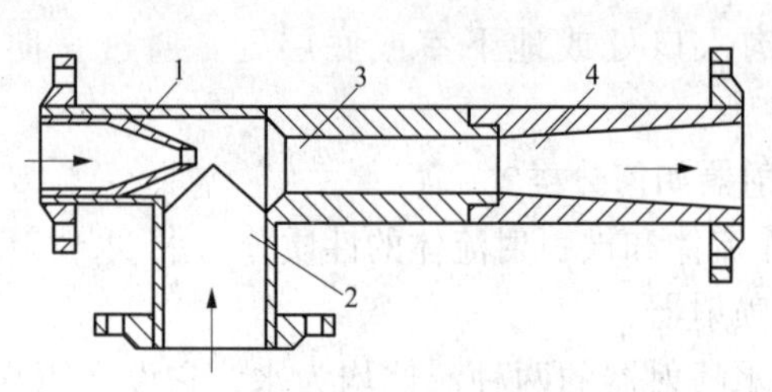

图 5-62 水喷射器的结构图
1—喷嘴；2—引水室；3—混合室；4—扩压管

第四节 热 交 换 器

375. 换热器如何分类?

（1）按使用目的分为加热器、冷却器、冷凝器、蒸发器和恒温器等。

（2）按热媒种类分为汽-水换热器和水-水换热器。

（3）按换热过程分为表面式、混合式和蓄热式换热器。

（4）按传热面结构分为管式和板式换热器。

（5）按制造材料分为金属、非金属和特殊材料换热器。

376. 什么是淋水式汽-水换热器?

这是一种直接接触式换热器，也叫混合式换热器。如图 5-63 所示。蒸汽和水从上部进入，水通过淋水盘上的细孔分散落下与蒸汽进行热交换。被加热的水从下部流出。

377. 什么是喷射式汽-水换热器?

这也是一种直接接触式换热器，如图 5-64 所示。蒸汽通过喷管壁上的倾斜小孔射出，和水均匀混合（要求蒸汽压力高于入口水压 0.1MPa），混合后的热水喷出。由于换热量不大，用于热水供应和小型热水供热系统。

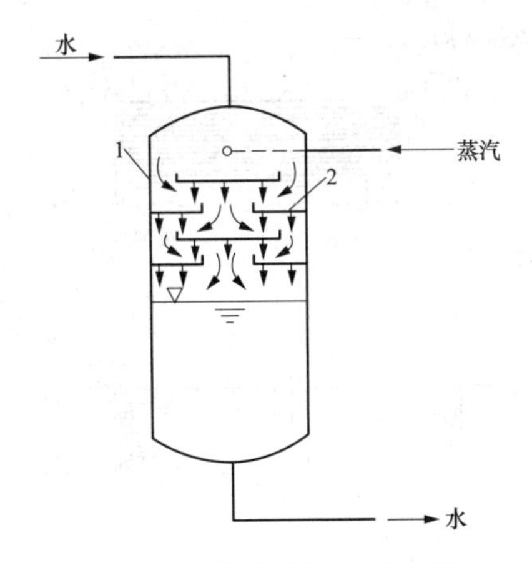

图 5-63 淋水式汽-水换热器

1—壳体；2—淋水板

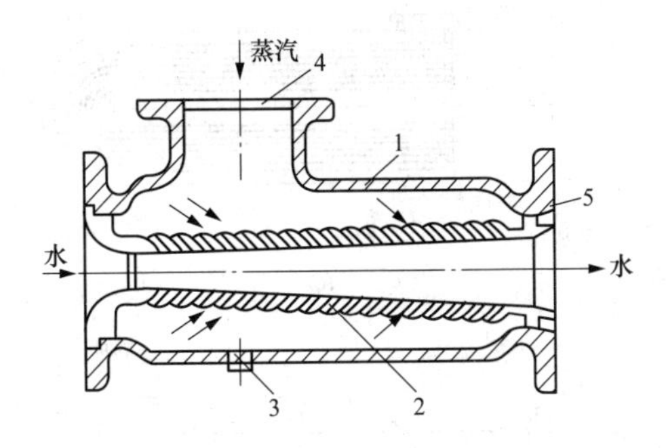

图 5-64 喷射式汽-水换热器

1—外壳；2—喷嘴；3—泄水栓；4—网盖；5—填料

378. 什么是壳管式汽-水换热器？

图 5-65 所示为几种壳管式汽-水换热器的结构图。

(1) 固定管板式汽-水换热器如图 5-65（a）所示，结构包括带有蒸汽进出口连接短管的圆形外壳、由小直径管子组成的管束、固定管束的管栅板，带有被加热水进出口连接短管的前水室和后水室。

(2) 带有膨胀节的壳管式汽-水换热器如图 5-65（b）所示，其波形膨胀节加在壳体的中部，可解决外壳和管束热膨胀不同的缺点。

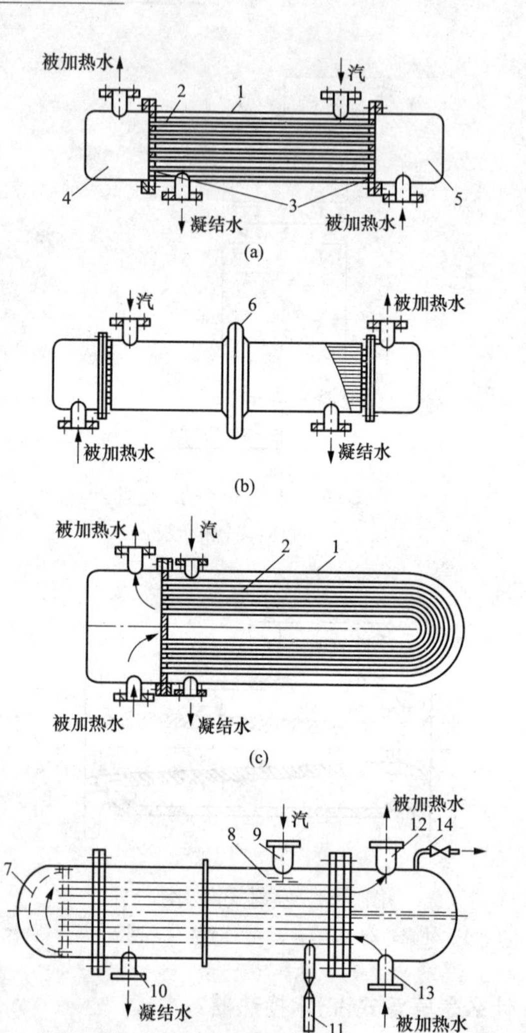

图5-65　壳管式汽-水换热器结构图

(a) 固定管板式汽-水换热器；(b) 带膨胀节的壳管式汽-水换热器；
(c) U形管式汽-水换热器；(d) 浮头壳管式汽-水换热器

1—外壳；2—管束；3—固定管栅板；4—前水室；5—后水室；6—膨胀节；7—浮头；
8—挡板；9—蒸汽入口；10—凝结水出口；11—汽侧排气管；12—被加热水出口；
13—被加热水入口；14—水侧排气管

(3) U 形管式汽-水换热器如图 5-65 (c) 所示，其每根管均可自由伸缩，解决了热膨胀的问题，管束可以从壳体中整体抽出进行清洗。

(4) 浮头式汽-水换热器如图 5-65 (d) 所示，其固定板的一端不和外壳相连，不相连的一头称为浮头。可以自由膨胀，解决了热应力的问题。

379. 什么是分段式水-水换热器?

采用高温水作热媒时，为提高热交换强度，需要使冷热水采用逆流方式，并提高水的流速，故采用分段式水-水换热器。分段后流速提高，也使冷热水的流动接近于逆流方式。图 5-66 所示为分段式水—水换热器的结构图。

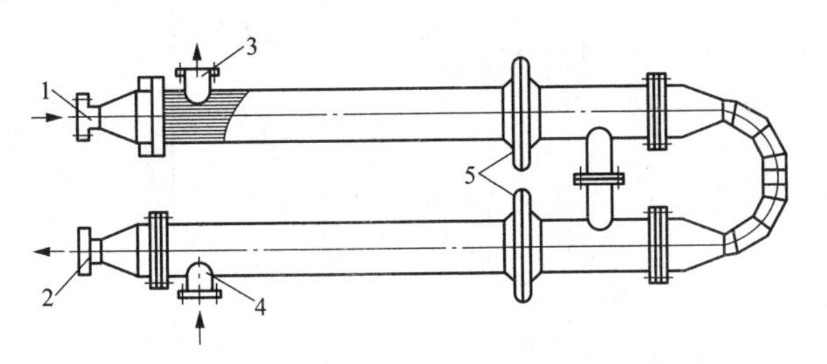

图 5-66 分段式水-水换热器结构图

1—被加热水入口；2—被加热水出口；3—加热水出口；
4—加热水入口；5—膨胀节

380. 什么是套管式水-水换热器?

图 5-67 所示为套管式水-水换热器的结构图。

该换热器是用标准钢管组成套管组焊接而成，结构简单、传热效率高，但占地面积大，用于高温水作为热媒的系统。

381. 什么是板式换热器?

图 5-68 所示为板式换热器的结构图。该换热器是由传热板片叠加而成，板之间用密封垫密封，冷热水在板片之间流动，两端用盖板加螺丝压紧。其优点是传热系数高、结构紧凑、适应性好、拆卸方便、节省材料；缺点是板片间流通截面窄，水质不好形成水垢时容易堵塞，密封垫片耐温性能差时容易渗漏。

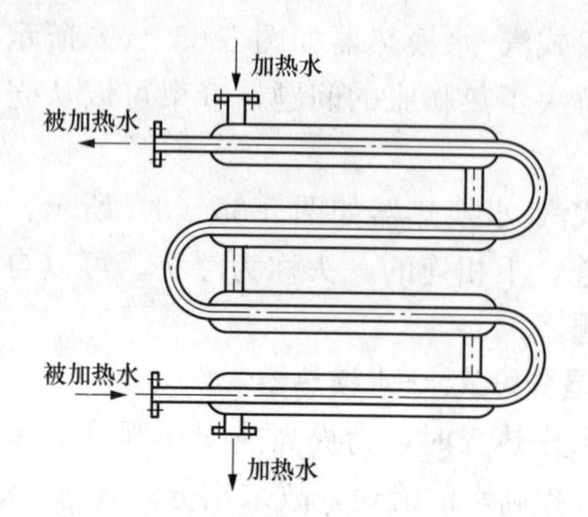

图 5-67　套管式水-水换热器结构图

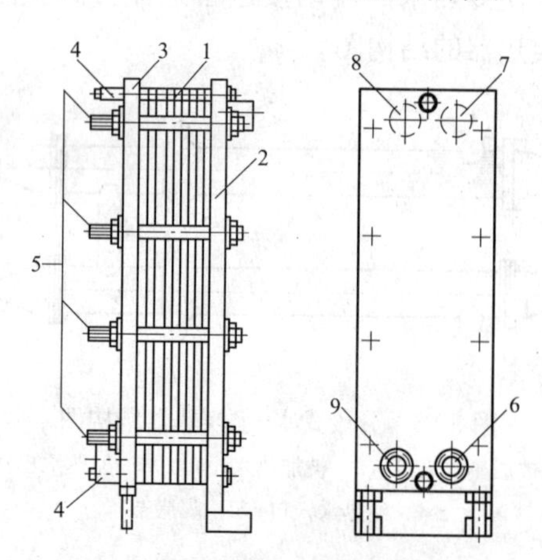

图 5-68　板式换热器结构图

1—加热板片；2—固定盖板；3—活动盖板；4—定位螺丝；
5—压紧螺丝；6—被加热水进口；7—被加热水出口；
8—加热水进口；9—加热水出口

382. 什么是容积式换热器？

图 5-69 所示为容积式换热器的结构图。容积式换热器分为汽-水换热器和水-水换热器。这种换热器兼起储水箱的作用。换热器中 U 形弯管管束并联在一起，蒸汽或加热水自管内流过。该类换热器主要用于热水供热系统，但传热系数比壳管式换热器低。

383. 什么是板翘式换热器？

图 5-70 所示为板翘式换热器的结构图。该类换热器是由翘片、

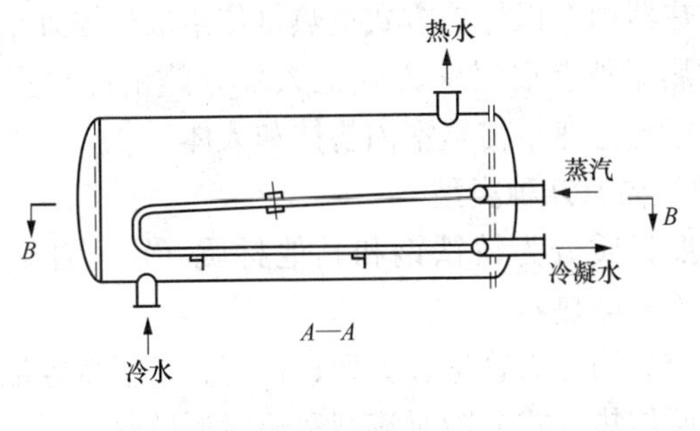

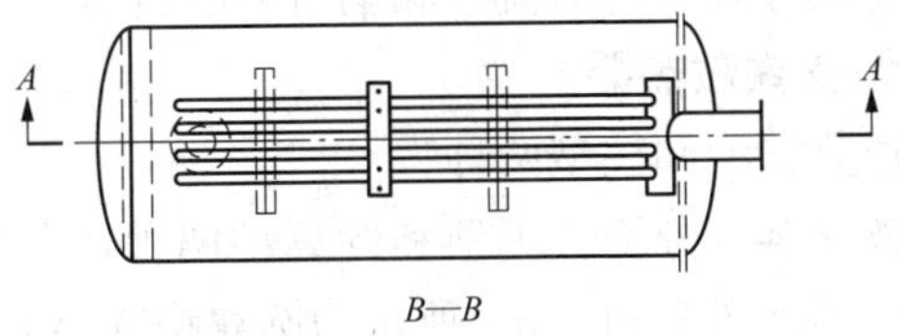

图 5-69　容积式汽-水换热器

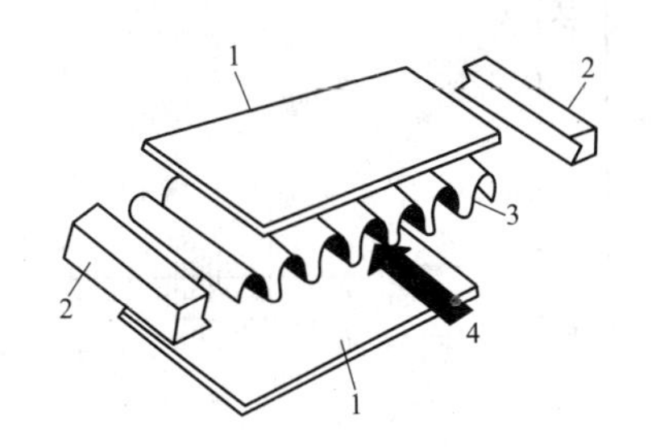

图 5-70　板翅式换热器单元体结构图

1—平隔板；2—侧条；3—翘片；4—流体

平隔板和侧条三种元件组成。波形翘片置于两块平隔板之间，用侧封条封固，单元体进行不同组合用钎焊焊牢就可得到逆流、错流或逆错流的组装件。配置导流片、封头和流体出入口接管后，即构成完整的板翘式换热器。

384. 什么是散热器？

散热器是通过热媒将热源产生的热量传递给室内空气的一种散热设备。其内表面一侧是热媒（热水或蒸汽），外表面一侧是室内空气。散热器中包含三种传热过程：

（1）散热器内热媒以对流换热方式把热量传给散热器的内壁。

（2）散热器内壁以导热方式把热量传给散热器外壁。

（3）散热器外壁以对流方式把大部分热量传给室内空气，并以辐射方式把部分热量传给室内物体和人体。

385. 散热器有几种类型？

（1）按照材质分为铸铁钢和其他材质（铝、合金、塑料、陶瓷、混凝土等）散热器。

（2）按照结构分为管型、翼型、杆型、平板型等散热器。

（3）按照传热方式分为对流型和辐射型散热器。

386. 什么是铸铁散热器？

铸铁散热器分翼型和柱型两种：

（1）翼型散热器。分为长翼型和圆翼型两种，图5-71（a）所示为长翼型散热器；图5-71（b）所示为圆翼型散热器。

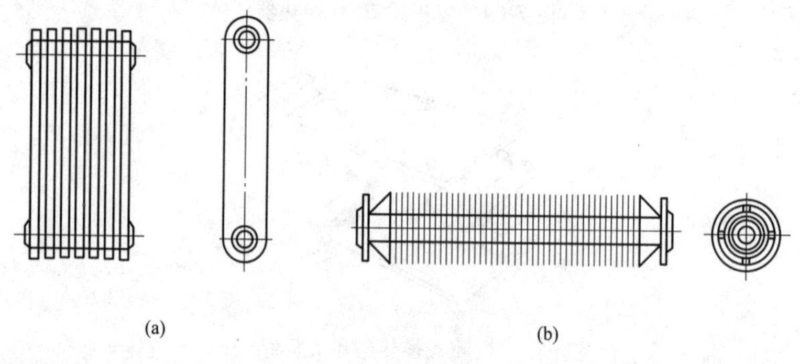

图5-71　翼型散热器

（a）长翼型散热器；（b）圆翼型散热器

（2）柱型散热器。图5-72所示为柱型散热器。该型散热器为单片的柱状连通体，每片各有几个中空的立柱相互连通，根据散热面积的需要，把各个单片组合为一组。

387. 什么是钢制散热器？

钢制散热器有闭式钢串片式、板型式、钢制柱型式、扁管式和钢制光面管式等类型，如图5-73～图5-76所示。

388. 钢制散热器与铸铁散热器相比有什么特点？

优点是：

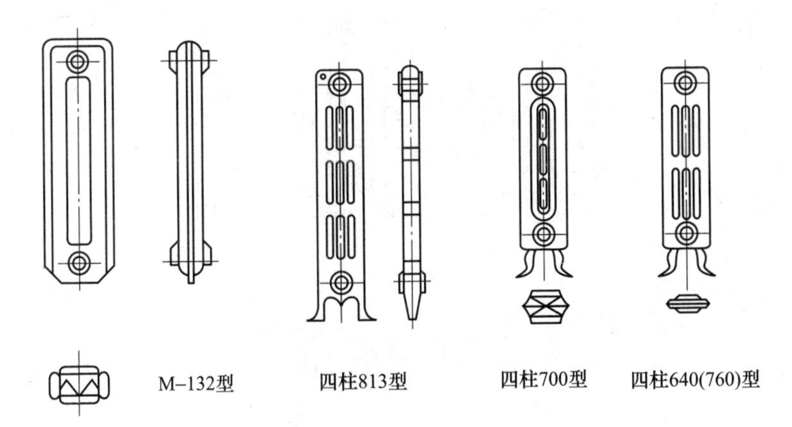

图 5-72 柱型散热器

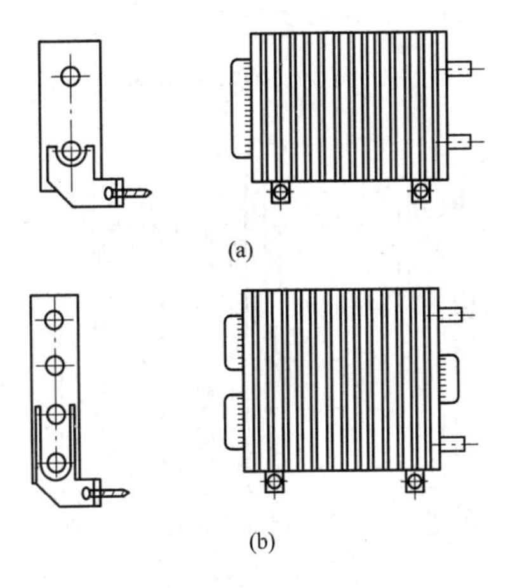

图 5-73 闭式钢串片式散热器

(a) 240×100 型；(b) 300×80 型

(1) 金属耗量少。钢制散热器用薄钢板压制焊接而成，散出同样热量所需的金属耗量少。

(2) 承压能力高。铸铁散热器为 0.4～0.5MPa，钢制散热器为 0.8～1.0MPa。

(3) 外形美观整洁，占用空间和面积少。

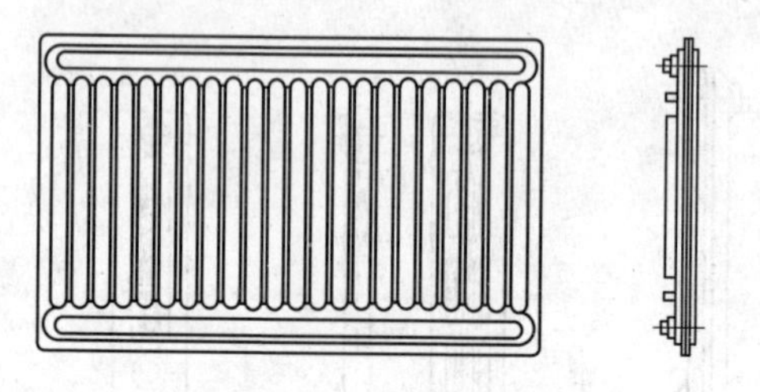

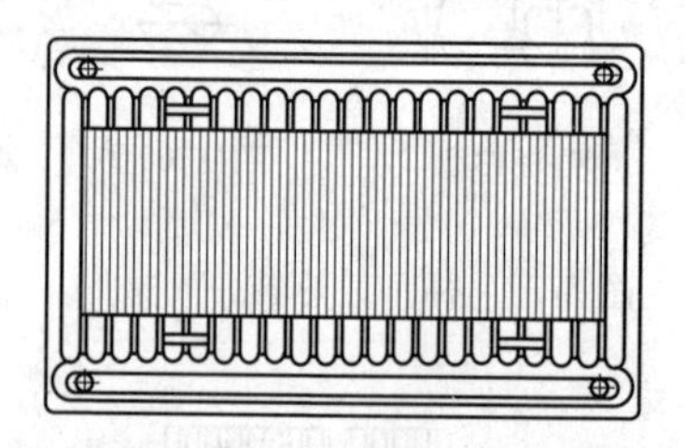

图 5-74　钢制板型散热器

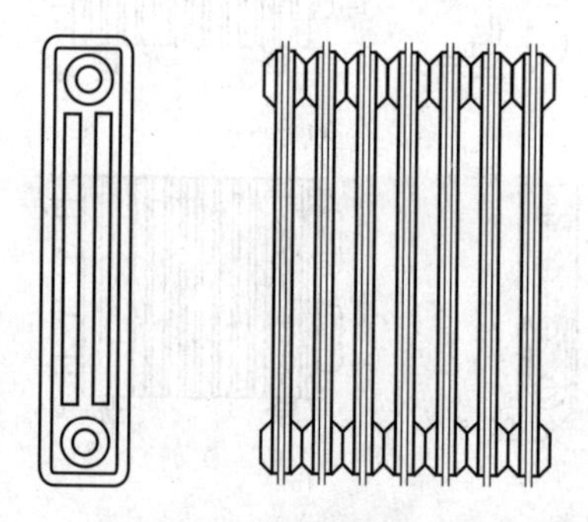

图 5-75　钢制柱型散热器

（4）水容量少，持续散热能力低，热稳定性差。

缺点是：

（1）钢制散热器易腐蚀。

（2）用于热水供热系统时，给水必须除氧。

（3）蒸汽供热系统不宜使用。

（4）有酸、碱腐蚀性气体的厂房或相对湿度较大的房间不宜使用。

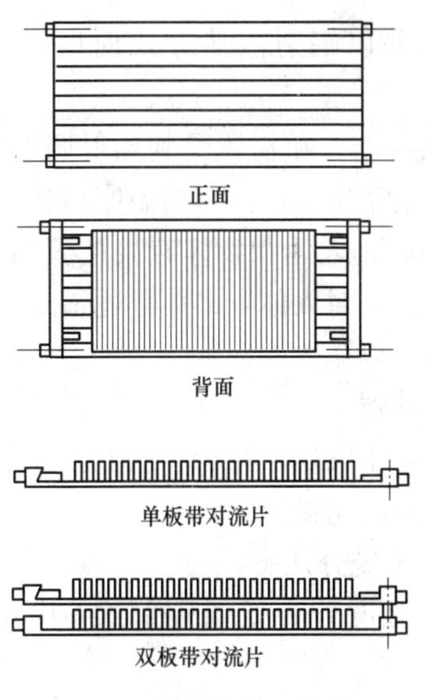

图 5-76 钢制扁管型散热器

389. 什么是铝制散热器？

图 5-77 所示为铝制散热器外形图。其材质为耐腐蚀的铝合金，经过内防腐处理，采用焊接连接而成，其质量轻、热工性能好、使用寿命长、外形美观大方。

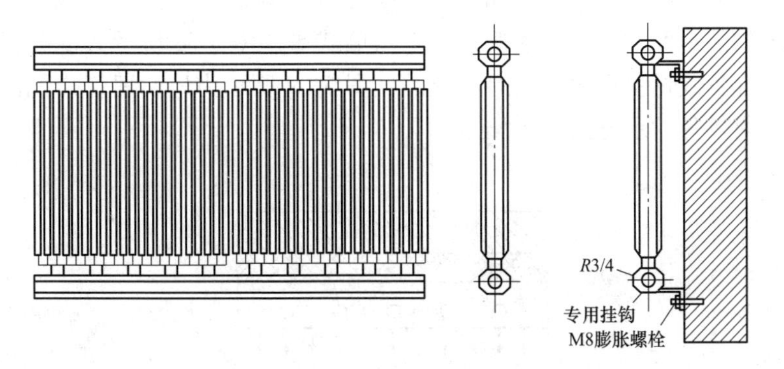

图 5-77 铝制散热器外形图

390. 什么是辐射供热？

辐射供热是利用建筑物内部顶面、墙面、地面或其他表面进行供热的系统。主要以辐射散热方式向房间供应热量。其特点如下：

(1) 辐射供热时，人和物体受到辐射照度和环境温度的综合作用，人体感受到的实感温度比室内温度高2～3℃左右。

(2) 辐射供热时，人体和物体直接接受辐射热，减少了人体向外界的辐射散热量，对人体有最佳舒适感。

(3) 辐射供热可以减少能耗。

(4) 不需要散热器。

(5) 避免室内尘土飞扬，有利于卫生。

(6) 比对流供热的初投资高。

391. 辐射供热系统分几类?

(1) 按照板面温度分为低温辐射式、中温辐射式和高温辐射式。

(2) 按照辐射板结构分为埋管式、风道式和组合式。

(3) 按照辐射板位置分为顶面式、墙面式、地面式和楼面式。

(4) 按照热媒种类分为低温供水式、高温供水式、蒸汽式、热风式、电热式和燃气式。

392. 简述低温辐射供热系统。

低温辐射供热有金属顶棚式、顶棚、地面、墙面埋管式、空气加热地面式、电热顶棚式、电热墙式等。图5-78所示为混凝土内埋管式低温辐射供热的示意图。图5-79所示为地面埋管式低温辐射供热的示意图。

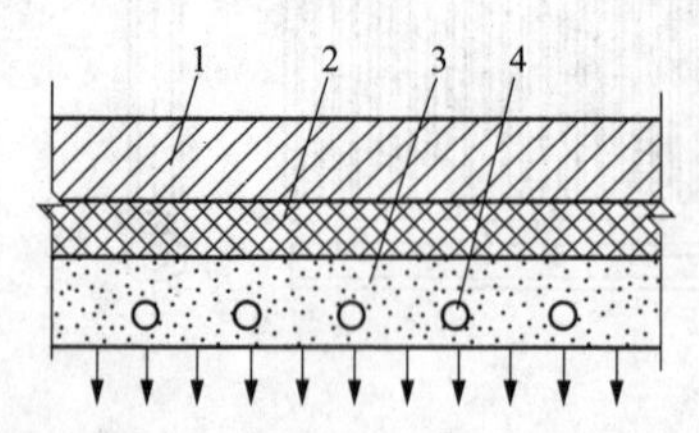

图5-78　混凝土内埋管式低温辐射供热示意图

1—建筑构体；2—保温隔热层；3—混凝土板；4—加热排管（塑料管）

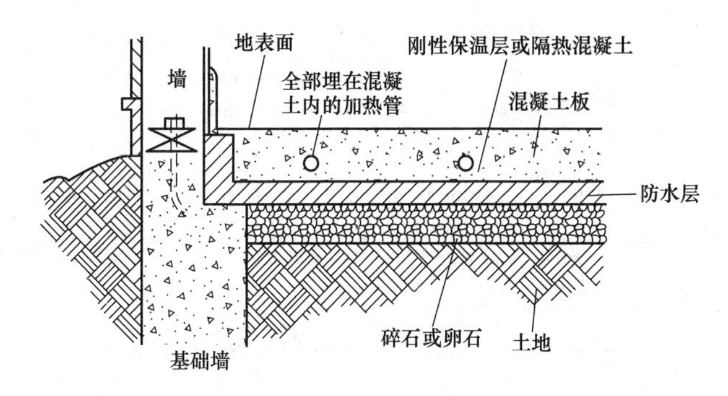

图 5-79 地面埋管式低温辐射供热示意图

低温辐射供热在建筑物美观和舒适感方面比其他供热型式好，但建筑物表面辐射温度受到限制，且施工难度加大、维修不便。

393. 简述中温辐射供热系统。

中温辐射供热系统是利用钢制辐射板散热，分为块状辐射板和带状辐射板两类，如图 5-80 和图 5-81 所示。

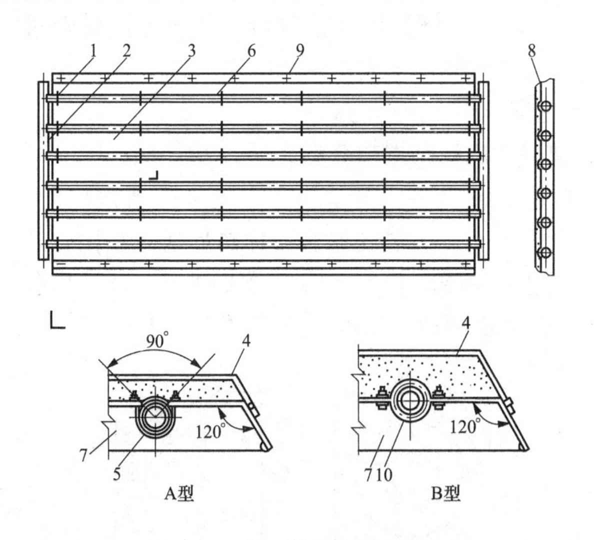

图 5-80 中温供热块状辐射板

1—加热器；2—连接管；3—辐射板表面；4—辐射板背面；5—垫板；6—双头螺栓；7—侧板；8—隔热材料；9—铆钉；10—内外管卡

图 5-81　中温供热带状辐射板

从图 5-80 可见，块状辐射板分为 A 型和 B 型两种，A 型辐射板加热管 1/4 部分嵌入槽内，用螺栓固定；B 型辐射板加热管 1/2 部分嵌入槽内，用管卡固定。

从图 5-81 可见，带状辐射板是将单块的块状辐射板沿长度方向串联而成的。适用于大空间建筑。

钢制辐射板的特点是采用薄钢板，管径小、管距小，加热管为水、煤气钢管，应用于高大的生产厂房和大空间的民用建筑中。

394. 简述高温辐射供热系统。

高温辐射供热系统分为电红外线辐射供热和燃气红外线供热两种。

（1）电红外线辐射供热采用石英管或石英灯辐射器。

（2）燃气红外线辐射供热采用可燃气体或液体经过特殊的燃烧设备进行无焰燃烧，形成 800～900℃高温，并发出红外线，应用于燃气丰富且价廉的地区。

395. 简述暖风机特点和分类。

暖风机是由通风机、电动机和空气加热器组成的联合设备。它将吸入的室外空气经空气加热器加热后送入室内，达到室内温度的要求，用于大厂房和大空间的公共建筑。暖风机分为轴流式风机和离心式风机两种，如图 5-82 和图 5-83 所示。

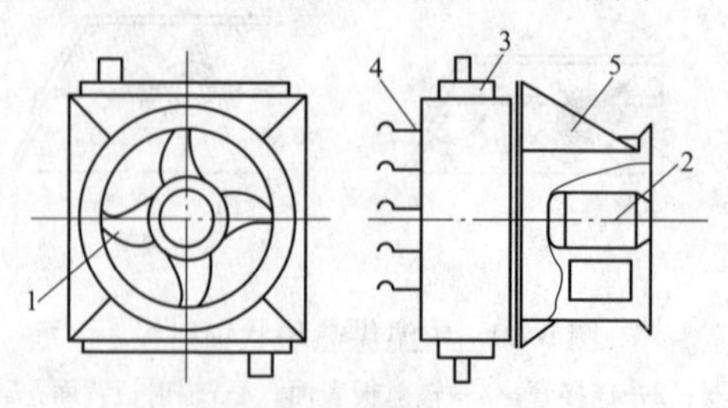

图 5-82　轴流式风机

1—轴流风机；2—电动机；3—加热器；4—百叶片；5—支架

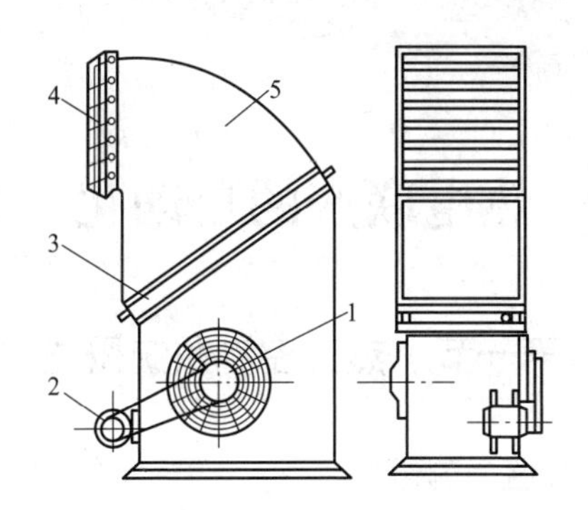

图 5-83 离心式风机

1—离心风机；2—电动机；3—加热器；4—导流叶片；5—外壳

第六章

热电联产的自动化

第一节　热工控制系统概述

396. 如何进行温度测量?

在热工控制系统中的温度测量采用热电偶和热电阻，也有采用其他热敏元件作为温度测量的一次元件。一般热电偶、热电阻信号直接进入电子室，由分散控制系统中专门的信号调整模件将其转换成适用于控制系统的信号。热电偶的冷端补偿一般采用冷端补偿器、恒温箱、测量接线盒中温度在软件中修正等方法。

397. 如何进行压力测量?

压力测量一般采用的传感器为应变原理的膜片、弹簧管，采用的变送器为位移检测原理或电阻电容检测原理，二次仪表多数为数字显示仪表。

398. 如何进行流量测量?

流量测量采用标准节流件，依据差压原理进行测量，也有采用齿轮流量计或涡轮流量计进行测量。大机组中的主蒸汽流量测量是用汽轮机调节级的压力通用公式计算得出，用节流件测量时都有压力温度补偿。

399. 如何进行液位（料位）测量?

液位测量以差压原理经压力补偿测量为主，电接点、工业电视并用，也有使用云膜或轻液双色水位计或浮子及电磁原理的液位开关测量。料位测量以称重式或电容式传感器配变送器测量，也有采用浮子式或超声波原理测量。

400. 什么是AGC系统?

AGC系统是自动发电控制系统（autormatic generration control）的简称，主要由电网调度中心的能量管理系统（EMS）、电厂端的远方终端（RTU）及分散控制系统的协调控制系统、微波和分散通道三部分组成。

401. 什么是 SIS 系统？

SIS 系统是厂级实时监控信息系统（supervisory information system in plant level）的简称，具有下列功能：

（1）实现全厂生产过程的监控。

（2）实时处理全厂经济信息和成本管理。

（3）具有竞价上网处理系统。

（4）实现机组之间的经济负荷分配。

（5）进行机组运行经济评估及运行操作指导。

402. 什么是 CCS 系统？

CCS 系统是单元机组协调控制系统（coordination control system）的简称，它通过控制回路协调汽轮机和锅炉的工作状态，同时向锅炉自动控制系统和汽轮机自动控制系统发出指令，达到快速响应和变化的目的，尽最大可能发挥机组的调频调峰能力、稳定运行参数。

403. 什么是 BCS 系统？

BCS 系统是旁路控制系统（bypass control system）的简称，该系统是在机组启停过程中协调机炉的动作回收工质，保护再热器。它具有启动、泄流和安全三项功能，较好地解决了机组启动过程中机炉之间的不协调问题，该善了启动性能。

404. 什么是 SCS 系统？

SCS 系统是顺序控制系统（sequence cotrol system）的简称。所谓顺序控制就是按照生产工艺过程要求预先设定的顺序，自动地对生产过程进行一系列的操作。电厂中用于主机或辅机的自动启停程序控制及辅机系统的程序控制。

405. 什么是 DAS 系统？

DAS 系统是数据采集系统（data acquisition system）的简称，它的功能是对机组整个生产过程参数进行在线检测，经处理运算后以 CRT 画面形式提供给运行人员。它可以进行自动报警、制表打印、性能指标计算、事件顺序记录、历史数据存储及操作指导等。

406. 什么是DEH系统？

DEH系统是汽轮机数字式电液控制系统（digital electric hydraudic system）的简称，包括汽轮机基本控制和自动程序控制两部分，可完成汽轮机的转速功率机前压力的控制，实现机组启停过程及故障时的控制和保护。

407. 什么是TSI系统？

TSI系统是汽轮机监视仪表（turbine supervisory instrument）的简称，它是以微处理器为核心的监控系统，可以监控汽轮机的大轴振动、位移、热膨胀等参数。

408. 什么是ETS系统？

ETS系统是汽轮机紧急跳闸系统（emergency trip system）的简称，它在汽轮机运行过程中出现异常时，能采取措施进行处理；当异常发展到危及设备和人身安全时，能停止汽轮机运行。

409. 什么是ECS系统？

ECS系统是电气控制系统（eletric control system）的简称，它能实现正常的启停和运行操作，也能实现实时显示异常运行和事故状态下的各种数据和状态，提供相应的操作指导和应急处理措施，保证电气系统自动控制在最安全、合理的工况下工作。

410. 什么是FSSS系统？

FSSS系统是炉膛安全监视系统（furnaces safeguard superyisory system）的简称，它能在锅炉正常工作和启停等各种方式下，连续密切地监视燃烧系统的大量参数与状态，不断地进行逻辑判断和运算；在危急工况时发出一系列动作指令，通过各种连锁装置，使相关设备按既定的合理程序完成必要的动作，把事故消灭于萌芽阶段，保证人身和设备的安全。FSSS系统主要功能有炉膛压力监视、主燃和跳闸、炉膛吹扫及连锁监视等。

411. 什么是MIS系统？

MIS系统是管理信息系统（management information system）的简称，它将日常发生的数据及时准确地进行收集加工分析与处理，并提供给管理人员，使企业在良好的管理体系下创造更多的经济效益。

412. MIS 系统有哪些功能?

(1) 能完整、准确、及时、可靠地手收集产、供、销、人、财、物的各种信息。

(2) 能对各种数据加工,制成统计报表和分析报表,提供给有关部门。

(3) 能将有用的资料存储在数据库中,实现数据共享,并能提供灵活的查询功能。

(4) 能提供各种预测、决策模型。

(5) 与生产运行监测系统相结合,使热力网的实时监测数据送入管理信息系统,为专业管理人员和决策人员提供实时信息服务。

第二节 分散控制系统

413. 什么是分散控制系统?

分散性控制系统英文原名为 distributed control system,简称 DCS。它是一种新型计算机控制系统。是一种控制功能分散、操作显示集中、采用分级结构的智能站网络系统。DCS 采用计算机通信和屏幕显示技术,实现对生产过程的数据采集、控制和保护等功能,利用通信技术实现数据共享。DCS 的主要特点是功能分散、数据共享、可靠性高。

414. 什么是分散控制系统的结构?

(1) 系统网络。它是 DCS 的基础和核心。由于 DCS 的网络应满足实时性的要求,且必须非常可靠,故均采用双总线、环形或双重星形的网络拓扑结构。

(2) 网络节点。所谓网络节点就是过程控制站,它是对现场 I/O 接口处理并实现直接数字控制功能的网络节点。一般一套 DCS 中设置多个 I/O 控制站。

(3) 系统结构。DCS 系统是由以微处理器为核心的基本控制单元、数据采集站、高速数据通道、上位监控和管理计算机及

CRT操作站等组成。

415. 分散控制系统有什么特征？

（1）分散特征。功能分散、物理分散、地理分散。

（2）技术特征。控制技术、计算机技术、通信技术和显示技术。

（3）控制特征。均匀性、局域性、自含性。

（4）结构特征。运行操作接口、开发维护接口、现场控制接口、网间通信接口。

416. 分散控制系统在热电厂中完成哪些任务？

（1）数据采集系统（DAS）。对各种数据进行采集、处理和输出，形成以CRT为中心的监视检测系统。

（2）模拟量控制系统（MCS）。即机组自动调节系统或协调控制系统。

（3）顺序控制系统（SCS）。实现电动机的启停、电动门的开关、电磁阀的开关、机组的连锁等。

（4）汽轮机数字电液调节系统（DEH）。

（5）电气控制系统（ECS）。

（6）炉膛安全监视系统（FSSS）。

417. 分散控制系统的选择原则是什么？

（1）不能选择一些经常出现损坏的硬件。

（2）应选择具有较强抗干扰能力的系统。

（3）系统采用冗余方式。

（4）软件功能应强大。

（5）选择有热电厂控制成熟经验的制造商。

418. 热网监控自动化系统的功能有哪些？

（1）自动检测运行工况，实时采集、传输和存储数据。

（2）热网故障的自动诊断与报警。

（3）热用户的自动控制。

（4）换热站的全自动控制。

（5）热源调节与调度。

（6）降低热网损失，减少经济损失。

(7) 能源考核管理自动化。

(8) 报表打印和财务统计等。

419. 举例说明区域供热的自动化控制。

我国的热网自动化控制尚处于初级阶段，典型的集中供热系统原理图如图 6-1 所示。热力自动化控制系统主要包括热源厂和热网中的热力站两个部分，该热网涵盖了 71 个设置了自动化控制系统的热力站，实现了对全部热力站的实时监测和控制，包括了热源厂中心控制室、各个小区热力站、通信系统三大部分。在热力站中的自动控制系统主要由如下设备构成：测量仪器（包括一、二次网供回水温度变送器和压力变送器，二次网的补水表和一次网的回水流量器）、自动控制器、循环泵及变频器、补水泵、回水调节阀、加压水泵、电磁阀、无线 GPRS 通讯传输仪器（采用光纤传输）。

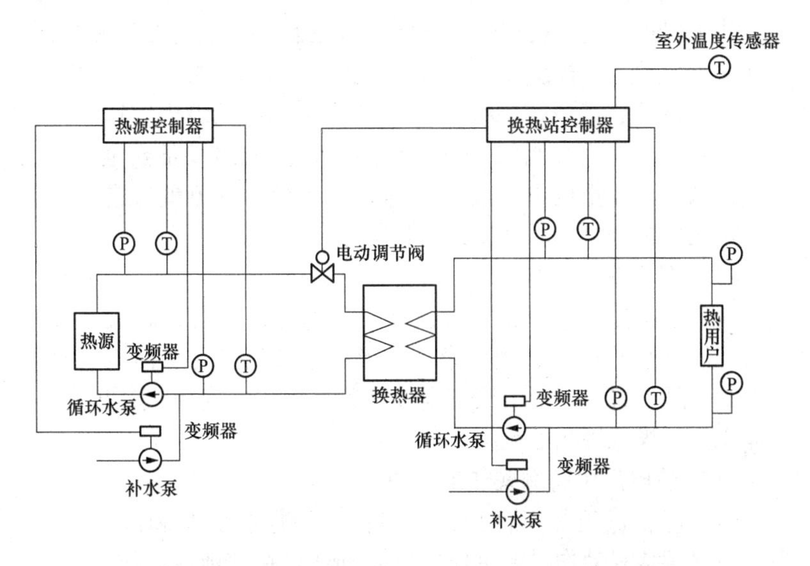

图 6-1 典型集中供热系统原理图

热网自动化控制监控系统由监控中心、通信网络及控制节点组成如图 6-2 所示。

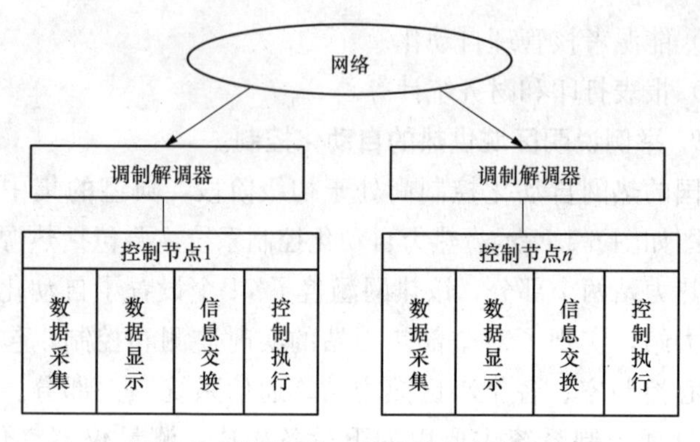

图6-2 热网监控系统的控制节点构成

第三节 热工保护系统

420. 什么是热工保护？

热工保护通过对机组的工作状态和运行参数进行监视和控制，起到保护作用。当机组发生异常时，保护装置及时发出报警信号，必要时可自动启动或切除某些设备或系统，使机组仍维持原负荷运行或减负荷运行。当发生重大故障而危及机组设备安全时，热工保护系统会停止机组（或某一部分）运行，避免事故进一步扩大。热工保护有时是通过连锁控制实现的。

421. 什么是连锁控制？

所谓连锁控制就是指：将被控对象通过简单的逻辑关系连接起来，使这些被控对象相互牵连，形成连锁反应，从而实现自动保护的一种形式。例如引风机因故障跳闸，引起送风机、排粉机、给煤机、磨煤机等相继跳闸。

422. 热电厂中有哪些热工保护？

（1）汽轮机组热工保护。它包括监视保护装置和液压系统。当监视保护装置动作时，可使电磁阀动作，快速泄放高压动力油，使高中压主汽门和调节汽门迅速关闭，紧急停止汽轮机运行，达到保护汽轮机的目的。此外，还有汽轮机进水保护、高压加热器保护和旁路保护等。

（2）锅炉机组热工保护。它包括炉膛安全监控、主燃料跳闸、锅炉快速切回负荷、机组快速切断等保护。

（3）炉机电大连锁保护。在机组发生异常工况时，保护系统可使机组继续运行或紧急停止，用于大型单元机组的故障情况。

423. 热工保护系统是如何组成的?

热工保护系统一般由输入信号单元、逻辑处理回路及执行机构等组成。热工保护分为两级保护，即事故处理回路和事故跳闸回路的保护。而跳闸处理是热工保护最极端的保护手段，其目的是防止机组产生机毁人亡的恶性事故。其结果是使机组局部退出工作或整套机组停止运行。

424. 热工保护系统的特点是什么?

（1）输入信号可靠。

（2）保护系统动作时能发出报警信号。

（3）保护动作信号一般是长信号。

（4）保护动作是单方向的。

（5）保护系统能进行在线试验。

（6）确定保护系统的优先级。

（7）保护系统有可靠的电源。

（8）保护系统中设置了切换开关。

（9）由计算机对保护系统进行监视。

（10）保护系统具有独立性。

425. 简述热工保护的信号的摄取方法。

（1）单一信号法。

（2）信号串联法。

（3）信号并联法。

（4）信号串并联法。

（5）三取二信号法。

（6）信号表决法。

（7）信号的多重化摄取法。

426. 简述汽轮机组的热工保护。

汽轮机组的热工保护包括：

（1）轴向位移的监视和保护。

（2）缸胀和差胀的监视。

（3）转速和零转速监控。

（4）振动的监视和保护。

（5）偏心度的监视和保护。

（6）轴承温度和油压的监视和保护。

（7）凝汽器真空的监视和保护。

427. 简述锅炉的热工保护。

锅炉的热工保护包括：

（1）锅炉安全门保护。

（2）锅炉汽包水位保护。

（3）炉膛压力保护。

（4）灭火保护。

（5）主蒸汽和再热蒸汽温度高保护。

（6）通风保护。

（7）断水保护。

（8）主燃料跳闸保护。

第七章

冷热电联产

第一节 概　　述

428. 什么是冷热电联产技术？

冷热电联产（conbined of cooling，heating and power）简称CCHP，是指冷、热、电三种不同形式的能量的联合生产，是一种先进的供能系统。它是建立在梯级利用概念的基础上，将制冷、供热和发电的一体化，可以节约能源和减轻对环境的污染，因而得到了应用和发展。

429. 冷热电联产有哪些优点？

（1）节能。冷热电联产系统将发电过程中产生的废热用于供热和制冷，充分利用了一次能源。

（2）环保。冷热电联产系统采用天然气作为能源，燃烧排放物对环境无污染，生产时噪声小。

（3）安全。区域建筑物采用冷热电联产系统后，其供电不受电网限制，确保了用户的供电安全。

（4）平衡能源消费。冷热电联产系统减少了小区或建筑物对城市电网的电力消耗，并增加了燃气消费，对缓解电力紧张，平衡能源消费具有积极作用。

（5）冷热电联产既可以服务社会，又是一种无风险的投资。

430. 冷热电联产的基本原理是什么？

图7-1表示了冷热电联产的基本原理图。从图可见，通过能源的梯级利用，燃料通过热电联产装置发电后，变为低品位的热能，用于采暖生活供热等用途的供热。这一热量也可驱动吸收式制冷机，用于夏季空调，从而形成冷热电三联产系统。

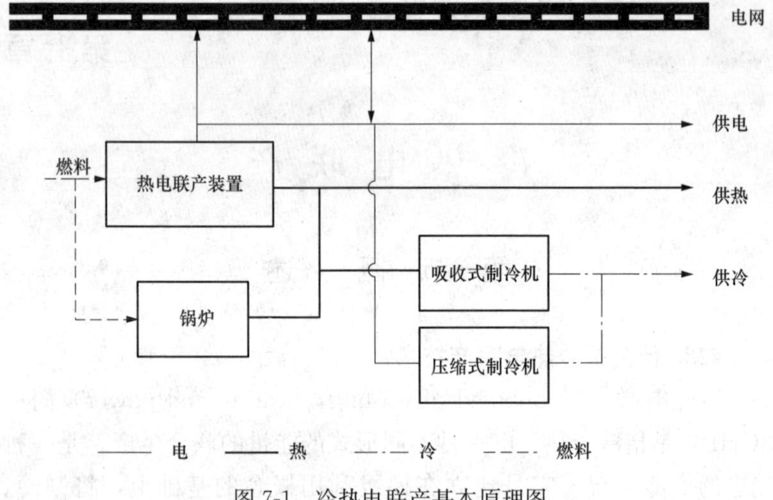

图 7-1　冷热电联产基本原理图

431. 试述燃气冷热电联产的主要型式。

燃气冷热电联产的主要型式有两种：燃气机（包括内燃机、燃气轮机）＋余热吸收制冷机（余热直燃机），如图 7-2 所示。以天然气为燃料送入燃气轮机燃烧发电后，高温排气进入余热吸收式制冷机，夏季供冷，冬季供热，根据冷负荷、热负荷的需要可补燃天然气。图 7-3 为燃气机＋余热锅炉＋蒸汽吸收式制冷机＋电制冷机＋燃气锅炉的流程示意图。天然气送入燃气轮机燃烧发电后，高温排气送入余热锅炉制取蒸汽，蒸汽经分汽缸至蒸汽溴化锂吸收式制冷机；冬季蒸汽经分汽缸至换热器制取热水供热。根

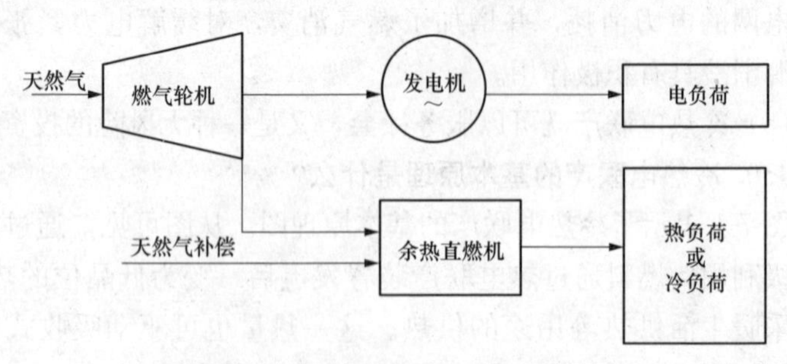

图 7-2　冷热电联供系统示意图一

据建筑物夏季的冷负荷需要，不足冷量由电动压缩制冷机提供；冬季不足热量由燃气锅炉提供。

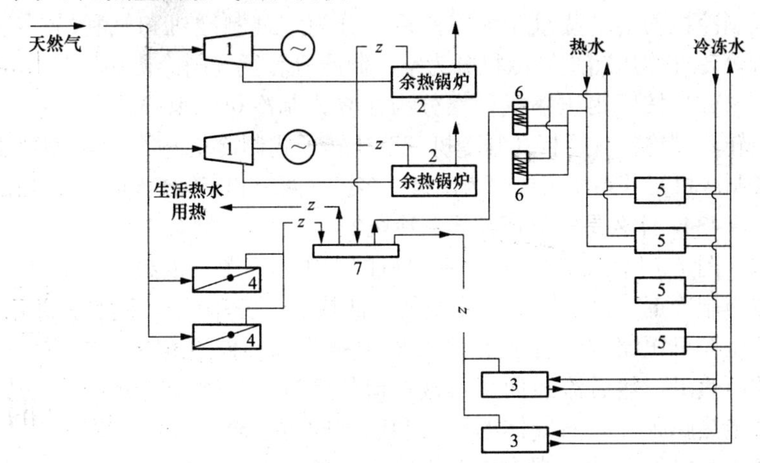

图 7-3 冷热电联供系统示意图二

1—燃气轮机；2—余热锅炉；3—蒸汽溴化锂吸收式制冷机；4—燃气锅炉；5—电制冷机；6—换热器；7—分汽缸

第二节 制冷设备及其附属设备

432. 制冷机有哪几种？

（1）压缩式制冷机。依靠压缩机的作用提高制冷剂的压力，以实现制冷循环。按制冷剂种类可分为蒸汽压缩式制冷机（以液压蒸发制冷为基础，制冷剂要发生周期性的气-液相变）和气体压缩式制冷机（以高压气体膨胀制冷为基础，制冷剂始终处于气体状态）两种。

（2）吸收式制冷机。依靠吸收器-发生器组（热化学压缩器）的作用完成制冷循环，可分为氨水吸收式、溴化锂吸收式和吸收扩散式 3 种。

（3）蒸汽喷射式制冷机。依靠蒸汽喷射器（喷射式压缩器）的作用完成制冷循环。

（4）半导体制冷机。利用半导体的热-电效应制取冷量。

433. 压缩式制冷机如何分类?

(1) 按所用制冷剂的种类分为气体压缩式制冷机和蒸汽压缩式制冷机两类：蒸汽压缩式制冷机分为空气制冷机和氟利昂制冷机等，气体压缩式制冷机分为空气制冷机和氦气制冷机等。

(2) 按所用压缩机种类分为往复式制冷机、离心式制冷机和回转式制冷机（螺杆式制冷机、滚动转子式制冷机）等。蒸汽压缩式制冷机按其系统组成分为单级、多级（两级和三级）和复叠式等。

434. 什么是气体压缩式制冷机?

图7-4所示为气体压缩制冷机的工作原理图。该制冷机是以气体为制冷剂，由压缩机、冷凝器、回热器、膨胀机和冷箱等组成。经压缩机压缩的气体先在冷凝器中被冷却，向冷却水（或空气）放出热量，然后流经回热器被返流气体进一步冷却，并进入膨胀机绝热膨胀，压缩气体的压力和温度同时下降。气体在膨胀机中膨胀时对外做功，成为压缩机输入功的一部分。同时膨胀后的气体进入冷箱，吸收被冷却物体的热量，即达到制冷的目的。此后，气体返流经过回热器，同压缩气体进行热交换后进入压缩机被压缩。

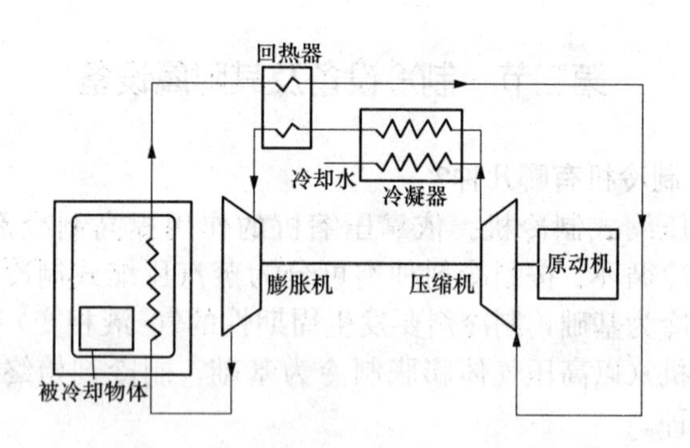

图7-4 气体压缩式制冷机工作原理图

435. 什么是蒸汽压缩式制冷机?

蒸汽压缩式制冷是利用液体（如氟利昂、氨气等）在沸腾相变时从制冷空间中吸收热量来制冷的。图7-5所示为单级蒸汽压缩式制冷机的工作原理图。

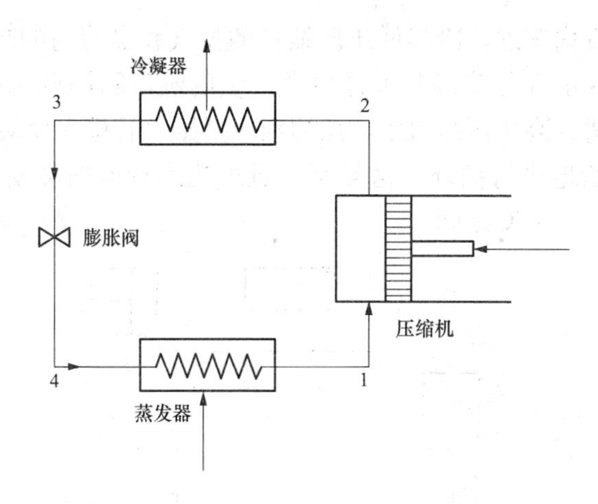

图 7-5 单级蒸汽压缩式制冷机工作原理图

由图可见，单级蒸汽压缩式制冷机由压缩机、冷凝器、膨胀阀和蒸发器等组成。其工作过程如下：工质吸入压缩机，在压缩机中经等熵压缩升压、升温至过热蒸汽状态，进入冷凝器放出热量而冷凝成饱和液体。该饱和液体经膨胀阀等熵节流后部分液体蒸发，压力和温度同时降低至湿蒸汽状态，进入蒸发器（冷库）中，定压吸热汽化，使冷库保持所需的低温，离开冷库时制冷剂已达到干饱和蒸汽状态，进入压缩机压缩，如此循环。

436. 什么是两级蒸汽压缩式制冷机？

图 7-6 所示为一级节流、中间完全冷却的两级蒸汽压缩式制冷机的工作原理示意图。

它的特点是：制冷剂的压缩过程分两个阶段进行，在高压级和低压级之间设置了中间冷却器。在循环中，将来自蒸发器的低压蒸汽首先在低压压缩机 1 中被压缩到中间压力，经过中间冷却器 5 冷却到中间压力对应的饱和温度，再进入高压压缩机 2，将其压缩到冷凝压力，然后排入冷凝器 3 冷却凝结成液体。由冷凝器出来的液体分为两路：一路流经中间冷却器内盘管，在管内被盘管外的液体的蒸发而得到冷却变成过冷液体，经节流阀 7 流到蒸发器 4 进行蒸发制冷；另一路经节流阀 6 节流到中间压力，进入中

间冷却器 5 内蒸发，冷却低压压缩机的排气和盘管内的高压液体，节流后产生的部分蒸汽和液体蒸发产生的蒸汽随同低压压缩机的排气一同进入高压压缩机中，压缩到冷凝压力后排入冷凝器 3。这样周而复始地进行循环。这类制冷机可达到较低的蒸发温度，通常在－70～－30℃之间。

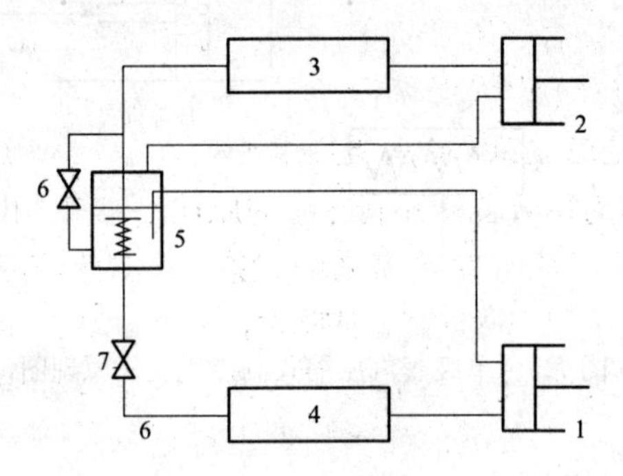

图 7-6　两级蒸汽压缩式制冷机工作原理图

1—低压压缩机；2—高压压缩机；3—冷凝器；
4—蒸发器；5—中间冷却器；6、7—节流阀

437. 什么是复叠式制冷机？

图 7-7 所示为复叠式制冷机的工作原理图。

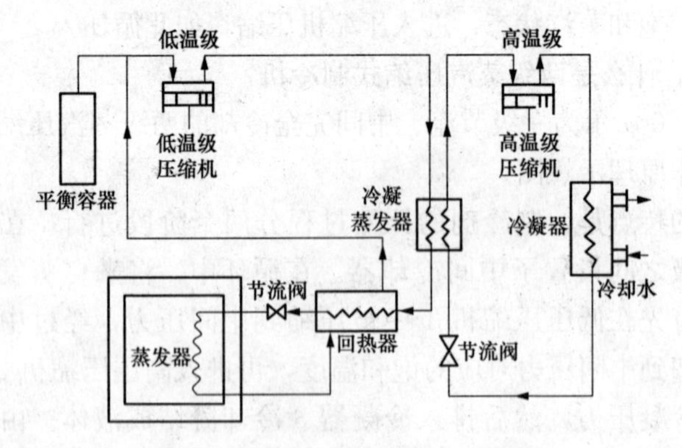

图 7-7　复叠式制冷机工作原理图

由图可见，该制冷机是两个单级制冷机组组成的复叠式制冷

机。它的高温级由高温级压缩机、冷凝器、节流阀和冷凝蒸发器组成，低温级由低温级压缩机、冷凝蒸发器、回热器节流阀和蒸发器组成。高温级和低温级各为一台单级制冷机。冷凝蒸发器将高温级与低温级联系起来：对高温级来说，它是蒸发器；对低温级来说，它是冷凝器。冷凝蒸发器使低温级的放热量转变为高温级的制冷量。平衡容器用于防止停机后制冷剂的气化和压力过高。该制冷机的低温级的蒸发温度为－80～－40℃之间。

438. 什么是溴化锂吸收式制冷机？

图 7-8 所示为单效溴化锂制冷机的原理流程图。由图可见，在冷库吸收热量后，从蒸发器出来的状态为 1 的蒸汽进入吸收器，在较低的温度和压力下被吸收剂吸收，形成二元溶液。吸收器中的溶液由于吸收了制冷剂后成为稀溶液。吸收过程中放出的热量由冷却水带走。二元稀溶液经溶液泵升压送入蒸汽发生器，在蒸汽发生器中吸收外部热量，使二元溶液被加热浓缩并释放出制冷剂蒸汽。该蒸汽进入冷凝器凝结放热，经节流阀降压后进入冷库的蒸发器继续蒸发吸热，再进入吸收器进行下一个循环。

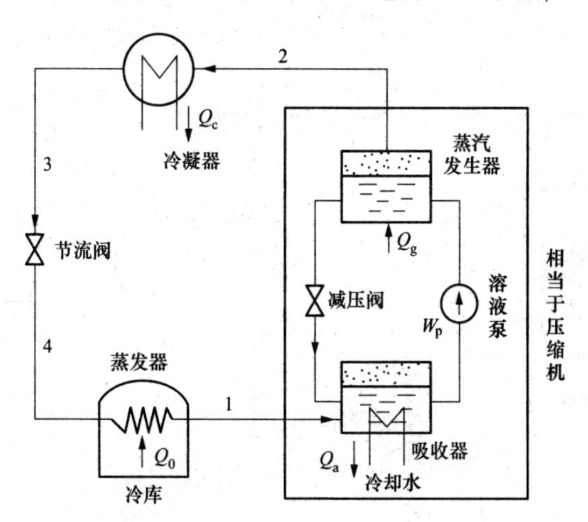

图 7-8 单效溴化锂吸收式制冷机原理图

流出蒸汽发生器的浓溶液经减压阀和溶液热交换器（图中未画出）降温降压后送回吸收器，继续吸收来自冷库的制冷剂蒸汽，形成稀溶液。这样经过吸收、发生、冷凝、蒸发和回热过程构成了单效溴化锂吸收式制冷循环。

439. 什么是氨水吸收式制冷机？

图 7-9 所示为单级氨水吸收式制冷机的工作流程图。由图可见，在吸收器中氨水稀溶液 6 吸收来自蒸发器的氨蒸气 12 成为浓溶液 1。溶液泵将浓溶液 1 由蒸发压力提高到冷凝压力状态变成 2，并经溶液换热器变成 3 送至精馏塔内的发生器。在发生器中，浓溶液被加热，释放出氨蒸气 7，从塔底流出稀溶液 4，该稀溶液经溶液换热器放热降温至状态 5，并经节流元件节流，压力下降为状态 6，然后进入吸收器。来自发生器的蒸气在精馏塔中被提纯为氨蒸气 7 后经冷凝器冷凝成氨液 8，液氨经预冷器被冷凝成状态 9，再经节流元件降压至状态 10，然后进入蒸发器。在蒸发器内，液氨吸收热量后汽化，以状态 11 经预冷器变成 12 后进入吸收器，被来自发生器的稀溶液 6 吸收。这样就完成了氨水吸收式制冷循环。

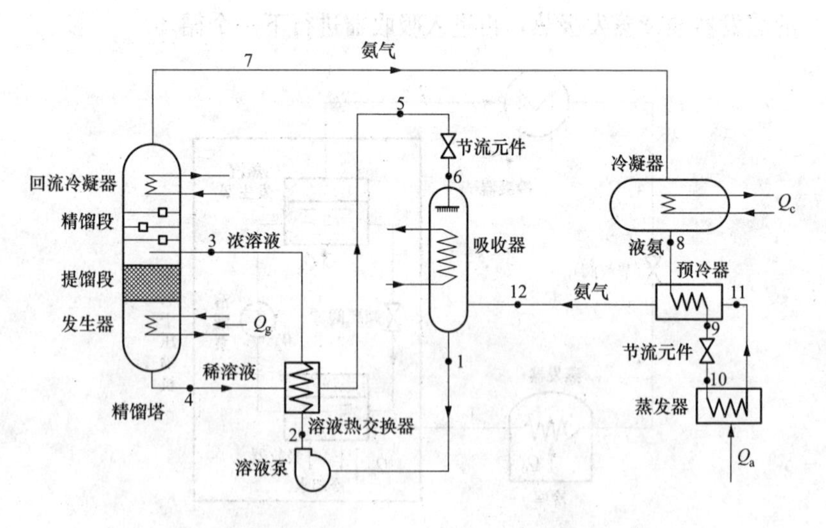

图 7-9　单级氨水吸收式制冷装置

440. 试比较溴化锂吸收式制冷与氨吸收式制冷。

溴化锂吸收式制冷和氨吸收式制冷的比较见表 7-1。

表 7-1 溴化锂吸收式制冷和氨吸收式制冷的比较

	溴化锂吸收式制冷	氨吸收式制冷
制冷剂（沸点）	水（100℃）	氨（−33.35℃）
吸收剂（沸点）	溴化锂（1265℃）	水（100℃）
制冷温度	不能低于5℃	0～−60℃
主要优点	（1）以溴化锂-水作为工质对，无毒、无臭、无味，对人体无危害，对大气臭氧层无破坏作用；因此溴化锂机组被誉为无公害的“绿色”冷源； （2）水价格便宜，易得，汽化潜热大； （3）溴化锂沸点与水沸点相差很大，由发生器产生的水蒸气中完全不含溴化锂； （4）在真空下运行，无高压爆炸危险； （5）制冷量调节范围广，在20%～100%的负荷内可进行制冷量的无级调节； （6）对外界条件变化的适应性强，可在加热蒸汽的压力0.2～0.8MPa（表压力）、冷却水温度20～35℃、冷媒水出水温度5～15℃的范围内稳定运转； （7）单台机组的制冷量大，单位制冷量的投资小，便于发展集中制冷	（1）能制取0～−60℃的低温，可在同一系统内提供不同温度的冷量； （2）氨有强烈的刺激性气味，泄漏易发现； （3）氨价格低廉，来源广泛； （4）对大气臭氧层无破坏作用； （5）氨易溶于水（1∶700），紧急排氨时，可用水冲，变成氨水排出。而氨水本身就是农田的肥料，流入土地有利无害
主要缺点	（1）设备内真空度较高，设备密封性要求高； （2）溴化锂结晶和水的凝固现象限制了其应用范围，制冷温度不能低于5℃； （3）溴化锂溶液对一般金属有强烈的腐蚀性； （4）溴化锂价格较贵，机组充灌量大，初投资较高	（1）由于氨、水的沸点比较接近，产生的氨蒸气中含有较多的水分，系统中必须增设精馏和分凝设备； （2）对铜及铜合金（磷青铜外）有腐蚀作用； （3）氨有强烈的刺激性气味，与空气混合后有潜在的爆炸危险。限制了其使用范围，特别是在民用建筑空调冷源中

第三节　冷热电联产系统

441. 试述蒸汽压缩式制冷的联产系统。

图7-10所示为蒸汽压缩式制冷的联产系统图。由图可见，该系统以燃气轮机发电、蒸汽压缩式制冷，同时满足发电和制冷的需要。

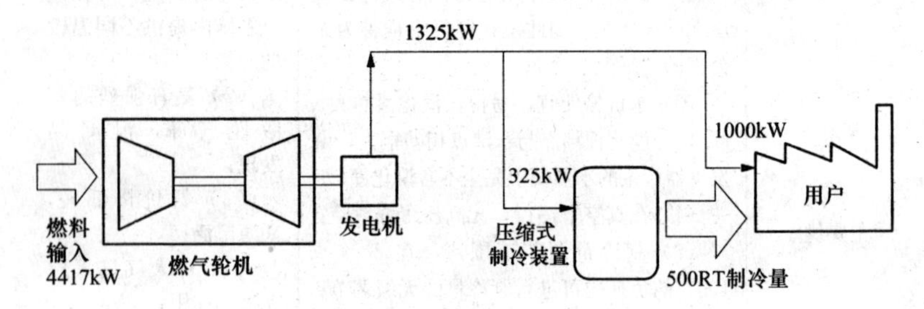

图7-10　蒸汽压缩式制冷的联产系统图

442. 试述吸收式制冷的联产系统。

图7-11所示为吸收式制冷的联产系统图。该系统以燃气轮机发电，采用吸收式制冷方式，其一次能源消耗量比压缩式制冷节能24.5%，可用较小功率的机组。在燃气轮机停运时，可通过余热锅炉的补燃来维持热负荷。

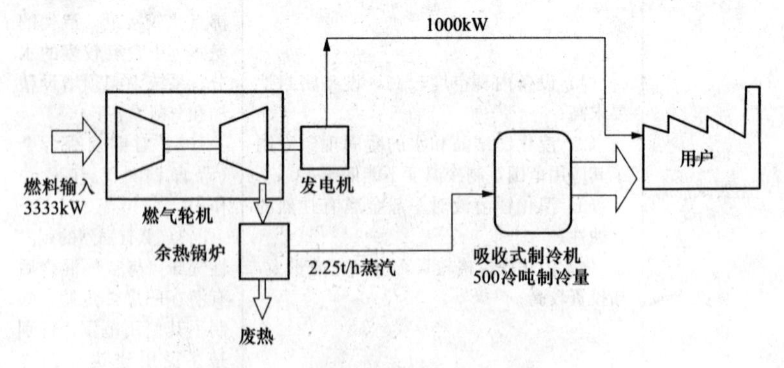

图7-11　吸收式制冷的联产系统图

443. 试述热电厂供汽时热、冷联供系统。

图 7-12 所示为热电厂供汽时热、冷联供系统图。由图可见，热电厂以向区域供应生产用汽为主时，利用区域供汽管网，引支管至各不同采暖空调用户附近，并设分散式热力站和制冷站。

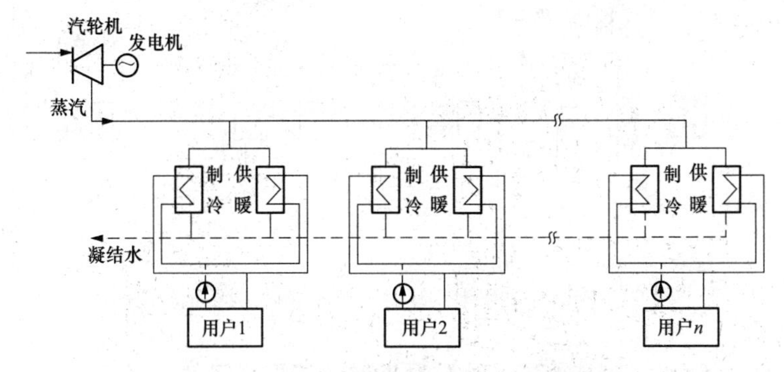

图 7-12　热电厂供汽时热、冷联供系统图

444. 试述热电厂集中热、冷联供直接连接系统。

图 7-13 所示为热电厂集中热冷联供直接连接系统图。该系统的热力站和制冷站集中设置在热电厂内，用共用管网直接将热媒和冷媒输送至各不同采暖、空调用户，适用于小型热电厂。

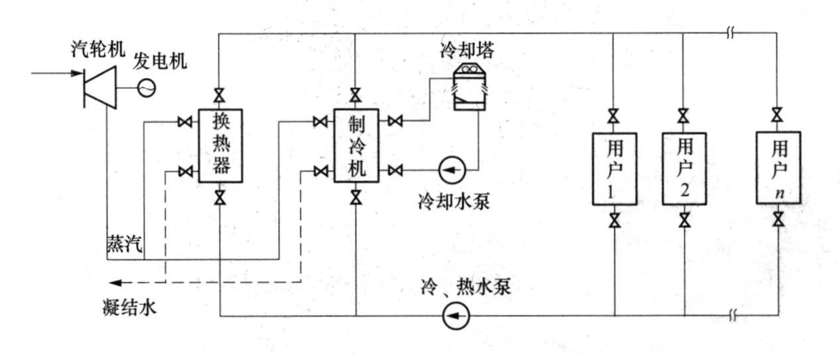

图 7-13　热电厂集中热冷联供直接连接系统图

445. 试述热电厂高温水供暖时热冷联供间接连接系统。

图 7-14 所示为热电厂高温水供暖时热冷联供间接连接系统图。

由图可见，热电厂设置热网首站和一次管网，将高温采暖热水供向区内各不同采暖空调用户附近，设分散式热力站和制冷站，适用于大、中型热电厂。

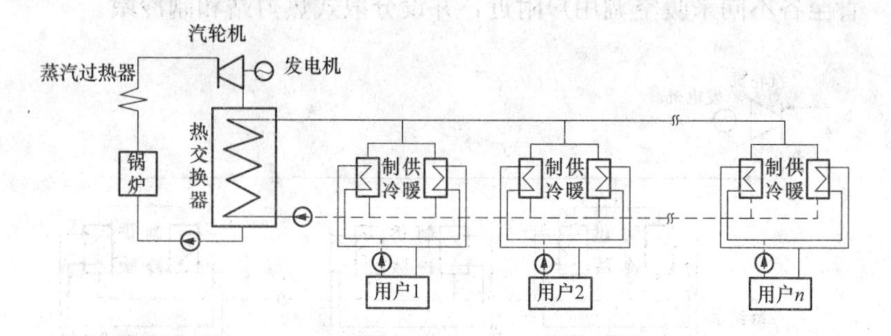

图 7-14 热电厂高温水供暖时热、冷联供间接连接系统图

446. 试述热电厂常温水供暖时热、冷联供系统。

图 7-15 所示为热电厂常温供暖时热、冷联供系统图。由图可见，热电厂设置集中热力站和供暖管网，冬季采暖时采暖热水直接供向区域内各不同采暖用户，夏季利用供暖管网输送热媒，在各空调用户附近设分数式制冷站进行热力制冷，适用于中、小型热电厂。

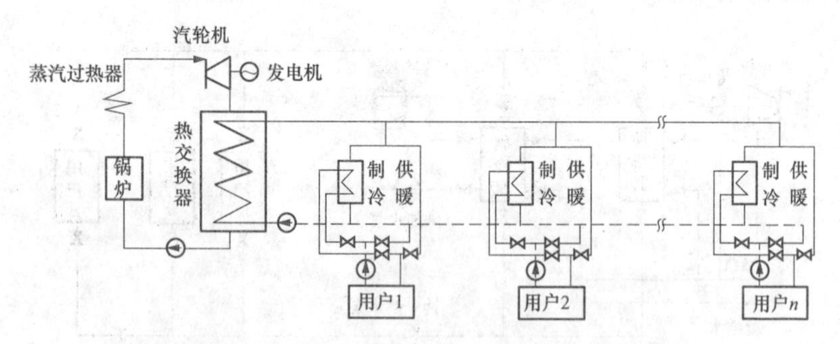

图 7-15 热电厂常温供暖时热冷联供系统图

447. 影响冷热电三联产经济性的主要因素有哪些?

(1) 热电厂。包括机组类型、容量、初参数、抽汽或背压排汽参数等。

（2）热力输送系统。包括供热管网和供冷管网的输送介质种类及热力参数、输送系统运行方式等。

（3）制冷机类型。包括吸收式和压缩式制冷方式，为保证经济性应尽量采用双效机。

（4）供冷负荷特性。包括负荷因子、负荷密度、用户负荷特性、年最大供冷负荷小时数等。

448. 发展冷热电三联产有什么意义？

（1）有助于提高能源利用率。冷热电联产的效率可达到90%，比发电厂效率的35%～55%要高得多。

（2）有助于环境保护。可大 大减少 CO_2 的排放，对减轻大气的温室效应起到极大的作用。

（3）有助于缓解电力高峰负荷。夏季大量小型空调的使用，出现用电紧张问题，峰谷差增大，影响电网的安全和稳定。冷热电三联产是解决此矛盾的方法。

（4）可以提高供电安全性。冷热电三联产采用分布式供电系统，为大电网分担负荷，降低大电网的危险系数，为集中式供电系统的稳定和安全提供保障。

449. 试述冷热电三联产的发展动态。

（1）美国1962年建成世界上最早的区域供冷系统，并可同时供应蒸汽。目前，已有超过60个区域供冷系统。

（2）日本1996年共有132个区域供热（冷）系统，已成为仅次于燃气、电力的第三大公益事业。

（3）欧洲已有多个热电冷联产系统投入运行。

（4）中国冷热电三联产发展刚刚起步，但发展迅速，在北京、太原、济南、淄博等城市已建立多个冷热电联供系统。

450. 试举例说明冷热电三联产的应用。

北京蟹岛三联供能源中心：供能规模为19.6万 m^2 的建筑供电、8.6万 m^2 的建筑空调、生活用水。主要设备有：燃气内燃机4台（总发电能力3000kW），余热烟气热水型冷温水机组、水源热泵、蓄热及蓄冰装置。其三联供系统原理图如图7-16所示。

发电部分主要供能源中心热泵、水泵用电；发电余热用于吸

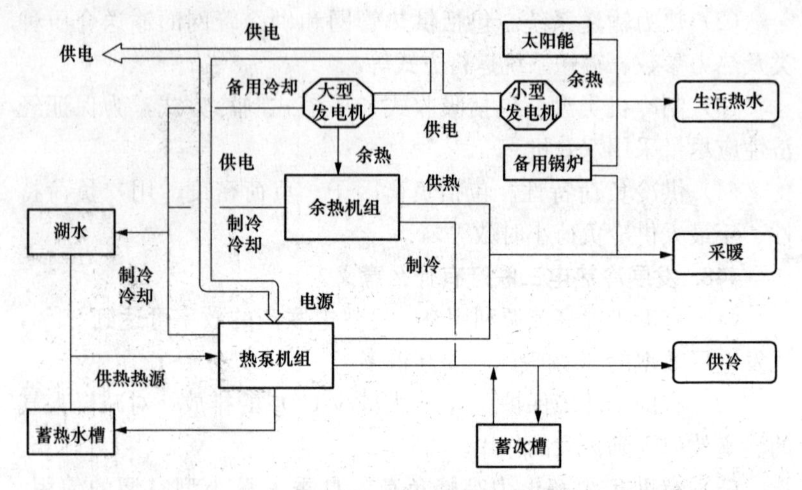

图 7-16　蟹岛三联供吸统原理图

收制冷、供热，并与太阳能热水系统联合供应生活热水；水源热泵用于夏季日间供冷、夜间蓄冰，冬季日间供热、夜间蓄热；湖水用于发电机备用冷却、夏季制冷循环冷却、冬季热泵循环低温热源。

451. 试举例说明冷热电三联产的方案制定过程。

某工厂建设一热电冷联产系统，其热电冷需求及天然气参数如下：

（1）电负荷：4000kW；

（2）热负荷：3000kW（200℃蒸汽）、1000kW（300℃蒸汽）；

（3）冷负荷：2100kW（冷水）；

（4）天然气热值：41800～45980kJ/m³（标准状态下）；

（5）天然气价格：0.71元/m³（标准状态下）；

（6）年运行时间：350天。

根据上述参数要求，考虑到冷源温度较高，故采用压缩式制冷。系统的流程如图7-17所示。

为此，做出两个方案，一个是“以热定电”方案，另一个是“以电定热”方案，并对两方案进行比较，结果如表7-2和表7-3所示。

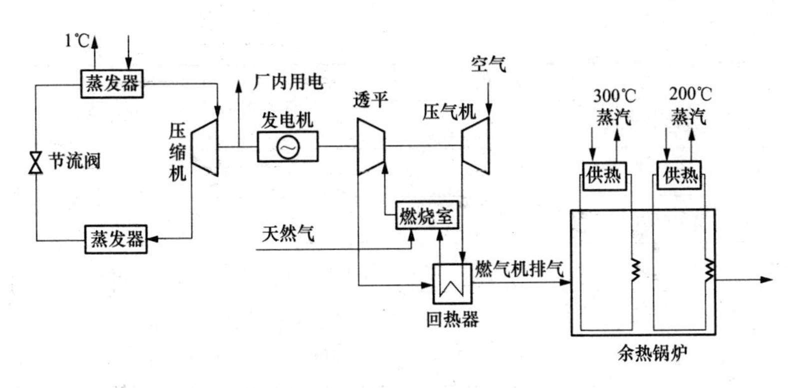

图 7-17 冷热电联产系统流程图

表 7-2 以热定电方案

内 容		数 值	备 注
负荷需求（kW）	电	4000	所选燃气轮机的实际发电量为 3418kW，840kW 满足制冷电，其余供应工厂所需的电不足电负荷部分（约 1500kW）从电网补充
	热	4000	
	冷	2100	所需电量 840kW
天然气发电效率（%）		27.3	
系统综合效率（%）		72.35	以热定电
总投资（万元）		3220	
年运行费用（万元）		804	天然气价格 0.71（元/m^3）（标准状态下）
净利润（万元/年）	电	438	发电成本 0.28（元/kWh） 内部协商电价 0.45（元/kWh）
	热	336	售热价格 0.1（元/kWh）
	冷	176.4	售冷价格 0.1（元/kWh）
	总	950.66	
投资回收期（年）		3.4	

表 7-3 以电定热方案

内 容		数 值	备 注
负荷需求（kW）	电	4000	所选燃气轮机的实际发电量为 5069kW，多余电量供电制冷机，实际发热量大于 4000kW
	热	4000	
	冷	2100	所需电量 840kW

续表

内　容		数　值	备　注
天然气发电效率（%）		29.8	
系统综合效率（%）		59.31	以电定热
总投资（万元）		3690	
年运行费用（万元）		907.2	天然气价格0.71（元/m^3）（标准状态下）
净利润（万元/年）	电	604.8	发电成本0.27（元/kWh） 内部协商电价0.45（元/kWh）
	热	336	售热价格0.1（元/kWh）
	冷	176.4	售冷价格0.1（元/kWh）
	总	1117.2	
投资回收期（年）		3.3	

通过对上述两个方案进行比较，得出结论：能源利用率方面，方案一高于方案二；经济效益方面，方案二的回收期较方案一短。从长远考虑，选择方案一较好。

452. 试举例说明冷热电三联产的节能效益。

智利康斯坦娜塔采用烟气-热水及补燃型模式，如图7-18所示，发电机向建筑物送电，非电空调用烟气热水制冷制热，不发电或少发电时用天然气补燃制冷制热。

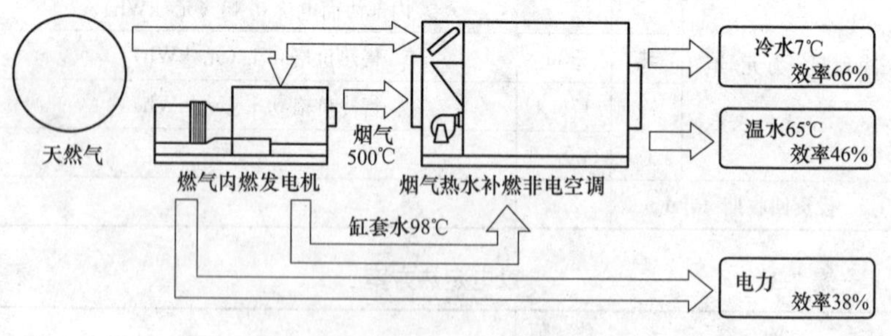

图7-18　烟气-热水及补燃型模式

（1）制冷量：30000kW，由烟气-热水直燃非电空调5台生产；

（2）发电量：14000kW，由燃气内燃发电机6台生产；

（3）能源效率：104%（制冷＋发电），84%（制热＋发电）；

（4）发电效率：38%；

（5）年节省能源费：630万美元；

（6）投资回报期：1.3年；

（7）年减排 CO_2：25 000t，相当于种树1 370 000棵。

第八章

天然气-热-电联产技术

第一节 概 述

453. 试述天然气的特性。

天然气即天然煤气，其主要成分为甲烷，还有少量的烷属重碳氢化合物（如 C_2H_6、C_3H_8 等）和硫化氢，以及为数不多的惰性气体（如 CO_2、N_2 等）、水蒸气和矿物杂质。天然气的发热量很高，一般标准状态下低位发热量可达 33500～37700kJ/m³（8000～9000kcal/m³）。

天然气有两种，一种是单独开采的所谓气田煤气，另一种是开采油井引出的所谓油田煤气。气田煤气的特点是甲烷含量极高（90%以上），乙烷及其他重碳氢化合物含量为 2%～3%；油田煤气的甲烷含量较气田煤气低些，为 75%～85%，重碳氢化合物约为 10%。

天然气是很好的动力燃料，不但发热量高，而且燃烧经济性较好。此外天然气也是很好的化工原料。

454. 天然气用于燃气轮机热电联产有几种形式？

（1）燃气轮机-蒸汽轮机联合循环热电联产。

（2）燃气轮机-余热锅炉直接热电联产。

（3）燃气轮机辅助循环热电联产。

455. 试比较燃气轮机发电与常规火电站的经济性。

表 8-1 中列出了常规火电站燃气轮机单循环电站和联合循环电站的经济性比较。从中看出燃气轮机发电的优越性明显。

表 8-1 燃气轮机发电与常规火电站发电经济性比较

项 目	40MW 燃气轮机单循环电站	55MW 燃气蒸汽联合循环电站	300MW 常规燃煤火电站
热效率（%）	31.8	46	38

续表

项　目		40MW燃气轮机单循环电站	55MW燃气蒸汽联合循环电站	300MW常规燃煤火电站
每千瓦造价（千元）		2.5～3.2	3.2～4	8～10
环境污染状况	粉尘（t/a）	9	9	203
	硫（t/a）	—	—	16 800
	NO_x（10^{-6}）	25～42	25～42	600
耗水量（t/a）		—	5200	109 200
建设周期（月）		10	12	36

456. 试述天然气在燃气轮机热电联供方面的发展。

发展高参数、大容量的燃气蒸汽联合循环机组，提高燃气初温和压比，以提高效率，让燃气蒸汽循环联合机组带基本负荷运行；发展小型燃气轮机热电冷联供系统用于城市区域性供热供冷供电。

第二节　天然气-热-电联产的型式和系统

457. 燃气蒸汽联合循环的方案有几种？

按照燃气与蒸汽两部分组合方式的不同。联合循环有余热锅炉型、排气补燃型、增压燃烧锅炉型和加热锅炉给水型等4种基本型式。图8-1分别表示了这4种型式的系统示意。在这4种基本型式中，以余热锅炉型联合循环应用最多、发展最快。

458. 试分析余热锅炉型联合循环的性能。

由燃气轮机循环与朗肯循环组成的余热锅炉型联合循环如图8-2所示，其中的燃气轮机循环为前置循环，而朗肯循环为后置循环。朗肯循环的最高温度，即蒸汽初温 T_d 取决于燃气轮机的排气温度 T_4，其温差为 ΔT_d（约40～60℃），燃气流经余热锅炉后排至大气的温度是 T_5。燃气轮机的性能对联合循环起主导作用，提高蒸汽初参数和降低排汽背压，可有效地提高朗肯循环的效率。而蒸汽初参数受燃气轮机排气温度的制约，当 T_4＝450～550℃时，

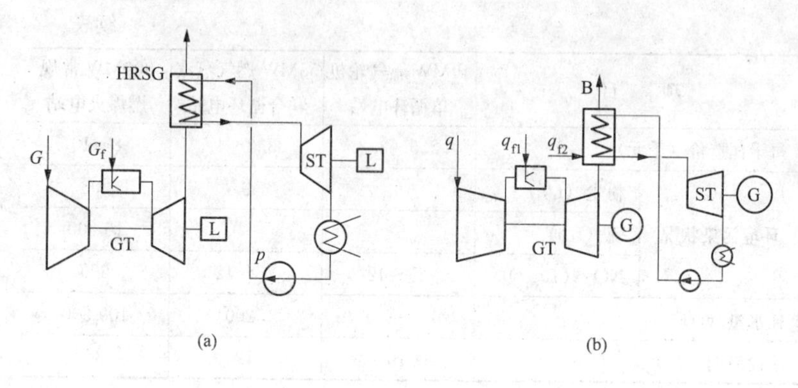

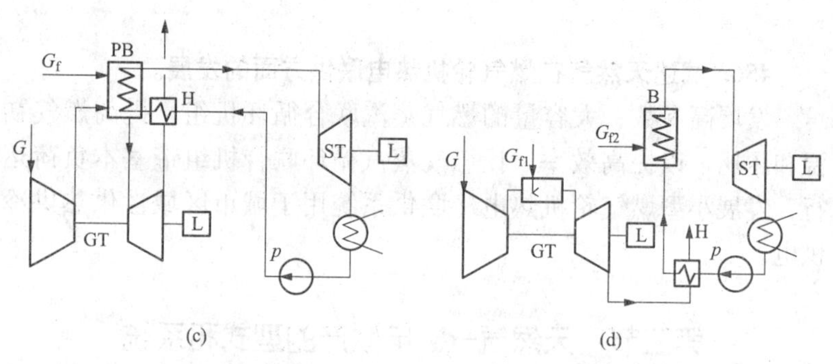

图 8-1　燃气蒸汽联合循环的 4 种基本型式

(a) 余热锅炉型；(b) 排气补燃型；(c) 增压燃烧锅炉型；(d) 加热锅炉给水型

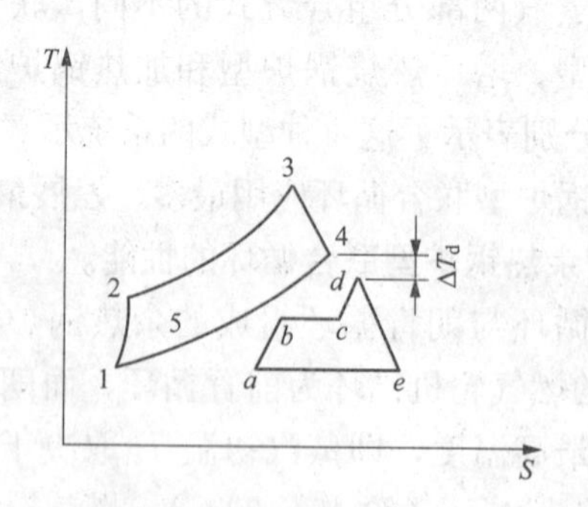

图 8-2　余热锅炉型联合循环

蒸汽采用 3.5～6MPa 的初参数。余热锅炉性能和其排气温度有关，一般排气温度在 130℃以上，当燃用含硫量极低的天然气时，排气温度不受露点的限制，可低于 90～100℃。

459. 天然气燃烧室的供气系统是什么样的？

图 8-3 所示为天然气燃烧室的供气系统图。各主要部件的作用如下：

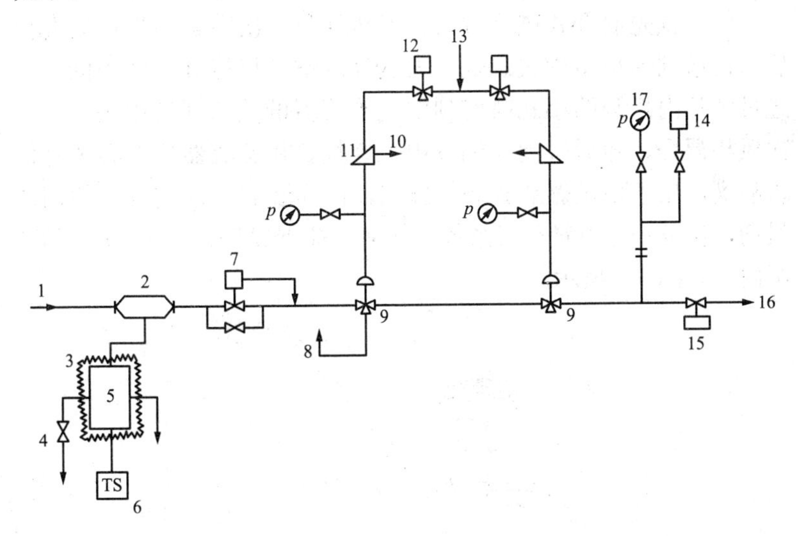

图 8-3 燃气轮机天然气供应系统

1—天然气来源；2—液体分离器和自动泄放阀；3—电加热器；4—手动泄放阀；5—自动泄放阀；6—温度开关；7—调压器；8—排向大气；9—燃料停止阀；10—排至放气管；11—快速放气阀；12—电磁阀；13—压缩空气输入；14—压力开关；15—天然气调节阀和执行器组件；16—去天然气喷嘴；17—压力表

（1）液体分离器和自动泄放阀 2。在该组件前应将天然气进行过滤，去除大于 10μm 的杂质。天然气通过分离器内的静止叶片发生旋转，利用离心效应把微粒和水分清除，并通过自动泄放阀排走。当大气温度低于 12±2℃时，用温度开关 6 自动投入电热器 3，以防止液体冻结。

（2）燃料停止阀 9。用于停机时可靠地切断天然气的来源。图中两个燃料停止阀的结构完全相同（前阀门有放气作用，都是气操纵的膜式阀）。停机时，前面的阀门把残存在两个停止阀门间的天然气排向大气，用电磁阀 12 控制输入阀门 9 开关的操纵用压缩空气。

(3) 天然气调节阀和执行器部件15。它是利用改变阀门的开度，调节喷入燃烧室的天然气流量，调压器7是用于保证调节阀前的天然气压力恒定地保持为1.18MPa。

460. 试述天然气在燃气轮机的燃烧室中的燃烧方式。

(1) 预先混合式燃烧方式。天然气与一次空气预先均匀混合后，再送到燃烧室中去燃烧。天然气从空心旋流叶片的中间，先经过叶片内弧侧的小孔喷射到空气旋流器的旋流通道中去，与一次风相混合，随后进到火焰管中去燃烧。在旋流器的中心装有值班喷嘴，用于稳定燃烧火焰；旋流器前面装有一次空气量的调风机构，保证一次过量空气系数在任何负荷下保持在1.1～1.3的范围内。如图8-4所示。

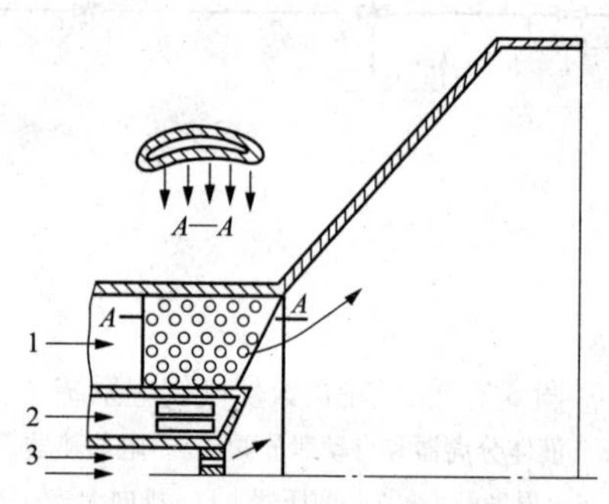

图8-4　预先混合式燃烧方式

1—空气；2—天然气；3—值班喷嘴天然气

(2) 扩散燃烧式燃烧方式。天然气和空气分别送入燃烧区，边燃烧边混合。天然气用双燃料喷嘴喷射的，可以同时烧油和烧气，喷嘴也可以分别单独工作，如图8-5所示。

461. 试述余热锅炉的汽水系统。

图8-6所示为余热锅炉的汽水系统图。由图可见，来自外界的空气（0.101 3MPa，15℃），经过燃气轮机的压气机8、燃烧室7提高了压力和温度，送至燃气轮机的燃气透平6，做功带动发电机5发电。其排气温度为526℃，送至余热锅炉底部，再经过高压过热器9、高压蒸发器10、高压省煤器12、低压蒸发器13后排放至烟囱。汽包11中的水一路来自省煤器12（省煤器的水来自除氧器

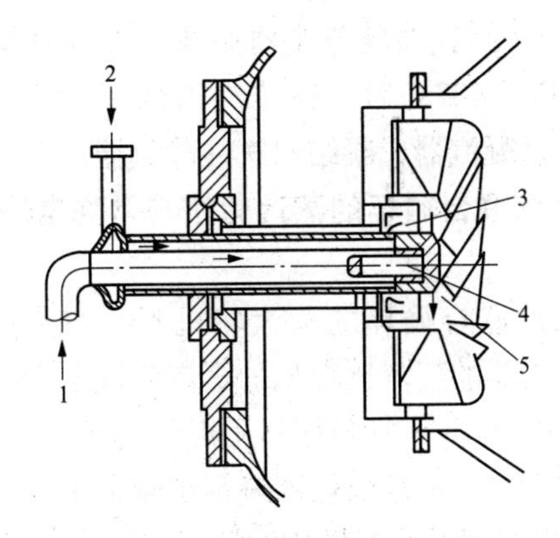

图 8-5 扩散燃烧式燃烧方式

1—主天然气进口；2—点火天然气进口；3—点火天然气喷口；4—天然气供气机构；5—主天然气喷口

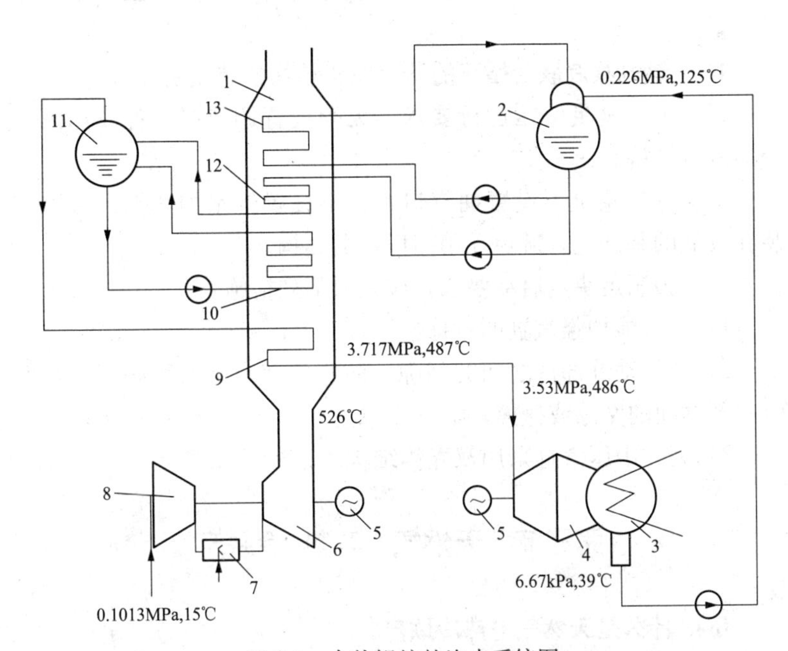

图 8-6 余热锅炉的汽水系统图

1—余热锅炉；2—除氧器；3—凝汽器；4—蒸汽轮机；5—发电机；6—燃气透平；7—燃烧室；8—压气机；9—高压过热器；10—高压蒸发器；11—汽包；12—高压省煤器；13—低压蒸发器

由给水泵送入)，一路经高压蒸发器循环。汽包的蒸汽经高压过热器加至3.717MPa、487℃后送往蒸汽轮机4做功，带动发电机5发电。其排汽经过凝汽器成凝结水送往除氧器。

462. 燃气蒸汽联合循环的蒸汽轮机与常规电厂的蒸汽轮机有什么不同?

(1) 燃气蒸汽联合循环的蒸汽轮机不抽取蒸汽去加热给水，其低压缸排向凝汽器的蒸汽比常规的蒸汽轮机多。

(2) 为了在余热锅炉中充分利用燃气轮机的排气余热，故在蒸汽轮机系统中不设置蒸汽加热器来预热凝结水。

(3) 蒸汽轮机应适应快速启动的要求。

(4) 蒸汽轮机应采用滑压运行的方式，从而可以多发出一些附加的功率，部分负荷时使排汽温度保持不变，蒸汽湿度不至于过大。

463. 燃气蒸汽联合循环的蒸汽轮机结构的特点是什么?

(1) 为了满足滑压运行要求，无须设置调节级，各级均采用全周进汽结构。

(2) 蒸汽轮机不设置抽汽口，也不设置给水加热器，可以安装在较低的基础上，避免采用高厂房的结构。

(3) 为满足快速启动要求，应采取下列措施:

1) 尽可能加强汽缸的对称性。

2) 加大动静部件之间的间隙，防止快速启动时膨胀不同步而引起部件间的摩擦或碰撞。

3) 高、中压汽缸采用双壳体结构。

第三节　天然气-电-热-冷联产

464. 什么是天然气电热冷联产?

天然气电热冷三联产 (BCHP) 系统是以天然气为一次能源，同时产生热、电、冷三种二次能源联产联供系统。该系统以燃气轮机发电设备为核心，以燃气透平排放出来的高温排气，驱动吸收式冷热水机或通过余热锅炉产生的蒸汽或热水供热，满足用户对热电冷的各种需求。

465. 天然气-电-热-冷三联产的模式有几种?

(1) 燃气蒸汽联合循环+蒸汽型吸收制冷机系统。

(2) 燃气轮机+余热型溴化锂冷热水机组系统。

(3) 燃气轮机+排气再燃型溴化锂冷热水机系统。

(4) 燃气轮机+双能源双效直燃式溴化锂冷热水机组系统。

(5) 内燃机前置循环余热利用系统。

466. 试述燃气-蒸汽联合循环+蒸汽型溴冷机系统。

图 8-7 所示为燃气-蒸汽联合循环+蒸汽型吸收式制冷机系统图。由图可见，天然气送往燃气轮机燃烧室燃烧做功发电后，其高温排气送往余热锅炉，余热锅炉产生的部分蒸汽注入蒸汽轮机发电，发电后的乏汽或抽汽供蒸汽型吸收式制冷机制冷，蒸汽的其余部分可用于提供采暖或卫生热水。

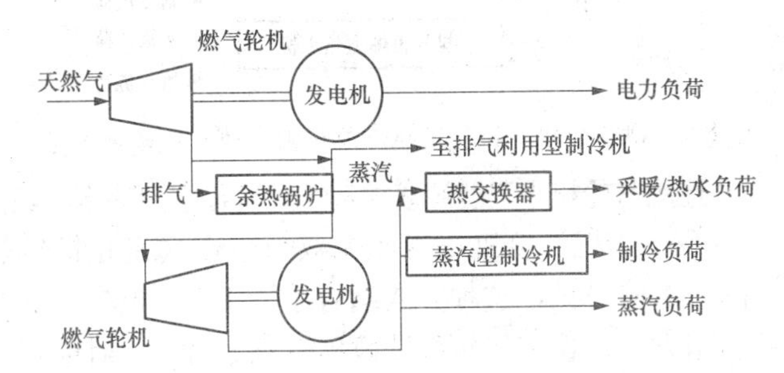

图 8-7　燃气-蒸汽联合循环+蒸汽型吸收式制冷机系统图

467. 试述燃气轮机+余热型溴化锂冷热水机组系统。

图 8-8 所示为燃气轮机+余热型溴化锂冷热水机组系统图。由图可见，这种系统比较简单，燃气轮机的排气直接送往溴化锂冷热

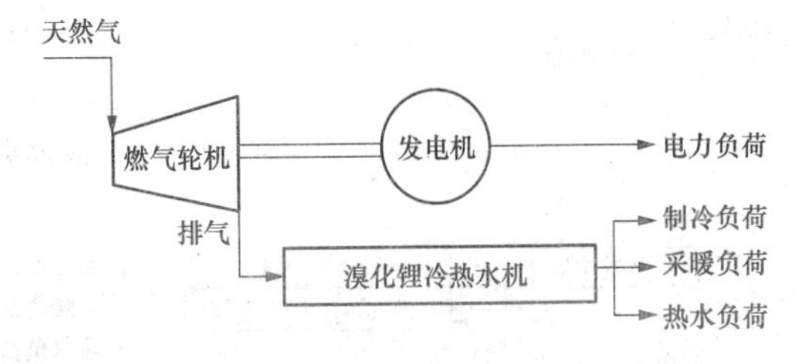

图 8-8　燃气轮机+余热型溴化锂冷热水机组系统图

水机组，该系统可同时供电、热、冷负荷，结构简单、一次投资少，适用于余热充足的场合或作为楼宇制冷、采暖的补充，如钢厂、燃气轮机厂、焦化厂等。

468. 试述燃气轮机＋排气再燃型溴化锂冷热水机组系统。

图8-9所示为燃气轮机＋排气再燃型溴化锂冷热水机组系统图。由图可见，这种系统用于燃气轮机的排气含氧量较高，而其热量不足的场合，此时，把排气作为助燃气体，混合补燃燃料，导入再燃型溴化锂冷热水机组的燃烧装置进行燃烧。该系统热效率高、负荷调节灵活，可以满足楼宇在燃气轮机任意工况下的制冷、采暖和卫生热水的需要。

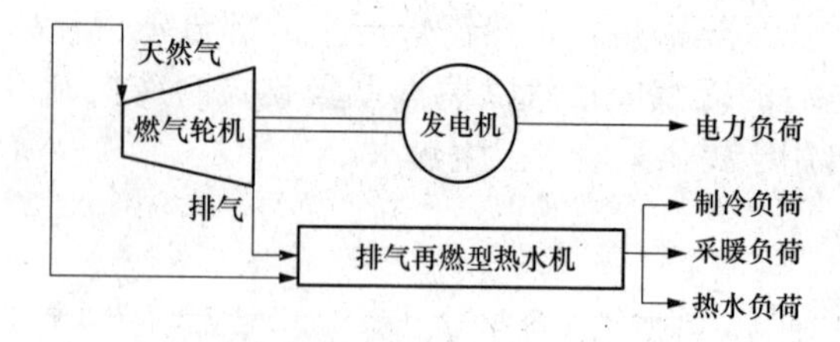

图8-9 燃气轮机＋排气再热型溴化锂冷热水机组系统图

469. 试述燃气轮机＋双能源双效直燃式溴化锂冷热水机组系统。

图8-10所示为燃气轮机＋双能源双效直燃式溴化锂冷热水机组的系统图。由图可见，这种方式结合了图8-15和图8-16两种模式的能源利用方式，在燃气轮机排放尾气高于400℃时使用。它先把尾气导入余热发生器，使尾气余热回收约70%，排出的低温尾气可直接排放，也可再次导入高温燃烧机与补燃燃料混合燃烧。此类方式结构简单、可靠性高、能源利用效率高达85%以上，具有广泛的应用前景和良好的推广价值。

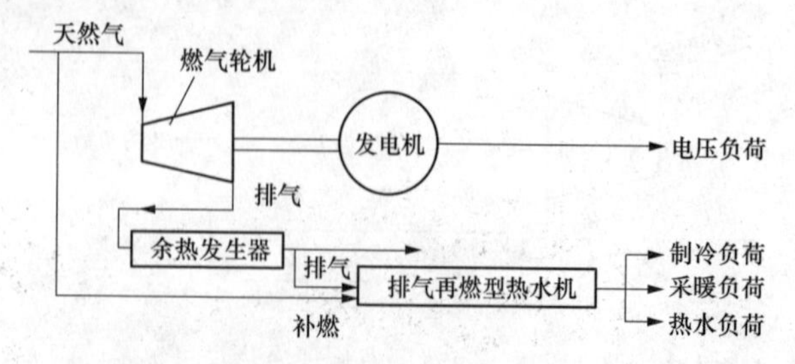

图8-10 燃气轮机＋双能源双效直燃式溴化锂吸收式冷热水机组系统图

470. 试述内燃机前置循环余热利用系统。

图 8-11 所示为内燃机前置循环余热利用系统图。由图可见，内燃机排放的烟气的余热被余热/直燃型溴化锂吸收式冷热水机组回收利用，冬季采暖、夏季制冷，内燃机缸套的冷却水中的余热作为楼宇内生活热水的热源。

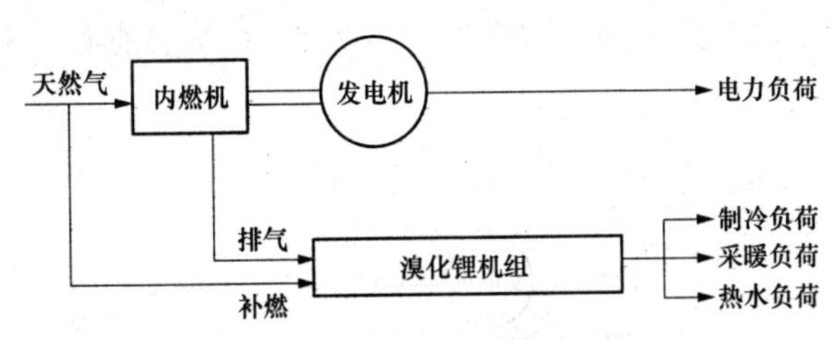

图 8-11　内燃机前置循环余热利用方式系统图

471. 试举实例说明天然气电热冷联产系统。

日本东京煤气公司于 1991 年初投运了一座高效率、高性能的供热制冷中心，其制冷总容量达到 182.8MW，在 1993 年扩充到 207.4MW，成为当时世界最大的区域供热和制冷中心。

图 8-12 是该工程第一阶段时的联产系统简图。采用城市煤气作为一次能源，驱动燃气轮机和水管锅炉。区域电负荷由燃气轮机带动发电机提供，冷负荷由吸收式制冷机和离心式制冷机提供。吸收式制冷机为 2 台容量 3.5MW 的双级溴化锂吸收式制冷机，其热源是背压式汽轮机提供的蒸汽，容量为 7MW 的离心式制冷机由

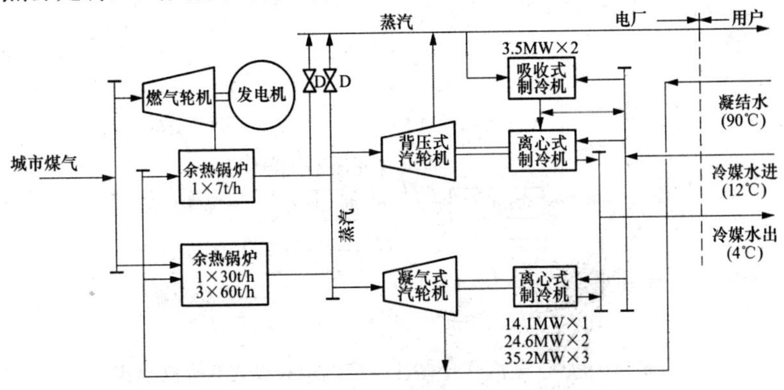

图 8-12　东京新宿区域热电冷联产系统图

背压式汽轮机驱动，另外6台由抽汽凝汽式汽轮机推动。

472. 试举实例说明天然气电热冷联产系统。

以我国远大公司与美国能源合作研制的一个BCHP项目为例，图8-13所示为该项目的系统图。该系统采用的是燃气轮机＋双能源双效直燃型溴化锂吸收式冷热水机组系统。其额定制冷量为210kW，系统配置的涡轮发电机为75kW，系统总能源效率为70%以上。

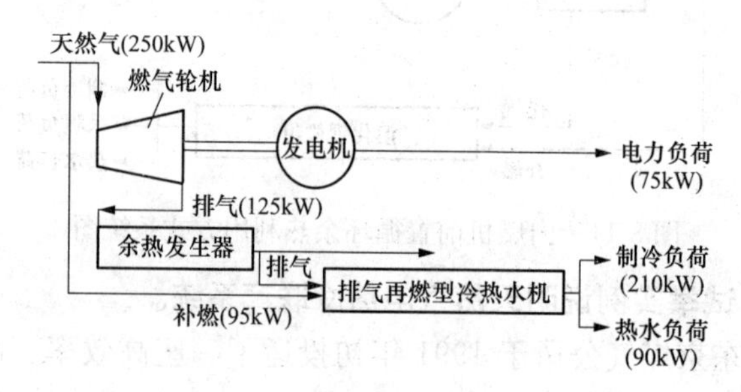

图8-13　远大与美国能源部合作的BCHP项目系统

473. 试举实例说明天然气电热冷联产系统。

我国清华大学的热、冷、电三联产工程采用了燃气-蒸汽联合循环＋蒸汽型系收式制冷机模式，如图8-14所示。该系统采用2台5万kW的燃气轮机发电机，联合循环发电，靠汽轮机来供应制冷和采暖，制冷面积70万m^2，采暖面积200万m^2，制冷机选用蒸汽双效溴化锂制冷机作为冷源。

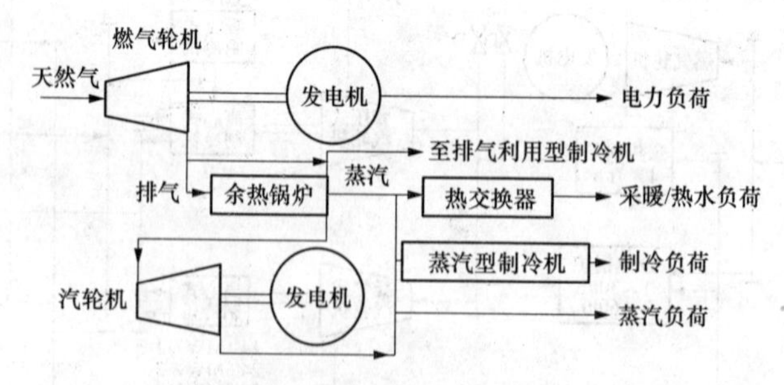

图8-14　燃气-蒸汽联合循环＋蒸汽型吸收式制冷机模式

474. 试举例说明天然气电热冷联产系统。

我国北京燃气集团控制中心大楼的电热冷联产采用了燃气轮机-余热/直燃溴化锂制冷机组方案，如图 8-15 所示。

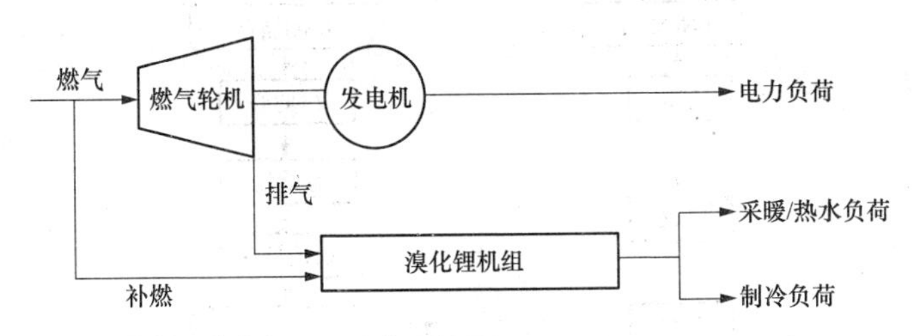

图 8-15 燃气轮机-余热/直燃溴化锂吸收式空调机方案

该系统采用 1000kW 级燃气轮机，制冷机为余热型双效吸收式冷温水机，制冷量为 2500kW，供热量为 2000kW，热负荷为 2226kW，电负荷为 1272kW，冷负荷为 2544kW，生活热水负荷 95.4kW，负荷面积都是 31 800m^2。

第四节 液化天然气-电-热联产系统

475. 什么是液化天然气?

LNG 是当今世界上增长最快的一种燃料。目前，LNG 占全球天然气市场的 5.6%及天然气出口总量的 25.7%。各国均将 LNG 作为一种低排放的清洁燃料加以推广。亚洲的 LNG 进口量占全球的 70%以上，其能源市场，特别是中国和印度成为各国竞争的焦点。

由于天然气的产地往往不在工业或人口集中地区，因此必须解决运输和储存问题。液化天然气（LNG）多储存在温度为 112K、压力为 0.1MPa 的低温罐内，其密度为标准状态下甲烷的 600 多倍，体积能量密度为汽油的 72%，十分有利于输送和储存。

476. 试简述 LNG 的生产、运输、接收终端。

LNG 的生产是采用天然气液化装置，主要分为基本负荷型和调峰型两类，其工业链如图 8-16 所示。

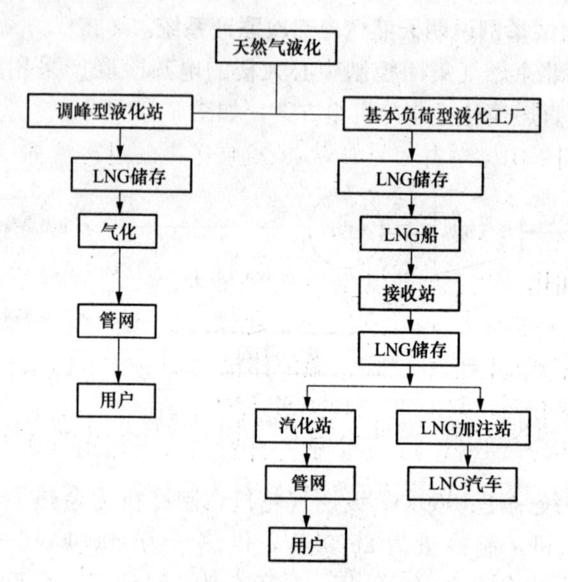

图 8-16　液化天然气工业链图

LNG 的运输的一种方式是采用 LNG 运输船。全球 LNG 船东共有 30 多家，船的运输能力为 12.5 万 m^3/艘以上。另一种是采用 LNG 铁路运输槽车。

LNG 的接收终端全球有 38 个，我国也建立了 LNG 接收终端，用于进口澳大利亚和印度尼西亚等国的液化天然气。

477. 试述液化天然气的汽化工艺。

液化天然气汽化站的汽化工艺分为蒸发气体再液化工艺和蒸发气体直接压缩工艺两种。两种工艺并无本质上的不同，仅在蒸发气体的处理上有所不同。图 8-17 所示为采用蒸发气体（BOG）再液化工艺的 LNG 汽化站的工艺流程。

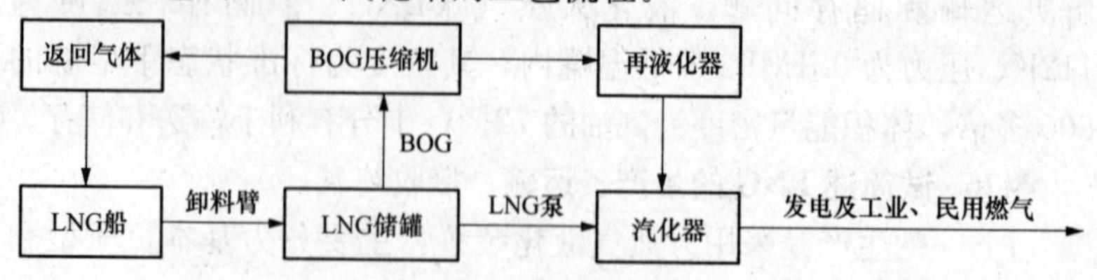

图 8-17　LNG 站汽化工艺流程图

由图可见，LNG 船抵达码头后，经卸料臂将 LNG 输送到 LNG 储罐储存，经 LNG 泵升压送入汽化器，LNG 受热汽化后输送到用户管网。而部分的 LNG 从储罐蒸发成 BOG，送至 BOG 压缩机加压到 1MPa 左右，与 LNG 低压泵送来的过冷液体换热并液化为 LNG。

478. 什么是 LNG 汽化器？

（1）加热汽化器。汽化装置的热量来源于燃料燃烧、电力、锅炉或内燃机废热。有整体加热汽化器和远程加热汽化器两种，前者采用热源整体加热法使低温液体汽化，后者采用某种中间介质作为传热介质，与 LNG 换热，使 LNG 汽化。

（2）环境汽化器。其热量来自自然环境的热源，如大气、海水、地热水等。直接将 LNG 汽化。

（3）工艺汽化器。其热量来源于另外的热动力过程或化学过程，或有效利用液化天然气的制冷过程。

479. 什么是液化天然气的冷量？

LNG 是天然气经过脱酸脱水处理，通过低温工艺冷冻液化的低温（−162℃）液体混合物。每生产 1t LNG 耗电 850kW·h，在 LNG 接收站需将 LNG 经汽化器汽化后使用，汽化时放出很大的冷量，大约为 830kJ/kg。这一部分冷能在汽化器中随海水或空气被舍弃了，造成能源的浪费。为此，用特定的工艺技术利用 LNG 的冷能，可以达到节省能源，提高经济效益的目的。

480. 试述利用 LNG 冷能发电的方式。

（1）直接膨胀法。将 LNG 压缩为高压液体，然后通过换热器被海水加热到常温状态，再通过透平膨胀对外做功。其特点是原理简单、效率低、冷能回收率仅 24%。

（2）二次媒体法（中间载热体的朗肯循环）。将 LNG 通过冷凝器把冷能转化到某一冷媒上，利用 LNG 与环境之间的温差，推动冷媒进行蒸汽动力循环，从而对外做功。其特点是单一工质（纯甲烷或乙烯）、冷能回收率 18%、混合工质（碳氢化合物混合物），冷能回收率 36%。

（3）联合法。日本普遍采用，冷能回收率 50%。其系统图如

图 8-18 所示。

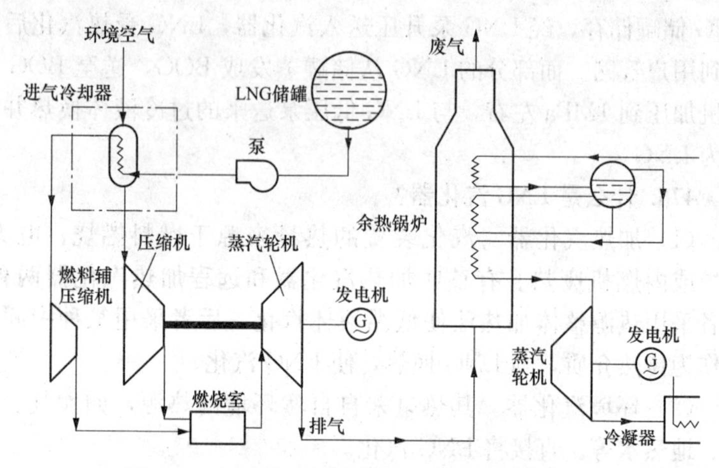

图 8-18 压缩机进气冷却的 LNG 联合循环系统

(4) 布雷敦循环（气体动力循环）。利用冷能来冷却压缩机进口气体，可使装置热效率显著提高。

(5) 燃气轮机利用方法。降低燃气轮机入口空气温度，显著提高循环做功和做功效率。注意冷却温度须严格控制在 0℃以上，以防止水蒸气冻结在冷却器的表面。

(6) 混合动力循环。以氨水位工质的朗肯循环燃气动力循环和液化天然气循环组成是混合动力循环系统用于液化天然气冷能的回收。

481. LNG 冷能在 IGCC 电站中如何应用?

IGCC（整体煤气化联合循环）电站由化工岛和联合循环发电岛组成。化工岛包括空分、煤气化、煤气净化等系统；联合循环发电岛包括燃机余热锅炉和汽轮机。IGCC 的工作原理是：煤在气化炉中气化生成以 CO 和 H_2 为主要成分的粗煤气，粗煤气通过除尘水洗脱硫后称为净煤气。净煤气送入燃机发电，燃气透平排气再直接送入余热锅炉，产生过热蒸汽并送到汽轮发电机组做功输出电能。LNG 冷能在 IGCC 电站中有 3 种：

(1) 空分系统中液化空气（－190～－150℃）。

(2) 煤气变换系统中产生的 CO_2 液化（－100～－60℃）。

(3) 冷却燃机入口空气(−10～0℃)。

LNG冷能使IGCC电站净效率增加3.86%,且获得空分产品和干冰产品;且LNG冷能利用效率为70%。

482. 试述利用LNG温差发电和动力装置联合回收系统。

利用LNG与海水的温差或与工业废气之间的温差,设置动力循环系统,将冷能转化为电能。将温差发电器与LNG的动力装置联合应用,其设备简单、运行稳定,转化效率较好。

温差发电换热器原理:当不同是导电或半导电体材料相连,两接点处于不同的温度下,产生温差电动势,如果是闭路则会有电流流过,这种现象即塞贝克效应。

483. 试述利用LNG冷能的CO_2零排放动力系统。

该系统由空气分离系统和动力系统两部分组成,如图8-19所示。空分系统利用LNG冷能使生产液氧的耗能降低60%左右,同时使LNG汽化为NG(天然气)。动力系统中NG为燃料,氧气作为氧化剂,燃烧产物仅为CO_2和水,CO_2利用冷能液化回收,从而实现系统有害气体的零排放。

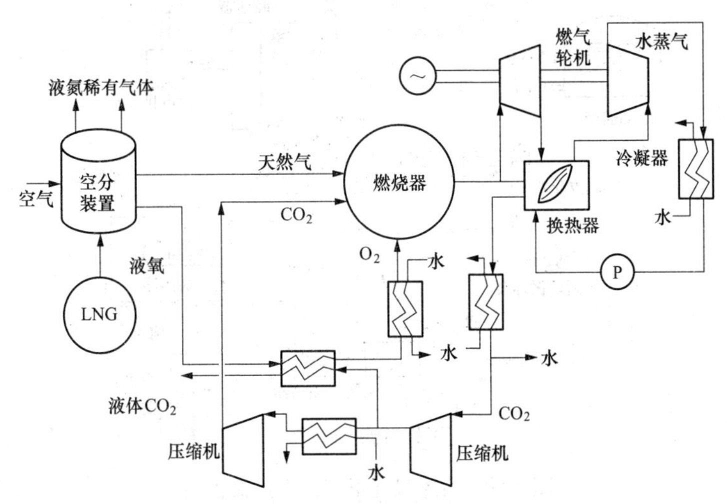

图8-19 LNG冷能的CO_2零排放动力系统图

484. 试述利用LNG冷能发电的特点。

(1) LNG的冷能发电是一项新兴的无污染发电技术。虽然这不失为一种节能的好方法，但它只考虑到对冷能的回收利用，并未注意到对冷能品位的利用。这种方法对冷能的回收效率非常低，所以在发电装置中利用冷能虽然是最可能大规模实现的方式，但却不是利用LNG冷能的最科学的方式。

（2）利用LNG的冷能发电虽然节能效果相对较差，但具有流程和产业链短、占地少、投资省、易于实施等优点。在其他冷能利用产业链尚难决策或这些产业链仍不能完全利用LNG冷能的情况下，可优先考虑冷能发电。

（3）据统计，日本的LNG接收站共配备了15台独立的冷能发电装置，一些接收站可解决包括各种冷能利用产业链在内的大部分自用电力。

485. 试述LNG-热-电联产方法。

图8-20所示为日本大阪煤气公司所属的泉北LNG基地低温发电站的系统流程图，该流程综合采用了丙烷朗肯循环和天然气直接膨胀循环。

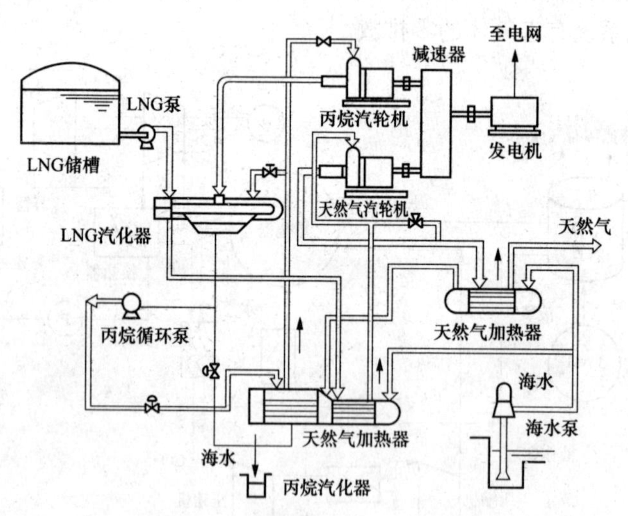

图8-20　日本泉北低温发电站流程图

选择丙烷朗肯循环是由于LNG是多组分混合物，沸点范围广，采用丙烷朗肯循环利用了LNG的低温㶲。在低温朗肯循环中，几乎不需要外界输入功和热量，可以有效利用LNG的冷量。

而天然气直接膨胀循环是利用 LNG 的压力㶲。

486. 试述 LNG-热-电联产方法。

图 8-21 所示为 LNG 燃气轮机系统冷量的综合利用系统图。该系统是采用两级天然气直接膨胀等冷量利用方式的燃气轮机系统。状态为－162℃、5.3MPa 的 LNG 的低温冷量通过三级设备得到利用。第一级是丙烷朗肯循环的冷凝器，循环以海水作为热源。通过冷凝器后，LNG 汽化为－35℃、5.0MPa 的天然气，先后通过两个膨胀机做功后，进入燃气轮机作为燃料，在膨胀机前后共有三个海水换热器来升高天然气温度。

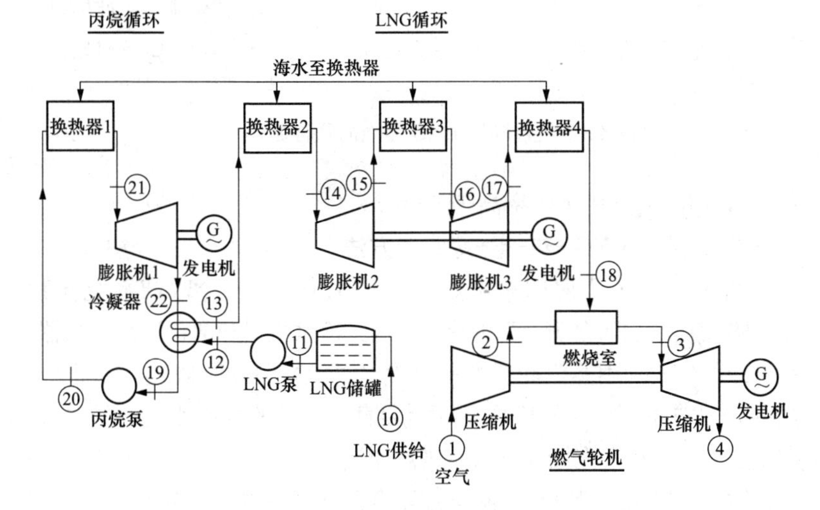

图 8-21 LNG 燃气轮机系统冷量的综合利用系统图

487. 试述 LNG-热-电联产方法。

图 8-22 所示为组合利用 LNG 冷能的联合循环系统图。

该系统的基本联合循环由以天然气为燃料的一台燃气轮机和一台蒸汽轮机构成，并配有用于回收蒸汽轮机乏汽冷凝潜热及燃气轮机排气显热的一台采用氟利昂混合制冷剂朗肯循环的透平和天然气膨胀透平。在以 3.6MPa 供给天然气时，每蒸发 1t LNG 可发电 400kW·h，其中包括回收 LNG 冷量的 60kW·h。蒸发出来的天然气大部分在经过循环后重新被液化，只有小部分作为燃料消耗掉。其发电能力为 8.2kW·h/kg，高于常规联合循环系统的

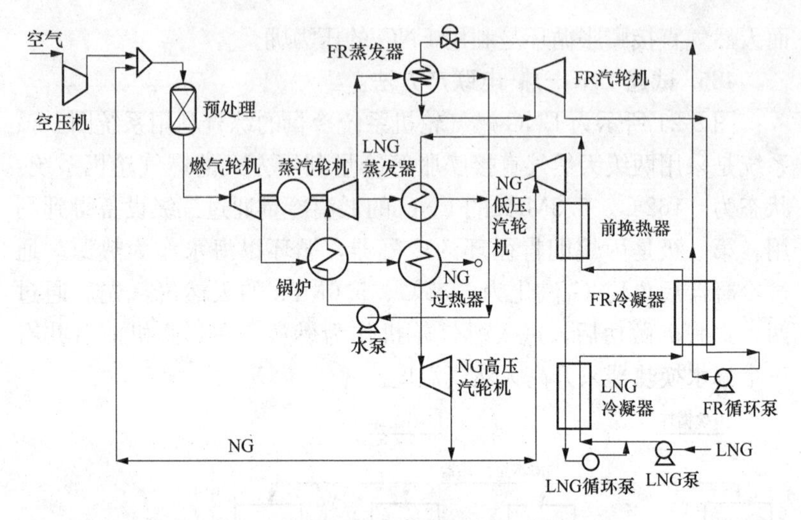

图 8-22 组合利用 LNG 冷能的联合循环系统图

7.0kW·h/kg，其热效率高于53%。

488. 试述 LNG-热-电-冷联产方法。

图8-23所示为厦门东部燃气电厂LNG热电冷联产系统流程图。本流程增加四台蒸汽型溴化锂吸收式冷水机组和两台汽水换热器。在供冷部分，利用蒸汽轮机背压排汽（乏汽）驱动吸收式冷水机组，提供7～12℃的冷130～150℃，可满足蒸汽型系收式冷水机组的要求；在供热部分，将乏汽接入汽水换热器加热介质水，可提供50～70℃的生活用水。采用此措施后，除了该联合循环的发电效率为57%外，余下的43%能量得到了回收。达到了节约能源的目的。

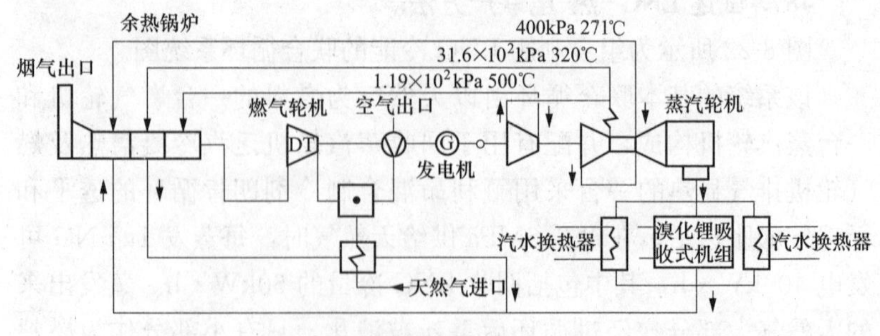

图 8-23 厦门东部燃气电厂热-电-冷联产系统流程图

第九章

煤气-热电联产技术

第一节 概　　述

489. 什么是煤热电三联产？

煤中挥发分和部分固定碳受热后气化，产生的城市煤气供万人城镇民用，焦炭送入 CFBC 锅炉中燃烧产生蒸汽，用于热电联产。

此外，在电厂中安装蓄热器回收排热或机组启停过程中排汽，可对热负荷移峰填谷；可增加尖峰发电功率，提高能源利用率和机组稳定运行水平。

还有一种双背压凝汽式汽轮发电机，是通过凝结水串联通过凝汽器的两个部分，形成两个不同的背压。提高循环热效率。

490. 什么是煤炭洁净燃烧发电技术？

火力发电发展至今，其一次能源仍以煤为主。如我国煤炭在一次能源的生产和消费中占了大头，同时煤电在电力装机总容量中占了75%。

燃煤发电目前存在着两个突出的问题：一是燃煤技术有待改善，煤的利用率要进一步提高；二是煤燃烧除放出热量外，还会产生大量的烟尘、二氧化碳、二氧化硫、氮氧化物等污染环境的排放物。我国烟尘排放量的70%、二氧化硫排放量的90%都来自燃煤。

洁净煤技术（CCT：clean coal techology）指的是在利用煤炭发挥一次能源最大作用的同时，污染环境的气、固、液态排放量最少，也可定义为减少污染、提高效率的煤炭开采加工、运输、转化、燃烧、污染控制、综合利用等技术的总称。它以 3E 为目标：经济 economics、环境 enviroment、效率 efficiency，是先进清洁的“绿色煤电”。

491. 煤炭清洁、高效利用的方法如何分类？

（1）燃烧前处理（源处理）。指在开采到用户使用前这一阶段煤的处理方法。

（2）燃烧中清洁利用（过程处理）。主要指流化床燃烧技术（FBC：fluidized-bed combustion）、整体煤气化蒸汽燃气联合循环（IGCC：integrated gasification combined cycle）、磁流体发电技术、炉内脱硫、炉内喷钙脱硫加尾部增湿活化脱硫、炉内脱硝、低 NO_x 燃烧器、低温燃烧、整体分段燃烧、回气再循环、再燃烧技术。

（3）燃烧后清洁处理（烟气净化）。包括除尘、脱硫、脱硝、废水处理及零排放、废水资源化和干除渣、灰渣分除及综合利用。

492. 什么是燃烧前的煤炭加工和转化技术？

煤炭加工技术是指煤炭燃烧之前，以物理方法为主对其进行加工的各类技术，主要包括洗选、型煤、水煤浆技术。

煤炭转化技术是指在燃烧前对煤炭进行改质反应，包括煤气化和液化两种。

493. 什么是燃烧中净化技术？

燃烧中净化技术是指燃料在燃烧过程中提高效率、减少污染排放的技术，它是洁净煤技术的重要组成部分，由五项技术组成：

（1）先进的燃烧器；

（2）循环流化床技术（CFBC）；

（3）增压流化床联合循环技术（PFBC-CC）；

（4）整体煤气化联合循环技术（IGCC）；

（5）直接燃用超净煤粉的燃气-蒸汽联合循环技术（CEN-CC）。

494. 什么是整体煤气化联合循环技术？

整体煤气化联合循环（IGCC：integrated gasification combined cycle）技术是将煤气化技术和高效的联合循环相结合的先进动力系统。它由两大部分组成，即煤的气化与净化部分和燃气-蒸汽联合循环发电部分如图 9-1 所示。

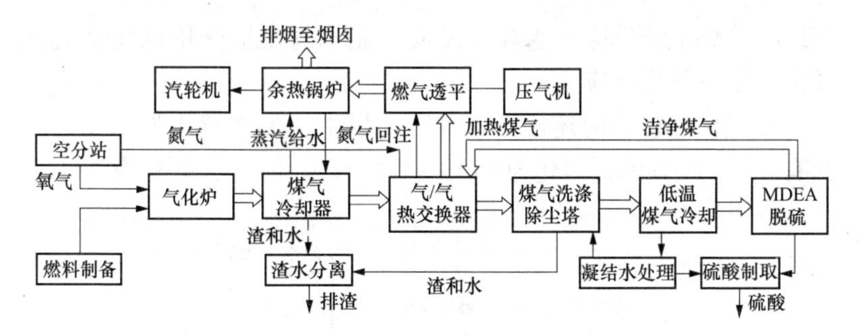

图 9-1 整体煤气化联合循环工作流程图

从图可见，该系统的第一部分的主要设备有气化炉、空分装置、煤气净化设备（包括硫的回收装置），第二部分的主要设备有燃气轮机发电机组、余热锅炉-汽轮机发电机组。其工作流程如下：煤经过气化成为中低热值煤气，经过净化，除去煤气中的硫化物氮化物粉尘等污染物，变为清洁的气体燃料，然后送入燃气轮机的燃烧室燃烧，加热气体以驱动燃气透平做功，燃气轮机排气进入余热锅炉加热给水，产生过热蒸汽驱动汽轮机做功。

495. 整体煤气化联合循环技术的特点是什么？

（1）热效率高。其效率比煤粉炉高10%以上，可达40%～50%。

（2）污染排放少，环保性能优良。脱硫率98%～99%，NO_x和CO_2排放减少。

（3）燃料适应性强，同一电站设备可燃用多种燃料，对高硫煤有独特的适应性。

（4）容量可大型化，单位造价不断降低。

（5）调峰性能好，启停机时间短。

（6）耗水量少，比常规电站少30%～50%，有利于在水资源紧缺的地区发挥优势。

（7）能够利用多种先进技术使之不断完善。

第二节 煤电热联产用设备

496. 试述气化炉的工作过程。

图 9-2 所示为气化炉的示意图。由图可见，气化过程为下列反

应组成：煤干馏反应→水煤气反应→副水煤反应→甲烷化反应→气化反应→氧化反应。

在气化过程中的还原性条件下，煤中硫大部转化为 H_2S，大约有 5%～15%的硫转化为 COS（有机硫），部分 N 转化为 NH_3。

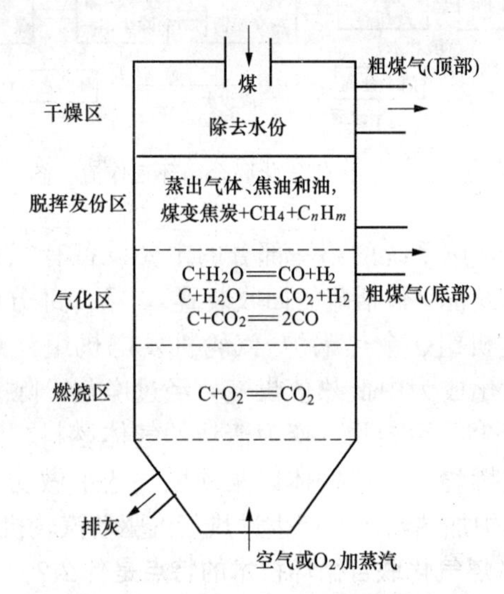

图 9-2　气化炉的示意图

497. 气化炉的型式有几种？各有什么特点？

气化炉有固定床，流化床和喷流床三种型式。各型式的特点如表 9-1 所示。

498. 什么是煤气净化系统？

从气化炉产生的粗煤气含有大量的有害物质，如灰尘、Na＋K 化合物、HCl＋HF 卤化物、NH_3＋HCN 氮化物和 H_2S＋COS 硫化物等，必须预先用煤气净化系统将其除去。净化系统有成熟应用的常温湿法净化系统和研究开发的高温干法净化系统。下面介绍常温湿法净化系统。图 9-3 所示为常温湿法净化工艺流程图。

通常，进入旋风分离器的粗煤气温度为 200～250℃左右，文氏洗涤器中可以同时清洗细灰，清除碱金属化合物、卤化物和氮化物，洗涤后无尘煤气的温度为 150℃左右，进入 MDEA 脱硫吸收塔时，无尘煤气的温度为 40℃左右。

表 9-1　煤气化炉的特点

类型	固定床		流化床		喷流床		熔融床
气化过程	块煤炉顶供给与热空气逆流，依次通过干燥区、气化区、燃烧区、焦碳与 O_2、H_2O 作用生成煤气		中小颗粒煤粒在炉底供给高速气化剂和蒸汽带动下边流态翻滚、边在高温炉床内气化		小煤粒的干或湿态与气化剂高速从喷燃器喷入，在高温高压欠氧下完成气化		煤粉与氧一起从喷嘴喷进熔融金属表面，在高温下瞬时气化
气化温度（℃）	440～1400； 产生煤气温度较低； 400～580		800～1100		1200～1700		＞1500
优　点	低温煤气易于净化； 适于高灰熔点煤； 技术成熟，全世界煤气化装置容量占 90%		操作简单，动力消耗少； 对耐火炉衬要求低； 适于高灰熔点的煤		碳转化率高； 液态灰渣易排出； 最大容量：500t/d； 负荷跟踪好（50%）； 煤种适应性广		煤种适应性广； 气化效率高
缺　点	不适于焦结性强的煤； 低温干馏产生煤焦油、沥青等； 单段炉不易大型化：1200t/d		容量较小：1500t/d； 飞灰中未燃尽碳多（第二代利用灰团聚功能）		对耐火炉衬要求高（第二代用水冷套）； 适于低灰熔点煤		适于低灰熔点煤
世界 32 座 IGCC 电站中应用比例（%）	约 22		约 25		约 53		开发研究中
实用例	第一代	第二代	第一代	第二代	第一代	第二代	
	Lurgi（鲁奇炉）	BGL（液态排渣鲁奇炉）	Winker（温克勒炉）	KRW（西屋法），U-GAS2 段流化床，HVW	Texaco，CE，dow，shell K-T 炉	Prenflo	
碳转化率（%）			～99	～95	97～99		

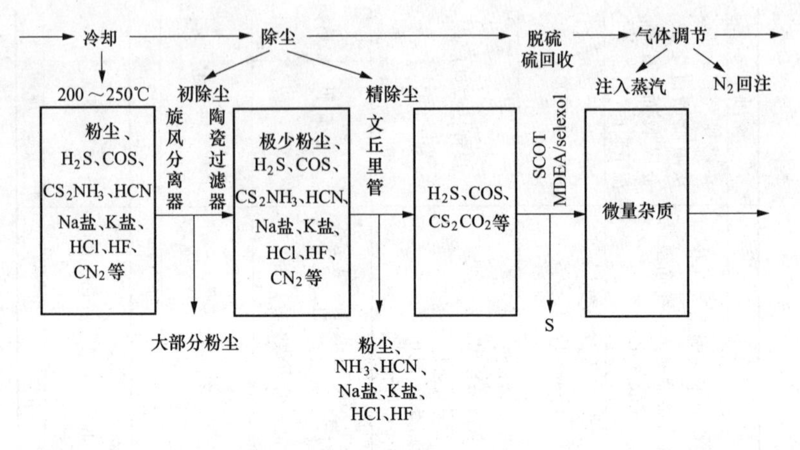

图 9-3　常温湿法净化工艺流程图

499. 什么是空分装置?

IGCC中的煤气化反应采用绝氧或高浓度富氧气体（氧含量85%～95%）作为气化剂送往气化炉，故设置制氧空分设备及其相关系统。图9-4所示为空分制氧工艺流程。

由图可见，空分制氧系统包括空压机系统、水冷系统、分子筛钝化系统、增压膨胀机系统、精馏塔系统、加压氧化系统、氧气系统、氧压机系统、调压站系统。精馏塔是采用精馏的方法使各组份分离，从而得到高纯度组分的设备。空气被冷却至接近液化温度后送入精馏塔的下塔，空气自上向下与温度较低的回流液体充分接触进行传热，使部分空气冷凝为液体。由于氧是难挥发组分、氮是易挥发组分，在冷凝过程中，较多氧冷凝下来，使气体中的氮纯度提高。同时，气体冷凝时要放出冷凝潜热，使回流液体一部分汽化。同时较多的氮蒸发出来，使液体中氧纯度提高。就这样，气体由下向上与每一块塔板上的回流液体进行传热传质，而每经过一块塔板，气相中的氮纯度就提高一次，当气体到达下塔顶部时，绝大部分氧已被冷凝到液体中，使气相中氮纯度达到99.999%。一部分氮气进入冷凝蒸发器中，冷凝成液氮，作为下塔回流液。上塔底部的液氧汽化，作为上塔速度上升气体，参与上塔的精馏。将下塔底部的含氧38%～40%富氧液送入上塔，作

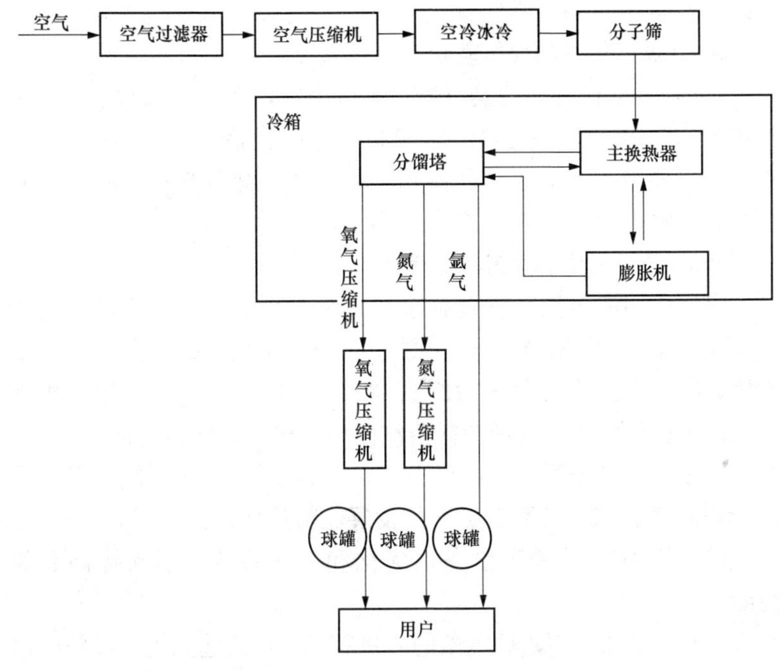

图 9-4 空气分离制氧工艺流程图

为上塔的一部分回流液与上升气体接触传热，部分富氧液空气化。氧比氮较多的蒸发出来，使液体氧纯度提高，液体由上向下与上升气体多次传热传质，液相中的氧纯度不断提高，当液体到达上塔底部时就可得到 99.6%的液氧。

500. 空分设备与 IGCC 的结合方式有几种?

空分设备与 IGCC 的结合方式有：独立空分、完全整体化空分和部分整体化空分三种。独立空分系统是指空分装置所需的带压空气不是从燃机压气机中抽取，而是全部由单独设置的空气压缩机供给，整体化率为 0%。完全整体化空分系统是指空分装置所需空气全部从燃机压气机中抽取，分离 N_2 全部回注燃气轮机，整体化率为 100%。部分整体化空分系统是指空分装置所需空气部分从燃机压气机中抽取，其余部分由单独设置的空气压缩机供给，分离 N_2 全部回注燃气轮机，目前的 IGCC 电站较多采用部分整体化方式。

501. 煤气化用的燃气轮机有什么特点?

IGCC联合循环系统是以燃气轮机为主，燃气轮机和汽轮机的功比为1.3～2.0。因此，燃气侧系统是影响整个IGCC系统性能指标的主要因素。故各国研制出一批高性能燃气轮机，其透平初温为1250～1430℃，净效率达40%～50%。

502. 煤气化用的蒸汽系统有什么特点?

煤气化用的蒸汽系统包括余热锅炉系统和汽轮机系统，它们要和煤气化、净化系统进行质量和能量的交换，故其蒸汽系统的连接、匹配与优化要比一般的联合循环要复杂得多。一般根据燃气轮机的排气温度，合理选择蒸汽循环流程，排气温度低于538℃时，不采用再热循环方案，高于580℃时，采用多压再热方案。

503. 整体煤气化联合循环的发展趋势是什么?

(1) 继续改进关键设备，优化和简化系统，不断提高系统性能。

(2) 继续增大IGCC电站的装机容量，使之达到规模经济的水平，并尽可能采用单台大容量的气化炉和燃气轮机，降低单位造价。

(3) 燃用廉价的高硫煤，降低发电成本，利用销售副产品，提高经济性。

504. 什么是增压流化床?

增压流化床燃烧锅炉被封闭在一个压力容器内，容器内布置有鼓泡流化床燃烧锅炉旋风除尘器两级烟气净化装置床料再注入容器及灰渣减压冷却器等设备，如图9-5所示。

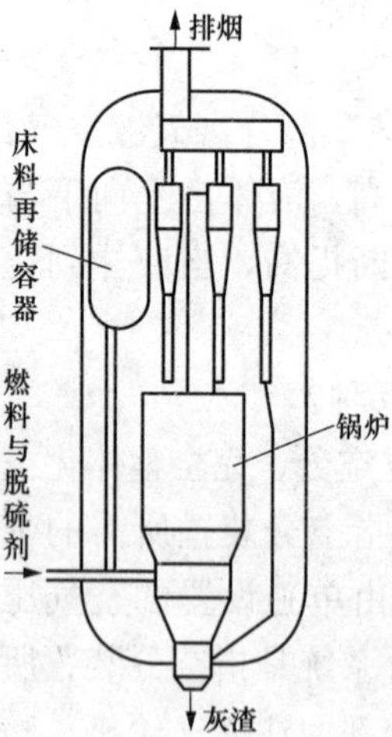

图9-5 增压流化床锅炉布置示意图

增压流化床技术是一种高效率、低污染的新型洁净煤发电技术。它的重要特点是燃烧与脱硫效率高，在压力为9.8～15.7MPa的燃烧室中，空气和加入的煤进行激烈的燃烧反应，床温控制在850～900℃范围内，燃

烧生成的 SO_2 与加入流化床内的石灰石反应生成 $CaSO_4$，达到脱硫效果。该反应过程能除去 90%以上的 SO_2。

同时，由于床内燃烧温度较低，只有燃料中氮转化生成 NO_x，空气中的氮很少转化生成。因此，NO_x 的排放受到限制，无需特殊设备，该电站的污染排放可大幅度减少。由于煤的浓度很低，煤能得到很好的燃烧，故能燃烧劣质煤。该种炉不需要复杂的制粉系统，只需简单的煤破碎系统。

505. 什么是增压流化床燃烧联合循环？

图 9-6 所示为第一代增压流化床燃烧联合循环的热力系统图。由图可见，煤的燃烧和脱硫的过程在增压流化床锅炉燃烧室 4 中进行。燃烧产生的部分热量被锅炉受热面吸收，排出的高温烟气经高温分离器 3 净化后，进入燃气轮机 1 扩容做功发电，并驱动空气压缩机。在增压锅炉中产生的过热蒸汽送到蒸汽轮机 7 做功发电，燃气轮机的排气热量送至省煤器，用于加热锅炉给水，完成燃气轮机的布雷敦循环和蒸汽轮机的朗肯循环的联合发电。

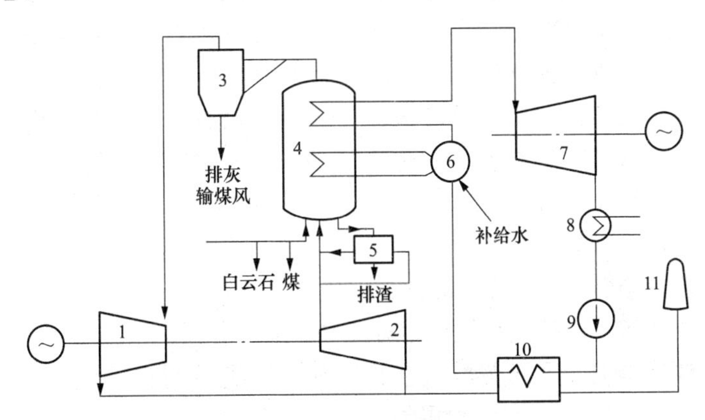

图 9-6 第一代增压流化床燃烧联合循环系统简图

1—燃气轮机；2—空气压缩机；3—分离器；4—增压流化床；5—冷渣器；6—汽包；7—蒸汽轮机；8—冷凝器；9—水泵；10—省煤器；11—烟囱

506. 增压流化床燃烧联合循环（PFBC-CC）的优点是什么？

（1）在炉内压力达到 1.0～1.6MPa 的条件下，一方面，化学反应速度加快，燃料燃烧进一步强化，炉膛热强度提高，即使在较低过量空气系数下，燃烧效率也在99%以上。另一方面，炉内受热面的换热系数也随压力的增高而有所提高，锅炉受热面减少。因此，锅炉结构更加紧凑。

（2）增压流化床锅炉燃烧室内物料中可燃物所占比例极小，不超过0.5%，其余是灰渣和脱硫剂等惰性物料。因此，增压流化床锅炉所用燃料的适应范围更广，几乎可以设计燃烧所有的煤种。

（3）在压力较高的条件下，脱硫化学反应速度加快，炉内脱硫的效果更好，脱硫效率高于常压流化床。当钙硫摩尔比等于1.8左右时，脱硫效率可达90%以上，而常压情况下达到同样的脱硫效率时所需的钙硫摩尔比通常在2以上。

（4）由于燃烧温度一般为850～920℃，因此抑制了NO_x的生成。而且，在增压流化床燃烧的条件下，NO的排放随着压力的增高而有明显的降低，NO_x的排放浓度仅为140～280mg/m^3。但NO_2的排放量随着燃烧室压力的增高而有明显的增加。

（5）与常压流化床燃烧相比，增压流化床燃烧具有可同时降低NO、SO_2、CO和粉尘等污染物排放的优点，这些污染物的排放量一般为常规火电机组的1/5～1/10。

（6）由于采用联合循环方式，所以可以直接利用压气机所提供的空气气源，锅炉既不需要空气预热器，也不需要装备送、引风机，送风系统简单、节约厂用电，发电机组占地面积小、安装工期相对比较短。

（7）与整体煤气化联合循环相比，由于采取直接燃烧方式，所需设备较少、控制系统也相对简单。

507. 增压流化床燃烧联合循环尚存在哪些问题？

（1）受热面的磨蚀问题。

（2）NO_2的排放较高。

（3）高温除尘，粉尘排放如何有效控制问题。

（4）燃料的处理和输送问题。

（5）高温高压灰渣的排放与能量回收问题。

（6）燃气轮机叶片的磨蚀及耐高温性能使容量和参数的提高

受到限制。

（7）系统的可靠性尚待提高。

508. 什么是第二代增压流化床燃烧联合循环？

第二代增压流化床燃烧联合循环系统是从第一代增压流化床燃烧联合循环发展而来的，其系统如图 9-7 所示。煤先送入一个加压的气化炉，用以产生低热值煤气，剩余的焦炭和另一些煤一起送入增压流化床锅炉中，通以过量空气燃烧，排出的高温含氧烟气经除尘后与气化炉产生的煤气共同进入一个前置燃烧室中燃烧，然后再进入燃气轮机，并带动空气压缩机做功和发电机发电，这样可使燃气轮机进口温度提高到 1150℃左右，循环效率达 45%。其蒸汽循环部分与第一代增压流化床是联合循环系统相同。

第二代增压流化床燃烧联合循环比较复杂，目前处于半工业试验的可行性研究阶段。

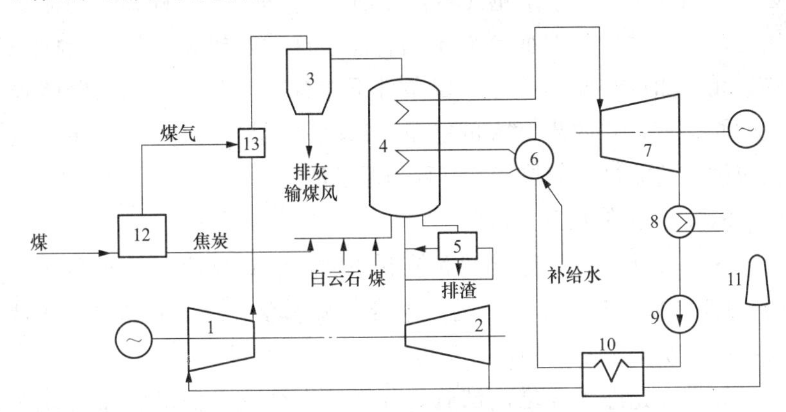

图 9-7 第二代增压流化床燃烧联合循环系统简图

1—燃气轮机；2—空气压缩机；3—分离器；4—增压流化床；5—冷渣器；6—汽包；7—蒸汽轮机；8—冷凝器；9—水泵；10—省煤器；11—烟囱；12—气化炉；13—前置燃烧室

第十章

核电热电联产技术

第一节　概　　述

509. 什么是核能？

世界上一切物质都是由原子构成的，原子又是由原子核、质子、中子和它周围的电子构成。质子带正电荷，它们之间存在电磁斥力，而核子之间存在核力，核力和电磁力之差为原子核的结合能。当一个中子轰击重元素，如铀235、铀233、钚239的原子核时，就会发生裂变而释放出结合能，这就是核裂变反应。而一些轻元素如氚的原子核在一定条件下结合在一起，生成结合能较大的原子核，并放出巨大的能量，这就是核聚变反应。这两类核反应放出的能量称为核能，又称为原子能。

510. 什么是核反应堆？

核反应堆是一个能维持和控制核裂变链式反应，从而实现核能-热能转换的装置。它分为压水堆、沸水堆、加压重水堆、高温气冷堆、快中子堆五种，应用最广泛的是压水堆。

如果不允许水在堆内沸腾，称为压水堆，它是采用加压轻水（H_2O）作冷却剂和慢化剂，利用热中子引起链式反应的热中子反应堆。

如果允许冷却剂水在堆内沸腾，直接产生蒸汽，称为沸水堆，这种反应堆的核蒸汽供应系统只有一个回路。

目前已运行的核电站中，压水堆占61.3%，沸水堆占24.6%；新建核电站中，90%是轻水堆（压水堆和沸水堆均属轻水堆）。

511. 什么是慢化剂或减速剂？什么是冷却剂或载热剂？

在核反应堆中，将中子减速，成为热中子，使其更容易击中核燃料的原子核，引起裂变的物质称为慢化剂或减速剂。常用的慢化剂有水（氢）重水（氘）和石墨（碳）等。水的慢化能力最强，慢化比最小，轻水堆必须用浓缩铀作燃料；重水和石墨的慢化比较大，慢化能力小，重水堆和石墨堆采用天然铀作核燃料。将核裂变产生的热量带出反应堆的介质称为冷却剂或载热剂，常用的冷却剂有水（气）等。

512. 什么是链式裂变反应？

当燃料核受中子轰击发生裂变时，同时放出次级中子，若次级中子再能引起燃料核的裂变，又同时放出次级中子，只要这个过程延续着，反应堆就不断地释放出能量。我们把这一连串的裂变反应称为原子核链式裂变反应。

513. 什么是核电站？

核电站是利用原子核内部蕴藏的能量产生电能的新型发电站。核电站大体可分三部分：利用核能生成蒸汽的核岛，包括反应堆装置和一回路系统；利用蒸汽发电的常规岛，包括汽轮发电机组系统及其辅助系统；其他部分总称为配套设施。

514. 试述压水反应堆核电站的工作原理。

核电站用的燃料是铀，用铀制成的核燃料在反应堆的设备内发生裂变而产生大量热能，再用高压力下的水（作为冷却剂）把热能带出，在蒸汽发生器内产生蒸汽，蒸汽推动汽轮机带着发电机一起旋转，电就源源不断地产生出来，并通过电网送到四面八方。冷却剂释放热量后，经循环主泵送回反应堆去吸热，不断地将反应堆核裂变热能释放引导出来，其压力靠稳压器维持稳定。做功后的蒸汽排入凝汽器凝结成水，再通过回热系统用泵送回蒸汽发生器，这就是压水反应堆核电站的工作原理。如图 10-1 所示为压水反应堆核电站的生产流程示意图。

515. 核电技术方案分为几代？

根据核电发展历史，核电技术方案可分为四代：

（1）第一代核电站。属于原型堆核电站，主要是通过试验、示范形式，验证核电站实施的可行性。如在 20 世纪的 50 年代至 60 年代初苏联、美国、法国和德国等国建造的核电站。

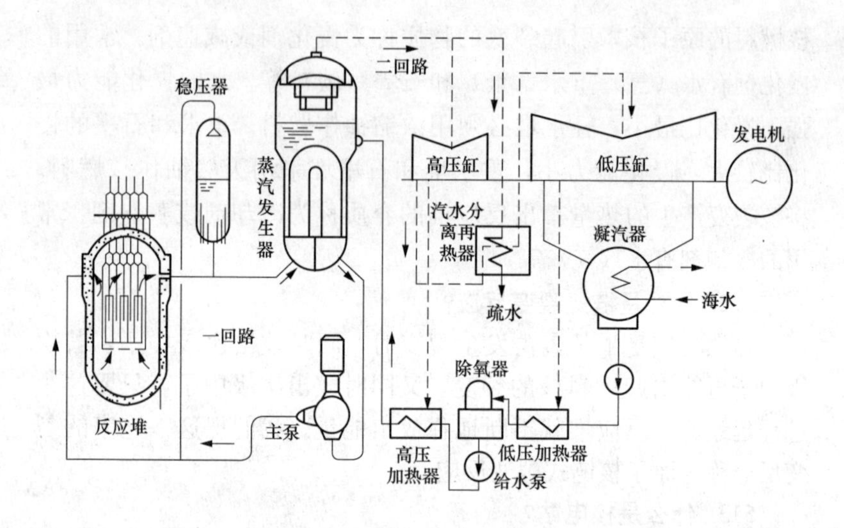

图 10-1　压水堆核电厂原理流程示意图

（2）第二代核电站。属于实现商业化运行的核电站，在 20 世纪的 70 年代，石油的涨价促进了核电的发展，苏联、美国、法国、日本和韩国等国均建造了核电站，这些核电站的容量一般在 1000MW 左右。

（3）第三代核电站。属于进一步完善设计和运行的核电站，其安全性和经济性明显优于第二代核电站。如 20 世纪 80 年代，我国引进的美国 AP1000 核电站和广东核电集团引进的法国 EPR 核电站。

（4）第四代核电站。属于先进的核电站，它在经济性、安全性、废物处理和防止核扩散方面，都优于第三代核电站。首批第四代核电站将于 2030 年前建成。

516. 试述我国的核电建设。

我国的核电建设起步于 20 世纪 80 年代中期。目前，国内现有 3 个核基地，包括秦山、大亚湾、田湾。在运机组 15 台，总装机容量 12 500MW；在建机组 26 台，总容量 27 000MW。我国核电发展目标是到 2020 年核电装机容量达到 58 000MW，在建机组 3000MW，核电占全部电力装机容量的 6%以上。

517. 核电的优越性是什么?

(1) 核能资源丰富，而化石燃料资源有限。

(2) 核能是安全、清洁的能源。核电站排出的污染物比同规模的火电厂小得多；核电站设有燃料元件包壳、一回路管道和容器安全壳三道安全屏障。

(3) 核电在经济性好，尤其适合缺煤少油地区。核电的初投资较高，但其运行成本低（燃料费为主）。

518. 什么是能动和非能动部件?

核电站的系统的功能是靠部件来实现的。在核电站中，依靠触发机械运动或动力源等外部输入而行使功能，因而能以主动态影响系统的工作过程的部件，称为能动部件，如泵、风机、柴油发电机组等。无需依靠外部输入而执行功能的部件称非能动部件。非能动部件内一般没有活动部件。如管道、孔板、换热器等。如果某一非能动部件的设计制造检查和在役检查均能保证很高的质量水平，则可不必假设它会发生故障。

519. 什么是 AP1000 核电站?

AP1000 是由美国西屋公司开发的先进的非能动压水堆。它是在传统成熟的压水堆核电技术的基础上，采用“非能动”的安全系统。安全系统“非能动”化理念的引入，使核电站安全系统的设计发生了革新的变化，在设计中采用了非能动的严重事故预防和缓解措施，优点包括：简化了安全系统配置、减少了安全支持系统、大幅度地减少了安全级设备和抗震厂房、提高了可操作性、降低了相关的维修要求、取消了 1E 级应急柴油机系统和大部分安全级能动设备并明显降低了大宗材料的需求。

AP1000 为单堆布置两环路机组，电功率 1250MW，设计寿命 60 年，主要安全系统采用非能动设计并布置在安全壳内，安全壳为双层结构，外层为预应力混凝土，内层为钢板结构。

520. AP1000 采用非能动安全系统有什么作用?

(1) 采用非能动安全系统是对传统的电厂在简化、安全、可靠性及投资保护方面得以获得重大的、显而易见的改进。

(2) 采用非能动安全系统改进了电厂的安全，完全满足核安全的安全法规要求。

（3）非能动安全系统中仅采用自然力、重力、自然循环或压缩气体来驱动系统工作，不用泵、风机、柴油机冷水机或其他能动机械。

（4）系统中布置了一些简单阀门，可自动执行非能动功能。为提高可靠性，这些阀门在失电或收到安全触发信号时处于安全位置。但这些阀门也是配多路可靠电源以防误触发。

（5）由此派生出了设计简化、系统设置简化、工艺布置简化、施工量减少、工期缩短等一系列效应，并减少了事故情况下对操作人员的相应要求，大大降低了人因错误造成事故扩大的可能性，最终使AP1000的安全性得到显著提高，并在经济上具有较强的竞争力。

521. 什么是EPR核电站？

EPR为第三代欧洲压水堆，由法国马通先进核能公司和西门子联合开发，电功率1500～1600MW。它实现了以下三个目标：

（1）满足了欧洲电力公司在“欧洲用户要求文件EUR”中提出的全部要求。

（2）达到了法国核安全局对未来压水堆核电站提出的核安全标准。

（3）提高核电的经济竞争力，其发电成本将比N4系列低10%。

EPR核岛有4个安全子系统，每个安全系统都可以独立完成安全功能，每个安全系统有相互独立的厂房。EPR采用堆芯熔融物扩展区，防止安全壳底部融穿，并采用了双层安全壳。

522. 试比较AP1000核电站和EPR核电站。

（1）AP1000是革新型的压水堆，采用非能动安全系统；而EPR是改进型压水堆，在原设计的基础上进行了改进。

（2）AP1000通过去除能动部件，依靠自然力、重力、自然循环蒸发的方式，达到很高的安全性；而EPR是通过增加能动部件数和系列数来增加安全性。

（3）AP1000更加经济，便于维护，缩短了工期，降低了造价。

（4）AP1000 在发生事故后的堆芯损坏率比 EPR 小 2.3 倍，大量放射性释放概率比 EPR 小 1.6 倍。

（5）AP1000 操作员不干预时间为 72h，而 EPR 为 0.5h。

523. 什么是沸水堆核电站?

沸水堆与压水堆都是采用轻水作为冷却剂和慢化剂，均属于轻水堆。所不同的是沸水堆在堆内直接沸腾产生蒸汽；而压水堆则不允许水在堆内沸腾，利用蒸汽发生器在二回路侧产生蒸汽。图 10-2 所示为沸水堆核电站系统。

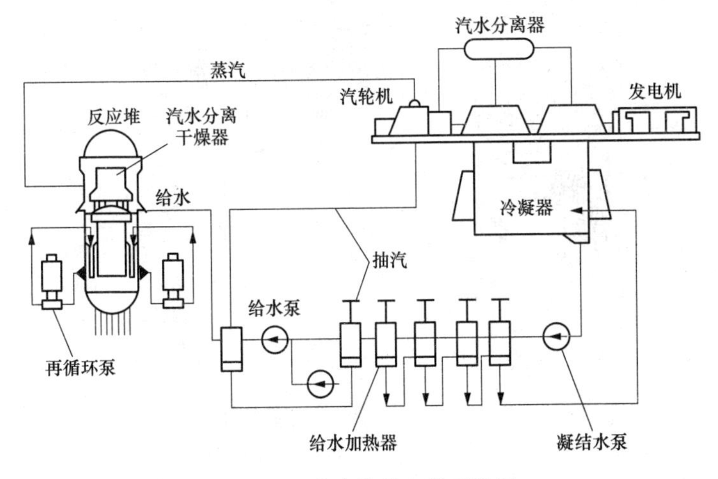

图 10-2 沸水堆核电站系统图

由图可见，与压水堆相比，沸水堆产生的蒸汽被直接引入汽轮机做功，减少了一个回路，免去了蒸汽发生器和稳压器，减少了设备投资和维修量。堆芯直接产生蒸汽，在获得同样的蒸汽温度的条件下，堆芯压力可以大幅度下降，即由压水堆的 15MPa 降到 7MPa，使系统大为简化。其缺点是：一回路的冷却剂被直接引入汽轮机，使放射性物质得以直接进入汽轮机，需要对汽轮机加以屏蔽，加大了检修的时间和难度。而且使辐射防护和废物处理变得复杂，影响系统的设备利用率。其所需要的燃料量也比压水堆多。故沸水堆核电站装机容量仅占世界核电装机容量的 23%。

524. 沸水堆的堆芯结构是什么样的?

图10-3所示为沸水堆芯的结构图。沸水堆的燃料采用低浓缩铀，做成二氧化铀陶瓷芯块，外包Zr（锆）合金壳。堆芯内有800个燃料组件，每个组件按8×8正方形排列，每个燃料组件装在元件盒内，控制棒在每组四件组件盒的中间。冷却剂自上而下流经堆芯后有14%的流量变成蒸汽，并经汽水分离干燥器干燥。再循环泵和喷射泵用于水的再循环。

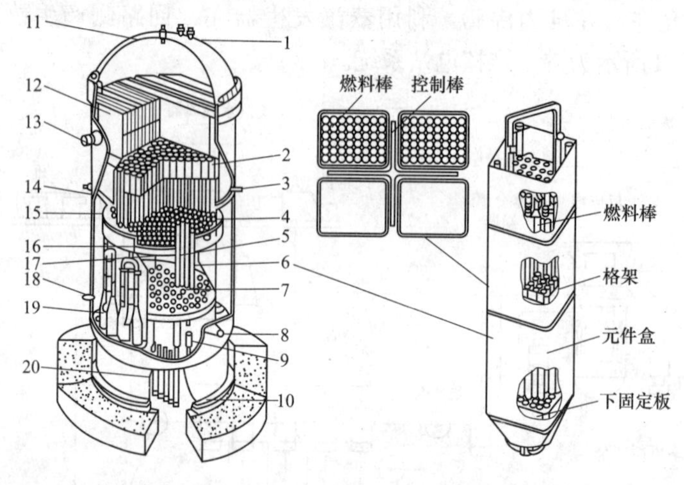

图10-3　沸水堆的堆芯结构图

1—压力壳顶盖；2—汽水分离器；3—给水入口；4—堆芯上栅板；5—十字型控制棒；6—燃料组件；7—堆芯下栅板；8—再循环水出口；9—控制棒导向管；10—反应堆支撑结构；11—冷却喷淋管；12--蒸汽干燥器；13—蒸汽出口；14—给水出口；15—堆芯喷你淋进口管；16—堆芯喷淋器；17—中子通量测量管；18—再循环水入口；19—喷射泵；20—控制棒驱动架

525. 什么是重水堆核电站?

重水堆是用重水（D_2O）作慢化剂和冷却剂，以天然铀作为核燃料的核反应堆。图10-4所示为重水堆核电站的系统图，它是采用重水慢化重水冷却的压力管式反应堆，其压力管水平布置，是重水慢化堆中最成熟的一种形式。

重水堆一回路系统与压水堆相似，分成两个相同的循环回路，一个设在反应堆左侧，一个设在反应堆右侧，对称布置，每一个循环回路由多台蒸汽发生器及多台循环泵组成。其二回路系统与压水堆完全相同。

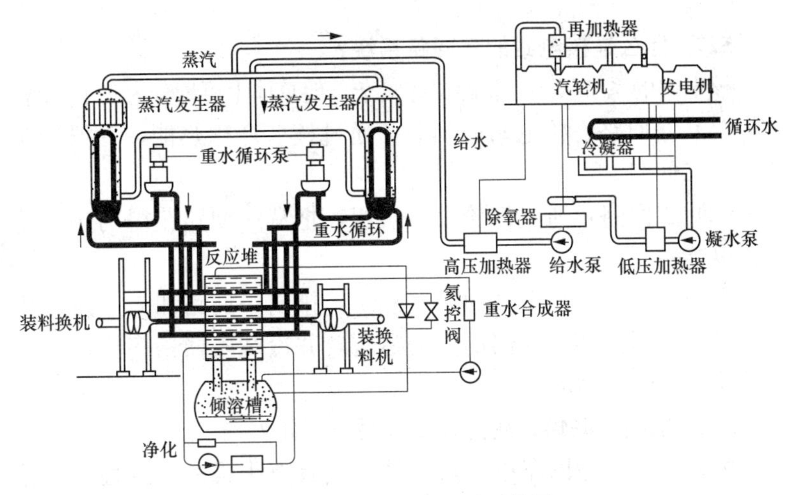

图 10-4　重水堆核电站系统图

526. 试述重水堆结构。

图 10-5 所示为压力管卧式重水堆结构图。由图可见，每根压力管内放着一节一节串接起来的燃料组件，共 12 个。每个组件由 37 根燃料元件组成的棒束。反应堆堆芯由内置燃料棒束的压力管排列而成。作为冷却剂的重水在压力管内流过，带走燃料释放出的热量。

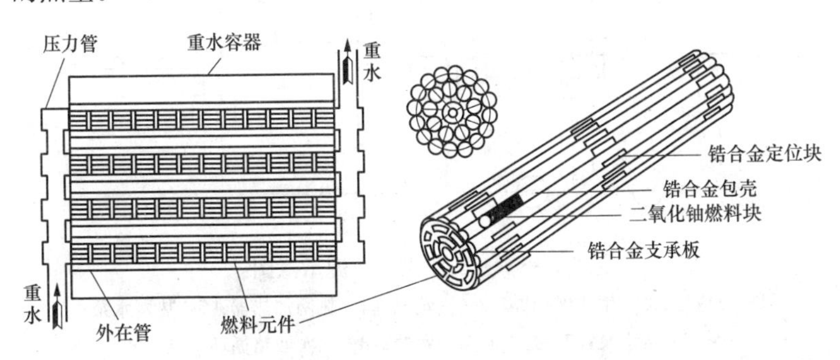

图 10-5　压力管卧式重水堆结构图

第二节 核电站的热电联供系统

527. 什么是核电站的三回路系统?

核电站的系统很多，管路错综复杂，但总体上可划分为三个回路:

(1) 一回路：核电站的热源，通过核变产生热能，并把热能传送给二回路。

(2) 二回路：通过汽轮发电机组，把从一回路获得的热能转化为电能。

(3) 三回路：核电站的最终热阱，排出一回路和二回路的热量，确保一回路和二回路的安全运行，并冷却二回路多冷端使得二回路成为一个循环。

528. 核热电联供系统为什么采用三回路?

由于核电厂一回路中的放射性物质具有很强的穿透性，容易从一回路进入蒸汽二回路，因此不能像常规热电厂那样直接用汽轮机的抽汽或排汽向热用户供热，而必须设置三回路。即二回路是一个自我封闭的系统，二、三回路间由热交换器传递热能，从而实现对外供热。

529. 核热电联产系统如何实现三回路供热?

图10-6所示为核热电联供的三回路供热热源示意图。

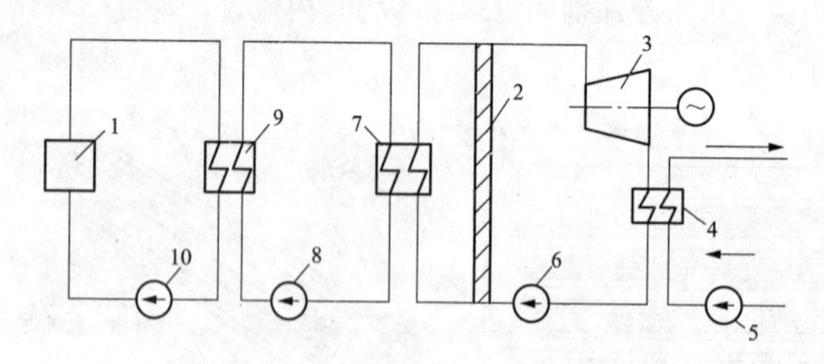

图10-6 三回路供热热源示意图

1—反应堆；2—生物保护屏；3—汽轮机；4—热网加热器；5—热网水泵；6—给水泵；7—二次回路蒸发器；8—二次回路循环水泵；9—一次回路蒸发器；10—一次回路循环水泵

图 10-6 只表示了各设备之间是联系关系，实际的热力系统可根据需要进行设备的取舍增减，如汽轮机可以由相同或不同型号的机组串联或并联而成；回热系统可以分为高、低压加热器及除氧器；供热回路可设高、低压预热器、除氧器、过热器等；三回路也可以由类似的不同支路并联而成。在三回路系统中，工质的加热是由两个串联布置的独立加热回路来完成的，这样可以充分地保证防护放射性危险的可能性。

530. 试述三回路的配汽模型。

根据用户要求，三回路通常需要提供不同参数的工业用汽及高温热水，为提高热能利用率并提高系统的可靠性，三回路设计可作如下考虑：

（1）从能量合理利用的角度出发，三回路采用逐级加热方式，并充分利用疏水热能。

（2）三回路配汽热源为二回路汽轮机的供热抽汽，背压排汽或新蒸汽。为了电厂的管理方便，不宜采取过多的机组形式，三回路加热器级数也不宜过多，一般采用高低压预热器各一级，过热器采用一到二级。

（3）为防止核污染，混合除氧器不使用二回路抽汽，而由三回路蒸发器供应除氧器用汽。

（4）为防止因局部故障而影响全厂供热，对每种参数的供热采用单独的三回路分支来实现。三回路单独分支及多支系统如图 10-7 所示。

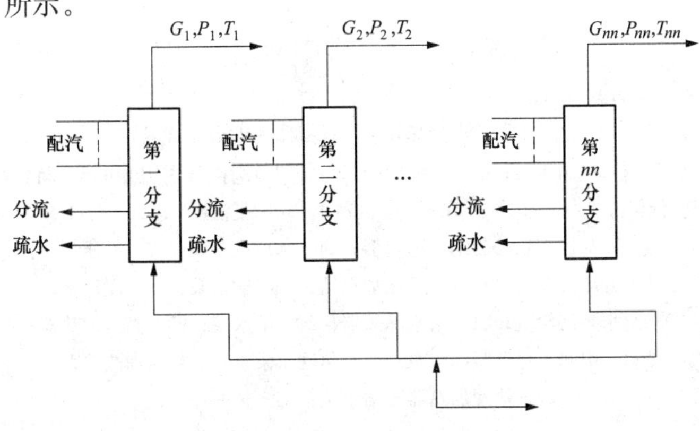

图 10-7 三回路多支系统图

531. 试举例说明核热电厂的原则性热力系统图。

图10-8所示为某核电厂是原则性热力系统图。从图可见，汽轮机组由四个汽缸组成，新蒸汽先进入高压缸做功，高压缸排汽进行汽水分离后在再热器中加热成过热蒸汽，一部分过热蒸汽进入汽动给水泵的给水泵汽轮机中作为驱动汽源，其余进入中、低压缸做功。两台凝汽器的冷却水串联连接。回热系统由一台高压加热器、一台除氧器和四台低压加热器组成。供热系统由两级加热器组成，每级加热均配有2台热网加热器。对补充水采用阳离子交换过滤器和附加钠离子交换器进行软化处理，在供热系统设置补充水除氧器，对热网补充水进行除氧处理。

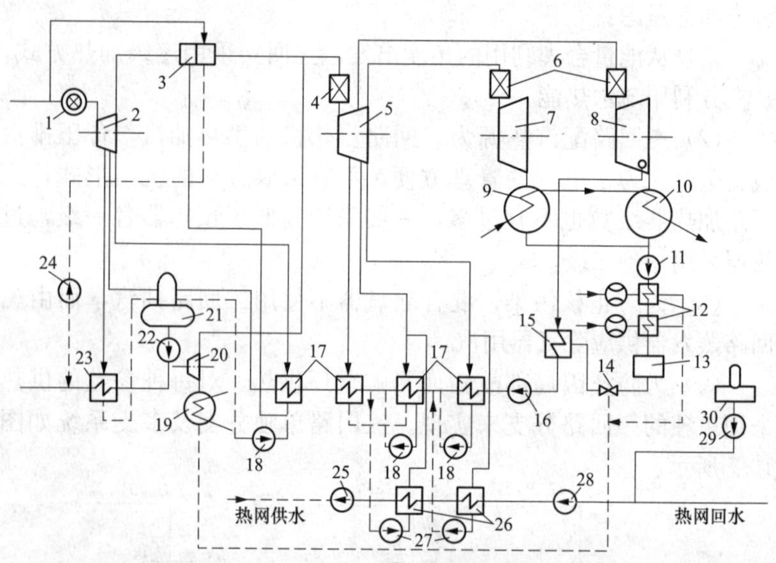

图10-8　某核热电厂的原则性热力系统图

1—主汽门；2—高压缸；3—中间再热器；4—调节阀；5—中压缸；6—调节阀；7—低压缸1；8—低压缸2；9—凝汽器1；10—凝汽器2；11—凝结水泵；12—蒸汽冷却器；13—凝结水净化器；14—水位调节阀；15—低压加热器；16—升压凝结水泵；17—低压加热器；18—输水泵；19—凝汽器；20—给水泵汽轮机；21—给水除氧器；22—给水泵；23—高压加热器；24—中间再热器凝结水泵；25—热网水泵；26—热网加热器；27—热网加热器凝结水泵；28—热网水泵；29—补给水泵；30—补给水除氧器

532. 核热电联产机组的特点是什么?

(1) 不能完全避免核污染。采用三回路系统,使从汽轮机抽出的蒸汽通过热交换器放出潜热后,又返回到热力系统中去,形成一个封闭循环。供热用户的热水用水泵加压,使热水压力大于汽侧压力,形成一个压力屏障,以免蒸汽中所含少量放射性元素渗到水侧去。

(2) 热水输送距离远。按要求核电厂应布置在离城市 20~30km 远的地方。在回水温度为 60℃时,要求送水温度为 110~180℃,增加了管网投资和热损失,并需采用多级加热。

(3) 核反应堆由启动到发出额定功率时间长,停机时仍消耗燃料。故要求其周围应有大的热用户,并配备备用热源,以保证尖峰负荷和备用需要。

(4) 采用湿蒸汽供热汽轮机。

(5) 它是一种新能源动力装置。一座 1000MW 核热电厂,其供热量可满足 70~80 万居民的采暖和生活用热水的需要,还可生产出 700~800MW 的电功率,每年可节省 50~100 万 t 标准燃料。还可利用废热,减少热污染,有利于环保要求。

533. 核电站的一回路辅助系统包括哪些系统?

化学和容积控制系统(RCV)、硼和水补给系统(REA)、余热排出系统(RRA)、设备冷却水系统(RRI)、重要厂用水系统(SEC)。

534. 什么是化学和容积系统?

化学和容积系统(RCV)是反应堆冷却剂系统(一回路系统 RCP)的主要辅助系统,它是一个封闭的加压系统。该系统由下泄回路、净化回路、上充回路、轴封注水及过剩下泄回路四部分组成。如图 10-9 所示。其主要功能是:

(1) 容积控制。用以保持反应堆 RCP 系统内的水容积,吸收稳压器吸收不了的水容积变化,使稳压器水位维持在随冷却剂温度而变化的水位整定值上。利用 RCP 系统调节补偿冷却剂因温度变化,向系统外泄漏或上充和下泄流量不平衡导致的水容积的变化。

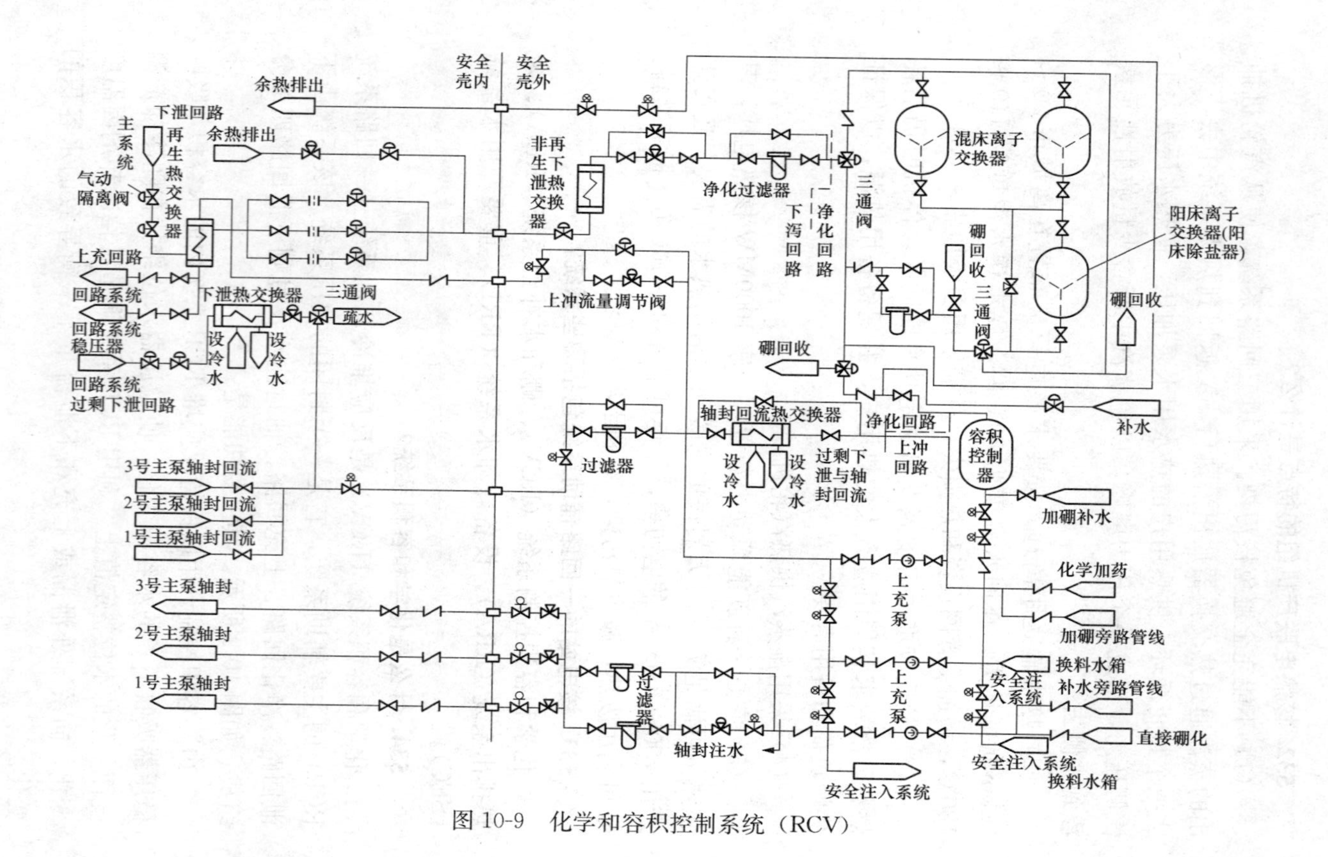

图10-9　化学和容积控制系统（RCV）

（2）反应性控制。与反应堆硼和水补给系统相配合，通过调节冷却剂硼浓度来控制反应堆内反应性的变化，保证足够的停堆深度。

（3）化学控制。通过净化处理，去除冷却剂中裂变产物，控制一回路的放射性水平，提高冷却剂水质。与反应堆硼和水补给系统配合，通过给冷却剂加药，实现给冷却剂除氧，调整 pH 值。

（4）辅助功能：

1）为冷却剂泵提供经过过滤、冷却的轴封水和水泵轴承冷却、润滑水。

2）为稳压器提供辅助喷淋冷水。

3）为反应堆及 RCP 系统进行补充水排气及打压检漏试验。

4）在稳压器充满水单相运行时，控制 RCP 系统的压力。

5）接收 RCP 系统运行中冷却剂水的过剩下泄。在余热排放系统（RRA）准备投入前，通过 RCV 吸统下泄，加热 RRA 系统介质。

（5）安全功能：

1）在 RCP 系统发生小破口事故时，维持该系统的水装置。

2）在正常停堆或发生卡棒、弹棒等事故时，与硼和水补给系统配合，确保反应堆处于临界状态。

3）在安全注入系统投入向堆芯注水时，向 RCP 系统注入硼酸溶液，此时该系统上充泵作为高压安全注入泵运行。

535. 什么是硼和水补给系统？

反应堆硼和水补给系统（REA）是化学和容积控制系统的支持系统，为化学和容积控制系统主要功能的实现起辅助作用。其附加功能如下；

（1）REA 系统的主要功能是储存和供应反应性控制，为反应堆 RCP 系统提供经净化除气的水和硼酸溶液，配制和注入化学药物联氨和氢氧化锂。

（2）REA 系统的辅助功能有：①为 RCP 系统三台主泵的轴封及平衡管供水；②为 RCP 系统卸压箱提供喷淋冷却水；③为安全注射系统硼缓冲箱提供初始充水和补水；④为反应堆换料水池和

乏燃料水池的冷却和处理系统的换料水箱提供初始充水和补水；⑤为RCP系统容积控制箱充水，以进行扫气。

REA系统的流程图如图10-10所示，它分为水和硼酸液两部分，并细分为补水、硼补充、硼酸配制和化学添加剂制备四个回路。

536. 什么是余热排出系统？

反应堆运行时，核反应所产生的能量由RCP系统经过蒸汽发生器的二次回路传热导出。停堆后，堆芯由裂变产物剩余功率的发热在很长时间内仍需要带出。初期几小时其余热由蒸汽发生器经二回路排放，之后则由余热排放系统（RRA）排出，并将热量传给设备冷却系统冷却水。其基本流程如图10-11所示。

537. 什么是设备冷却水系统？

设备冷却水系统（RRI）是核岛设备与厂用水系统海水之间的一个中间回路，它对核岛所有设备提供冷却水，经过热交换器将热量传给海水。它为带放射性水的设备与厂用水系统海水之间提供了一种屏蔽和隔离，用以防止放射性流体因泄漏而释放到海水中，导致海水堆核岛设备直接接触产生腐蚀。其基本流程如图10-12所示。

538. 什么是重要厂用水系统？

重要厂用水系统（SEC）的主要作用是冷却设备冷却水系统（RRI），将设备冷却水系统传递出的热量送到最终冷源海水中去，其系统流程图如图10-13所示。

539. 核电站有哪些安全系统？

（1）安全注入系统（RIS）；

（2）安全壳喷淋系统（EAS）；

（3）辅助给水系统（ASG）；

（4）主蒸汽系统隔离。

540. 什么是安全注入系统？

图10-14所示为安全注入系统的流程图。它由高压安全注入系统、中压安全注入系统和低压安全注入系统三个分系统组成。高压安全注入系统和低压安全注入系统为能动注入系统，具有足够的设备和流道冗余度。中压安全注入系统为非能动注入系统。

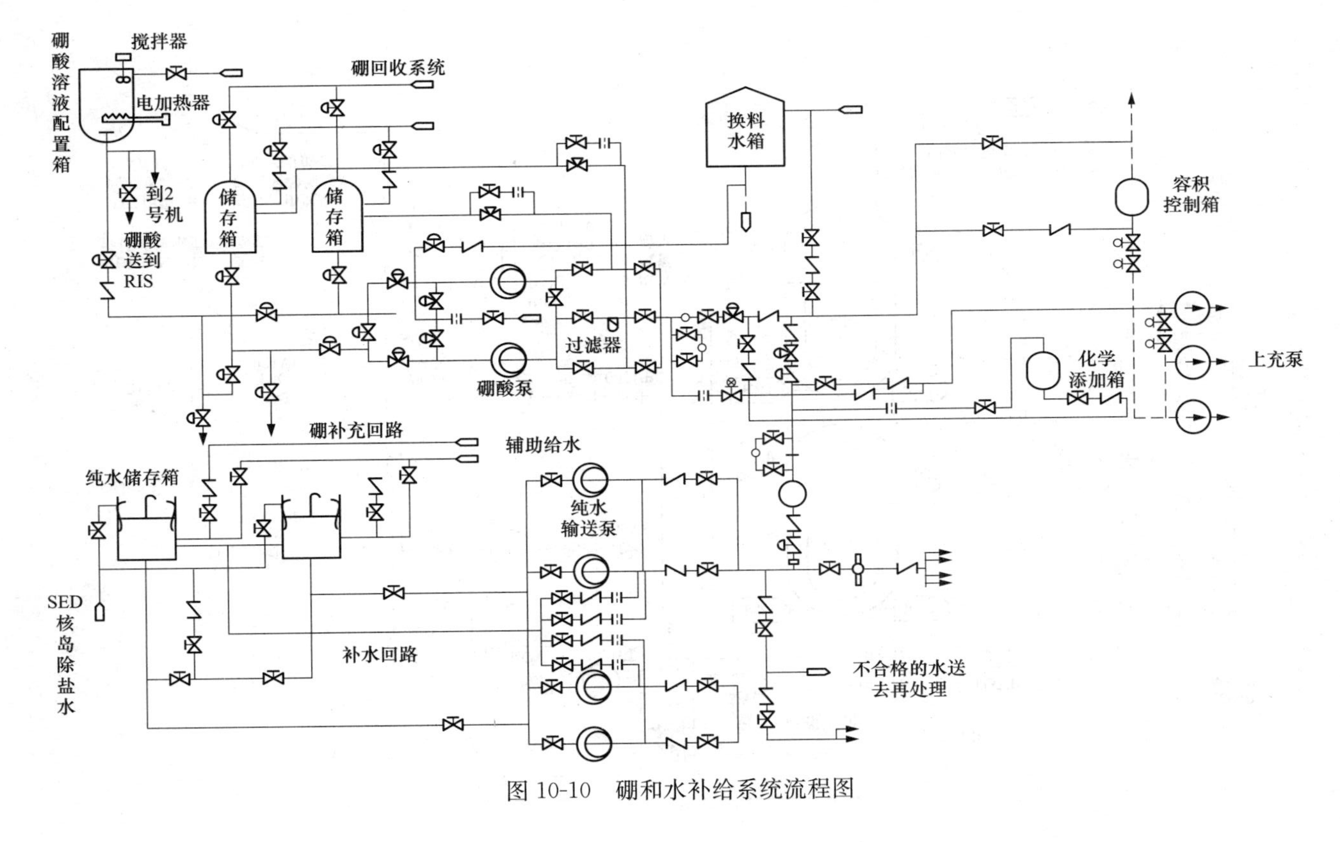

图 10-10 硼和水补给系统流程图

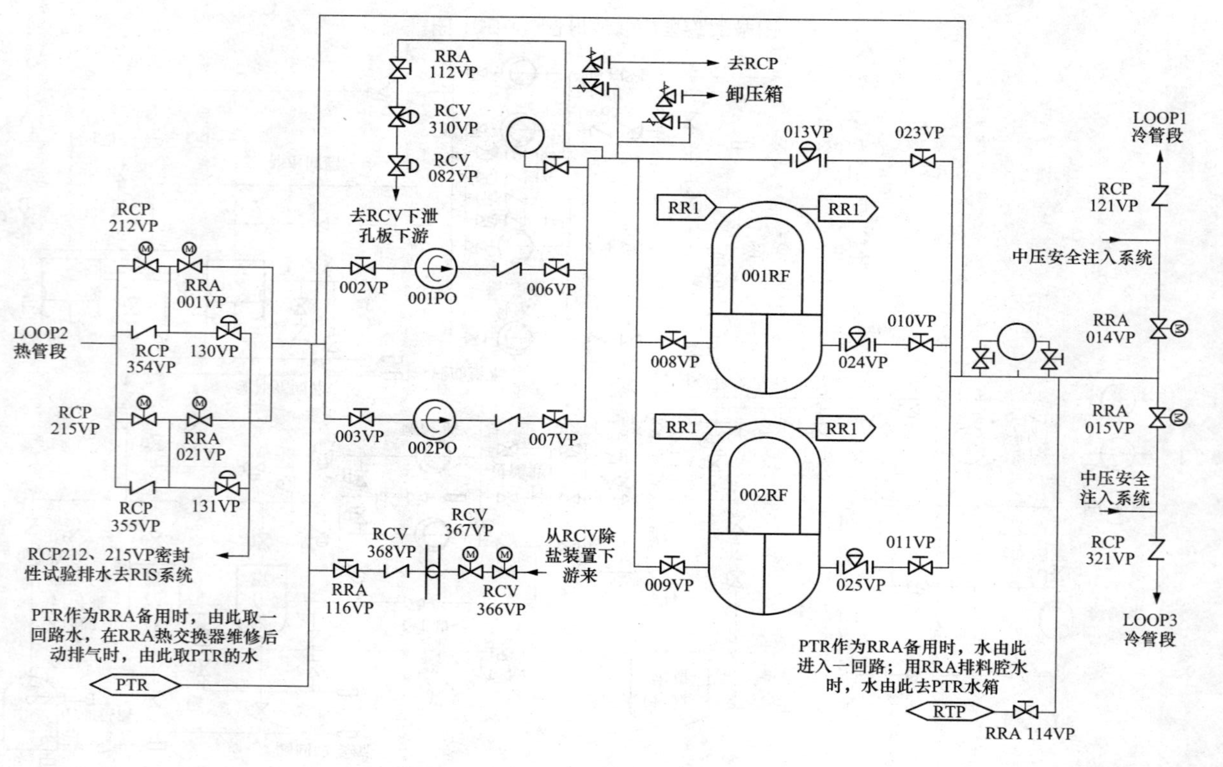

图 10-11　余热排出系统流程图（RRA）

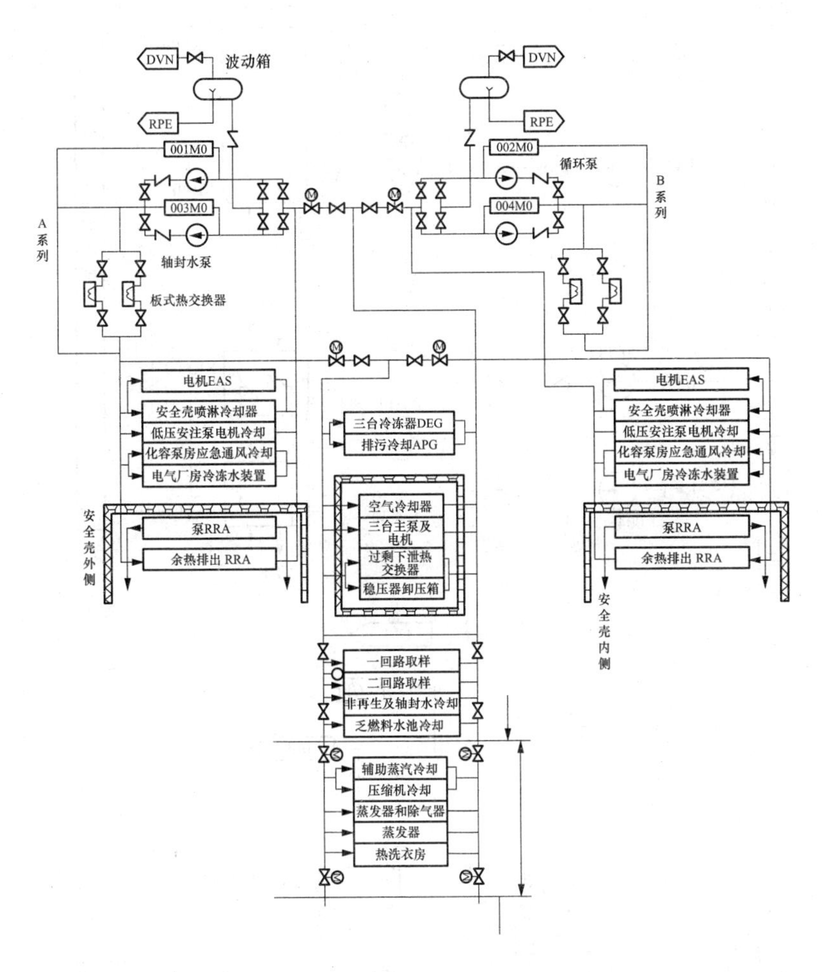

图 10-12 设备冷却水系统流程图（RRI）

安全注入系统在下列情况下执行向堆芯注水的安全功能：一是压水堆一回路冷却剂泄漏，二是压水堆二回路蒸汽大量泄漏。除此之外，还起到密封屏蔽、向换料水箱充水和吸水、向中压安全注入箱充水和补水、作为后备注水泵等作用。

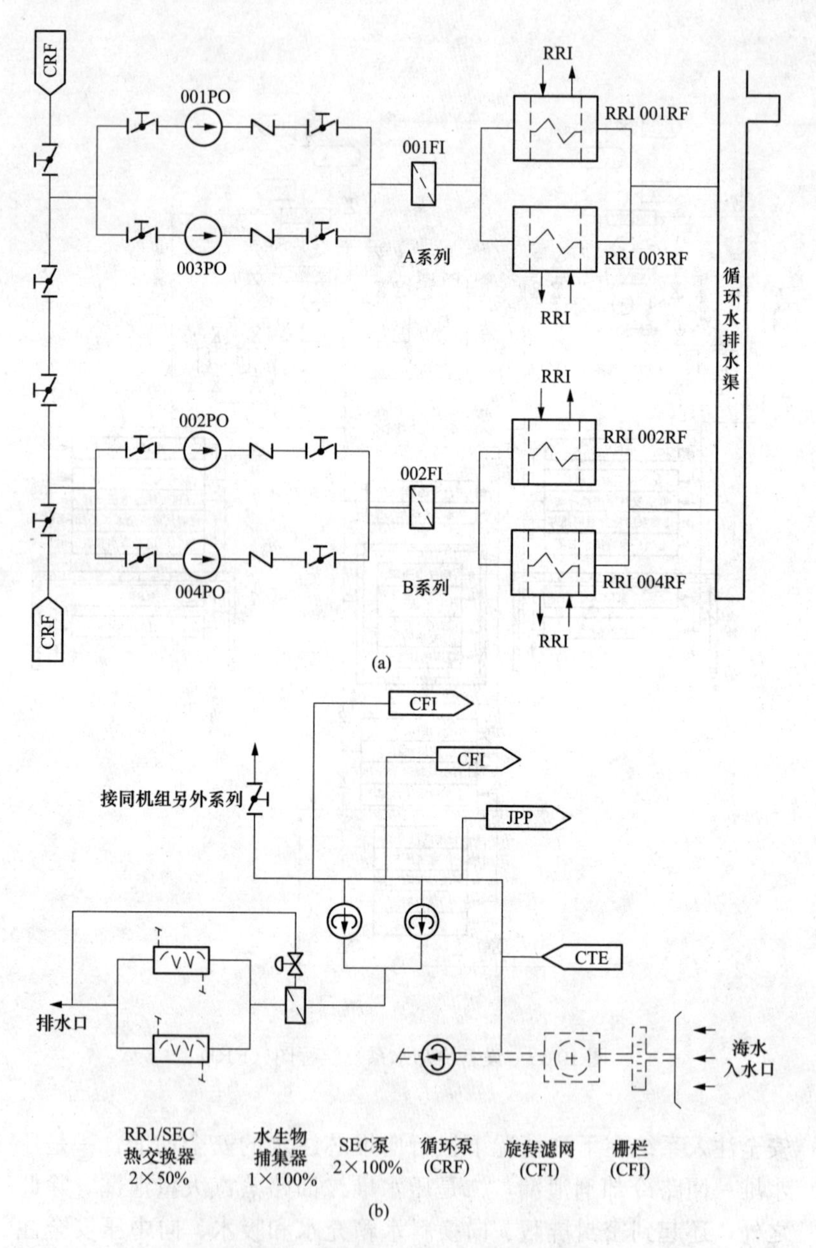

图 10-13　重要厂用水系统流程图

(a) 系统流程图；(b) 防海水生物侵入系统图

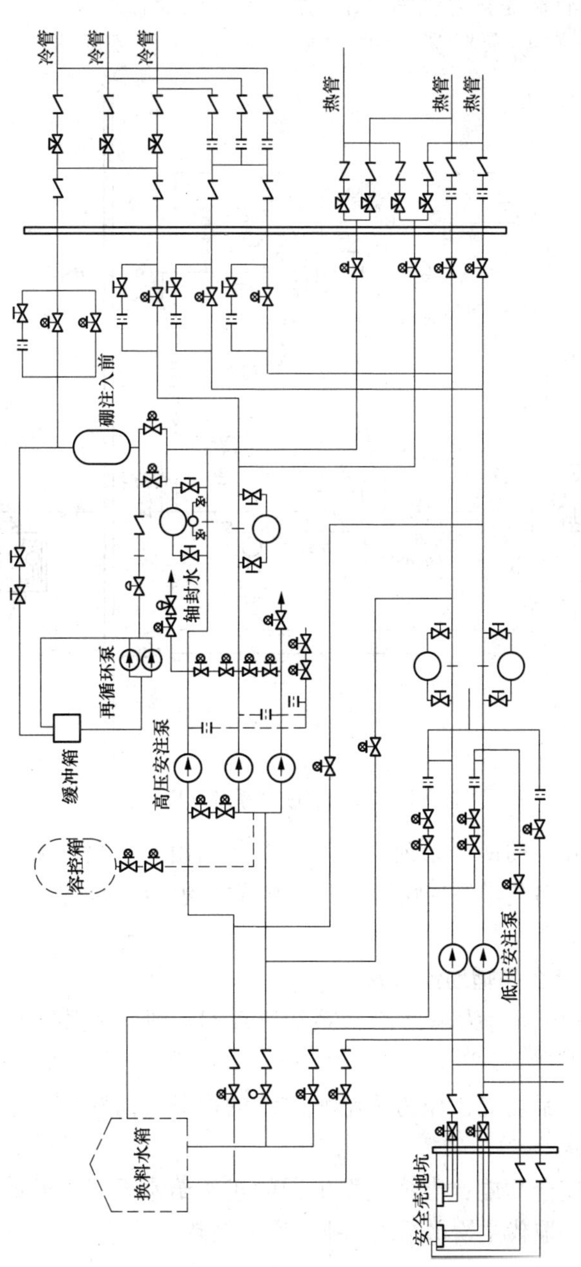

图 10-14 安全注入系统流程图（RIS）

541. 什么是安全壳喷淋系统?

图 10-15 所示为安全壳喷淋系统（EAS）结构图。

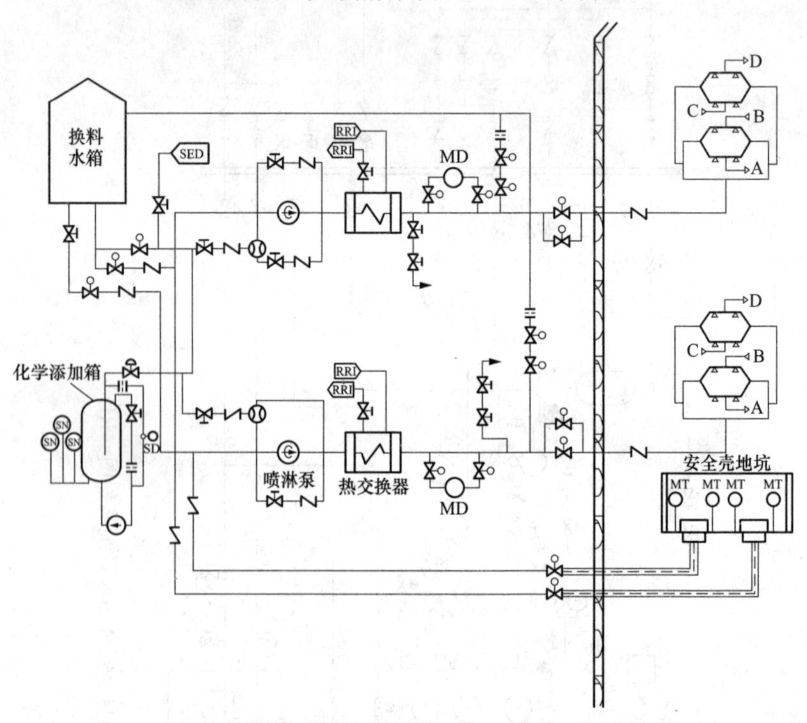

图 10-15 安全壳喷淋系统（EAS）

它由相同的两个系列组成，每个系列由一台喷淋泵、一台热交换器、一台化学添加喷射器、喷淋管和阀门组成，保证 100%的喷淋功能。

542. 什么是辅助给水系统?

图 10-16 所示为辅助给水系统（ASG）图。该系统具有下列功能:

(1) 正常功能：作为主给水系统的后备，向蒸汽发生器二次侧提供给水。

(2) 安全功能：当蒸汽发生器的正常给水系统失效时，成为应急手段，取代主给水系统，排出堆芯余热。

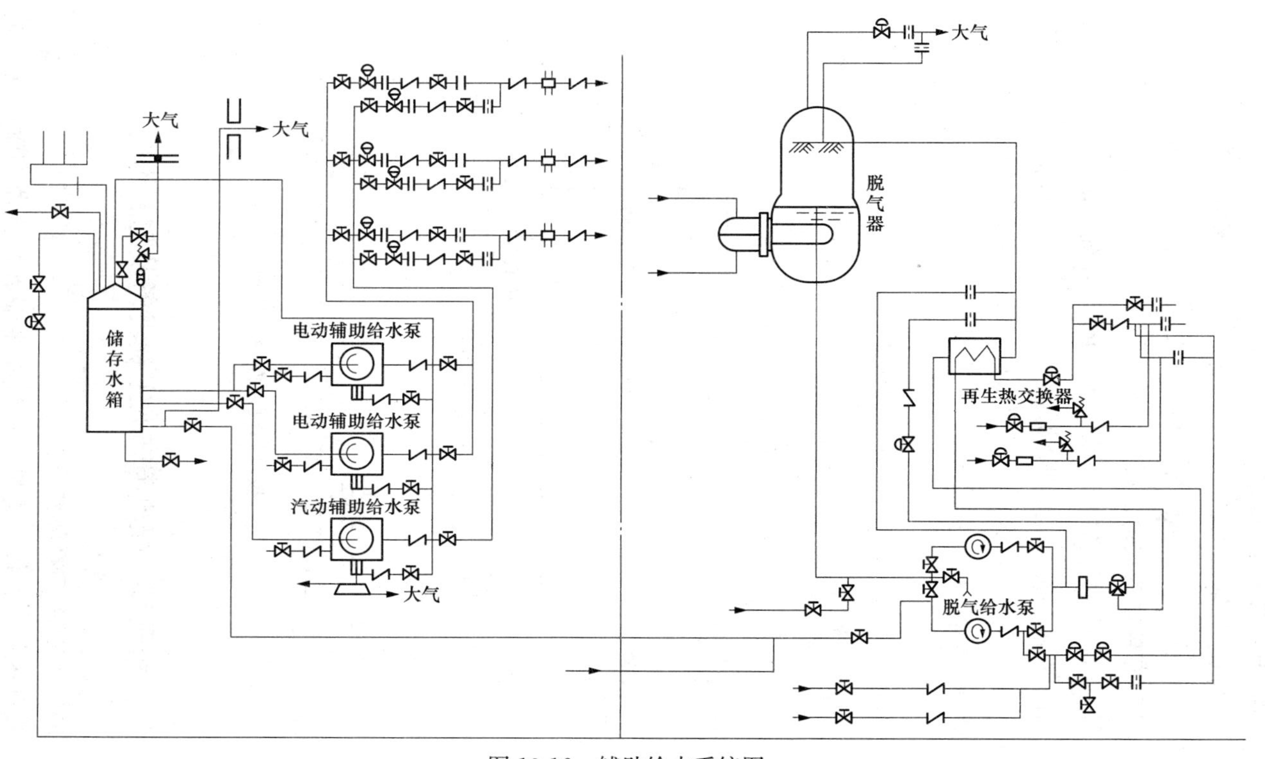

图 10-16 辅助给水系统图

543. 主蒸汽系统隔离的功能是什么?

主蒸汽系统隔离的功能是在主蒸汽系统管道发生破裂事故时，将其隔离，消除或减少蒸汽的泄漏，并保护蒸汽发生器。

544. 核电站的放射性废物如何处理?

图 10-17 所示为核电站放射性废物处理系统。该系统包括放射性废物的收集、储运、处理、监测、排放、再利用及最终处置储存等环节。它包括放射性废液的排放、放射性废气的排放、放射性固体废物的排放和储存等。

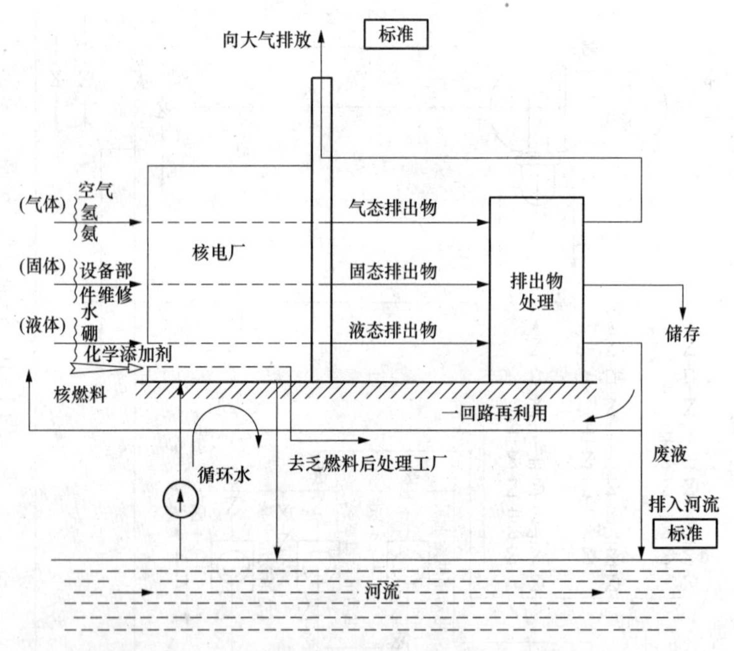

图 10-17 核电站放射性废物处理系统图

第三节 核热电站的主要设备及附属设备

545. 核岛内包括哪些设备?

核岛内包括：核反应堆、蒸汽发生器、稳压器、冷却剂主循环泵及管路等附属设备。

546. 试述压水型核反应堆堆芯的结构和功能。

压水堆本体结构如图 10-18 所示。它包括堆芯结构、堆内构件和压力容器部分。堆芯结构包括燃料组件、控制棒组件、可燃毒物棒组件、中子源棒组件、阻力塞棒组件。

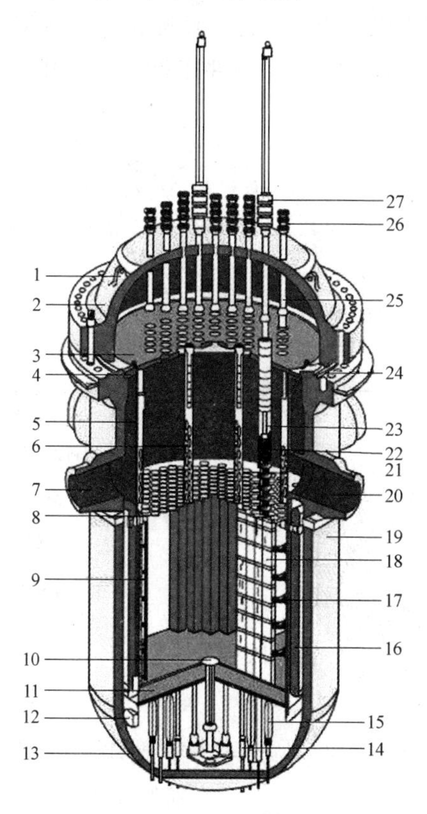

图 10-18 压水型核反应堆堆芯结构图

1—吊装耳环；2—压力壳顶盖；3—导向管支承板；4—内部支承凸缘；5—堆芯吊篮；6—上支承柱；7—进口接管；8—堆芯上栅格板；9—围板；10—进出孔；11—堆芯下栅格板；12—径向支承件；13—压力壳底封头；14—仪表引线管；15—堆芯支承柱；16—热屏蔽；17—围板；18—燃料组件；19—反应堆压力壳；20—出口接管；21—控制棒束；22—控制棒导向管；23—控制棒驱动杆；24—压紧弹簧；25—隔热套筒；26—仪表引线管进口；27—控制棒驱动机构

547. 什么是燃料组件？

燃料组件由燃料元件棒、定位格架、组件骨架等零部件组装而成。元件棒按17×17排成正方形栅格，其中有264根燃料元件棒，另外25个栅格位置分别为24根控制棒导向管和一根中心中子测量导向管。组件横截面214mm×214mm，高4m，总质量650kg。整个组件沿高度方向设8层弹簧定位格架，将元件棒按一定间距定位并夹紧，但允许元件棒沿轴向自由伸缩。如图10-19所示。

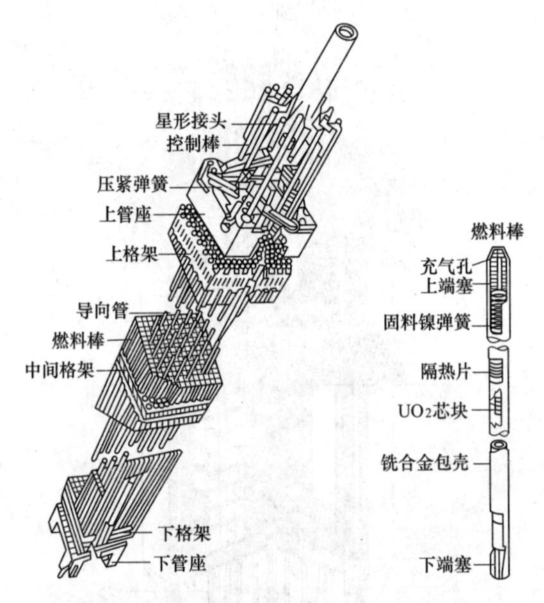

图10-19 压水堆燃料组件及控制棒组件

548. 什么是控制棒组件？

控制棒组件是压水堆的主要控制部件，通过它可控制核裂变的速率。在正常工况下用于启动反应堆、调节堆功率、补偿反应性损失、控制由温度引起的反应性微小变化、提供正常停堆。在事故工况下，依靠自身重力快速（约2s）下插至堆芯，使反应堆在短时间内紧急停闭，以确保安全。

控制棒组件是由多根吸收体细棒组成、头部呈多角星形架状的束棒结构（如图 10-20 所示）。星形架上有 126 个连接翼片（或称肋片）固定在中央连接柄上，有 24 根细棒悬置固定在 16 个连接翼上。这些细棒直接插在燃料组件的导向管内，实现对中导向并上下移动。

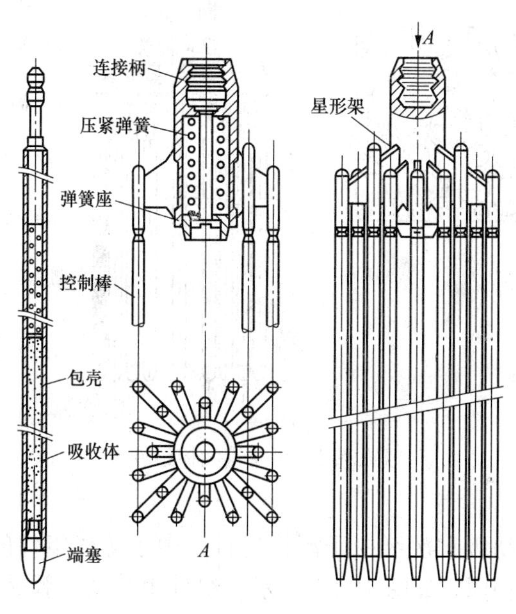

图 10-20 控制棒组件

549. 什么是可燃毒物棒组件？

压水堆的可燃毒物棒组件用来限制新燃料在第一运行循环内引起的过剩反应性。随着反应堆的运行，燃料不断消耗，剩余反应性减少，此时可燃毒物也相应较快地消耗掉。待反应堆进行第一次换料时，即可将这些可燃毒物取走。可燃毒物棒组件由吊架、弹簧、可燃毒物细棒及阻力塞细棒束组成，如图 10-21 所示。

550. 什么是中子源棒组件？

核反应堆首次启动运行以及之后的每次停闭后再启动，都需要 $10^7 \sim 10^8$ 中子/s 的中子源，以使反应堆能够安全可靠的启动，并通过测量通道获得可测的中子通量密度水平、监测反应堆接近临界过程、克服核测量盲区。压水堆在堆芯有两种不同的中子源

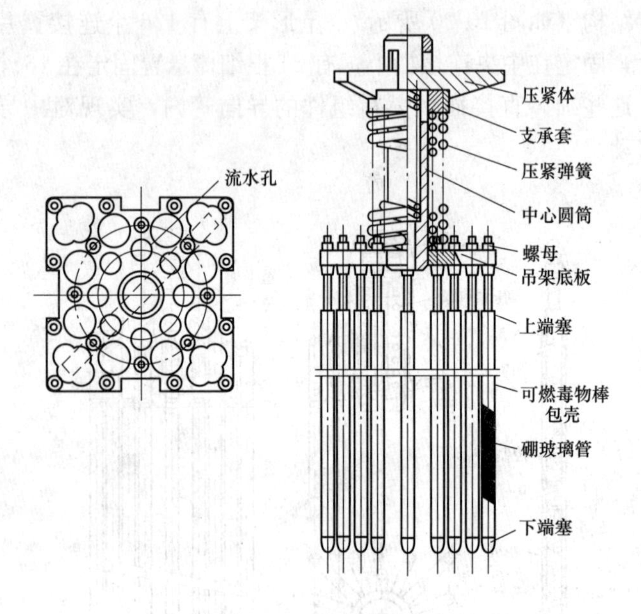

图 10-21　可燃毒物棒组件

棒组件，即初级和次级中子源棒组件。中子源棒组件的结构与可燃毒物组件相同，如图 10-22 所示。组件由吊架、弹簧及中子源、可燃毒物、阻力塞等细棒束组成。细棒顶端与吊架底板连接固定，细棒插入燃料组体导向管内。

551. 什么是阻力塞棒组件？

为了使插在燃料组件导向管内的控制棒、可燃毒物棒、中子源棒获得足够的冷却，堆芯燃料组件所有的导向管壁上均开有一定数量的流水孔（但并不是所有导向管内都插有控制棒、可燃毒物棒和中子源棒），为此用阻力塞棒插在这些空导向管内，避免冷却剂从导向管内白白流失，提高堆芯传热效果。阻力塞棒组件结构与中子源棒组相同，如图 10-22 所示。

552. 什么是堆内构件？有什么作用？

堆内构件位于压力容器内，由不锈钢或因科镍型的高合金钢制成，主要包括上部堆内构件和下部堆内构件两部分。其作用是：

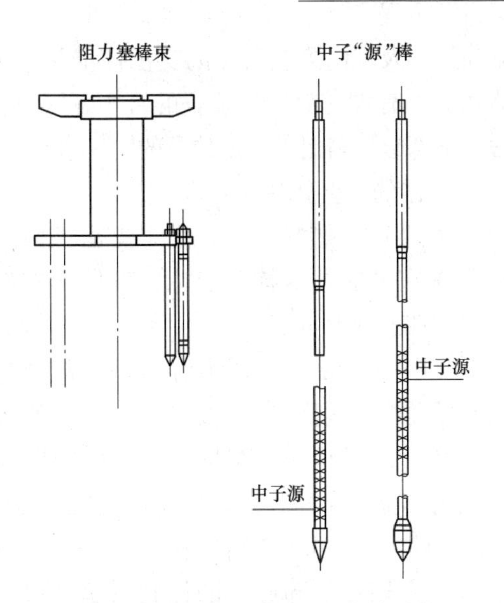

图 10-22 中子源棒及阻力塞棒组件

（1）承受堆芯结构的重量，防止堆芯在运行过程中移位。

（2）控制棒组件导向，便于控制棒顺利抽插。

（3）为堆芯测量装置导向定位，并提供支承。

（4）使堆内冷却剂流量合理分配。

（5）减弱中子和 γ 射线对压力容器的辐照，延长压力容器的寿命。

553. 试述压力容器的结构和功能。

反应堆压力容器也称为反应堆容器或反应堆压力壳。它是一个底部半球形封头的圆筒形承压密封容器，顶部为法兰螺栓连接的可拆卸半球形封头顶盖，如图 10-23 所示。压力容器内装有堆芯燃料组件、上部及下部堆内构件、控制棒等功能组件及其他与堆芯有关的部

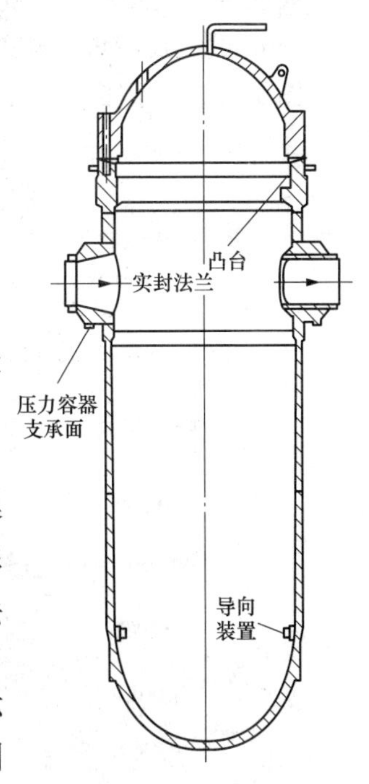

图 10-23 压水堆压力容器

件。控制棒驱动机构及堆内测温装置的支承件都装在压力容器顶盖上。压力容器底部设有堆芯核测量装置的管座。压力容器冷却剂进出水管都在法兰下部合燃料组件上部位置的同一水平面上。

反应堆压力容器的主要作用是：

（1）包容反应堆堆芯燃料组件，固定支承堆内构件，确保燃料组件按规定位置在堆芯内支撑和定位；确保冷却剂按规定流道畅通无阻，将热量带出反应堆。

（2）作为一回路的一部分，压力容器是冷却剂与外界的压力边界。它需要承受堆芯核裂变强 γ 放射性、中子的辐照及冷却剂的高温、高压载荷，还要承受控制棒可能发生的撞击和一回路管道传递的力。压力容器的承压密封可以避免放射物质外逸。

（3）与堆内构件一起，作为生物屏蔽，对工作人员起防护作用。

（4）利用压力容器顶部和底部的控制棒驱动机构、测量装置控制反应堆，监测堆芯温度、中子通量密度。

554. 试述反应堆冷却剂主循环泵的结构和功能。

图 10-24 表示了反应堆冷却剂主循环泵的结构图。主循环泵的

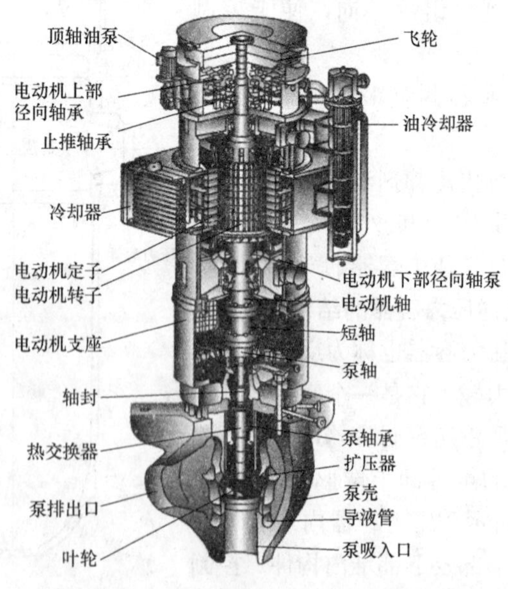

图 10-24　反应堆冷却剂主循环泵结构图

作用是推动一回路中的冷却剂，使冷却剂水以很大的流量通过返应堆堆芯，把堆芯中产生的热量传送给蒸汽发生器，它是核电站中的关键设备。由于泵放在安全壳内，处于高温高湿及γ射线辐射的环境下，主循环泵除了密封要求严以外，还要求电机的绝缘性能好。该类泵属于轴封泵，不采用全封闭结构，其电动机和泵体分开组装。为了防止放射性的冷却剂沿泵轴向外泄漏，在泵轴上设有轴密封。

555. 试述蒸汽发生器的结构和功能。

图 10-25 所示为蒸汽发生器的结构图。蒸汽发生器是一种热交换设备，将一回路中水的热量传给二回路中的水，使其变为蒸汽用

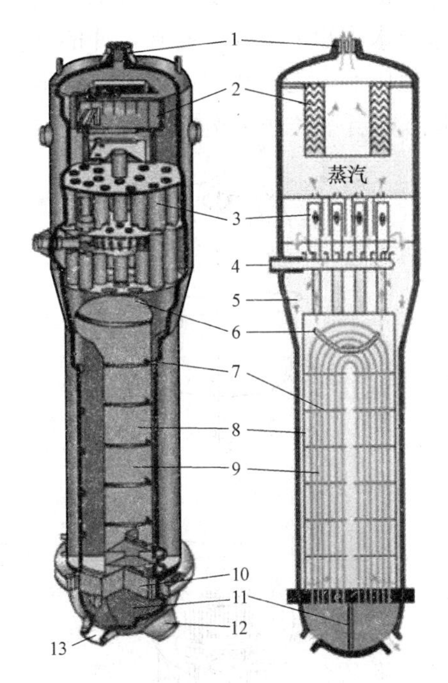

图 10-25 蒸汽发生器结构图

1—蒸汽出口管道；2—蒸汽干燥器；3—旋叶式汽水分离器；
4—给水管嘴；5—水流；6—防振条；7—管束支撑板；
8—管束围板；9—管束；10—管板；11—隔板；
12—冷却剂出口；13—冷却剂入口

于汽轮机做功。由于一回路中的水流经堆芯而带有放射性，所以蒸汽发生器与一回路中的压力容器及管道构成防止放射性泄漏的屏障。正常运行时，二回路的水和蒸汽不应受到一回路水的污染，不具有放射性。一般采用带汽水分离器的饱和蒸汽发生器。

556. 试述稳压器的结构和功能。

图10-26所示为稳压器的结构。稳压器用于稳定和调节一回路系统中水（冷却剂）的工作压力，防止水在一回路主系统中汽化。正常运行时，压水堆的堆芯不允许出现大范围的饱和沸腾现象，这样会降低对燃料棒的冷却效果，使燃料棒过热而烧毁，因此要求反应堆出口水温度低于饱和温度15℃左右。此外，稳压器还可以吸收一回路系统水容积的变化，起到缓冲的作用，一般采用电加热式稳压器。稳压器内是两相状态的水，正常运行时，液相和汽相处于平衡状态，当冷水通过喷淋阀喷淋时，上部空间的蒸汽在

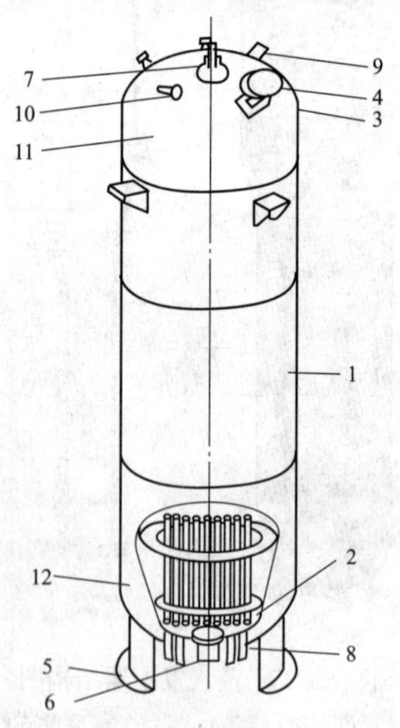

图10-26　稳压器的结构图

1—壳体；2—下封头；3—上封头；4—人孔盖；5—支撑裙；6—流动管接头；7—喷淋管接头；8—电加热元件；9—安全阀保护头；10—先导式安全阀脉冲管接头；11、12—水位表管接头

喷淋水表面凝结，从而使蒸汽压力降低；当加热器投入后，底部空间的部分水变成蒸汽，进入到蒸汽空间，使蒸汽压力增加。由于稳压器内的蒸汽压力等于一回路中水的压力，所以，可通过控制稳压器的压力来调节一回路系统中的水的压力。

557. 常规岛内包括哪些设备?

常规岛内包括：汽轮机、发电机及励磁系统、凝汽器、汽水分离再热器、高压加热器、低压加热器、除氧器及水箱、凝结水泵、给水泵、循环水泵、开关站、变电所（含变压器)、网控楼等。其中除汽轮机外，大部分设备与火电站差不多，其循环回路的流程原理与火电站基本相同。

558. 压水堆核电站的汽轮机有什么特点?

压水堆核电站的汽轮机与火电站汽轮机在原理上没有什么差别，只是由于反应堆冷却温度的限制（压水堆平均出口温度一般小于330℃)，只能产生压力较低（5.0～7.5MPa）的饱和蒸汽或过热蒸汽（过热度20～30℃)。与火电站的高参数汽轮机比，蒸汽的可用焓降仅为65%，汽耗大1倍。在冷凝器内的相同背压下，排汽容积流量大60%～70%。因此，核电站的饱和蒸汽汽轮机与火电站的汽轮机相比，具有下列特点：

(1) 一般采用半速机组。汽轮机转速取1500r/min。其优点是：叶片较长，叶片端涡流损失小，效率比全速机组高1%～1.5%。但主要部件尺寸和重量相应增大。

(2) 汽水分离再热器。装在高压和低压缸之间，蒸汽在高压缸做功膨胀后，经过汽水分离再热器，然后通入低压缸，这样可以提高循环效率、减少叶片水蚀。

(3) 超速。在事故时，超速较大。这是因为在汽轮机甩负荷时，汽轮 内压力突然下降，而汽水分离再热器内存有大量蒸汽及汽轮机表面聚积的凝结水扩容蒸发，产生大量蒸汽，使汽轮机转速迅速升高。为此在低压缸入口处采用快速关闭截止阀来防止超速。

(4) 压水堆核电站一般采用单堆单机，随着单堆功率增加，汽轮机的容量也增大，目前已达130万kW。

559. 核热电站的汽轮机有什么特点？

核热电站的汽轮机和核电站的汽轮机都采用湿蒸汽汽轮机，但核热电站的汽轮机采用湿蒸汽供热式汽轮机。这是由于其进口蒸汽参数较常规汽轮机低，蒸汽的热焓也较低，因而在汽轮机内部的焓降也较低，故采用湿蒸汽汽轮机，其特点是：

（1）在汽轮机进口处约有4倍蒸汽容积流量，高压缸必须采用双流。在排汽口约有高出50％～60％的容积流量，故对于汽轮机末级叶片极为重要，必须采用较多的双流低压缸。

（2）低压缸要担负60％的功率，而常规的再热汽轮机的低压缸只有30％。

（3）凝汽器比常规电站多50％～80％的冷却水。

（4）除去再热器后简短的膨胀线外，大部分膨胀发生在湿蒸汽范围内（大约有80％的焓降）。

（5）高压缸为双流程，一般无中压缸，低压缸为2～4个。采用标准化结构。

（6）转速可采用半速（1500～1800r/min），而常规汽轮机转速一般为3000～3600r/min。这样，在不增加转动部分所受应力情况下，允许把线性尺寸放大1倍左右，得到3.5～4倍于全速机组的通流面积和排汽面积。

（7）由于核电站二回路的蒸汽参数低，进汽为饱和蒸汽，工作段大部分为湿蒸汽，故应采取去湿、防蚀措施以提高蒸汽湿度的措施。去湿措施包括：采用汽水分离再热器（MSR）、采用无围带的动叶片、在级后设置去湿槽、采用回热抽汽等；防蚀措施包括：在湿度大的区域工作的零部件采用耐蚀防锈材料（如低铬合金钢）、用螺栓紧固承受压差的连接面、排汽端汽封区用干蒸汽保护等。

第四节　核热电站的控制系统

560. 核电站的安全设计原则是什么？

核电站安全设计应遵循纵深防御原则。包括：第一层次防御，其目的是防止偏离正常运行，确保核电站有精良的硬件环境；第二层次防御，其目的是检测和纠正常运行工况的偏离，防止预计运行事件升级为事故工况；第三层次防御，其目的是在事故工况后达到稳定的可接收的工况；第四层防御，其目的是保护包容功能，保证放射性释放保持在尽可能低的状况，防止事故扩大至保护反应堆厂房安全壳；第五层防御，其目的是作为最后的防御层。

561. 核电站的仪控系统如何分类？

（1）反应堆保护系统。用于监测过程物理变量。

（2）安全停堆所需系统的仪表和控制。

（3）控制系统。其作用是通过执行机构实现自动控制。

（4）监测系统和信号系统。包括报警系统、计算机数据采集系统、LOCA 监测系统和堆芯监督系统等。

562. 核电站的仪控系统的功能是什么？

（1）为核电站各部分、各系统提供各类控制、保护及监视信息及手段，保证核电站的安全、可靠、经济运行。

（2）当某一设备运行不正常时，采用保护系统保护该设备本身及相关设备或系统。

（3）当核电站运行参数超过安全限值时，反应堆保护系统必须在一定时间内动作，使反应堆安全停堆。

（4）在稳态和瞬态运行期间执行适当的控制和保护，防止不安全与不正常的反应堆运行，并提供保护信号，减轻事故工况的后果。

563. 核电站的控制系统的组成是哪些？

主要有反应堆功率调节系统、汽轮机调速系统、汽轮旁路控制系统、一回路冷却剂压力和液位控制系统、二回路主给水流量控制系统、凝汽器液位调节系统等。

564. 什么是反应堆长棒控制系统？

长棒控制系统（RGL）的主要功能是根据电网负荷的变化，提升或插入控制棒调节堆芯的反应性，从而控制一回路平均温度和核功率，实现反应性控制。当反应堆处在稳定运行工况时，堆芯的反应性处在一个动态平衡状态，源于温度效应和功率效应及快速负荷变化引起的氙毒效应等的反应性，变化由控制棒上下移动来补偿；当反应堆处于非稳定运行工况时，控制棒控制系统还能在堆启动阶段，把反应堆从零功率带到满功率，以及在正常停堆阶段执行停堆或在事故情况下紧急停堆，保护反应堆，保证堆芯安全。控制棒组件的结构如图 10-27 所示。

控制棒组件由星形架和吸收棒组成。星形架内部通过丝扣与控制棒驱动机构连接。

565. 什么是控制棒驱动机构？

图 10-28 表示控制棒驱动机构的结构图。它由钩爪组件、驱动杆、压力外壳、操作线圈等组成。其操作线圈由电动发电机供电，包括提升线圈、传递线圈和夹持线圈，用于使控制棒组件的相应动作。

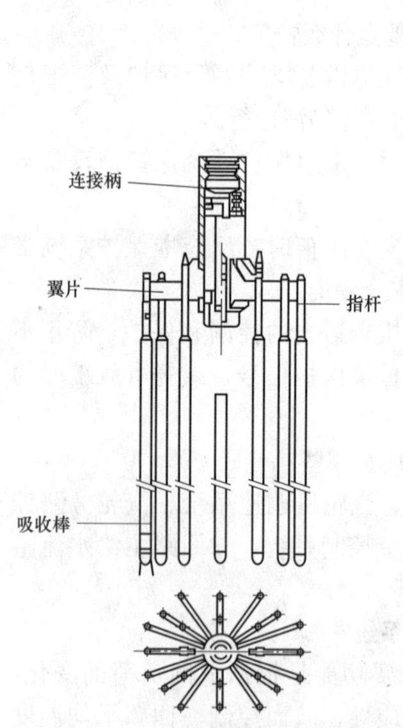

图 10-27 控制棒组件结构图

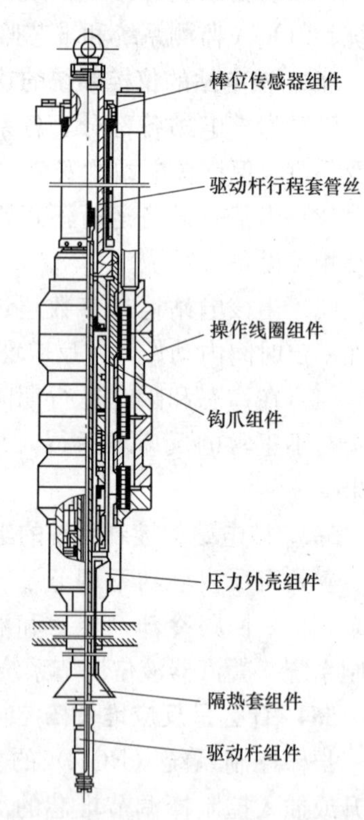

图 10-28 控制棒驱动机构结构图

566. 反应堆保护系统的作用是什么?

反应堆保护系统的作用是保护三道安全屏障（燃料包壳、一回路压力边界、安全壳）的完整性。当运行参数达到危及三道屏障完整性的阈值时，保护系统动作触发反应堆紧急停堆和启动专设安全设施。

567. 反应堆保护系统的组成是什么?

（1）过程仪表系统（SIP）；

（2）堆外中子通量测量系统（RPN）；

（3）反应堆保护逻辑系统（RPR）；

（4）反应堆停堆断路器；

（5）专设安全设施驱动系统；

（6）手动驱动电路。

568. 什么是反应堆的保护信号?

反应堆的保护信号包括：

（1）允许和闭锁信号。允许信号也称为允许动作信号，其功能是当反应堆状态符合允许状态时，允许反应堆保护动作。闭锁信号由保护系统安全连锁信号和长棒控制系统连锁信号组成，其功能是当核电站出现某些异常工况时，通过闭锁控制棒组件的自动和手动提升使汽轮机快速减负荷，达到避免不必要的事故停堆的目的。

（2）反应堆紧急停堆保护信号。

（3）专设安全设施保护信号。它由保护信号测量系统、保护逻辑处理系统和专设安全设施动作执行系统组成。

569. 简述反应堆保护系统的工作原理。

当反应堆运行在接近安全范围的限值时，反应堆紧急停堆系统通过停运反应堆，自动地阻止反应堆在不安全范围内运行；当反应堆运行在超过安全限值时，将驱动信号送往适当的专设安全设备，驱动一个或多个专设安全设施动作，以避免或减轻堆芯核反应堆冷却剂系统设备损坏，并确保安全壳完好。反应堆的安全范围限值是通过对设备的力学、水力学方面的限制及热传导现象等来确定。当有关变量超过整定值，必须停运反应堆。

570. 反应堆保护系统由哪些设备组成？

反应堆保护系统由模拟信号处理和逻辑信号处理部分组成，如图 10-29 所示。

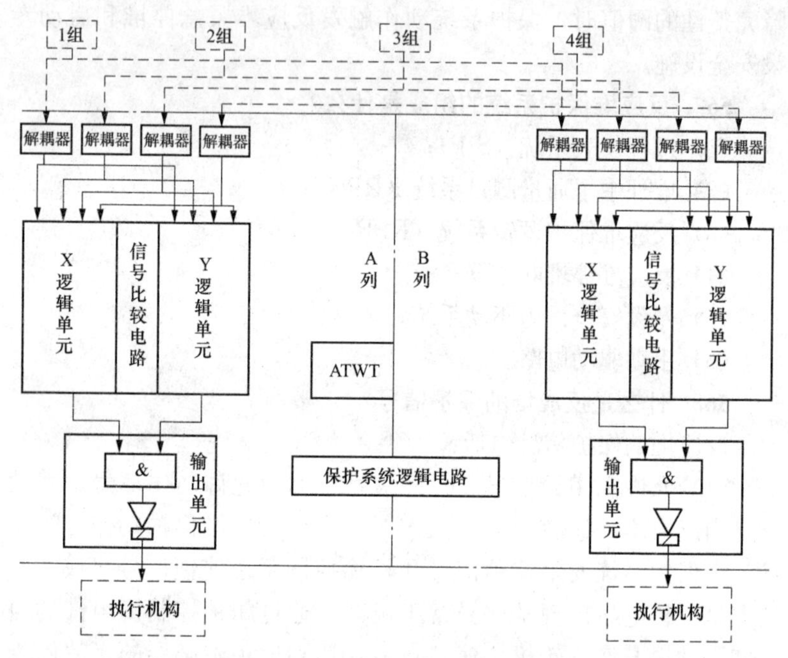

图 10-29 反应堆保护系统结构图

由图可见，反应堆模拟信号处理系统，由 2～4 个冗余的模拟测量处理通道组成，每个通道由一个或多个传感器处理被测信号的电子组件及发出保护动作信号的定值继电器组成。

反应堆保护逻辑信号处理系统，接收来自模拟保护通道的输入，进行为驱动停堆断路器和专设安全设施的逻辑功能处理，保证每个驱动通道能够驱动的专设安全设备。

571. 什么是一回路平均温度控制系统？

图 10-30 所示为一回路平均温度控制系统图。

由图可见，平均温度测量值为三个环路中选出的平均温度最大值，经由放大器滤波器和超前滞后滤波器作电气处理后，按负极性接入加法器 4。极性的选择原则是：增加时，使执行机构向正

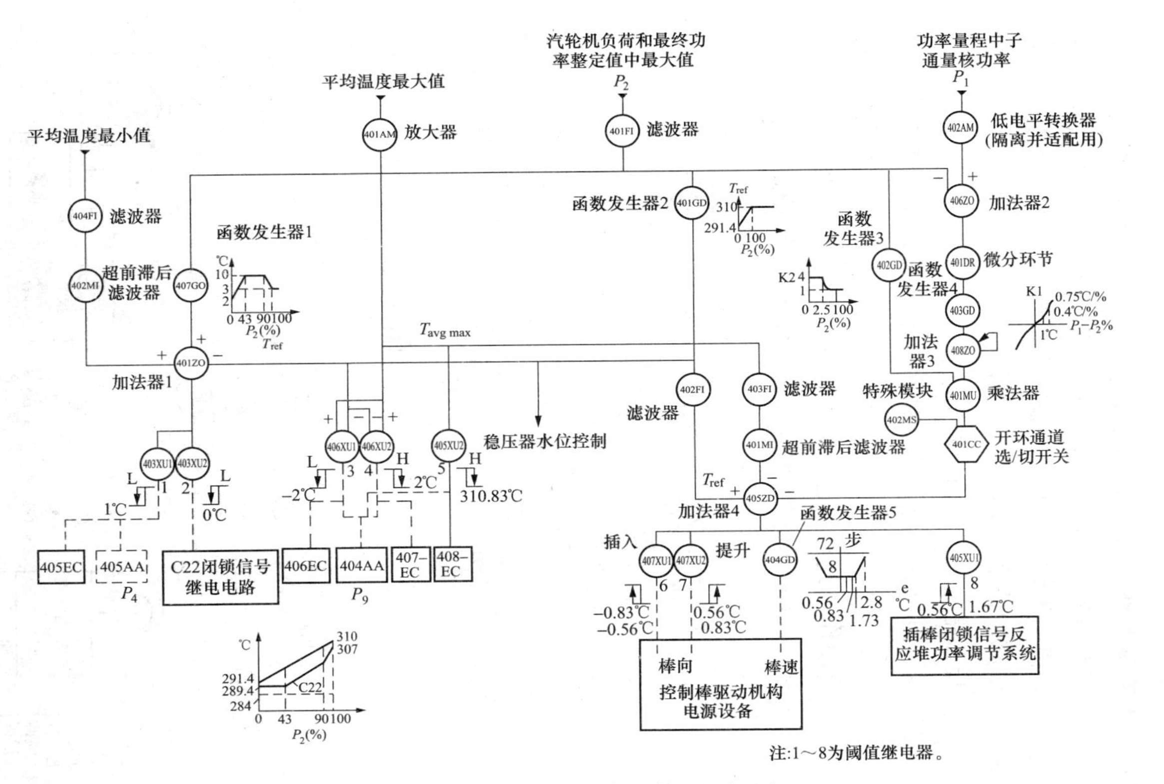

图 10-30 平均温度控制系统原理框图

方向运动的极性为正。设R棒提升为正，插入为负，平均温度增加时应插入R棒，取其极性为负。接入加法器4的平均温度信号经过的电路称为闭环通道。加法器4产生偏差信号，经阈值继电器6和7产生插棒或提棒信号，经函数发生器5产生棒速信号。偏差为正时，说明平均温度偏低；偏差为负时，说明平均温度偏高，通过R棒的移动使平均温度为整定值。

572. 什么是稳压器压力控制系统？

稳压器压力控制系统的功能是在稳态和设计瞬态工况下，维持稳压器压力，使在正常瞬态下不致引起紧急停堆，也不会使稳压器安全阀动作。此外，还对喷淋阀实行所谓的极化运行。其系统原理如图10-31所示。所谓喷淋阀极化运行是指先投入电加热器，

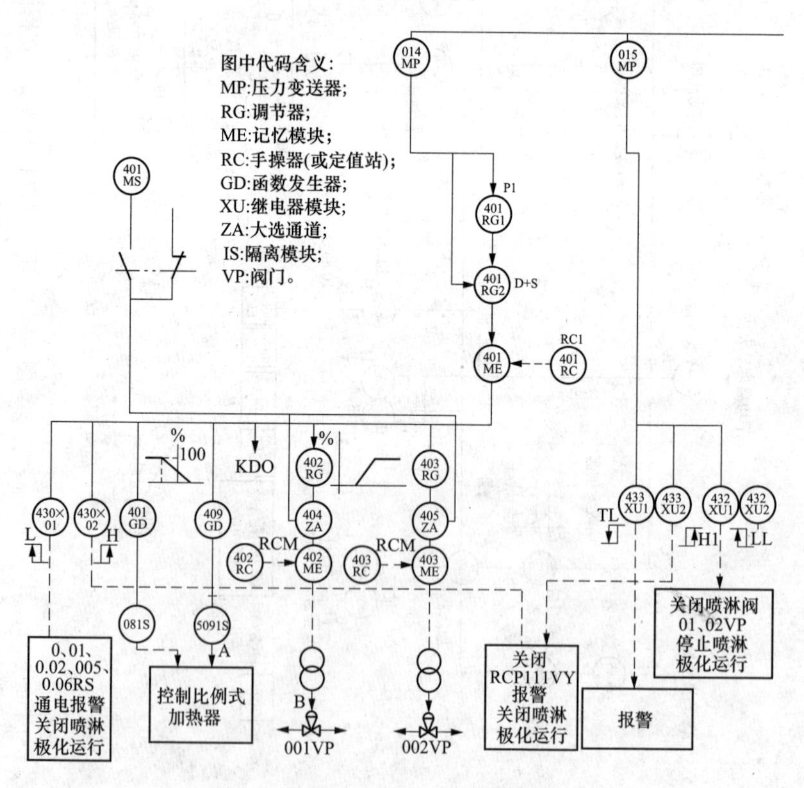

图10-31　稳压器压力控制系统原理图

再将喷淋阀开大到一个预定开度。如果模拟调节通道要求的开度比此开度大，则喷淋阀的开度仍由模拟调节通道决定。它能使稳压器的硼浓度与一回路中均匀一致，避免一回路中的冷却剂倒流进入稳压器。

573. 稳压器水位控制系统的功能是什么?

图 10-32 所示为稳压器的水位控制系统图。该系统的功能就是将稳压器水位维持在随一回路平均温度而变的整定值附近，从而使稳压器能维持反应堆冷却剂压力，保证压力调节的良好特性。同时在调节过程中限制上充流量的最大值和最小值，避免经再生式热交换器的上充流量太小，使经过下泄孔板的下泄流气化；或上充流量太大，不能满足主冷却泵 1 号轴封注水压头，造成进入一回路冷却剂系统时，对接管造成热冲击。

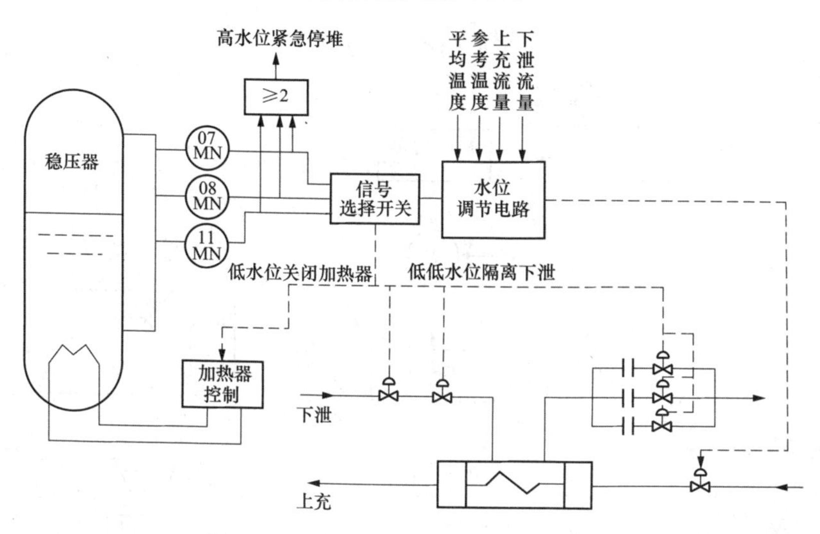

图 10-32　稳压器水位控制系统原理框图

574. 蒸汽发生器水位控制系统的功能是什么?

蒸汽发生器水位调节系统的功能……生器二次侧的水位在需求的整定值上运行……水泵转速调节系统共同完成，通过改变给……给水流量达到水位控制的目的。图 10-33 所示……节原理。

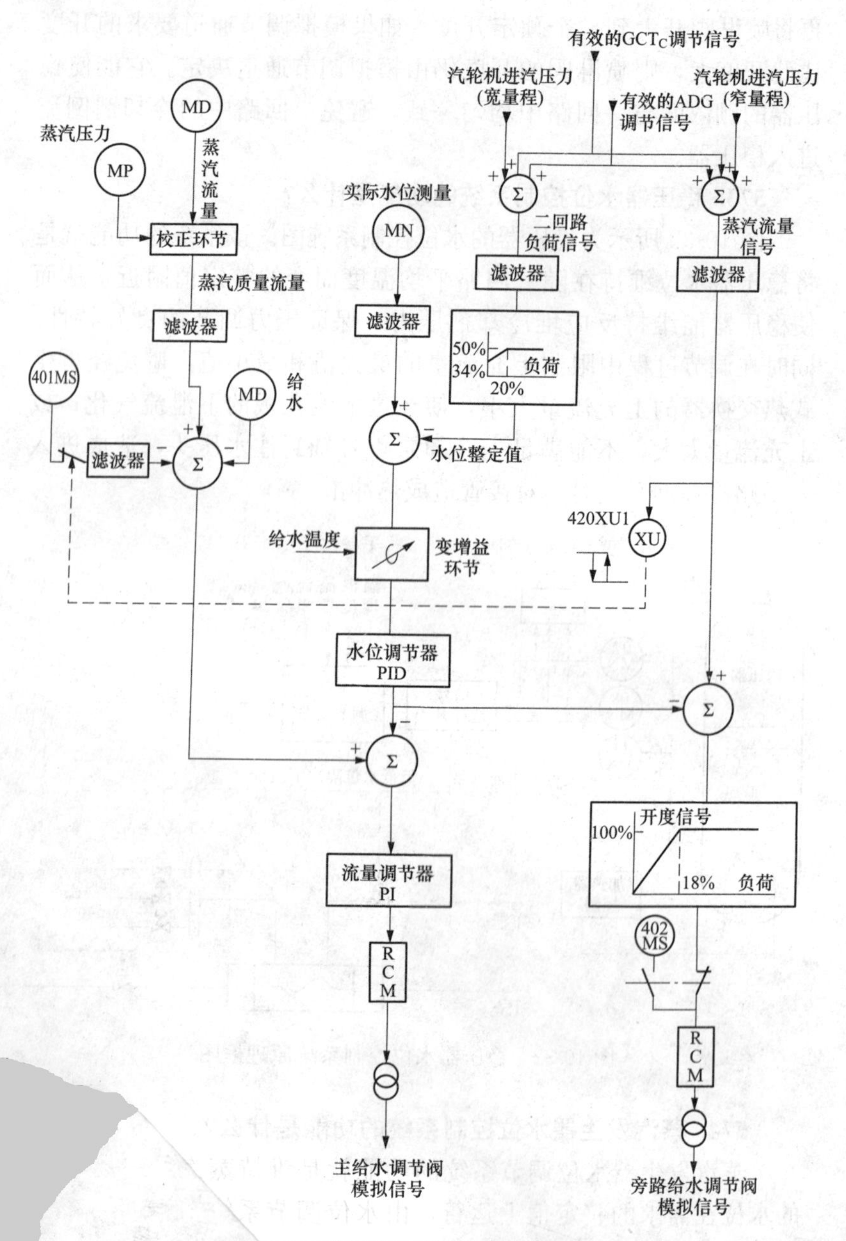

33 蒸汽发生器水位调节原理图

每台蒸汽发生器的正常水位回路有两条管线：主管线上的主给水调节阀用于高负荷运行时的水位调节，旁路管线上的旁路调节阀是用于低负荷及启停阶段时的水位调节。

575. 什么是堆外中子测量系统？

堆外中子测量系统是用分布于反应堆压力容器外的一系列中子探头，用以测量反应堆功率、计算功率变化率及功率的径向和轴向分布等的仪表系统，简称 RPN 系统。RPN 系统可监测和记录反应堆功率、功率水平变化、轴向、径向功率分布，有监测功能、控制功能和保护功能。

576. 什么是堆内仪表测量系统？

堆内仪表测量系统包括堆芯温度测量、堆芯中子通量测量和压力容器水位测量三部分，其系统结构如图 10-34 所示。系统总的功能是提供堆芯中子通量的分布图、反应堆燃料组件冷却水出口温度和反应堆压力容器水位的测量数据。

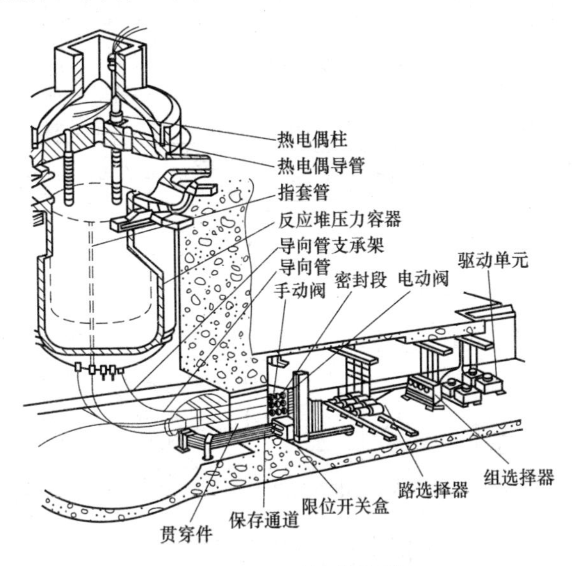

图 10-34 系统结构图

577. 简述核电站的专用化学仪表。

核电站的专用化学仪表有：

（1）硼表。压水堆核电站的一回路中通过加硼来实现对堆芯反应性的控制，并展平堆芯功率分布，提高核电站运行的经济和安全性。在停堆换料大修期间加硼，使反应堆长时间保持在次临界状态，故必须测量一回路硼浓度。

（2）氢表。为防止一回路水的辐射分解引起的氧化锆的氢脆，以及防止蒸汽发生器合金传热管的腐蚀，应维持一回路溶解氢的含量不超过允行限值，故需用氢表测量一回路水中的溶解氢浓度。

578. 简述汽轮机调节系统（GRE）。

汽轮机调节系统包括功率控制、频率控制、压力控制和应力控制，对机组的负荷和转速实施负荷速降、超速限制、超加速限制、蒸汽流量限制，使机组安全经济运行，满足供电质量要求。

汽轮机调节系统的组成如图10-35所示。该系统由微机调节器、操作员终端、维护终端、转速探测设备和汽轮机进汽阀等组成。

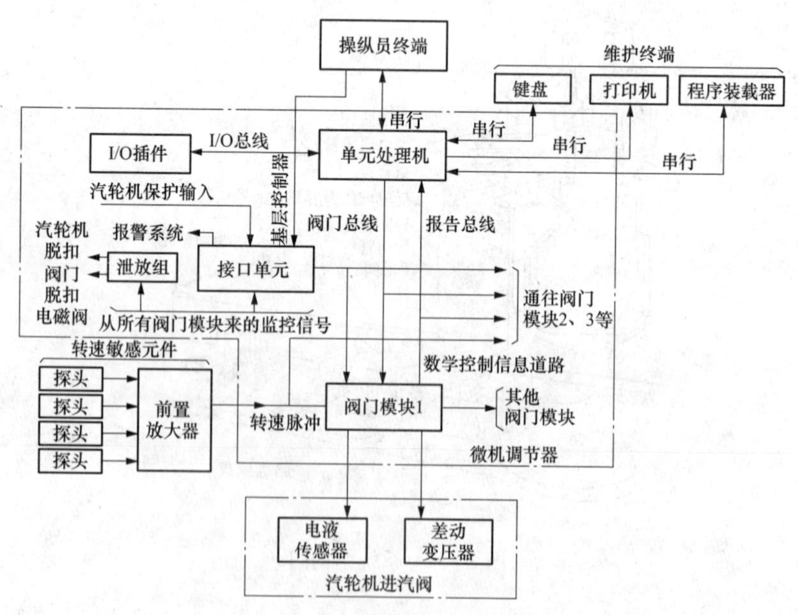

图10-35　汽轮机调节系统组成图

579. 简述汽轮机保护系统。

汽轮机保护系统的功能是汽轮机发生故障时，提供安全停机的手段和报警信号，防止事故扩大和损坏设备，并将汽轮机脱扣信号送到反应堆保护系统。

图 10-36 所示为汽轮机保护系统的工作原理。它设置了两个独立通道，由独立的电源供电，所有的保护信号都重复配置到两个独立通道中，进入单一通道的一个脱扣信号可使两个紧急脱扣阀都动作。其脱扣是通过切断汽轮机蒸汽阀门操作装置的动力油，排出其残留油，使蒸汽阀门在弹簧作用下快速关闭来实现。

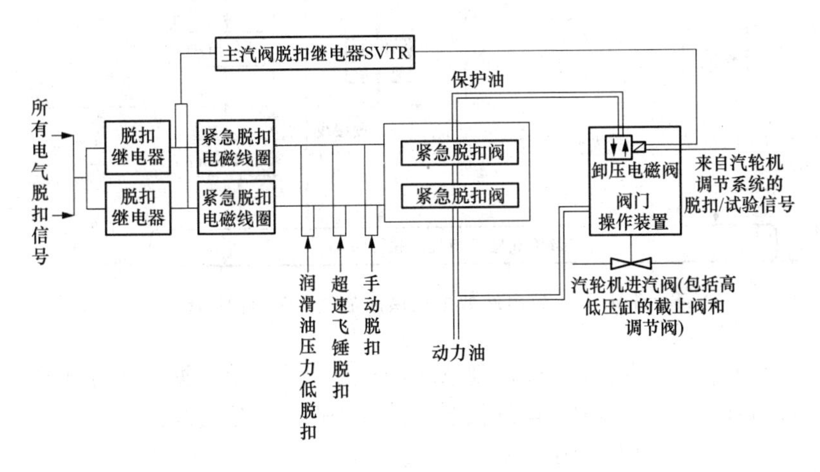

图 10-36 汽轮机保护系统工作原理

580. 简述常规岛其他控制系统。

常规岛其他控制系统主要是自动控制系统，包括冷凝器水位控制、加热器控制、主给水泵转速控制系统。

581. 简述 DCS 控制技术在核电站的应用。

图 10-37 所示为核电站数字化仪控系统的功能结构框图。图 10-38 表示了 DCS 仪控系统处理层级图。

根据核电站系统和设备的功能目标，可将仪控系统的可用性和可靠性分为三类：安全级仪控系统 1E、安全相关仪控系统 SR、正常运行仪控系统 NC。TXS 平台用于安全级仪控系统 1E，TXP

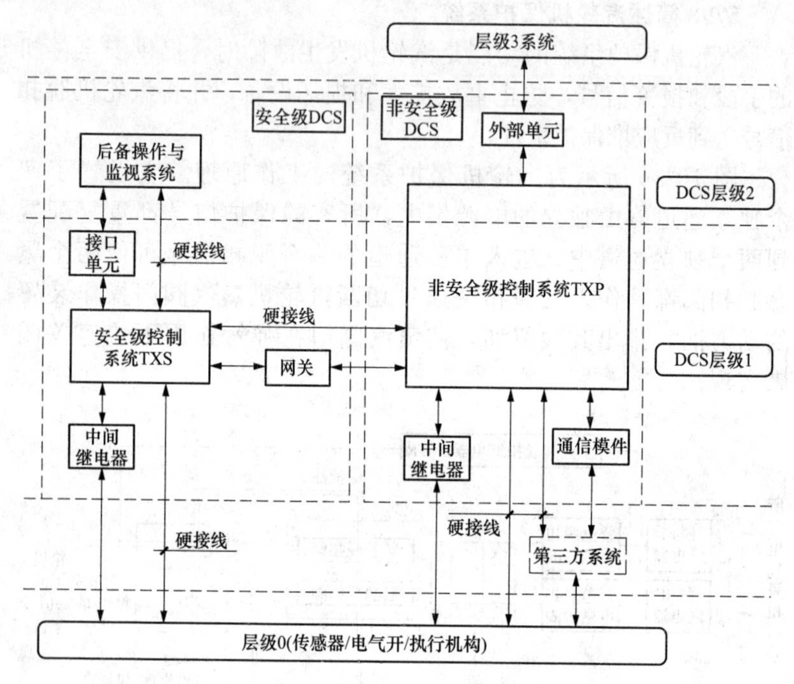

图10-37 核电站数字化仪控系统功能结构框图

平台用于NC级和SR级控制系统，安全相关系统根据功能分配到TXS或TXP平台中。电站仪控系统分为四个处理层级：

(1) LEVEL 0：I/O层、过程仪表层。即现场各类测量仪表，如温度、压力、流量、液位等传感器；现场执行器，如阀门、马达等。

(2) LEVEL 1：过程控制层。AS620自动化控制级及反应堆保护系统，即能自动独立地实现电站控制及保护功能的设备，如电气厂房成机柜及其内设备。

(3) LEVEL 2：操作监视层。OM690人-机接口级，即操作员实现人机对话，对电站进行操作和监视的设备，如控制室。

(4) LEVEL 3：高级应用（信息管理）层。来自DCS系统的电站管理信息平台。

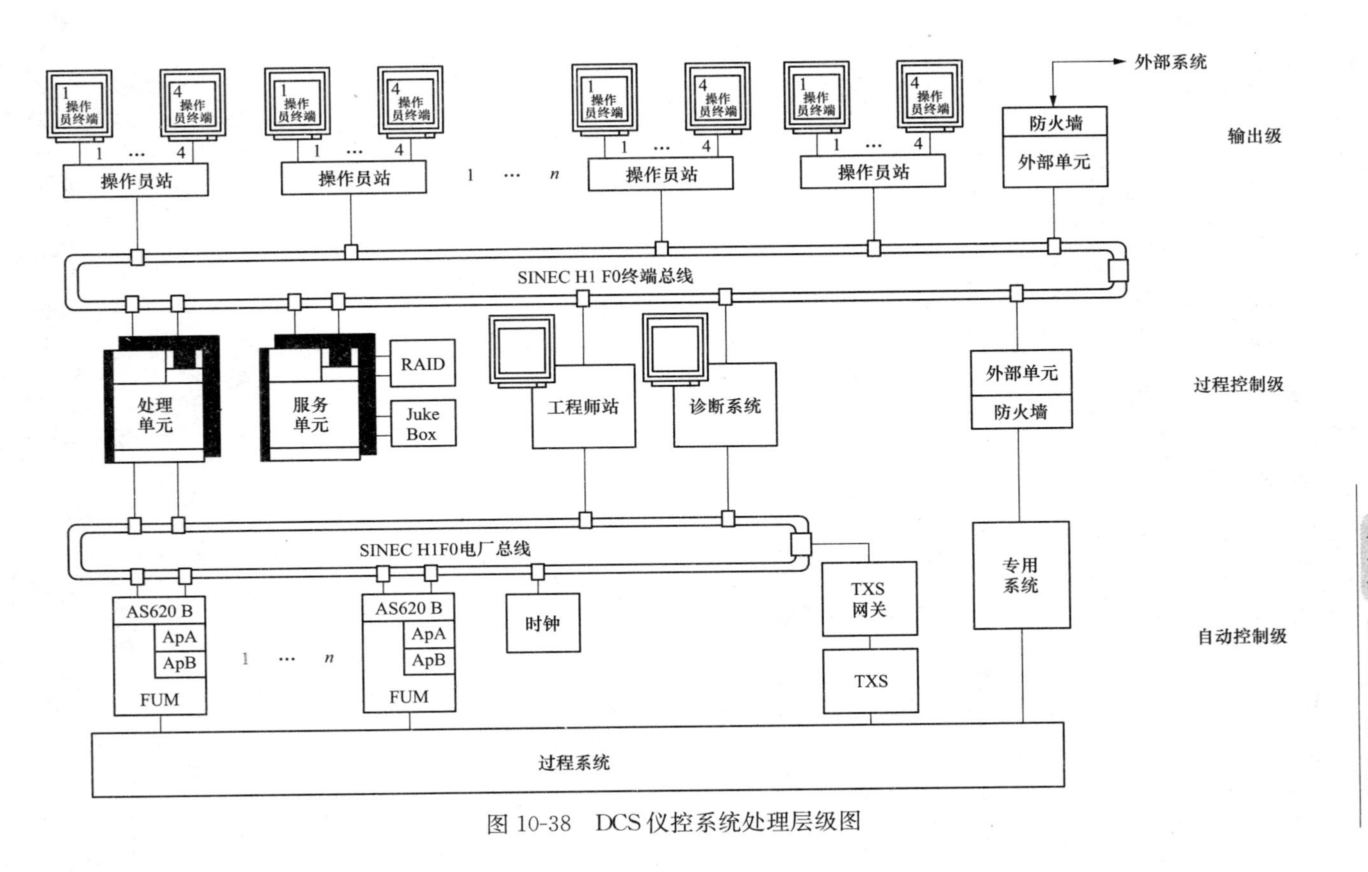

图 10-38 DCS仪控系统处理层级图

582. 简述核电站的应急电源系统。

应急电源系统可使核电站在站外主电源和备用电源均失去的情况下，应急柴油发电机启动作为对6.6kV应急母线供电，保证反应堆的安全停堆。应急母线的电源供电切换有如下方式：

（1）应急母线供电自动由正常电源供电切换至应急电源供电。

（2）应急母线手动由正常电源供电切换至应急电源供电。

（3）应急母线由应急电源供电切换至正常电源供电。

应急柴油发电机是站用电系统应急母线的站内备用电源。为确保应急母线供电的可靠性，应急柴油发电机必须在10s内启动并建立起额定电压和额定频率。每台应急柴油发电机组由左右两台柴油机带动中间的一台发电机，每个气缸由一台独立的燃油高压泵供油。

第十一章

分布式热电联产

第一节 概 述

583. 什么是分布式能源?

分布式能源是一个用户端或靠近用户端的能源利用设施，它必须是一个能源梯级利用或再生能源综合利用的设施。分布式能源立足于现有的能源-资源配置条件和成熟的技术组合，追求资源利用效率的最大化，以减少中间环节损耗，降低对环境的负面影响。

584. 分布式能源系统包括哪些设备?

分布式能源系统按设备类型划分包括燃气轮机、燃气内燃机、微型燃气轮机、斯特林外燃机、余热制冷机组等设备；按能源类型划分包括太阳能、太阳热、风电、小水电、微型抽水蓄能电厂、燃料电池等绿色能源设备；按资源利用形式划分包括燃煤热电和资源综合利用的小火电设施、小型微型蒸汽轮机、压差发电机、柴油机等能源转换设备。

585. 什么是分布式供能?

分布式供能是指分布式供电和冷热电联供，是相对于传统的集中供电方式而言，指将发电系统以小规模、分散式的方式布置在用户附近，可独立地输出电、热或（和）冷能的系统。它能够有效降低电热冷等远距离能量输送损失，并能降低输配电系统投资，为用户提供高品质、高可靠性合清洁的能源服务。

586. 什么是分布式供能系统?

分布式供能系统是相对于集中式供能系统而言，集合了分布式供电、制冷、采暖生活用水及其他形式的热能于一体，将发电系统以小规模分散式布置在用户附近，可独立地输出电热和冷能的系统，系统示意图如图 11-1 所示。

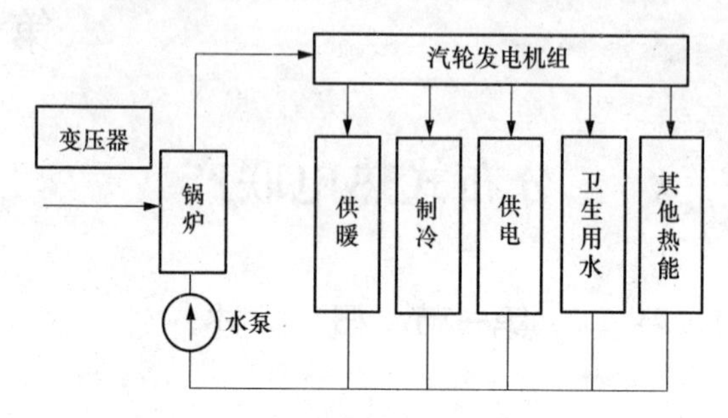

图 11-1　分布式供能系统示意图

587. 分布热电联产有什么特点？

分布式热电联产不是传统的热电联产的小型化，而是一种新的能源供应思路和技术，其特点是：

（1）安全可靠。该系统中各电厂相互独立，用户可以自行控制，不会发生大规模停电事故，安全可靠性较高。

（2）能源利用率高。该系统经过能量的梯级利用，特别是对中低温余热系统的合理利用，可以使系统能源利用率大幅度的提高，超过 80%。

（3）可以减少污染排放。该系统采用清洁燃料能源和高效的燃烧技术，确保污染排放量相对较小。

（4）运行安全平稳，无噪声污染。

（5）可以实现完全智能化运行。

（6）有良好的经济效益。无须承担电力线损和热力管损。

（7）供电调峰性能好，操作简单。

588. 分布式供能如何分类？

根据使用一次能源的不同可分为基于化石能源的分布式供电技术、基于可再生能源的分布供电技术和混合的分布式供电技术；根据用户需求不同可分为电力单供方式热电联产方式（CHP）或冷热电三联产方式（CCHP）。

589. 基于化石能源的分布式供电技术有几种？

（1）往复式发动机技术。该类技术采用四冲程的点火式或压燃式发动机，以汽油或柴油为燃料，是目前应用最广的分布式供电方式。通过改进，该技术已大大减少了噪声和废气的排放污染。

（2）微型燃气轮机技术。该类技术采用功率为数百千瓦以下的，以天然气、甲烷、汽油、柴油为燃料的超小型燃气轮机，但其效率较低，满负荷运行时系统效率为30%，半负荷时系统效率为10%～15%。

（3）燃料电池技术。该类技术是在等温状态下直接将化学能转变为直流电能的电化学技术。工作时不需要燃烧燃料，不污染环境，是一种有发展前途的洁净、高效的供电方式。

590. 基于可再生能源的分布式供电技术有几种？

（1）太阳能光伏供电技术。该类技术利用半导体材料的光电效应直接将太阳能转换为电能。它具有不消耗燃料、不受地域限制、规模灵活、无污染、安全可靠、维护简单等优点，但缺点是成本非常高。

（2）风力供电技术。该类技术是将风能转化为电能的供电技术，可分为独立与并网运行两类，前者为微型或小型风力供电机组，容量为100W～10kW，后者容量超过150kW。

（3）混合分布式供电技术。该类技术将两种或多种分布式供电技术及蓄能装置的组合，形成复合式供电系统，如冷热电三联产的多目标分布式供能系统。

591. 简述分布式能源发展状况。

在美国，容量为1kW～30MW的分布式电源发电和储存单元正成为未来分布式供能系统的有用单元。预计未来几年，新一代的微汽轮机（10～250kW）可以完全商业化。将来的分布式装机容量达5000～6000MW。

（1）在欧洲，尤其是丹麦、荷兰、芬兰，分布式能源发展水平居世界领先水平，发电量分别占国内总发电量的52%、38%和36%。

（2）在日本，主要发展以燃气空调为主的区域供热和供冷。

（3）在我国，分布式能源的发展才刚刚开始，而分布式供电技术作为集中供电方式技术不可缺少的重要补充，将成为未来能源领域的一个重要发展方向。

592. 我国的分布式能源系统存在哪些问题？

在我国，分布式能源系统的应用还存在以下不足之处：

（1）负荷分析不够、全面、准确、细致。对分布式能源系统进行设计时，负荷分析是非常必要的。如果对建筑的负荷统计估算不够细致，就会对运行产生相当大的影响。当设计负荷远大于实际负荷时，就会导致一次能源的利用率降低，失去了分布式能源系统的最初设计意义。

（2）对于过渡季节，分布式能源系统利用不充分。分布式能源站的冷热负荷通过燃机的余热获得，由于夏季和冬季具有稳定的冷、热负荷，余热需求量较大，动力设备可以保持比较稳定的运行状态。而在春季和秋季，无较大的冷热负荷需求，可能就会使整个系统处于低效运行状态，降低了系统的效率和使用率。

（3）缺乏权威的评价标准。分布式能源系统是一个多能量产品输出的复杂系统，所以如何对系统进行整体评价成为研究的重点和难点。由于冷热电是不同的产品，很难直接定量比较，目前的评价准则主要有效率、节能率、折合发电效率评价等，但这些评价方法本质上都是对冷热电根据不同的标准分别进行评价，尚无统一的评价标准。

（4）需要进一步加强天然气的价格稳定机制。由于分布式能源系统燃烧的是高品质的清洁能源，其运行成本受燃料价格的影响特别大。所以稳定的价格体制也是影响分布式能源站推广的一个主要因素。

（5）分布式能源站的并网、电价问题。目前，国家在财税和金融等方面还未出台相关的扶持政策，也尚未制定和完善行业技术标准及并网运行管理体系。分布式能源站的大力推广还需要政府加大扶持力度。

593. 分布式能源系统与其他供电系统有什么关系？

我国的供电系统从规模上分为集中输电回路系统、配电网络系统和分布式能源系统三类。

（1）集中输电回路系统。这是国家级和省级电力部门所经营的供电系统，主要通过在靠近煤炭产地或交通方便地点建大型燃煤凝汽式电厂（单机容量大于300MW），用高压（220kV以上）电网连接成区域大网，向用户集中调配供电，其发展向大容量、超高压、超临界、高电压、大网络方向进行。

（2）配电网络系统。这是地方级电力部门所经营的配电系统，主要用高压（110kV以下）电网连接成地方配电网，向用户配送电力。

（3）分布式能源系统。这是相对于集中供电网络而言的一种分散布置的小型供电热冷站系统，由用户经营。分布式能源系统靠近负荷（电、热、冷），采用较小型的能源机组向所在小区域联供热电冷。所采用的机组以天然气为主要燃料（燃油为备用燃料），单台机组发电量范围广（3～180MW）。由于分布式能源系统可热电冷联供，燃料得到梯级利用，其热效率可达70%～85%，电损耗低至2%～3%。

几种供电系统的关系。在我国，三种供电系统都是电源系统中都不可缺少，前两种负担大区域电网主要供电、配电和调峰；分布式负担所在小区域的部分供电（及热冷），由于启停方便，还可以用于调峰。一个完整、理想的区域电网应当是集中式和分布式各占一定比例，互为备用、各司其职、互为补充。

594. 发展分布式供能应考虑哪些因素？

（1）机组效率。小功率设备有较大的热损失和摩擦损失，使它们有较低的热效率。

（2）经济性。由于热效率较低，小机组有较差的经济性。然而，小机组有较高的强度，可以用标准设计和大量生产来降低成本。

（3）可靠性。应减少维修次数，提高经济性。

（4）适应性。应有能力适应电能和热能的总量和比例的变化。

（5）最大装机容量。当分布式供电系统的供电量占总装机容量的70%～80%时，应考虑频率和对电压的控制问题。

（6）热岛现象。热岛是指在城市或工业区，由于建筑物混凝土及沥青等保持大量热量而总比周围区域的温度更高的区域。

（7）比例。集中式电厂和分布式电厂的正确比例应从节约能源的角度出发来考虑，分布式供电厂的比例不要超过总装机容量的70%～80%。

595. 天然气分布式能源系统有哪些优点？

（1）能源利用率高，经济效益大。该系统能实现能源的梯级利用，充分利用发电余热，就地供热、供电，可减少电力与热力长距离输送的损耗，能源综合利用率在80%以上，超过大型煤电发电机组一倍。系统同时节约电网、热力管网输送环节的投资费用，产生巨大的经济效益。

（2）大电网的有益补充，提高能源供应的安全性。天然气输送不受气候影响，可以就地储存，城市或区域配有一定规模天然气分布式能源系统，自主发电能力提高，较单纯依赖大电网供电系统具有更高的安全性。

（3）降低天然气以及电力调峰压力，能源优势互补。天然气分布能源项目可成为可中断可调节的发电系统，对天然气和电力具有双重“削峰填谷”作用。有效地缓解天然气冬夏季峰谷差，提高夏季燃气设施的利用效率，增强供气系统的安全性。同时减少电 力设备的峰值装机容量及天然气储气设施的投资，有效降低电网及天然气管网的运行成本。

（4）环境保护效益。采用清洁一次性能源的分布式能源系统，可大幅度减少二氧化碳等污染物排放，提高环保效益。

第二节　分布式能源系统的热电联产

596. 分布式能源系统的工作原理是什么？

图11-2所示为燃气-蒸汽联合循环的分布式能源系统的工作原理。天然气进入燃气轮机1，燃烧做功带动发电机2发电，产生的530℃烟气进入余热锅炉3，加热水使之变为高压蒸汽，高压蒸汽进入抽凝式汽轮机5做功带动汽轮机发电机6发电，做功后的一部分蒸汽被抽出用于向外工业供汽也可用于蒸汽吸收式制冷机制冷水。

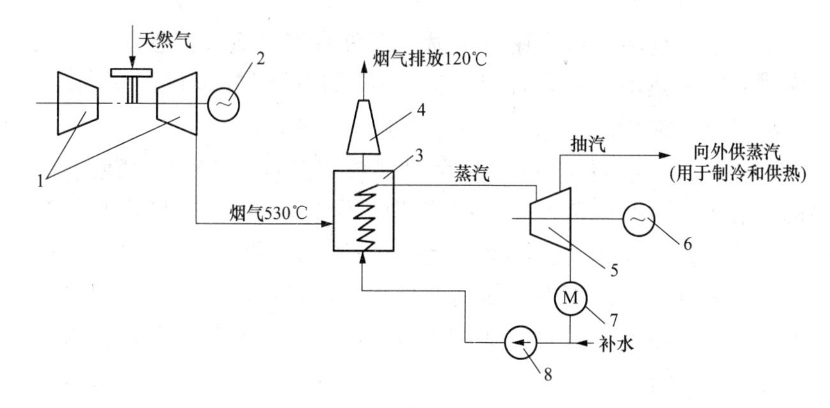

图 11-2　燃气-蒸汽联合循环分布式能源系统工作原理

1—燃气轮机；2—发电机；3—余热锅炉；4—烟囱；5—抽凝式蒸汽轮机；6—汽轮发电机；7—凝汽器；8—凝结水泵

597. 分布式能源系统的模式有几种？

（1）“燃气轮机＋余热锅炉＋蒸汽轮机＋蒸汽型溴冷机”模式。图 11-3 表示了这种模式的系统流程图。从图可见，空气送入压气机后变为高压空气并被送入燃烧室；燃料（天然气）送入燃烧室产生高压蒸汽，蒸汽进入燃气透平机做功带动发电机发电；排出的高温烟气至余热锅炉，加热水后产生过热蒸汽送至蒸汽轮机带动发电机发电；乏汽一部分送至汽水换热器和蒸汽型溴冷机，

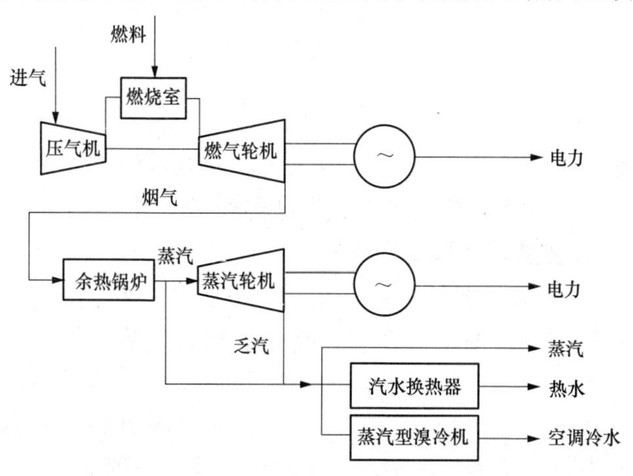

图 11-3　分布式能源系统模式（一）

产生热水和空调冷水至用户，另一部分直接供应蒸汽至用户。该模式采用冷热电三联供，可提高系统的用热量和电厂的负荷率，提高经济效益。

（2）“燃气轮机＋补燃型余热锅炉＋蒸汽轮机＋蒸汽型溴冷机”模式。图11-4表示了这种模式的系统流程图。从图可见，该系统的燃料同时送入燃烧室和余热锅炉，所谓补燃型即是增加锅炉的燃料量。补燃使锅炉的蒸发量增大，汽轮机的功率也明显增加。但由于补燃燃料的能量仅在蒸汽部分的循环中被利用，未实现能源的梯级利用，故其效率低于余热锅炉型。常用于改造和扩建工程。

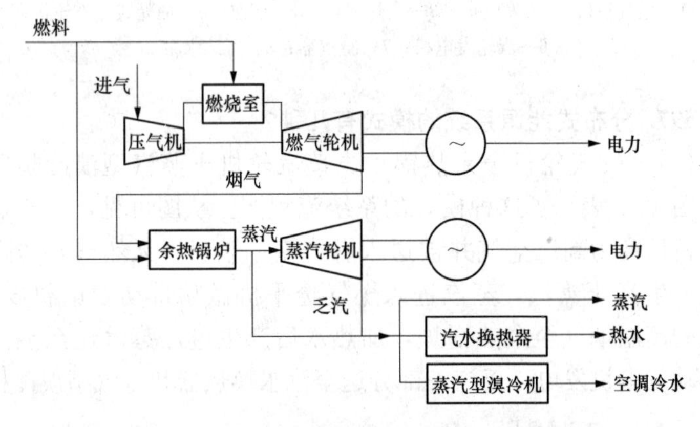

图11-4 分布式能源系统模式（二）

（3）“燃气轮机＋烟气型溴冷机”模式。图11-5表示了这种模式的系统流程图。该系统适合燃气轮机发电机组的冷热电联供系统。在上海、北京、广州等大城市已得到了应用。

598. 什么是烟气型溴冷机？

图11-6表示了烟气型溴冷机的流程图。系统由高压发生器、低压发生器、冷凝器、蒸发器、吸收器和高温溶液换热器、低温溶液换热器组成。在溶液循环中，离开吸收器6的稀溶液经泵送到高压发生器。在高压发生器1中，稀溶液吸收烟气的热量产生高压冷剂蒸汽，浓缩后的浓溶液则经由高温换热器4、低压发生器

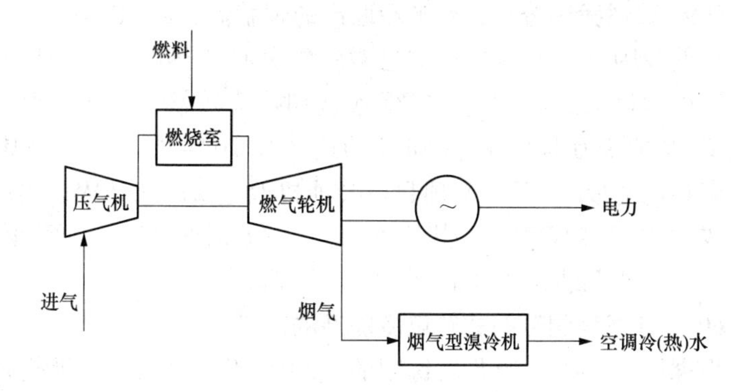

图 11-5 分布式能源系统模式（三）

2 和低温换热器 5 返回到吸收器 6。在制冷循环中，高压冷剂蒸汽充当低压发生器热源，释放热量使低压发生器产生低压冷剂蒸汽，高压冷剂蒸汽凝结成冷剂水与低压冷剂蒸汽一同进入冷凝器 3，凝结成为液态制冷剂，经节流阀流入蒸发器 7 中，液态制冷剂又被气化为低压冷剂蒸汽，同时吸收外界的冷媒的热量产生制冷效应。

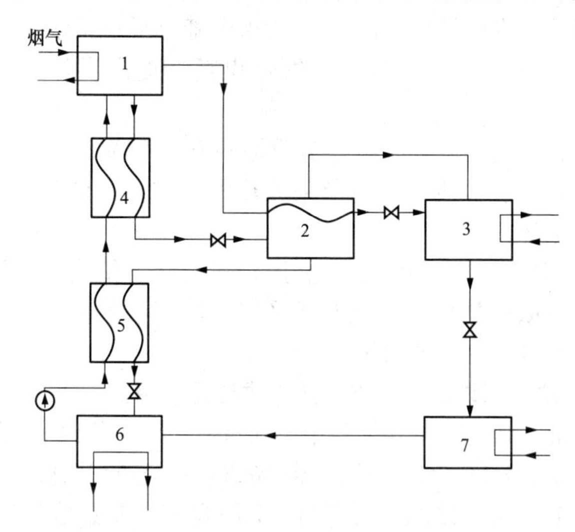

图 11-6 烟气型溴冷机制冷循环图

1—高压发生器；2—低压发生器；3—冷凝器；4—高温溶液换热器；
5—低温溶液换热器；6—吸收器；7—蒸发器

599. 试述我国分布式热电冷联产的现状。

目前我国北京上海广东省已有一批分布式热电冷工程投入运行，取得明显的经济效益、环保效益和社会效益。例如上海市已建成20余项2万kW项目；北京市已建成10余项90余万kW项目；广州已建成10万kW项目，柴油机改造216万kW；四川省已建成13.2万kW项目；其他省、市、区已建成170万kW项目。我国分布式能源装机总容量为500万kW。

600. 试述我国分布式热电冷联产的前景。

根据国家发改委能源局编制的《2010年热电联产发展规划及2020年远景目标》，我国今后热电联产要按下列思路发展：

（1）把热电联产作为采暖地区大气环境治理的重要手段。2020年集中供热比例达到80%，热电联产集中供热的比例分别达到30%～48%。

（2）把热电联产作为提高发电效率的重要措施。在50万人口以上的大城市，建设单机容量20万kW和30万kW的供热、凝汽两用机组，在中等城市结合工业区用热建设中小型热电厂，使燃煤火电机组的发电效率提高到30万kW亚临界机组水平。

（3）把热电联产作为降低供热煤耗、提高供热效益的重要措施。

（4）积极支持以煤矸石等劣质燃料和生物质废物综合利用的热电联产，对农业废弃物也应采取热电联产方式消化利用，减轻对环境的破坏。

（5）积极发展天然气热电联产，在天然气供应中心城市扩大天然气热电联产规模。积极发展采用各种新技术的小型天然气热电冷三联产等独立供能系统。

601. 试举例说明北京市的分布式能源项目。

（1）北京市燃气集团监控中心项目。1台480kW+1台725kW燃气内燃机，1台BZ100型+1台BZ200型余热直燃机。

（2）北京次渠站综合楼项目。1台80kW宝曼燃气微燃机，1台20万kcal（1kcal=4.2kJ）余热直燃机。

（3）中关村软件广场项目。1台1200kW Solar燃气轮机，1台250万kcal余热直燃机。

（4）清华大学外燃机热电联产示范项目。斯特林发电机功率20kW，供热功率35.5kW。

（5）中关村国际商城项目。2台4000kW Solar燃气轮机+2台再燃余热锅炉。

（6）中关村软件园项目。2台索拉燃气轮机5045kW+余热溴化锂空调机+远大Ⅶ型余热溴化锂直燃机。

（7）北京中国科技促进大厦项目。4台80kW宝曼微型燃气轮机+2台远大Ⅶ型余热溴化锂直燃机。

（8）北京高碑店污水处理厂沼气热电站项目。4台6GLTB型沼气内燃机513kW，3台JMS316GS-B型沼气内燃机710kW。

602. 试举例说明上海市的分布式能源项目。

（1）上海黄浦中心医院项目。1台1000kW Solar柴油燃气轮机，1台3.5t/h余热蒸汽锅炉。

（2）上海浦东机场项目。1台4000kW Solar天然气燃气轮机，1台5t/h余热蒸汽锅炉。

（3）上海闵行医院项目。1台4000kW燃气内燃气机，1台350kg/h余热蒸汽锅炉。

（4）上海理工大学项目。1台60kW燃气微燃机，1台15万kcal余热直燃机。

（5）上海舒雅健康休闲中心项目。2台往复式内燃机168kW，2台余热锅炉供65℃热水。

第三节 分布式能源用设备

603. 什么是微型燃气轮机？

图11-7表示了微型燃气轮机的结构示意图。微型燃气轮机的主要组成部分包括发电机、离心式压气机、透平、回热器、燃烧室、空气轴承、数字式电能控制器（将高频电能转换为并联电网频率50/60Hz，提供控制保护和通讯）。它的压气机和发电机安装在一根转动轴上，该轴由空气轴承支撑，在一层很薄的空气膜上以96 000r/min转速旋转。

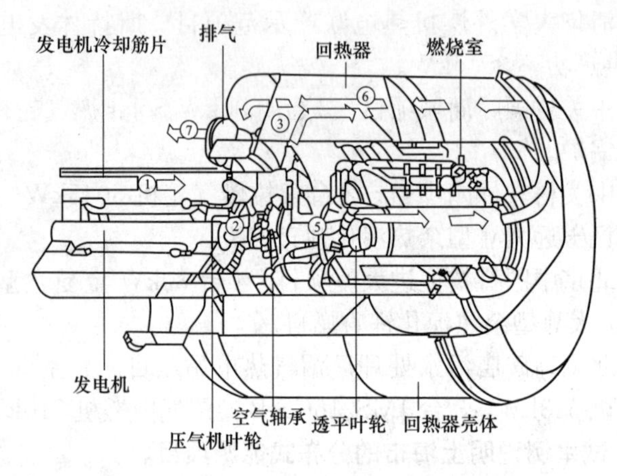

图 11-7　微型燃气轮机结构示意图

从压气机出来的高压空气先在回热器内接受透平排气的预热，然后进入燃烧室与燃料混合、燃烧。它燃用气体和液体燃料来产生高速转动，进而驱动发电机产生电力。数字式电能控制器可控制发电机转速、燃烧温度、燃料流动速度等 200 个变量，所有操作可在一套界面完好的软件系统上进行。

604. 微型燃气轮机的优点是什么？

（1）环保。微型燃气轮机的废气排放少，使用天然气或丙烷燃料满负荷运行时，排放的 NO_x 体积分数小于 9×10^{-6}；使用柴油或煤油燃料满负荷运行时，排放的 NO_x 体积分数小于 35×10^{-6}。

（2）维护少。微型燃气轮机采用独特的空气轴承技术，系统内部不需要任何润滑，节省了日常维护，每年的计划检修仅是在全年满负荷连续运行后更换空气过滤网。

（3）效率高。微型燃气轮机发电效率可达 30%，联合发电和供热后整个系统能源利用率超过 70%。

（4）运行灵活。微型燃气轮机可并联在电网上运行，也可独立运行，并可在两种模式间自动切换运行。

（5）适用于多种燃料。微型燃气轮机适用于多种气体燃料和液体燃料，包括天然气、丙烷、油井气、煤层气、沼气、汽油、柴油、煤油、酒精等。

（6）系统配置灵活。可根据实际需要灵活配置微型燃气轮机的数量，并能够进行多种单元成组控制，其中一台检修不影响整个系统的运行。

（7）安全可靠。微型燃气轮机是同类型产品中符合美国保险商实验所严格标准的唯一产品，保证了与电网互联的安全性。

605. 什么是燃气内燃发动机？

燃气内燃发动机就是燃料采用天然气等气体燃料的内燃发动机。图 11-8 表示了燃气内燃发动机的结构图。

燃气内燃发动机的每个气缸的工作循环，都是由吸气、压缩、做功、排气四个冲程组成的，如图 11-9 所示。

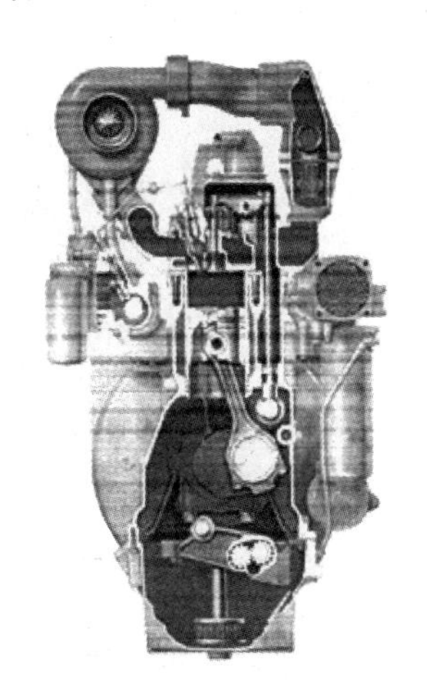

图 11-8 燃气内燃发动机结构图

（1）吸气冲程。排气门关闭，进气门打开，可燃气体进气道经气门进入气缸，活塞由上止点运动到下止点，通过连杆的带动曲轴（飞轮/齿圈）旋转半圈。

（2）压缩冲程。排气门关闭，进气门关闭，活塞由下止点运动到上止点，将可燃气体压缩，通过连杆的带动曲轴（飞轮/齿圈）旋转半圈。

（3）做功冲程。进气门关闭，排气门关闭，火花塞点火，气缸内的可燃气体被点燃，产生高温高压燃气，推动活塞由上止点运动到下止点，此时，燃料的化学能被释放，燃料做功。通过连杆的带动曲轴（飞轮/齿圈）旋转半圈。

（4）排气冲程。进气门关闭，排气门打开，活塞由下止点运动到上止点，将气缸内可燃气体燃烧后产生的废气推出，通过连杆的带动曲轴（飞轮/齿圈）旋转半圈。

606. 试述燃气发动机的天然气进排气系统工作流程。

图 11-10 表示了天然气发动机进、排气系统工作流程图。

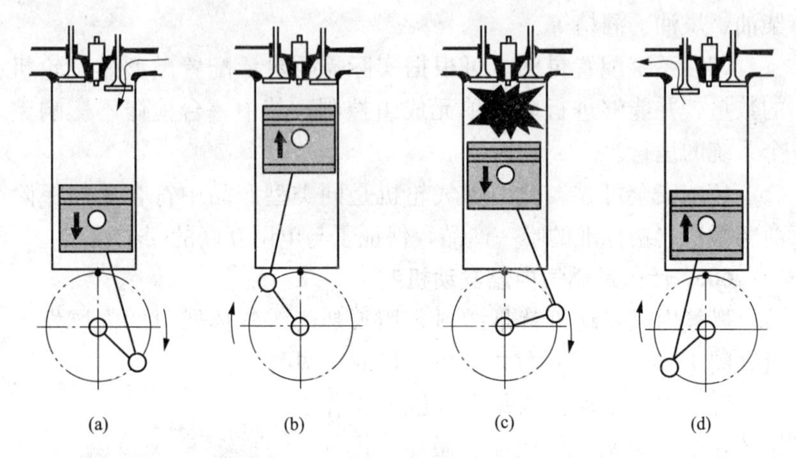

图 11-9　燃气发动机的工作循环图

(a) 吸气冲程；(b) 压缩冲程；(c) 做功冲程；(d) 排气冲程

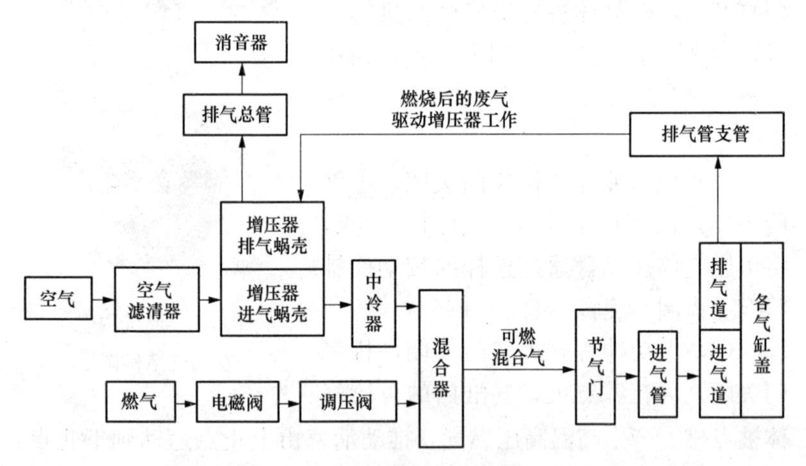

图 11-10　天然气发动机进、排气系统工作流程图

607. 什么是斯特林发动机？

斯特林发动机是外加热的燃机，它有两个气缸，一个用来加热，另一个用来散热。工作时，首先用外部热源加热热气缸，热气缸内部气体膨胀，推动其内部的活塞向外运动，同时带动冷气缸活塞向内运动。热气缸活塞向外运动到一定位置时，热气缸内

部的热空气通过一条通道，迅速地传递到冷气缸，然后推动冷气缸活塞向外运动并带动热气缸的活塞向内运动，同时将热量从冷气缸散发出去。斯特林发动机原理图如图 11-11 所示。

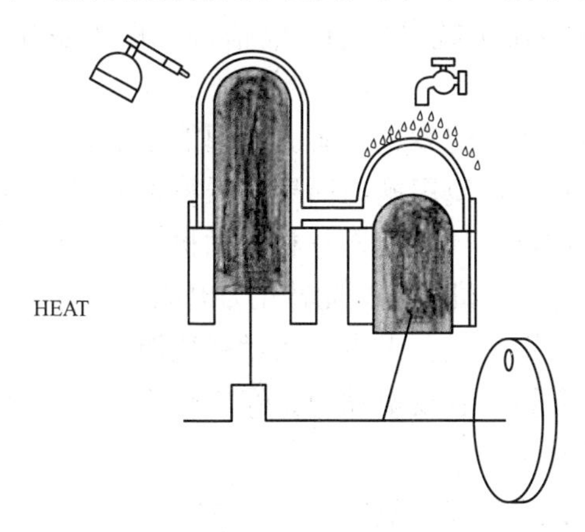

图 11-11 斯特林发动机原理图

608. 斯特林发动机有什么优点?

(1) 由于是外燃机，燃料来源广泛，适宜就地取材。可以使用各种石化燃料，也可以燃烧木材、秸秆等农林废弃物，还可以利用太阳能、原子能、化学能等各种可再生能源和新能源。

(2) 热效率高。可采用具有比功率高、流阻损失小的特种气体作工质。燃料在气缸外的燃烧室内连续燃烧，通过加热器传给工质，工质在密封腔内循环流动，不与外界接触，热能损失较少。

(3) 排气污染小。热气机运行时，由于燃料在气缸外是燃烧室内连续燃烧，可以和空气充分接触，燃烧比较完全，燃料的燃烧值比较高，大大降低了废气中的有害气体的排放，减少环境污染。

(4) 噪声低。独立的工质按斯特林循环工作，运转平稳，大大降低了噪声。

(5) 运转特性好。其最大压力与最小压力比小于 2，运转平稳，扭矩均匀。其超负荷能力强，可超 50%。

(6) 结构简单，维修方便。

609. 斯特林发动机有哪些应用形式？

（1）分布式能源系统的利用：①非常适合于家庭热电联产；②在偏远地区，直接使用斯特林发动机发电，可以大大降低架设网线的成本；③在医院、机场、电信等，作为备用电力应急使用等。

（2）斯特林太阳能发电装置。太阳能是斯特林发动机的最佳动力源泉，这种装置使用抛物面聚光器将太阳光汇聚在斯特林发动机的热腔，加热工质，使斯特林发动机工作，将太阳能转化为机械能，再经过发电机将机械能转化为电能。

（3）其他应用形式。①生物质燃料能源发电；②低温差动力型，适合于作废热回收发电动力；③广泛用于水下动力空间站动力热泵空调动力等。

610. 什么是余热直燃机？

直燃机包括由蒸发器、吸收器组成下筒，由冷凝器、低压发生器组成的主筒体，高压发生器，低温热交换器，高温热交换器，溶液泵，冷剂泵，抽气等系统设备。

制冷机工作时，主体处于真空状态。蒸发器内，冷凝器来的低温冷剂水吸收来自用户的冷媒水的热量，使冷媒水的温度降低；同时，冷剂水蒸发成冷剂蒸汽，吸收器内，溴化锂浓溶液吸收蒸发器内冷剂蒸汽后变成稀溶液，稀溶液在溶液泵作用下，经过高低温热交换器的加热升温后，最后送至高压发生器内进行加热。高压发生器内，稀溶液通过火焰和烟气的加热变为高高压发生温中间溶液；同时产生大量的高温冷剂蒸汽，中间溶液经高温交换器和吸收器来的稀溶液混合后，降温进入低压发生器，被来自高压发生器的高温冷剂加热浓缩，成为浓溶液，再经过低温交换器与吸收器来的低温稀溶液换热，成为最终的溶液进入吸收器。同时，低压发生器的冷剂蒸汽放热后成为高温冷剂水与产生的冷剂蒸汽在冷凝器内被冷却，成为低温冷剂水，降压节流后进入蒸发器，完成了制冷循环。

而所谓余热直燃机就是高压发生器内的加热用热源是采用余

热加热，从而提高能源利用率。

611. 什么是沼气内燃机?

沼气内燃机是燃气内燃机的一种形式，它的原理和结构和燃气内燃机基本相同。但因为采用沼气作为燃料，它的燃烧具有以下特点：①热值低；②着火温度高；③火焰传播速度低；④燃烧需要较多的空气，空气燃料比为 17.25：1。故沼气内燃机（发动机）和天然气内燃机有所不同，它可分为双燃料内燃机和全烧式内燃机两种。双燃料式沼气内燃机的工作原理是通过向燃烧室内喷入少量柴油，经压燃后引燃沼气燃烧做功，结构上只需对柴油机的进气管和调速机构做些变动，改装简单；全烧式沼气内燃机则由火花塞跳火点燃沼气和空气的混合气，无需柴油引燃。两种沼气内燃机的结构分别如图 11-12 和图 11-13 所示。

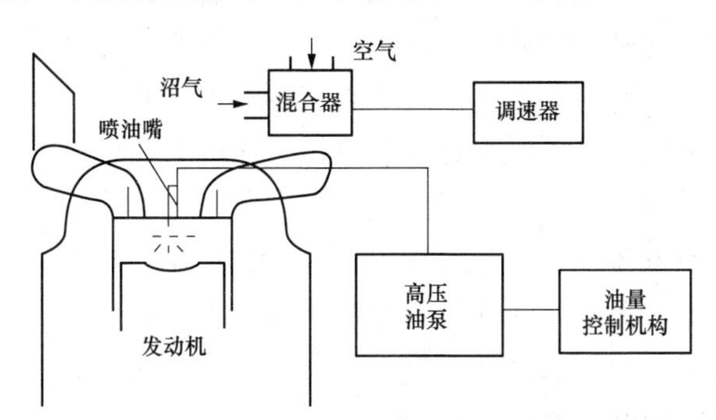

图 11-12 沼气-柴油双燃料式发动机示意图

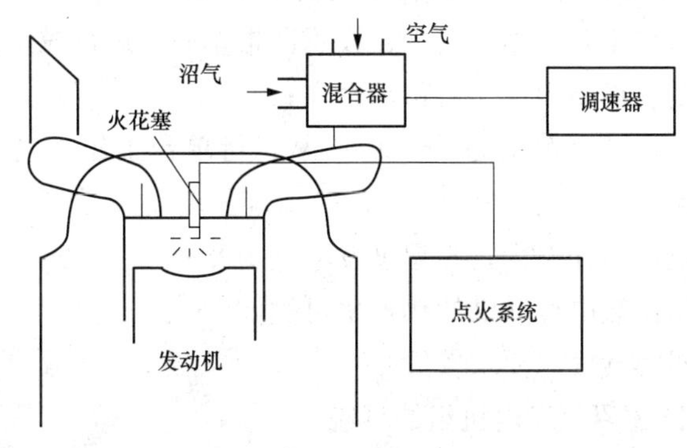

图 11-13 火花点火全烧式沼气发动机示意图

双燃料式沼气内燃机用于沼气资源不是很充足的地区，当沼气量减少时，以柴油为主，不影响运行；全烧式沼气内燃机用于沼气资源丰富的地区。

612. 沼气内燃机与其他燃料内燃机有什么不同？

（1）压缩比。沼气含有大量的甲烷和二氧化碳，其抗爆性好，不会发生末端气体自燃现象，可适当提高压缩比。

（2）进气系统。在空气滤清器后，需加装一套沼气-空气混合器，以调节空燃比和混合气体进气量。

（3）燃烧室。由于沼气中含有大量的二氧化碳，其燃烧速度很慢，对于燃烧过程的组织不利，因此采用加快燃烧速度的燃烧室。

（4）调速系统。沼气内燃机的运行场合大多是以发电机为负荷，所以调速系统必不可少。

（5）沼气脱硫装置。沼气中含有少量的硫化氢，该气体对内燃机（发动机）有强烈的腐蚀作用，因此供发动机用的沼气要先经过脱硫处理。

（6）废气排放。由于沼气中有大量的甲烷，所以其整机排烟少；又含有较多的二氧化碳，有助于降低燃烧温度，减少氮氧化物的排放量；而其燃烧速度慢，容易导致碳氢化合物的生成，所以对合理组织好缸内燃烧要求高。

613. 利用沼气内燃机进行发电有哪些优点？

（1）单位千瓦建站投资少、投资回报率高、运行成本低；

（2）配套设备简单、可移动性强；

（3）单机功率范围为4～2000kW，可单台工作，也可多台并网，建站灵活；

（4）电站自耗率少，不超过发电量的2%；

（5）采用热电冷联供的热效率可达80%；

（6）对沼气气源要求较低。

614. 试述沼气发电机组的系统。

图11-14表示了沼气发电机组系统布置图。该系统由流量计、

过滤器、阻火器、防爆阀、稳压筒、压力计、沼气发动机（内燃机）、发电机组等构成。

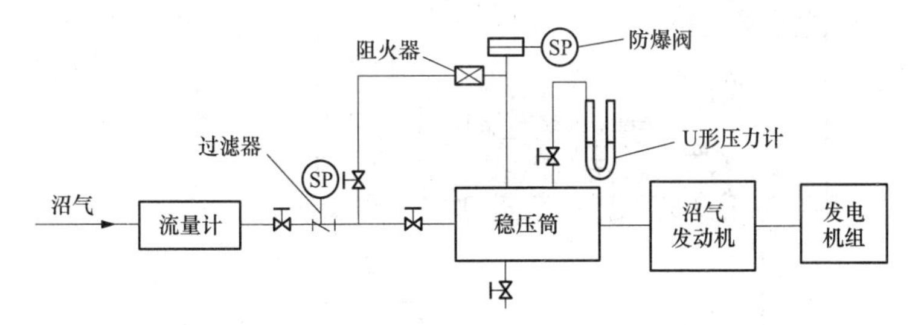

图 11-14　沼气发电机组系统布置示意图

615. 试述沼气发电站的流程。

沼气发电站按照冷却方式可分为开式机组和闭式机组两种，如图 11-15 和图 11-16 所示。

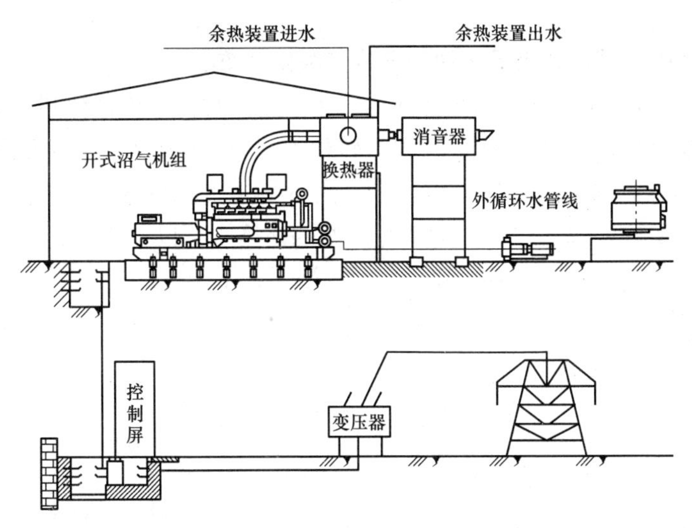

图 11-15　开式机组沼气电站流程示意图

（1）开式机组的特点是：环境适应能力强，可以通过改变外循环水量调节环境对机组的影响，适合于多机群运行。

（2）闭式机组的特点是：电站的可移动性强，安装辅助设施相对少，适合于单机运行或水资源紧张的机群运行。

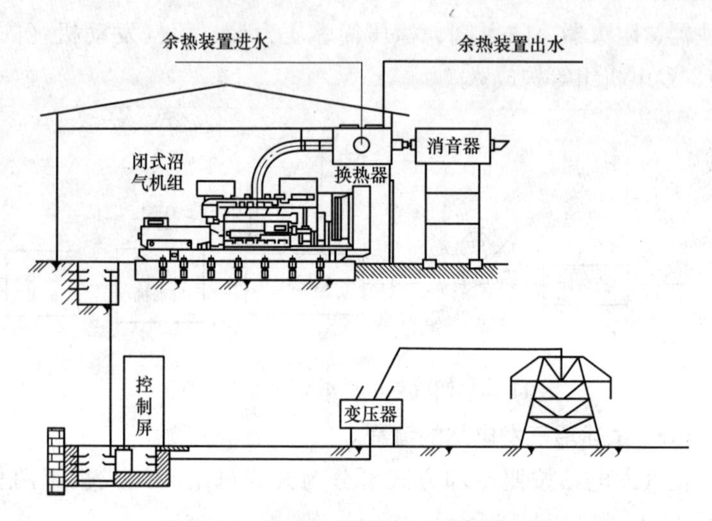

图 11-16　闭式机组沼气电站流程示意图

616. 试述利用沼气的热电冷三联供系统。

图 11-17 表示了沼气冷热电联供系统原理图。该系统利用沼气内燃机组发电，燃料能量的 33%转化为电能，其他约有 32%随尾气排出，25%被发动机冷却水带走，约 10%通过机身散发等消耗。当采用热电冷三联供系统时，发电机组的余热 80%以上被有效利用。

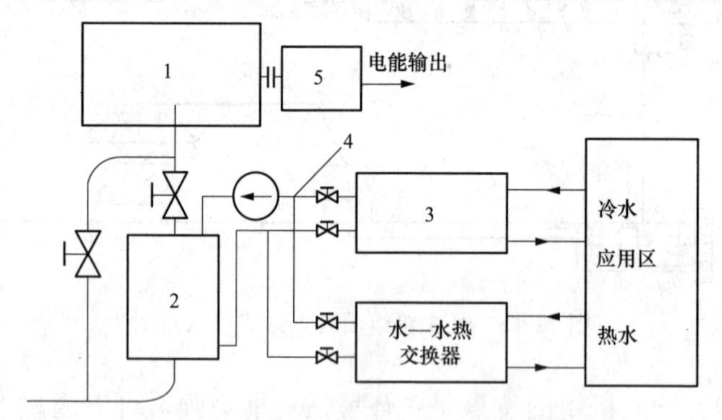

图 11-17　沼气热电冷三联供系统图

1—沼气内燃机组；2—排气（烟气）加热器；3—溴化锂制冷机组；4—水循环控制系统；5—发电机

617. 什么是往复式内燃机?

往复式内燃机由两大机构（曲柄连杆机构和配气机构），五大系统（供给系统、冷却系统、润滑系统、启动系统和点火系统）组成，其结构如图 11-18 所示。

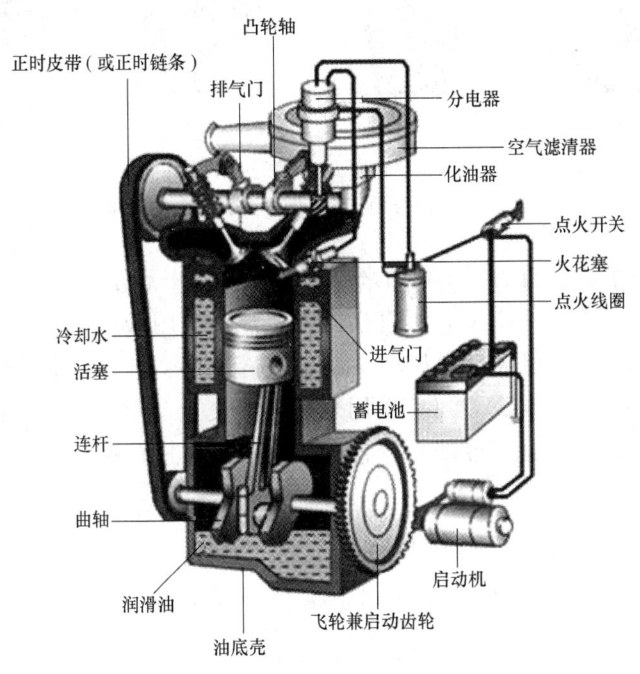

图 11-18 往复式内燃机结构图

用于分布式供电的往复式内燃机采用四冲程的点火式或压燃式内燃机，以汽油或柴油为燃料。其工作过程如图 11-19 所示。

（1）进气行程：活塞由上止点往下止点运动，曲轴转过 180°。

（2）压缩行程：活塞由下止点往上止点运动，曲轴转过 180°。

（3）做功行程：活塞由上止点往下止点运动，曲轴转过 180°。

（4）排气行程：活塞由下止点往上止点运动，曲轴转过 180°。

（5）一次工作循环曲轴转两圈，完成一次做功。

618. 试述往复式内燃机的分布式供电和供热。

图 11 20 为往复式内燃机的分布式供电供热系统图。

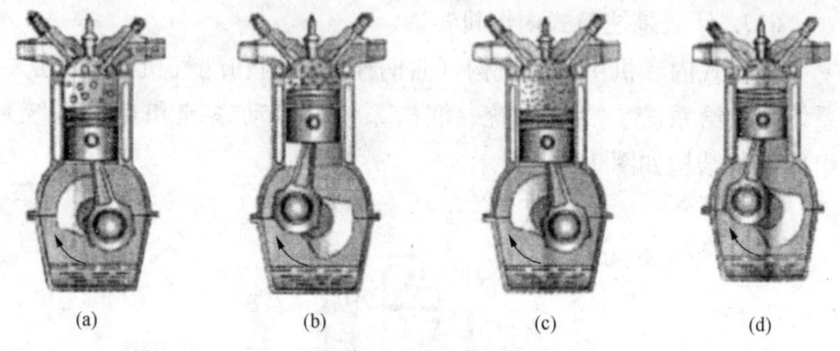

图 11-19 往复式内燃机的工作行程

(a) 进气行程；(b) 压缩行程；(c) 做功行程；(d) 排气行程

一般内燃机的废热利用来自两个部分，一部分来自高温烟气，温度约为500～600℃，可直接排入余热锅炉用来产生蒸汽；另一部分来自内燃机缸套冷却水（温度为85～95℃）和润滑油冷却水（温度为50～60℃），可直接用来进行热交换，产生热水。通过回收高温排烟和缸套冷却水、润滑油冷却水，其有效能量利用率可达88%。

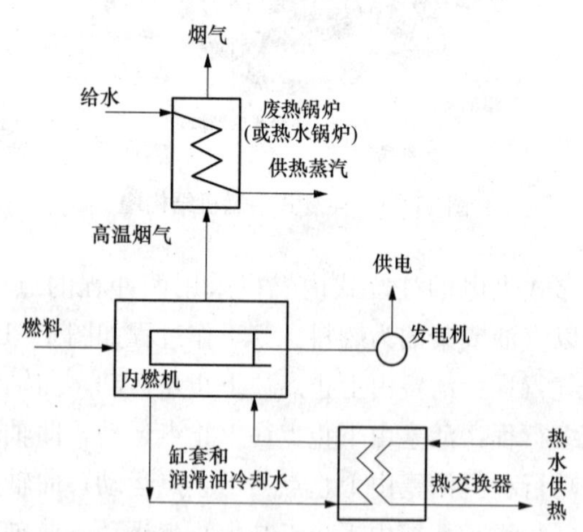

图 11-20 往复式内燃机分布式供电供热系统示意图

619. 试述往复式内燃机的分布式热电冷三联供系统。

图 11-21 为往复式内燃机的分布式热电冷三联供系统图。

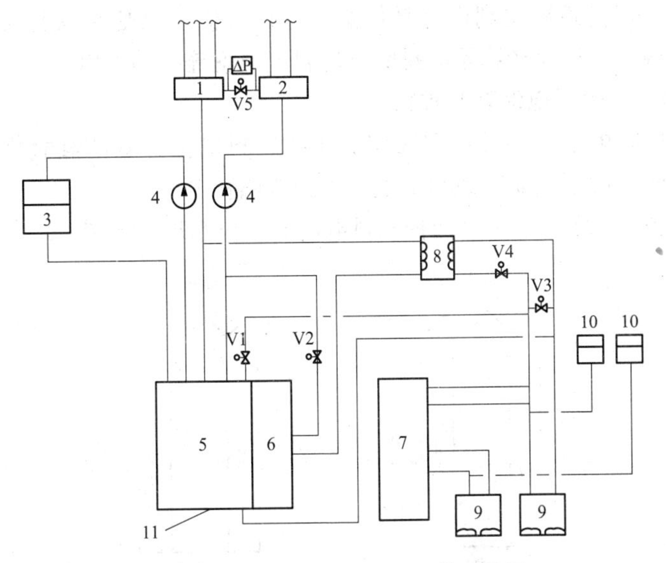

图 11-21　内燃机热电冷三联供系统图

1—集水器；2—分水器；3—冷水箱；4—冷却水泵；5—低温发生器；
6—高温发生器；7—内燃机发电机组；8—缸套水板式换热器；
9—远程散热水箱；10—膨胀水箱；11—溴化锂吸收式制冷机组

该系统中缸套水出水温度为 99℃，系统优先利用缸套水，根据缸套水进水温度（设定为 85℃，可调）控制远程散热水箱的风扇启停。

制冷时，电动阀 V2、V3、V4 关闭，V1 开启，缸套水进入溴化锂机组低温发生器提供驱动热源；制热时，电动阀 V1 关闭，V2、V4 开启，缸套水通过板式换热器对空调回水进行加热，V3 调节旁通阀。

620. 什么是燃料电池？

燃料电池是一种在等温状态下直接将化学能转变为直流电能的电化学装置。其组成与一般电池相同，其单体电池是由正、负两个电极（负极为燃料电极，正极为氧化剂电极）以及电介质组成；不同的是一般电池的活性物质储存在电池内部，而燃料电池的正负极本身不包含活性物质，只是个催化转换元件，因此燃料电池是名副其实的把化学能转化为电能的能量转换机器。电池工作时，燃料和氧化剂由外部供给，进行反应，原则上只要反应物不断输入、反应产物不断排除，燃料电池就连续地发电。

621. 燃料电池有几种?

燃料电池有四种：即固体氧化物燃料电池、碱性氢氧化物燃料电池、质子交换膜燃料电池、熔融盐燃料电池。

图 11-22 表示了这四种燃料电池的工作原理示意图。

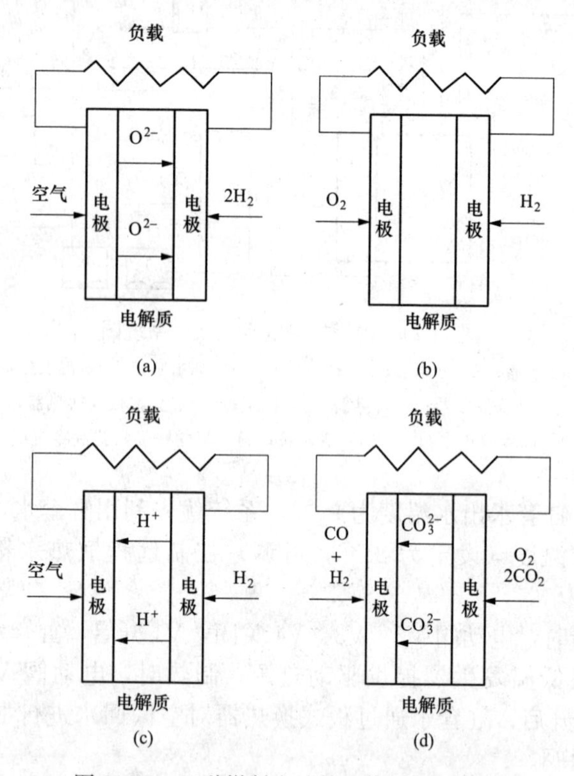

图 11-22 四种燃料电池的工作原理示意图

(a) 固体氧化物燃料电池；(b) 碱性氢氧燃料电池；

(c) 质子交换膜燃料电池；(d) 熔融盐燃料电池

622. 燃料电池的特点是什么?

(1) 不受卡诺循环的限制，能量转换效率高。

(2) 燃料电池的输出功率由单电池性能、电极面积和单电池个数决定。

（3）环保问题少。

（4）负荷响应速度快，运行质量高。

623. 燃料电池有哪些优势？

（1）无噪声。燃料电池运行安静，噪声只有55dB，相当于人们正常交谈的水平，不会对人类工作学习造成干扰，适合于室内安装，或在室外对噪声有限制的场合安装。

（2）高效率。燃料电池的发电效率达50%以上，它直接将化学能转换为电能，不需要经过热能和机械能的中间转换，能源利用率大幅度提高。

（3）无污染。燃料电池是通过电化学反应，而不是采用燃烧（汽、柴油）或储能（蓄电池）的方式，只会产生水和热。

624. 什么是固体氧化物燃料电池？

固体氧化物燃料电池（SOFC，工作温度为1000℃）也称为高温燃料电池，是以陶瓷材料为主构成。它以掺杂氧化钇（Y_2O_3）的氧化锆（ZrO_2）晶体为固体电解质，这种氧化锆也称稳定氧化锆（YSZ）。电极中燃料极采用Ni与YSZ复合多孔体构成金属陶瓷，空气极采用氧化镧锰（$LaMnO_3$），隔板采用氧化镧铬（$LaCrO_3$）。为了避免因电池的形状不同，电解质之间热膨胀差造成裂纹，开发了较低温下工作的SOFC。

625. 碱性氢氧化物燃料电池的工作原理是什么？

碱性氢氧化物燃料电池工作时向负极供给燃料（氢）向正极供给氧化剂（空气中的氧气），燃料氢在负极上被分解成正离子H^+和电子e^-，其中氢离子进入电解液中，而电子则沿外部电路移向正极，用电的负载就接在外部电路中，在正极上，空气中的氧同电解液中的氢离子吸收抵达正极上的电子形成水。利用这个原理，燃料电池便可在工作时源源不断地向外部输电，提供电能。

626. 质子交换膜燃料电池的工作原理是什么？

质子交换膜燃料电池（PEMFC）原理上相当于水电解的“逆”装置。其单电池由阳极、阴极和质子交换膜组成。阳极为氢燃料发生氧化的场合，阴极为氧化剂还原的场合，两极都含有加速电极电化学反应的催化剂，质子交换膜作为电解质，工作时相当于一个直流电源，其阳极即电源负极，阴极为电源正极，两极的反应分别为（所有的电子e都省略了符号上标）：

阳极（负极）：$2H_2-4e=4H^+$；

阴极（正极）：$O_2+4e+4H^+=2H_2O$。

由于质子交换膜只能传导质子，因此氢质子可直接穿过质子交换膜到达阴极，而电子只能通过外电路才能到达阴极，当电子通过外电路流向阴极时就产生了直流电。将多个单电池层叠组合就能构成输出电压满足实际负载需要的燃料电池简称电堆，如图11-23所示。

图11-23　质子交换膜燃料电池

627. 熔融盐燃料电池的结构及其工作原理是什么？

熔融碳酸盐型燃料电池（MCFC，工作温度为650℃）称为高温燃料电池。它由含有电极反应相关的电解质（通常是为Li与K混合的碳酸盐）和上下与其相接的2块电极板（燃料极与空气极）、两电极各自外侧流通燃料气体和氧化剂气体的气室、电极夹构成。电解质在MCFC约600～700℃的工作温度下呈现熔融状态的液体，形成了离子导电体。其电极为镍系的多孔质体，气室采用抗蚀金属。

MCFC的工作原理为：空气极的O_2（空气）和CO_2与电相结合，生成碳酸离子，电解质将碳酸离子移到燃料极侧，与作为燃料供给的 H 相结合，放出 e，同时生成 H_2O 和 CO_2。e 从燃料极被放出，通过外部回路返回到空气极，由 e 在外部回路中不间断的流动实现了燃料电池发电。

628. 试述高温燃料电池的分布式供电。

高温燃料电池是指工作温度在 600～1000℃的一类燃料电池，它包括熔融碳酸盐燃料电池 MCFC（工作温度为 600～650℃）和固体氧化物燃料电池 SOFC（工作温度为 800～1000℃）。高温燃料电池可以天然气、煤气、石油气、沼气等为燃料，因而发展高温燃料电池具有重要意义。图 11-24 给出了一个基于高温燃料电池的热电冷总能系统原理图。该总能系统主要由换热器固体氧化物燃料电池系统和吸收式制冷机组成。燃料电池将燃料和氧化剂的化学能转化为电能和热能，没有完全反应的燃料被送入后燃烧室内和空气混合燃烧，提高 SOFC 排气的温度。从后燃烧室出来的高温气体预热完燃料和空气后，被送往溴化锂吸收式制冷机内驱动制冷机工作。

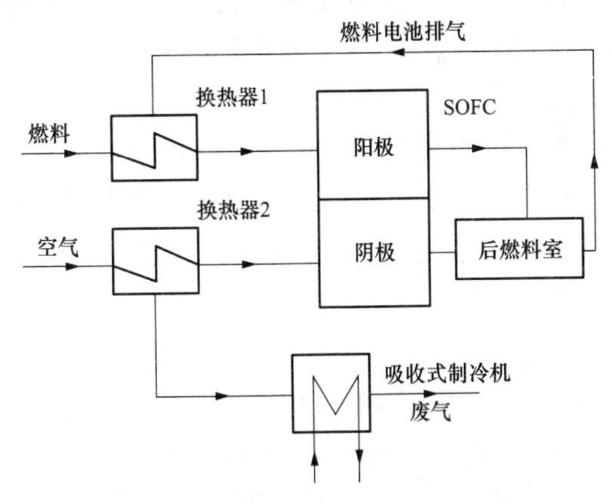

图 11-24 高温燃料电池总能系统原理图

629. 高温燃料电池总能系统的特点是什么?

（1）反应过程简单，不像传统的发电装置需要经过许多中间的转化过程，大大降低了能源转换过程中的不可逆损失，能量转换效率高。

（2）燃料适应性强，不仅可使用氢气，还可以天然气、煤气等为燃料，因而高温燃料电池不但可应用于天然气发电和洁净发电，也特别适用于分布式热电冷总能系统。

（3）由于燃料电池采用模块化设计，因而建设周期短，容易扩容，便于根据冷热电负荷的实际需求而分期建设或运行。

（4）工作温度高，可在电池内部实现燃料的重整转化过程，使电池系统简化，余热温度高和利用价值大，冷热电联供系统的总效率可高达80%以上。

（5）污染物排放少、噪声低。

630. 试述高温燃料电池总能系统的发展远景。

高温燃料电池分布式冷热电联供总能系统具有节能、环保、投资少、布置灵活、运行安全可靠和调节方便等特点。其应用领域主要包括：

（1）取代城区内以燃煤为主的热电厂。这些热电厂大多处在人口众多的城区，燃煤产生的污染物对城区居住环境造成了很大影响。

（2）新开发的城区。随着我国城市化步伐的加快，建设分布式小城镇是一个必然趋势。为了避免燃煤污染，新建小区也应当优先采用该系统。

（3）城市商业中心和高层建筑。该类建筑对电和冷/热联供系统的需求比较集中，数量大而时间性很强。建设冷热电联供系统，可以缓解用电高峰时的电网负担，同时降低这些区域空调系统的初投资和运行费用。

（4）分散的中小型制造工业园区。这些用户生产用电需求大，同时需要空调、制冷、热水和蒸汽。

（5）公用事业单位，如机场、医院、大学校区等。这些机构对电热冷三种负荷的需求比较集中，而且用能负荷的时间性很强。

（6）作为后备电站使用。在分时电价结构下，大型用户可以将其负荷结构进行分类，在高峰负荷阶段，使用总能系统来降低用电费用，同时也可缓解对电网的需求压力，均衡电网的电力负荷，可起到经济和环保的调峰作用。

631. 太阳能电池的基本原理是什么？

太阳能电池的基本原理是光生伏特效应，如图11-25所示，用适当波长的光照射到由P型和N型两种不同导电类型的同质半导体材料构成的PN结上时，在一定条件下，光能被半导体吸收后，在导带和价带中产生非平衡载流子电子和空穴。由于PN结势垒区存在较强的内建静电场，因而产生在势垒区中的非平衡电子和空穴或者产生在势垒区外但扩散进势垒区的非平衡电子和空穴，在内建静电场的作用下，它们向相反方向作漂移运动，结果使P区电势升高，N区电势降低，PN结两端形成光生电动势，这就是PN结的光生伏特效应。

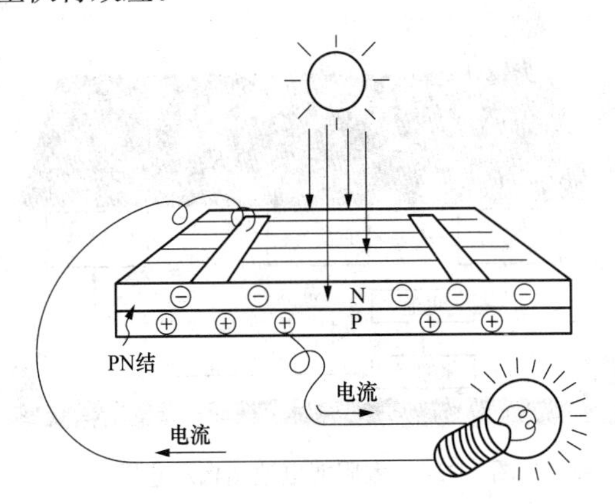

图11-25 太阳能电池的基本原理

由于光照产生的非平衡载流子各向相反方向漂移，从而在内部构成自N区流向P区的光生电流，在PN结短路情况下构成短路电流密度，在开路情况下，PN结两端建立起光生电势差，也即开路电压。如将PN结与外电路接通，只要光照不停止，就会不断有电流流过电路。

632. 太阳能电池的结构和功能是什么?

太阳能电池的各部分及其作用为：

（1）太阳能电池组件。它是太阳能供电系统的核心部分，也是太阳能供电系统中价值最高的部分，其作用是将太阳的辐射能量转换为电能、或送往蓄电池中存储起来、或推动负载工作。太阳能电池组件的质量和成本将直接决定整个系统的质量和成本。

（2）太阳能控制器。它的作用是控制整个系统的工作状态，并起到过充电保护、过放电保护的作用。在温差较大的地方，合格的控制器还应具备温度补偿的功能。其他附加功能如光控开关、时控开关都应当是控制器的可选项。

（3）蓄电池。一般为铅酸电池，小微型系统中，也可用镍氢电池、镍镉电池或锂电池。其作用是在有光照时将太阳能电池组件所供出的电能储存起来，需要的时候再释放出来。

太阳能电池结构示意图如图 11-26 所示。

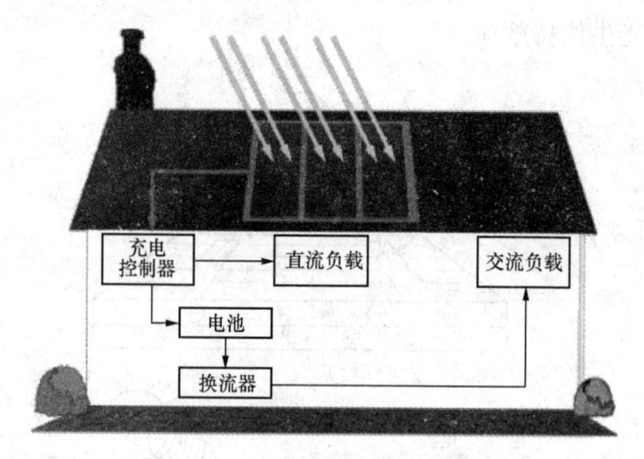

图 11-26　太阳能电池结构示意图

633. 太阳能光伏发电系统的主要供电类型有几种？

（1）独立运行光伏发电系统。

（2）并网型光伏发电系统。

（3）混合型光伏发电系统。

634. 什么是独立运行光伏发电系统？

独立运行光伏发电系统需要有蓄电池作为储能装置，其系统结构如图 11-27 所示，它主要用于无电网的边远地区及人口分散地区。由于必须配置蓄电池装置，所以整个系统的造价较高。

由于该系统的可靠性高，维护费用低以及资源丰富、分布广泛，在广大边远地区、无电地区及人口分散地区得到了广泛应用。

635. 什么是并网型光伏发电系统？

在有公共电网的地区，光伏发电系统一般与电网连接，即采用并网运行方式，这要求逆变器具有同电网连接的功能，其结构

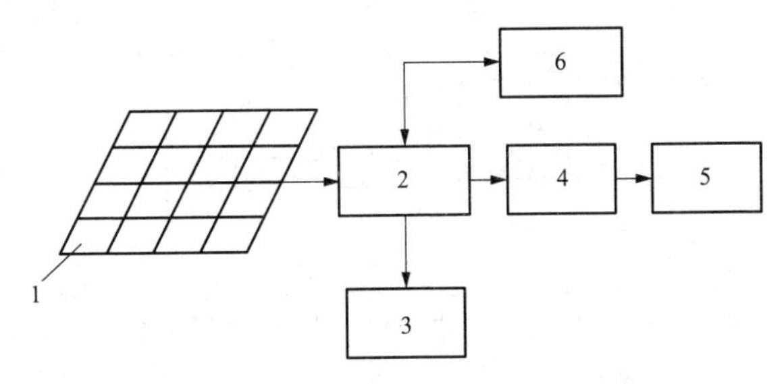

图 11-27　独立运行的光伏发电系统

1—太阳能电池阵列；2—充放电控制器；3—蓄电池；
4—逆变器；5—交流负载；6—直流负载

如图 11-28 所示。该系统的优点是可以省去蓄电池，而将电网作为自己的储能单元。省去蓄电池后不仅大幅度降低造价，还可以具有更高的发电效率和更好的环保性能。但其发电成本比电网中的电力的发电成本高。

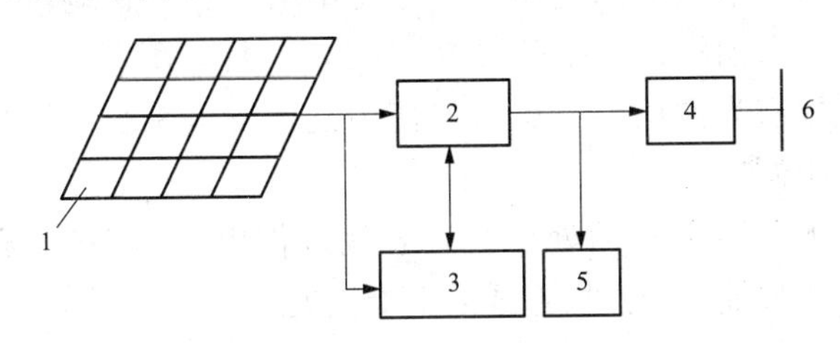

图 11-28　并网运行型光伏发电系统

1—太阳能电池阵列；2—逆变器；3—控制监测系统；
4—变压器；5—负载；6—电网

636. 什么是混合型光伏发电系统？

混合型光伏发电系统如图 11-29 所示，即在系统中增加一台备用发电机组（在有供电线路时也可以采用市电），当光伏阵列发电不足或者蓄电池容量不足，所储存的电量已经耗尽时，可以启动备用发电机组，它既可用来直接给交流负载供电，又可通过一台整流器给蓄电池补充充电。

637. 太阳能光伏发电的优缺点是什么？

太阳能光伏发电过程简单、没有机械转动部件、不消耗燃料、

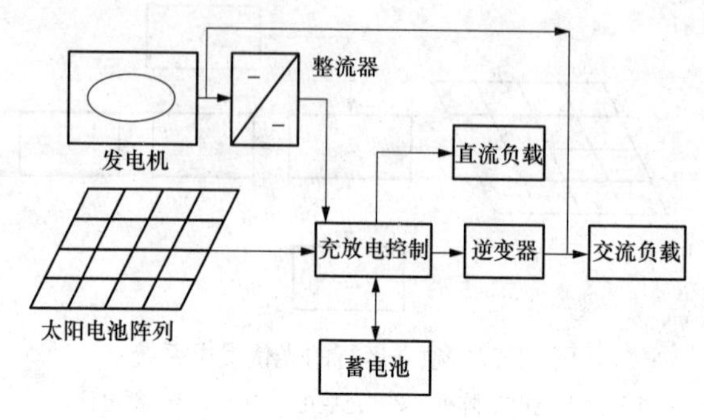

图 11-29 混合型光伏发电系统

不排放包括温室气体在内的任何物质，无噪声，无污染；太阳能资源分布广泛且取之不尽，用之不竭。因此，与风力发电、生物质能发电和核电等新型发电技术相比，光伏发电是一种最具有可持续发展理想特征的可再生能源发电技术。其优点为：

（1）太阳能资源取之不尽，用之不竭，照射到地球上的太阳能要比人类目前消耗的能量大6000倍，而且太阳能在地球上分布广泛，只要有光照的地方就可以使用光伏发电系统，不受地域海拔等因素限制。

（2）太阳能资源随处可得，可就近供电，不必长距离输送，避免了长距离输电线路所造成的电能损失。

（3）光伏发电的能量转换过程简单，是直接从光能到电能的转换，没有中间过程和机械运动，不存在机械磨损，根据热力学分析，光伏发电具有很高的理论发电效率，可达80%以上，技术开发潜力巨大。

（4）光伏发电本身不使用燃料，不排放包括温室气体在内的任何物质，不污染空气，不产生噪声，不会遭受能源危机或燃料市场不稳定造成的冲击，有利于环保，是真正绿色环保的新型可再生能源。

（5）光伏发电过程不需要冷却水，可以安装在没有水的荒漠戈壁上。还可以很方便地与建筑物结合，构成光伏建筑一体化发电系统，不需要单独占地，可节省宝贵的土地资源。

（6）光伏发电无机械传动部件，操作、维护简单，运行稳定可靠，一套光伏发电系统只要有太阳能电池组件就能发电，加之自动控制技术的广泛应用，基本上可实现无人值守，维护成本低。

（7）光伏发电系统工作性能稳定可靠，使用寿命长（30年以上），晶体硅太阳能电池寿命可达20～35年。在光伏发电系统中，只要设计合理、选型适当，蓄电池的寿命也可长达10～15年。

（8）太阳能电池组件结构简单，体积小，重量轻，便于运输和安装，光伏发电系统建设周期短，而且根据用电负荷容量可大可小，方便灵活，极易组合，扩容。

其缺点为：

（1）能量密度低。尽管太阳投向地球的能量总和极其巨大，但由于地球表面积也很大，而且地球表面大部分被海洋覆盖，真正能够到达陆地表面的太阳能只有到达地球范围太阳辐射能量的10%左右，致使在陆地单位面积上能够直接获得的太阳能量较少。

（2）占地面积大。每10kW光伏发电功率占地约需100m^2，平均每平方米面积发电功率为100W。

（3）转换效率低。光伏发电的最基本单元是太阳能电池组件。光伏发电的转换效率指光能转换为电能的比率，目前晶体硅光伏电池转换效率为13%～17%，非晶硅光伏电池只有5%～8%。难以形成高功率发电系统。

（4）可歇性工作。光伏发电系统只能在白天发电，晚上不能发电，无法连续工作。

638. 试述太阳能光伏发电的应用领域。

（1）用户太阳能电源。

1）小型电源10～100W不等，用于边远无电地区如高原、海岛、牧区、边防哨所等军民生活用电，如照明、电视、收录机用电等；

2）3～5kW家庭屋顶并网发电系统；

3）光伏水泵：解决无电地区的深水井引饮用，灌溉。

（2）交通领域。如航标灯，交通/铁路信号灯，交通警示/标志灯，高空障碍灯，高速公路/铁路无线电话亭，无人值守道班供电等。

（3）通信/通讯领域。用于太阳能无人值守微波中继站、光缆维护站、广播/通信/寻呼电源系统、农村载波电话光伏系统、小型通信机、士兵GPS等供电。

（4）石油、海洋、气象领域。用于石油管道和水库闸门阴极保护太阳能电源系统、石油钻井平台生活及应急电源、海洋检测设备、气象/水文观测设备等供电。

（5）家庭灯具电源。用于庭院灯、路灯、手提灯、野营灯、登山灯、节能灯等供电。

（6）光伏电站。可建设10～50kW独立光伏电站、风（光）柴互补电站、各种大型停车场充电站等。

（7）太阳能建筑。将太阳能发电与建筑材料相结合，使得未来的大型建筑实现电力自给。

（8）其他领域。

1）与汽车配套：用太阳能汽车/电动车、电池充电设备、汽车空调、换气扇、冷饮箱等供电。

2）建设太阳能制氢加燃料电池的再生发电系统。

3）用于海水淡化设备供电。

4）卫星、航天器、空间太阳能电站等供电。

639. 试述太阳能光伏分布式供电系统。

太阳能光伏分布式供电系统的基本设备包括光伏电池组件、光伏方阵支架、直流汇流箱、直流配电柜、并网逆变器、交流配电柜等设备、另外还有供电系统监控装置和环境监测装置。其运行模式是在有太阳辐射的条件下，光伏发电系统的太阳能电池组件阵列将太阳能转换为输出的电能，经过直流汇流箱集中送入直流配电柜，由并网逆变器变成交流电供给建筑自身负载，多余或不足的电力通过连接电网来调节。

640. 太阳能供电系统运行维护应注意什么？

（1）当连续阴雨天气，蓄电池放出电量较大时，不管蓄电池组是否到达放电终止电压，都应及时用移动发电装置对蓄电池进行补充充电，预防蓄电池容量未达到基本充满状态时再遇到阴雨天气，造成供电中断和由于蓄电池放电后充电不及时影响蓄电池的使用寿命。

（2）由于蓄电池的运行方式不是完全的浮充电方式，蓄电池组的使用寿命较常规供电系统中的蓄电池组的使用寿命短。运行中应掌握蓄电池的容量情况，特别是在使用几年后，应在每年的连续阴雨天气季节来临前，对蓄电池进行一次容量试验，若容量不能满足要求，应及时采取措施。

（3）太阳能电池方阵到太阳能供电组合电源的连接电缆有部分在室外，应定期检查电缆是否老化，连接是否完好。

（4）为更好发挥太阳能电池的效力，可根据一年的季节变化，调节太阳能电池方阵平面倾斜角。

（5）应保持太阳能电池方阵表面整洁，否则会影响太阳能方阵的发电量。

（6）电池室适宜温度为5～30℃，湿度≤85%（相对湿度），采用太阳能供电系统的局（站），设计机房时应注意保暖、通风，注意机房环境温度。

641. 试举例说明太阳能光伏发电系统的应用。

图11-30表示了某电信公司的太阳能光伏发电系统图。

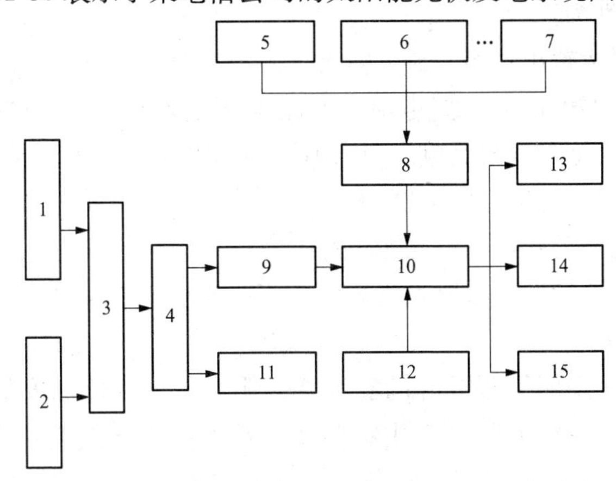

图11-30 太阳能光伏发电系统方框图

1—交流市电；2—柴油发电机；3—柴油发电机和市电转换；4—交流配电；5—光伏电池1；6—光伏电池2；7—光伏电池n；8—太阳能控制器；9—开关电源；10—直流配电单元；11—交流负载；12—蓄电池组；13—通信设备；14—逆变器；15—其他负荷

（1）太阳能设备的主要技术指标如表11-1所示。

表11-1　　某品牌太阳能电池极板主要技术指标

型　号	SP55	SP70	SP75
硅片形式	单晶	单晶	单晶
峰值功率（W）	55	70	75
系统电压（V）	12	6/12	6/12
额定电流（A）	3.15	8.5/4	8.6/4.3
额定电压（V）	17.4	8.25/1	8.5/17.0
短路电流（A）	3.45	9.4/4.0	9.6/4.8
开路电压（V）	21.7	10.7/2	10.9/21.7
长度（mm）	1293	1200	1200
宽度（mm）	329	527	527
深度（mm）	34	34	34
质量（kg）	5.5	7.6	7.6

其特性为：

1）最大输出功率：最大输出功率与入射光强成正比。

2）开路电压与短路电流：开路电压随入射光强增强而增加，并很快趋向饱和，短路电流与入射光强和电池受光面积成正比。

3）温度特性：当温度每上升1℃时，输出功率以0.2%～0.3%的速率递减，同时电池短路电流增加。

4）光谱特性：入射光波长为0.87～0.9μm时，太阳能电池输出功率最大。

（2）太阳能极板方阵的安装。太阳能电池方阵的安装有固定方式、手动跟踪太阳光方式和自动跟踪太阳光方式。需要根据太阳光的角度定时调整光接收角，本例采用固定式安装，如图11-31和图11-32所示。

（3）太阳能控制器。表11-2表示了某品牌太阳能控制器设置表。图11-33表示了该控制器的工作原理图。

图 11-31 太阳能电池极板方阵

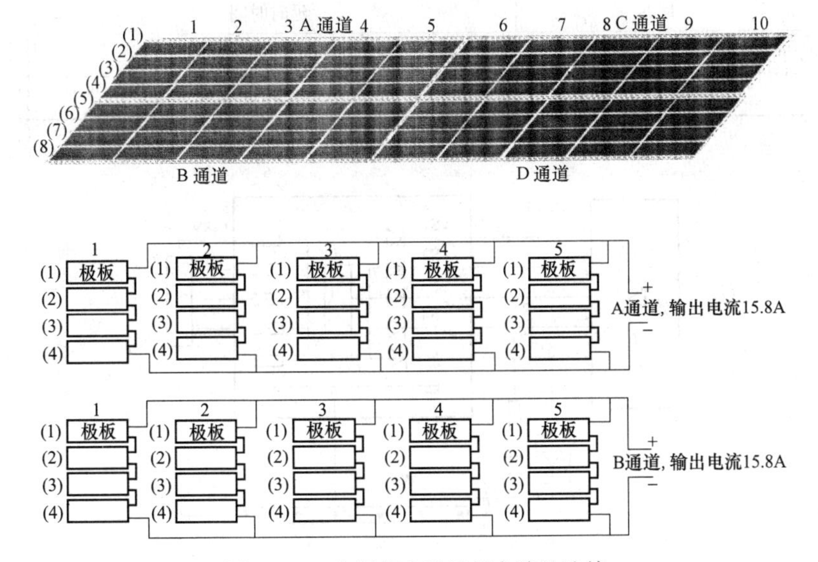

图 11-32 太阳能电池极板方阵的连接

表 11-2 某品牌太阳能控制器设置表

出厂设置	设置项目
56.4V	最大提升电压
55.2V	提升梯度电压
4	通道使用数
54.8V	最大浮充电压

续表

出厂设置	设置项目
52.8V	控制装置最小浮充电压
50V	浮充转提升电压
57.6V	蓄电池最高电压极限
0	温度补偿
1	分状态转换延时
0	显示屏关闭温度
43.2V	低电压负载开路
51.2V	负载装置负载再接通
180s	延时时间
46.8V	蓄电池低电压告警
2400	远端监控波特率

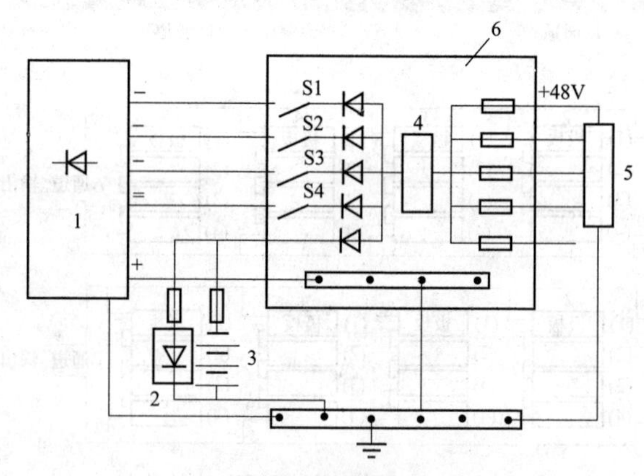

图 11-33　太阳能控制器工作原理图

1—太阳能方阵；2—整流器；3—蓄电池组；
4—控制器；5—负载；6—太阳能控制柜

642. 太阳能电池的供电供暖系统有什么优点？

(1) 对于同一块区域，比起单纯的太阳能电池板或者传统的太阳能热水器，太阳能供热发电系统能够获得更多的电能和热能。对于屋顶面积有限的情况，太阳能电池更为适用，在将来的推广中也将越来越重要。

（2）太阳能供热发电系统能够为建筑提供一体化的屋顶，整合了供热和供电两个系统。因为整合了两个系统成为一套系统，故初始安装费用比起安装两套系统将有所降低。

643. 太阳能供热发电系统如何分类？

太阳能供热发电系统可以按照冷却工质进行分类。因为水和空气易于获得且安全无毒，在实验室和实际生产中，是最常用的两种冷却工质。故太阳能供热发电系统可以分为水冷式和风冷式两种。

644. 什么是水冷式太阳能供热发电系统？

水冷式太阳能供热和发电系统有 7 种不同形式，可以分为 4 类（如图 11-34 所示）：板管型、渠道型、自由流式、双吸收板式。

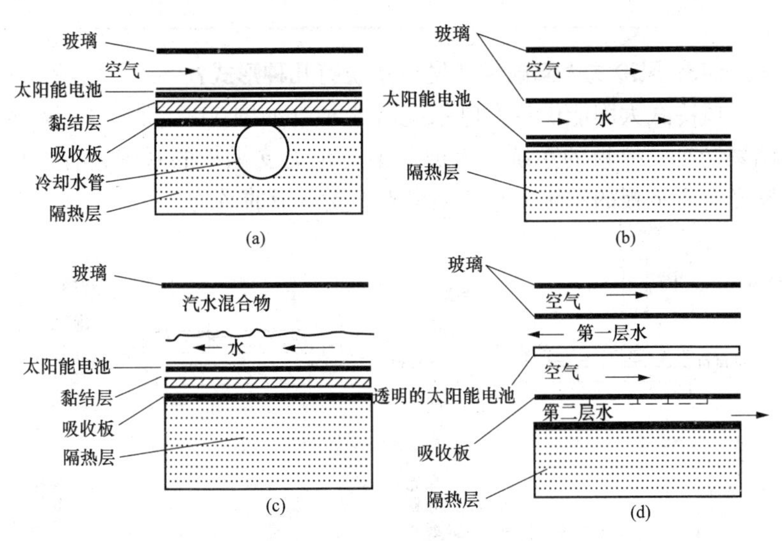

图 11-34 不同类型的水冷式太阳能供热发电系统组成

（a）板管式；（b）渠道式；（c）自由流式；（d）双吸收板式

这 4 种类型系统中，渠道型的几种太阳能供热发电系统有比较高的效率（如表 11-3 所示）。但是，板管型的全年效率仅仅比渠道型的低 2%，而更加易于生产。因此，板管型是渠道型的一种很好的替代。

表 11-3 不同构造的水冷式太阳能供热发电系统年效率比较

系统	年热效率	年电效率
太阳能电池板		0.072
板管式太阳能供热发电系统（无玻璃）	0.24	0.076
板管式太阳能供热发电系统（单层玻璃）	0.35	0.066
板管式太阳能供热发电系统（双层玻璃）	0.38	0.058
渠道式太阳能供热发电系统（渠道设于电池上）	0.38	0.061
渠道式太阳能供热发电系统（渠道设于不透明电池下）	0.35	0.067
渠道式太阳能供热发电系统（渠道设于透明电池下）	0.37	0.065
自由流式太阳能供热发电系统	0.34	0.063
双吸收板式太阳能供热发电系统（有隔热层）	0.39	0.061
双吸收板式太阳能供热发电系统（无隔热层）	0.37	0.061
太阳能热水器	0.51	

645. 风冷式太阳能供热发电系统有几种形式？

风冷式太阳能供热发电系统有4种（如图11-35所示）：无玻璃聚光有支撑板的系统、无玻璃聚光也无支承板的系统、有玻璃聚光有支承板的系统、有玻璃聚光无支承板的系统。

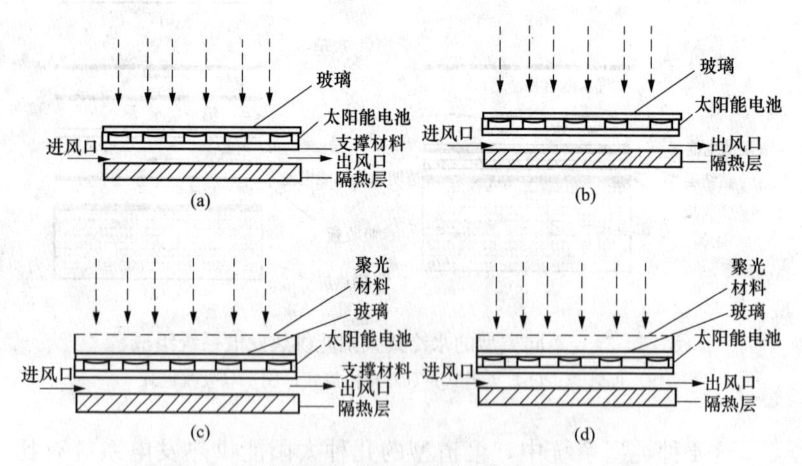

图 11-35　不同类型的风冷式太阳能供热发电系统组成

(a) 无玻璃聚光有支撑板的系统；(b) 无玻璃聚光也无支撑板的系统；
(c) 有玻璃聚光有支撑板的系统；(d) 有玻璃聚光无支撑板的系统

这四种系统中，电池效率最高的是第 1 种模型；而总效率最高的是第 4 种模型，这种系统的系统总输出也最高。总的来说，聚光材料对总输出的影响较大，含有聚光材料的系统总输出是不含有聚光材料的将近 2 倍；而是否含有支撑材料对系统的影响较小，相对来说，不含有支撑材料的系统输出较大。

646. 太阳能供热发电系统的有哪些主要部件？

(1) 玻璃聚光材料。由上题可见，使用聚光材料的系统输出将有很大的提高，但采用聚光材料会一定程度降低电池的效率，这是因为聚光材料能够提高单位面积太阳能板上的太阳能辐射能量。

(2) 玻璃隔热层。玻璃的作用主要是防止灰尘进入电池板，同时起到一定的保温作用。但是玻璃因为会含有反射等效应，也会降低系统的电效率。增加玻璃层能够将热效率由 0.52 提高到 0.58，但是双层玻璃无助于进一步提高热效率，但会进一步降低系统的产电效率。

(3) 太阳能电池。太阳能电池的热效率 η 计算方法为

$$\eta = I_m U_m / GA$$

式中 I_m——电池最大输出电流，A；

U_m——电池最大输出电压，V；

G——每平方米的辐射量，W/m^2；

A——电池板面积，m^2。

图 11-36 表示了太阳能电池电流电压图。从图可见，最大输出时的电压和电流大约出现在电压为 16V 时，而输出的电流与辐射量有关。

(4) 支撑材料。支撑材料可以延长太阳能电池的寿命，但是会一定程度增加从太阳能电池到传热工质间的热阻。

(5) 吸收板。吸收板一般采用高导热率的材料如铜等制成，它的作用是通过降低电池下方的热阻而提高热效率，在以水作为工质的板管式太阳能供热发电系统中使用。

(6) 隔热层。用于与外界隔热。

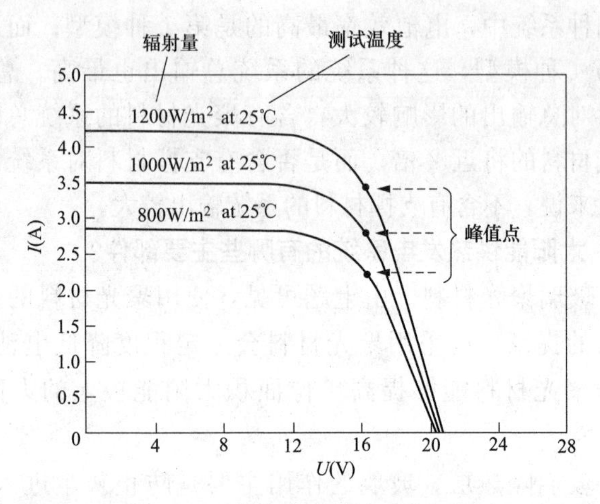

图 11-36 太阳能电池电流电压图

647. 试述太阳能电池的热电冷三联产系统。

太阳能电池的热电冷三联产系统是利用太阳能加热工质，驱动热力机械循环做功发电。该循环过程中释放大量余热，这部分余热可用于驱动余热制冷装置，也可以直接用来供热。整套联产系统由集热系统、热传输系统、蓄热系统、热动力发电系统、热交换系统及余热制冷系统构成。热动力系统主要包括闭式布雷敦循环、斯特林循环及朗肯循环；余热制冷系统主要包括吸附式和吸收式制冷。图 11-37 是一种理想的分布式联合循环方式。该系统

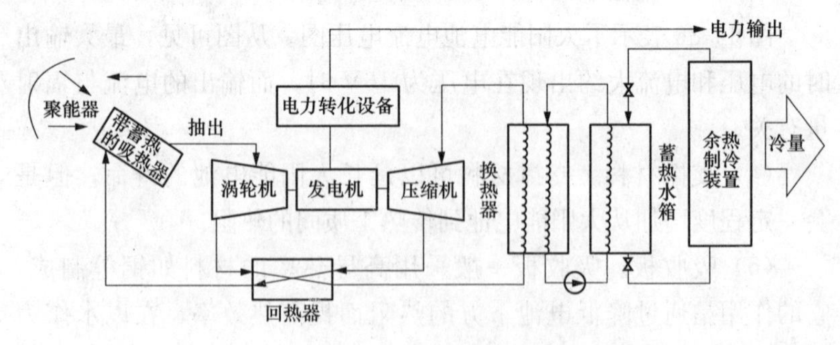

图 11-37 理想的分布式联合循环

利用太阳能集热器驱动闭式布雷敦循环，完成发电之后废热高达450K左右，利用一个气-气换热器加热送风系统的空气作为热源。在寒冷的时候通过管路和散热器进行供热，或者利用气水换热器加热供水，进行热水供暖或者供热水。炎热时，则可以利用这部分余热驱动制冷系统供冷。

648. 试画出太阳能冷热电三联供示意图。

图11-38表示了太阳能冷热电三联供的示意图。太阳能集热系统吸收了太阳能后，加热载热工质，并将其送到太阳能热锅炉；生成的蒸汽送往供热汽轮机，带动发电机向用户供电；供热汽轮机的抽汽向用户供热，其排汽则进入冷凝器凝结为水，用泵再送往锅炉。另一路则用泵送往用户供冷，采用冷却水塔进行冷水的循环。

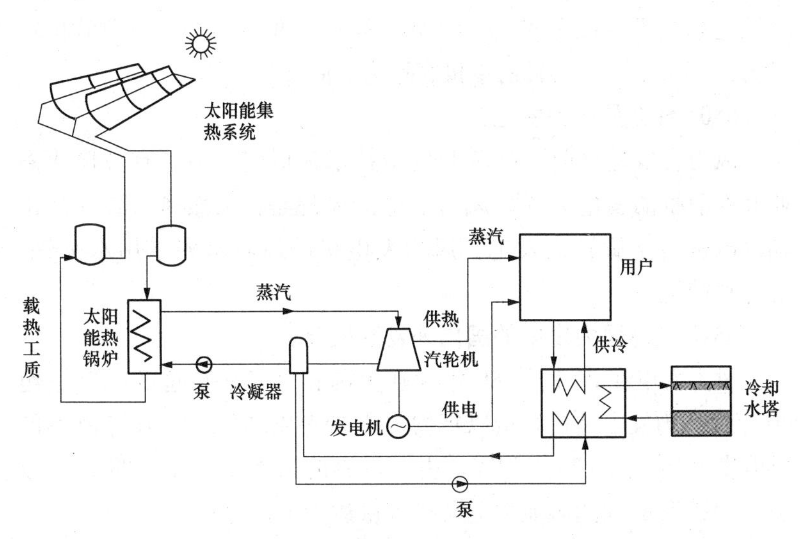

图11-38 太阳能冷热电三联供示意图

应该指出的是目前太阳能驱动冷热电联产仍属于探索阶段，比较多的是利用太阳能和其他能源组成混合系统，在夜间、阴雨天气等以常规能源保障系统运行，如太阳能加燃料电池发电、太阳能溴化锂加热泵制冷等。

649. 什么是风能？

风能是一种无污染的可再生能源，它取之不尽、用之不竭、分布广泛。随着人类对生态环境的要求和能源的需要，风能的开发日益受到重视，风力发电将成为21世纪大规模开发的一种可再生清洁能源。

风能也是一种最具有活力的可再生能源，它实质上是太阳能的转化形式。世界风能总量为2×10^{13}W，大约是世界总能耗的3倍。如果风能的1%被利用，则可以减少世界3%的能源消耗；如将这部分风能用于发电，可产生世界总电量的8%～9%。风能的利用将可能改变人类长期依赖化石燃料的局面。到2002年底，世界总的风力发电设备有61 000台，总装机容量为3200万kW。2002～2007年，风力发电设备需求量为5100万kW，2007年底世界风电总装机容量为8300万kW，2012年世界风力发电总装机容量为10 800万kW。目前单机容量为5000kW。

650. 什么是风力发电？

风力发电是目前新能源开发中技术最成熟、最具有规模化商业开发前景的发电方式。风力发电的原理是：天然风吹转叶片带动发电机转子旋转而发电。风力发电机的风轮机多采用水平轴、三叶片结构。

651. 试述风力发电的国内外发展概况。

风力发电在20世纪80年代在美国和丹麦开始起步，20世纪90年代风力发电装机容量以年均20%的速度增加。2001年欧洲的风能发电功率达17 000MW，占全世界的风能发电能力的70%以上，2015年欧洲的风能发电装机容量达141 600MW。

我国是一个风能资源丰富的国家，全国可供开发利用的风能资源总量为2.53亿kW。我国的风力发电从20世纪80年代起步，到2000年末，全国风电装机容量为344kW，到2015年，我国的风能发电装机容量达145 362MW，超过欧洲，居世界首位。

652. 风能发电有几种方式？

风能发电有两种方式：

（1）小型家庭分散型风力发电装置。其工作风速适应范围大，几米每秒至十几米每秒，可工作与各种恶劣的气候环境，能防沙、防水，具有维修方便、寿命长的特点，技术已十分成熟。美国生产的2.5～3.0kW的家用风力发电机组已在世界各地运行，德国、瑞典、法国也生产这种小型风力发电装置。

（2）功率在100～1000kW的并网大型风力发电装置。德国、丹麦、法国的风力机技术优于美国。目前运行的最大风力机是德国的5MW机组。

653. 什么是水平轴式风力发电装置?

水平轴式风力发电装置主要包括风轮、停车制动器、传动机构、发电机、机座、塔架、调速器或限速器、调向器等，结构如图11-39所示。

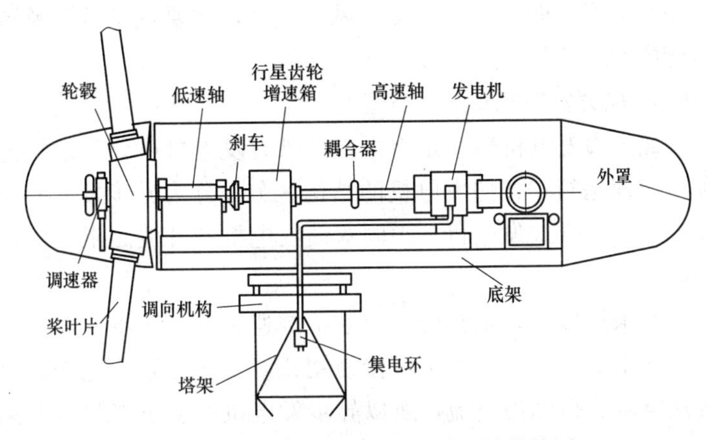

图11-39 水平轴式风力发电装置结构简图

（1）风轮。风力机也是一种流体涡轮机械，与其他流体涡轮机械，如燃气轮机汽轮机的主要区别是风轮。高速风力机叶片特别少，一般由2～3片叶片和轮毂组成。风轮叶片的功能是将风的动能转换为机械能并带动发电机发电。小型风力机叶片常用整块优质木材加工制成，表面涂上保护漆，根部通过金属接头用螺栓与轮毂相连。大中型风力机叶片采用玻璃纤维或高强度的复合材料。风力机的叶片装在轮毂上，通过轮毂与主轴连接，并将叶片力传到发电机。同时轮毂也实现叶片桨距角控制，故需有足够的强度。

（2）调速器和限速装置。它们用于实现风力机在不同风速时转速恒定且不超过某一最高转速值。当风速过高时，可以用来限制功率，减小作用在叶片上的力，分为偏航式、气动阻力式和变桨距角式三类。

（3）调向装置。风力机有顺风向和逆风向两种形式。逆风向风力机必须采用调向装置，而顺风向风力机的风轮能自然地对准风向，不需要调向装置。

（4）传动机构。包括低速轴、高速轴、增速齿轮箱、联轴节和制动器等。轮毂直接连接到齿轮箱的，就不需要低速轴。

（5）塔架。塔架除了要支撑风力机外，还要承受风压及风力机运行中的动载荷。

654. 风力发电机有几种类型？

按照风力发电机转速是否恒定，风力发电机可分为定转速运行和可变速运行；按照发电机的结构区分，分为异步发电机、同步发电机、永磁式发电机、无刷双馈发电机和开关磁阻发电机等机型。

（1）采用异步发电机时，应附带增速装置。异步发电机结构简单，发出的工频交流电可直接使用或经变压器输入电网。但因为要从电网获得励磁电流，所以异步发电机一般不能脱离电网单独运行。

（2）同步风力发电机不需要增速传动机构，整体结构简单。常采用交-直-交的接入方式，先把发出的交流变成直流，然后再逆变成工频交流接入用户或电网，其优点是发电机转速不必于电网频率要求的转速同步。

（3）永磁式发电机是利用永久磁铁取代励磁磁场，结构上是没有励磁系统的同步发电机。

（4）无刷双馈电机是由2台绕线式异步电机组成，2个转子的同轴连接省去了滑环和电刷，可实现变速恒频发电。

655. 风力发电的运行方式有几种？

风力发电的运行方式可分为独立运行、并网运行、与其他发电方式互补运行。独立运行是指风力发电机输出的电能经蓄电池储能，再供应用户使用。该方式可供电网达不到的边远地区、海岛等使用。并网运行是在风力资源丰富地区建立风力发电场，发出的电能经变压器送至电网。风力与其他发电方式互补运行，如风力-柴油机组互补发电、风力-太阳能光伏发电、风力-燃料电池发电等。该方式不仅可弥补风速变化所带来的发电量突然变化的影响、保证一年四季均衡供电，而且可延长蓄电池的寿命，同时还可以使离网型小型用户发电系统的发电成本降低，令自然资源得到充分利用。

656. 如何评估风力资源？

拟定若干个风电场，收集有关气象台30年以上实测的多年平均风速风向和常规气象实测资料。一般要求年平均风速在6m/s以上，经实地踏勘，综合地形、地质、交通、电网等其他因素，提出近期工程场址位置。在候选风电场位置上，安装若干台测风仪，对较复杂的地形，每3～5台风力机应布置1根测风杆，同一测风杆在不同高度安装1～3台测风仪，分10、30、40m三种高度实测1年以上。

657. 如何选择风力发电场址？

（1）拟建风电场的年平均风速应大于6m/s（滨海地区）和5.8m/s（山区）。在这样的风况条件下，选用单机500～600kW风力发电机，等效年利用小时数2000～2600h，上网电价为0.80～1.00元/(kW·h)，项目就具有较好的经济和社会效益。

（2）风电场地开阔，地质条件好，四面临风。

（3）交通运输方便。运输公路达到三、四级标准。

（4）并网条件良好。离电网应小于20km。风电场容量不宜大于电网总容量的5%。

（5）不利气象和环境条件影响小。

（6）应考虑土地征用和环保问题。尽量避开居民区和军事基地等重要设施。

658. 如何进行风力发电机组的选型？

（1）单机容量越大越经济。

（2）机型选择。单机300～600kW的风力机，具有代表性的为水平轴、上风向、三叶片、计算机自动控制，达到无人值守水平的机型。

在功率调节方式上基本上分两种形式：定桨距风力机的转速可根据风速大小自动切换，适用于平均风速较小的风电场；变桨距风力机具有结构轻巧和良好的高风速性能，是兆瓦级风力机发展方向。

659. 试述风力发电机组的功率调节方式。

（1）定桨距失速调节。定桨距是指风轮的桨叶与轮毂是刚性连接，叶片的桨距角不变，即当风速变化时，桨叶的迎风角度不能随之变化。当空气流流经上下翼面形状不同的叶片时，叶片弯曲面的气流加速、压力降低，凹面的气流减速、压力升高，压差在叶片上产生由凹面指向弯曲面的升力。如图11-40所示，如果桨距角β不变，随风速增加、攻角α增大、开始升力增大，到一定攻角后，尾缘气流分离区增大形成大的涡流，上下翼面压力差减少、升力减少，造成叶片失速，自动限制了功率的增加。由于失速动态特性不易控制，故很少用于兆瓦级以上的大型风力发电机组的功率控制上。

（2）变桨距角调节。它能使叶片的安装角随风速而变化，如图11-40（c）所示。风速增大时，桨距角向迎风面减小的方向转动一个角度，相当于增大β角，减小α角，风力机功率增大。

变桨距角机组启动时可对转速进行控制，并网后可对功率进行控制，使风力机启动性能和功率输出特性都有显著改善。其缺点是蓄要有一套比较复杂的变桨距角调节机构。

图中F为作用在桨叶上的气动合力，该力可以分解F_d和F_1，F_d为驱动力，使桨叶旋转做功；F_1为轴向推力，作用在地面上。

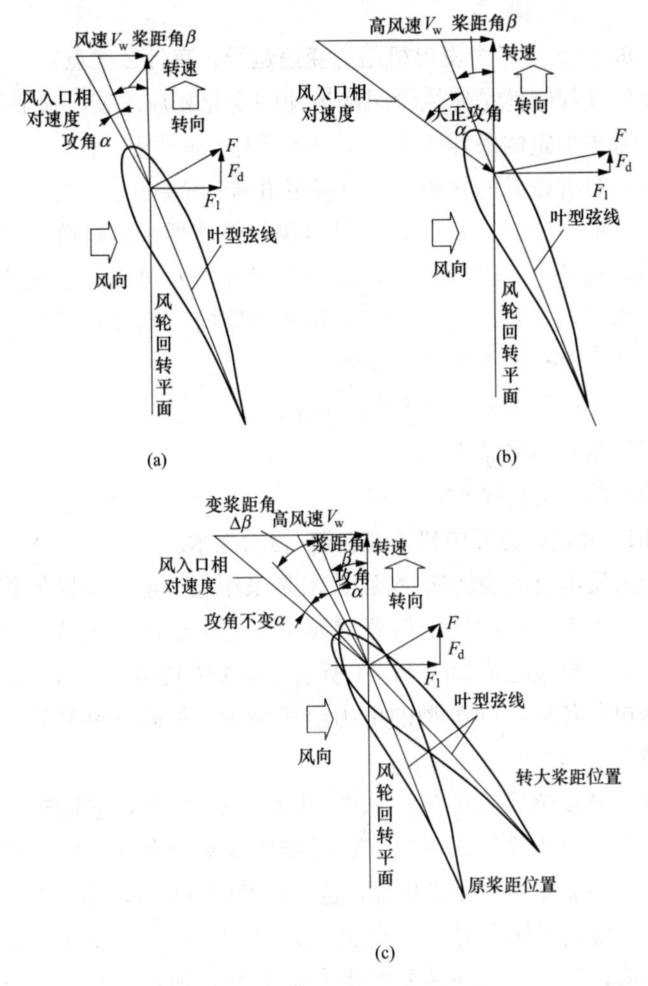

图 11-40 功率调节方式原理图

(a) 设计工况；(b) 定桨距失速功率调节；(c) 变桨距、攻角不变

(3) 混合调节。这种调节方式是前两种功率调节方式的组合。在低风速时，采用变桨距角调节，可达到更高的气动效率；当风机达到额定功率后，使桨距角向减小的方向转过一个角度，其攻角增大，使叶片的失速效应加深，从而限制风能的捕获。这种方式变桨距角调节不需要很灵敏的调节速度，执行机构的功率可以

较小。

660. 什么是风力发电机组的变速运行？有什么优点？

变转速控制就是使风轮跟随风速的变化相应改变其旋转速度，以保持基本恒定的最佳速比。变速运行有如下优点：

（1）具有较好的效率，可使桨距角调节简单化。

（2）能吸收阵风能量，阵风时风轮转速增加，把阵风风能余量存储在风轮机转动惯量中，减少阵风冲击对风力发电机组带来的疲劳损坏，延长机组寿命。当风速下降时，高速运转的风轮动能便释放出来变为电能送给电网。

（3）系统效率高。可提高发电量。

（4）改善功率品质。

（5）减小运行噪声。

661. 试述风力发电机的变转速/恒频技术。

风力发电机的变转速/恒频技术是采用电力电子变频器将发电机发出的频率变化的电能转化成频率恒定的电能。大型并网风力发电机组的典型配置如图11-41所示，箭头为功率流动方向。频率变换器包括各种不同类型的电力电子装置，如软并网装置、整流器和逆变器等。

（1）异步感应发电机。如图11-41（a）所示，它通过晶闸管控制的软并网装置接入电网。在同步速度附近合闸并网时冲击电流大，另外需要无功补偿装置，这种机型的应用比较普遍。

（2）绕线式转子异步发电机。如图11-41（b）所示，它外接可变电阻，使发电机的转差率增大至10%，通过一组电力电子器件来调整转子回路的电阻，从而调节发电机的转差率。

（3）双馈感应发电机。如图11-41（c）所示，它的转子通过双向变频器与电网连接，可实现功率的双向流动，根据风速的变化和发电机转速的变化，调整转子电流的频率的变化，实现恒频控制。这种方式用较小容量的变频器可实现有功和无功的控制。

（4）同步发电机。如图11-41（d）所示，其特点是取消了增速齿轮箱，采用风力机对同步发电机的直接驱动方式。这种方式

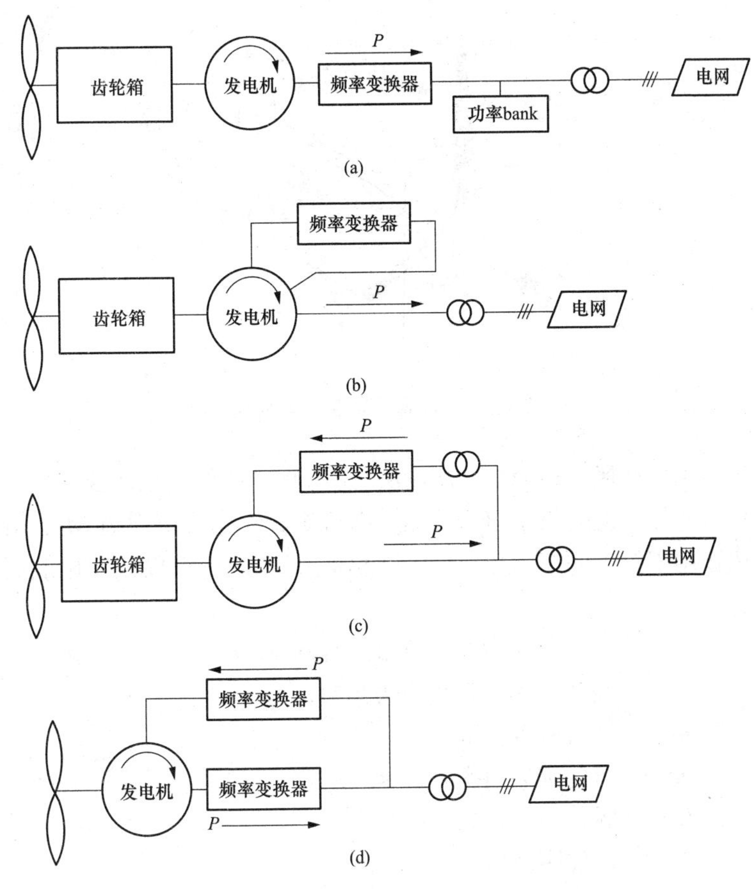

图 11-41 大型并网风力发电机机组典型配置

（a）异步感应发电机；（b）绕线转子异步发电机；

（c）双馈感应发电机；（d）同步发电机

提高了风电转换效率、降低了噪声、减少了故障和维护工作量。

662. 什么是风力机的迎风装置？

由于风速的大小、方向随时间总是在不断变化，为保证风轮机稳定工作，必须有一个装置跟踪风向变化，使风轮随风向变化自动相应转动，保持风轮与风向始终垂直，这种装置就是风轮机迎风装置，如图 11-42 所示。

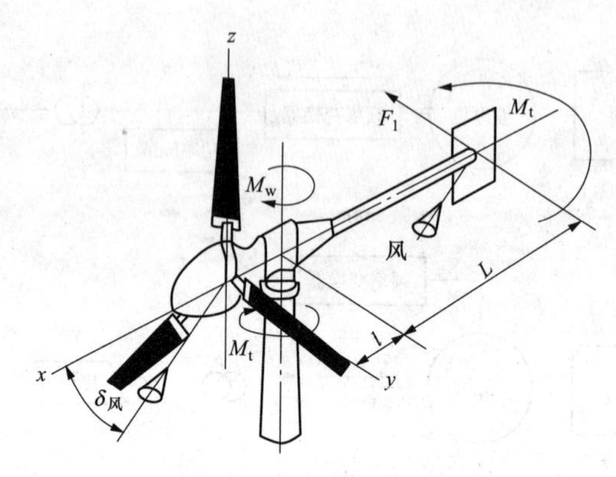

图 11-42　风轮机尾舵迎风装置

风轮机迎风有尾舵法和舵轮法，图 11-11 所示是尾舵法。风向变化时，机身上受三个扭力作用，即机头转动的摩擦力矩 M_f、斜向风作用于轴上的扭力矩 M_w、尾舵轮力矩 M_t。可以证明尾舵面积为

$$A_t = 2(M_f + M_w)/C_R\rho u^2 K^2 L$$

式中　C_R——尾舵升力、阻力合力系数；

ρ——空气密度，m^3/kg；

u——风轮圆周速率，m/s；

K——风轮损失系数，约 0.75；

L——尾舵距离，m。

按上式设计的尾舵面积可以保证风轮机桨叶永远对准风向。

663. 风力发电机如何直接与强电网联网？

图 11-43 表示了风力发电机直接与强电网联网的连接方式。从图可见，发电机直接与电网并联，风力机的风轮恒速（同步发电机）或接近恒速（异步发电机）运行，硬联网。此时发电机的励磁由电网提供，风力机必须是功率调节，风能占很小比例，电网总是吸收风电。

664. 风力发电机如何直接与弱电网联网？

图 11-44 表示了风力发电机直接与弱电网联网的连接方式。在风能占较大比例时（弱电网），电网并不总是吸收风能，风力发电

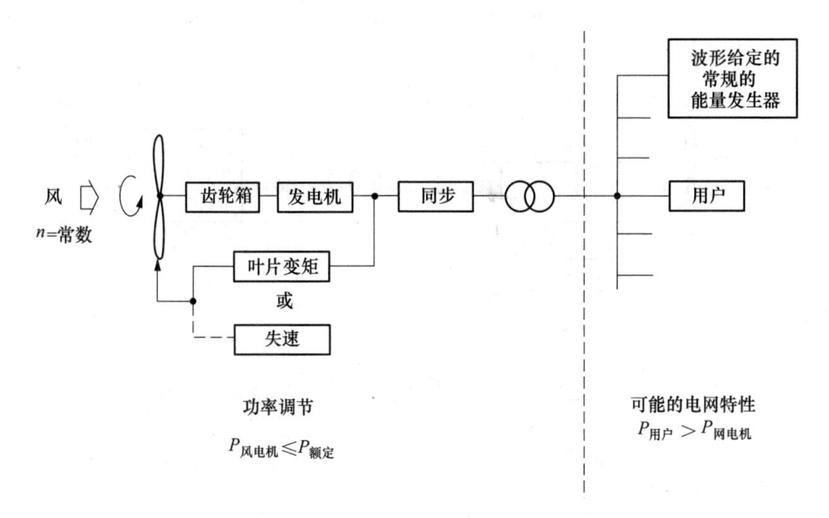

图 11-43 风力发电机直接与强电网联网的连接

只是往功率的一部分。此时，网内设有能量储存器。

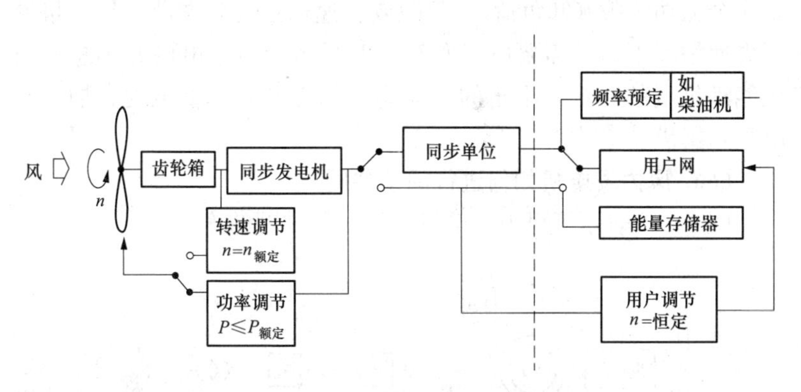

图 11-44 风力发电机直接与弱电网的连接

665. 风力发电机如何与海岛的柴油弱电网连接?

图 11-45 表示了风力发电机与海岛的柴油弱电网连接方式。它常采用同步或直流发电机（异步机需要电网提供无功或电量补偿），或采用进相同步发电机软并网。由于预先没有电网，供电频率通常由风轮机转速决定。

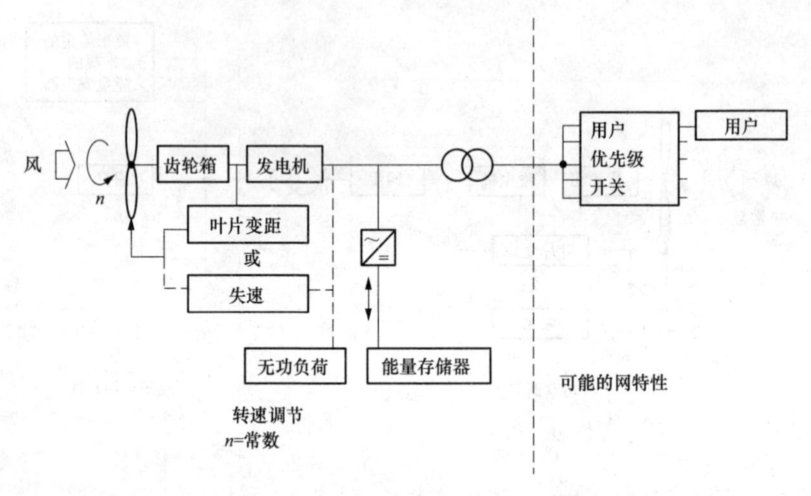

图 11-45　风力发电机在海岛网中运行

风力机必须变转速运行，因此要求电网频率尽可能变化小，或加入一个无功负载（卸负荷）。桨距或转速通过变相调节使风力机处于失速情况下时，需要电气刹车短时投入。由于电网并不总是由风能满足电的要求，不足的电能将由储能装置（蓄电池、抽水蓄电等）提供。

666. 风力发电机如何进行间接并网？

图 11-46 表示了风力发电机进行间接并网的连接图。

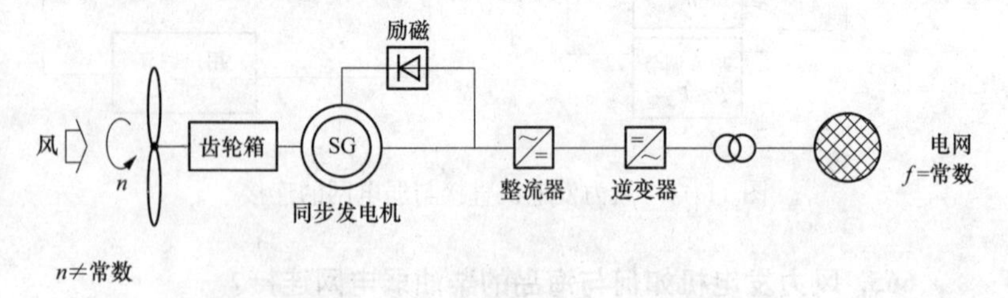

图 11-46　通过逆变器间接并网的风力发电机

从图可见，逆变器在电网中运行，同步发电机通过逆变器并网，风轮可变转速并网，发电机励磁不是由电网提供，不存在异步机的可能性。

667. 什么是双工异步发电机？

双工异步发电机（见图 11-47）的目的是限制运行转速的变化，达到在阵风时有小的转速变化，合理的转速变化范围应该是额定转速的约±20%。并入网的功率通过转子的电流只是很小一部分，这部分电流回流由频率发生器提供，并由一个调节器控制，产生 50Hz 的电网电流与转子电流的频率差 $\Delta f = f - f_0$，这个频率 Δf 流动的电流是在转子的滑环上。在阵风时，风力机超过允许转速偏差，风力机风轮就必须通过变桨，使其回复到允许范围。转子的电流越大，频率差越大。

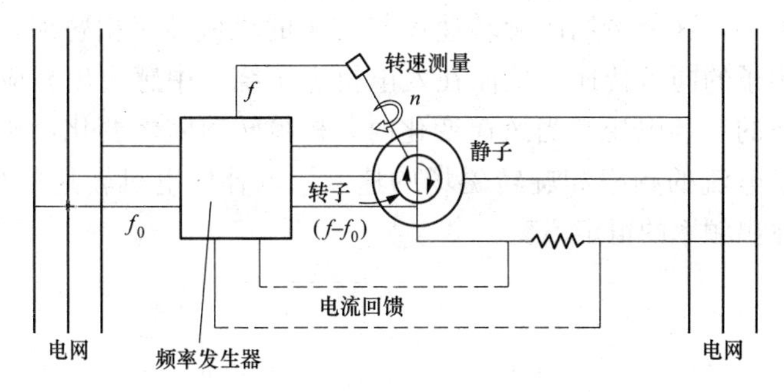

图 11-47　双工异步发电机原理接线图

668. 机舱对风有几种方案？

（1）风轮自动对风。它是通过风轮气动中心与塔架中心的偏心来实现对风。

（2）尾舵对风。尾舵使风轮对风快，但在风轮转速高时会产生陀螺力矩。

（3）强制推动对风。多数风力机采用此种方式。其轴与风轮轴垂直布置，但有倾斜来流时，风产生转矩，通过很高的变化齿轮箱使机舱转动，直到风轮轴与风向重新平行。

（4）电气、液压推动对风。这种机构采用齿轮传动机构作为外加推动力来对风，在大、中型风力机中使用。

669. 风力机对发电系统的要求是什么？

（1）将不断变化的风能转换为频率、电压恒定的交流电或电压恒定的直流电。

（2）高效率地实现上述两种能量转换，以降低每度电的成本。

（3）稳定可靠地同电网、柴油发电机及其他发电装置或储能系统联合运行，为用户提供稳定的电能。

670. 试述双馈式三相异步风力发电机的结构和原理。

双馈发电机的结构类似于绕线型感应电机，其定子绕组直接接入电网，转子绕组由一台频率、电压可调的低频电源（一般采用交-交循环变流器）供给三相低频励磁电流。发电机的定子、转子绕组分别和电网相连，故称为“双馈”。其系统原理如图 11-48 所示。当转子绕组通过三相低频电流时，在转子中形成一个低速旋转磁场，这个磁场的旋转速度与转子的机械转速相叠加，使其等于定子的同步转速，从而在发电机定子绕组中感应出相应于同步转速的工频电压。当风速变化时，机械转速随之变化，相应改变转子电流的频率和旋转磁场的速度，以补偿电机转速的变化，保持输出频率的恒定不变。

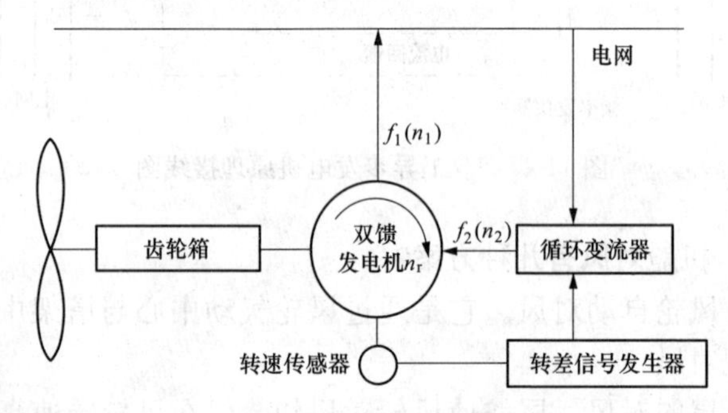

图 11-48　双馈发电机系统原理框图

双馈发电机系统的电子变换装置容量很小，很适合用于大、中型变速/恒频风电系统。

671. 试述永磁式同步风力发电机的结构和原理。

这类机组的系统图和结构图如图 11-49 和图 11-50 所示。

该种风力发电机的工作原理是：发电机配备多磁极有永久磁铁，定子绕组是对应的多极绕组。因为它直接由风扇驱动，没有增速齿轮箱，风扇的转速很低（一般为 19r/min，相当于 9.5Hz）。根据同步发电机转速与频率的关系（$f=np/60$），其中 n 为转速，

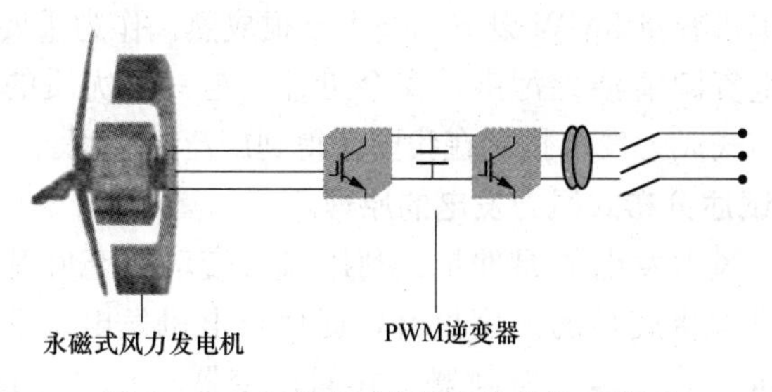

图 11-49 永磁式同步风力发电机系统图

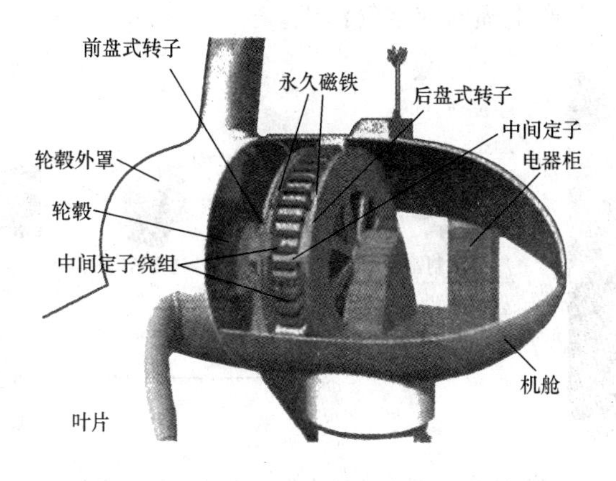

图 11-50 永磁式同步风力发电机结构图

p 为极对数，采用多极是为了在低转速的情况下提高发电机的频率。发电机和电网之间加一个全功率变频器，将交流电变为直流，再变为交流电，其幅值、相位、频率与电网相对应。

672. 试述分布式风力供电。

分布式风力发电是指采用风力发电机作为分布式电源，将风能转换为电能的分布式发电系统。发电功率在几千瓦至数百兆瓦，是一种小型模块化、分散式、布置在用户附近的高效、可靠的发电模式，也是一种新型的、具有广阔发展前景的发电和能源综合利用方式。

风力发电技术可分为独立与并网运行两类，前者为微型或小型风力发电机组，容量为 100W～10kW，后者的容量通常超过

150kW，单机容量 2MW 以下的技术已很成熟。作为重要的可再生能源，风电资源清洁无污染，安全可控，是一种优质的可再生新能源，分布式风力发电技术在我国已得到广泛的应用。

673. 试述分布式风力发电的原理。

分布式风力发电的原理是：利用风力带动风车叶片旋转，再通过增速机构将旋转的速度提升，促使发电机发电。系统主要由风力发电机、蓄电池、控制器、并网逆变器组成（见图 11-51）。在约 3m/s 的微风速度下，便可以开始发电。由于风力发电不用燃料，因此不会产生辐射或空气污染。

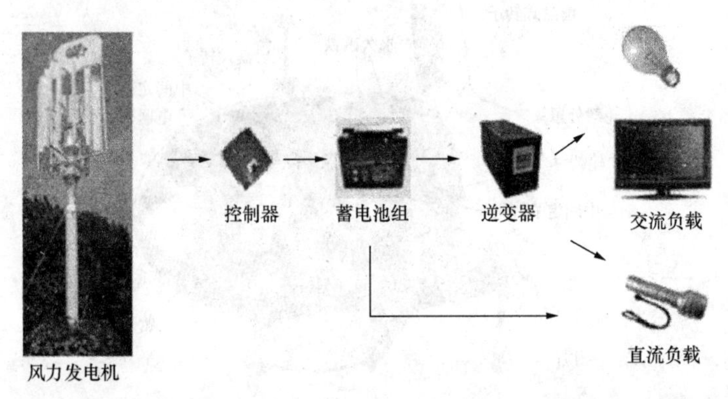

图 11-51　分布式风力发电机的供电系统图

674. 分布式风力发电的特点是什么？

（1）环境适应性强。无论是高原山地还是海岛边远地区，只要风能达到一定的条件，系统都可以正常运行，为用户终端供电。

（2）弥补大电网安全稳定性的不足。在意外灾害发生时可继续供电，现已成为集中供电方式不可缺少的重要补充。

（3）对区域电力的质量和性能进行实时的监控。非常适合农村牧区山区发展中的中小城市或商业区的居民供电，可大大减小环保压力。

（4）输配电损耗低，甚至没有，无需建配电站。可降低或避免附加的输配电成本，同时降低土建和安装成本。

（5）可以满足特殊场合的需求。如用于重要集会或庆典的移动分散式发电车。

（6）调峰性能好、操作简单。由于参与运行的系统少、启停快速，便于实现全自动。

675. 发展分布式风力发电有什么意义？

（1）它是解决我国环境污染问题和保障我国电力安全的重要途径之一。

（2）它是发挥分布式风力发电供能系统效能的最有效方式。

（3）它可实行离网发电，有效解决边远地区的用电难题。

676. 我国风电发展的目标是什么？

2005 年全国风电装机容量为 100 万 kW，2012 年达到 400 万 kW，2015 年达到 1000 万 kW。2020 年风电发展的目标是装机容量达到 2000kW，占全国总装机容量的 2%左右。

677. 试述分布式风力发电对电网的影响。

（1）对电网规划的影响。它的引入使得配电网的结构发生根本性的变化，主要表现在使传统的配电网络规划运行发生彻底改变，配电网自动化和需求侧管理的内容也需要重新加以考虑，分布式电源之间的控制和调度必须加以协调。

（2）对电网调度的影响。我国地区电网的电源接入网架有限，大量分布式电源接入配电网将给配电网的电源平衡带来难度。一般地区电网的负荷主要为民用负荷，因此负荷的峰谷差较大，风力发电的随机性、反调峰性给电网的调峰及常规火电机组的开机方式安排增加了难度，必须尽可能多地接纳风电电力，同时保证火电机组运行的经济性。

（3）对继电保护的影响。大多数配电系统的结构呈放射状，采用这种结构是为了运行的简易性和线路过电流保护的经济性。当配电网中接入了分布式风电之后，放射性网络将变成遍布电源和用户的互联网络，潮流在变电站母线与负荷点间不定向流动，对配电网原有的继电保护产生较大影响。

678. 什么是风光互补发电系统？

风光互补是一套发电应用系统，该系统是利用太阳能电池方阵、风力发电机（将交流电转化为直流电）将发出的电能存储到蓄电池中。当用户需要用电时，逆变器将蓄电池组中储存的直流电转变为交流电，通过输电线路送到用户负载处，富裕的电能则送入外电网。由于风力发电机和太阳能电池方阵两种阀电设备共同发电，可以在资源上弥补风电和光电独立系统的缺陷；实现昼夜互补——中午太阳能发电，夜晚风能发电；季节互补——夏季日照强烈，冬季风能强烈；稳定性高——利用风光的天然互补性，大大提高系统供电的稳定性。

679. 试述小型风光互补发电系统。

小型风光互补发电系统一般由一个或几个中小型风力发电机和若干太阳能电池组件组成电力来源。电力送入风光互补控制器，在控制器内先转换成直流电，根据控制需要直流电可向蓄电池组充电与逆变成交流电。它既可以是离网的独立供电系统，也可以组成并网系统，把多余的交流电送向电网。图 11-52 是小型风光互补发电系统示意图。

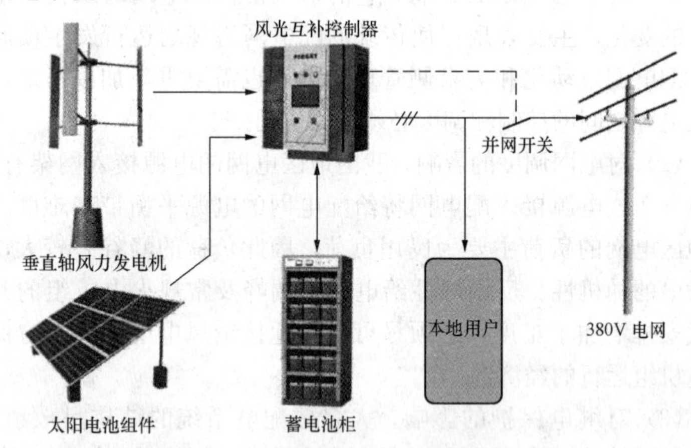

图 11-52　小型风光互补发电系统示意图

从图 11-52 可见，风力发电机发出的三相交流电经过整流滤波电路变为直流电，送至升压直流变换电路，将直流电压升至逆变器要求的 650V 左右。一方面给蓄电池充电，另一方面经过逆变器变为交流电，再经过滤波器滤波送往本地负载和并网。太阳能电池组串吸收太阳能后产生的直流电经升压直流变换电路送至直流母线和给蓄电池组充电。

680. 试述风光互补 LED 路灯系统。

微型风光互补系统在公共照明领域得到了较广泛的应用。风光互补 LED 路灯系统即是每个路灯完全利用风和太阳光能为灯具供电（无需外接电网），具有风能和太阳能产品的双重优点，由风、光能协同发电，电能储于蓄电池中。路灯开关智能控制，自动感应外界光线变化，无须人工操作，特别适用于高速公路、城市道路、防洪堤、景观道路与乡村结合道路。

图 11-53 是一个风光互补路灯的主电路图。图 11-54 是垂直式风力机的风光互补路灯外形图。

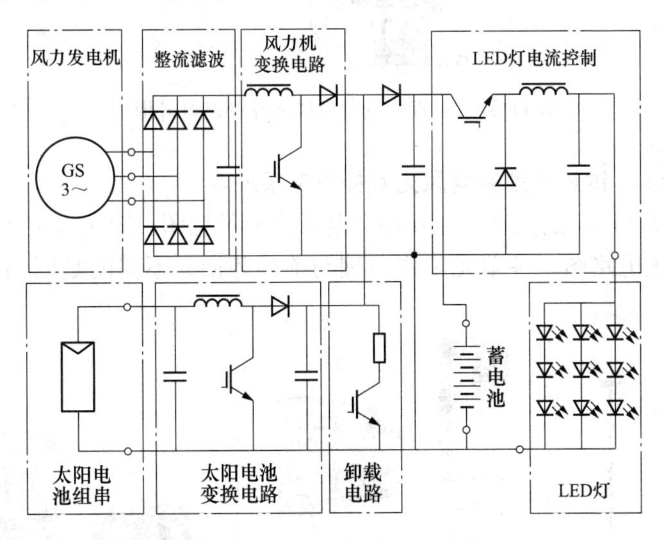

图 11-53 风光互补路灯主电路图

从图 11-53 可见，微型风力发电机与光伏电池组件通过各自的变换电路，输出相同的直流电压连接在一起，并通过防反流二极管向蓄电池充电；LED 电流控制可输出稳定的电流，并可控制电流大小，同时也是 LED 灯开关，待天黑时系统启动 LED 电流控制输出电流到 LED 灯，天亮后关闭。电路中还有卸载电路，在蓄电池充满电后，电有富裕时，为保护风力发电机与光伏组件，开通卸载电路将富裕电量泄放掉。

图 11-54　垂直式风力机风光互补路灯外形图

681. 试述大型并网风光互补发电系统。

图 11-55 是大型风光互补发电系统的示意图。图 11-56 是该系统的主电路图。各单元工作原理与前面相同。不同的是因为系统

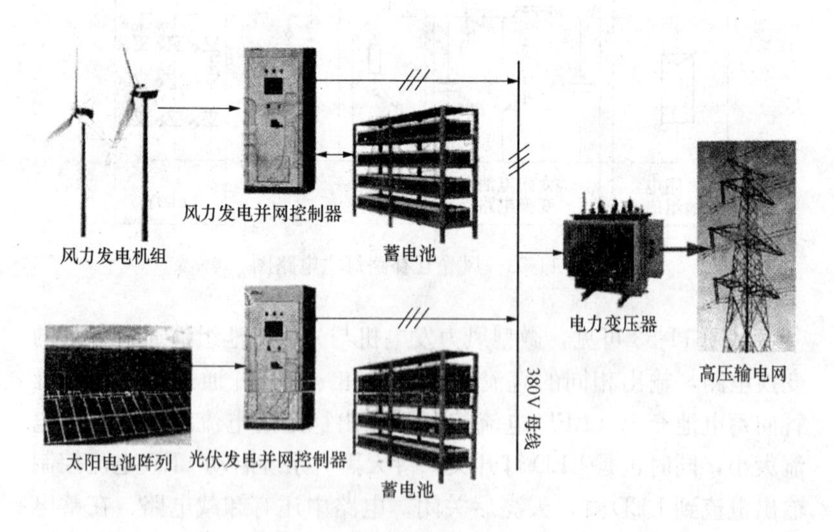

图 11-55　大型风光互补发电系统示意图

可能由多个风力发电机与多个太阳能电池阵列组成，防止个别机组漏电影响整个系统运行，各并网控制器都有高频变压器进行输入与输出的隔离。

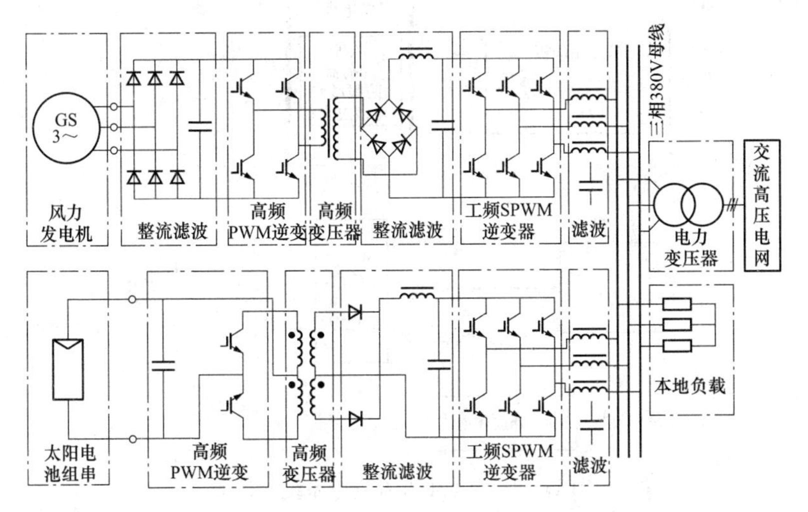

图 11-56 大型风光互补发电系统主电路图

682. 试述风光油互补发电系统。

图 11-57 表示了风光油互补发电系统原理图。图中的柴油发电机平常不工作，优先使用风光发电；在无风、无太阳连续达到 3 天，或者在蓄电池的容量低于 20%时，自动启动柴油发电机，给基站和蓄电池充电；当充电量达到蓄电池容量的 80%时停机。采用风光油互补发电系统，不但可以节约用煤、水，还减少污染物的排放，带来经济和社会效益。

683. 试述风力发电和供暖系统。

风电供暖是指利用风力所发电量进行供暖，由于我国北方地区风能资源丰富，而夜间用电量非常少，所以夜间所发电力被大量浪费，这就是弃风问题，这个问题已成为全球共性问题。国家鼓励企业使用夜间谷电，也就是“移峰填谷”，可减少供暖对环保的压力，风电供暖应时而生。传统的燃煤供暖对大气污染严重，而风电是清洁能源，使用风电夜间进行储存热量，24h 供暖，既解

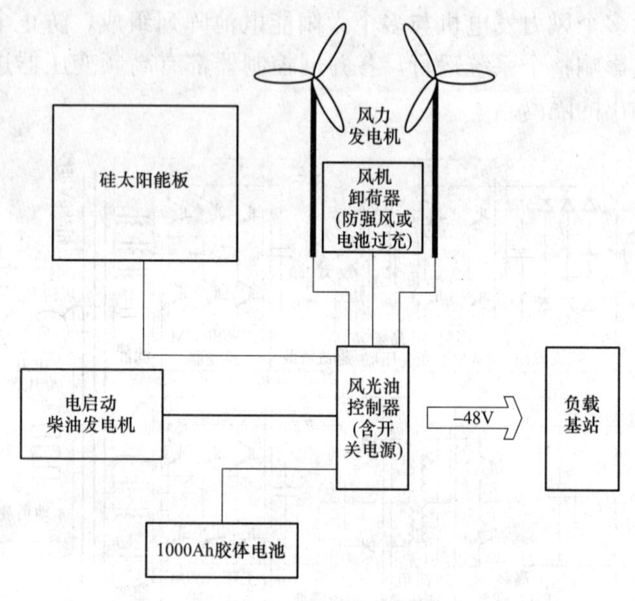

图 11-57　风光油互补发电系统原理图

决了弃风问题，做到了“移峰填谷”，又解决了传统供暖对于大气的污染问题。

684. 什么是固体电蓄热式锅炉？如何实现供暖？

固体电蓄热式锅炉是利用谷电或风电加热固体蓄热体，将其“烧”到750℃，通过绝热材料保存热量，用热风机循环转动，将蓄热体中的热量吹出来，通过换热器传递给水，再通过供暖管道传递给家家户户，实现了城市集中供暖。这种设备无任何排放物，无任何污染。此外，设备全智能控制系统，温度精度准为±1℃。热水温度、供应时间可调，且与电网自动投切，蓄能供热设备可直接连接城市高压电，节约变压器投资。

685. 试述风光发电联合供热系统。

太阳能与风力发电联合供热系统见图 11-58 所示。

在风力发电系统中，风力发电设备利用风能发电，经供电回路、组合电控装置、电热供电回路，向电加热器供电。在发电量过剩时通过剩余电力外供回路向外供电，若发电量不足时可由市

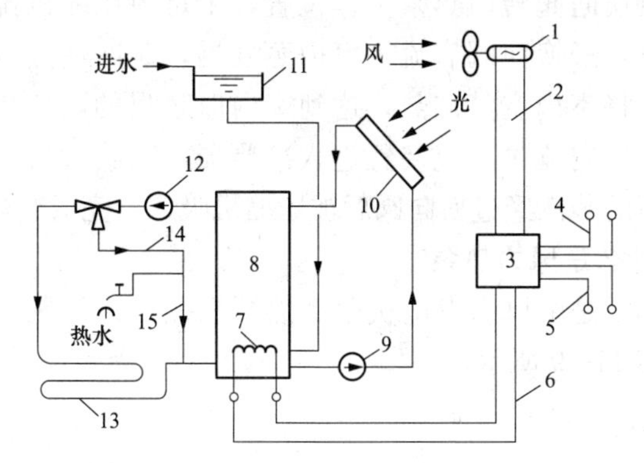

图 11-58 太阳能与风力发电机联合供热系统

1—风力发电设备；2—风力发电供电回路；3—组合电控设备；
4—剩余电力外供电路；5—市电辅助供电电路；6—电热供电回路；
7—电加热器；8—储热装置；9—集热循环泵；10—太阳能集热器；
11—膨胀水箱（补水箱）12—供热循环泵；13—地板加热盘管；
14—热水供水管；15—热水循环管

电辅助供电回路补充电力。在太阳能集热系统中，循环水由储热装置经集热循环泵进入集热器吸热，然后循环水再回到储热装置，如此不断循环完成加热和储热过程。在供暖及热水供应系统中，循环热水由储热装置经供热循环泵分成两路：一路进入地板加热盘管，一路进入热水供水管，剩余热水经热水循环管回到储热装置，以维持热水的供水温度。膨胀水箱起容纳系统膨胀水、稳定系统压力作用，兼用作补水箱。

686. 热泵的工作原理是什么？

热泵装置的工作原理与压缩式制冷机是一致的。在小型空调器中，夏季降温或冬季取暖，都是使用同一套设备完成，它的蒸发器和冷凝器是用一个换向阀来调换工作的。在夏季空调降温时，设备按制冷工况运行：由压缩机排出的高压蒸汽，经换向阀进入冷凝器，制冷剂蒸汽被冷凝成液体，经节流装置进入蒸发器，并在蒸发器中吸热，将室内空气冷却，蒸发后的制冷剂蒸汽，经换向阀后被压缩机吸入，这样周而复始，实现制冷循环。在冬季取暖时，先将换向阀转向热泵工作位置，于是由压缩机排出的高压制冷剂蒸汽，经换向阀后流入室内蒸发器，制冷剂蒸汽冷凝时放出的潜热，将室内空气加热，达到室内取暖目的，冷凝后的液态制冷剂，从反向流过节流装置进入冷凝器，吸收武器界热量而蒸发，蒸发后的蒸汽经过换向阀后被压缩机吸入，完成制热循环。

687. 什么是风力热泵？

风力热泵是由风力发电机驱动热泵压缩机进行制冷和制热的装置。如图11-59所示。

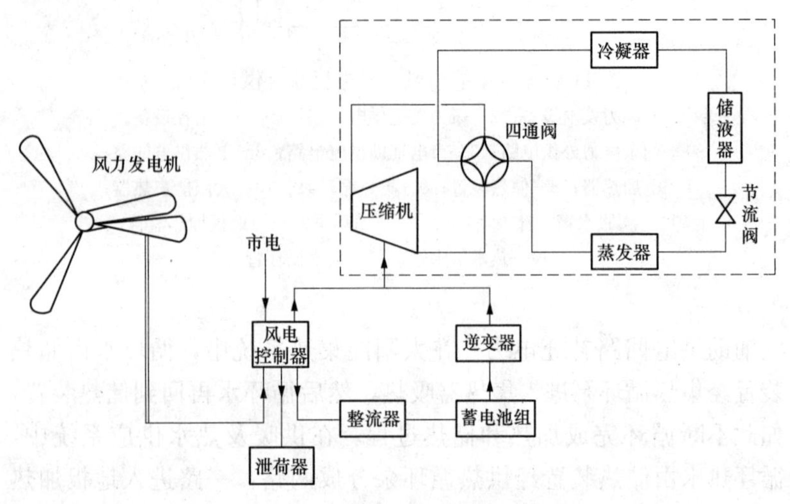

图11-59 风力热泵系统组成原理图

风力发电机将风能转化为电能（可以是直流或交流电，图中为交流电），蓄电池组是将大风速时风力发电机发出的多余电量储存起来，以备无风和小风时使用；泄荷器在风力发电机发出的电量满足压缩机需求且蓄电池充电完成后，泄掉多余电量；整流器将交流电变为直流电便于储存；逆变器将直流电逆变为交流电供压缩机用；风电控制器在系统运行过程中起调节控制作用；当风力发电机直接驱动压缩机 运行时，如果其电量不足，则由蓄电池供电，如再不足时，则由市电电网供电。热泵系统通过制冷和制热运行满足用户冷热量的需求。

688. 试述风力热电冷三联产系统。

风力热电冷三联产系统可分为独立系统和复合型系统。独立系统可采用风力热泵来实现；复合型系统可见图 11-60 所示，该系统由太阳能发电、风力发电和天然气驱动的内燃机、燃料电池等发电设备组成的分布式能源系统。

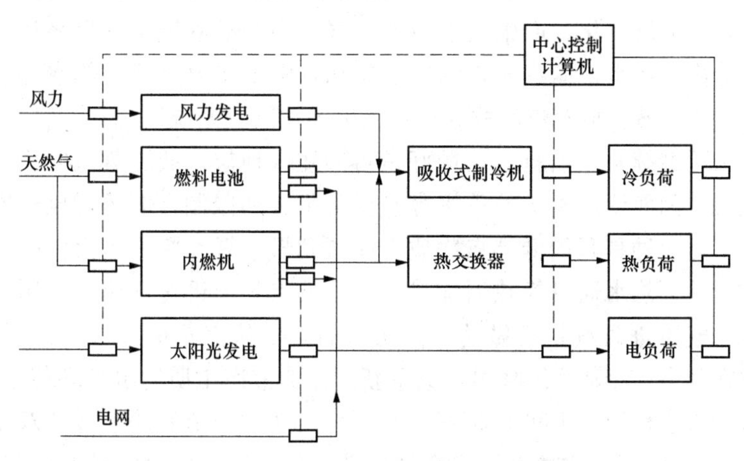

图 11-60 多能源复合型三联产系统示意图

图中的这几种发电设备的发电容量所占的比例，可根据用户的实际需求量来确定。例如对于一般住宅建筑，可再生分布式能源系统的构筑主要以太阳能的光伏发电为主，根据公共建筑或用能区域对能源的需求，采用以太阳能发电和风力发电为主，内燃机和燃料电池为辅的能源供给系统，实现热电冷三联产。

689. 什么是地热发电？

地热发电实际上就是把地下的热能转变为机械能，然后再将机械能转变为电能的过程。目前开发的地热发电资源主要是蒸汽型和热水型两类，因此，地热发电也分为两大类。

（1）地热蒸汽发电。地热蒸汽发电有一次蒸汽法和二次蒸汽法两种。一次蒸汽法直接利用地下的干饱和蒸汽，或者利用从汽、水混合物中分离出来的蒸汽发电。二次蒸汽法有两种含义，一种是不直接利用比较脏的天然蒸汽，而是让它通过换热器汽化为洁净水，再利用洁净蒸汽发电；第二种含义是，将从第一次汽水分

离出来的高温热水进行减压扩容生产二次蒸汽，压力仍高于当地大气压力，和一次蒸汽分别进入汽轮机发电。

（2）地热热水发电地热水中的水，必须以蒸汽状态输入汽轮机做功，目前对温度低于100℃的非饱和状态地下热水发电，有两种方法：一是减压扩容法，利用抽真空装置，使进入扩容器的地下热水减压汽化，产生低于当地大气压力的扩容器蒸汽后将汽和水分离，排水、输汽充入汽轮机做功，由于压力降低的热水会沸腾并“闪蒸”成蒸汽，故这种系统称为“闪蒸系统”。而分离后的热水可继续利用后排出，最好是再回注入地层。低压蒸汽的比容很大，因而使汽轮机的单机容量受到很大的限制，但运行比较安全。另一种是利用低沸点物质，如氟利昂、氯乙烷等作为中间介质，地下热水通过换热器加热，使低沸点物质迅速汽化，利用所产生气体进入汽轮机做功，做功后的工质从汽轮机排入凝汽器，并在其中经冷却系统降温，又重新凝结成液态工质后再循环使用，这种方法称为“中间工质法”，该系统称为“双流系统”或“双工质发电系统”。这种系统安全性较差，如果系统的封闭稍有泄漏，工质逸出后很容易发生事故。

690. 试述“闪蒸”地热发电的系统。

图11-61表示了采用“闪蒸”地热发电的系统示意图。

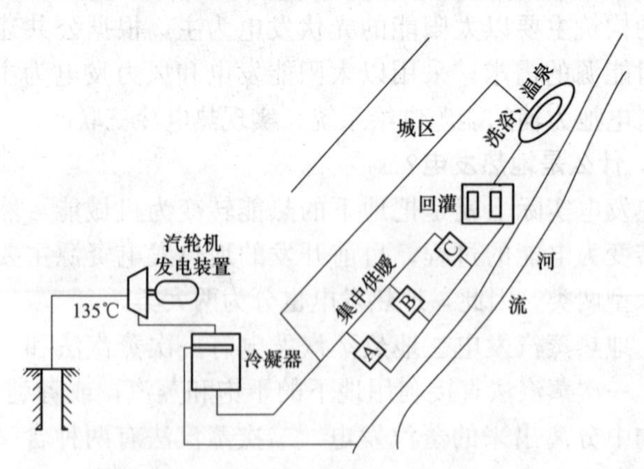

图11-61 “闪蒸”式地热发电系统示意图

从图可见，从地下抽上来的热水经扩容器减压汽化后将蒸汽输入汽轮机，带动发电机发电，其排汽进入冷凝器。冷凝器的一大部分凝结水送往集中供暖和洗浴、温泉，一小部分排放至河流，从而实现了热电联产。

691. 什么是联合循环地热发电系统？其优点是什么？

20 世纪 90 年代中期，以色列把地热蒸汽发电和地热水发电两种系统合二为一，设计出一个新的系统，称为联合循环地热发电系统，并在一些国家安装运行，效果很好。其优点是：可以适用于大于 150℃的高温地热流体发电，经过一次发电后的流体，在并不低于 120℃的工况下，再进入双工质发电系统，进行二次做功，这就充分利用了地热流体的热能，既提高发电的效率，又将以往经过一次发电后的排放尾水进行再利用，大大节约了资源。

692. 什么是生物质能？

从广义上讲，生物质能是植物通过光合作用生成的有机物。它的最初来源是太阳能，所以它是太阳能的一种，同时也是可再生的。生物质能是人类利用最早、最多、最直接的能源。世界上有 15 亿以上的人口以生物质作为生活能源，在全球能源消费中仍占有约 15%的份额，仅次于煤炭、石油、天然气，居世界能源消费总量的第四位。

生物质所蕴藏的能量是相当大的，全世界每年由光合作用所形成的有机物约为 1400～1800 亿 t（干重），相当于世界总能耗的 10 倍。我国每年生物质资源总量达折合标准煤 6 亿 t 以上，可开发为能源的生物质资源达 3 亿多 t 标准煤。

693. 生物质能的特点是什么？

生物质能既不同于常规的矿物能源，又有别于其他新能源，它兼有两者的特点和优势，是人类最主要的可再生能源之一。其优点如下：

（1）清洁性。生物质的硫、氮含量低，作为燃料时，燃烧过程中的硫化物和氮化物较少。由于它生长时需要的二氧化碳相当于其燃烧时排放的二氧化碳量，因而对大气的二氧化碳净排放量近于零。用新技术开发利用生物质能不仅有助于减轻温室效应、促进生态良性循环，而且可替代部分石油、煤炭等化石燃料，成为解决能源危机与环境问题的重要途径之一。

（2）可再生性。只要有阳光照射，绿色植物的光合作用就不会停止，生物质能也永远不会枯竭，特别是在大力提倡植树、植草、合理采樵、保护自然环境的情况下，植物将会源源不断供给生物质能源。

（3）可储存性与替代性。因为它是有机资源，所以对于原料本身或其液体或气体燃料产品是可以进行储存的。液体或气体燃料也可以运用于已有的石油、煤炭动力系统中。

（4）普通性与易取性。生物质是一种普遍而廉价的能源，取材容易、生产过程极为简单。

（5）蕴藏量巨大。生物质的年生长量巨大，相当于全世界一次性能耗的10倍，按开采10%计算，实际可用量可以满足能量供给的要求。它除了储备能源以外，还有能源流通意义。

生物质能源也有缺点：与矿物能源比其能量密度较低，属于低品位能源；重量轻、体积大，给运输带来了难度；风、雨、雪、火等外界因素为它保存带来不利影响。

694. 试述生物质热电联产。

生物质热电联产是一个综合的能源系统，生物质原料的燃料特性差别很大，故在应用过程中考虑的问题也不同，不同的生物质原料需要不同的收集储存运输及转化技术。用于热电联产的生物质转化路线，可分为直接燃烧技术和气化技术两类。

（1）直接燃烧技术。图11-62为直接燃烧热电联产的系统组成图。

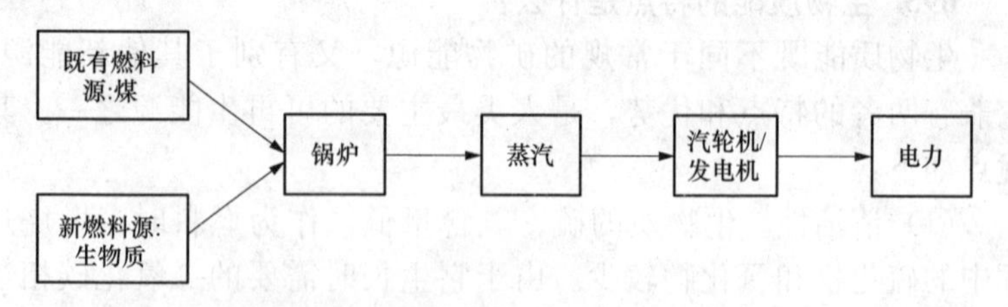

图11-62　直接燃烧热电联产系统组成图

常用于生物质燃烧的锅炉为炉排锅炉和流化床锅炉，这两种锅炉完全依靠生物质来维持燃烧或者将煤与生物质混合燃烧。

直接燃烧生物质热电联产系统还包括生物质准备工场、生物质处理设备（干燥器、筛选机和研磨机等）、捕集大颗粒粉尘的旋风分离器、处理细微颗粒的囊式集尘器、干式筛分系统、氮氧化物排放量控制装置及其他控制设备。

（2）气化技术。图 11-63 为生物质气化热电联产系统示意图。

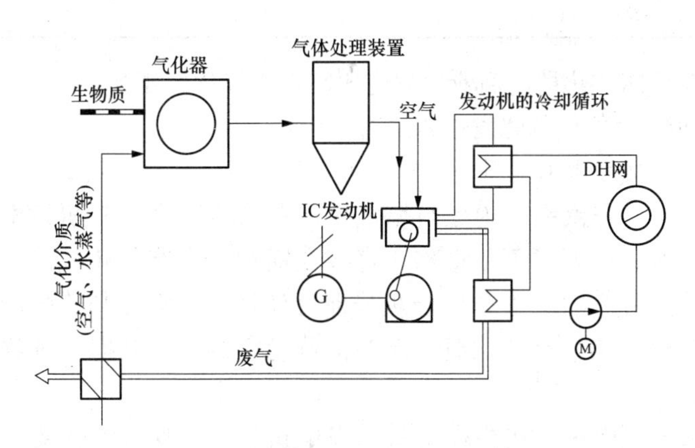

图 11-63 生物质热电联产系统示意图

气化技术是指将生物质通过高温分解或厌氧发酵产生中、低热值的合成气。合成气的热值在 3726kJ/m^3左右，具体取决于生物质的含碳量、含氧量和气化器的特性。

气化器包括固定床气化器和流化床气化器，其典型参数见表 11-4 所示。流化床气化器结构复杂、造价高，但具有较好的灵活性，可处理大范围的生物质原料。

表 11-4 固定床气化器与流化床气化器的典型参数

参数	固定床气化器（向下送风式）	流化床气化器
燃料尺寸（mm）	10～100	0～20
燃料含灰量（%质量）	＜6	＜25
工作温度（℃）	790～1400	730～950
调节比	4∶1	3∶1

续表

参数	固定床气化器（向下送风式）	流化床气化器
容量（MW热量）	<5	≥5
启动时间	数分钟	数小时
焦油含量（g/m^3）	<0.5	<0.86
高位热值（kJ/m^3）	4.847	5.592

流化床气化器的商业化程度比固定床气化器要好。

695. 生物质气化发电方式有几种?

生物质发电有3种方式：

（1）在蒸汽锅炉内燃料燃烧生产蒸汽带动蒸汽轮机发电。这种方式对气体要求不很严格，直接在锅炉内燃烧气化气。气化气经过旋风分离器除去杂质合灰分即可使用，不需冷却。燃烧器在气体成分和热值有变化时，能够保持稳定的燃烧状态，排放物污染少。

（2）在燃气轮机内燃烧带动发电机发电。这种方式要求气化压力在10～30kg/cm^2，气化气也不需要冷却。但有灰尘、杂质等污染问题。

（3）在内燃机内燃烧带动发电机发电。这种方式应用广泛，而且效率较高。但该种方式对气体要求严格，气化气必须净化及冷却。

696. 试述固定床气化发电装置和流化床气化发电装置。

图11-64为固定床气化发电装置图，图11-65为流化床气化发电装置图。

从图11-64可见，该装置分为气化炉部分、燃气净化系统和内燃发电机部分。气化炉为下吸式固定床气化炉，可连续加料，连续出灰。料口在气化炉顶部，原料可从高位料仓放入，也可通过加料机提升进入气化炉内，灰渣由出渣机排出。燃气采用多级水洗方式净化，以达到内燃机的要求。为满足生物质气化气性能要求，内燃机采用了低压缩比、机外单体的混合器结构和简单可靠的电点火系统。

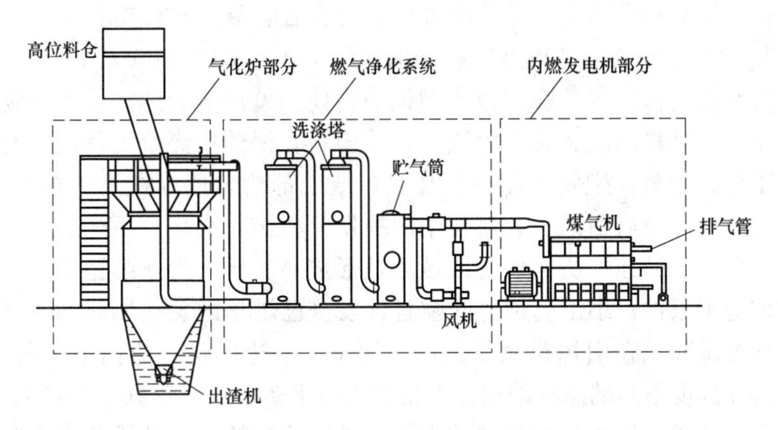

图 11-64 固定床气化发电装置图

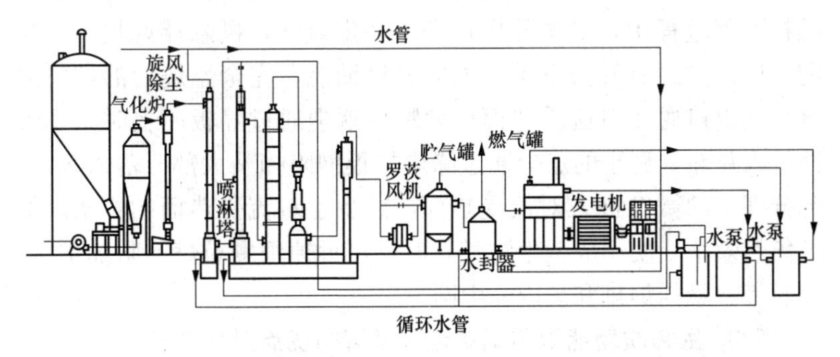

图 11-65 流化床气化发电装置图

从图 11-65 可见，在发电规模较大的情况下，一般采用流化床气化炉，内燃机功率最大维 200kW，可采用一台流化床气化炉带多台内燃机。流化床气化炉的气化效率高、容量大，原料为颗粒或经过粉碎的原料，旋风分离器将灰渣或颗粒杂质去除。气化炉出口温度约 600～650℃，通过多级水洗对燃气进行降温和除尘，采用多台 200kW 发电机并联方式发电。

697. 生物质新能源用锅炉燃烧装置的原理是什么？

生物质燃料是将农作物秸秆、木屑、锯末、花生壳、玉米芯、稻壳、树枝、树叶、干草等通过压缩成型直接利用的燃料，无任何添加剂和黏结剂，是一种可再生的清洁能源。国家要求2010～2020年生物质固体成型燃料分别达到100万t和5000万t。用生物质燃料替代煤，在城市小型锅炉内使用就成为首选，采用生物质专用燃料燃烧装置可解决生物质染料在锅炉中燃烧的问题。其工作原理是：生物质燃料从加料口或上部均匀地铺在上炉排上；点火后，开启引风机，燃料中的挥发分析出，火焰向下燃烧，在卫燃带、悬挂炉所构成的区域迅速形成高温区，为连续稳定着火创造了条件；小于上炉排间隙且挥发分已燃尽的炙热燃料和未燃尽的微粒，在引风机及重力的作用下，一边燃烧一边向下掉落，落在温度很高的悬挂炉稍作停留后继续下落，最后落到下炉排上；未完全燃烧的燃料颗粒继续燃烧，燃尽的灰粒从下炉排落入出灰装置的灰斗；当积灰到一定高度时，打开出灰闸板一并排出；在燃料下落过程中，二次配风口补充一定氧气，供悬浮燃烧，三次配风口提供的氧气为下炉排上的燃烧助燃，完全燃烧后的烟气通过烟气出口通往对流受热面；大颗粒烟尘通过隔板向上时由于惯性甩入灰斗，稍小的灰尘通过除尘挡板网阻挡又大部分落入灰斗，部分细小的微粒进入对流受热面，减少了对流受热面的积灰，提了传热效率。使用成型生物燃料时，可拆掉细颗粒燃料附加炉排、卫燃带、悬挂炉排和炉内除尘网。

698. 生物质新能源用锅炉燃烧装置的优点是什么？

（1）可迅速形成高温区，稳定地维持煤气化燃烧和悬浮燃烧状态。烟气在高温炉膛内停留时间长，经多次配风，上边进料，下边出火，燃烧充分、燃料利用率高、不冒黑烟。

（2）采用炉内除尘装置，与之配套的锅炉烟尘排放原始浓度低，可不用烟囱。

（3）燃料燃烧连续，工况稳定，不受添加燃料或捅火的影响，可保证功率。

（4）水冷炉排管采用防结渣装置，燃烧稳定、清理方便。

（5）操作简单、方便，无需繁杂的操作程序。

（6）燃料适应性广。

699. 试对比燃煤锅炉与生物质燃料锅炉。

表 11-5 表示了燃煤锅炉与生物质燃料锅炉的对比表。（按 2t 锅炉计算）

表 11-5　　燃煤锅炉与生物质燃料锅炉的对比表

项目（按 2t 容量锅炉计算）	燃煤锅炉	生物质燃料锅炉
每日燃料量（kg/天）	7000	7448
年燃料量（按每月 30 天、每年 10 个月折算）（kg）	2 100 000	223 400
燃料单价（元）	0.76	0.56
年燃料费用（元）	1 596 000	1 251 264
其他	用煤锅炉用水、电、碱和除二氧化硫费用 100 元/天，一年为 100×30×10=30 000 元	
年燃料总价（万元）	162.6	125.13

用生物质燃料锅炉比用煤锅炉每年可节约约 37.47 万元。

700. 试述垃圾焚烧热电冷三联产系统。

垃圾属于生物质的废弃物质，它的热电冷联产系统是基于对工厂废弃物的资源化循环利用。图 11-66 表示了垃圾焚烧热电冷三联产系统示意图。

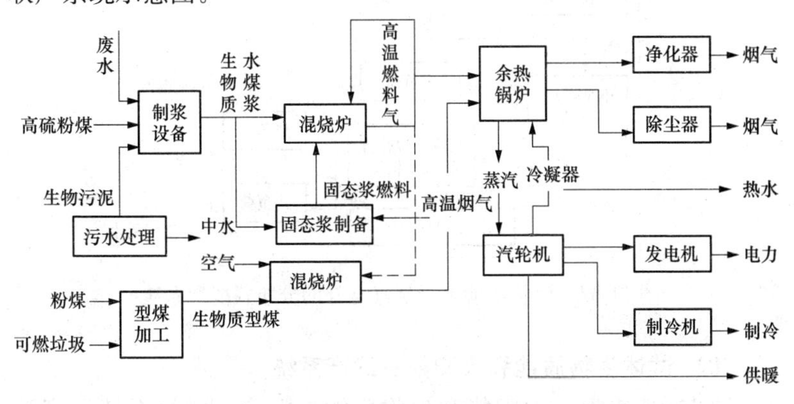

图 11-66　垃圾焚烧热电冷三联产系统示意图

由图可见，可燃垃圾和粉煤经过加工成为生物质型煤，再经过混烧炉燃烧生成高温烟气送入余热锅炉；高硫粉煤和废水、生物污泥制成生物质水煤浆送入混烧炉燃烧，生成高温燃料气送往余热锅炉；余热锅炉产生的蒸汽送往汽轮机带动发电机发电和制冷机制冷；冷凝器的热水送往热水用户，汽轮机的抽汽用于供暖。系统实现了热电冷三联产。

701. 试述生物质能和天然气互补的分布式能源系统。

图 11-67 表示了生物质能和天然气互补的分布式能源系统示意流程图。

生物质通过气化转化为可燃气体，经过净化后进入储气系统以供发电系统使用；采用天然气或液化石油气作为补充燃料，以提高系统的稳定、安全运行；也可以将混合后的生物质气和天然气或液化石油气作为生活燃料供用户使用；用小型燃气轮机发电供用户用电气化系统和冷热机组使用，产生的烟气余热用于为用户采暖和制冷，吸收式溴化锂冷温水机组产生的余热排气经过回收装置再利用后向用户提供生活用热水。

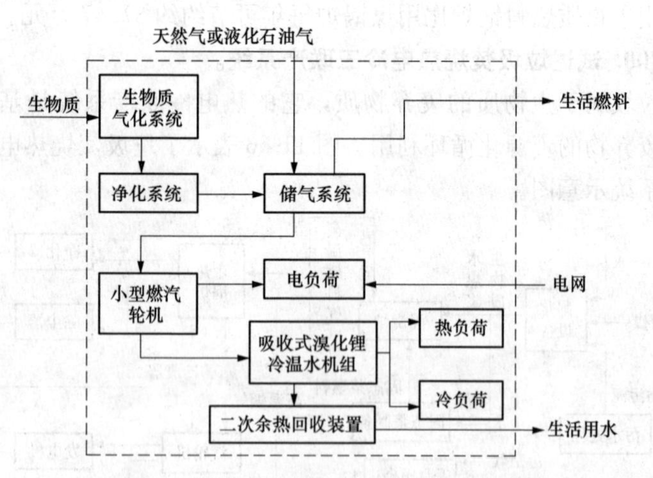

图 11-67　生物质能和天然气互补的分布式能源系统

702. 试述生物质能和太阳能三联产系统。

图 11-68 表示了太阳能和生物质能热电冷三联供系统示意流

程图。

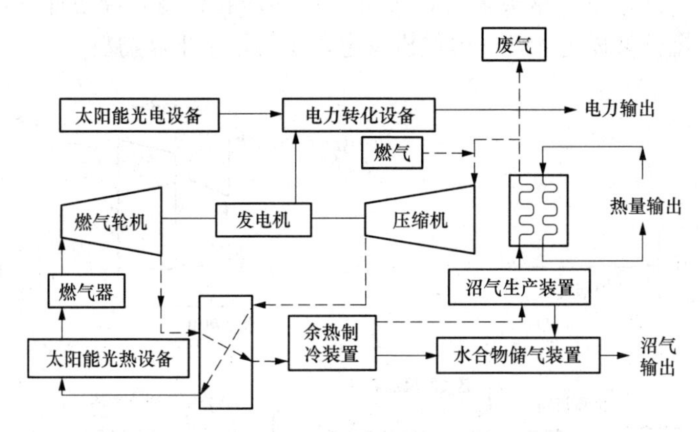

图 11-68 太阳能和生物质能热电冷三联产系统图

在电力输出系统中，太阳能光电设备产生的直流电和燃气轮机产生的交流电分别通过对应的电力交换设备送至用户。考虑到沼气产生系统中的厌氧消化装置工作状态的波动及其他因素的影响，设置了沼气产生和储存系统，采用水合物储气技术将沼气储存。农作物的副产品作为产沼气原料进入系统。燃气则经过下列装置完成循环：压缩机→回热器→太阳能光电设备→燃气器→涡轮机。

703. 试述生物质-垃圾全气化系统。

该系统以生物质和垃圾作为原料，可以有效地解决采用生物质作为原料发电的原料紧缺问题。其特点是将垃圾回收利用，显著改善产物的品质；使用水蒸气作为气化剂，比采用空气作为气化剂更容易控制；反应产物中氮气含量相对较低，产生的可燃气体热值较高。

图 11-69 是生物质-垃圾全气化系统图。从图可见，生物质-垃圾原料经过粉碎和干燥后通过液压进料系统进入卧式干馏管，干馏管由气化产生的燃气燃烧外部加热，从气化装置出来的高温烟气被用于物料干燥过程，在干馏管末端通入少量热空气，进行内燃加热，使温度升高到产生水蒸气，向气化装置通入高温水蒸气

发生水蒸气气化反应，同时催化剂裂解除去大部分焦油，高温燃气进入催化除二噁英装置，再进入气体净化设备，经过净化稳压的可燃性气体进入燃气内燃机发电，尾气用于干燥物料。

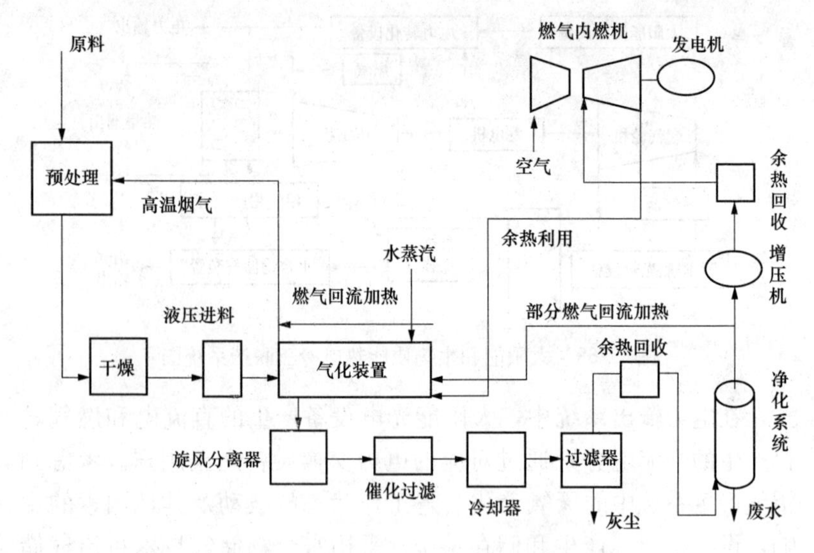

图11-69 生物质-垃圾水蒸气全气化系统图

第十二章

热电联产和环保

第一节　概　　述

704. 试述我国在用锅炉大气污染物排放浓度限值。

表12-1表示了我国在用锅炉大气污染物排放浓度限值。

表12-1　　我国在用锅炉大气污染物排放浓度限值　　(mg/m^3)

污染物项目	限　值			监视位置
	燃煤锅炉	燃油锅炉	燃气锅炉	
颗粒物	80	60	30	
二氧化硫	400 500*	300	100	
氮氧化物	400	400	400	烟囱或烟道
汞及其化合物	0.05	—	—	
烟气黑度（林格曼黑度）≤1				烟囱排放口

*位于广西壮族自治区、重庆市、四川省和贵州省的燃煤锅炉执行该限值。

705. 试述我国新建锅炉大气污染物排放浓度限值。

表12-2表示了我国新建锅炉大气污染物排放浓度限值。

表12-2　我国新建锅炉大气污染物排放浓度限值（2014年）

(mg/m^3)

污染物项目	限　值			监视位置
	燃煤锅炉	燃油锅炉	燃气锅炉	
颗粒物	50	30	20	
二氧化硫	300	200	50	烟囱或烟道
氮氧化物	300	250	200	

续表

污染物项目	限　值			监视位置
汞及其化合物	0.05	0.05	0.05	
烟气黑度（林格曼黑度）≤1				烟囱排放口

706. 试述我国的特别排放限值。

表12-3表示了我国的特别排放限值。（由国家或省级政府指定）

表12-3　特别排放限值　(mg/m^3)

污染物项目	限　值			监视位置
颗粒物	30	30	20	烟囱或烟道
二氧化硫	200	100	50	
氮氧化物	200	200	150	
汞及其化合物	0.05	0.05	0.05	
烟气黑度（林格曼黑度）≤1				烟囱排放口

707. 什么是烟气黑度？如何测量？

烟气黑度就是烟尘和废气浓度。它用林格曼黑度来评价。这种评价方法是用视觉对烟气黑度进行评价，共分为六级，分别是：0、1、2、3、4、5级，5级为污染最严重。林格曼黑度的测量采用林格曼黑度计，该仪器采用双目棱镜望远系统，而在望远镜分划板上制有相应于林格曼烟气浓度图1～5级的灰度阶梯块，全透明部分为0级，观测者通过望远镜左侧目镜将烟尘目标与该灰度阶梯块比较，从而测定烟气黑度标准等级。

708. 什么是颗粒物？如何测量？

颗粒物又称尘，是大气中的固体或液体颗粒状物质。颗粒物可分为一次颗粒物和二次颗粒物。一次颗粒物是由天然污染源和人为污染源释放到大气中直接造成，例如土壤粒子、海盐粒子、燃烧烟尘等；二次颗粒物是由大气中某些污染气体组分（如二氧化硫、氮氧化物、碳氢化合物等）之间或这些组分与大气中的正常组分（如氧气）之间通过光化学氧化反应、催化氧化反应或其他化学反应转化生成的颗粒物，例如二氧化硫转化生成硫酸盐。

总悬浮颗粒物（TSP）的测定采用滤膜补-重量法；用抽气动力抽取一定体积的空气通过已恒重的滤膜，则空气中的悬浮颗粒物被阻留在滤膜上，根据采样前后滤膜质量之差及采样体积，即可算出 TSP 的浓度。

709. 什么是二氧化硫？如何测量？

二氧化硫（SO_2）是最常见的硫氧化物，是硫酸原料气的主要成分。二氧化硫是无色、有强烈刺激性气味，许多工业生产中会产生 SO_2，由于煤和石油都含有硫化合物，因此燃烧时会生成 SO_2。当 SO_2 溶于水中，会形成亚硫酸（酸雨的主要成分）。若在催化剂（如 NO_2）的存在下，SO_2 进一步氧化，便会生成硫酸（H_2SO_4）。

SO_2 测量可采用便携式二氧化硫检测仪、泵吸式 SO_2 检测仪、在线式 SO_2 检测报警器等。

710. 什么是氮氧化物？如何测量？

氮氧化物包括多种化合物，如一氧化二氮（N_2O）、一氧化氮（NO）、二氧化氮（NO_2）、三氧化二氮（N_2O_3）等。除 NO_2 外，其他氮氧化物均极不稳定，遇光、湿或热变成 NO_2 及 NO，NO 又变成 NO_2。因此，环境中接触的一般是几种气体混合物，称为硝烟（气），主要成分为 NO 和 NO_2，并以 NO_2 为主。

氮氧化物（NO_x）测量：采用抽取采样法，分析仪内置 NO_2 转换器时，NO_x 浓度值即为烟气中 NO 和 NO_2浓度之和；分析仪中没有 NO_2转换器时，则 NO_x 浓度输出即为烟气中 NO 浓度。

711. 颗粒物有什么危害性？

颗粒物中 1μm 以下的微粒沉降速度慢，在大气中存留时间久，在大气动力作用下能够吹到很远的地方。所以颗粒物的污染往往波及很大区域。粒径在 0.1～1μm 的颗粒物，与可见光波长相近，对可见光有很强的散射作用，这是造成大气能见度降低的主要原因。由 SO_2 和 NO_x 化学转化生成的硫酸盐和硝酸盐微粒是造成酸雨的主要原因，大量的颗粒物落在植物叶子上影响植物的生长，落在建筑物和衣服上引起表面沾污和腐蚀。粒径在 3.5μm 以下的颗粒物，能被吸入人的支气管和肺泡中并沉积下来，引起或加重呼吸系统的疾病。大气中大量的颗粒物会干扰太阳和地面的辐射，从而影响地区性甚至全球性的气候。

此外，肺癌与局部地区的空气污染颗粒有明显的关联；如果每平方米空气中的 PM2.5 减少 3.9μm，每年久可减少 8000 例心力衰竭导致的住院治疗。

712. 热电联产系统如何减少颗粒物的排放？

对一次颗粒物排放的控制主要是采用除尘器和除灰系统，对二次颗粒物则只能控制其前身物质（如 SO_2 和 NO_x）的产生。有关除尘器和除灰系统及控制 SO_2 和 NO_x 的措施将在后面加以说明。

713. 二氧化硫（SO_2）有什么危害性？

SO_2 是一种有毒气体。空气中，SO_2 常常跟大气中的飘尘结合在一起，进入人和其他动物的肺部，引发呼吸道疾病或致其死亡。

SO_2 在高空中与水蒸气结合成酸性降水（酸雨），对人和其他动植物造成危害。它被吸附在材料的表面，具有很强的腐蚀作用，会使金属设备、建筑物等遭受腐蚀，降低使用寿命。

714. 热电联产系统如何减少 SO_2 的排放？

（1）减少使用化石燃料（煤炭中混有单质硫，燃烧时放出 SO_2）。

（2）煤炭脱硫再使用。

（3）处理含硫废气（工业上用石灰浆即氢氧化钙）。

715. 氮氧化物（NO_x）有什么危害性？

氮氧化物（NO_x）是一种重要的大气污染物，它的危害性表现在下列几个方面：

（1）促进酸雨（高含量的硝酸雨）的生成。

（2）增加近地层大气的臭氧浓度，产生光化学烟雾，影响能见度。

（3）对人体有强烈的刺激作用，引起呼吸道疾病，严重时会导致死亡。

716. 热电联产系统如何减少 NO_x 的排放？

目前减少 NO_x 的排放主要有两种措施：燃烧控制和炉后烟气脱硝，燃烧控制主要采用低 NO_x 燃烧器和分级燃烧等；其中有关采用低 NO_x 燃烧器的原理和结构在前面已给以说明。有关炉后烟气脱硝原理和系统将在后面加以说明。

第二节 除尘器及其应用

717. 热电厂应用的除尘器有几种？

热电厂目前应用的除尘器大部分为电气除尘器，一部分为袋式除尘器和电袋复合式除尘器。后两种除尘器将逐步替代电气除尘器。下面分别加以介绍。

（1）电气除尘器，也称为静电除尘器。它的功能是将燃煤或燃油钴炉排放烟气中的颗粒烟尘加以清除，从而大幅度降低排入大气层中的烟尘量。它的工作原理是：烟气中灰尘尘粒通过电除尘器的高压静电场时，与电极间的正负离子和电子发生碰撞而荷电，带上电子和离子的尘粒在电场力的作用下向异性电极运动并积附在异性电极上。通过振打等方式使具有一定厚度的烟尘在自重和振动的双重作用下跌落在电除尘器结构下方的灰斗中，从而清除烟气中烟尘。由于烟尘量很大，对应的电除尘器的结构也很大，一般其主体结构横截面尺寸约为 25m～40m×10m～15m，加上 6m 的灰斗高度及烟质运输空间高度，电除尘器高度均在 35m 以上。其内部构造如图 12-1 所示。

（2）布袋式除尘器。布袋式除尘器按其清灰方式可分为振动式、气体反吹式、脉冲式、声波式及复合式五类。以脉冲式布袋除尘器为例，其本体结构主要由上部箱体、中部箱体、下部箱体（灰斗）、清灰系统和排灰机构等部分组成，如图 12-2 所示。

脉冲式布袋式除尘器的工作原理是：当含尘烟气通过过滤层（过滤层是用有机纤维或无机纤维织物做成的滤袋）时，气流中的尘粒被滤层阻截捕集下来，从而实现气固分离。伴着粉末重复地附

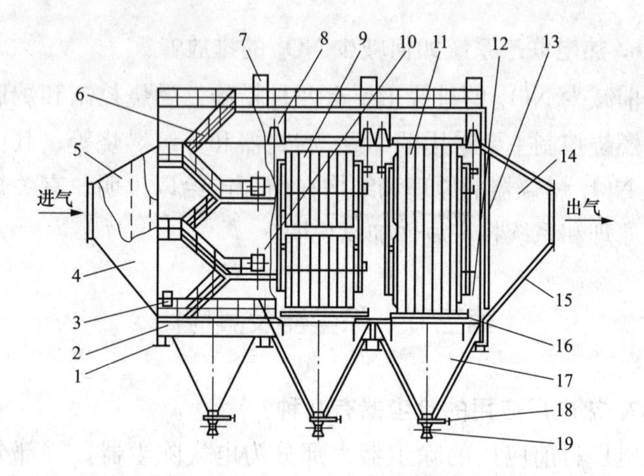

图 12-1　电气除尘器的结构图

1—支座；2—外壳；3—人孔门；4—进气烟道；5—气流分布板；6—梯子平台栏杆；7—高压电源；8—电晕极吊挂；9—电晕极；10—电晕极振打；11—收尘极；12—收尘极振打；13—出口槽型板；14—出气烟箱；15—保温层；16—内部走台；17—灰斗；18—插板箱；19—卸灰阀

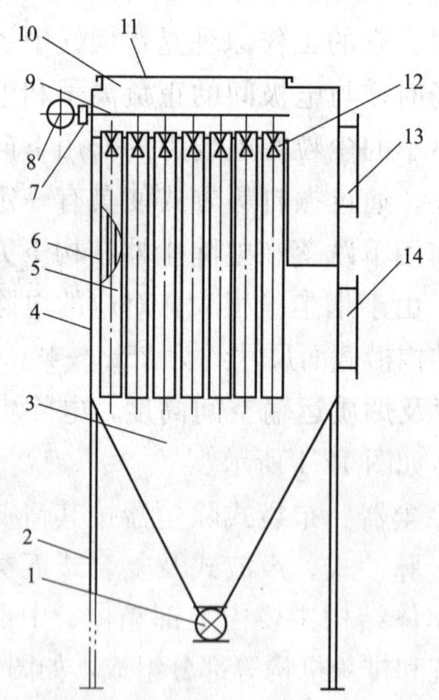

图 12-2　布袋式除尘器结构图

1—卸灰阀；2—支架；3—灰斗；4—箱体；5—滤袋；6—袋笼；7—电磁脉冲阀；8—储气罐；9—喷管；10—清洁室；11—顶盖；12—环隙引射器；13—净化气体出口；14—含尘气体入口

着于滤袋外表面，粉末层不断地增厚，布袋除尘器阻力值也随之增大；此时脉冲阀膜片发出指令，左右淹没时脉冲阀开启，高压气包内的压缩空气通入，将吸附在滤袋外表面的粉尘清落至下面的灰斗中。如果没有灰尘或是灰尘量少到一定程度，机械清灰工作就会停止。

布袋式除尘器由于改进了滤袋的质量，延长了滤袋的寿命（达 30 000h），加上其很多的优点，故今后采用该种除尘器的情况将会越来越多。

（3）电袋复合式除尘器。这种除尘器是一种新型的复合除尘器，它有机结合了静电除尘和布袋除尘的特点，通过前级电场的预收尘、荷电作用和后级滤袋区过滤作用达到除尘效果的一种高效除尘器，其结构如图 12-3 所示。由图可见，在同一除尘器内前级布置电除尘器，烟气经锅炉的空气预热器、烟道进入到电袋式除尘器的进气烟箱，在烟箱内设置气流均布板，烟气经均布板分配后进入电场通道，电场内设置有阳极板和阴极线，阴、阳极振打方式分别为顶部电磁锤振打和侧部振打。电除尘器供电采用高压静电除尘用整流设备，灰斗采用顺序定时排灰。经过电场气流携带未被电场捕集的粉尘进入到滤袋仓室内，烟气透过滤袋完成进一步的过滤，粉尘被阻挡在滤袋的外表面，过滤后的洁净气体在滤袋内部，并通过排风总管排放。随着除尘器过滤过程的延续，

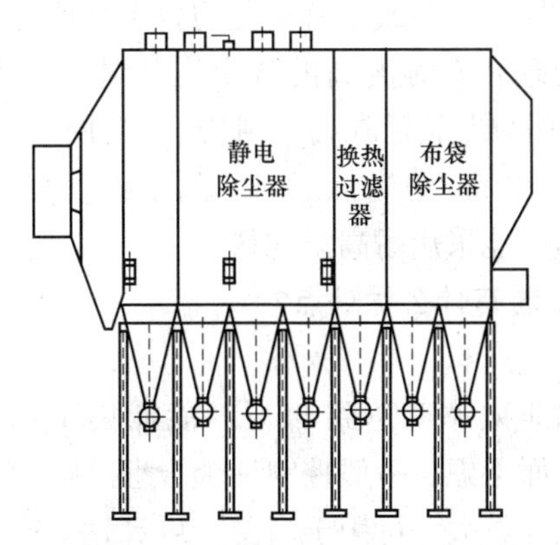

图 12-3　电袋复合式除尘器结构示意图

除尘器滤袋表面的粉尘越积越厚，直接导致除尘器阻力上升，因此，需要对滤袋表面的粉尘进行定期清除，即清灰。

718. 布袋除尘器有什么优缺点？

布袋除尘器的优点有：

(1) 除尘效率高，可以永久保证粉尘排放浓度在 $50mg/m^3$ 以下。

(2) 单元组合形式，内部结构简单、附属设备少、投资省，技术要求比电气除尘器低，无须专设操作工。

(3) 能捕集比电阻高的灰尘，因而能收集电除尘难以回收的粉尘。

(4) 性能稳定可靠，对负荷变化适应性好，运行管理简便，特别适宜捕集细微而干燥的粉尘，所收的干尘便于处理和回收利用。

(5) 能实现不停机检修，即离线检修。

(6) 占地面积较小，能按场地要求作专门设计。

(7) 自动化程度高，对除尘系统所有设备均设有检测报警功能，对操作人员要求低，操作维护人员的劳动强度低。

布袋除尘器的缺点有：

(1) 用于净化含有油雾、水雾及黏结性强的粉尘时，对滤料有相应要求。

(2) 净化有爆炸危险或带有火花的含尘气体时需要防爆措施。

(3) 用于处理相对湿度高的含尘气体时，需要保温措施（特别是冬天），以免因结露而造成“糊袋”；当用于净化有腐蚀性气体时，需要选用适宜的耐腐蚀滤料，用于处理高温烟气需要采取降温措施，并尽可能采用耐高温滤料。

719. 电除尘器有什么优缺点？

电除尘器的优点有：

(1) 初期除尘效率能达到99%，能捕集1μm以下的细微粉尘，但从经济方面考虑，一般控制一个合理的除尘效率。

(2) 处理烟气量大，可用于高温（可高达500℃）高压和高湿（相对湿度可达100%）的场合，能连续运转并实现自动化。

（3）具有低阻的特点，电除尘压力损失仅 100～200Pa。

电除尘器的缺点有：

（1）设备庞大、耗钢多，需高压变电和整流设备，通常高压供电设备的输出峰值电压为 70～100kV，故投资高。

（2）制造安装和管理的技术水平要求较高。

（3）除尘效率受粉尘比电阻影响大，一般对比电阻小于 104～105Ω·cm 或大于 1010～1011Ω·cm 的粉尘，若不采取一定措施，除尘效率将受到影响。

（4）对初始浓度大于 $30g/cm^3$ 的含尘气体需设置预处理装置。

（5）不具备离线检修功能，一旦设备出现故障，或者带病运行，或者只能停炉检修。

720. 电袋式除尘器有什么特点？

（1）机理科学、技术先进可靠。电除尘器只采用 2 个电场即除去了烟气中 90％～95％的粉尘，余下的细微粉尘由布袋除尘单元过滤，这就发挥了布袋除尘器对超细粉尘去除效率的特点。同时，利用电除尘布袋除尘两种现有的成熟除尘技术，可靠性高，研发相对容易。

（2）除尘效率不受粉尘特性及风量影响，效率稳定、适应性强。

（3）结构紧凑。电袋除尘器大幅度降低了布袋负荷，可选择较高的过滤风速，所需布袋数量少。同时，较大的滤袋间距解决了脉冲袋式除尘器的二次扬尘问题。

（4）压降小、滤袋寿命长。未被电除尘单元捕集的细微颗粒经过电晕荷电，沉积在布袋表面呈现松散的凹凸不平结构，有利于降低气流的阻力，减少压力损失，延长布袋寿命。

（5）除尘效率高，尤其是提高了对微细粉尘的捕集。电袋除尘器除尘效率达 99.9％以上，能实现出口粉尘排放质量浓度低于 $30mg/m^3$ 的要求；粉尘荷电后，静电力作用增强，对微细粒子的捕集效率也有所增强。

（6）费用低。电除尘单元只设 2 级电场，且布袋除尘单元所需布袋少，阻力小，能耗低，滤袋更换周期增长，使总运行费用比同容量的电除尘器荷袋式除尘器要低。

721. 什么是湿式电除尘器?

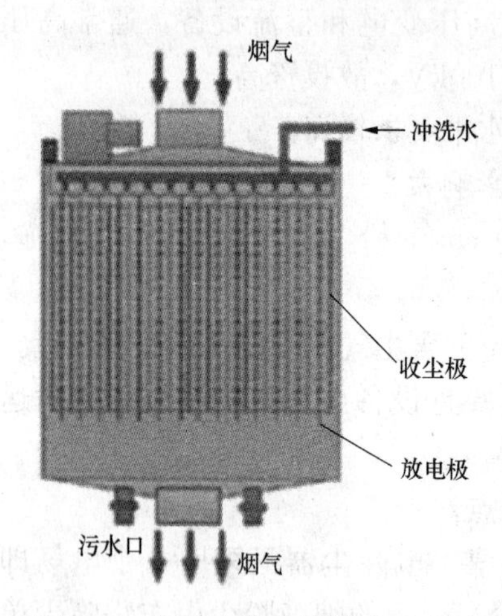

图 12-4　湿式电除尘器结构示意图

湿式电除尘器首先是静电收尘，其次是湿式除尘。它是直接将水雾喷向放电极和电晕区，水雾在芒刺电极形成的强大的电晕场内荷电后分裂、进一步雾化，在这里，电场力、荷电水雾的碰撞拦截、吸附凝并共同对粉尘粒子起捕集作用，最终粉尘粒子在电场力的驱动下到达集电极而被捕集。与干式电除尘器不同，湿式电除尘器将水喷至集电极上形成连续的水膜，流动水将捕获的粉尘冲刷到灰斗中随水排出。如图 12-4 所示。

湿式电除尘器在结构上有管式和板式两种。管式静电除尘器的集尘极为多根并列的圆形或多边形金属管，放电极均布于极板之间，它只能用于处理垂直流动的烟气。板式静电除尘器的集尘极呈平板状，可获得良好的水膜形成的特性，极板间均布电晕线，它可用于处理水平或垂直流动的烟气。

722. 湿式电除尘器的优缺点是什么?

湿式电除尘器的优点有:

(1) 能高效地除去烟气中的烟尘和石膏雨微液滴。

(2) 冲洗水对烟气有洗涤作用，可除去烟气中部分 SO_3 微液滴，对 SO_3 有较高的去除率。

(3) 除尘器布置在湿法脱硫后，脱硫后的饱和烟气中携带部分水滴，在通过高压电场时也可捕获并被水冲走，这样可降低烟气中总的携带水量，减少石膏雨形成的概率。

(4) 除尘器可将进口烟尘浓度从 17.5mg/m^3 降到 5mg/m^3，这些烟尘主要是 $PM_{2.5}$ 范围内的微尘，表明湿式电除尘器可有效地

除去 $PM_{2.5}$ 微粒。

湿式电除尘器的缺点有：

（1）冲洗水采用闭式循环，但是因水中含尘量增加，需不断补入原水，排出废水，增大了脱硫系统水平衡的难度。

（2）布置在脱硫系统后，循环水箱和水泵布置在电除尘器下部，需专门占用炉后设备位置，场地布置成为难题。

目前，在我国，湿式电除尘器在大型燃煤机组上应用较少，对于国内脱硫系统后粉尘浓度较高的实际情况，其适应性还有待于实际应用的检验。

第三节 除灰系统及其应用

723. 什么是水力除灰系统？

水力除灰系统包括低浓度水力除灰（灰水比为 1∶10～1∶15）和高浓度水力除灰（灰水比为 1∶1.5～1∶2）。

低浓度水力除灰系统如图 12-5 所示。从图可见，该类系统中的灰来自锅炉空气预热器的灰斗冲灰器、省煤器的灰斗冲灰器、电气除尘器灰斗冲灰器。汇集后冲到灰浆池，再用灰浆泵打到灰场。

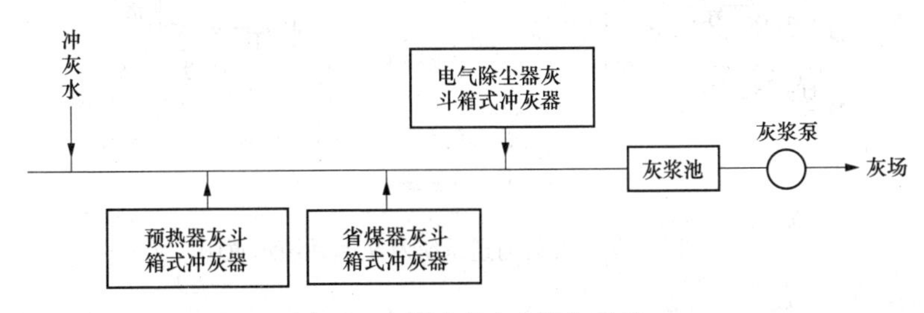

图 12-5 低浓度水力除灰系统

高浓度水力除灰系统如图 12-6 所示。从图可见，来自电除尘器灰斗冲灰器的灰被冲到灰浆浓缩池，再送到吸浆池和油隔离灰浆泵，送往储灰场。其回水由回水泵送往冲灰系统供除灰用水。

724. 什么是气力除灰系统？

气力除灰系统包括负压气力除灰系统和正压气力除灰系统两种。

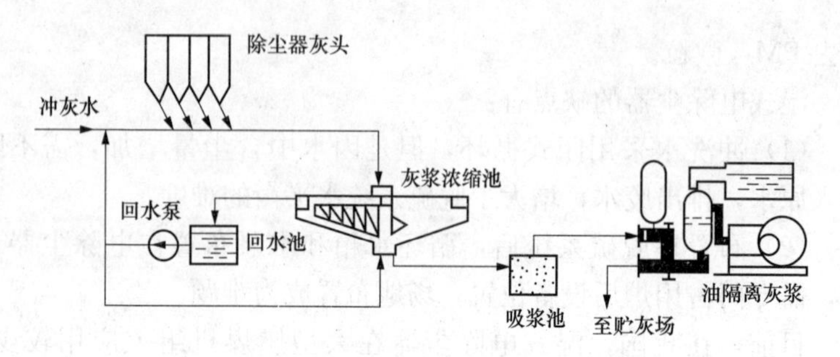

图12-6　高浓度除灰系统

(1) 负压气力除灰系统是利用负压风机产生系统负压将灰抽至灰库。系统组成如图12-7所示。

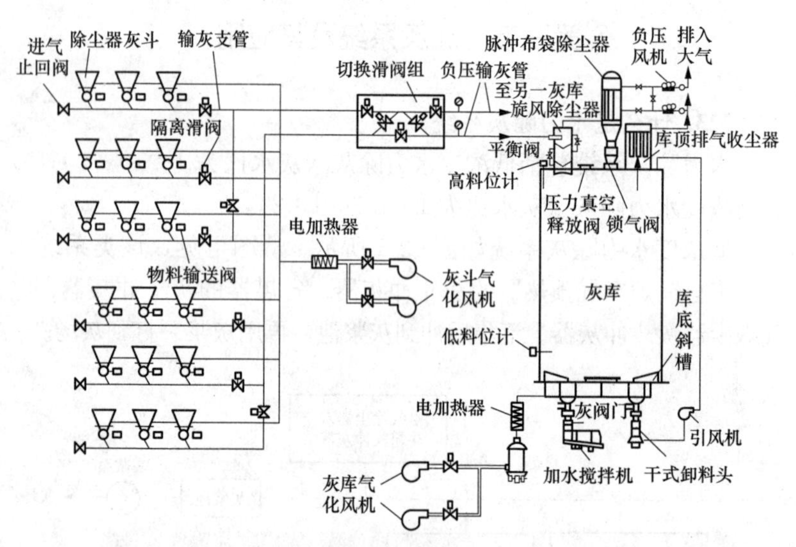

图12-7　负压气力输送系统及灰库系统示意图

在该系统中，每个灰斗下有物料输送阀，其上有补气阀和灰量调节装置。它使飞灰均匀顺利地投入输送管道。管道系统真空产生后，物料输送阀依次打开，直到灰斗内的灰输空为止。当真空度降低到设定值时自动关闭，下一个物料输送阀开启，这样循环连续输送。

(2) 正压气力除灰系统是利用空气压缩机产生系统正压将灰吹至灰库。系统统组成如图12-8所示。

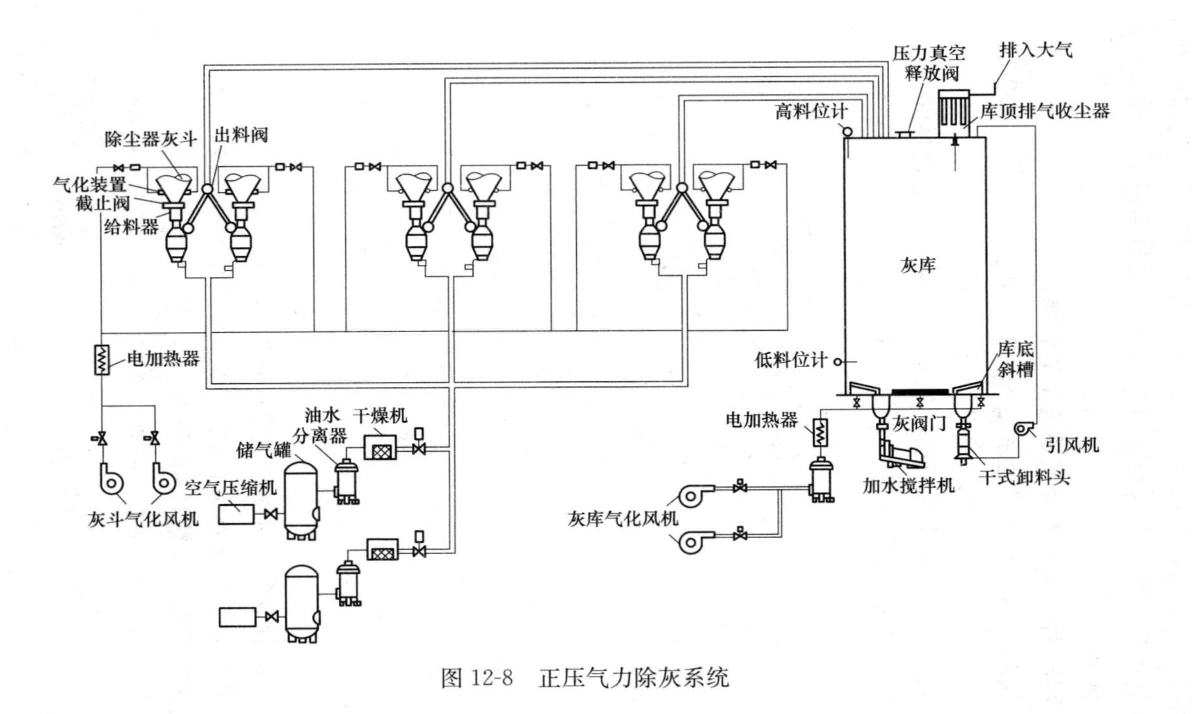

图 12-8 正压气力除灰系统

在该系统中，除尘器灰斗中的灰经灰斗气化风机的热风进行气化后，送至给料器和仓泵，利用来自空气压缩机的高压空气将灰吹至灰库。灰库中的灰可以通过干式卸料头或加水搅拌机放出至运料车。

725. 什么是气力除灰系统用的仓泵?

气力除灰系统用的仓泵是一种特殊的泵，它装在除尘器灰斗的下方，见图12-9中的设备3所示。

从图可见，灰斗的灰由压灰空气管将灰压至仓泵内，再利用压缩空气将灰经输灰管和出料阀送往灰库。

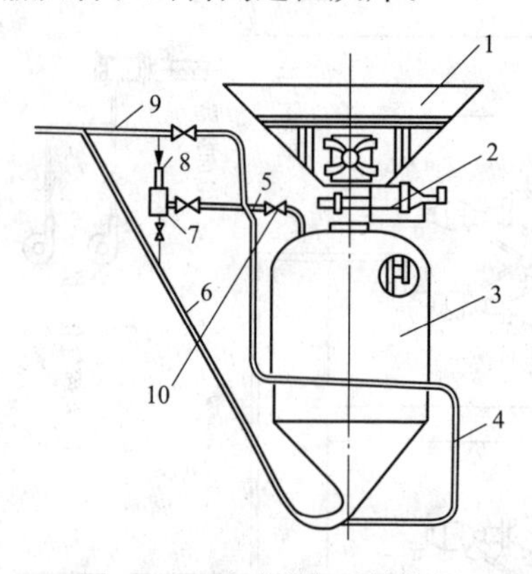

图12-9　下引式仓泵结构图

1—灰斗；2—锥形阀；3—仓泵；4—冲灰压缩空气管；
5—压灰空气管；6—输灰管；7—滤水管；8—压缩空气总管；
9—冲洗压缩空气管；10—压灰空气门

726. 什么是混合除灰除渣系统?

混合除灰除渣系统包括水力、气力混合系统和水力、气力、机械混合系统。如图12-10和图12-11所示。

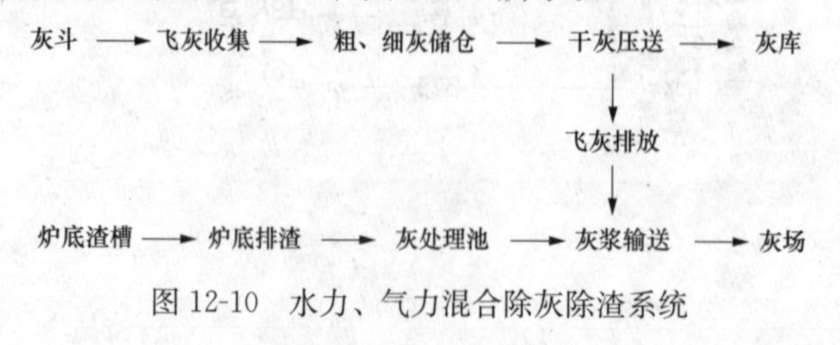

图12-10　水力、气力混合除灰除渣系统

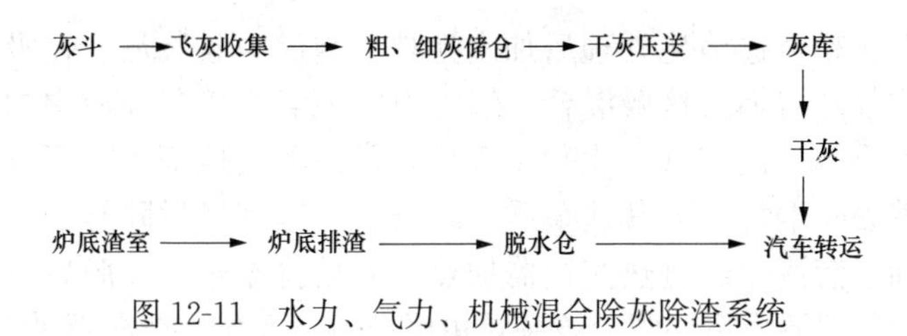

图 12-11 水力、气力、机械混合除灰除渣系统

从图可见，这两种系统的不同点是：水力、气力混合除灰除渣系统是将干灰送往灰库，其飞灰送往灰浆输送管道和渣一起送往灰场。而水力、气力、机械混合除灰除渣系统是将干灰送往灰库，再由汽车转运，而渣经脱水仓脱水后由汽车转运。

第四节 烟气脱硫设备和系统

727. 什么是干法烟气脱硫？

干法脱硫是利用固体吸收剂去除烟气中的 SO_2。一般把石灰石细粉喷入炉膛中，使其受热分解成 CaO，吸收烟气中的 SO_2，生成 $CaSO_3$，与飞灰一起在除尘器收集并经烟囱排出。其优点是无废水和废酸的排出，减少了二次污染；缺点是脱硫效率低、设备庞大。

728. 什么是湿法烟气脱硫？

湿法烟气脱硫是利用液体吸收剂在离子条件下的气液反应，去除烟气中的 SO_2。所用的设备简单、运行稳定可靠、脱硫效率高，但脱硫后烟气温度较低，设备的腐蚀较干法严重。

729. 什么是 FGD 工艺？

FGD 工艺是湿法烟气脱硫技术。其反应机理是

$$SO_2+CaCO_3+1/2H_2O=CaSO_3+1/2H_2O+CO_2$$

烟气中的氧可以将部分 $CaSO_3$ 氧化，最终的反应物为 $CaSO_3$、$1/2H_2O$ 和 $CaSO_4$、$1/2H_2O$ 的湿态混合物。

730. 试述石灰石/石灰-石膏湿法烟气脱硫技术。

石灰石/石灰-石膏湿法烟气脱硫工艺采用价廉易得的石灰石作为脱硫剂，它在湿法 FGD 领域得到广泛的应用。石灰经过破碎磨细成粉状，与水混合搅拌制成吸收浆液。当采用石灰为吸收剂

时，石灰粉经过消化处理后加水搅拌，制成吸收浆液。在吸收塔内吸收浆液与烟气接触混合，烟气中的二氧化硫与浆液中的氢氧化钙以及鼓入的空气发生化学反应，最终的反应产生为石膏。同时能够去除烟气中的其他杂质。脱硫后的烟气经过除雾器去除带出的细小液滴，经过热交换器加热升温后排至烟囱。脱硫石膏经过脱水装置脱水后回收。该装置由吸收制备系统、烟气吸收系统、脱硫副产物处理系统、脱硫废水处理系统、烟气系统、自控和在线监测系统等组成。其流程如图12-12所示。

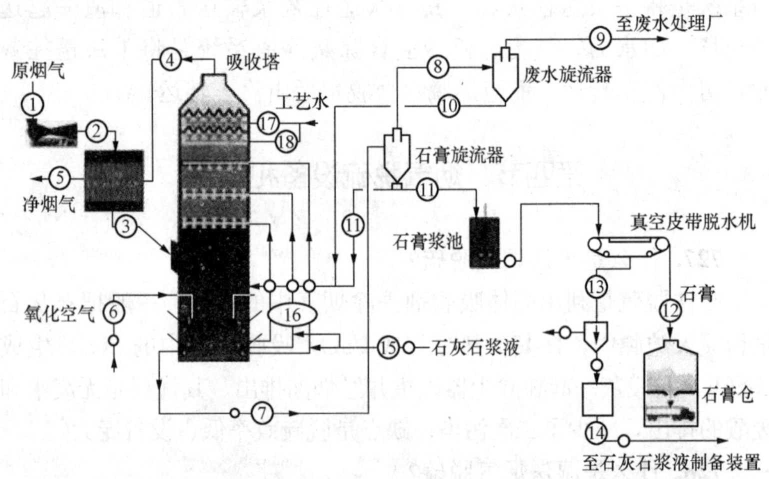

图12-12 石灰石/石灰-石膏湿法烟气脱硫技术

731. 石灰石/石灰-石膏湿法烟气脱硫的特点是什么?

该工艺的特点是：脱硫效率高，吸收剂利用率高，能适应高浓度SO_2烟气条件，钙硫比低，脱硫石膏可以综合利用。，

缺点是基建投资费用高，水消耗大，脱硫废水具有腐蚀性等。

732. 什么是喷雾干燥法脱硫?

喷雾干燥法脱硫（SDA）是把脱硫剂石灰乳$Ca(OH)_2$喷入烟气中，使之生成$CaSO_3$，被热烟气烘干呈粉末状进入除尘器捕集下来，由于$Ca(OH)_2$不可能得到完全反应，为了提高脱硫效率，可将吸收塔和除尘器中收集下来的脱硫渣返回料浆槽与新鲜补充石灰浆混合循环使用。也可用电石渣代替石灰乳。这种方法投资小，运行费用也不高，对大中型工业锅炉和电站锅炉改造较适用。

其关键设备是吸收塔，而吸收塔中 $Ca(OH)_2$ 和 SO_2 的传质过程的好坏，完全取决于脱硫剂的雾化质量和雾化后与 SO_2 的混合情况。故机械雾化的出口喷射速度不能太低，并注意喷嘴的磨损，可采用超声波雾化浆液的技术改善喷嘴的磨损。

喷雾干燥法的脱硫效率较高，在国内外已得到了应用。

733. 试述干式循环流化床烟气脱硫技术。

干式循环流化床烟气脱硫技术是20世纪90年代后期发展起来的一种干法烟气脱硫技术。它以循环流化床为原理，通过物料在反应塔内的内循环和高倍率的外循环，形成含固量很高的烟气流化床，从而强化了脱硫吸收剂颗粒之间烟气中 SO_2、SO_3 等气体与脱硫剂间的传热传质性能，提高了吸收剂的利用率和脱硫效率。它具有投资少、占地小、结构简单、易于操作、兼有高效除尘和烟气净化功能、运行费用低等优点。其工艺流程如图12-13所示。

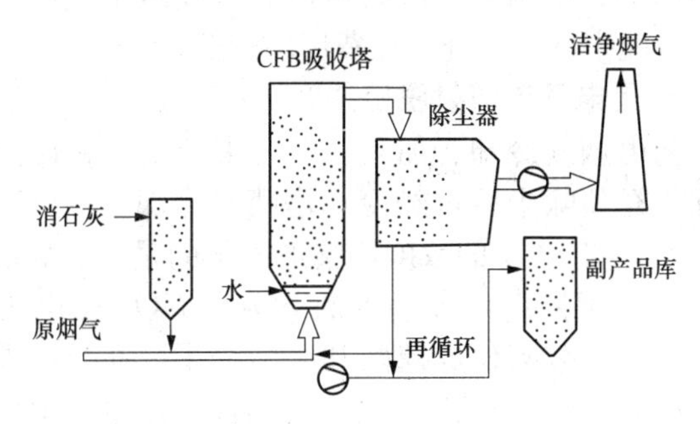

图12-13 干式循环流化床烟气脱硫装置

734. 什么是双碱法脱硫?

双碱法是由美国通用汽车公司开发的一种脱硫的方法，在美国是一种主要的烟气脱硫技术。它是利用钠碱吸收 SO_2，完成石灰处理和再生洗液，具备碱法和石灰法二者的优点而避其不足。该法的操作过程分吸收、再生和固体分离三个阶段。

双碱法的优点是生成固体的反应不在吸收塔中进行，这样避免了塔的堵塞和磨损，提高了运行的可靠性，降低了操作费用，提高了脱硫效率。其缺点是多了一道工序，增加了投资。

735. 什么是海水烟气脱硫法?

海水烟气脱硫法在世界上一些沿海国家如挪威和美国等使用，

我国深圳西部电厂应用此法脱硫，效果良好。由于海水呈碱性，因而可用来吸收SO_2达到脱硫的目的。海水洗涤SO_2发生如下反应

$$SO_2+H_2O=2H^++SO_3^{2-}$$

由于生成的SO_3^{2-}使海水呈酸性，不能立即排入大海，应鼓风氧化后排入大海，即

$$2SO_3^{2-}+O_2=2SO_4^{2-}$$

生成的$2H^+$与海水中的碳酸盐发生反应

$$H^++CO_3^{2-}=HCO_3^-$$

$$HCO_3^-+H^+=CO_2\uparrow+H_2O$$

产生的CO_2应除尽，因此必须设曝气池，在SO_3^{2-}氧化和除尽CO_2并调整海水pH值达标后，才能排入大海。净化后的烟气再经过加温后，由烟囱排出。

海水脱硫的优点是吸收剂使用海水，没有吸收剂制备系统，吸收系统不结垢、不堵塞，吸收后没有脱硫渣生成，不需要灰渣处理设施，脱硫率高，投资运行费用均较低。

736. 什么是电子束照射脱硫法？

该法工艺由烟气冷却、加氨、电子束照射、粉体捕集四道工序组成。烟气经预除尘后再经冷却塔喷水冷却，在反应室前端根据烟气中的SO_2和NO_x的浓度调整加入氨的量，然后混合气体在反应器中经电子束照射，排气中的SO_2和NO_x受电子束强烈氧化，在很短时间内被氧化成硫酸和硝酸分子，并与周围的氨反应生成微细的粉粒，粉粒经集尘装置收集后，洁净的气体排入大气。

该工艺能同时脱硫脱硝，具有进一步满足我国对脱硝要求的潜力；系统简单、操作方便、过程容易控制，对烟气成分和烟气量的变化具有较好的适应性和跟踪性；副产品为硫铵和硝铵混合肥，对我国缺乏硫资源、每年要进口硫黄制造化肥的情况有吸引力。该法可在大电站脱硫脱硝同时进行时使用。在国内外已得到应用，其脱硫率可达90%及以上。

第五节　烟气脱硝设备和系统

737. 烟气脱硝的原理是什么？

由于烟气中的NO_x的90%以上是NO，而NO难溶于水，因

此对 NO_x 的处理不能用简单的洗涤法。烟气脱硝的原理是用氧化剂将 NO 氧化成 NO_2，生成的 NO_2 再用水或碱性溶液吸收，从而实现脱硝。烟气脱硝的方法有：SCR 脱硝工艺（也称为选择性催化还原工艺）和 SNCR 脱硝工艺（也称为非选择性催化还原工艺）两种。

738. 什么是 SCR 脱硝工艺？

SCR 烟气脱硝工艺是目前烟气脱硝的主流工艺。其反应发生在装有催化剂的反应器里，烟气与喷入的氨在催化剂的作用下反应，脱除氮氧化物。烟气中氮氧化合物通常由 95%的 NO 和 5%的 NO_2 组成。它们通过下列反应转化为水和氮气。

$$4NO+4NH_3+O_2=4N_2+6H_2O$$

$$4NH_3+2NO_2+O_2=3N_2+6H_2O$$

$$NO_2+NO+2NH_3=2N_2+3H_2O$$

图 12-14 所示为 SCR 脱硝工艺的系统图。烟气从锅炉省煤器出来后通过静态气体混合器至氨气喷氨格栅（AIG），氨和空气的混合气通过 AIG 均匀地喷射到 SCR 进口烟道内，与烟气中的 NO_x 充分混合，混合气体均匀地通过催化剂层，在催化剂作用下，与 NO_x 发生还原反应，生成 N_2 和 H_2O，并随烟气通过空气预热器、电除尘器、脱硫岛经烟囱排放。

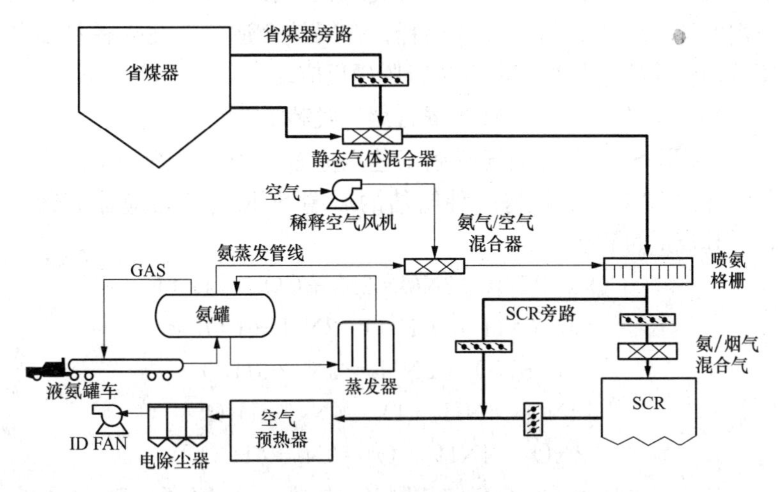

图 12-14 SCR 烟气脱硝工艺系统图

739. 什么是SNCR脱硝工艺?

SNCR脱硝工艺是非催化的炉内烟气脱硝技术，它是目前仅次于SCR脱硝工艺被广泛应用的脱硝技术。该技术是用NH_3、尿素等还原剂喷入炉内，与NO_x进行选择性反应，不用催化剂，因此必须在高温区加入还原剂。还原剂喷入炉膛，迅速热分解，并与烟气中的NO_x进行SNCR反应生成N_2，该方法是以炉膛为反应器。其主要反应为：

NH_3为还原剂

$$4NH_3+6NO=5N_2+6H_2O\ (950^\circ C)$$

$$4NH_3+5O_2=4NO+6H_2O\ (>1093^\circ C)$$

尿素为还原剂：

$$(NH_2)_2CO=2NH_2+CO$$

$$NH_2+NO=N_2+H_2O$$

$$CO+NO=N_2+CO_2$$

从上述反应可见，用氨作还原剂时，其最佳反应温度范围窄。故目前采用尿素作还原剂。其工艺流程如图12-15所示。该系统由还原储槽多层还原喷入装置和与之相匹配的控制仪表等组成，其烟气脱硝过程是由几个基本过程完成的：接收和储存还原剂；还原剂的计量输出、与水混合稀释；在锅炉合适位置注入稀释后的还原剂；还原剂与烟气混合进行脱硝反应。

740. 什么是SNCR-SCR混合烟气脱硝工艺?

SNCR-SCR混合烟气脱硝工艺以尿素作为吸收剂，是炉内一种特殊的SNCR工艺与一种简洁的后端SCR脱硝反应器有效结合。其反应过程为

$$CO(NH_2)_2+2NO=2N_2+CO_2+2H_2O$$

$$CO(NH_2)_2+H_2O=2NH_3+CO_2$$

$$NO+NO_2+2NH_3=2N_2+3H_2O$$

$$4NO+4NH_3+O_2=4N_2+6H_2O$$

$$2NO_2+4NH_3+O_2=3N_2+6H_2O$$

其系统主要由还原剂存储与制备、输送、计量分配、喷射系统、烟气系统、脱硝反应器、电气控制系统等组成，系统如图12-16所示。

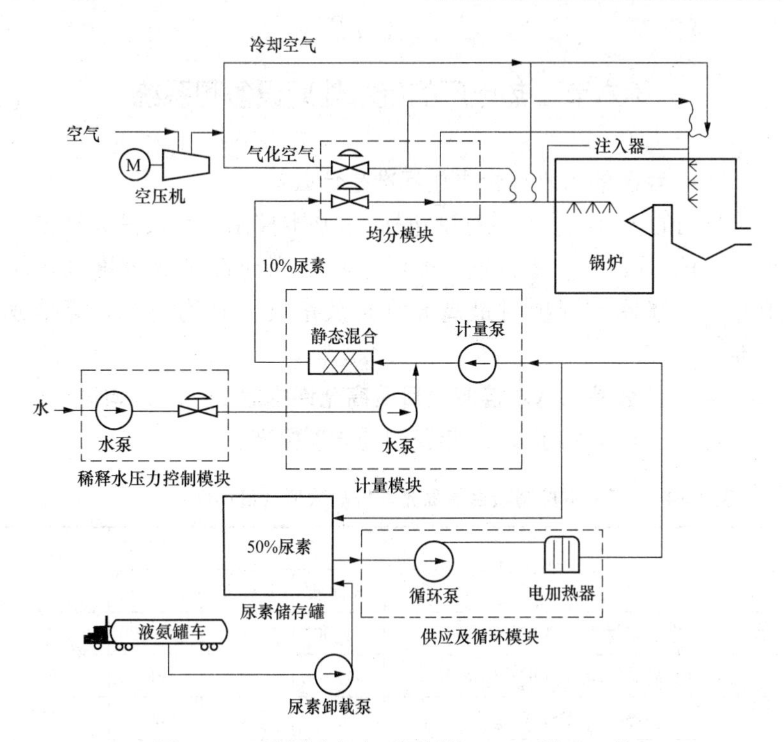

图 12-15 采用尿素为还原剂的 SNCR 脱硝工艺

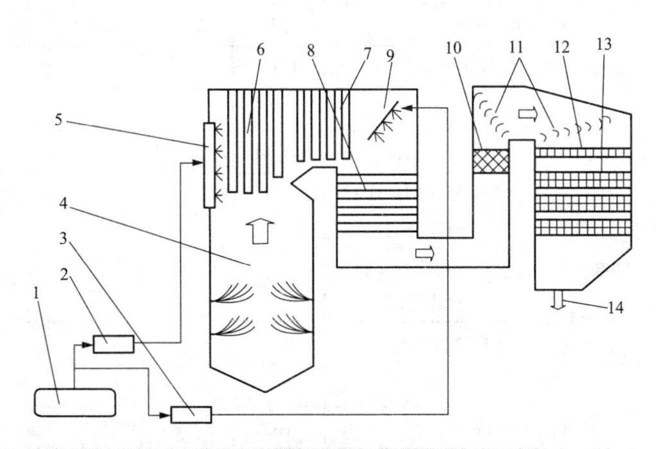

图 12-16 SNCR-SCR 混合烟气脱硝工艺

1—尿素溶液制备设备；2—尿素喷射控制装置；3—尿素补充喷射装置；4—锅炉燃烧室；
5—SNCR 喷射器组；6—过热器 7—再热器；8—省煤器；9—锅炉转向室；
10—尿素补充喷射器组；11—混合器；12—导流板；13—整流器；14—反应器出口

第六节　热电厂的废水处理设备和系统

741. 我国的污水综合排放标准是什么？

我国的污水综合排放标准包括：《基本控制项目最高允许排放浓度（日均值）》《部分一类污染物最高允许排放浓度（日均值）》《选择控制项目最高允许排放浓度（日均值）》等排放标准。

742. 什么是《基本控制项目最高允许排放浓度（日均值）》？

表12-4中表示了2015年我国的该项标准。

表12-4　　基本控制项目最高允许排放浓度（日均值）

<table>
<tr><th rowspan="2">序号</th><th rowspan="2" colspan="2">基本控制项目</th><th colspan="2">一级标准</th><th>二级标准</th><th>三级标准</th></tr>
<tr><th>A标准</th><th>B标准</th><th></th><th></th></tr>
<tr><td>1</td><td colspan="2">化学需氧量（COD）（mg/L）</td><td>50/60</td><td>60</td><td>100/120</td><td>120</td></tr>
<tr><td>2</td><td colspan="2">生化需氧量（BOD）（mg/L）</td><td>10/20</td><td>20</td><td>30</td><td>60</td></tr>
<tr><td>3</td><td colspan="2">悬浮物（SS）（mg/L）</td><td>10/20</td><td>20</td><td>30</td><td>50</td></tr>
<tr><td>4</td><td colspan="2">动植物油（mg/L）</td><td>1/20</td><td>3/20</td><td>5/20</td><td>20</td></tr>
<tr><td>5</td><td colspan="2">石油类（mg/L）</td><td>1/10</td><td>3/10</td><td>5/10</td><td>15</td></tr>
<tr><td>6</td><td colspan="2">阴离子表面活性剂（mg/L）</td><td>0.5/5</td><td>1/5</td><td>2/5</td><td>5</td></tr>
<tr><td>7</td><td colspan="2">总氮（以N计）（mg/L）</td><td>15</td><td>20</td><td>—</td><td>—</td></tr>
<tr><td>8</td><td colspan="2">氨氮（以N计）（mg/L）</td><td>5(8)/15</td><td>8(15)/15</td><td>25(30)/25</td><td>—</td></tr>
<tr><td rowspan="2">9</td><td rowspan="2">总磷（以P计）（mg/l）</td><td>2005年12月31日前建设的</td><td>1</td><td>1.5</td><td>3</td><td>5</td></tr>
<tr><td>2006年1月1日起建设的</td><td>0.5</td><td>1</td><td>3</td><td>5</td></tr>
<tr><td>10</td><td colspan="2">色度（稀释倍数）</td><td>30/50</td><td>30/50</td><td>40/80</td><td>50</td></tr>
<tr><td>11</td><td colspan="2">pH</td><td colspan="4">6～9</td></tr>
<tr><td>12</td><td colspan="2">粪大肠菌群数（个/L）</td><td>103</td><td>104</td><td>104</td><td>—</td></tr>
</table>

注　括号外为水温>12℃时的控制指标，括号内为水温≤12℃时的控制指标。“/”前后数值分别表示现标准值、原标准值。

743. 什么是《部分一类污染物最高允许排放浓度（日均值)》

表 12-5 中表示了 2015 年我国的该项标准。

表 12-5　部分一类污染物最高允许排放浓度（日均值） (mg/L)

序号	项目	标准值
1	总汞	0.001
2	烷基汞	不得检出
3	总镉	0.01
4	总铬	0.1
5	六价铬	0.05
6	总砷	0.1
7	总铅	0.1

744. 什么是《选择控制项目最高允许排放浓度（日均值）》?

表 12-6 中表示了 2015 年我国的该项标准。

表 12-6　选择控制项目最高允许排放浓度（日均值） (mg/L)

序号	选择控制项目	标准值	序号	选择控制项目	标准值
1	总镍	0.05	23	三氯乙烯	0.3
2	总铍	0.002	24	四氯乙烯	0.1
3	总银	0.1	25	苯	0.1
4	总铜	0.5	26	总苯	0.1
5	总锌	1.0	27	邻-二甲苯	0.4
6	总锰	2.0	28	对-二甲苯	0.4
7	总硒	0.1	29	间-二甲苯	0.4
8	苯并（a）花	0.000 03	30	乙苯	0.4
9	挥发酚	0.5	31	氯苯	0.3
10	总氰化物	0.5	32	1，4-二氯苯	0.4
11	硫化物	1.0	33	1，2-二氯苯	1.0
12	甲醛	1.0	34	对硝基氯苯	0.5

续表

序号	选择控制项目	标准值	序号	选择控制项目	标准值
13	苯胺类	0.5	35	2，4-二硝基氯苯	0.5
14	总硝基化合物	2.0	36	苯酚	0.3
15	有机磷农药（以P计）	0.5	37	间-甲酚	0.1
16	马拉硫磷	1.0	38	2，4-二氯酚	0.6
17	乐果	0.5	39	2，4，6-三氯酚	0.6
18	对硫磷	0.05	40	邻苯二甲酸二丁酯	0.1
19	甲基对硫磷	0.2	41	邻苯二甲酸二辛酯	0.1
20	五氯酚	0.5	42	丙烯腈	2.0
21	三氯甲烷	0.3	43	可吸附有机卤化物（AOX以Cl）计	1.0
22	四氯化碳	0.03			

745. 热电厂主要有哪些废水？

在热电厂，主要的废水有循环水的排污水、除灰废水、脱硫废水、化学处理系统排水、输煤系统废水、厂区生活废水、含油废水和杂用水系统排水等。对于干除灰的热电厂，其循环水的排污水占电厂总排废水量的70%以上。这些废水的排放一方面污染环境，另一方面造成了水资源的极大浪费，同时，也使电厂的用水量增加，发电成本提高。

746. 什么是循环水的排污水？

循环水的排污水来源于循环冷却水系统的排污，是系统在运行过程中为了控制冷却水中盐类杂质的含量而排出的高含盐量废水。为了防止循环水系统设备产生结垢和腐蚀，通常在循环水中投加阻垢剂、缓蚀剂和杀菌剂进行水质稳定处理，大多数的阻垢剂含有聚磷酸盐有机磷酸盐等含磷物质，缓蚀剂具有重金属盐类和杀菌剂具有较强的氧化性等，为了维持循环水浓缩倍率的相对稳定，循环水系统必须进行排污。这些药剂会随循环水排污而被排出，因此排污水中磷的富积和持续投加会使排入水体富含磷，造成水体富营养化污染诱发赤潮现象。

747. 什么是脱硫废水？

目前大多数热电厂采用湿式法脱硫工艺，这种工艺需要定时从脱硫系统中的储液槽或石膏制备系统中排出废水，即脱硫废水。脱硫废水的含盐量，特别是硫酸根含量很高，它将会对接纳水体和环境造成很大的污染。

748. 什么是生活废水?

热电厂的生活废水主要来自食堂、浴室、办公楼和生活区等的排水，一般设有专门的排水系统。其水质与其他工业废水的差距较大，有臭味，且有机物、悬浮物、细菌、油、洗涤剂等成分含量较高，含盐量比自来水稍高一些。生活污水的水量随时间的波动较大，主要的污染成分为有机物和悬浮物。

749. 热电厂的化学废水如何处理?

热电厂的化学废水主要是锅炉补给水处理系统产生的废水和锅炉排污产生的废水。其处理的工艺流程为：化学废水→废水池→废水氧化、反应槽→凝聚澄清池→中和水池。

锅炉补给水处理系统的反冲洗水，主要是悬浮物不能满足污水综合排放标准，可将其直接排入工业废水处理系统处理。其再生废水主要是 pH 值不能满足污水综合排放标准，此部分水可就地排入中和水池调节 pH 值。

750. 热电厂的工业废水如何处理?

热电厂的工业废水主要有循环水排污水和工业冷却水。循环水排污水主要是悬浮物和水中增加的固形物，可通过沉淀、过滤处理使其达标。工业冷却水主要是含油废水，通过隔油池后可除去约 80%的浮油，再经过吸油毡吸油后，去除水中的微量油。

751. 什么是零排放?

所谓零排放，是指无限地减少污染物和能源排放直至到零的活动。一是要控制生产过程中不得已产生的能源和资源，将其减少到零；二是要将那些不得已排放出的能源和资源充分利用。

752. 什么是废水零排放?

废水零排放是指工业水经过重复使用后，将这部分含盐量和污染物高的废水回收再利用，水中的盐类和污染物经过浓缩结晶以固体形式排出厂送垃圾处理厂或将其回收作为有用的化工原料，无任何废液排出工厂。

753. 我国现有什么废水零排放的手段?

我国现有的工业废水零排放手段是反渗透膜双膜法，其主要材料是纳米级的反渗透膜，其作用对象是重金属离子和分子量在几百以上的有机物。其工作原理是在一定压力下，水可以通过渗透膜，而溶解在水中的无机物、重金属离子、大分子有机物、胶体、细菌和病毒则无法通过渗透膜，从而可以将渗透的纯水与含有高浓度有害物质的废水分离开来。但是这种方法只能得到60%左右的纯水，剩余的含高浓度有害物质的废水则被排放到环境中去，这对环境是非常有害的。

754. 什么是机械蒸汽再压缩循环蒸发技术?

所谓机械蒸汽再压缩循环蒸发技术，是根据物理学的原理，等量的物质从液态转变为气态的过程中，需要吸收定量的热能。当其再由气态转为液态时，就会放出等量的热能。当用这种蒸发器处理废水时，蒸发废水所需的热能由蒸汽冷凝和冷凝水冷却时释放的热能所提供。运作过程中所消耗的，仅是驱动蒸发器内废水、蒸汽、冷凝水循环和流动的水泵、蒸汽泵和控制系统所消耗的电能。

755. 什么是晶种法技术?

废水里含有大量的盐分或TDS（total dissolved solids，溶解性总含盐量），废水在蒸发器内蒸发时，水里的TDS很容易附着在换热器管的表面结垢，轻则影响换热器的效率，严重时则会把换热器管堵塞。晶种法技术解决了蒸发器换热管的结垢问题，应用晶种法技术的蒸发器也称为卤水浓缩器。晶种法以硫酸钙为基础，浓缩器开始运作前，如果废水里自然存在的钙和硫化物离子含量不足，可以人工加以补充，使废水里钙和硫化物离子达到适当水平。废水开始蒸发时，水里开始结晶的钙和硫酸钙离子就附着在这些种子上，并保持悬浮在水里，不会附着在换热器管表面结垢，这种现象称为选择性结晶。

756. 什么是混全盐结晶技术?

工业污水里所含的盐分种类繁杂，甚至含有两种盐分组成的复盐。有多种盐类并存的卤水会在结晶器内产生泡沫，并具有极强的腐蚀性。同时多种不同盐类的存在，会造成卤水不同的沸点升高，不同程度的结垢，对设备的换热系数产生不同程度的影响。而混全盐结晶技术就可以解决这类问题。

混全盐结晶技术的设备是强制循环压缩蒸汽结晶器系统，系统所需热能由一台电动蒸汽压缩机提供。其主要工作程序如下：

(1) 待处理浓卤水被泵进结晶器。

(2) 和正在循环中的卤水混合，然后进入壳管式换热器。因换热器管子注满水，卤水在加压状态下不会沸腾并抑制管内结垢。

(3) 循环中的卤水以特定角度进入蒸汽体，产生涡旋，小部卤水被蒸发。

(4) 水分被蒸发时，卤水内产生晶体。

(5) 大部卤水被循环至加热器，小股水流被抽送至离心机或过滤器，把晶体分离。

(6) 蒸汽经过除雾器，把附有的颗粒清除。

(7) 蒸汽经压缩机加压，压缩蒸汽在加热器的换热管外壳上冷凝成蒸馏水，同时释放潜热把管内的卤水加热。

(8) 蒸馏水收集后，供厂内需要高质蒸馏水的工艺流程使用，在某些条件下，结晶器产生的晶体，是很高商业价值的化工产品。

第十三章

热电厂的热经济性及其指标

第一节　概　述

757. 什么是热电厂总热耗量的分配？

热电厂的总热耗量的分配是指热和电两种产品的所占有的热耗量。一般有热量法、实际焓降法和做功能力法三类。它反映了电、热两种产品的品位不同和热电联产过程的技术完善程度。

758. 什么是热量法？

热量法是将热电厂总热耗量按照热、电两种能量产品的数量比例来分配。分配给供热的热耗量 $Q_{tp,h}$ 为

$$Q_{tp,h}=\frac{Q_h}{\eta_b\eta_p}=\frac{Q}{\eta_b\eta_p\eta_{hs}}$$

式中　Q_h——热电厂向外供出的热量，kJ/h；

Q——热用户需要的热量，kJ/h；

η_b——锅炉的热效率，一般为0.9～0.94；

η_p——管道的热效率，一般为0.98～0.99；

η_{hs}——热网效率。

分配给发电的热耗量为

$$Q_{tp,e}=Q_{tp}-Q_{tp,h}$$

式中　Q_{tp}——总热耗量，kJ/h。

759. 什么是实际焓降法？

所谓实际焓降法是将供热汽流在汽轮机中少做的内功占新汽所做内功的比例来分配总热耗量。分配给供热热耗量为

$$Q_{tp,h}=Q_{tp}\times\frac{D_{h,t}(h_h-h_c)}{D_0(h_0-h_c)}$$

式中　$D_{h,t}$——热电厂联产供热蒸汽量，kg/h；

Q_{tp}——总热耗量，kJ/h；

h_h——汽轮机外供热抽汽的比焓，kJ/kg；

h_c——汽轮机排汽比焓，kJ/kg；

D_0——汽轮机的进汽量，kg/h；

h_0——汽轮机的进汽比焓，kJ/kg。

760. 什么是做功能力法?

所谓做功能力法就是分配给供热的热耗量，是按照联产汽流的最大做功能力占新蒸汽的最大做功能力的比例来分配总热耗量。分配给供热的热耗量为

$$Q_{tp,h}=Q_{tp}\times\frac{D_{h,t}e_h}{D_0e_0}=Q_{tp}\times\frac{D_{h,t}\ (h_h-T_{en}S_h)}{D_0\ (h_0-T_{en}S_0)}$$

式中 h_0、h_h——新蒸汽和供热抽汽的比焓，kJ/kg；

e_0、e_h——新蒸汽和供热抽汽的比㶲，kJ/kg；

S_0、S_h——新蒸汽和供热蒸汽的比熵，kJ/(kg·K)；

T_{en}——环境温度，K。

761. 上述三种分配方法的使用范围是什么?

上述三种分配方法均有局限性，热量法简便实用，是一种传统的热电厂总热耗量分配方法，我国，仍在采用。但是，按热量法分配，将导致国家能源的浪费。做功能力法应用不便。实际焓降法把热化发电的冷源损失无偿供给了热用户，热电联产的好处全部归供热所有。因此从理论上探讨热电厂总热耗量的合理分配，仍是一个需要解决的问题。

762. 热电厂有哪些主要经济指标?

热电厂的主要经济指标有燃料利用系数（总热效率）、供热式机组的热化发电率、热电厂的热电比。

763. 什么是热电厂的燃料利用系数和热电比?

所谓热电厂的燃料利用系数即热电厂的热效率，它可以用下式表示

$$\eta_{tp}=\frac{3600P_e+Q}{Q_{tp}}$$

式中 η_{tp}——燃料利用系数；

P_e——发电量，kW；

Q——供热量，kJ/h；

Q_{tp}——总热耗量，kJ/h。

热电比为供热机组供热量与发电量之比，即

$$\beta=\frac{\text{供热量}}{\text{发电量}\times 3600\text{kJ}/(\text{kW}\cdot\text{h})}\times 100\%$$

热电比反映了供热机组供热量与发电量这两者之间的关系。

764. 供热机组的热化发电率如何计算？

供热式机组的热化发电率 ω 按下式计算

$$\omega=W_h/(Q_{h,t}\times 10^{-6})$$

$$W_h=W_{h,0}+W_{h,i}$$

$$W_{h,0}=D_{h,t}(h_0-h_h)\eta_m\eta_g/3600\ (\text{kW}\cdot\text{h})$$

$$W_{h,i}=\sum_{i=1}^{z}D_{i,h}(h_0-h_i)\eta_m\eta_g/3600$$

式中 $W_{h,0}$——外部热化发电量，指对外供热抽汽的热化发电量，(kW·h)/h；

$W_{h,i}$——内部热化发电量，指供热返回水引入回热加热器增加的各级回热抽汽所发出的电量，(kW·h)/h；

z——供热返回水经过的回热加让级数；

$D_{i,h}$——各级抽汽加热供热返回水所增加的回热抽汽量。

$$Q_{h,t}=D_{h,t}(h_h-h_{w,hm})\times 10^{-6}$$

$$h_{w,hm}=\phi h_{w,h}+(1-\phi)h_{w,ma}$$

式中 $h_{w,hm}$——供热返回水和补充水的混合比焓；

$h_{w,ma}$——补充水比焓，kJ/kg；

$h_{w,h}$——供热返回水比焓，kJ/kg；

ϕ——供热回水率，$\phi=0\sim 1$。

$$\omega=W_h/(Q_{h,t}\times 10^{-6})=(W_{h,0}+W_{h,i})/(Q_{h,t}\times 10^{-6})=\omega_0+\omega_i$$

$$\omega_0=W_{h,0}/(Q_{h,t}\times 10^{-6})=278\times(h_0-h_h)/(h_h-h_{w,hm})\eta_m\eta_g$$

$$\omega_i=278\times\sum_{i=1}^{z}\frac{D_{i,h}(h_0-h_i)}{D_{h,t}(h_h-h_{w,hm})}\eta_m\eta_g$$

式中 ω_0、ω_i——外部、内部热化发电率，(kW·h)/GJ。近似计

算时，ω_i 可忽略不计。

ω 是评价热电联产技术完善程度的质量指标。

765. 影响热电比的因素有哪些?

(1) 热电机组的新汽参数，当供热参数一定时，提高新汽参数使发电量增加、热电比下降，反之亦然。

(2) 热电机组的供热参数，提高供热压力和温度，供热量增加、发电量减少、热电比增加。

(3) 汽轮机相对内效率降低，则使供热量增加、发电量减少、热电比增加。

766. 我国对热电厂总指标有什么规定?

(1) 常规热电联产应符合下列指标：

1) 总热效率年平均大于45%。

2) 热电联产的热电比满足：①单机容量在50MW以下的热电机组，其热电比年平均应大于100%；②单机容量在50～200MW的热电机组，其热电比年平均应大于50%；③单机容量200MW及以上抽汽凝汽两用供热机组，采暖期热电比应大于50%。

(2) 燃气-蒸汽联合循环热电联产系统应符合下列指标：

1) 总效率年平均大于55%；

2) 各容量等级燃气-蒸汽联合循环热电联产的热电比应大于30%。

767. 发电方面的热经济指标如何计算?

热电厂的发电热效率按下式计算

$$\eta_{tp,e}=3600P_e/Q_{tp,e}$$

式中 P_e——热电厂的发电量，kW；

$Q_{tp,e}$——热电厂的发电热耗量，kJ/h。

热电厂的发电热耗率按下式计算

$$q_{tp,e}=Q_{tp,e}/P_e=3600/\eta_{tp,e}$$

热电厂发电标准煤耗率按下式计算

$$\begin{aligned}b_{tp,e}&=B_{tp,e}/P_e=(Q_{tp,e}/29\ 270)/P_e\\&=3600/(29\ 270\times\eta_{tp,e})\approx0.123/\eta_{tp,e}\end{aligned}$$

式中 $B_{tp,e}$——热电厂的发电消耗的标准煤量，kg/h。

768. 供热方面的热经济指标如何计算?

(1) 热电厂供热热效率按下式计算

$$\eta_{tp,h}=Q/Q_{tp,h}=\eta_b\eta_p\eta_{hs}$$

式中 Q——总热耗量，kJ/h；

$Q_{tp,h}$——供热方面的热耗量，kJ/h；

η_b——锅炉效率；

η_p——管道效率；

η_{hs}——热网效率。

(2) 热电厂供热标准煤耗率按下式计算

$$b_{tp,h}=B_{tp,h}/(Q/10^6)=(Q_{tp,h}/29\ 270)/(Q/10^6)=34.1/\eta_{tp,h}$$

式中 $B_{tp,h}$——供热用标准煤耗量，kg/h。

第二节 热电厂的节煤量的计算

769. 热电联产较热电分产的节煤量如何计算?

热电厂总的标准煤耗量 B_{tp} 为发电和供热的标准煤耗量之和，即

$$B_{tp}=B_{tp,e}+B_{tp,h}$$

热电分产总标准煤耗量 B_d 为分产发电标准煤耗量 B_{cp} 和分产供热标准煤耗量 $B_{d,h}$ 之和，即

$$B_d=B_{cp}+B_{d,h}$$

热电厂的节煤量为

$$\begin{aligned}\Delta B&=B_d-B_{tp}=(B_{cp}+B_{d,h})-(B_{tp,e}+B_{tp,h})\\&=(B_{cp}-B_{tp,e})+(B_{d,h}-B_{tp,h})=\Delta B_c+\Delta B_h\end{aligned}$$

式中 ΔB_c——热电厂发电的节煤量，kg/h；

ΔB_h——热电厂供热的节煤量，kg/h。

770. 热电联产较热电分产供热的节煤量如何计算?

热电分产供热的标准煤耗量为

$$B_{d,h}=Q\times10^6/29\ 270\eta_{b,d}\eta_{p,d}=34.1Q/\eta_{b,d}\eta_{p,d}$$

热电联产供热的标准煤耗量为

$$B_{tp,h}=Q\times10^6/29\ 270\eta_b\eta_p\eta_{hs}=34.1Q/\eta_b\eta_p\eta_{hs}$$

热电联产较热电分产供热节约的标准煤量为

$$\Delta B_h = B_{d,h} - B_{tp,h} = 34.1Q\ (1/\eta_{b,d}\eta_{p,d} - 1/\eta_b\eta_p\eta_{hs})$$

全年热电联产供热量为

$$Q_h = Q_h\tau$$

全年内热电联产较分产供热节约的标准煤量为

$$\Delta B_h = 34.1Q_h\tau\eta_{hs}\ (1/\eta_{b,d}\eta_{p,d} - 1/\eta_b\eta_p\eta_{hs})\ \times 10^3$$

式中 τ——供热机组年供热小时数，h。

771. 热电联产较热电分产供热节煤的条件是什么?

从 13-13 的 ΔB_h可见，$\Delta B_h>0$ 就是供热节煤的条件。即

$$1/\eta_{b,d}\eta_{p,d} - 1/\eta_b\eta_p\eta_{hs} > 0$$

当热电联产和热电分产供应相同的热负荷 Q 时，热电联产供热节约燃料的主要原因是热电厂的锅炉效率 η_b 远高于分产供热的锅炉效率 $\eta_{b,d}$，但热电联产供热有热网损失 η_{hs}。两者的管道效率基本相等，即 $\eta_p \approx \eta_{p,d}$，则其节煤条件为 $\eta_b > \eta_{b,d}/\eta_{hs}$。

772. 热电联产发电节煤量如何计算?

热电联产发电标准煤耗量为

$$B_{tp,e} = B_{e,h} + B_{e,c}$$

$$B_{e,h} = b_{e,h}W_h = 0.123/\eta_b\eta_p\eta_{i,h}\eta_g \times W_h$$

$$B_{e,c} = b_{e,c}W_c = 0.123/\eta_b\eta_p\eta_{i,c}\eta_g \times W_c$$

式中 $B_{e,h}$——供热汽流的发电标准煤耗量，kg/h；

$B_{e,c}$——凝汽流的发电标准煤耗量，kg/h；

$b_{e,h}$——供热汽流的发电标准煤耗率，kg/(kW·h)；

η_b——锅炉效率；

η_p——管道效率；

$\eta_{i,h}$——供热汽流绝对内效率；

η_g——发电机效率；

W_h——供热汽流发电量，kW；

$b_{e,c}$——凝汽流发电的标准煤耗率，kg/(kW·h)；

$\eta_{i,c}$——凝汽流绝对内效率；

W_c——凝汽流发电量，kW。

分产发电代替凝汽式机组发电的标煤耗量为

$$B_{cp} = b_{cp}W = b_{cp}(W_h + W_c)$$

$$b_{cp} = 0.123/\eta_b\eta_p\eta_i\eta_m\eta_g$$

式中　b_{cp}——分产发电的标准煤耗率；

η_i——凝汽式机组的绝对内效率；

η_m——汽轮机机效率。

热电厂发电节约的标准煤量为

$$\Delta B_e = B_{cp} - B_{tp,e} = (b_{cp} - b_{c,h})W_h - (b_{c,c} - b_{cp})W_c$$
$$= (b_{cp} - b_{ch})W_h - (b_{c,c} - b_e)$$

773. 热电厂发电节约燃料的条件是什么？

热电厂发电节约燃料的条件是 $\Delta B_c = B_{cp} - B_{tp,e} > 0$。则令 $X = W_h/W > (b_{c,c} - b_e)/(b_{cp} - b_{ch})$。$X$ 的含义是供热机组热化发电量占供热机组总发电量的比例，称为热化发电比，只有 X 足够大时，才能节省燃料。

774. 热电厂总节煤量如何计算？

$$\Delta B = \Delta B_e + \Delta B_h = (b_{cp} - b_{c,h})W_h - (b_{c,c} - b_{cp})W_c + (b_{d,h} - b_{tp,h})Q$$
$$= 0.123W_h/\eta_b\eta_p\eta_m\eta_g[(1/\eta_{i,c} - 1) - 1/X(1/\eta_{i,c} - 1/\eta_i)] +$$
$$34.1Q(1/\eta_{b,d}\eta_{p,d} - 1/\eta_b\eta_p\eta_{hs})$$

全年内热电厂节约的总标准煤量为

$$\Delta B' = 0.123\omega Q_h\tau/\eta_b\eta_p\eta_m\eta_g[(1/\eta_{i,c} - 1) - 1/X(1/\eta_{i,c} - 1/\eta_i)] \times$$
$$10^{-3} + 34.1Q_h\tau\eta_{hs}(1/\eta_{b,d}\eta_{p,d} - 1/\eta_b\eta_p\eta_{hs}) \times 10^{-3}$$

式中　ΔB_e——热电厂发电节约的标准煤量，kg/h；

ΔB_h——热电厂供热节约的标准煤量，kg/h。

第三节　热电冷联产的热力计算

775. 什么是热负荷和冷负荷？

在单位时间内所需排出的热量称为冷负荷，在单位时间内所需加入的热量称为热负荷，它们都包括显热量和潜热量两部分，将潜热量表示为单位时间内排除的水分，可称为湿负荷。

热负荷分为季节性负荷和常年性负荷。季节性负荷包括采暖、通风、空气调节系统的负荷；常年性负荷包括生活用热（指热水供应用热）和生产工艺系统用热。

776. 如何计算采暖热负荷？

(1) 体积热指标法。

$$Q_h=(1+\mu)q_0V_0(t_i-t_o)\times10^{-3}$$

$$q_0=L/S[k_c+\phi(k_k-k_c)]+1/H(\Psi_1k_t-\Psi_2k_a)$$

式中 Q_h——采暖设计热负荷，kW；

μ——建筑物空气渗透系数；

V_0——建筑物外围体积，m^3；

t_i——室内维持温度,℃；

t_o——室外温度,℃；

q_0——建筑物的采暖体积指标，W/(m^3·℃)；

k_c、k_k、k_t、k_a——墙、窗、上部屋顶和下部地板的传热系数，W/(m^2·℃)；

L、S、H——建筑物平面图周长、占地面积、高度，m、m^2、m；

ϕ——窗面积与垂直围护结构（墙）面积的比值；

Ψ_1、Ψ_2——建筑物顶部及底部围护结构的计算温差修正系数。

(2) 面积热指标法。

$$Q_m=\sum(q_AA_i)\times10^{-3}$$

式中 Q_m——采暖设计热负荷，kW；

q_A——建筑物采暖面积热指标，W/m^2；

A_i——采暖面积，m^2。

这是目前供热工程中进行热负荷概算的普遍采用的方法。表13-1给出了采暖热指标推荐值。

表 13-1　采暖热指标推荐值　(W/m^2)

节能措施＼类型	住宅	居住区综合	学校、办公	医院、幼托	旅馆	商店	食堂、餐厅	影剧院、展览馆	大礼堂、体育馆
未采取	58～64	60～67	60～80	65～80	60～70	65～80	115～140	95～115	115～165
采取	40～45	45～55	50～70	55～70	50～60	55～70	100～130	80～105	100～150

注　热指标中已考虑了5%的管网热损失。

777. 如何计算通风热负荷?

对于生产企业、公用企业、公用建筑、文化机关的通风设计热负荷可用公式进行概算，即

$$Q_B = mcV_B\ (t_i - t_{oB})\ /3600$$

式中 m——每小时的换气系数，1/h；

V_B——建筑物被通风的总容积，m^3；

c——空气的容积比热容，kJ/(m^3·℃)，取1.26；

t_i——室内维持的温度，℃；

t_{oB}——通风室外计算温度，℃。

778. 如何计算热水供应热负荷?

城市居民区生活热水供应的平均热负荷为

$$Q = Fq_{hw} \times 10^{-3}$$

式中 Q——居民区采暖期的热水供应平均热负荷，kW；

F——居民区的总建筑面积，m^2；

q_{hw}——居民区热水供应的热指标，W/m^2 按表13-2取值。

表13-2 居民区热水供应的热指标 (W/m^2)

用水设备情况	热指标
住宅无生活热水设备、只对公共建筑供热水时	2～3
全部住宅有浴盆并供给生活热水时	5～15

779. 如何计算空调热负荷?

(1) 冬季热负荷。

$$Q_a = q_a A \times 10^{-3}$$

式中 Q_a——空调冬季热负荷，kW；

A——空调建筑物的建筑面积，m^2；

q_a——建筑物空调面积指标，W/m^2，按表13-3选取。

表13-3 空调面积热指标、冷指标推荐值 (W/m^2)

建筑物类型	办公	医院	旅馆、宾馆	商店、展览馆	影剧院	体育馆
热指标	80～100	90～120	90～120	100～120	115～140	130～190
冷指标	80～110	70～100	80～110	125～180	150～200	140～200

注 本表摘自《城市热力网设计规范》，表中数据适用于我国三北地区。

（2）夏季热负荷。

$$Q_c = q_c A / COP \times 10^{-3}$$

式中 Q_c——空调夏季热负荷，kW；

A——空调建筑物建筑面积，m^2；

COP——吸收式制冷机的性能系数，双效溴化锂制冷机组为1.0～1.2，单效溴化锂制冷机组为0.7～0.8；

q_c——建筑物空调面积冷指标，W/m^2，可按表13-3选取。

780. 什么是同时系数？

供热区域内有多个热用户，每个热用户可能有不止一个用热点，各用热点和热用户的最大热负荷不会同时出现，它可以用同时系数来描述，即 Ψ_i＝区域最大设计热负荷/各用热点（用户）最大设计热负荷累加值＜1。

781. 什么是平均热负荷？

所谓平均热负荷就是它所供给的热量与同时段内实际热负荷所供给的热量相等，即

$$Q = \int_0^n q\,\mathrm{d}n = \bar{q}n,\quad \bar{q} = \frac{\int_0^n q\,\mathrm{d}n}{n}$$

782. 什么是热负荷系数？

热负荷系数是一定时间内的平均热负荷与最大负荷之比，即

$$\Psi_2 = \frac{\bar{q}}{q_m}$$

783. 什么是热负荷利用小时数？

热负荷利用小时数 n_y 是指实际热负荷所供给的热量与热负荷设计容量 q_y 之比，即

$$n_y = \int_0^n \frac{q\,\mathrm{d}n}{q_y} h$$

784. 什么是全日热负荷时间图？

全日热负荷时间图是用于表示在一昼夜期间每小时耗热量变化规律的图，是由各类相同性质的热负荷相加而成。它以小时为

横坐标，以小时热负荷为纵坐标，从零开始逐时绘制。图13-1所示为某供热系统的全日热负荷时间图，该图指出了最大热负荷 q_m 和最小热负荷 q_{min}，$q=f(n)$ 曲线与纵横坐标围成的面积表示全天内所供应的热量 Q。

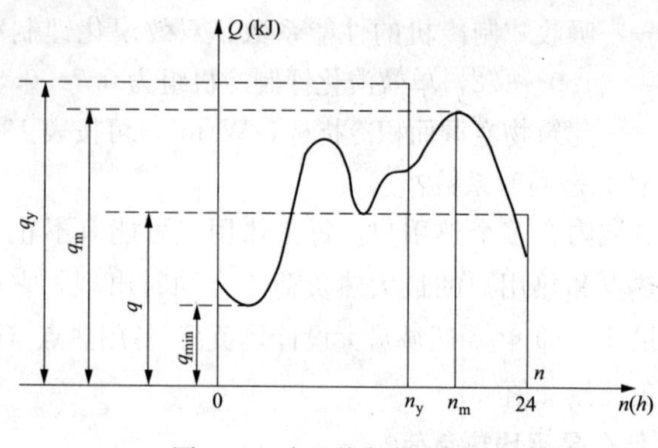

图13-1　全日热负荷时间图

785. 试给出国内部分建筑的空调冷负荷概算指标。

在建设初期为了弄清空调设备费用，可根据概算指标初步计算空调负荷值。表13-4列出了国内部分建筑的空调冷负荷概算指标，将负荷概算指标乘以建筑物内空调面积，即得建筑物空调负荷。

表13-4　国内部分建筑空调冷负荷概算指标　（W/m^2）

建筑类型	冷负荷	建筑类型	冷负荷
办公楼、学校	95～115	商店	210～240
图书馆	40～50	医院	105～130
旅馆	70～95	剧场（观众厅）	230～350
餐厅	290～350	体育馆（比赛馆）	240～280

786. 什么是当量热力系数？

消耗一定量的燃料热能后能够产生多少冷量可作为能量指标，这个指标被称为当量热力系数，以 ξ 表示，是指消耗单位燃料热能所得到的制冷量（kJ冷量/kJ燃料热能）。

(1) 对于压缩式制冷机，有

$$\xi_{ec}=Q_0\eta_e\eta_n\eta_m/W$$

式中 Q_0——冷量，kJ；

η_e、η_n、η_m——发电厂效率、电网效率、拖动压缩机的电动机的总效率；

W——燃料热能，kJ。

(2) 对于溴化锂吸收式制冷机（采用汽轮机抽汽），有

$$\xi_{ca}=Q_0\eta_p/(Q_h/u)$$

式中 Q_0——冷量，kJ；

Q_h——汽轮机抽汽的热能，kJ；

η_p——管道效率；

u——1kJ 燃料燃烧产生的高位热相当于抽汽口低位热的 kJ 数。

787. 试举例说明热电冷联产的经济性。

某热电厂向某小区供热、电、冷三种产品，小区的情况为：住宅楼 16 栋，娱乐中心 1 个（672 套房间，3000 人），建筑面积 10 万 m^2；1 座综合楼，面积 4500m^2；一座商业楼，面积 2700m^2。总冷负荷为 5127kW。

(1) 热电厂采用供热抽凝汽轮发电机组（型号为 C6-3.43/0.98）。

(2) 热电联产、冷分产系统选取电动制冷离心式压缩制冷机组；热电冷联产系统选取双效溴化锂吸收式制冷机 3 组。

(3) 拖动制冷设备的电量为：热电联产、冷分产系统为 1404.35kW；热电冷联产为 78.6kW。

(4) 夏季空调运行时间为 1300h，电价 0.95 元/(kW・h)，煤价 336 元/吨。

(5) $b_{tp,e}$=0.456 9kg/(kW・h)，$b'_{tp,e}$=0.437 7kg/(kW・h)。

采用一般能量法分析可得出表 13-5 的数据。

从表 13-5 可见，①采用热电冷联产可以减少夏季用电量，不用投资扩容或新建电厂；②采用热电冷联产可以减少燃煤量，减

少粉尘污染和废弃物占地，降低有害气体排放量；③采用热电冷联产，避免了压缩式制冷机采用的氟利昂制冷剂的污染；④集中制冷效果稳定，维护工作量小，无噪声，环境整洁。

表 13-5　　　　经济性分析表

项　目	热电冷三联供	热电联产、冷分产
制冷量（kW）	5127	5127
制冷设备总耗电量（kW）	78.6	1404.35
制冷多耗蒸汽量（kg/h）	7200	0
制冷多耗燃料（标准煤）（kg/h）	$7200(h_0-h_{jw})/(\eta_b Q_{dw})=1183.49$	
发电多耗燃料（标准煤）（kg/h）	$[b'_{tp(e)}-b_{tp(e)}]P_e=-115.2$	
多发电（kW·h）	$7200(h_0-h_1)\eta_m\eta_g\times1300/3600=524\ 123.6$	
制冷设备多耗燃料（标准煤）（kg/h）	$[78.6\times b_{tp(e)}'-1404.35\times b_{tp(e)}]/\eta_{dw}=-608.03$	
经济效益（元）	$524\ 123.6\times0.95-(1183.49-115.2-608.03)\times1300\times336=296\ 875.85$	

表中 $b_{tp(e)}$——热电联产系统的发电标煤耗率；

$b_{tp(e)}'$——热电冷联产系统的标煤耗率；

P_e——汽轮机的额定发电量，为6000kW；

h_0——汽轮机的进汽焓，为3298kJ/kg；

h_{fw}——锅炉给水焓为444.3kkJ/kg；

h_1——汽轮机排汽焓，为3086kJ/kg；

Q_{dw}——煤的低位发热量，为21172kJ/kg；

η_b——锅炉效率，为0.82；

$\eta_m\eta_g$——发电机效率，为0.95；

η_{dw}——电网效率，为0.9。

第十四章

热电联产管理和政策

第一节　热化系数的确定

788. 什么是热化系数？

表示热电联产系统热化程度的比值叫作热化系数，可简明地表述为热电联产系统供热机组的最大供热能力与系统最大热负荷之比。也就是热电厂发电容量和供热容量之比。《关于发展热电联产的若干规定》中要求：“在热电联产建设中应根据供热范围内的热负荷特性，选择合理的热化系数。以工业热负荷为主的热化系数宜控制在0.7～0.8；以采暖供热负荷为主的热化系数宜控制在0.5～0.6”。

789. 什么是理论上热化系数最佳值和工程上热化系数最佳值？

只表示热电联产系统热经济性最佳状态的热化系数，称为理论上热化系数的最佳值；既反映热电联产系统的热经济性，又反映系统技术经济性最佳状态的热化系数，称为工业上热化系数的最佳值。

790. 如何确定热化系数的理论最佳值？

图14-1所示为采暖热负荷持续时间曲线。在图中，面积A_{debco}为热电厂年供热量，面积A_{daed}为尖峰锅炉年供热量。把热化系数从d点的α_{tp}提到d'点α_{tp}'时，汽轮机抽汽的年供热量面积增加$dd'e'ed$，供热汽流生产的电能P_t增加相同的面积ΔP_t。由于P_t的增加，燃料增大ΔB，同时凝汽流生产的电量P_c也增加ΔP_c，又使ΔB减小。当α_{tp}开始升高时，由于ΔP_t的增加引起燃料的节省大于ΔP_c增加所多耗的燃料，使燃料节约的增量$d(\Delta B)/d\alpha_{tp}>0$，因而节省燃料。当$\alpha_{tp}$提高到某一值，即$d(\Delta B)/d\alpha_{tp}=0$时，燃料节省达到最大值，再继续提高$\alpha_{tp}$值，则燃料的节省开始下降，

此时 $d(\Delta B)/d\alpha_{tp}<0$，可以求出燃料节省达到最大值时的 α_{tp} 值，即为理论上热化系数的最佳值。

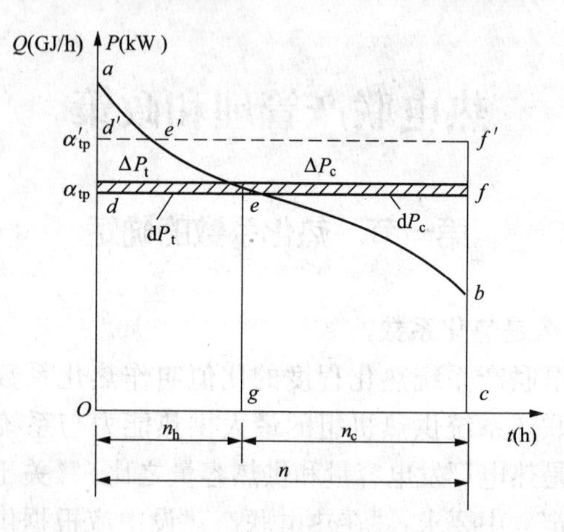

图 14-1　采暖热负荷持续时间曲线

791. 如何确定热化系数的工程最佳值?

确定热化系数的工程最佳值可以采用年计算费用法进行计算。设定目标函数 R 为

$$R=B_a z_i+(P-P_\tau)z_{cp}+(r+f_m)K_{tp}+C$$

式中　B_a——热电联产的年标准煤耗率，t/a；

z_i——标准燃料价格，元/t；

z_{cp}——凝汽式电厂的电价，元/(kW·h)；

P——电网要求全年生产的电量，kW·h；

P_τ——热电厂全年生产的电量，kW·h；

r——标准投资效益系数；

f_m——固定资产折旧率（包括大修折旧）；

K_{tp}——折算的热电联产系统的总投资，万元；

C——与热化系数无关的常数。

绘制热负荷持续时间曲线和热网温度调节曲线如图 14-2 所示，并假设一个 α_{tp} 值。α_{tp} 值的变化是供热机组抽汽供热量改变的结果，图中阴影部分表示在 α_{tp} 值改变时，汽轮机抽汽供热量在全年的变化值，表示为

$$\partial Q_{td,a}=(\partial\alpha_{tp})Q_{max}n_h$$

$$n_h=(r+f_m)(\omega k_{tp}-k_{pb})/\omega z_{cp}-[(b_{lr}-b_{pb})-\omega b_{rd}]z_i$$

式中 $Q_{td,a}$——汽轮机的年对外供热量（或称年联产供热量），GJ/a；

n_h——采暖季节尖峰锅炉理论上最佳年运行小时，h；

ω——热化发电率；

K_{tp}——不同热化系数值时热电厂的单位投资，元/kW；

k_{pb}——尖峰锅炉的单位投资，元/kW；

b_{lr}——热电联产供热的标准煤耗率，kg/GJ；

b_{pb}——尖峰锅炉的供热标准煤耗率，kg/GJ；

b_{rd}——热电联产中供热汽流生产电能的标准煤耗率，kg/(kW·h)。

根据 n_h 可在热负荷持续曲线上求得汽轮机所需的抽汽供热量及对应的热化系数最佳值 $\alpha_{tp,op}$。

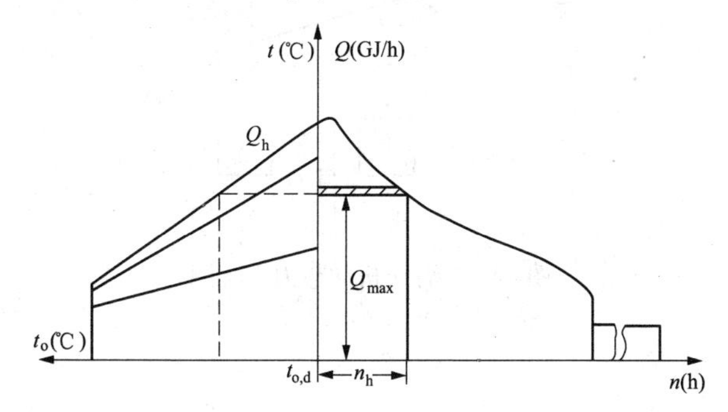

图 14-2 热负荷持续时间曲线和热网温度调节曲线

可以先假设一个 α_{tp}，在图 14-1 上找到一个对应的热网供水温度，求出其相应的抽汽压力 p_h，根据供热机 组的热化发电率 ω，选择 r、f_m和已知的 k_{tp}、k_{pb}、z_i、z_{cp}等值代入式 n_h中，求得 n_h所对应的热化系数值，采用逐渐逼近法求出热化系数最佳值 $\alpha_{tp,op}$。

第二节 热电负荷的分配

792. 如何优化分配热电负荷？

优化分配热电负荷的方法有多种，这里介绍一种较简单的方法——以热电定电法。

(1) 热负荷的分配。只对外供一种热负荷，且不计汽轮机对内效率的变化时，各供热机组的发电功率为

$$P_{d,j}=K_jD_{n,j}$$

式中 $P_{d,j}$——j 号机组的热化发电功率，kW；

K_j——热化做功系数，表示每千克供热蒸汽的联产发电量，根据各机组的参数计算得出的常数；

$D_{n,j}$——j 号机组的供热蒸汽量，kg/h。

其中 K_j 的求法：

1) 背压机组的 K_j。背压机的热力系统图如图14-3所示。

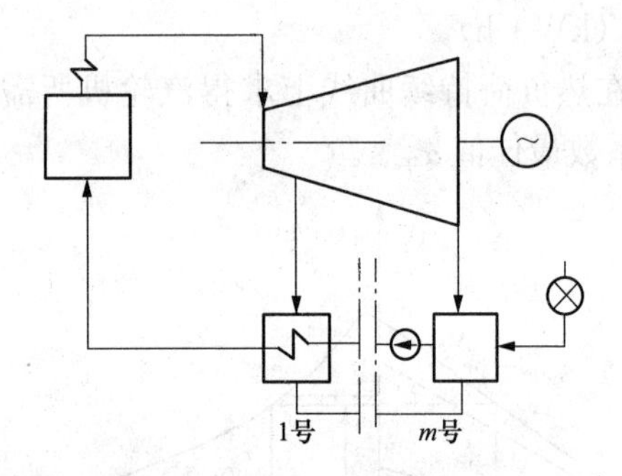

图14-3 背压机的热力系统图

则有

$$K_j=\frac{1}{3600}\left[h_0-h_n+\sum_{i=1}^{m}\frac{a_i}{1-\sum\limits_{j=1}^{m}a_j}(h_0-h_i)\right]\eta_{jd}$$

式中 h_0——汽轮机进汽比焓，kJ/kg；

h_n——汽轮机供汽比焓，kJ/kg；

h_i——第 i 级抽汽比焓，kJ/kg；

a_j——第 j 级抽汽系数；

m——从第1级到供汽的抽汽级数；

η_{jd}——机电效率。

2) 抽汽冷凝机组的 K_j。抽汽冷凝机组的热力系统图如图14-4所示。

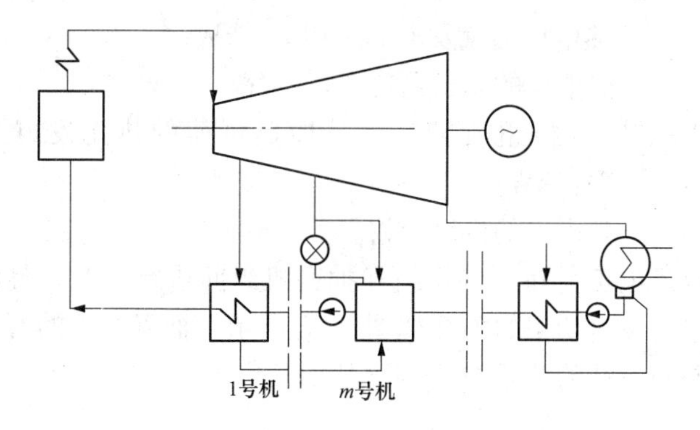

图 14-4 抽汽冷凝机组的热力系统图

抽凝机组的供热由旋转隔板或调节阀维持抽汽参数，如果只考虑从进汽到抽汽供热段汽流部分，也可作为相似背压机处理，其热化做功系数与背压机相同。

此时热负荷的分配方法是：依热化做功系数 K_j 的大小顺序来确定各机组带热负荷的顺序，K_j 最大的机组先带到该机最大热负荷，然后让 K_j 次之的机组带，最后由 K_j 最小的机组带。

如果需对外供多种品质的热负荷时，其分配的方法是按背压机的 K_j 计算公式算出各机组的 K_j。用下式求各机组的热负荷的分配，即

$$P_d=\sum_{j=1}^{m}\sum_{i=1}^{n}K_{ij}D_{n,\ ij}$$

式中 P_d——全厂的总热化发电功率，kW；

K_{ij}——第 j 号机组第 i 种品质热负荷的热化做功系数；

$D_{n,ij}$——第 j 号机组所带第 i 种品质热负荷的蒸汽量，kg/h；

m——全厂的机组台数；

n——全厂需对外供的热负荷种类。

(2) 电负荷的分配。上述的热化发电总功率已确定，电负荷分配就是确定各个机组的凝汽发电功率，确保全厂热耗量最小。凝汽发电总功率为

$$P_c=P_d-\sum_{j=1}^{m}P_j$$

式中　P_c——热电厂凝汽发电的总功率，kW；

P_d——热电厂的总发电功率，kW；

P_j——j号机组所带各种品质热负荷的热化发电总电功率，kW；

m——热电厂的机组台数。

热电厂电负荷在凝汽机组和抽凝机组间进行分配。凝汽机组的热耗量与发电功率的关系如图14-5所示；抽凝机组的凝汽发电热耗量与热负荷的关系如图14-6所示。

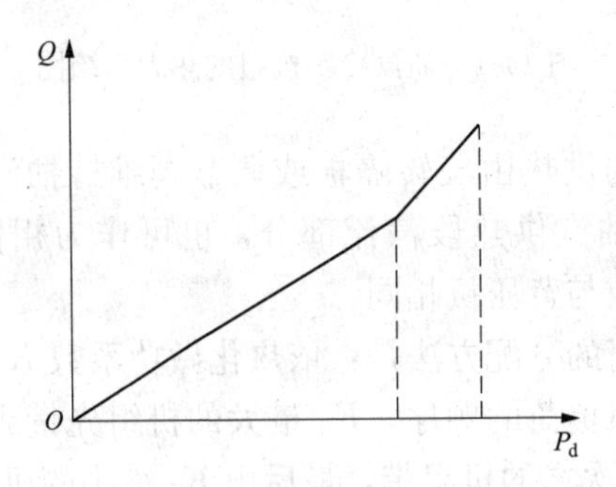

图14-5　凝汽机组的热耗量与发电功率的关系

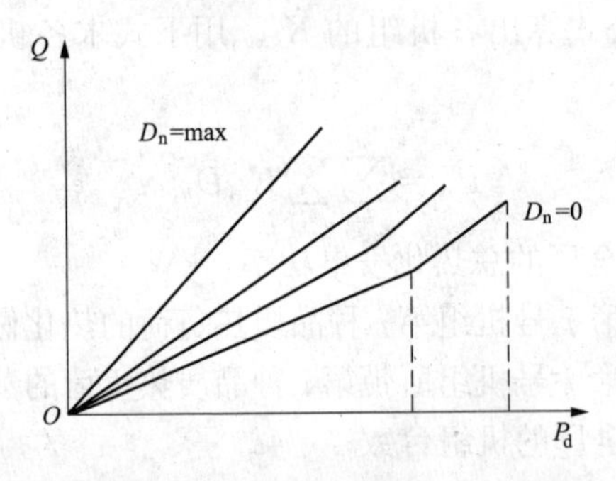

图14-6　抽凝机组的凝汽发电热耗量与凝汽发电功率的关系

上述的关系图可以用下式来表示

$$Q_j = \beta_j P_{d,j} + C_j$$

式中　Q_j——j号机组凝汽发电热耗量，kJ/h；

$P_{d,j}$——j号机组凝汽发电功率，kW；

β_j、C_j——与机组有关的常数。

由于各供热机组的热负荷已分配完毕，所以各抽凝机组的凝汽发电热耗量与凝汽发电功率关系式中的β_j、C_j也可确定。首先由β_j最小的机组带发电负荷，到出现β_j转折点时，再让其他的机组中β_j带发电负荷，依次类推，直至由β_j最大的机组带发电负荷。

第三节　电价和热价

793. 电价有什么特点？

(1) 电价按用户和电压等级分类。电能的产、供、销是同时完成的，各类用户的不同用电方式、用电时间决定着电力生产的运行方式。运行方式不同，生产成本也不一样，这样就需要按用电方式的不同而划分不同的电价，即分类电价。另外，不同电压等级的电能销售成本不同，所以其电价也不相同。

(2) 燃料价格影响电价。我国火力发电厂的燃料成本占发电成本的70%左右，因此电价受一次能源（燃料）价格的影响较大，燃料价格的变动，必然会引起电价的变动。

(3) 电价有地区差异。各地区电源结构不同，水电受水文年和季节性的影响、火电受燃料价格和运输距离的影响、核电又受技术条件的影响，使各地区电能成本有很大的差异，所以各地区的电价也有差异。

(4) 电价的相对稳定性。电能是国民经济生产和人民生活不可缺少的能源，电价的波动必将给生产和生活带来较大的影响。而供电企业又是地区垄断性的公共事业，电价的变动要经政府批准。因此，电价一般要保持较长期的相对稳定性。

794. 电价是如何构成的？

电价包括再生产成本、税金和利润三部分。

(1) 再生产成本。它包括容量成本、电量成本和销售成本三部分。容量成本包括材料、基本折旧、大修理费用、管理费用、生产人员工资和福利费等；电量成本包括燃料费、水费、购电费等；销售成本包括接户线、电度表的基本折旧和营业人员工资福利费等。

（2）税金。包括产品税和所得税。

（3）利润。利润等于实际有效资金乘以资金利润率。实际有效资金包括固定资产、流动资金、职工福利基金、工资奖励基金等。

795. 我国的电价政策是怎样规定的?

目前，我国电网销售电价实行的是分类电价和分时电价。定价的原则是统一政策、统一定价、分级管理。因此，要想正确理解和执行现行电价，必须清楚知道各类电价的应用范围和相关规定，才能准确无误的确定用户应执行的价格，维护供用电双方的利益不受损害。

796. 我国现行电价分类怎样规定的?

现行电价标准分为直供电价和趸售电价，电网直供电价又分为七类，即居民生活电价、非居民照明用电电价、商业电价、非工业电价、普通工业电价、大工业电价、农业生产电价；电网趸售电价分为五类，即居民生活用电电价、非居民照明用电电价、商业电价、非普工业电价、大工业电价、农业生产电价。

797. 什么是峰谷分时电价?

峰谷分时电价是把一天24h分为峰、谷、平三个时段，以平时段电价为基础电价，高峰时段用电电价上浮，低谷时段用电电价下浮，而且高峰和低谷之间的价差非常大，这样就鼓励用户调整用电负荷、削峰填谷、更加合理用电。

798. 现行的峰谷分时电价实行范围是怎样规定的?

电网直供的容量在320（含315）kVA及以上的大工业用户；100kVA（kW）及以上的非工业用户、普通工业用户；趸售转供单位（指农电）。

799. 峰谷分时电价时段是怎样划分的?

（1）高峰时段：7∶30—11∶30、17∶00—21∶00，共计8h；

（2）低谷时段：22∶00—5∶00，共计7h；

（3）其余时段为平时段，共计为9h。

800. 峰谷分时电价是怎样确定的?

高峰时段电价，按基础电价上浮50%；低谷时段电价，按基础电价下浮50%；平时段电价不变。

801. 热价有什么特点？

(1) 热价按厂制定。不同供热厂的热价差别很大，原因是由于各供热电厂的机组不同，设计煤耗率和燃料价格不同。

(2) 热价受燃料价格的影响很大，原因是燃料费用在供热成本中所占比例较大，高达60%以上。

(3) 热价是在全部回水的基础上制定的，当用户不返回或返回的水不合格时，要单独征收水费。

802. 热价制定的依据是什么？

(1) 热价要有利于节能环保。

(2) 热价要有利于提高供热技术管理水平。

(3) 热价要有利于节约投资。

(4) 热价的确定要因地制宜。

(5) 热价的制定要符合市场经济规律。

803. 试计算热电成本分摊比。

设供热成本分摊比值为β_r，供电成本分摊比为β_d，其和为1。对于可变成本，因为燃料费用占的比例大，可采用供热燃料消耗量占供热总燃料消耗量的比例来分摊，即

$$\beta_r = B_r/B = b_rQ/[b_rQ + b_g(1-\xi)P]$$

式中 B_r——供热燃料消耗量，t；

B——供热与供电总燃料消耗量，t；

b_r——供热标准煤耗率，kg/GJ；

b_g——供电标准煤耗率，kg/(kW·h)；

Q——供热量，GJ；

ξ——汽水损失率；

P——电功率，kW。

第四节 运行管理

804. 热电厂运行管理包括哪些内容？

(1) 完成规定的供热、供汽及供电任务，按要求供给热用户和汽用户所需要的热量和汽量。

（2）安全运行，保证本厂和热力系统的供电、供热的安全生产。

（3）高质量的运行，保证所供给电能和热能的质量。

（4）经济运行，合理地利用能源资源，极大地降低燃料消耗。

（5）加强经营管理，降低发电和供热成本，提高劳动生产率。

（6）加强设备管理，提高设备可用率和利用率，提高发电供热的可靠性。

（7）积极做好热电厂的废物处理，满足国家对环境保护的要求。

805. 热电厂发电管理的要求是什么？

（1）闭环式管理原则。每项制度给出检查评价表，为生产一线领导提供评价制度落实及有效性工具。

（2）程序化原则。用科学的不断完善的程序规范员工的行为，提倡集合群体经验对各种程序持续改善，反对靠个人经验管理。

（3）兼容性原则。应把整合当做长期的重要任务来抓，包括国际先进管理系统与各电厂三大标准体系的整合；发电管理系统符合法律、法规、行业标准的整合；达标、创一流等方法与发电管理系统的整合。

（4）统一性原则。设置多项基本的管理要求，包括安全等若干个子系统。统一发电业务，解决各自为政的问题。

（5）持续改善原则。坚持对发电管理系统的定期修编，用电单位每隔一两年修编一次。

806. 热电厂的供热管理的内容是什么？

包括热网管理和热用户管理两部分。

（1）热网管理。包括：

1）一级网的运行管理。包括初调节、运行调节、辅助调节、沿线检查等。

2）二级网运行管理。包括确定流量和阀门开度、除氧、除硬度、加大维护力度等。

（2）热用户管理。包括：

1）初调节。进行系统冲洗。

2）确定流量，控制阀门开度。

3）检查系统循环是否正常，防止跑、冒、滴、漏。

807. 热电厂的安全管理的内容是什么？

（1）建立健全各项安全管理制度。

（2）落实“两票三制”制度。

（3）加强锅炉管理及事故预防。

（4）重视锅炉管道泄漏及其反事故措施。

（5）重视循环流化床锅炉熄火结焦及其反事故措施、压力容器爆炸及其反事故措施。

（6）保证安全投入，保障设备正常运行。不断完善安全措施，预防和减少安全事故发生，保证生产连续、经济运行。

808. 热电厂的节能管理的措施是什么？

（1）拓展热负荷。

（2）加强燃料管理。

（3）进行运行经济分析。

（4）技术经济指标考核。

第五节 采暖供热的计量

809. 什么是传统的热量计量方法？

（1）使用楼栋热表计量。

（2）使用热分配表计量。

（3）使用热水流量表计量。

（4）使用户用热表计量。

810. 国外的采暖供热计量方法有几种？

（1）面积分摊制。

（2）热量分摊制。

（3）按户分摊制。

811. 什么是楼栋热表计量法？

该法是将整个楼栋的热耗由安装在热入口的一块热量表计量，整个建筑的热费用根据热表计量的热耗付费，然后根据建筑面积分摊给每个住户。

812. 什么是热分配表计量法?

该法是除了整栋楼的热耗外，户内每个散热器的散热量由蒸发式或电子式分配表计量，在分摊热费时，部分根据采暖面积、部分根据热分配表的读数分摊。

813. 什么是热水流量表计量法?

该法是通过热水表计量流量、通过流量来确定热用户的用热量，每个住户散热器中的热水流量用热水表进行计量。

814. 什么是用户热表计量法?

该法是每个住户的热耗用一块热表计量，也就是楼栋热表小型化。

815. 什么是面积分摊制?

面积分摊制是指供热公司从热电厂通过计量的方式购热，然后对采暖用户按采暖面积进行采暖费用的分摊，其计算方法为

$$m=M/\sum S$$

$$M=fQ$$

式中　m——每平方米采暖面积热费，元/m^2；

M——总热费，元；

Q——小区用热量，kJ；

f——热价 元/kJ；

$\sum S$——总采暖面积，m^2。

816. 什么是热量分摊制?

热量分摊制是指供热公司从热电厂购热，然后按每栋楼计量的热量进行采暖费用分摊的方法。每栋楼内的住户，按14-28所述的方法，按采暖面积再分摊。

817. 什么是室温分摊法?

此方法将全楼的热费利用测得的室温来分摊，计算方法为

$$m=(M/S)/\sum t_{n}$$

式中　m——每摄氏度室温单位面积热费，元/(℃·m^2)；

S——采暖面积，m^2；

t_n——室温，℃；

M——总热费，元。

818. 什么是时间分摊法?

此方法将全楼的热费利用测得的供热时间来分摊，计算方法为

$$m=(M/S)/\sum t$$

式中 m——单位面积单位时间热费，元/(h·m^2)；

t——供热时间，h；

S——采暖面积，m^2；

M——总热费，元。

819. 什么是蒸发式仪表分摊法?

此法利用液体蒸发量与散热器放出的热量之间的关系来进行热量计量。根据下式对热量进行分摊

$$m=M/\sum h$$

式中 m——单位热费，元/kJ；

M——总热费，元；

h——液体蒸发量，用液柱表示。

820. 什么是电子式仪表分摊法?

此法利用测量散热器放出的热流或测量供回水平均温度与室温之差，来进行供热量计量，可按下式对热量进行分摊

$$m=M/\sum q_s$$

式中 m——单位热费，元/kJ；

q_s——散热器散热量，kJ；

M——总热费，元。

821. 什么是水表分摊法?

该法通过测量每户采暖系统的热水流量，来分配每户的热量，根据下式对热量进行分摊

$$m=M/\sum G$$

式中 m——单位流量热费，元/kg；

G——用户流量，kg；

M——总热费，元。

822. 什么是热表分摊法？

该法通过测量每户采暖系统的供回水温度及热水流量，来分配供给每户的热量，可根据下式对热量进行分摊

$$m=M/\sum q$$

式中 m——单位热费，元/kJ；

q——用户用热量，kJ；

M——总热费，元。

第六节 热电联产的政策

823. 我国有哪些有关热电联产的政策？

（1）《关于发展热电联产的若干规定》。国家计委、国家经贸委、电力部、建设部——计交能〔1198〕220号。见附录一。

（2）《热电联产项目可行性研究技术规定》。国家发展计划委员会、国家经济贸易委员会、建设部——计基础〔2001〕26号。见附录二。

（3）《热电联产管理办法通知》。国家发改委、国家能源局、财政部、住房城乡建设部、环境保护部——发改能源〔2016〕617号。见附录三。

824.“十三五”规划中对热电联产有什么规划？

近期国家对热电联产规划的基本要求是：“省级五年电力发展的相关规划要在国家电力发展的相关规划指导下制定。电源方面重点明确本地区规划期内燃气电站，燃煤背压电站的建设规模，以及燃煤、燃气、非化石能源电站的重点布局”“省级电力发展规划要统筹地市级政府能源主管部门编制的城市热电联产规划”。

以《十三五规划纲要》为统领编制中而作为十大节能措施和电力行业组成部分的热电行业，在自身发展中取得了很大进步，在装机和供热量方面已稳居世界第一位，且“十三五”时期还将有3.5亿kW火电装机改造为热电，发展前景广阔。但热电发展还面临着很多制约因素，有些并未起到指导作用，应切实加强。

附　录

附录一　关于发展热电联产的若干规定

**国家发展计划委员会、国家经济贸易委员会、
建设部、国家环保总局**

计基础〔2000〕1268号

热电联产具有节约能源、改善环境、提高供热质量、增加电力供应等综合效益。热电厂的建设是城市治理大气污染和提高能源利用率的重要措施，是集中供热的重要组成部分，是提高人民生活质量的公益性基础设施。改革开放以来，我国热电联产事业得到了迅速发展，对促进国民经济和社会发展起了重要作用。为实施可持续发展战略，实现两个根本性转变，推动热电联产事业的发展，特作如下规定：

第一条　各地区在制定实施《中华人民共和国节约能源法》《中华人民共和国环境保护法》《中华人民共和国电力法》《中华人民共和国煤炭法》和《中华人民共和国大气污染防治法》和《中华人民共和国城市规划法》等法律细则和相关地方法规时，应结合当地的实际情况，因地制宜地制定发展和推广热电联产、集中供热的措施。

第二条　各地区在制定发展规划时，应坚持环境保护基本国策，认真贯彻执行"能源节约与能源开发并举，把能源节约放在首位"的方针，按照建设部、国家计委《关于加强城市供热规划管理工作的通知》的规定（建城〔1995〕126号），认真编制和审查城市供热规划。依据本地区《城市供热规划》《环境治理规划》和《电力规划》编制本地区的《热电联产规划》。

在进行热电联产项目规划时，应积极发展城市热水供应和集中制冷，扩大夏季制冷负荷，提高全年运行效率。

第三条　热电联产规划必须按照“统一规划、分步实施、以热定电和适度规模”的原则进行，以供热为主要任务，并符合改善环境、节约能源和提高供热质量的要求。

第四条　各级计委负责热电联产的规划和基本建设项目的审批，各级经贸委负责热电联产的生产管理、热点联产技术改造规划的制定的审批，各级建设部门是城市供热行业管理部门，各级环保部门要依照相关的环保法规对热电联产进行监督。

第五条　根据国家能源与环保政策，各地区应根据能源供应条件和优化能源结构的要求，从改善环境质量、节约能源和提高供热质量出发，优化热电联产的燃料供应方案。

第六条　在国务院新的固定资产投资管理办法出台前，热电联产审批暂按以下规定执行：

1. 单机容量25MW及以上热电联产基本项目及总发电容量及25MW及以上燃气-蒸汽联合循环热电联产机组，报国家计委审批。

2. 单机容量25MW以下的热电联产基本建设项目及总发电容量25MW以下的燃气-蒸汽联合循环热电联产机组，由省、自治区、直辖市及计划单列市计委组织审批，报国家计委备案。

3. 现有凝汽发电机组改造为热电联产工程、热电联产技术改造工程和燃料结构变更与综合利用的热电联产技术改造工程，总投资大于5000万元的项目，由国家经贸委审批；总投资小于5000万元的项目，由省、自治区、直辖市经贸委审批，报国家经贸委备案。

4. 外商投资热电厂工程总造价3000万美元及以上项目，基本建设项目报国家计委审批；技术改造工程由国家经贸委审批。

5. 热电厂、热力网、粉煤灰综合利用项目应同时审批、同步建设、同步验收投入使用。热力网建设资金和粉煤灰综合利用项目不落实的，热电厂项目不予审批。

第七条　各类热电联产机组应符合下列指标：

一、供热式汽轮发电机组的蒸汽流既发电又供热的常规热电联产。应符合下列指标：

1. 总热效率年平均大于45％。

总热效率＝(供热量＋供电量×3600千焦/千瓦时)/(燃料总消耗量×燃料单位低位热值)×100％。

2. 热电联产的热电比：

(1) 单机容量在50兆瓦以下的热电机组，其热电比年平均应大于100％；(2) 单机容量在50兆瓦至200兆瓦以下的热电机组，其热电比年平均应大于50％；(3) 单机容量200兆瓦及以上抽汽凝汽两用供热机组，采暖期热电比应大于50％。热电比＝供热量/(发电量×3600千焦/千瓦时)×100％。

二、燃气-蒸汽联合循环热电联产系统包括：燃气轮机＋供热余热锅炉、燃气轮机＋余热锅炉＋供热式汽轮机。燃气-蒸汽联合循环热电联产系统应符合下列指标：

1. 总热效率年平均大于55％。

2. 各容量等级燃气-蒸汽联合循环热电联产的热电比年平均应大于30％。

第八条　符合上述指标的新建热电厂或扩建热电厂的增容部分免交上网配套费，电网管理部门应允许并网。投产第一年按批准可行性研究报告中确定的全年平均热电比和总效率签定上网电量合同。在保证供热和机组安全运行的前提下供热机组可参加调峰（背压机组不参加调峰）。国家和省、自治区、直辖市批准的开发区建设的热电厂投产三年之后；以及现有热电厂经技术改造后，达不到第七条规定指标的，经报请省级综合经济部门核准，按实际热负荷核减结算电量，对超发部分实行无偿调度。

第九条　热电联产能有效节约能源，改善环境质量，各地区、各部门应给予大力支持。热电厂应根据热负荷的需要，确定最佳运行方案，并以满足热负荷的需要为主要目标。地区电力管理部门在制定热电厂电力调度曲线时，必须充分考虑供热负荷曲线变化和节能因素，不得以电量指标限制热电厂对外供热，更不得迫使热电厂减压减温供汽，否则将依据《中华人民共和国节约能源法》和《中华人民共和国反不正当竞争法》第二十三条追究有关部门领导和当事人的责任，并赔偿相应的经济损失。

第十条　城市热力网是城市基础设施的一部分，各有关部门均应大力支持其建设，使城市热力网与热电厂配套建设，同时投入使用，充分发挥效益。

第十一条　凡利用余热、余气、城市垃圾和煤矸石、煤泥和煤层气等作为燃料的热电厂，按《国务院批转国家经贸委等部门关于进一步开展综合利用意见的通知》文件执行（国发〔1996〕36号）

第十二条　在有稳定热负荷的地区，进行中小凝汽机组改造时，应选择预期寿命内的机组安排改造为供热机组，并必须符合本规定第七条的要求。

第十三条　鼓励使用清洁能源，鼓励发展热、电、冷联产技术和热、电、煤气联供，以提高热能综合利用效率。

第十四条　积极支持发展燃气-蒸汽联合循环热电联产。

1. 燃气-蒸汽联合循环热电联产污染小、效率高及靠近热、电负荷中心。国家鼓励以天然气、煤层气等气体为燃料的燃气-蒸汽联合循环热电联产。

2. 发展燃气-蒸汽联合循环热电联产应坚持适度规模。根据当地热力市场和电力市场的实际情况，以供热为主要目的，尽力提高资源综合利用效率和季节适应性，可采用余热锅炉补燃措施，不宜片面扩大燃机容量和发电容量。

3. 根据燃气-蒸汽联合循环热电厂具有大量稳定用气和为天然气管网提供调峰支持特点，合理制定天然气价格。

4. 以小型燃气发电机组和余热锅炉等设备组成的小型热电联产系统，适用于厂矿企业，写字楼、宾馆、商场、医院、银行、学校等较分散的公用建筑。它具有效率高、占地小、保护环境、减少供电线损和应急突发事件等综合功能，在有条件的地区应逐步推广。

第十五条　供热锅炉单台容量20吨/时及以上者，热负荷年利用大于4000小时，经技术经济论证具有明显经济效益的，应改造为热电联产。

第十六条　在已建成的热电联产集中供热和规划建设热电联产集中供热项目的供热范围内，不得再建燃煤自备热电厂或永久性供热锅炉房。当地环保与技术监督部门不得再审批其扩建小锅炉。在热电联产集中供热工程投产后，在供热范围内经批准保留部分容量较大、设备状态较好的锅炉作为供热系统的调峰和备用外，其余小锅炉应由当地政府在三个月内明令拆除。

在现有热电厂的供热范围内，不应有分散燃煤小锅炉运行。已有的分散烧煤锅炉应限期停运。

在城市热力网的共热范围内，居民住宅小区应使用集中供热，不应再采用小锅炉等分散供热方式。

第十七条　各级政府有应积极推动环境治理和节约能源，实施可持续发展战略，在每年市政建设中安排一定比例的资金用于发展热电联产、集中供热。

第十八条　住宅采暖供热应积极推进以用户为单位按用热量计价收费的新体制。从2000年10月1日起，新建居民住宅室内采暖供热系统要按分户安装计量仪表设计和建设，推行按热量收费；原有居民住宅要在开展试点的基础上。逐步进行改造，到2010年基本实现供热计量收费。

第十九条　热电联产项目接入电力系统方案，电力管理部门必须及时提出审查意见。热力管网走向和敷设方式必须由当地城市建设管理部门及时提出审查意见。

第二十条　热电联产项目的建设、安装、调试、验收、投产必须遵照固定资产投资项目的管理程序和有关规定执行。在热电厂和城市热网的建设过程中应分别接受电力及城市建设管理等部门的监督。

第二十一条　热电厂热价、电价应按《中华人民共和国价格法》和《中华人民共和国电力法》的规定制定。热电联产热价、电价的制定应充分考虑热电厂节约能源、保护环境的社会效益，在兼顾用户承受能力的前提下，本着热、电共享的原则合理分摊，由各级价格行政管理部门按价格管理权限指定公平、合理的价格。

第二十二条　本规定自发布之日起施行。本文发布单位的其他文件中有关热电联产的部门，凡与本文不符的应与本文为准。

第二十三条　本规定由国家发展计划委员会商国家经济贸易委员会、建设部、国家环保总局进行解释。

附录二　热电联产管理办法通知

国家计委、国家经贸委、电力部、建设部

计交能〔1998〕220号

热电联产具有节约能源、改善环境、提高供热质量、增加电力供应等综合效益。热电厂的建设是城市改善大气环境质量的有效手段之一，是提高人民生活质量的公益性基础设施。改革开放以来，我国热电联产事业得到了迅速发展，对促进国民经济和社会发展起到了重要作用。为贯彻执行《中华人民共和国节约能源法》，实现两个根本性转变，实施可持续发展战略，推动热电联产事业的发展，特作如下规定：

第一条　各级地方政府在制定国民经济和社会发展规划时，应认真贯彻执行" 能源节约与能源开发并举，把能源节约放在首位“的方针，按照建设部、国家计委《关于加强城市供热规划管理工作的通知》的规定（建城〔1995〕126号），认真编制和审查城市供热规划。依据本地区《城市供热规划》和《电力规划》编制本地区的《热电联产规划》。

在进行热电联产项目规划时，应积极发展城市热水供应和集中制冷，扩大夏季制冷负荷，提高全年运行效率。

第二条　热电联产的建设必须按照统一规划、分步实施的原则进行，并符合节约能源、改善环境和提高供热质量的要求。

第三条　各级经济综合部门是热电联产的规划管理部门，各级电力部门是热电联产工程热电厂项目的行业管理部门，城市建设部门是城市热网建设的行业管理部门。

第四条　热电联产是指由供热式汽轮发电机组的蒸汽流既发电又供热的生产方式。

热电联产应符合下列指标：

1. 总热效率年平均大于45%。

总热效率=[供热量+发电量×3600kJ/(kW·h)]/

（燃料总消耗量×燃料单位低位热值）×100%。

2. 热电联产的热电比：

（1）单机容量5万kW以下的热电机组，其热电比年平均应大于100%；

（2）单机容量5万kW至20万kW以下的热电机组，其热电比年平均应大于50%；

（3）单机容量20万kW及以上抽汽凝汽两用供热机组，在采暖期其热电比应大于50%。

热电比＝供热量/[发电量×3600kJ/(kW·h)×100%。

注：供热量单位采用kJ，发电量单位采用（kW·h），燃料总消耗量单位采用kg，燃料单位低位热值单位采用kJ/kg。

第五条　符合上述指标的新建热电厂或扩建热电厂的增容部分免交上网配套费。符合并网运行条件的，电力部门应允许并网，按批准的可行性研究报告中确定的全年平均热电比和总热效率签定上网电量合同。在保证供热和机组安全运行的前提下供热机组可参加调峰。

第六条　热电厂和热网应同步建设，同时投产。新建热电厂投产二年、由国家和省、自治区、直辖市批准的开发区建设的热电厂投产三年，以及现有热电厂经技术改造后，达不到第四条规定指标的，经报请省级经济综合部门和电力管理部门核准，当地电力部门有权无偿调度超发电量，并视其为纯凝汽小火电机组对待。

第七条　凡利用余热、余气、余压、城市垃圾和煤矸石、煤泥等低热值燃料及煤层气的热电厂，按《国务院批转国家经贸委等部门关于进一步开展资源综合利用意见的通知》文件执行（国发〔1996〕36号）。

第八条　发展热电联产应优先安排现有中、小型凝汽机组改造为供热机组。

第九条　鼓励发展热、电、冷联产技术和热、电、煤气联供技术以及燃气轮机联合循环发电、供热技术，提高热能综合利用效率。

第十条 供热锅炉单台容量20t/h及以上者，热负荷年利用大于4000h，经技术经济论证具有明显经济效益的，均应改造为热电联产。

鼓励充分利用工业余热。

第十一条 在已建成的热电联产和规划建设热电联产项目的供热范围内，不得再建自备热电厂或永久性供热锅炉房。

开发区可先建锅炉房供热，待热电联产建成后转做调峰和备用锅炉房。

通过测算，在供热范围内除保留部分容量较大、设备状态较好的锅炉作为供热系统的调峰和备用外，其余小锅炉应由当地政府明令拆除。

第十二条 在热电联产建设中应根据供热范围内的热负荷特性，选择合理的热化系数。以工业热负荷为主的热化系数宜控制在0.7～0.8之间；以采暖供热负荷为主的热化系数宜控制在0.5～0.6之间。

热化系数＝热电联产汽轮机抽汽(排汽)量(扣除自用汽)/热电联产供热范围内的最大热负荷。

第十三条 热电联产项目的立项和可行性研究报告书应由行业管理部门同意后报国家经济综合部门审批。

第十四条 热电联产接入电力系统方案必须由电力管理部门提出审查意见。热力管网走向必须由当地城市建设管理部门提出审查意见。

第十五条 热电联产项目的建设、安装、调试、验收、投产必须遵照固定资产投资项目的程序和有关规定执行。在热电厂和城市热网的建设过程中应分别接受电力及城市建设管理部门的质量监督。

第十六条 热、电的价格应根据市场经济的原则和热、电合理比价的原则确定，并报省级物价管理部门核准。

第十七条 本规定自发布之日起施行。其他有关热电联产的规定，凡与本文不符的应以本文为准。

第十八条 本规定由国家计委负责解释。

附录三 热电联产管理办法

国家发改委、国家能源局、财政部、
住房城乡建设部、环境保护部

发改能源〔2016〕617 号

第一章 总 则

第一条 为推进大气污染防治，提高能源利用效率，促进热电产业健康发展，依据国家相关法律法规和产业政策，制定本办法。

第二条 本办法适用于全国范围内热电联产项目（含企业自备热电联产项目）的规划建设及相关监督管理。

第三条 热电联产发展应遵循“统一规划、以热定电、立足存量、结构优化、提高能效、环保优先”的原则，力争实现北方大中型以上城市热电联产集中供热率达到 60%以上，20 万人口以上县城热电联产全覆盖，形成规划科学、布局合理、利用高效、供热安全的热电联产产业健康发展格局。

第二章 规 划 建 设

第四条 热电联产规划是热电联产项目规划建设的必要条件。热电联产规划应依据本地区城市供热规划、环境治理规划和电力规划编制，与当地气候、资源、环境等外部条件相适应，以满足热力需求为首要任务，同步推进燃煤锅炉和落后小热电机组的替代关停。热电联产规划应纳入本省（区、市）五年电力发展规划并开展规划环评工作，规划期限原则上与电力发展规划相一致。

第五条 地市级或县级能源主管部门应在省级能源主管部门的指导下，依据当地城市总体规划、供热规划、热力电力需求、资源禀赋、环境约束等条件，编制本地区“城市热电联产规划”或“工业园区热电联产规划”，并在规划中明确配套热力网的建设方案。热电联产规划应委托有资质的咨询机构编制。

根据需要，省级能源主管部门可委托有资质的第三方咨询机构对热电联产规划进行评估。

第六条 严格调查核实现状热负荷，科学合理预测近期和远期规划热负荷。现状热负荷为热电联产规划编制年的上一年的热负荷。

对于供暖型热电联产项目，现状热负荷应根据政府统计资料，按供热分区、建筑类别、建筑年代进行调查核实；近期和远期热负荷应综合考虑城区常住人口、建筑建设年代、人均建筑面积、集中供热普及率、综合供暖热指标等因素进行合理预测。人均建筑面积年均增长率一般按不超过5%考虑。

对于工业热电联产项目，现状热负荷应根据现有工业项目的负荷率、用热量和参数、同时率等进行调查核实，近期热负荷应依据现有、在建和经审批的工业项目的热力需求确定，远期工业热负荷应综合考虑工业园区的规模、特性和发展等因素进行预测。

第七条 根据地区气候条件，合理确定供热方式，具体地区划分方式按照《民用建筑热工设计规范》（GB 50176）等国家有关规定执行。

严寒、寒冷地区（包括秦岭、淮河以北，新疆、青海）优先规划建设以供暖为主的热电联产项目，替代分散燃煤锅炉和落后小热电机组。夏热冬冷地区（包括长江以南的部分地区）鼓励因地制宜采用分布式能源等多种方式满足供暖供热需求。夏热冬暖与温和地区除满足工业园区热力需求外，暂不考虑规划建设热电联产项目。

第八条 规划建设热电联产应以集中供热为前提，对于不具备集中供热条件的地区，暂不考虑规划建设热电联产项目。以工业热负荷为主的工业园区，应尽可能集中规划建设用热工业项目，通过规划建设公用热电联产项目实现集中供热。京津冀、长三角、珠三角等区域，规划工业热电联产项目优先采用燃气机组，燃煤热电项目必须采用背压机组，并严格实施煤炭等量或减量替代政策；对于现有工业抽凝热电机组，可通过上大压小方式，按照等容量、减煤量替代原则，规划改建超临界及以上参数抽凝热电联产机组。新建工业项目禁止配套建设自备燃煤热电联产项目。

在已有（热）电厂的供热范围内，且已有（热）电厂可满足或改造后可满足工业项目热力需求，原则上不再重复规划建设热电联产项目（含企业自备电厂）。除经充分评估论证后确有必要外，限制规划建设仅为单一企业服务的自备热电联产项目。

第九条 合理确定热电联产机组供热范围。鼓励热电联产机组在技术经济合理的前提下，扩大供热范围。

以热水为供热介质的热电联产机组，供热半径一般按20km考虑，供热范围内原则上不再另行规划建设抽凝热电联产机组。以蒸汽为供热介质的热电联产机组，供热半径一般按10km考虑，供热范围内原则上不再另行规划建设其他热源点。

第十条 优先对城市或工业园区周边具备改造条件且运行未满15年的在役纯凝发电机组实施供暖供热改造。系统调峰困难地区，严格限制现役纯凝机组供热改造，确需供热改造满足供暖需求的，须同步安装蓄热装置，确保系统调峰安全。

鼓励对热电联产机组实施技术改造，充分回收利用电厂余热，进一步提高供热能力，满足新增热负荷需求。

供热改造要因厂制宜采用打孔抽气、低真空供热、循环水余热利用等成熟适用技术，鼓励具备条件的机组改造为背压热电联产机组。

第十一条 鼓励因地制宜利用余热、余压、生物质能、地热能、太阳能、燃气等多种形式的清洁能源和可再生能源供热方式。鼓励风电、太阳能消纳困难地区探索采用电供暖、储热等技术实施供热。推广应用工业余热供热、热泵供热等先进供热技术。

第十二条 推进小热电机组科学整合，鼓励有条件的地区通过替代建设高效清洁供热热源等方式，逐步淘汰单机容量小、能耗高、污染重的燃煤小热电机组。

第十三条 为提高系统调峰能力，保障系统安全，热电联产机组应按照国家有关规定要求安装蓄热装置。

第十四条 新建抽凝燃煤热电联产项目与替代关停燃煤锅炉和小热电机组挂钩。新建抽凝燃煤热电联产项目配套关停的燃煤锅炉容量原则上不低于新建机组最大抽汽供热能力的50%。替代关停的小热电机组锅炉容量按其额定蒸发量计算。与新建热电联产项目配套关停的燃煤锅炉和小热电机组，应在项目建成投产且稳定运行第2个供暖季前实施拆除。

对于配套关停的燃煤锅炉容量未达到要求的新建热电联产项目，不得纳入电力建设规划；对于配套关停的燃煤锅炉容量较多并能够妥善安排关停企业职工的新建热电联产项目，优先纳入电力建设规划。

第十五条 各级政府应按照国务院固定资产投资项目核准有关规定，在国家依据总量控制制定的建设规划内核准抽凝燃煤热电联产项目。

第十六条 严格限制规划建设燃用石油焦、泥煤、油页岩等劣质燃料的热电联产项目。

第三章 机 组 选 型

第十七条 对于城区常住人口50万以下的城市，供暖型热电联产项目原则上采用单机5万kW及以下背压热电联产机组。

按综合供暖热指标为50W/m^{2}考虑，2台50MW背压热电联产机组与调峰锅炉联合承担供热面积900万m^2，2台25MW背压热电联产机组与调峰锅炉联合承担供热面积500万m^2，2台12MW背压热电联产机组与调峰锅炉联合承担供热面积300万m^2。

第十八条 对于城区常住人口50万及以上的城市，供暖型热电联产项目优先采用50MW及以上背压热电联产机组。

规划新建2台300MW级抽凝热电联产机组的，须满足以下条件：

（一）机组预期投产年，所在省（区、市）存在500MW及以上电力负荷缺口。

（二）2台机组与调峰锅炉联合承担的供热面积达到1800万m^2。

（三）供暖期热电比应不低于80%。

（四）项目参与电力电量平衡，并纳入国家电力建设规划。

第十九条　工业热电联产项目优先采用高压及以上参数背压热电联产机组。

第二十条　规划建设燃气-蒸汽联合循环热电联产项目（以下简称“联合循环项目”）应以热电联产规划为依据，坚持以热定电，统筹考虑电网调峰要求、其他热源点的关停和规划建设等情况。供暖型联合循环项目供热期热电比不低于60%，供工业用汽型联合循环项目全年热电比不低于40%。机组选型遵循以下原则：

（一）供暖型联合循环项目优先采用“凝抽背”式汽轮发电机组，工业联合循环项目可按“一抽一背”配置汽轮发电机组或采用背压式汽轮发电机组。

（二）大型联合循环项目优先选用E级或F级及以上等级燃气轮机组。

（三）选用E级燃气轮机组的，单套联合循环机组承担的热负荷应不低于100t/h。

鼓励规划建设天然气分布式能源项目，采用热电冷三联供技术实现能源梯级利用，能源综合利用效率不低于70%。

第二十一条　对于小电网范围内或处于电网末端的城市，结合热力电力需求和电网消纳能力，经充分评估论证后可适度规划建设中小型抽凝热电联产机组。

第二十二条　在役热电厂扩建热电联产机组时，原则上采用背压热电联产机组。

第四章　网　源　协　调

第二十三条　热电联产项目配套热力网应与热电联产项目同步规划、同步建设、同步投产。对于存在安全隐患的老旧热力网，应及时根据《国务院关于加强城市基础设施建设的意见》（国发〔2013〕36号）有关要求进行改造。鼓励热力网企业参与投资建设背压热电机组，鼓励热电联产项目投资主体参与热力网的建设和经营。

第二十四条　积极推进热电联产机组与供热锅炉协调规划、联合运行。调峰锅炉供热能力可按供热区最大热负荷的25%～

40%考虑。热电联产机组承担基本热负荷，调峰锅炉承担尖峰热负荷，在热电联产机组能够满足供热需求时调峰锅炉原则上不得投入运行。支持热电联产项目投资主体配套建设或兼并、重组、收购大型供热锅炉作为调峰锅炉。

第二十五条　地方政府应积极探索供热管理体制改革，着力整合当地供热资源，支持配套热力网工程建设和老旧管网改造工程，加快推进供热区域热力网互联互通，尽早实现各类热源联网运行，优先利用热电联产机组供热，充分发挥热电联产机组供热能力。

第五章　环　境　保　护

第二十六条　热电联产项目规划建设应与燃煤锅炉治理同步推进，各地区因地制宜实施燃煤锅炉和落后的热电机组替代关停。

加快替代关停以下燃煤锅炉和小热电机组：单台容量10蒸吨/h（7MW）及以下的燃煤锅炉，大中城市20蒸吨/h（14MW）及以下燃煤锅炉；除确需保留的以外，其他单台容量10蒸吨/h（7MW）以上的燃煤锅炉；污染物排放不符合国家最新环保标准且不实施环保改造的燃煤锅炉；单机容量10MW以下的燃煤抽凝小热电机组。

第二十七条　对于热电联产集中供热管网覆盖区域内的燃煤锅炉（调峰锅炉除外），原则上应予以关停或者拆除，应关停而未关停的，要达到燃气锅炉污染物排放限值，安装污染物在线监测。

对于热电联产集中供热管网暂时不能覆盖、确有用热刚性需求的区域内具备改造条件的燃煤锅炉，要通过实施技术改造全面提升污染治理水平，确保污染物稳定达标排放。鼓励加快实施煤改气、煤改电、煤改生物质、煤改新能源等清洁化改造。燃煤锅炉应安装大气污染物排放在线监测装置。

第二十八条　严格热电联产机组环保准入门槛，新建燃煤热电联产机组原则上达到超低排放水平。严格按照《建设项目主要污染物排放总量指标审核及管理暂行办法》（环发〔2014〕197号）实施污染物排放总量指标替代。支持同步开展大气污染物联合协同脱除，减少三氧化硫、汞、砷等污染物排放。

热电联产项目要根据环评批复及相关污染物排放标准规范制定企业自行监测方案，开展环境监测并公开相关监测信息。

第二十九条　现役燃煤热电联产机组要安装高效脱硫、脱硝和除尘设施，未达标排放的要加快实施环保设施升级改造，确保满足最低技术出力以上全负荷、全时段稳定达标排放要求。按照国家节能减排有关要求，实施超低排放改造。

第三十条　大气污染防治重点区域新建燃煤热电联产项目，要严格实施煤炭减量替代。

第六章　政　策　措　施

第三十一条　鼓励各地建设背压热电联产机组和各种全部利用汽轮机乏汽热量的热电联产方式满足用热需求。背压燃煤热电联产机组建设容量不受国家燃煤电站总量控制目标限制。电网企业要优先为背压热电联产机组提供电网接入服务，确保机组与送出工程同步投产。

第三十二条　省级价格主管部门可综合考虑本省煤炭消费总量控制目标、主要污染物排放总量控制目标和环境质量控制目标、终端用户承受能力、民生用热需求等因素，自主制定鼓励民生供暖型背压燃煤热电联产机组发展的电价政策。

有条件的地区可试行两部制上网电价。容量电价以各类供暖型背压燃煤热电联产机组平均投资成本为基础，主要用于补偿非供热期停发造成的损失。电量电价执行本地区标杆电价。

第三十三条　热电联产机组的热力出厂价格，由政府价格主管部门在考虑其发电收益的基础上，按照合理补偿成本、合理确定收益的原则，依据供热成本及合理利润率或净资产收益率统一核定，鼓励各地根据本地实际情况探索建立市场化煤热联动机制。在考虑终端用户承受能力和当地民用用热需求前提下，热价要充分考虑企业环保成本，鼓励制定环保热价政策措施，并出台配套监管办法。深化推进供热计量收费改革。

第三十四条　推动热力市场改革，对于工业供热，鼓励供热企业与用户直接交易，供热价格由企业与用户协商确定。“直管到户”的供热企业要负责二次热力网的维修维护，费用纳入企业运营成本。

第三十五条　支持相关业主以多种投融资模式参与建设背压热电联产机组。鼓励供暖型背压热电联产企业按照电力体制改革精神，成立售电售热一体化运营公司，优先向本区域内的用户售电和售热，售电业务按合理负担成本的原则向电网企业支付过网费。

第三十六条　热电联产机组所发电量按“以热定电”原则由电网企业优先收购。开展电力市场的地区，背压热电联产机组暂不参与市场竞争，所发电量全额优先上网并按政府定价结算。抽凝热电联产机组参与市场竞争，按“以热定电”原则确定的上网电量优先上网并按市场价格进行结算。

第三十七条　市场化调峰机制建立前，抽凝热电联产机组（含自备电厂机组）应提高调峰能力，积极参与电网调峰等辅助服务考核与补偿。鼓励热电机组配置蓄热、储能等设施实施深度调峰，并给予调峰补偿。鼓励有条件的地区对配置蓄热、储能等调峰设施的热电机组给予投资补贴。

第三十八条　各级地方政府要继续按照“公平无歧视”原则加大供热支持力度，相同条件下各类热源应享有同等的支持和保障政策。

第三十九条　鼓励热电联产企业兼并、收购、重组供热范围内的热力企业。鼓励拥有供热锅炉、热力网的热力企业采用股份制方式建设背压热电联产机组，相应关停小型供热锅炉。

第四十条　供暖型背压热电联产项目配套建设的调峰锅炉，或项目投资主体兼并、重组、收购的调峰锅炉，其生产运行所需电量可与本企业上网电量进行抵扣。

第七章　监　督　管　理

第四十一条　省级能源主管部门要切实履行行业管理职能，会同经济运行、环保、住建、国家能源局派出机构等部门对本地区热电联产机组的前期、建设、运营、退出等环节’实施闭环管理，确保热电联产机组各项条件满足有关要求。

每年一季度，省级能源主管部门、经济运行部门要将本地区上年度热电联产项目投产、在建、规划情况报告国家发改委、国家能源局，并抄报环境保护部、住房城乡建设部。

第四十二条　省级能源主管部门、经济运行部门要会同环保、住建、国家能源局派出机构等有关部门，健全完善热电联产项目检查核验制度，定期对热电联产项目检查核验，重点检查煤炭等量替代、关停燃煤锅炉和小热电机组等落实情况。

对新建热电联产项目按要求应配套关停燃煤锅炉、小热电机组但未落实的，或未按照煤炭替代等有关要求建设热电联产项目的，暂缓审批项目所在地区燃煤项目，并追究有关人员责任。

符合国家有关规定和项目核准要求的，可享受国家和地方制定的优惠政策。不符合要求的，责令其限期整改，并通知有关部门取消其已享受的优惠政策。

第四十三条　省级价格主管部门要对本地区热电联产机组电价、热价执行情况进行定期核查，确保电价支持政策落实到位。对于采用供热计量收费的建筑，要严查供热计量收费的收费滞后和欠费问题，确保供热计量收费有序推广。

第四十四条　省级质检、住建、工信、环保等部门结合自身职能负责本地区燃煤锅炉的运行管理及淘汰等相关工作，督促地方政府对不符合产业政策的燃煤锅炉实施改造或关停。

第四十五条　地方环保部门要严格辖区新建热电联产项目环评审批，强化热电联产机组和供热锅炉的大气污染物排放监管，对排放不达标、不符合总量控制要求的燃煤设施督促整改。

第四十六条　电网公司、电力调度机构应督促热电联产企业安装热力负荷实时在线监测装置并与电力调度机构联网，按“以热定电”原则对热电联产机组实施优先调度。

第四十七条　各地经济运行部门、国家能源局派出机构要会同有关部门，对热电联产机组接入电网、优先调度、以热定电，以及符合规划建设要求的情况实行监管，发现问题及时反馈主管部门进行处理，并向有关方面进行通报，重大问题及时报国家发展改革委、国家能源局。